现代声学科学与技术丛书

声学学科现状以及未来发展趋势

程建春 李晓东 杨 军 主编

科学出版社

北 京

内 容 简 介

本书详细介绍了声学各个主要分支学科(包括物理声学, 声人工结构, 水声学和海洋声学, 结构声学, 检测声学与储层声学, 生物医学超声, 微声学, 功率超声, 环境声学, 语言声学和生物声学, 心理和生理声学, 音乐声学, 气动声学和大气声学, 声学标准和声学计量)的内涵、特点和研究范畴, 国内外发展现状, 基础领域今后 5~10 年重点研究方向, 国家需求和应用领域急需解决的科学问题, 以及发展目标与各领域研究队伍状况.

本书可作为声学专业研究生和声学科技工作者的学习参考书, 希望本书能够给读者的科研工作提供帮助.

图书在版编目（CIP）数据

声学学科现状以及未来发展趋势/程建春, 李晓东, 杨军主编. —北京: 科学出版社, 2021.6

(现代声学科学与技术丛书)

ISBN 978-7-03-068650-3

Ⅰ. ①声… Ⅱ. ①程… ②李… ③杨… Ⅲ. ①声学–学科发展–研究 Ⅳ. ①O42

中国版本图书馆 CIP 数据核字（2021）第 071792 号

责任编辑: 刘凤娟　孔晓慧/责任校对: 杨　然
责任印制: 吴兆东/封面设计: 陈　敬

科学出版社 出版
北京东黄城根北街 16 号
邮政编码: 100717
http://www.sciencep.com

北京虎彩文化传播有限公司 印刷
科学出版社发行　各地新华书店经销
*
2021 年 6 月第　一　版　　开本: 720×1000　B5
2022 年 4 月第三次印刷　　印张: 31
字数: 608 000
定价: 248.00 元
(如有印装质量问题, 我社负责调换)

前　言

本书是由国家自然科学基金委员会数学物理科学部物理科学一处 (简称基金委物理一处) 资助的调研项目 "声学学科调研 (2019)" 而形成的. 根据中国声学学会各专业委员会情况, 我们邀请各专业委员会的专家学者负责组织和撰写有关分支的调研报告, 具体分工如下:

物理声学	南京大学声学研究所刘晓宙教授
声人工结构	南京大学声学研究所刘晓峻教授
水声学和海洋声学	中国科学院声学研究所李整林研究员
	西北工业大学航海学院杨益新教授
检测声学	重庆大学航空航天学院邓明晰教授
储层声学	中国科学院声学研究所王秀明研究员
生物医学超声	复旦大学信息科学与工程学院他得安教授
	中国科学院深圳先进技术研究院郑海荣研究员
功率超声	陕西师范大学应用声学研究所林书玉教授
微声学	中国科学院声学研究所何世堂研究员
	上海交通大学电子信息与电气工程学院韩韬教授
环境声学	中国科学院声学研究所李晓东研究员
	Professor Xiao-Jun Qiu (邱小军), Centre for Audio, Acoustics and Vibration, Faculty of Engineering and IT, University of Technology Sydney
	西北工业大学航海学院陈克安教授
声频技术	南京大学声学研究所卢晶教授
结构声学	中国船舶科学研究中心俞孟萨研究员
生物声学	厦门大学海洋与地球学院张宇教授
语言声学	中国科学院声学研究所颜永红研究员
心理和生理声学	北京大学智能科学系言语听觉研究中心吴玺宏教授
气动声学	北京航空航天大学能源与动力工程学院李晓东教授
大气声学	中国科学院声学研究所吕君副研究员

音乐声学　　　　　　　中国音乐学院音乐科技系李子晋副教授

声学标准和声学计量　中国科学院声学研究所吕亚东研究员

在以上各位专家的共同努力下, 本调研报告得以成书出版. 最后, 十分感谢基金委物理一处对项目 "声学学科调研 (2019)" 和本书出版的大力支持.

程建春

2020 年 8 月

目　　录

前言
第 1 章　声学学科总论 ·· 1
　　声学学科现状以及未来发展趋势 ·· 1
　　　　一、学科内涵、学科特点和研究范畴 ··· 1
　　　　二、学科国外、国内发展现状 ··· 5
　　　　三、我们的优势方向和薄弱之处 ·· 12
　　　　四、基础领域今后 5 ~ 10 年重点研究方向 ································· 13
　　　　五、国家需求和应用领域急需解决的科学问题 ···························· 18
　　　　六、发展目标与各领域研究队伍状况 ··· 19
　　　　七、基金资助政策措施和建议 ··· 20
　　　　八、学科的关键词 ·· 21
第 2 章　物理声学 ·· 23
　　2.1　声空化研究现状以及未来发展趋势 ·· 23
　　　　一、学科内涵、学科特点和研究范畴 ··· 23
　　　　二、学科国外、国内发展现状 ··· 25
　　　　三、我们的优势方向和薄弱之处 ·· 36
　　　　四、基础领域今后 5 ~ 10 年重点研究方向 ································· 38
　　　　五、国家需求和应用领域急需解决的科学问题 ···························· 38
　　　　六、发展目标与各领域研究队伍状况 ··· 39
　　　　七、基金资助政策措施和建议 ··· 40
　　　　八、学科的关键词 ·· 40
　　2.2　声辐射力研究现状以及未来发展趋势 ··· 42
　　　　一、学科内涵、学科特点和研究范畴 ··· 42
　　　　二、学科国外、国内发展现状 ··· 44
　　　　三、我们的优势方向和薄弱之处 ·· 47
　　　　四、基础领域今后 5 ~ 10 年重点研究方向 ································· 48
　　　　五、国家需求和应用领域急需解决的科学问题 ···························· 48
　　　　六、发展目标与各领域研究队伍状况 ··· 49
　　　　七、基金资助政策措施和建议 ··· 49

　　　　八、学科的关键词 ··· 49
　　2.3　含颗粒介质研究现状以及未来发展趋势 ··················· 61
　　　　一、学科内涵、学科特点和研究范畴 ······················· 61
　　　　二、学科国外、国内发展现状 ····························· 63
　　　　三、我们的优势方向和薄弱之处 ··························· 70
　　　　四、基础领域今后 5～10 年重点研究方向 ················· 71
　　　　五、国家需求和应用领域急需解决的科学问题 ············· 71
　　　　六、发展目标与各领域研究队伍状况 ····················· 72
　　　　七、基金资助政策措施和建议 ····························· 74
　　　　八、学科的关键词 ····································· 75
　　2.4　非经典非线性声学研究现状以及未来发展趋势 ············· 79
　　　　一、学科内涵、学科特点和研究范畴 ······················· 79
　　　　二、学科国外、国内发展现状 ····························· 80
　　　　三、我们的优势方向和薄弱之处 ··························· 88
　　　　四、基础领域今后 5～10 年重点研究方向 ················· 89
　　　　五、国家需求和应用领域急需解决的科学问题 ············· 89
　　　　六、发展目标与各领域研究队伍状况 ····················· 89
　　　　七、基金资助政策措施和建议 ····························· 89
　　　　八、学科的关键词 ····································· 89
　　2.5　涡旋声场研究现状以及未来发展趋势 ····················· 94
　　　　一、学科内涵、学科特点和研究范畴 ······················· 94
　　　　二、学科国外、国内发展现状 ····························· 95
　　　　三、我们的优势方向和薄弱之处 ··························· 101
　　　　四、基础领域今后 5～10 年重点研究方向 ················· 102
　　　　五、国家需求和应用领域急需解决的科学问题 ············· 102
　　　　六、发展目标与各领域研究队伍状况 ····················· 102
　　　　七、基金资助政策措施和建议 ····························· 103
　　　　八、学科的关键词 ····································· 103
第 3 章　声人工结构 ··· 109
　　声学超材料研究现状以及未来发展趋势 ························· 109
　　　　一、学科内涵、学科特点和研究范畴 ······················· 109
　　　　二、学科国外、国内发展现状 ····························· 110
　　　　三、我们的优势方向和薄弱之处 ··························· 121
　　　　四、基础领域今后 5～10 年重点研究方向 ················· 124
　　　　五、国家需求和应用领域急需解决的科学问题 ············· 125

　　　六、发展目标与各领域研究队伍状况 ·· 127

　　　七、基金资助政策措施和建议 ·· 128

　　　八、学科的关键词 ·· 129

第 4 章　水声学和海洋声学 ·· 135

　水声学和海洋声学研究现状以及未来发展趋势 ······························ 135

　　　一、学科内涵、学科特点和研究范畴 ·· 135

　　　二、学科国外、国内发展现状 ·· 135

　　　三、我们的优势方向和薄弱之处 ··· 143

　　　四、基础领域今后 5~10 年重点研究方向 ··································· 145

　　　五、国家需求和应用领域急需解决的科学问题 ···························· 147

　　　六、发展目标与各领域研究队伍状况 ·· 148

　　　七、基金资助政策措施和建议 ·· 149

　　　八、学科的关键词 ·· 149

第 5 章　结构声学 ·· 153

　结构声弹性研究现状以及未来发展趋势 ··· 153

　　　一、学科内涵、学科特点及研究范畴 ·· 153

　　　二、学科国外、国内发展现状 ·· 154

　　　三、我们的优势方向和薄弱之处 ··· 174

　　　四、基础领域今后 5~10 年重点研究方向 ··································· 175

　　　五、国家需求和应用领域急需解决的科学问题 ···························· 175

　　　六、发展目标与各领域研究队伍状况 ·· 176

　　　七、基金资助政策措施和建议 ·· 176

　　　八、学科的关键词 ·· 177

第 6 章　检测声学与储层声学 ·· 194

　6.1　超声检测研究现状以及未来发展趋势 ······································ 194

　　　一、学科内涵、学科特点和研究范畴 ·· 194

　　　二、学科国外、国内发展现状 ·· 195

　　　三、我们的优势方向和薄弱之处 ··· 206

　　　四、基础领域今后 5~10 年重点研究方向 ··································· 207

　　　五、国家需求和应用领域急需解决的科学问题 ···························· 210

　　　六、发展目标与各领域研究队伍状况 ·· 214

　　　七、基金资助政策措施和建议 ·· 215

　　　八、学科的关键词 ·· 215

　6.2　储层声学研究现状以及未来发展趋势 ······································ 220

　　　一、学科内涵、学科特点和研究范畴 ·· 220

二、学科国外、国内发展现状 ·················· 221

三、我们的优势方向和薄弱之处 ················ 225

四、基础领域今后 5～10 年重点研究方向 ·········· 225

五、国家需求和应用领域急需解决的科学问题 ········ 228

六、发展目标和各领域研究队伍状况 ············· 228

七、基金资助政策措施和建议 ················· 229

八、学科的关键词 ····················· 229

第 7 章　生物医学超声 ······················ 233

生物医学超声研究现状以及未来发展趋势 ·············· 233

一、学科内涵、学科特点和研究范畴 ············· 233

二、学科国外、国内发展现状 ················ 234

三、我们的优势方向和薄弱之处 ··············· 239

四、基础领域今后 5～10 年重点研究方向 ·········· 241

五、国家需求和应用领域急需解决的科学问题 ········ 243

六、发展目标与各领域研究队伍状况 ············· 246

七、基金资助政策措施和建议 ················· 248

八、学科的关键词 ····················· 248

第 8 章　微声学 ························· 251

微声学研究现状以及未来发展趋势 ················· 251

一、学科内涵、学科特点和研究范畴 ············· 251

二、学科国外、国内发展现状 ················ 252

三、我们的优势方向和薄弱之处 ··············· 268

四、基础领域今后 5～10 年重点研究方向 ·········· 270

五、国家需求和应用领域急需解决的科学问题 ········ 270

六、发展目标与各领域研究队伍状况 ············· 271

七、基金资助政策措施和建议 ················· 271

八、学科的关键词 ····················· 271

第 9 章　功率超声 ······················· 280

功率超声研究现状以及未来发展趋势 ················ 280

一、学科内涵、学科特点和研究范畴 ············· 280

二、学科国外、国内发展现状 ················ 280

三、我们的优势方向和薄弱之处 ··············· 285

四、基础领域今后 5～10 年重点研究方向 ·········· 286

五、国家需求和应用领域急需解决的科学问题 ········ 286

六、发展目标与各领域研究队伍状况 ·············· 287

七、基金资助政策措施和建议 ··············· 288
八、学科的关键词 ························· 288

第 10 章　环境声学 ·································· 292

10.1　噪声控制研究现状以及未来发展趋势 ····· 292
一、学科内涵、学科特点和研究范畴 ········· 292
二、学科国外、国内发展现状 ············· 293
三、我们的优势方向和薄弱之处 ··········· 312
四、基础领域今后 5~10 年重点研究方向 ····· 312
五、国家需求和应用领域急需解决的科学问题 ····· 315
六、发展目标与各领域研究队伍状况 ······· 315
七、基金资助政策措施和建议 ············· 317
八、学科的关键词 ······················· 317

10.2　环境声的效应、机理及运用研究进展 ····· 318
一、学科内涵、学科特点和研究范畴 ········· 318
二、学科国外、国内发展现状 ············· 319
三、我们的优势方向和薄弱之处 ··········· 321
四、基础领域今后 5~10 年重点研究方向 ····· 322
五、国家需求和应用领域急需解决的科学问题 ····· 322
六、发展目标与各领域研究队伍状况 ······· 323
七、基金资助政策措施和建议 ············· 323
八、学科的关键词 ······················· 323

10.3　声场的主动控制研究进展 ··············· 324
一、学科内涵、学科特点和研究范畴 ········· 324
二、学科国外、国内发展现状 ············· 326
三、我们的优势方向和薄弱之处 ··········· 327
四、基础领域今后 5~10 年重点研究方向 ····· 328
五、国家需求和应用领域急需解决的科学问题 ····· 328
六、发展目标与各领域研究队伍状况 ······· 328
七、基金资助政策措施和建议 ············· 329
八、学科的关键词 ······················· 329

10.4　声频技术——基于物理声场、听觉感知与智能信息处理的
声信息技术 ··························· 330
一、学科内涵、学科特点和研究范畴 ········· 330
二、学科国外、国内发展现状 ············· 331
三、我们的优势方向和薄弱之处 ··········· 339

　　　　四、基础领域今后 5~10 年重点研究方向 ························339

　　　　五、国家需求和应用领域急需解决的科学问题 ··············344

　　　　六、发展目标与各领域研究队伍状况 ····················344

　　　　七、基金资助政策措施和建议 ·······················345

　　　　八、学科的关键词 ·······························345

第 11 章　语言声学、生物声学以及心理和生理声学 ···············356

　　11.1　语言声学研究现状以及未来发展趋势 ··················356

　　　　一、学科内涵、学科特点和研究范畴 ····················356

　　　　二、学科国外、国内发展现状 ·······················356

　　　　三、我们的优势方向和薄弱之处 ······················370

　　　　四、基础领域今后 5~10 年重点研究方向 ················371

　　　　五、国家需求和应用领域急需解决的科学问题 ··············371

　　　　六、发展目标与各领域研究队伍状况 ····················372

　　　　七、基金资助政策措施和建议 ·······················372

　　　　八、学科的关键词 ·······························372

　　11.2　生物声学研究现状以及未来发展趋势 ··················375

　　　　一、学科内涵、学科特点和研究范畴 ····················375

　　　　二、学科国外、国内发展现状 ·······················377

　　　　三、我们的优势方向和薄弱之处 ······················381

　　　　四、基础领域今后 5~10 年重点研究方向 ················382

　　　　五、国家需求和应用领域急需解决的科学问题 ··············383

　　　　六、发展目标与各领域研究队伍状况 ····················384

　　　　七、基金资助政策措施和建议 ·······················385

　　　　八、学科的关键词 ·······························385

　　11.3　心理和生理声学研究现状以及未来发展趋势 ··············388

　　　　一、学科内涵、学科特点和研究范畴 ····················388

　　　　二、学科国外、国内发展现状 ·······················389

　　　　三、我们的优势方向和薄弱之处 ······················396

　　　　四、基础领域今后 5~10 年重点研究方向 ················397

　　　　五、国家需求和应用领域急需解决的科学问题 ··············398

　　　　六、发展目标与各领域研究队伍状况 ····················398

　　　　七、基金资助政策措施和建议 ·······················398

　　　　八、学科的关键词 ·······························399

第 12 章　音乐声学 ··································403

　　12.1　音乐声学现状以及未来发展趋势 ····················403

一、学科内涵、学科特点和研究范畴 ·············· 403

二、学科国外、国内发展现状 ·············· 404

三、我们的优势方向和薄弱之处 ·············· 410

四、基础领域今后 5~10 年重点研究方向 ·············· 410

五、国家需求和应用领域急需解决的科学问题 ·············· 412

六、发展目标与各领域研究队伍状况 ·············· 412

七、基金资助政策措施和建议 ·············· 412

八、学科的关键词 ·············· 412

12.2　音乐人工智能研究现状以及未来发展趋势 ·············· 415

一、学科内涵、学科特点和研究范畴 ·············· 415

二、学科国外、国内发展现状 ·············· 416

三、我们的优势方向和薄弱之处 ·············· 418

四、基础领域今后 5~10 年重点研究方向 ·············· 419

五、国家需求和应用领域急需解决的科学问题 ·············· 423

六、发展目标与各领域研究队伍状况 ·············· 423

七、基金资助政策措施和建议 ·············· 424

八、学科的关键词 ·············· 424

第 13 章　气动声学和大气声学 ·············· 427

13.1　气动声学研究现状以及未来发展趋势 ·············· 427

一、学科内涵、学科特点和研究范畴 ·············· 427

二、学科国外、国内发展现状 ·············· 428

三、我们的优势方向和薄弱之处 ·············· 438

四、基础领域今后 5~10 年重点研究方向 ·············· 439

五、国家需求和应用领域急需解决的科学问题 ·············· 440

六、发展目标与各领域研究队伍状况 ·············· 441

七、基金资助政策措施和建议 ·············· 442

八、学科的关键词 ·············· 442

13.2　大气声学研究现状以及未来发展趋势 ·············· 449

一、学科内涵、学科特点和研究范畴 ·············· 449

二、学科国外、国内发展现状 ·············· 452

三、我们的优势方向和薄弱之处 ·············· 462

四、基础领域今后 5~10 年重点研究方向 ·············· 463

五、国家需求和应用领域急需解决的科学问题 ·············· 464

六、发展目标与各领域研究队伍状况 ·············· 465

七、基金资助政策措施和建议 ·············· 466

八、学科的关键词 ·· 466

第 14 章　声学标准和声学计量 ······················· 469
声学标准和声学计量现状和发展趋势 ·················· 469
一、学科内涵、学科特点和研究范畴 ················· 469
二、学科国外、国内发展现状 ······················· 470
三、我们的优势方向和薄弱之处 ····················· 474
四、基础领域今后 5~10 年重点研究方向 ············· 475
五、国家需求和应用领域急需解决的科学问题 ········· 476
六、发展目标与各领域研究队伍状况 ················· 477
七、基金资助政策措施和建议 ······················· 478
八、学科的关键词 ································· 478

第 1 章　声学学科总论

声学学科现状以及未来发展趋势

程建春[1], 李晓东[2], 杨军[2]

[1] 南京大学声学研究所, 南京 210093

[2] 中国科学院声学研究所, 北京 100190

一、学科内涵、学科特点和研究范畴

声学是研究声波的激发、传播、接收及其效应的科学, 是面向国家重大需求和经济主战场, 且具有鲜明的需求导向、问题导向和目标导向特征的物理学二级学科, 其目的是通过解决声学技术瓶颈背后的核心科学问题, 促使声学研究成果走向应用. 声学具有极强的交叉性与延伸性, 它与材料、能源、医学、通信、电子、环境以及海洋等现代科学技术的大部分学科发生了交叉, 形成了若干丰富多彩的分支学科. 今天, 人们研究的声波频率范围已从 10^{-4}Hz 到 10^{13}Hz, 覆盖 17 个数量级. 根据人耳对声波的响应不同, 把声波划分为次声 (频率低于可听声频率范围, 大致为 $10^{-4} \sim 20$Hz)、可听声 (频率在 20Hz$\sim$ 20kHz, 即人耳能感觉到的声) 和超声 (频率在 20kHz 以上的声, 当频率在 1000MHz 以上时, 也称为特超声或者微波声). 声学研究的对象包括从微纳尺度的电子器件到数千米尺度的大气、海洋、地球. 根据不同的研究对象和使用的频率范围, 声学可分为若干个不同分支, 如下所述.

1. 物理声学

研究流体和固体介质中线性或非线性声波的辐射、传播、接收及其效应的一般规律的声学分支. 典型的例子是声空化、声辐射压力和声流的研究, 尽管在水声学、功率超声和生物医学超声等其他分支也涉及这些物理效应的研究, 但在物理声学的范畴内, 更多的是研究其普遍性质. 因此, 声学学科的各个分支又是相互交叉的, 事实上, 每个学科分支或多或少都涉及基本的物理问题.

2. 声人工结构

经典声学理论与技术通常使用天然声学材料来实现不同的声场调控功能, 进而构建各种声学功能器件. 受限于天然材料自身声学属性, 难以实现低频声调控、

复杂声场生成及非对称声传输等, 而通过引入特殊设计的人工微结构单元来构建声学超材料, 可打破天然材料的限制, 研制突破常规性能极限的新一代声学器件, 拓展声学在工业、生命科学与医学、材料科学和信息通信等领域的应用.

3. 水声学和海洋声学

研究声波在水下的辐射、传播、接收及信息处理, 用以解决与水下环境测量、目标探测和信息传输等应用有关的各种声学问题. 声波是目前所知唯一能够在海洋中远距离传播的波动形式, 是探测海洋资源和环境、实现水下信息传输的重要信息载体. 水声学和海洋声学涉及海洋学、地球科学、计算机、电子技术、信号处理、人工智能、材料科学、机械制造等多个学科.

4. 结构声学

研究结构、流体和声场相互作用的一个声学分支, 属于力学与声学交叉研究范畴. 不仅与船舶和水中兵器相关, 而且还涉及飞机、汽车、建筑、化工和海洋工程等诸多领域, 其主要任务是建立激励-结构振动-声场耦合系统的基本力学和声学关系, 研究和分析不同载荷作用下弹性结构耦合振动和声辐射的特征和规律, 为结构声学设计及振动和噪声控制提供理论基础和方法.

5. 超声物理与工业检测

聚焦于固体和液体介质中超声信号的激发、传播、获取、处理与评价相关的理论、方法和技术的研究与探索. 超声工业检测的内涵十分丰富, 涉及基础物理、材料学、测量技术、信息处理等多个方面, 应用领域包括航空航天、石油化工、兵器工业、土木建筑、铁路船舶、核电、能源等, 针对各种不同的结构和材料, 可对构件的质量和损伤状态实现有效的评估和检测.

6. 生物医学超声

研究超声在医学与生物工程中应用的一门新兴学科, 是结合声学、生物医学、电子学与计算机技术的综合性工程应用交叉学科. 现代生物医学超声的发展, 急需超声传播新规律的认识、超声调控新理论、超声生物效应的新理论, 例如对大脑神经信号传导规律的研究、对神经网络结构与微血供循环的研究、对超声生物效应的研究等.

7. 微声学

也称为超声电子学或者微波声学, 研究多物理场耦合条件下微米尺度及以下波长的高频弹性波激发、检测、传播、与相关微结构的相互作用, 以及相关器件设计、加工工艺和应用. 微声学是近代声学中的超声学、压电材料学和微电子技术有机结合的产物, 涉及电子学、晶体物理学、先进工艺制造, 并可能与生物医学、化学等学科交叉融合.

8. 地球声学和能源勘探

也称为储层声学, 是地球物理学、地质学、地理学等高度交叉和融合的学科. 储层声学主要通过研究声波在地下介质或地下储层介质中激发、传播、接收的过程, 以及声波与地下介质或储层介质之间相互作用的规律, 实现识别地球的地质构造和地质属性、认识地球运动特性、探查资源和能源的空间分布等工程应用, 具有极强的应用背景和重大的学术价值.

9. 功率超声

利用超声振动形式的能量使物质的一些物理、化学和生物特性或状态发生改变, 或者使这种改变的过程加快的一门技术. 与工业检测超声不同, 功率超声是利用超声能来对物质进行处理和加工. 最常用的频率范围是从几千赫到几十千赫, 而功率从几瓦到几万瓦. 功率超声研究的主要内容包括大功率或高声强超声的产生系统, 声能对物质的作用机理和各种超声处理技术及应用.

10. 语言声学

用声学方法研究与人类语言相关的声音的产生、传递、感知和处理的一门科学, 研究人类和计算机如何对言语和语音信号进行处理和分析, 包括人类言语产生、分析、感知以及计算机语音感知、识别、合成和理解等. 语言声学是语言学、生理学、心理学、认知科学、计算科学和信息科学等的交叉和融合. 近年来, 随着计算机、人工智能、数字信号处理等技术的飞速发展, 与语言声学相关的语音分析、处理和应用技术也在不断进步, 并逐步走向成熟和商业应用.

11. 环境声学

声学与环境科学的交叉学科. 环境声是指以人为中心的环境中存在的可听声或音频声. 随着工业生产和交通运输的迅猛发展, 城市人口急剧增长, 噪声源越来越多, 噪声强度越来越高, 人类的生活和工作环境受噪声的污染日益严重. 控制噪声, 保证建筑物内外的声环境能够满足人们的生活、学习和工作需要, 减少噪声对人类的危害, 成为环境声学的主要研究内容.

12. 声频技术

声频技术是声学领域一个既传统但又具有广泛发展前景的分支. 近年来, 随着通信、计算机与互联网、多媒体与虚拟现实以及人工智能技术的发展, 声频技术的研究范畴已大大拓展, 包含听觉基础科学研究、声音虚拟现实、人工听觉、声场调控和声信息抽取等. 现代声频技术主要研究可听声频段 (20Hz 至 20kHz) 声音的物理与感知机理, 探索其应用.

13. 生物声学

生物声学介于生物学和声学之间, 是一个跨学科的研究领域, 除具有生物学的一般特点 (比如形态学、解剖学、组织学的特点), 还具有物理学的普遍特点, 涉及生物学、声学、信息学、计算机科学、仿生学、海洋学等众多学科. 基于生物声学原理的仿生应用引起了世界上声学研究者的广泛兴趣, 在水下工程检测、地质勘探、军事需求、科学考察和环境监测等方面有广泛的应用前景.

14. 心理和生理声学

研究声学的物理世界与听觉的感知世界之间关系的专门学问, 是关于物理学与生理学如何相互作用以产生声音知觉的一门重要学科. 研究人和动物对声音刺激的生理与心理反应, 试图通过建立物理、生理和知觉之间的关系来研究物理和生理如何相互作用以产生知觉.

15. 音乐声学

古典科学中较为发达的学科之一, 早期研究集中在乐器方面, 如乐器的发声原理、音准、音质改良等. 研究范畴随着世界科学水平提高而不断扩展. 电声学和电子技术的发展使音乐声学研究从模拟时代迅速进入数字时代, 电乐器、电子音源、虚拟空间音效、数码播放器、智能录、扩声系统等一系列新的研究项目应运而生. 进入 21 世纪, 生物音乐学、生态音乐学以及人工智能技术又为音乐声学增添了全新的研究内容.

16. 气动声学

研究流动流体或高速运动物体产生声波的声学分支. 1952 年, 莱特希尔 (Lighthill) 在《英国皇家学会会刊》上发表了一篇研究湍流发声机理的论文, 推导了后来以他名字所命名的方程, 人们普遍把这项工作当作气动声学诞生的标志. 作为一门独立的声学学科分支, 气动声学在航空领域有十分重要的应用. 北京航空航天大学设有专门的航空气动声学工业和信息化部重点实验室.

17. 大气声学

研究大气声波的产生机制和各种声源产生的声波在大气中传播规律的声学分支. 作为以声学方法探测大气的一种手段, 也可看成大气物理的一个分支. 通过自然或人工产生的次声波在大气中传播特性的测定, 可以探测某些大规模气象的性质和规律, 对大范围大气进行连续不断的探测和监视.

总之, 声学在现代科学技术中起着举足轻重的作用, 对当代科学技术的发展、社会经济的进步、国防事业的现代化以及人民物质和精神生活的改善与提高发挥着极其重要甚至不可替代的作用. 声学的核心是声物理学, 作为一门应用性学科, 其理论基础在连续介质力学 (流体动力学和固体力学) 的基本方程确立之后, 已经得到充分的发展. 但随着声学应用的扩展, 将声学的基本理论运用于解决各种特定需求和条件下的声波激发、传播、接收及调控, 仍然存在大量基础性的挑战. 近二十年来发展起来的声人工结构研究, 由于新概念的引入及新效应的发现, 使声学学科持续焕发蓬勃生机, 并在医学、通信、军事以及工业检测等各个领域发挥重要作用, 例如, 高精度声学成像、精准超声治疗及高容量声学通信等重要问题的解决都需要以对声波实现精确及高效的操控为基础.

二、学科国外、国内发展现状 [1-20]

由学科特点和研究范畴可知, 声学的各个分支的研究范围和应用领域十分广泛, 各分支之间有的存在交叉, 有的却完全不同. 各个分支学科国外、国内的发展现状也有很大的不同, 在本书的以后各章中, 将按照不同分支学科 (甚至不同的研究方向) 进行详细的讨论. 本章仅选择若干主要的声学分支进行论述.

1. 声人工结构

声学超构材料在不到二十年的时间里得到了迅猛的发展, 国内外的许多课题组在声场人工调控领域开展了大量理论与实验工作并取得了若干重要突破, 通过深入研究声波与不同类型的人工结构的相互作用机理, 揭示了人工体系中的异常反射/折射、声单向、声隐身等各种反常声学现象, 提出了多种实现常规方法难于或无法产生的特殊声波操控的新思路, 为传统声学领域中存在的非对称性传输、复杂声场生成、低频声吸收和隔离等基本难题的解决提供了启示.

与电磁人工材料的早期工作主要源于国外的情形不同, 中国学者对声超构材料概念的最初提出及该领域的发展做出了重要贡献, 完成了一系列原创性工作. 在 2000 年前后, 香港科技大学沈平教授和武汉大学刘正猷教授等首先开展了声学超构材料的研究. 2009 年南京大学首次提出并验证了声二极管原理, 成功设计制备了第一个声二极管原型器件, 打破了传统意义上声波仅能对称传输的局限, 使声单向操控成为一个备受关注的研究领域. 2015 年南京大学在国际上首次提出了人工声学 Mie 共振超构介质体系, 以及用人工结构激发 Mie 共振的新思想及其调控声波的新方法, 这些成果得到了国际同行的广泛关注, 国内外许多课题组也在跟踪该方向研究, 同时, 丰田汽车北美研究院等机构还依据该理论研制了一系列声学器件, 例如超稀疏可通风吸收体设计、指向性声信号传感、定向声能辐射、深度亚波长声学天线、微型超强低音扬声器等.

此外, 国内学者在基于声学超材料的类量子效应及拓扑声学相关的研究方面已经取得阶段性进展. 相较于其他经典波的拓扑物态研究, 国内学者在拓扑声学的研究进展中起到了关键性作用, 做出了一系列原创性工作. 因此, 我国在声超构材料研究领域具备较高的理论水平及研究能力, 与国际先进水平之间不存在明显差距, 尤其是在基于声超构材料的低频声场调控、声单向操控等方向上具有显著优势, 具有成为 "领跑者" 的能力.

2. 水声学和海洋声学

近十年来, 以美国为代表的西方国家在水声学和海洋声学方面的主要进展包括三个方面. ① 在浅海环境下: 孤立子内波等中尺度海洋现象对水下声传播的影响研究, 海洋环境不确定性对声呐探测性能的影响研究, 软泥底声学参数的测量和反演, 为高频探雷及探测声呐在极端环境下性能评估奠定基础. ② 在深海环境下: 将深海远程及超远程声传播应用于水下信息传输及海洋监测; 复杂深海环境下 (如海底山、大陆斜坡、海洋水文等) 的低频声场空时相干性、声场结构统计特性、深水影区物理机理和环境噪声场特性等研究; 开展海洋环境噪声长期监测, 进行高纬度海洋环境下的冰下噪声及生物噪声研究、舰船噪声及海面风生噪声规律的统计研究; 等等. ③ 研发和采用先进的实验技术设备以保证深海实验的进行, 加强水下机器人和水下滑翔机等技术手段执行声学观测, 并开始发展基于 AUV (自主式水下无人航行器) 和滑翔机的水声探测技术, 最终为实现无人平台的前线存在奠定技术基础.

我国海洋声学研究历经新中国成立后 70 多年的发展, 实现了从无到有、从弱到强, 已形成了海洋声学基础理论、水声信号处理、声学实验设备、声呐装备等全链条的研究技术体系和研究队伍, 保障了我国水声装备技术的发展和应用. 受综合国力和实验条件限制, 我国海洋声学研究重点在大陆架浅海区, 取得了举世瞩目的成果. 近十多年来主要的亮点成果包括: ① 基于广义相积分 (WKBZ) 理论, 发展了适合水平不变及水平变化浅海的波束位移射线简正波理论、耦合简正波抛物方程计算模型、基于全局矩阵的耦合简正波声场模型; ② 发展了多物理量联合海底参数反演方法, 解决了参数间的耦合性和多值性问题, 给出了不同底质类型对应的海底声学参数; ③ 提出了相干混响模型, 很好地解释了温跃层中的混响衰减随时间振荡的现象; ④ 提出了基于水平阵的浅海声学被动层析方法和声源定位方法, 可很好地应用于水下目标警戒探测及海洋水文环境自主保障.

与浅海声学研究突出进展相比, 我国受大深度测量的声学实验设备等条件限制, 在深海海洋声学及水下探测等方面的研究开始得相对较晚.

3. 生物医学超声

在高强度超声治疗方面, 国际知名的医疗器械公司都争相开发了功率超声治疗设备并将其推向临床应用. 国内的设备研发起步略晚于国外, 但从 20 世纪 90 年代起, 逐步赶上甚至达到了国际领先的水平. 重庆医科大学是我国开展功率超声治疗研究最早的单位之一, 其研发的聚焦超声肿瘤治疗系统出口到牛津大学丘吉尔医院等国外单位, 获得了良好的效果. 中科院深圳先进技术研究院、南京大学、复旦大学、上海交通大学、北京大学、西安交通大学和陕西师范大学等诸多研究机构也在聚焦换能器设计, 声空化剂量监控, 声空化治疗恶性肿瘤、糖尿病、脑胶质瘤、肌骨疾病和帕金森病等疾病的作用机理研究领域做出了大量的创新性工作.

在光声生物成像方面, 国外多个研究团队相继进行了高时空分辨率光声成像技术的研究, 并探索其在脑结构和功能成像以及其他生物医学领域的应用. 华盛顿大学将光声断层成像应用于小鼠脑成像, 成功获得了小鼠脑创伤的清晰结构图像, 以及外加刺激作用下脑的功能图像. 密歇根大学开发了基于商用超声机的光声实时成像系统, 该系统可以提供动态光声影像. 佛罗里达大学则利用自主研制的多通道光声信号同步采集系统, 实现了实时三维光声成像, 并利用该系统实时监控了药物注射过程等. 国内南京大学、同济大学、厦门大学、上海交通大学、中国科学技术大学、上海科技大学、北京大学等也开展了光声多模态成像系统、光声谱分析技术、手持三维光声系统、光声断层成像等的研究与开发.

在超声弹性成像方面, 国内已经初步建立起了具有自主知识产权的、较为完备的超声剪切波弹性成像关键技术及应用体系. 同时, 我国还拥有大量优秀的本土超声医学影像设备制造企业, 以及有丰富病例数据的优秀医疗机构. 通过科研机构、设备制造企业以及医疗机构的深入合作和联合攻关, 目前已经形成了具有一定国际竞争力的国产弹性彩超设备和超声肝硬化检测仪等系列产品, 初步建立了面向中国人特征的肝硬化早期诊断标准和量化分级体系, 以及结合病变组织和其浸润边界硬度信息的乳腺癌判别体系, 为这两种重大疾病的早期筛查和诊断开辟了经济便捷的新途径.

在超声神经调控方面, 利用无创的超声技术实现对神经元的刺激和调控最近引起了神经科学界和脑疾病临床界的极大兴趣. 但是该新技术还处于起步阶段, 目前国际上还没有神经科学家和超声专家紧密合作来开拓该技术应用的相关报道. 在国家重大仪器专项支持下, 中科院深圳先进技术研究院已经针对灵长类动物开展了磁共振成像 (MRI) 引导下的超声神经技术研发, 初步实现了大规模阵元的超声神经调控. 拟下一步重点推进针对脑功能性疾病患者的超声神经调控技术.

在骨超声评价方面, 近十年来, 国内复旦大学对骨骼系统定量超声评价进行了系统深入的研究, 从理论上揭示了松质骨及皮质骨等骨组织中的超声传播规律, 提出了骨质评价的新方法与技术, 研制了国际首台基于超声背散射法的骨质诊断仪, 并用于测量成人、孕妇、新生儿及航天员骨质状况, 推动了骨质超声评价的研究进展与临床应用.

4. 超声工业检测

在超声导波检测方面, 20 世纪 90 年代开始, 英国帝国理工大学和美国宾夕法尼亚州立大学开始系统地研究超声导波在不同材料和结构导体中的检测应用, 推动了超声导波的工业应用, 目前国外已开发出商用的超声导波检测装置. 国内南京大学、北京工业大学、复旦大学、上海大学、香港理工大学、西安交通大学、南京航空航天大学等机构研究人员也开展了超声导波的理论和检测应用研究.

在非线性超声检测方面, 20 世纪末, 国外就开展了材料损伤退化的非线性超声纵波/表面波评价研究. 近十年来, 主要开展早期微损伤的非线性超声定位及评价的研究, 例如, 美国西北大学基于纵波–横波的共线混频技术提出材料非线性参量用于评价结构的塑性形变程度或疲劳损伤状态; 北京工业大学利用共线混频声波信号对金属材料中的微裂纹等损伤行为进行了检测和定位评价; 英国 Bristol 大学采用非共线声波混频方法检测和评价了结构的塑性损伤和疲劳损伤, 验证了该方法在无损检测与评价上应用的可行性; 华东理工大学对拉伸载荷作用下铝的塑性变形情况进行了非共线横波混频检测.

在材料损伤的非线性超声导波评价方面, 重庆大学率先将非线性超声导波用于评价铝板的疲劳损伤程度; 随后, 美国西北大学利用超声导波的非线性效应, 对铝合金材料疲劳损伤进行了非线性导波的实验评价研究; 华东理工大学开展了材料蠕变损伤和微组织演化的非线性超声导波评价方法研究; 印度国家无损检测中心基于我们对微观组织解析的模型开展了 P91 钢不同温度热处理后析出相与非线性超声导波信号变化的关系研究; 等等.

在复合材料的超声检测方面, 国外相继研制出了较为成熟的商用复合材料超声检测系统. 例如, 波音与空客等世界民用飞机巨头均成立复合材料结构设计与无损检测技术中心, 保障复合材料装机量相当大的大型民机运行的安全性与可靠性. 国内超声检测相比国外起步较晚, 有一定差距, 但近年来受国内巨大需求带动, 在复合材料超声检测理论和设备研制方面取得了巨大进步. 北京航空航天大学在航空复合材料超声检测方法、检测设备研制等方面做了大量的研究工作, 浙江大学对复合材料孔隙率的超声检测开展了深度的研究, 北京理工大学开发了超声相控阵单机械手无损检测系统、复合材料构件双机械手超声无损检测系统, 等等.

在极端环境下的超声检测方面, 目前国外对此的研究和技术应用大都处于严格保密中, 在文献和学术交流中极少提及. 美国管道研究实验室、美国英斯派克公司、韩国标准科学研究院、日本东北大学、英国华威大学、美国布鲁内尔大学、乌克兰国立科技大学和日本 FEF 钢铁研究院均已经开展高温构件在线电磁超声无损检测技术研究, 并在国家核心钢铁制造业推广和使用超高温电磁超声技术, 实现超高温 (1200°C 以上) 金属构件缺陷检测和厚度测量. 国内南昌航空大学研制了 600°C 持续检测的螺旋线圈电磁超声换能器 (EMAT) 探头, 已经应用于锻造生产线. 目前, 国内仍缺乏超高温环境下金属材料性能和失效特征在线监测/检测的技术.

5. 语言声学

随着信息技术 (尤其是人工智能技术) 的快速发展, 语言声学研究也取得了重要进展. 近年来, 深度学习在语言声学领域的应用极大地推动了语言声学的发展, 基于大数据技术的部分语言声学研究逐步走向了商业应用, 主要包括: 语音识别、说话人识别和语音合成等. 鉴于我国在数据、人才等方面的积累和优势, 数据驱动的语音技术达到了国际领先水平.

目前, 我国在语言声学领域的研究主要集中在应用研究和应用基础研究上, 基础研究较为薄弱, 主要包括: 语音信号在复杂介质中的传播规律, 语音的多层次系统性分析研究, 人类言语生成与听觉感知相互作用, 脑中语音认知与理解的机理, 复杂声学场景的感知、分析与重建, 复杂声学环境中鲁棒性语音识别, 人类语音理解与认知的物理和生物机理等.

6. 生物声学

国外学者主要研究包括: ① 动物的声产生和传播机理; ② 动物的声信号特征、动物的听觉能力和声学通道, 甚至动物的目标识别机理等; ③ 人类活动对动物发声和听觉的影响及减缓影响的技术和措施等. 我国生物声学学科发展起步较晚, 但近年来在声带振动发声机制、海豚声呐机理与仿生以及蝙蝠声呐机理研究方面取得一系列重要进展, 形成一定优势. 例如, 南京大学提出了模拟声带碰撞应力的有限元模型; 厦门大学对声带振动发声模型和离体动物发声实验的研究揭示了异常的力学参数能够使发声系统产生分叉和混沌; 西安交通大学从声带模型、活体犬的动物实验和发声声门图测量等对流体诱发声带振动及其空气动力学进行了研究; 陕西师范大学根据语音的质量块声带模型, 对实际语音的时序信号进行了预测分析; 汕头大学提出了基于非对称四质量块的声带振动模型及声门波分析合成的嗓音研究方法; 西安交通大学利用非振动树脂玻璃合成声带模型, 对声门内流场分布进行了测量, 并研究了声带几何参数对声门流场的影响; 等等.

中科院水生生物研究所和中科院深海科学与工程研究所课题组开展了对江豚回声定位信号的研究; 海洋三所课题组对瓶鼻海豚 click 声信号特性进行了研究; 哈尔滨工程大学课题组利用海豚声信号作为编码方式, 研究仿海豚叫声的隐蔽水声通信; 厦门大学课题组建立了海豚超声波束形成 (beamforming) 的物理模型, 对声波在声速分布不均匀的额隆组织以及复杂形状的头骨中的传播进行了研究.

7. 环境声学

在噪声引起的烦恼度方面, 国内外均开展了以烦恼度等为度量指标的噪声对人影响的研究. 在 20 世纪 70 年代, 人们研究的重点是以现场调查数据为主, 确定不同环境噪声作用下的公众烦恼度, 典型成果就是被广泛引用的 "Schultz 曲线", 之后, 噪声效应研究转入针对典型声音的实验室研究, 开启了基于心理声学的噪声感知定量评估及建模研究, 同时上述关于烦恼度研究的部分成果被纳入了各国的噪声政策、标准和规范中.

在声品质研究方面, 国际上, 以著名心理声学专家 Zwicher 为首的德国研究团队为声品质的基础研究做出了巨大贡献, 英国剑桥大学 Lyon 教授领导的团队在产品声品质的设计与应用方面做了大量工作. 在国内, 同济大学、西北工业大学、吉林大学等单位对汉语语境下声品质的特性研究取得了进展.

在声景观方面, 最早可追溯到加拿大作曲家 Schafer 的研究, 他建立了人耳、使用者、声环境和社会之间的关系, 尝试从另一个角度理解和认识到声环境的重要性, 并成立了全球声景观研究学会. 在国内外学者多年的努力下, 声景观研究已建立了较为成熟的理论体系、研究方法与研究手段, 国际上许多城市正积极推动声景观示范项目. 在我国, 多个城市也开展了一系列声景观保护项目.

早在 21 世纪初, 同济大学、西北工业大学、中科院声学研究所等单位的研究者就开展了噪声主观评价研究, 他们主要围绕噪声声品质基本含义、评价方法、烦恼感建模及产品声品质优化等开展研究, 这些研究密切结合中国国情, 充分体现了声音主观评价的地域性与文化特色, 充实了噪声主观评价研究成果的适用范围, 得到了国际同行的广泛好评和认可.

在声音的听觉感知方面, 得益于我国产业规模巨大及部分行业的快速发展, 我国在新型环境噪声评价与运用方面有独特优势, 如高速 (轮轨和磁悬浮) 列车噪声评价、载人航天器舱内声环境设计、新能源汽车和无人驾驶车辆声音主动设计及警示音设计等. 另外, 针对东方人尤其是中国人民族、文化背景的相关研究成果将是我国在该研究方向取得突破的切入点之一.

8. 声频技术

声频技术的研究内容普遍源自实际应用场景的需求, 通信、汽车、军事、电力、机器人、虚拟现实和增强现实等领域有众多与声频技术高度关联的热点问题. 声场调控领域值得关注的热点包括声学换能器的分析改进、声场信息的捡拾、重放与听觉感知、声场分区控制、有源噪声控制、声源定位与跟踪、语音增强和分离以及特殊人群 (听觉障碍患者) 的人工听觉恢复.

基于声学阵列的声场调控和声信息抽取融合声信号处理、声学传感、心理声学和机器学习等多个方向的研究内容, 应用前景非常广阔. 我国是制造业大国, 正处于向制造业强国转变的关键时期, 国内企业对先进技术的需求与日俱增. 南京大学、中科院声学研究所、华南理工大学、西北工业大学等国内声频技术领域顶尖研究机构, 与企业深入合作, 在声场调控和声信息抽取的应用研究与应用基础研究水准上达到或接近国际先进水平, 在通信、汽车和人工智能领域有不少研究成果已实现大规模商用.

尽管在应用和应用基础研究上成绩斐然, 然而一些关键技术的基础研究仍然是我们的薄弱环节. 声学换能和传感新器件、关键声频处理算法的基础数学理论和心理声学研究的前沿拓展, 执牛耳者仍然是国外研究机构. 我们需要迎头赶上的研究内容主要包括: 声学换能和传感新器件的探索, 复杂声场的模型优化, 大规模多通道声场调控系统的优化, 面向目标的空间声模式, 房间均衡技术, 声信号增强和分离的基础数学理论, 声信息抽取的融合策略, 与声学感知算法有关的心理声学和生理声学新机理的探索, 人工听觉技术, 以及听觉、视觉甚至生理信息联动的多模交互系统.

9. 心理和生理声学

心理和生理声学方面的研究在欧美国家有上百年的历史, 在现代声学研究中占据重要的位置. 美国声学学会 (ASA) 的心理和生理声学分会 (PP) 一直是该学会中非常活跃的一个分会, 每年 ASA 年会 PP 分会的参与者有 200 ~ 300 人的规模. 中国在心理和生理声学方面的研究起步较晚. 国内第一个系统地开展听觉研究的单位是北京大学言语听觉研究中心, 成立于 2002 年. 近十年来, 越来越多的海外归国人才在国内建立了听觉相关的研究团队, 但与欧美发达国家和地区相比, 整体规模偏小, 仍处于起步阶段. 国内的研究主要面向应用, 聚焦于言语通信中的若干机理问题, 特别是针对汉语语音特点开展的言语感知机理研究.

10. 气动声学

自第二次世界大战以来, 喷气式飞机以及潜艇的流动发声问题就引起了工业界与科学界的广泛关注, 今天, 科学家面对航空航天以及航海领域的降噪设计需求, 针对喷流噪声、叶轮机械噪声、螺旋桨噪声、机体噪声、燃烧噪声、工业气动噪声以及计算气动声学方法等目前气动声学的几个主要热门领域开展了一系列研究.

经过近 70 年持续发展, 欧美研究机构已积攒了大量的气动噪声的实验数据, 对气动噪声产生机理进行了不断深入的研究, 发展了一系列有效的气动噪声预测技术. 20 世纪 80 年代中后期以来, 计算气动声学 (computational aeroacoustics, CAA) 的发展给气动噪声机理研究带来新的途径. 经过 30 多年的发展, CAA 已成为气动声学重要的研究方向, 在分析气动噪声产生机理和传播特性方面发挥了重要的作用. 然而, 随着处理问题复杂程度的提高, CAA 仍需在数值格式、湍流模拟、人工边界条件等方面取得突破才能满足实际工程问题的需求.

三、我们的优势方向和薄弱之处

1. 优势方向

最近十多年以来, 我国的声学学科有了很大的发展. 主要优势方向包括以下几个方面.

在水声物理领域, 我国学者发展了适合深海的 WKBZ 理论和浅海的波束位移射线简正波理论, 研究与发展了多种稳健的匹配场定位 (MFP) 处理算法, 在匹配场定位、浅海平均声速剖面反演研究方面都取得了很多成果, 使我国水声成为美欧有关研究部门高度重视并渴望广泛合作的领域.

在生物医学超声领域, 我国实现了超声设备制造由普通彩超向高端弹性彩超、超声分子影像的跨越, 解决了超声弹性成像的关键技术; 我国在高强度聚焦超声 (HIFU) 治疗肿瘤、药物传递及基因治疗等领域处于领先地位; 在超声神经调控以及超声对脑疾病干预与治疗的机制和调控因素方面也取得了进展; 研制了国际首台基于超声背散射法的骨质诊断仪, 并用于测量成人、孕妇、新生儿及航天员骨质状况, 推动了骨质超声评价的研究进展与临床应用.

在地球或储层声学领域, 我国声学研究人员成功研制了适合地下高温高压工作环境的小尺度、远探测声波测量仪器和随钻声波测井仪器, 打破了国外的价格垄断, 实现了我国深部能源装备研发的国产化, 在民用和国家安全领域得到了规模化的应用.

在环境声学测量、评价和噪声控制技术, 声学环境标准与法规政策的制定方面, 我国基本与发达国家同步. 在噪声控制领域的噪声效应、噪声评价、噪声测量、噪声产生、噪声传播、噪声控制方法和噪声控制工程等方向, 中国都有涉及, 尤其是在噪声控制工程中的若干方面做得有特色, 如传声器阵列、噪声地图和阵列消声器的研发与应用等. 我们的研究优势方向包括: ① 微穿孔吸声结构的研究和应用; ② 有源噪声控制的研究和应用; ③ 用于吸声和隔声的超构材料的研究和应用.

在超声领域, 我国声学研究人员解决了多层界面脱黏的原理和技术检测难题, 实现了黏接质量超声检测的技术创新. 近年来, 提出了完整的非线性导波理论和金属材料早期损伤评价方法, 应用于实际的工业检测和评价.

在语音数字化建模研究中, 我国声学研究人员提出了国际上领先水平的语种识别系统, 研究成果打破了国外公司对中国语音识别市场的垄断, 在民用和国家安全领域得到了规模化的应用.

在声物理发展的前沿, 结合凝聚态物理的发展, 我国科学家在声人工结构材料中发现了一系列新的声波传播的奇异特性, 这些工作极大地推动了我国声学学科在新概念、新原理方面的发展, 引起国际同行的高度关注.

在气动声学领域, 国内较早开展计算气动声学研究, 目前以北京航空航天大学为代表的气动声学研究团队在计算气动声学方面的研究已经达到国际领先水平.

2. 薄弱之处

由于声学基础研究队伍不大, 而且任务性研究很满, 我国大部分声学研究无暇顾及其中的关键基础物理问题. 对此, 我国老一代声学专家多次呼吁必须加大对基础研究的投入. 现在我国开设声学专业的学校较少, 难以吸收更多的年轻人到声学研究中来, 研究队伍扩展受限. 声学学科发展仍然不平衡, 在一些非常重要的领域, 例如大气声学、深海声学、超声电机、声学微机电系统 (MEMS)、心理和生理声学、生物声学等, 都缺少系统的研究.

四、基础领域今后 5 ~ 10 年重点研究方向

由于声学学科的交叉性, 它渗透到包括电子、信息、能源、环境、国防、艺术等各个领域, 因此, 我国的声学研究方向比较分散, 注重于声学在各个方向的应用研究, 而忽视了声学本身的应用基础研究. 建议我国在声学领域应优先发展以下重点方向.

1. 声人工结构研究和应用

(1) 低频声场精准操控. 研究宽带薄层超表面的设计原理、基于非厄米体系构建的声学超材料、微纳单元构筑超薄声超表面、水下声学超材料的物理机理及设计制备方法等. 目前空气声和水下吸声及声聚焦主要集中在中高频甚至超声频率范畴, 针对低频尤其是低频宽带声聚焦和吸声的研究较少, 尤其针对 1kHz 以下低频宽带声波调控的研究甚少.

(2) 融入主动控制等新元素. 现有的声拓扑材料通常由无源单元结构制作而成, 成品一经构建, 其声学性质无法更改, 难以满足各种复杂情况下的实际需求. 因此, 有必要探索利用特定外场实时操控人工结构的方法, 发展可重构、智能化的声拓扑器件的设计理念.

(3) 复合功能的声学超材料. 由于空间的限制, 往往要求一定厚度的材料能同时具备多重声功能, 如在去耦的同时又能实现吸声及 (或) 声聚焦, 然而目前还缺乏对亚波长尺度下多功能复合声学超材料的设计开发. 为此, 需要将不同类型微结构单元按相应空间序形成功能各异的超材料子系统, 进而组合成性能强大的复合化超材料系统, 迈向材料器件一体化、结构功能一体化.

(4) 新型声超构器件设计及应用, 新型能量吸收/收集超表面设计及其在隔声抑噪等领域的应用, 水声超构器件设计及其在水声探测、通信及医学超声中的应用, 基于超表面的新型人工扩散体设计及其在建筑声学中的应用.

2. 水声学和海洋声学

(1) 深海低频声传播特性及物理成因. 研究深海中不同空间范围内决定声传播的主要海洋环境因素及物理成因, 揭示深海低频声波与海洋耦合机理, 特别是中尺度、大尺度直至海盆级区域范围内声波传播与海洋中尺度现象等动力学过程及复杂海底的耦合作用.

(2) 复杂海洋环境下声场时–空–频相干特性及物理机理. 研究和掌握海洋动力学过程影响低频声信号空时相关性和特征稳健性的物理机制. 研究确定性海洋环境条件下声场的垂直相关、水平纵向相关及声场时间相关特性, 重点关注低频远程传播到达结构、信号起伏特性及其与收发距离和频率的关系, 掌握复杂海洋环境声场的时–空–频变化特征规律, 揭示海深汇聚区和影区声场空间频率干涉特征的主要控制因素.

(3) 典型海洋动力过程与声学耦合四维海洋–声学模型. 研究海洋声场预报与典型海洋动力学过程预测模式、数据融合的机理. 发展多尺度复杂海洋环境下声场并行快速计算方法, 实现全球尺度范围内传播、混响和噪声场快速预报, 系统分析和总结四维动态海洋环境下的声场不确定性, 提高我国在全球范围内的海洋声学认知水平及保障应用能力.

(4) 水声探测与识别新原理和新技术研究. 研究基于机器学习的水下目标探测方法及虚假目标甄别方法, 推动基于大数据和机器学习的目标分类识别技术及其应用, 探索多基地主被动协同探测技术及基于 AUV 和滑翔机等无人平台的组网观测与探测技术, 并开展原理性试验与示范应用.

3. 生物医学超声

(1) 在超声调控与治疗方面, 深入开展超声微流控研究, 特别是高通量超声筛选, 包括循环肿瘤细胞和外泌体的微流控技术, 以及基于超声微流控平台的三维生物打印研究. 通过物理效应的控制和器件的工程化设计, 有可能实现高精度的三维生物打印, 并精确调节所获组织的力学性能、各向异性结构等.

(2) 在 HIFU 治疗方面, 尽管聚焦超声已在肿瘤治疗和新兴医疗设备研制方面形成了蓬勃的发展态势和激烈的竞争格局, 但针对 HIFU 治疗设备的声场特性检测和生物学效应评价的标准、方法、技术仍然欠缺, HIFU 治疗技术领域的标准建设还不甚完备. 其中涉及的科学问题包含高声压检测的理论和方法、HIFU 在多层复杂组织中的声传播和生物传热、HIFU 诱导生物学效应及应用、高效的治疗监控方式等急需解决.

(3) 在超声神经调控方面, 开展功能性脑疾病的无创治疗研究. 现阶段功能性脑疾病的治疗方法包括药物、手术、康复、心理引导、家庭护理等综合治疗. 但是, 这些治疗手段对超过半数的患者没有明显的疗效, 而且长期接受药物治疗的患者, 经药物治疗无效或者长期治疗产生耐受、成瘾、副作用或者毒性. 物理治疗手段为功能性脑疾病治疗提供了新途径. 脑神经调控疗法具有高度的靶向性和持久性, 与其他的疗法相比, 部分患者早期应用神经调控技术治疗获得了更大的效益.

(4) 在超声靶向给药治疗方面, 深入理解超声空化的生物物理机制, 以及微泡对药物的大容量携载与递送. 为了更安全有效地利用声空化进行肿瘤和其他恶性疾病治疗, 减小其毒副作用, 亟须解决关键科学问题: 深入拓展对声孔效应机理的理解, 研究微泡声空化引发声孔效应的响应机制、影响因素、相关生化效应, 以及可逆声孔效应的修复机制等, 以促进更为精准、安全、高效的声空化临床诊疗应用开发的进展.

4. 语言声学

(1) 复杂声学环境下基于人类听觉的语音信号感知与认知. 从复杂声学环境中感知和提取目标语音信号仍是语言声学领域的一个有待解决的关键问题, 极大影响着语音识别等后续处理的性能. 近年来, 随着深度学习、脑科学等相关学科的发展, 借鉴这些领域的最新研究成果, 有可能给复杂声学环境中语音信号感知与认知这一世纪难题带来突破性进展.

(2) 声学环境感知及其在语音处理中的应用. 语音的产生总是发生在某种环境中, 语音处理系统应该随着所处声学环境的变化而自适应地变化. 借鉴人类言语生成与听觉感知相互作用的机理, 对声学场景进行实时感知、分析并将其结果应用于后续语音处理 (如语音识别、语音感知提取等) 中是实现声学环境智能的关键.

(3) 声学场景的分析与重建. 随着 5G 时代的到来, 能够同时传输多类型声学信号和复杂声学场景的超临场感声通信是未来的一个发展方向. 声学场景的感知、分析与重建是实现超临场感声通信的重要技术, 是值得重点研究的方向.

(4) 多语种混合语音识别. 随着社会的发展, 多语种混合 (如中英文混合、普通话和方言混合) 已经成为一种常用的语音交流方式. 如何对这种多语种混合发音进行识别, 仍然具有很大困难, 是未来值得研究的方向之一. 随着社会的进步, 社会服务呈现出很强的个性化需求, 合成极具个性化和表现力的语音已经成为众多应用的迫切需求. 如何在对个性化语音进行声学分析的基础上, 充分利用人工智能新技术, 实现高表现力语音合成是未来值得研究的方向.

5. 超声物理和检测技术

(1) 早期损伤的非线性超声检测、监测与评价装备研发. 宏观缺陷和损伤形成之前, 通常需经历材料微观结构变化以及微损伤的起始、积累等过程. 在航空航天等关键工程设备构件中, 考虑到其长期服役的特点和安全运行的重要性, 即使材料早期性能退化或微损伤也需要及时的检测和评估. 开发针对关键结构和材料微损伤 (微裂纹、材料早期性能退化等) 的非线性超声检测研究是未来 5 ~ 10 年超声检测领域重点发展的方向.

(2) 微损伤的非线性超声相控阵检测理论与成像方法. 蠕变、疲劳等损伤老化是危及重大装备及其承载部件服役安全、导致突发事故的主要因素, 具有难发现、难预测、难防控的特点, 被形象地称为危及重大装备安全运行的 "癌症". 然而, 这些损伤大多数呈现出早期性、微损伤、多缺陷等特征, 且表现出早期微损伤时间跨度长 (大约 80%)、检测难、破坏快的特征, 这使得其核心部件安全服役保障面临了更大的挑战. 因此, 为了实现大型类板状、类管状核心部件早期微损伤/微缺陷 (如 0.5mm 及以下) 的多缺陷快速检测与监测预警, 迫切需要开展微损伤与多缺陷耦合状态的新的检测理论与表征方法研究, 促进结构服役损伤和安全性的早期预知与智能维护的实现, 从而实现对国家高端装备质量工程的有效实施和重要保障.

(3) 超声检测与机器学习的深度融合. 超声检测中对被测信号的分析与处理是一项重要内容. 仅仅依靠人工分析和识别, 效率低并且容易出现误判, 考虑到超声检测未来发展的智能化需求, 开发超声检测与机器学习的深度融合是基础研究领域的一个重要方向. 鉴于目前基于大数据分析的机器学习相关技术和方法发展迅速, 尤其是我国目前超声检测的数据呈现几何量级的增长, 开展超声检测与机器学习、大数据融合的相关研究十分必要.

(4) 极端服役条件下的超声检测理论及方法. 工业领域一些关键结构的服役环境极其恶劣, 如超高温、高载荷/交变载荷、超高压、腐蚀/辐射的服役环境. 因此, 极端服役条件下的超声检测的理论和检测技术研究也是未来需重点发展的研究领域. 例如: 极端高温环境下燃烧室受迫振动状态的热–力–声/电磁多物理场耦合机制, 超高温金属构件异常应力及疲劳损伤的声/电磁无损评价和材料退化/失效特征时空反演, 超高温环境下金属构件寿命诊断和预测方法, 航空/航天发动机的新一代金属材料在高温环境下的性能退化特性与失效机理无损评价和监测方法, 高温铸锻件、高温连铸坯等钢铁制造业高温加工过程的无损检测方法.

6. 环境声学

(1) 建立符合主观感受的环境噪声客观评价量和方法. 包括声品质研究和室内音质研究, 涉及心理声学、人耳、人脑和传统的客观测量、信号处理等领域. 国内外这方面的研究目前都不成熟, 研究目标、研究手段、研究结果的表达形式都不完善和不统一. 研究目标也许可以是: 建立人对噪声的感受模型, 这个模型可能非常复杂, 从人耳的信号处理模型一直到大脑的认知模型, 得到一个客观模型或者方法, 能够完全反映人对声音, 包括音乐和噪声等的感受.

(2) 噪声控制新材料. 声学材料的多样化给建筑声学和噪声控制设计带来更多的选择和可能. 当前研究较多的是微穿孔板吸声材料、声学超构材料和声学智能材料. 新的方向包括: 发现和探索能够用于吸声和隔声的新物理机制 (关注声能、机械能和电磁能等的转化), 基于新的加工和制作方法与工艺, 采用先进的优化设计工具, 将传播介质和材料、结构结合起来, 开发声学智能材料, 满足声学材料薄 (材料厚度)、轻 (材料质量)、宽 (声学频带)、强 (结构强度) 的要求.

(3) 噪声控制新方法. 在了解噪声产生机理的基础上, 从噪声源处降低噪声或者设计低噪声机器和设备. 在声学传播途径上探讨更加经济可靠、性能好的新方法, 如新型声屏障和隔声窗等, 结合绿色建筑需要, 提供节能健康的噪声控制方法. 有源控制进一步向主被动混合控制发展, 提出经济合理的解决方案. 将主动系统和周围声振环境、传统控制方法做整体考虑研究; 和虚拟声环境、环绕立体声重放的研究相结合, 不仅降低环境噪声, 而且争取实现对声环境的完全控制.

(4) 室内外声环境设计. 结合声景研究, 建立室外声环境设计的系统方法, 涉及传统的噪声预报、规划, 噪声地图, 人对声音的感受, 室外声传播等; 针对大空间敞开式办公室、工厂厂房车间、商场或者居家的声环境进行综合设计, 除了控制噪声外, 还考虑保证有良好私密性、播放音乐的音质、安全报警和疏散时的声系统等. 涉及房间声学、噪声控制和心理声学等. 难点在于建立相应的声学模型等, 整合现有的宏观和微观预测方法, 得到统一的方法和工具.

7. 地球声学或储层声学

(1) 非线性岩石声学和各向异性测量. 目前勘探已向复杂岩性、复杂构造和隐蔽性等非常规油气藏方向发展, 随之而来的针对非常规油气的储层声学也面临新问题和新挑战. 有必要在已有的声弹性研究工作的基础上, 开展孔隙介质的非线性声弹性理论研究, 完善岩石的非线性本构关系与非线性位移场方程, 以及有限静 (预) 应力作用下一般形式的双相介质声场方程.

(2) 多相孔隙介质声学. 结合岩石物理声学理论和观测, 完善已有的或者建立新的多相孔隙介质理论, 使之能够更准确地刻画不同的微观参数 (如孔隙结构、多相流体与骨架间的赋存关系、孔隙度和饱和度等) 变化对储层声学参数的影响, 精确地解释油气或者天然气水合物含量对不同频率的声波速度和幅度衰减的影响, 这对油气或者天然气水合物勘探和开发而言, 是十分重要的研究课题.

(3) 多尺度储层声波成像. 由于近年来对非常规储层勘探开发的力度不断增大, 对裂隙和溶洞型非常规油气资源储层 (如页岩气、页岩油和煤层气等) 的声波探测需求也日益增长. 为研究地震波 (包括地面地震、井间地震、垂直地震剖面 (VSP) 以及单井声波远程探测等) 在这类复杂小型化结构中的散射响应, 寻求这类非常规储层的勘探方法, 多尺度储层声波成像预期将是声学研究热点方向之一, 也是计算声学未来的发展趋势.

(4) 随钻声波测井及声波导通信. 近年来, 随钻声波测井理论和方法已成为储层声学领域的研究热点之一. 其中主要研究方向包括: 揭示弹性波在钻铤–井孔模型中的传播规律, 包括基于该模型的声场数值模拟, 这是随钻声波测井技术发展的基础理论; 基于声子晶体理论的物理隔声和优化设计, 通过研究寻求最大化压制钻铤波和钻头噪声的方法, 从而提高地层响应信号的信噪比; 随钻声波远程探测是将反射声波成像推广到随钻测井的新应用领域, 其中如何通过信号处理手段拾取到微弱的反射信息是关键的技术难题.

8. 微声学或者超声电子

(1) 多物理场耦合情况下, 开展三维连续介质和复杂边界条件压电微声器件的精确物理级模型及器件 (滤波器、传感器、微声流控等) 仿真分析与应用, 以期在选取适合波速、提高特定模式换能效率、降低损耗、抑制杂散模式、低温度系数、承受大功率、降低对加工工艺和材料依赖性等方面寻求创新和突破.

(2) 微米尺度波长弹性波与其他物理场及微观结构的相互作用. 这是微声领域经典又常新的科学问题. 随着频率不断提升, 基于传统压电晶体激发的微声衰减已经接近物理规律和工艺技术极限, 故激发的微声波波长也难以达到原子间距的水平, 如何进一步突破物理规律和波长限制, 基于传统材料的压电微声器件频率的突破以探究物质结构或者提高微声操控的空间分辨率也是基础领域需要重点研究的方向. 声表面波和半导体物理材料的发展相辅相成, 这种跨学科结合也将为微/纳米尺度物体的研究提供新的帮助.

(3) 基于微声波器件的量子调控与测量. 类比量子光学, 微声波可以解决很多基于激光的量子实验中的不足之处, 从而发展量子声学独有的特点. 例如: 表面声波 (SAW) 与人造原子的成功耦合为量子声学这门新兴学科提供了很多新的思路. 但为了在提高 SAW 与量子之间耦合强度的同时提高实验系统的非谐性从而提高实验精度, 仍需要对 SAW 的传播特性以及单量子点的发射接收源进行研究改进.

五、国家需求和应用领域急需解决的科学问题

声学学科与国防、能源、生命健康和人民生活密切相关. 仅列举国家需求和应用领域急需解决的两个科学问题.

(1) 复杂环境下, 复杂介质中声波传播的基本规律和特征提取. 例如: ① 对水声学和海洋声学方向, 系统深入认识和掌握各种典型海洋环境下声传播规律与噪声特性, 为有效提高声呐时空处理增益奠定理论基础, 以实现 "探得远". ② 对医学超声方向, 研究超声波在复杂生物介质 (甚至是非牛顿流体) 中的传播特性, 复杂生命体中的特殊声场调控及其超声生物效应等. 新的超声调控机理、非均匀介质

超声传输特性、超声生物效应的理论基础等是生物医学超声发展的关键基础理论.
③ 在地球声学方向, 研究随机非均匀、各向异性介质中的声传播特性和表征方法,
随机非均匀介质中声传播的研究是极不成熟的领域, 其声传播特性的定量表征方
法也值得研究, 针对具体的储层结构, 存在大量的物理问题.

(2) 多物理场耦合情况下的声场的计算和特征优化. 例如: ① 在超声电子方向,
研究弹性波场、电磁场和温度场耦合情况下, 复杂边界条件压电微声器件的精确
物理模型及器件仿真分析, 以期在选取适合波速、提高特定模式换能效率、降低损
耗、抑制杂散模式、低温度系数、承受大功率、降低对加工工艺和材料依赖性等
方面寻求创新和突破; ② 在功率超声和声空化方向, 尽管人们已经对声空化现象
的形成机制进行了大量的探索并发展了描述声空化的基础理论, 然而, 其多物理
场特性导致其物理本质至今仍在探索之中, 还未形成较为完备的理论体系; ③ 在
含颗粒介质流体研究方向, 探索炉内燃烧温度场、烟气流场、压力场等多物理场
对声传播速度等物理量的影响规律, 揭示炉内多场耦合对声物理规律的影响机理,
实现多场耦合作用下的炉内温度场、流场、声场的协同实时测量; 等等.

六、发展目标与各领域研究队伍状况

1. 发展目标

以国家重大战略需求为牵引, 围绕实际应用构建具有中国特色的声学研究和
应用基地, 在水声物理、生物医学超声、超声物理、语言声学、地球声学、环境声
学、声人工结构研究等方面处于国际领先水平, 在声学的其他分支力争达到国际
先进水平. 在应用基础方面, 做出具有国际影响力的研究工作.

2. 各领域研究队伍状况

我国声学学会会员 4500 余人, 多数会员从事与声学交叉领域的研究, 例如信
息、电子、机械、海洋、生命、能源等. 从事声学基础和应用基础研究的队伍较
小, 现有固定研究人员 1500 余人, 在读博士与做博士后研究人员约 300 人, 每年
获得博士学位的年轻人不足百人. 主要研究单位包括:

中国科学院声学研究所, 现有科研人员 1000 人左右 (包括东海研究站、南海
研究站和北海研究站), 建有 "声场声信息国家重点实验室"、中国科学院 "噪声与
振动重点实验室" 和中国科学院 "语言声学与内容理解重点实验室", 主要研究方
向为水声学、超声学、音频声学、环境声学等.

南京大学声学研究所, 现有科研人员 45 人, 建有 "近代声学教育部重点实验
室", 主要研究方向为物理声学 (非线性声学和声学超材料)、超声学 (超声检测、
超声电子学和光声检测)、生物医学超声、音频声学、环境声学.

同济大学声学研究所, 现有科研人员 20 人, 建有 "先进材料微结构材料教育

部重点实验室", 主要研究方向为超声学 (光声检测、生物医学超声)、环境声学 (噪声控制、建筑声学).

陕西师范大学应用声学研究所, 现有科研人员 30 人, 建有 "陕西省超声学重点实验室", 主要研究方向为功率超声、医学超声、超声换能器.

西北工业大学航海学院, 现有科研人员 50 人, 建有 "海洋声学信息感知工业和信息化部重点实验室" 和 "水下信息与控制国防科技重点实验室", 主要研究方向为水声学、水声信号与信息处理、环境声学.

哈尔滨工程大学水声工程学院, 现有科研人员 100 人, 建有 "水声技术国防科技重点实验室" 和 "海洋信息获取与安全工业和信息化部重点实验室", 主要研究方向为水声技术.

其他大学和研究院所: 复旦大学 (生物医学超声), 北京大学 (心理和生理声学), 清华大学 (非线性声学、建筑声学), 华南理工大学声学研究所 (音频声学), 上海交通大学 (环境声学、水声学), 东南大学 (水声信号处理), 北京航空航天大学 (气动声学), 厦门大学 (海洋声学、生物声学), 青岛海洋大学 (水声学), 上海大学 (超声检测), 重庆大学 (超声检测), 华东理工大学 (超声检测), 武汉大学 (声人工结构), 浙江大学 (环境声学), 等等.

七、基金资助政策措施和建议

(1) 优势方向与薄弱方向的平衡. 对照国外近年的声学研究, 我国在大气声学、气动声学、动物声学、心理和生理声学、语言声学等方向的研究相对薄弱, 而这些方向对提高人类生活质量、认识大自然或者服务于人类是十分重要的, 我国应该引起足够的重视, 基金资助应该向这些薄弱分支倾斜.

(2) 多个学部的交叉. 在国家自然科学基金资助的范围内, 声学学科涉及多个学部, 除数学物理科学部外, 还有医学科学部 (医学超声)、信息科学部 (通信声学和语音处理) 和地球科学部 (大气声学、地球声学和海洋声学). 数学物理科学部资助偏重物理性研究的项目. 但是, 声学本质上是一门应用性极强的学科, 其物理问题一般是在实际应用与工程中提出的. 因此, 建议与不同学部交叉, 开展重大项目或者重大计划的研究.

(3) 加强基础性研究. 鉴于声学在国民经济和国防建设中不可替代的作用, 加强我国声学领域的基础和应用基础研究是十分必要的, 特别是声学应用中突出的共性物理问题, 例如复杂介质中声的传播和调控, 在声学应用的各个方面都存在, 只是应用的具体背景不同, 研究的尺度不同. 尤要重视水声物理的研究.

(4) 加强国际合作. 声学领域的国际合作投入需要进一步加强, 通过实施国际科技合作重点项目, 提高我国声学研究的总体水平和层次, 培养一批高水平的声学科技人才, 特别是要注重培养具有国际影响力的领军人物. 重点支持若干项由我国声学家提出的、我国有一定优势和特色 (如海洋声传播研究、超声精准诊疗、声人工结构和噪声控制工程等) 的国际合作项目.

(5) 加强人才队伍培养. 加强声学人才队伍的培养和建设是声学领域迫切需要解决的问题. 声学学科是物理学中的 "小学科", 但在国家经济建设、国防建设中不可或缺, 甚至不可替代, 可以说有 "大用处". 希望声学学科在创新群体建设、国家杰出青年和优秀青年培养、重大项目和计划的设置等方面取得更好成绩.

八、学科的关键词

物理声学 (physical acoustics); 声学超材料 (acoustic metamaterials); 水声学 (underwater acoustics); 海洋声学 (ocean acoustics); 超声学 (ultrasonics); 功率超声 (power ultrasound); 音频声学 (audio acoustics); 生物医学超声 (biomedical ultrasonics); 储层声学 (reservoir acoustics); 微声学 (microacoustics); 语言声学 (speech acoustics); 心理声学 (psychoacoustics); 音乐声学 (music acoustics); 生理声学 (physiological acoustics); 生物声学 (bioacoustics); 环境声学 (environmental acoustics); 噪声控制 (noise control); 大气声学 (atmospheric acoustics); 气动声学 (aeroacoustics).

参考文献

[1] 张仁和, 李整林, 彭朝晖, 等. 浅海声学研究进展. 中国科学 (物理、力学、天文学), 2013, 43(1)：S2-S15.

[2] Li F H, Yang X S, Zhang Y J, et al. Passive ocean acoustic tomography in shallow water. J Acoust Soc Am, 2019, 145: 2823-2830.

[3] Niu H Q, Reeves E, Gerstoft P. Source localization in an ocean waveguide using supervised machine learning. J Acoust Soc Am, 2017, 142(3): 1176-1188.

[4] Rabut C, Correia M, Finel V, et al. 4D functional ultrasound imaging of whole-brain activity in rodents. Nature Methods, 2019, 16(10): 994-997.

[5] Couture O, Hingot V, Heiles B, et al. Ultrasound localization microscopy and super-resolution: a state of the art. IEEE Trans UFFC, 2018, 65(8): 1304-1320.

[6] Uddin S M Z, Komatsu D E. Therapeutic potential low-intensity pulsed ultrasound for osteoarthritis: pre-clinical and clinical perspectives. Ultrasound Med & Biol, 2020, 46(4): 909-920.

[7] Chillara V K, Lissenden C J. Review of nonlinear ultrasonic guided wave nondestructive evaluation: theory, numerics, and experiments. Optical Engineering, 2016, 55(1): 011002.

[8] Sun M X, Xiang Y X, Deng M X, et al. Experimental and numerical investigations of nonlinear interaction of counter-propagating Lamb waves. Appl Phys Lett, 2019, 114(1): 011902.

[9] Wang L V, Hu S. Photoacoustic tomography: in vivo imaging from organelles to organs. Science, 2012, 335(6075): 1458-1462.

[10] Liu Y J, Bhattarai P, Dai Z F, et al. Photothermal therapy and photoacoustic imaging via nanotheranostics in fighting cancer. Chem Soc Rev, 2019, 48: 2053.

[11] Arenberg J G, Parkinson W S, Litvak L, et al. A dynamically focusing cochlear implant strategy can improve vowel identification in noise. Ear and Hearing, 2018, 39(6): 1136.

[12] Chen J, Yang H Y, Wu X H, et al. The effect of F0 contour on the intelligibility of speech in the presence of interfering sounds for Mandarin Chinese. J Acoust Soc Am, 2018, 143(2): 864-877.

[13] Du Y F, Shen Y, Wu X H, et al. The effect of speech material on the band importance function for Mandarin Chinese. J Acoust Soc Am, 2019, 146(1): 445-457.

[14] Au W W. The Sonar of Dolphins. New York: Springer, 1993: 216-241.

[15] Müller R, Gupta A K, Zhu H X, et al. Dynamic substrate for the physical encoding of sensory information in bat biosonar. Phys Rev Lett, 2017, 118(15): 158102.

[16] Reijniers J, Vanderelst D, Peremans H. Morphology-induced information transfer in bat sonar. Phys Rev Lett, 2010, 105: 148701.

[17] Denes P B, Pinson E N. The Speech Chain: The Physics and Biology of Spoken Language. 2nd ed. Waveland Pr Inc, 2015.

[18] Hinton G, Deng L, Yu D, et al. Deep neural networks for acoustic modeling in speech recognition: the shared views of four research groups. IEEE Signal Pro Mag, 2012, 29(6): 82-97.

[19] Assouar B, Liang B, Wu Y, et al. Acoustic metasurfaces. Nature Rev Mat, 2018, 3(12): 460-472.

[20] Ma G C, Sheng P. Acoustic metamaterials: from local resonances to broad horizons. Sci Adv, 2016, 2: 1501595.

第 2 章 物理声学

2.1 声空化研究现状以及未来发展趋势

王成会[1], 屠娟[2]

[1] 陕西师范大学物理学与信息技术学院, 西安 710062
[2] 南京大学声学研究所, 南京 210093

一、学科内涵、学科特点和研究范畴

1. 学科内涵

当液体的局部压力低于相同状态温度下的饱和蒸气压时, 液体中将形成空穴或含有空气的空泡, 空穴 (泡) 的生长、收缩乃至溃灭过程可引发一系列物理、化学效应, 即为空化现象. 空化现象的发现距今已有 100 多年的历史, 空化可形成空化腐蚀, 损坏潜艇螺旋桨叶片等. 但是, 这个现象已实现了积极应用, 如利用超声波促使液体空化实现工业清洗等. 不仅如此, 利用激光、高能射线等可在液体中激发空化现象. 对超声空化而言, 液体中的空化泡充当了能量转换器的角色, 可将声能转化为化学能、内能、光能等, 在极小的时间和空间尺度范围内产生高温、高压、微射流、冲击波等极端物理条件, 奠定声空化得以广泛应用的物理基础.

声空化作为大功率超声液体应用相关的物理现象吸引了众多科学家的目光, 人们从气泡动力学、声致发光效应机理分析、声化学动力学效应等角度对其展开了诸多研究 [1-10], 然而, 其多物理场特性导致其物理本质至今仍在探索之中. 尽管人们已经对声空化现象的形成机制进行了大量的探索并发展了描述声空化的基础理论, 但还未形成较为完备的理论体系; 同时, 科学家们在不断拓展声空化现象的应用领域, 描述空化条件下声与不同类型介质的相互作用机制的基础理论体系还有待进一步建立和完善. 声空化理论建立在传统的声学理论基础之上, 融合力学、热力学、物理化学等基础理论的新架构, 发展和完善声空化基础理论体系, 将有利于扩展超声波应用领域, 更好地服务社会经济发展.

2. 学科特点

声空化是超声波在液体内传播过程中出现的奇特而复杂的物理现象, 从被发现以来就备受关注. 空化效应为功率超声的液体应用奠定了物理基础, 是超声提

取、乳化、粉碎、声化学反应以及超声清洗等提高效率的能量来源. 换能器辐射
声波在液体内激发空泡非线性崩溃导致液体内出现局部能量高度集中、局部温度
极高以及混乱的液体流速场, 促使物质的外部环境快速而不稳定变化, 从而导致
物质失去原有的平衡状态, 起到增强液体内诸多物理、化学和生物等反应的动力
的作用. 液体内空泡的出现使得超声波的传声介质变得非常复杂, 原因在于液体
内空泡的分布并不均匀, 有群聚现象发生, 而且空泡的尺度范围很广, 同时空泡在
声波的激励下振动并在液体内引起声辐射, 还有就是超声空化的粉碎和促进反应
的作用会使得液体内原有的固体颗粒边缘模糊并逐步分散, 物质之间的扩散增强,
化学反应会使得物质种类增多等. 因此, 空化效应从开始发生到逐步稳定工作的
整个过程中, 传声介质的物理特性均在发生变化, 超声空化场是物质种类多样、能
量分布形式多样、内部反应进程多样的复杂物理场. 空化场本身的复杂性为其物
理本质披上了神秘的面纱, 人们对其的认识也在不断地深入, 同时也在将它不断
推广到新的应用领域.

基于以上分析, 声空化研究的基本特点可概括为: 基础性、复杂性、实践性.
第一, 空化理论的发展离不开介质中声传播基础理论研究, 空化相关的化学效应、
生物效应、热效应、机械效应等都需要发展适用于描述复杂空化场的基础理论. 声
空化效应是高强度超声波诸多液体应用的基础, 因此, 其研究具有基础性特征. 第
二, 声空化研究具有复杂性. 尽管现代实验探测技术飞速发展, 但是空化泡通常在
微米量级, 其运动的时间尺度在微纳秒量级, 在极短的时间和空间尺度内形成的
极端物理效应, 不易形成有效观测, 因此, 人们发展实验技术手段观测单个气泡、
双气泡的动力学行为, 以期揭开微泡复杂动力学效应的面纱. 事实上, 实际应用中
空化泡的运动环境极其复杂, 通常在有界空间且边界条件具有多样性, 为空化泡
动力学研究增加了许多复杂性. 第三, 声空化研究具有很强的实践性. 空化效应的
提出源于 Rayleigh 对海水中气泡引起的螺旋桨腐蚀的研究, 现在, 空化相关的应
用拓展到食品、环境、医疗卫生、超声清洗、超声提取等领域, 是极具实践性的研
究. 其科学问题的提出源于实践, 目前, 超声提取效率的提升、超声治疗效果和剂
量的控制、超声清洗的均匀性等问题还亟待通过声空化的理论和实验研究解决.

3. 研究范畴

为探索声空化的本质, 科学家们进行着大量的理论和实验探索, 研究内容主
要包括以下几个方面.

(1) 声空化场的传声特性. 声空化场为气泡-液体混合场. 液体中气泡可作为
声散射体、声源存在. 若液体内气泡密集分布, 将形成气幕, 阻碍声波在液体介质
中的传播. 因此, 声空化场中气泡的存在将影响介质的传声特性.

(2) 声空化场结构. 声场中空化泡的存在将影响液体中的声压分布, 进而影响

空化泡在声场中的径向振动和平动状态. 通常情况下, 液体中存在大量的空化泡, 邻近空化泡之间的相互作用将调制泡群的分布状态, 进而形成不同的泡群结构, 如锥状、链式、类球状、葡萄串形等. 为更好地实现声空化效应的调控, 有必要研究气泡间相互作用机制以及介质环境对气泡间相互作用行为的影响, 寻找调控空化泡动力学行为以及分布的关键因素.

(3) 空化泡内部介质特性. 空化场中极端物理条件的形成与气泡内介质的演变具有极强的关联. 声致发光现象的观测为探索气泡内介质行为打开了一扇窗. 但是, 目前对气泡内介质的行为演变机制的认识仍然有限, 有待通过更多的技术手段进行进一步探索.

(4) 声场中声波与介质、空化泡与介质之间的相互作用. 高强度超声波作用于含液体介质极易引起空化响应, 并对物质产生机械、化学、生物等影响, 认识清楚不同类型的环境介质中的空化泡动力学行为、气泡间的相互作用机制、空化泡与物质间的相互作用机制等, 是非常必要的.

因此, 超声空化研究涉及气泡动力学[10-12]、声致发光[13]、微泡相关的超声诊断与治疗[14,15]、声化学以及空化应用相关的声学技术[16-19]等.

二、学科国外、国内发展现状

超声空化效应的应用范围很广, 如超声清洗、超声提取、声化学、超声生物医学等. 超声空化被认为是超声能量在液体中实现高效利用的源动力. 空化效应与空化泡的动力学行为密切相关. 在高强度超声波作用下, 液体中的气核可发展成空化泡, 并且这些空化泡还会在其周围诱发新的空化泡, 因此, 超声空化必然伴随着许多非线性振动气泡产生, 气泡间的相互作用将强化彼此的空化影响. 气泡对周围介质的作用方式也是多种多样的, 如空化泡在崩溃过程中形成局部热点进而对液体内介质产生化学影响, 空化泡崩溃还会伴随着发光现象的出现, 这种光效应也有可能成为诱发某些化学反应的动力. 除此之外, 空化泡的运动还在液体内形成混乱的急速变化的流场, 在此流场中的不同种类的介质彼此间的相互作用必然增强, 进而增强物质间的扩散、化学反应等. 正因为空化泡在含液体介质中会形成如此复杂多样的动力学效应, 探索空化效应的物理机制对拓展其应用领域和应用范围都具有重要的现实意义.

1. 气泡动力学

Rayleigh 方程是最早建立的不可压缩液体内气泡动力学的理论模型, 较好地解释了螺旋桨的空化腐蚀现象, 并可由此得到泡壁运动速度和崩溃时间的解析解. 在此基础上进一步考虑液体压缩性、液体黏性及表面张力影响后, 研究者们对 Rayleigh 方程进行了修正, 得到了后来被人们广泛引用于研究气泡运动的 Rayleigh-Plesset 方程. 方程的得来基于以下假定: ① 气泡始终保持球形; ② 泡内气体均匀分布且不考虑泡内外质量交换; ③ 和泡内气体相比, 液体密度要大得多; ④ 蒸气压的影响可以忽略. 由于泡壁在气泡崩溃阶段高速运动, 液体的压缩性和冲击效应不可忽略. 因此, Herring 方程在对液体可压缩性进行了一阶估计的同时考虑了声辐射影响, 给出了关于能量积聚的描述. 在采用了 Kirkwood-Bethe 近似后, 可得到用于解释激波形成的 Gilmore 方程. Hicking 方程以 Gilmore 方程为基础进一步考察了泡内气体对气泡运动的影响. 此外, 还有更多的研究工作进一步考虑其他多种因素对气泡动力学的影响, 如声辐射效应、蒸气压、热传导、液体压缩性、表面张力以及黏性等 [11].

　　人们对均匀声场中的单气泡运动的动力学行为进行了大量的理论研究, 充分考虑了各种因素的影响, 得到了许多具有代表意义的动力学方程, 如 Keller-Miksis (KM) 径向模型方程, 以及在其基础上考虑泡内气体热力学特性修正了泡内气体压力后的 KM-Prosperetti 方程, 还有 Flynn 模型方程等. 气泡运动的动力学描述的进一步发展在于考虑泡内气体及泡壁附近液体薄壳层热力学行为对泡壁运动的影响. 气泡内部压力与气泡半径的关系主要取决于气体的热力学特性. 在特定的情况下可假定它们的关系是等温或绝热的, 尽管一般情况下气体的多方近似被认为是相当精确的模型, 但实验研究表明, 气泡在共振频率的谐频附近振荡时理论值和实验值相差很大, 由此证明压缩性和黏度对气泡振动幅度影响相对较小, 泡内气体的热动力学过程在气泡的振动动力学过程中扮演着比预期还要重要得多的角色, 且泡内存在一定的温度场分布. 有实验证实, 幅值约 1.5atm (1atm=1.01325× 10^5Pa) 的声波作用下的气泡处于最小半径时, 气泡周围的液体薄壳内的温度显著升高. 此后, 因为造影剂微泡的广泛应用, 考虑到微泡包膜的 "剪切变薄"、"应力变稀" 等流变特性, 研究者们基于微泡包膜的黏弹特性对微泡动力学模型进行了非线性修正, 以更好地描述和解释造影剂微泡在声场作用下产生的 "仅压缩" 振动等非线性响应行为.

　　气泡的耦合声辐射, 非球形振荡, 气泡的生成、运动和尺寸分布, 以及各种声参数对单泡空化的影响等, 与现代医学、化学和生物学等应用相关的动力学研究均被广泛展开. 气泡在声场中的运动除受声波调制外, 还受边界面 (刚性、柔性或自由界面) 影响并导致其作非球形振动 [9,11]. 如果气泡在刚性壁面附近溃灭, 气泡里刚性壁面较远一侧以较快的速度内塌, 形成射流冲向刚性壁面, 如图 1 所示.

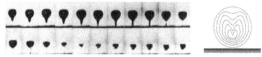

图 1　刚性壁面附近气泡溃灭示意图

　　声场中气泡间还存在相互作用, 其机理至今仍在探索之中. 人们利用牛顿力学和分析力学处理动力学问题的手段提出了两个和多个气泡间相互作用的理论模

型 [19]. 通过构建两气泡和多气泡体系的拉格朗日函数并结合拉格朗日方程可得到气泡径向振动和平动的动力学方程; 考虑气泡间相互作用后的耦合声辐射并通过构建系统哈密顿函数结合正则方程, 也可分析气泡径向振动和平动. 通过研究气泡平动时硬壁面附近多气泡间的相互作用规律, 计入压缩性和气泡并聚影响, 可探讨造影剂微气泡与不同结构生物组织体间的相互作用.

2. 空化的量度与测量手段

空化场的定义和优化离不开实验技术的支持, 单泡和多泡声致发光为探索空化场的物理特性打开了一扇门, 但超声空化场本身的复杂性使得其测量技术进展缓慢, 而随着超声液体应用飞速发展, 对空化场的定义及其准确测量的需求越来越迫切. 空化场的测量方法可分为直接测量法、间接测量法, 可借助声学 (如水听器)、光学 (如光纤) 以及热学 (如热敏探针) 等手段实现 [16–19].

(1) 水听器法. 水听器可把液体中的声压信号转换为电信号, 有压电水听器、磁致伸缩水听器及光纤水听器. 压电水听器由于坚固耐用且稳定性好而被广泛采用. 水听器的应用受到灵敏度、指向性和频带限制. 压电元件的径向振动、声吸收等会使得其实际频率和指向性与理论设计出现偏差, 其元件本身的高阻抗意味着它会干扰被测声场. 现在用得较多的压电元件还有高分子聚合物偏氟乙烯, 其特性声阻抗和水较为接近, 与介质有很好的声匹配, 但它不耐高温, 在 60℃ 时就会出现退极化现象. 一般的水听器的低频下限为几百千赫, 因此低频声场测量响应灵敏度较低. 通过内置电路提高电压增益设计的微型压电陶瓷水听器, 可被用于测量低频高强空化声场. 由于水听器能够在一定程度上客观反映空化场内的声场分布特征, 人们对水听器的设计和使用进行了大量的开发工作.

(2) 热敏探针法. 若在吸收材料中埋入热电转换元件并置于声场中, 声能在吸收材料中转换为热能再通过热电偶转换为电压, 通过电压判断测量点处的相对声强. 热敏探针的缺点在于无法给出频率信息且容易受到空化腐蚀, 从而其灵敏度降低.

(3) 光纤探测法. 通过分析光纤中受声场调制了的光信号可得到声场信息. 其由于体积小、灵敏度高等优点在很多领域广泛应用. 基于多层镀膜的光纤探测器和类似于 Mach-Zehnder 干涉仪的光路系统, 可将一端镀钛的单模光纤作为干涉仪的一条臂, 在声场的作用下, 光纤的端面会发生微小的位移, 这个微小的位移能被干涉仪所探测, 在此基础上采用外差方法可直接得到声压值.

(4) 薄膜腐蚀法. 薄膜腐蚀法是一种表征空化场分布的简便而直观的方法, 人们通常将其与水听器等的测量数据对比确定测量效果. 将厚度为 $20\sim30\mu m$ 的铝箔置于声场中受空化腐蚀, 在一定时间内取出, 测出由于腐蚀而损失的质量. 以损失量的大小来衡量空化强度. 这种方法要求铝箔表面的平整度、光洁度一致, 而且置于声场的时间不能过长. 薄膜腐蚀法使用简单方便, 可用来测量由液体表面到不同深度的空化强度分布, 但是测量误差较大, 因为有时铝箔会整块脱落. 改进的办法是缩短腐蚀时间, 使其不穿孔而只产生麻点变形, 然后用光在一定角度照射铝箔表面, 测量其反射光强度来衡量铝箔变形程度以判断空化强弱.

(5) 影像法. 包括淀粉碘化钾反应法、染色法、液晶显色法和声致发光成像法. 淀粉碘化钾反应法是将淀粉经过处理后充当 "感光乳剂", 涂于一面为玻璃的圆幻灯片上, 置于盛有稀碘溶液的容器中, 在空化声场的作用下, 碘与淀粉反应而变蓝, 从而使幻灯片变色, 作用适当时间后取出, 冲去残留的碘和淀粉, 便可得到空化声场分布的图像. 染色法将纸板放入一定浓度的染料水溶液中, 在声场作用下, 染料将优先附着在声能较强处. 经过声场短时间辐射后, 在纸上就可以得到代表声场空间分布的染料图案. 染色法简单易行, 能方便快速地记录液体中大功率超声场的分布, 可以在纸上得到代表声场分布的稳定、完整的染料图案, 克服了铝箔腐蚀法中薄膜易破裂脱落、淀粉碘化钾试纸显色法中易褪色的缺点. 液晶显色法是利用胆甾型液晶在光的照射下具有温度不同时呈现不同颜色的性质对超声场成像. 将一面喷有胆甾型液晶的黑色聚乙烯薄膜置于液体表面, 在超声波的作用下, 薄膜吸收声能, 温度随之变化, 相应地胆甾型液晶温度也跟着变化, 在光的照射下, 会呈现出反映声场声强分布的彩色图案. 这个方法的优点是可以直观地看到间接反映声场信息的图像, 但操作复杂, 且易受多种因素的干扰, 所以误差比较大. 与此方法相似的还有磷光剂成像法, 其机理是磷光剂受超声波作用发光而呈现出声场的图像. 通过直接用肉眼观察或照相底板感光的方法可以了解空化场的分布情况.

(6) 谱分析法. 包括频谱、功率谱分析法以及声发射谱法. 空化噪声谱是反映超声空化的一个很重要的信息. 可根据基波谱级、谐波总声级、相对谐波总声级、内爆波谱级、总线谱声级和非线性转移效率这几个声场特征参数来表征空化强弱并给出它们的定义. 实际空化声场中, 直接测量到的连续噪声谱叠加上许多线谱能够描绘出声能量的频率精细结构, 通过频谱分析可得到反映空化开始、强弱以及饱和等的特征. 通过分别测量两种液体中某点的声发射谱, 用能产生空化液体的声发射谱的傅里叶系数减去不能产生空化液体的声发射谱的傅里叶系数, 可得到该点空化强度变化的频谱图, 再对其进行傅里叶逆变换并取其实部可得时域中该点空化强度的变化情况. 利用该原理对槽中声场进行多点测量就可得到清洗槽中声场空化强度的空间分布. 此外, 通过检测声空化致化学产额可以测量空化强度, 例如碘释放法、电子自旋共振技术、荧光光谱技术及电学方法等, 但它们均不能得到详细的声场分布信息. 为解决这个问题, 可利用电化学探头测量不同声化学反应器中由于空化的机械效应引起的质量迁移率, 在此基础上可粗略估计反应器中空化强度的大体分布.

随着超声应用的发展, 各种新技术和设备还在不断地产生, 如基于三维激光轮廓技术可测量空化损伤; 通过设计可测量空化强度的新型传感器来表征空化强弱的空间分布, 为定量测量空化场强弱提供了可能; 利用压电 PVDF 薄膜测量刚性壁面附近空化泡溃灭产生的冲击力; 甚至可利用声呐对某特定频率、特定形状和大小的声化学反应器进行表征, 然后基于表征结果建立测试空化强度的参考基准.

3. 超声治疗相关的空化动力学

近年来, 超声生物效应备受关注, 人们在进行大量的实验研究的同时逐步探索超声对细胞、组织及血管等的作用机理. 超声波可改变生物组织细胞膜通透性, 实现大分子药物的靶向传输, 如利用聚焦超声克服血脑屏障 (blood-brain barrier) 将可治疗脑部疾病的大分子药物导向病变部位, 且对周围正常脑部损害较小. 空化效应在超声波的生物应用中起着关键作用, 而空化效应的形成源于液体内空泡 (或类空泡) 的非线性振动. 空泡的非线性振动必然引起周围液体流场的剧烈变化, 尤其是在有其他界面或边界存在的情况下. 人们将空泡运动过程中对周围介质的影响分为两类: ① 惯性空化, 此时空泡作剧烈的非线性振动且在纳秒时间尺度崩溃, 在极短的时间内, 崩溃气泡周围形成梯度极高的压力场, 打破周围介质原有的平衡状态进而产生破坏性影响 (如细胞凋亡等); ② 稳态空化, 此时空泡的非线性振动相对较弱, 但可在其周围形成一剪应力场并影响周围介质的变化, 如声致穿孔等. 剪应力场的分布同微流模式相关. 研究表明, 气泡周围的边界和气泡的振动模式影响微流分布, 可形成双极微流、四极微流和环状微流等. 近年来, 大量研究成果显示, 微声流在声化学和医学超声领域中具有广阔的应用前景. 在声微流场中, 不同特性 (如不同尺寸或密度等) 的微粒将在辐射力作用下向波节或波腹点运动, 由此可以操控声场中粒子的分离或混合, 在工业应用中实现水乳分离, 或在医学检验中对红细胞等特定细胞进行分离或筛选. 在此基础上, 可通过 "声筛" 技术来控制造影剂微泡的捕获、排列、过滤和输运等行为, 并在三维空间中实现对多个颗粒的排列和操控, 甚至利用空化泡的线性 (小振幅) 振动来汇聚声能量到脂类细胞膜表面, 以此改变细胞膜的通透性, 从而有助于向细胞内输送药物或进行基因转染. 由此可见, 超声生物效应与气泡的动力学行为密切相关, 因此, 气泡动力学行为的研究吸引着大量学者的目光. 声波作用下气泡的球形、非球形振动, 液体中含气量, 液体黏性, 泡内外物质交换, 泡内气体成分, 以及液体种类等对气泡运动的影响均被充分考虑. 尽管如此, 空化动力学的共识尚未达成, 人们还在不断地探索空化效应的物理本质 [20−22]. 随着实验技术的发展, 微秒时间尺度和微米空间尺度内的运动变化可被高速摄影系统捕获, 从接近微观运动的视角探讨空泡动力学行为成为可能, 人们能够收集到更多关于空泡运动过程中其周围流场和附近弹性界面的微小变化的信息. 但是, 弹性界面、气泡以及周围流场变化的理论研究由于涉及的影响因素众多, 深入研究其机理需结合弹性力学、流体力学和气泡动力学的相关知识, 至今仍处在探索阶段. 如果弄清其物理本质, 必将更好地推广超声波在生物和医学方面的应用.

气泡在生物组织中的运动和在无边界的液体中的运动相比要复杂得多, 生物组织结构复杂, 不同部位组织黏弹性不同, 同时, 组织内包含血管等结构. 微泡介入治疗时微泡通常在血管内运动, 因此, 组织内气泡的运动或者空化行为受到了更多约束. 首先, 气泡的运动受到边界的约束, 极易形成偏离球形的振动, 其形状变化的复杂性决定了它的膨胀和崩溃机制与球状气泡动力学相比会更加复杂; 其次, 有界空间内声压空间分布通常具有驻波特征, 从而导致气泡各个方向受力不均匀并使得其形状复杂变化的可能性增大, 因此发展更适合管状结构内气泡振动的动力学模型是解决此类问题的关键. 管直径不同, 人们在研究管内气泡动力学时将气泡看成不同的形状进行理论探索, 例如: 若管直径远大于气泡且气泡远离管壁, 可近似认为气泡作球形振动; 若管直径稍大于气泡, 可近似认为气泡做椭球运动; 若管直径比气泡小或二者几乎相等, 可近似认为气泡做一维柱状振动. 界面跟踪、有限元和边界元等分析软件可允许人们设定边界物理特性研究气泡和边界之间的相互作用, 为弹性或近刚性管内的气泡运动提供了更为直观的物理图景, 同时也有助于分析管壁在气泡作用下的形变和应力变化, 为控制超声波作用下管壁损伤等副作用的形成提供理论依据. 介质本身的复杂性同样会影响管内气泡的声响应, 如血液黏性与血管直径有关, 血液黏性的变化必将影响气泡的振动状态. 在实际应用环境中, 超声波作用下的介质通常是多气泡混合液, 相邻气泡间的相互作用通常不能忽略, 因此, 有必要发展生物组织中表征复杂相互作用的多气泡的动力学模型. 非线性效应是高强度超声波诸多液体应用的基本特征. 气泡与驱动声场之间、气泡与气泡之间、气泡与管壁之间的非线性相互作用以及相应的空化影响备受关注, 这些非线性效应的研究对探索有气泡参与的环境下超声波与物质间相互作用的物理本质具有重要的实际意义 [23–26].

超声医学诊疗已经成为现代医学中极为重要的研究领域, 高强度超声波的生物效应由于其在癌症治疗等方面潜在的应用前景备受国内外科学家关注. 超声波的生物医学应用主要分为两个方面: 超声诊断和超声治疗. 超声诊断主要利用强度较低的超声波在不均匀介质界面反射回波特性成像显示组织器官的病理特征. 超声治疗包括超声碎石、超声靶向给药、超声血栓消融等, 主要是利用高强度超声波在血液和组织中形成超声热效应或空化效应, 以及空化泡溃灭引起的冲击波、微射流、局部高温高压等效应达到治疗目的 [27–32]. 诸多国际知名科研机构和企业都在声空化治疗理论、技术和设备的研究开发领域投入大量精力. 如牛津大学工程学院生物医学工程研究所基于微泡机械效应和生物效应开展了大量的造影剂微泡设计、靶向药物控释、空化成像、超声消融治疗、超声冲击波治疗等研究工作, 该研究所的两位专家基于相关工作于 2017 年分别获得英国皇家工程院银质奖章或入选英国皇家工程院院士. 英国国家物理实验室、牛津大学皇家马斯登医院等在功率超声的生理作用和剂量学研究方面做了大量工作. 美国华盛顿大学、荷兰伊拉斯姆斯医学中心等在声空化动力学理论和功率超声治疗肿瘤的作用机理等领域奠定了理论和实验基础. 哈佛大学和哥伦比亚大学等通过实验证实了聚焦超声可以有效地开放血脑屏障, 促进颅内药物递送. 加利福尼亚大学和斯坦福大学的研究者发现, 超声空化可以激发细胞上的机械敏感性蛋白 Piezo1, 引起细胞内重要第二信使 Ca^{2+} 的浓度变化, 激活细胞的免疫反应, 显著提高临床治疗效率. 密歇根大学基于膜电钳系统研究了微泡声致穿孔与细胞膜内外离子通道等生化反应之间的相关性, 并利用强超声作用下微泡瞬态空化产生的强烈冲击波开发了无创组织毁损术, 成功由体外作用实现了体内组织穿孔, 有望在左心室闭锁等重大心脏疾病的治疗中得到应用.

超声空化在高强度超声波的生物应用中具有关键地位已达成共识. 空化效应的形成源于液体内的空泡 (或类空泡) 的非线性振动, 其振动必然引起周围液体流场或者软介质内应力应变分布的剧烈变化, 尤其是声波能量集中在局部区域内的情形, 边界的存在必然影响声场和空化泡的分布状态, 进而增加空化场描述的复杂性, 也增加了空化相关的介质响应状态的复杂性. 近年来, 低强度超声结合造影剂微泡的诊断和治疗技术、低强度超声在促进细胞生长和骨损伤等方面的积极治疗效果开辟了超声治疗领域的新天地. 声波在人体组织中的衰减小, 易于激励和传播, 超声的力效应、热效应、空化效应促进了其在骨或肌肉损伤的恢复治疗、神经调控等方面的应用. 超声治疗技术在一定范围内具有高效、安全、无创、便捷易用以及性价比高等优势, 利用超声波促进慢性疾病的恢复治疗可提高患者生活质量, 超声的人体治疗相关的生物物理机理研究对超声诊疗应用具有非常重要的现实意义, 对利用高强度超声的消融作用治疗疾病也有非常重要的作用.

超声在生物体内局域传输过程中将与组织、血液、骨骼、细胞等发生相互作用, 影响它们的工作状态. 首先是力效应, 生物组织内的声波主要是疏密波, 其传输必将在弹性介质中引起应力应变分布的变化. 其次是热效应, 由于介质黏性以及声波携带的能量与介质作用的过程中的损耗等因素的影响, 局域组织的热平衡状态将受到扰动, 促进系统热交换和改变局域化学反应进程等. 最后, 现有科学研究实验表明, 声波作用于细胞可促进细胞繁殖和抑制组织发炎等, 改善病理组织修复进程. 低强度脉冲超声 (LIPU) 能促进骨骼肌前体细胞和成肌细胞的增殖, 可加快肌肉生长速度.

20 世纪 90 年代, 低强度超声已经获得了治疗人类骨折的临床许可, 目前超声已被应用在探索动物体的更多部位的损伤恢复治疗, 然而, 超声用于人类疾病治疗的生物物理机理至今还没有很好的模型描述, 人们在不断进行生物医学实验的同时还需结合声传播特性展开局域声传播研究, 明晰声波特性对治疗效果的影响. 目前用于治疗的超声波主要有两类: 连续波和脉冲波. 连续波的作用时间、频率、强度、声速、衰减、相位、能量交换特性等都可能影响治疗效果; 对脉冲波而言, 除前述参量外, 还需考虑脉冲重复频率、占空比等因素. 探索不同类型超声波在肌肉组织类的物质中的传播特性, 必将拓展其应用领域, 充分发挥其优势. 超声波生物应用相关的理论问题主要包括两个方面, 即超声波非线性传播特性和超声波作用下介质的响应特性. 关于超声波传播特性控制, 目前通过相位调制或空间调制改变声波在组织中的传播状态, 将超声能量聚集在作用目标区域. 但是, 声波在目标区域叠加后与组织的相互作用有关的声学问题需要进一步研究. 由于聚集区域声能量集中, 介质内的声波处于非线性状态, 因此, 可能发生声能量传输的非线性局域共振, 探索不同形状区域内声波的局域共振特性必将提高声波能量利用效率. 高强度超声波作用下介质的响应特性要复杂得多. 研究表明, 高强度聚焦超声 (HIFU) 可在组织内产生空化泡, 空化泡的非线性振动改变组织的应力、应变和温度分布等, 对组织细胞产生破坏性影响. 但是, 中低强度超声波则可能对组织细胞形成更为多元的影响: 改变细胞通透性, 促进内外物质交换, 增强细胞的排毒功能; 改变细胞受力状态, 引起细胞的应急响应, 促进细胞间相互作用, 改善细胞生存环境, 促进细胞修复和再生等; 改善组织内神经细胞工作状态, 强化该部分组织细胞与外界的联系, 促进组织功能修复等.

超声在组织内的传输动力学研究通常将组织看作软介质, 软介质内气泡的径向振动模型的构建和发展为分析其在软组织内的空化动力学影响奠定了理论基础. 早期的空化研究主要在工业应用领域, 因此, 空化模型通常是基于 Rayleigh 方程考虑液体表面张力、黏性、压缩性、热传导、液体汽化等, 泡内气体压缩性、温度分布、气体热传导等其他属性, 以及气泡振动辐射影响等因素发展了 Rayleigh-Plesset 方程、Keller-Miksis 方程、Herring-Trilling 方程等. 这些气泡动力学模型的环境液体通常为牛顿流体, 软介质不是牛顿流体, 具有弹性和黏性, 因此, 需要将软组织的黏性和弹性耦合到气泡动力学方程中. 软介质的重构模型通常有: Kelvin-Voigt 模型、Zener 模型、Maxwell 模型、Neo-Hookean 模型等, 不同的软介质黏弹性模型与 Keller-Miksis 方程的结合动力学特征, 展示了介质力学特性和空化泡动力学耦合的范式. 事实上, 人体肌肉组织通常具有一定形状和边界, 且组织内有血管分布, 液体成分分布状态也有差异, 因此, 组织内空化通常是局域多泡空化, 有必要发展组织内的多泡耦合动力学及其效应的相关理论. 空化在软组织内发生和空化动力学描述相对于牛顿流体内的空化动力学描述而言要复杂得多. 第一, 气泡在组织内的运动约束更加复杂, 更容易产生偏离球形的振动, 多泡系统的相互作用将导致更加复杂的聚合和分裂行为; 第二, 超声在组织内的非线性传输行为将增加空化泡运动的复杂性, 增强空化影响; 第三, 空化场的动态变化将更加复杂, 空泡密度和半径分布影响因素更多; 第四, 空化的临界条件的决定因素更多. 当然, 我们可以通过注入造影剂微泡或相变液滴实现低强度超声波作用下的稳态空化, 分析低强度空化效应对组织细胞及其功能的影响, 以此为基础理解空化临界阈附近超声与组织间的相互作用行为.

非线性效应是一定强度的超声波在组织内传播的基本特征. 声波在组织内引起的局域共振响应、组织空化行为、空化泡与组织和组织细胞间的相互作用以及与响应的空化影响相关的物理本质的研究具有重要的现实意义. 尽管许多学者对软介质中声波的非线性传输进行了有效的理论探索, 但是对软介质中的局域共振效应以及介质传输过程中复杂边界影响的研究相对较少. 为更好地量化软组织或肌肉与超声间的相互作用和调控治疗效果, 减少不必要的次生组织损伤, 有必要分析超声波作用下细胞以及组织结构与声波能量的共振耦合, 深入探讨利用超声波能量在细胞功能修复以及肌肉组织结构功能修复方面的作用效果及相关的物理本质.

体外激波碎石法是目前广泛流行的一种无创结石治疗技术. 空化效应在其中起到重要的作用. 与传统的波不同的是, 当激波经过流体时, 由于激波携带很高的能量, 流体内部的压强等物理参数会骤然升高, 造成激波两侧的物理量发生剧烈的变化. 在激波的作用下, 空泡会剧烈振荡并且在此过程中也释放出激波, 与原有激波产生相互作用. 空泡在溃灭过程中会产生很强的破坏力 (如产生微射流等), 处于其周围的物体会受到不同程度的破坏. 体外激波碎石法于 1980 年由德国的公司发明, 并于 1983 年实现商业化, 随后成为治疗结石的一项常规技术. 治疗过程中, 在激波发生器和人体接触的部位进行一定的特殊处理, 保证产生的聚焦激波可以比较容易地穿过人体的脂肪和组织等部位, 最终作用在人体中的结石部位并将其击碎. 激波粉碎结石的机理包含很多物理效应, 包括应力的破坏、空化效应和疲劳等.

在声空化相关诊疗设备研发方面, 国际知名的医疗器械公司 (如飞利浦、GE、Insightec 等) 都争相开发了功率超声治疗设备并将其推向临床应用. 国内的设备研发, 尽管起步略晚于国外, 但从 20 世纪 90 年代起, 已经取得了长足的进步, 逐步赶上甚至达到了国际领先水平. 重庆医科大学是我国开展功率超声治疗研究最早的单位之一, 其研发的聚焦超声肿瘤治疗系统不但在国内被广泛应用, 甚至出口到牛津大学丘吉尔医院等国外单位, 获得了良好的效果. 中科院深圳先进技术研究院、南京大学、复旦大学、上海交通大学、北京大学、西安交通大学和陕西师范大学等诸多研究机构也在聚焦换能器设计, 声空化剂量监控, 声空化治疗恶性肿瘤、糖尿病、脑胶质瘤、肌骨疾病和帕金森病等的作用机理研究领域做出了大量的创新性工作.

4. 超声空化的其他应用

(1) 碳纳米管切割技术. 碳纳米管是一种圆柱形的空的纳米结构, 是碳元素的一种同素异形体. 碳纳米管自 1991 年被发现以来, 由于其超强的硬度、良好的柔韧性、高熔点等独特性质引起了学术界的广泛关注. 由于碳纳米管的直径很小 (一般在 1~20nm), 传统的切割工艺在这样小的尺度下已无用武之地. 近年来, 声空化技术逐渐用于对碳纳米管簇进行切割. 在声场 (一般在 20kHz 的低频超声) 的作用下, 溶液中的空泡 (其直径约为几十微米大小) 附近的压力场发生剧烈变化, 从而引起空泡的振荡. 由于微米尺度的空泡通常是球形的, 空泡的振荡方式主要是径向的 (即空泡中心到空泡边缘的方向), 在空泡附近形成了一个来回振荡的速度场, 对处于其中的碳纳米管产生作用力, 从而使空泡附近的碳纳米管被切割. 不同长度的碳纳米管在空泡产生的流场下的动力学行为有显著差别.

短碳纳米管在空泡流场的作用下会发生旋转, 长度的方向与空泡的径向一致. 由于碳纳米管两端的速度场不同, 离空泡较近的一端的速度比离空泡较远的一端大. 碳纳米管在该流场的作用下不断伸缩, 最终被切断. 而对长碳纳米管, 在空泡流场的作用下, 其长度方向与空泡的切线方向一致. 由于流场的作用, 碳纳米管被压曲, 从而导致断裂.

上述两种不同的作用机理将导致不同长度的碳纳米管在相同声场参数的作用下被切割的速率不同. 通过调节声场的参数和作用时间, 采用这种技术可以从宏观上控制碳纳米管簇 (统计意义上) 的长度等参数, 该项技术仍在进一步研发和完善中.

(2) 超声清洗. 超声波作用于清洗溶液, 以更有效地除去样品表面杂质的过程. 超声清洗本质上是声空化清洗. 它利用声空化泡脉动和破裂时在液体中产生的声微流、喷注和冲击波等强声效应, 剥离样品的杂质, 达到清洗的目的.

(3) 超声粉碎. 将颗粒状样品加入工作液体, 利用超声辐射, 在液体中形成声空化, 也能对样品进行破碎细化.

(4) 超声灭菌. 超声波具有的杀菌效力主要由其产生的空化作用所引起. 超声波处理过程中, 当高强度的超声波在液体介质中传播时, 产生纵波, 从而产生交替压缩和膨胀的区域, 这些压力改变的区域易引起空穴现象, 并在介质中形成微小气泡核. 微小气泡核在绝热收缩及崩溃的瞬间, 其内部呈现 5000℃ 以上的高温及 50000kPa 的压力, 从而使液体中某些细菌死亡, 病毒失活, 甚至使体积较小的一些微生物的细胞壁破坏, 但是作用的范围有限.

(5) 超声萃取. 超声萃取是使用超声波萃取机, 利用超声波辐射压产生的强烈空化效应、机械振动、扰动效应、高的加速度、乳化、扩散、击碎和搅拌作用等多级效应, 增大物质分子运动频率和速度, 增大溶剂穿透力, 从而加速目标成分进入溶剂, 促进提取进行的成熟萃取技术. 超声萃取技术适用的萃取剂范围广, 水、甲醇、乙醇等都是常用的萃取剂, 具有操作简便、萃取效率高等优点.

(6) 对铝合金激光-电弧复合焊接的辅助应用. 为了解决传统铝合金焊接接头气孔数量多、晶粒粗大及力学性能差的问题, 以 5083-0 铝合金为研究对象, 进行了超声振动辅助激光-电弧复合焊接试验. 研究了超声振动对铝合金焊缝气孔数量、微观组织及抗拉强度的影响, 并探讨了超声波在焊接熔池中对气孔排出和组织细化的作用机理. 利用超声辅助焊接的焊缝气孔数量显著降低, 这主要归功于超声空化效应降低了铝合金熔体中的氢浓度, 并促进气泡的快速逸出; 超声波的空化效应和声流效应改变了熔体的压力、温度以及流动状态, 使熔池的结晶条件发生改变, 从而通过提高形核率和破碎枝晶细化了焊缝晶粒组织; 施加超声振动后的焊缝平均拉伸强度由 242.9MPa 提高到 270MPa, 且断裂位置发生在热影响区, 主要是因为焊缝区气孔减少和组织细化. 这给深入理解铝合金焊接过程中缺陷形成机理及提高接头强度注入了新的活力.

(7) 声空化和海洋生物搁浅. 为了更好地侦测潜艇等设备, 海军自 20 世纪 60 年代以来就开始使用主动声呐. 中频声呐频率为 $1 \sim 10 \text{kHz}$, 低频声呐频率小于 1kHz. 主动声呐的主要原理是首先由声呐发射出频率信号, 然后通过接收探测信号遇到物体反射回来的反射波对目标进行分析 (如类型、位置和形状等). 为了增加探测的距离, 一般主动声呐的功率都比较大. 声呐对于海洋动物的影响是多方面的, 比如可能会引起海洋生物的恐慌和干扰其回声定位系统等. 这里主要讲述与声空化相关的效应.

近些年来, 人们发现很多海洋动物 (主要是鲸鱼和海豚等) 搁浅事件与海军的军事演习在时间和空间上有着很强的关联. 2002 年 9 月 24 日, 有十个国家参与的北大西洋公约组织的国际海军演习在西班牙加那利群岛附近进行. 在使用主动声呐 4 小时后, 演习地点附近发现 14 头不同种类的海洋生物搁浅. 随后, 科学家通过解剖搁浅的海洋生物尸体指出海军演习过程中使用的声呐可能是造成此事件的罪魁祸首. 在搁浅的海洋动物体内 (尤其是肝脏), 发现了大量的不同尺度的空泡. 在局部部位, 空泡体积甚至占到总体积的 90%. 一些微小空泡 (直径在 $50 \sim 750 \mu \text{m}$) 的存在可能导致海洋生物的肝脏组织被压缩、血管膨胀、局部出血和严重的细胞坏死等. 那么这些不正常的空泡到底是从哪里来的呢? 这些空泡又是如何影响鲸鱼等海洋生物的正常活动的呢?

解释认为搁浅可能跟空泡在含有高饱和度气体的环境中和高功率的声场作用下的增长有关. 人们很早就发现, 在声场的作用下, 由于在空泡与周围流体之间存在质量的传递, 空泡会缓慢地增长或缩小. 经过几代人不懈的努力, 这方面的理论已被逐渐完善, 其理论预测值与实验测量值基本吻合, 已被学术界广泛地认可和接受. 对于固定的频率和特定大小的空泡, 声场的强度存在一个阈值. 当声场强度高于此阈值时, 空泡增长; 当声场的强度低于此阈值时, 空泡缩小. 通常, 为了使探测距离更远, 主动声呐的功率远高于此阈值. 当周围流体中的气体处于过饱和状态时, 空泡的增长速度将显著加快. 理论推测, 在深海动物中, 氮气在组织中的过饱和度将达到 300%. 在这样高的过饱和度环境中, 声呐的作用极可能激发空泡的迅速增长和振荡. 空泡振荡过程中产生的强大的破坏力可以造成海洋生物内部组织的损伤, 最终导致海洋生物搁浅.

三、我们的优势方向和薄弱之处

1. 优势方向

声空化研究一直是我国声学研究的重要方向之一, 早在 20 世纪 60 年代, 汪承灏院士等实验观察了管内瞬态单一空化泡的生长、闭合运动以及发光现象, 同时检测了电磁辐射的存在; 应崇福院士一直重视气泡动力学以及声致发光研究工作, 同时推动声空化的工程应用; 魏荣爵院士课题组长期开展单气泡运动行为与稳态声致发光的实验和物理机制研究, 取得了一系列的研究成果. 现阶段, 南京大学陈伟中教授课题组、清华大学安宇教授课题组、中国科学院声学研究所林伟军课题组、陕西师范大学声空化研究团队等继续在声空化领域探索, 对气泡的群振动、非球形振动、声致发光机理、空化效应的表征与调控、声空化的规模应用等展开研究, 不断推动声空化基础理论和实验研究体系的发展.

20 世纪以来, HIFU 疾病治疗进入人们的视野, 南京大学、重庆医科大学等单位联合开展相关的基础物理问题研究和治疗仪器研发, 目前 HIFU 治疗已经进入临床应用阶段, 前期研究积累了大量的超声与生物组织相互作用的数据. 造影剂微泡介入治疗是声空化的又一应用扩展, 微泡动力学研究可为实现可控靶向精准治疗提供理论支持, 南京大学章东教授和屠娟教授团队、西安交通大学万明习教授团队等在微泡理论和操控技术研究等方面做了大量工作, 取得了系列研究成果.

声化学是声空化基础研究非常重要的分支之一, 被用到食品、材料合成、制药、污水处理、生物材料制备等领域, 大量的研究证实, 声化学技术在乳化、萃取、降解、催化等过程中具有强化作用, 但大规模应用还存在一定的困难. 尽管如此, 声空化工程应用促进了超声产业发展, 大量的超声换能器、超声波清洗机以及其他超声处理设备生产企业得以壮大. 声空化研究也促进了新兴技术的发展, 如超声珩磨、金属凝固组织细化、超声降黏等.

2. 薄弱之处

安宇教授在《超声空化与声致发光》一文中分析本领域的薄弱之处时指出 [13]: 超声空化是不是只剩应用问题了呢? 其实超声空化还有很多有趣的基础问题需要研究. 比如, 产生空化的超声波强度阈值如何确定? 超声空化有时形成各种图案或结构, 气泡之间的运动也非常复杂, 涉及非线性、超声空化噪声谱显现混沌特征等. 上面提到的很多应用, 其中细节并不是很清楚, 即使是声致发光机理也不完全清楚. 前面提到的声致发光其实就是高温高压气体发光, 但它并不简单, 在这个温度和压强范围的气体发光机理并不是完全明了的. 按我们现在的理解, 声致发光应该主要是电子轫致辐射和复合辐射、附着辐射和分子或原子电子跃迁线谱辐射, 利用这些发光过程计算声致发光脉冲宽度, 总是比实验测量的结果窄很多, 计算的光谱的短波成分也比实验值低. 氢气泡发光强度计算结果总是比观察结果小很多. 最近的实验结果显示, 实际气泡内电离的电子数比理论估算值大很多. 有人认为这是因为气泡压缩到最小时, 气体原子之间距离靠近, 电离能降低了. 然而原子碰撞导致的电离能下降一般只能达到 10% 左右. 而要使声致发光理论计算符合实验结果, 原子电离能至少要求下降 50%. 什么机理能让原子电离能下降这么多呢? 这些问题都有待于回答.

此外, 限制声处理 (声空化) 技术在工业生产中大规模应用的主要原因有如下两点: ① 声空化促进化学反应机理仍具有不确定性. 溃灭的气泡会在液体中产生 "热点", 而声化学或声致发光正是产生于这些高温高压的区域, 而气泡中携带的电荷将在声化学反应机制中起重要作用. 气泡崩溃时, 气泡区域的电场产生微观相互作用的电荷交换, 在气泡中产生的微等离子体是声化学和声致发光活动产生的原因. 现在人们越来越多地致力于研究声致发光的光谱, 估计在未来的一段时间内, 可从中得到更多关于空化机理的信息. ② 气泡的振动模式通常取决于声压幅度和气泡直径与声波波长的比值, 上述两个参数也一直是空化研究中的重点. 尽管可用经过标定的换能器测量声压的幅度, 但事实上, 在大多数与多泡空化相关的实验工作中, 基本不能区分液体内产生的空化泡做何种振动. 因此, 为了使声处理得到工业规模应用, 除了要加大处理量、设计大功率的超声换能器和化学反应器以外, 还要在液体内产生的空化场和空化产生的各种效应之间建立关系. 发展一种易于检测、测量空化泡振动行为和空化泡在液体内分布情况的方法成了声空化研究者迫在眉睫的任务.

另一个关于声空化应用的关键问题是: 如何准确量化描述或表征声空化状态的强弱程度? 目前在科研工作和生产应用中, 人们通常采用 "空化强度" 这一术语名词, 并且实施了多种不同的各有特色的测量方法. 然而, "空化强度" 的确切定义究竟是什么? 更重要的是, 各种关于 "空化强度" 的测量方法所获得的结果往往不一致, 它们不互相支持, 甚至会有抵触. 这些难题长期未能得到解决. 随着对声空化研究的深入和声空化应用的拓展, 解惑的需求越加迫切. 对于上面关于如何表征声空化的剧烈程度的讨论, 有两个会影响表征手段的重要事实需要补充说明. 其一是气泡在运动过程中往往存在着气泡内外的物质交换, 而且这些物质交换是未知的、难以预测的; 其二是气泡的变化速度是非常快的, 而现有测量手段的响应速度大多远低于气泡的变化速度. 因此, 对声空化场的测量, 对声空化剧烈程度的表征, 无论从理论研究角度还是实际应用角度, 都具有重要的意义.

超声生物治疗中组织空化的描述和表征问题目前也还需进一步深入研究. 尽管超声治疗设备已经达到临床应用标准, 但由于对组织空化及其控制表征技术的认识还没有形成较为广泛认同的标准, 这在一定程度上限制了大功率超声治疗设备的推广应用. 目前, 超声治疗已推广到脑科学领域, 中科院深圳先进技术研究院郑海荣教授团队在此领域取得了许多突破性进展, 但是超声剂量的控制和表征问题仍然是促进超声治疗技术人体治疗推广急需解决的首要问题. 目前, 中高功率超声波应用中, 人们通常用输入电功率表征超声波作用强度, 事实上, 超声空化效应与作用介质性质密切相关, 有必要寻找更适合描述空化特性的控制参数空间, 实现对超声空化的准确描述.

四、基础领域今后 5 ~ 10 年重点研究方向

(1) 大功率超声发射系统设计基本理论、研制和优化技术. 声空化的应用拓展离不开不同频段的大功率超声发射系统, 尤其是集声发射、声传播过程监测等多功能于一体的声学系统设备.

(2) 与疾病治疗相关的 HIFU 系统设计的基本理论、研制和治疗效果的评估技术. 与治疗相关的超声设备不同于工业应用设备, 也区别于现有超声诊断设备. 专用治疗设备的研发技术还有待进一步提升, 相关的基础科学问题还有待进一步细化和研究. 尤其是治疗效果的评估技术对生化指标的依赖程度较高, 因此, 有必要在动物实验的基础上细化超声疾病治疗效果评估指标体系, 实现可控治疗.

(3) 空化效应定量测量的基础理论以及声空化现象物理本质. 目前, 空化现象的表征技术不断更新, 但是, 由于对空化场的基本认识还有待深化, 空化的定量测量和表征技术还在不断探索中. 空化效应定量监测离不开对气泡非线性振动的更为深入的研究, 从基础领域而言, 有必要加强实验手段建设和基础理论探索, 从表征场的物理基本属性的手段出发探寻声空化现象的物理本质.

五、国家需求和应用领域急需解决的科学问题

(1) 空化场的度量问题. 沈建中教授曾呼吁能否组织专项研究, 以形成一个表征声空化的剧烈程度的术语. 该术语的定义是能使大家认可而且符合声空化的物理内涵的定义. 在这个前提下, 该术语当然也不排斥使用现成的名词 "空化强度". 组织专项研究如何得到经费支持? 希望有关部门支持这个有较大影响的、无论在理论研究和实际应用方面都有重要意义的基础性研究.

(2) 空化场均匀性以及强度的控制. 由于超声波液体应用通常在有限液体空间进行, 超声波在液体内极易形成驻波, 从而导致声场不均匀. 同时, 液体内的界面极易对声波形成反射和散射, 更增加了声场的复杂性, 因此, 有必要发展声场均

匀性的调控手段. 超声波作用下液体空化的发生和发展与声波本身有关, 也与介质的性质有关, 如空化核的多少、液体的黏性、表面张力特性、温度和含气量等. 在基础研究过程中, 有必要更为细致地梳理决定空化强弱的特征参量, 以利于通过控制特征参量实现空化场均匀性及其强度调控.

(3) 声化学反应机制. 声化学是新兴交叉学科, 具有广阔的应用前景, 其基础问题的解决有利于声空化大规模应用的推广. 因此, 声化学至今仍是国内外研究的热点领域之一. 目前, 学者们更多从促进化学反应物生成的活性物质生成机制和表征技术等方面展开基础理论分析, 同时也结合声致发光等现象协同解释相关效应, 但是, 人们对声空化本身认识的局限性导致声化学反应机制的基础理论体系仍不完善.

(4) 声致发光机制. 声致发光是超声作用于液体形成的最为神奇的现象之一. 由于物质发光条件较为特殊, 空化泡似乎具有某种魔力. 从 20 世纪 90 年代观察到单泡稳定的声致发光现象以来, 科学家不断致力于拓展声空化的应用维度, 如推动超声控制核聚变效应等, 有美国学者声称通过超声波实现了冷聚变. 虽然冷聚变没有变成现实, 但是超声波的应用范围正在日益扩大. 声致发光现象为我们从外部观察泡内气体行为开了一扇窗, 有必要进一步开展基础研究, 拓展实验观测手段, 深入分析声致发光机制, 为更全面地认识声空化现象奠定基础.

(5) 声空化大规模工业应用关键技术. 声空化大规模工业应用目前受到系统设备的限制, 但是, 大量的实验表明, 声空化在稠油井口辅助降黏、高固污泥预处理、物质匀化等方面具有较好的作用效果. 例如, 超声波辅助破乳是使用超声波辐射原油乳化液, 使之产生超声效应 (搅拌、碰撞、聚集、空化、加热、负压等), 破坏油水界面, 在少加或不加破乳剂时, 促进乳化液破乳. 事实上, 有必要全面优化超声波发生系统、液体处理系统、液体空化检测系统, 实现声空化大规模应用的在线检测一体化.

(6) 医学超声中的空化问题. 近年来, 微泡参与的医学超声检测和治疗研究受到国内外广泛关注, 研究队伍不断壮大. HIFU 良好的组织消融效果可提高治疗质量. 然而, 治疗过程中可能产生的次生损伤不容忽视. 要实现更好的无痛、无损精准治疗, 需重视本领域与空化相关的基础科学问题研究.

六、发展目标与各领域研究队伍状况

1. 发展目标

声空化研究发展的近期目标是促进产学研发展, 指导空化相关的应用. 较长期目标是认识其物理本质, 实现超声空化的可控技术.

2. 各领域研究队伍状况

声空化基础理论和实验探索领域队伍稳定, 主要分布在高校和科研院所. 随着声空化应用研究的不断拓展, 研究队伍在不断壮大, 尤其是声空化与传统技术的融合领域. 微泡靶向辅助治疗技术是声空化研究的新领域, 为实现稳定性高、操控性好的包膜泡技术, 学者们在传统包膜介质表面引入磁性纳米颗粒修饰, 以期通过磁、声结合的技术操控载药微泡, 将载药微泡输送到目标病变区域后爆破微泡释放药物, 实现靶向治疗. 随着社会对环境污染问题越来越重视, 对传统的生活污水排放和处理模式、工业废水处理手段提出了新要求, 超声降解有机污染物可谓最环保的处理方式之一, 但其能耗高、难于大规模应用的缺点限制了其应用推广, 现阶段有许多从事化学和环境研究的同行正在开展高强度超声波协同废水处理研究, 相信随着研究的深入, 新技术手段将得以实现.

七、基金资助政策措施和建议

对高校和科研院所从事基础研究工作的学者而言, 由于研究资金来源较为单一, 多为国家自然科学基金或者地区自然科学基金资助, 因此, 建议在条件许可的情况下, 加大对本领域基金资助力度, 特别是包含基础实验探索的项目, 资金投入相对多, 周期长, 成果产出需要周期, 因此, 特别需要项目驱动. 目前, 声空化应用研究发展相对稳定, 基础理论和实验研究需要进一步的激励措施以吸引更多的研究人员加入队伍. 因此, 建议从青年基金和面上基金层面多支持从事基础研究的学者. 对于具有较强积累的研究团队, 建议适当立项重点基金支持本领域瓶颈科学问题的解决, 如复杂环境多泡空化体系的空化场的表征和调控问题、声致发光机制、声空化大规模应用等.

八、学科的关键词

声空化 (acoustic cavitation); 超声治疗 (ultrasound therapy); 声空化治疗 (acoustic cavitation therapy); 超声造影剂 (ultrasound contrast agents); 超声造影剂微泡 (ultrasound contrast agent microbubbles); 包膜微气泡 (encapsulatting microbubbles); 微泡声空化 (microbubble cavitation); 稳态空化 (stable cavitation); 瞬态空化 (inertial cavitation); 惯性空化 (inertial cavitation); 声辐射力 (acoustic radiation force); 声微流 (acoustical microstreaming); 声剪切应力 (acoustic shear stress); 超声机械效应 (ultrasonic mechanical effect); 超声生物效应 (ultrasound bioeffect); 声孔效应 (sonoporation); 声致穿孔 (acoustical sonoporation); 细胞膜穿孔 (membrane permeabilization); 血脑屏障打开 (blood-brain barrier opening); 靶向药物输运 (targeted drug delivery); 靶向基因转染 (targeted gene transfection).

参考文献

[1] Yasui K, Iida Y, Tuziuti T, et al. Strongly interacting bubbles under an ultrasonic horn.

Phys Rev E, 2008, 77: 016609.

[2] Moussatov A, Granger C, Dubus B. Cone-like bubble formation in ultrasonic cavitation field. Ultrasonics Sonochemistry, 2003, 10: 192-195.

[3] Doinikov A A, Zavtrak S T. On the "bubble grapes" induced by a sound field. J Acoust Soc Am, 1996, 99: 3849-3850.

[4] Mettin R, Luther S, Ohl C D, et al. Acoustic cavitation structures and simulations by a particle model. Ultrasonics Sonochemistry, 1999, 6: 25-29.

[5] Ida M. Bubble-bubble interaction: A potential source of cavitation noise. Phys Rev E, 2009, 79: 016307.

[6] Ida M. Phase properties and interaction force of acoustically interacting bubbles: A complementary study of the transition frequency. Physics of Fluid, 2005, 17: 097107.

[7] Rezaee N, Sadighi-Bonabi R, Mirheydari M, et al. Investigation of a mutual interaction force at different pressure amplitudes in sulfuric acid. Chin Phys B, 2011, 20: 087804.

[8] Taleyarkhan R P, West C D, Cho J S, et al. Evidence for nuclear emissions during acoustic cavitation. Science, 2002, 295: 1868-1873.

[9] Brujan E A, Ikeda T, Yoshinaka K, et al. The final stage of the collapse of a cloud of bubbles close to a rigid boundary. Ultrasonics Sonochemistry, 2011, 18: 59-64.

[10] 陈伟中. 声空化泡对声传播的屏蔽特性. 应用声学, 2018, 37(5): 675-679.

[11] 王成会. 复杂环境中的声空化动力学. 西安: 陕西师范大学出版总社, 2017.

[12] An Y. Nonlinear bubble dynamics of cavitation. Phys Rev E, 2012, 85: 016305.

[13] 安宇. 超声空化与声致发光. 现代物理知识, 2018, 25(4): 35-39.

[14] 郑海荣, 蔡飞燕, 严飞, 等. 多功能生物医学超声: 分子影像、给药与神经调控. 科学通报, 2015, 60(20): 1864-1873.

[15] Dalecki D. Mechanical bioeffect of ultrasound. Ann Rev Biomed Eng, 2004, 6: 229-248.

[16] Zeqiri B, Hodnett M, Carroll A J. Studies of a novel sensor for assessing the spatial distribution of cavitation activity within ultrasonic cleaning vessels. Ultrasonics, 2006, 44: 73-82.

[17] Koch C, Jenderka K V. Measurement of sound field in cavitating media by an optical fibre-tip hydrophone. Ultrasonics Sonochemistry, 2008, 15(4): 502-509.

[18] Patella R F, Reboud J L, Archer A. Cavitation damage measurement by 3D laser profilometry. Wear, 2000, 246: 59-67.

[19] Wang Y C, Chen Y W. Application of piezoelectric PVDF film to the measurement of impulsive forces generated by cavitation bubble collapse near a solid boundary. Experimental Thermal and Fluid Science, 2007, 32: 403-414.

[20] Shen Y, Yasui K, Sun Z C, et al. Study on the spatial distribution of the liquid temperature near a cavitation bubble wall. Ultrasonics Sonochemistry, 2016, 29: 394-400.

[21] Man Y A G, Trujillo F J. A new pressure formulation for gas-compressibility dampening in bubble dynamics models. Ultrasonics Sonochemistry, 2016, 32: 247-257.

[22] Kerboua K, Hamdaoui O. Insights into numerical simulation of controlled ultrasonic

waveforms driving single cavitation bubble activity. Ultrasonics Sonochemistry, 2018, 43: 237-247.

[23] Yang X M, Church C C. A model for the dynamics of gas bubbles in soft tissue. J Acoust Soc Am, 2005, 118 (6): 3595-3606.

[24] Hua C Y, Johnsen E. Nonlinear oscillations following the Rayleigh collapse of a gas bubble in a linear viscoelastic (tissue-like) medium. Phys Fluids, 2013, 25: 083101.

[25] Zilonova E, Solovchuk M, Sheu T W H. Bubble dynamics in viscoelastic soft tissue in high-intensity focal ultrasound therapy. Ultrasonics Sonochemistry, 2018, 40: 900.

[26] Warnez M T, Johnsen E. Numerical modeling of bubble dynamics in viscoelastic media with relaxation. Phys Fluids, 2015, 27: 063103.

[27] Lentacker I, De Cock I, Deckers R, et al. Understanding ultrasound induced sonoporation: Definitions and underlying mechanisms. Advanced Drug Delivery Reviews, 2014, 72: 49-64.

[28] Romano C L, Romano D, Logoluso N. Low-intensity pulsed ultrasound for the treatment of bone delayed union or nonunion: A review. Ultrasound Med & Biol, 2009, 35(4): 529-536.

[29] Fomenko A, Neudorfer C, Dallapiazza R F, et al. Low-intensity ultrasound neuro-modulation: An overview of mechanisms and emerging human applications. Brain Stimulation, 2018, 11: 1209-1217.

[30] Abrunhosa V M, Soares C P, Batista P A C, et al. Induction of skeletal muscle differentiation in vitro by therapeutic ultrasound. Ultrasound in Medicine & Biology, 2014, 40 (3): 504.

[31] Wei F Y, Leung K S, Li G, et al. Low intensity pulsed ultrasound enhanced mesenchymal stem cell recruitment through stromal derived factor-1 signaling in fracture healing. Plos One, 2014, 9(9): e106722

[32] Tassinary J A F, Lunardelli A, Basso B D S, et al. Low-intensity pulsed ultrasound (LIPUS) stimulates mineralization of MC3T3-E1 cells through calcium and phosphate uptake. Ultrasonics, 2018, 84: 290-295.

2.2   声辐射力研究现状以及未来发展趋势

乔玉配, 刘晓宙

南京大学物理学院声学研究所, 南京 210093

一、学科内涵、学科特点和研究范畴

声波携带动量和能量, 遇到处于声场中的物体时, 声场中的物体会对声波产生反射、吸收、散射等效应, 导致其与声波发生动量和能量的交换, 引起传播波能量密度和动量的变化, 使物体受到力的作用而运动, 在非线性声学范围, 作用力的时间平均不为零, 存在一个直流分量, 这个力就是 "声辐射力"(ARF).

利用声辐射力可以实现声场中物体的操控, 这项技术被称为声镊子. 声镊子是一个新兴的粒子操控平台, 利用声波与固体、液体和气体的相互作用, 在空间和时间上操纵物质. 1991 年, Wu[1] 首先提出了声镊子的概念并进行了实验, 利用声辐射力实现了粒子的操控. 提及声镊子, 估计不少读者会想到著名的光镊子. 早在 20 世纪 60 年代末, Ashkin[2-11] 便开始了通过激光操控微粒的研究工作, 并在 1986 年发明了光操控装置——光镊子, 在生物学、化学和物理学中作为一种宝贵的工具被迅速采用, 并被用于捕获病毒、细菌和细胞 [8,12]. 尽管传统的光镊子是力谱分析和生物分子操纵的强大工具, 但它需要复杂的光学系统, 包括高功率激光器和高数值孔径物镜, 成本高、体积大、价格贵, 而且光波在液体介质中传输时, 传输损耗大, 可能对生物样品 [13,14] 造成损害, 此外激光在组织中的有限穿透能力及其对不透明粒子的限制降低了光镊子在体内发挥性能的潜力. 为了提高无接触粒子操纵技术的可及性和通用性, 又出现了其他的操控技术, 如磁性镊子 [15-18]、电泳技术 [19,20] 等. 磁性镊子操控技术和光操控技术提供最高的空间分辨率; 然而, 操纵小于 100nm 的粒子对这两种技术都是很有挑战性的, 且磁性镊子操控技术对被操纵粒子的磁性要求比较高. 电泳技术要求被操控的粒子带有电荷, 这使得它们在实际应用中有很大的局限性.

声波属于机械波, 声镊子是一种通用工具, 可以解决其他粒子操控技术的许多局限性. 由于频率在 kHz 至 MHz 范围内的声波很容易产生 [21-23], 因此, 声镊子可以直接操纵跨越 5 个数量级 ($10^{-7} \sim 10^{-2}$m) 尺度的粒子, 这是其他的操控方法无法达到的范围. 此外, 应用的声功率 ($10^{-2} \sim 10$W/cm^2) 和频率 (1kHz~500 MHz) 与超声成像 [24](2 $\sim$ 18MHz, 小于 1W/cm^2) 中使用的相似, 后者已安全用于诊断应用 [23,25]. 声镊子的生物相容性研究表明, 在细胞 [26,27] 和小动物模型 [28] 中, 可以对其操作参数进行优化以避免损伤. 例如, 放置在声镊子中长达 30min 的红细胞显示细胞的活性没有变化 [27], 放置在声镊子装置中相同时间的斑马鱼胚胎不显示发育障碍或死亡率的变化 [28]. 声镊子的多功能性和生物相容性使生物学和生物医学的当前挑战得以解决, 如肿瘤诊断循环生物标志物的分离与检测 [29]. 这些生物标志物的大小从纳米大小的细胞外囊泡 [30] 到微米大小的循环肿瘤细胞 (CTC)[31] 不等. 此外, 声镊子能够分离细胞外囊泡 [32] 和 CTCS[33], 这对肿瘤实验很有价值. 对于细胞间和细胞与环境的相互作用研究, 在保持正常生理的同时, 精确控制细胞的物理位置是必要的. 声镊子可以形成柔性的 2D[34] 和 3D[35] 单元阵列, 并用于细胞间信息传输研究 [36]. 此外, 操纵生物体的非侵入性工具还需要研究内部过程, 如秀丽线虫的神经元活动 [37]. 声镊子已经被用来操作和旋转秀丽线虫 [38] 以及更大的生物体, 如斑马鱼胚胎 [28], 并且没有任何副作用. 与其他粒子操控技术相比, 声辐射力实现的声操控技术可以操控更为广泛的粒子类型, 包括液滴、散装液体和空气中的粒子 [39-46]. 声镊子使被操控的样品有三个自由度. 尽管其他粒子操作技术也可以实现三维操作, 但声镊子提供了一种通用的、无标签方法, 与样品和介质的介电或磁性无关 [21,23,47-49]. 声镊子能够旋转操纵细胞、微结构、液滴和模型组织 [38,47,50-52]. 例如, 基于表面声波 (SAW) 的行波镊子实现了液滴的快速旋转, 可用于微型设置中的细胞溶解和实时聚合酶链反应 [50].

声辐射力操控粒子具有非接触、无损、无标记、多功能性特征, 对介质的导电性、透光性等没有特殊的要求, 同时其装置简单、易集成和微型化, 因此该技术在医学、生物物理、超声医学、生命科学、材料科学等众多领域中具有很大的应用价值和前景 [53-78].

二、学科国外、国内发展现状

声辐射力作为一个定义明确的声学研究方向, 是在 1902 年 Rayleigh 发表了一部关于声辐射力理论的经典著作之后出现的 [79]. Rayleigh 介绍了声辐射压力的概念, 将其命名为 "振动压力". 1905 年, Rayleigh 等计算了理想流体中, 平面波声场中刚性板的声辐射力, 首次解释了声辐射力并从理论上定义了声辐射力 [80]. 关于声辐射力的早期研究, 向读者推荐 Graff 撰写的 *A history of ultrasonics* [81] 以及其他几篇出版物 [82-87], 读者根据这些出版物可对声辐射力有进一步的了解.

1934 年, King[88] 首先开始了微小散射体所受声辐射力的综合理论研究, 给出了单个刚性球体在流体中受到的声辐射力的理论解析表达式, 奠定了声辐射力研究的理论基础. 辐射力取决于传播波声能量密度的梯度, 这一事实在 Hertz 和 Mende[89] 关于不同密度和声速液体之间界面的辐射力影响研究中得到了证明. Hertz 和 Mende 表明, 辐射力的方向可以是向外的, 也可以是朝向声源的, 这取决于声能密度梯度的符号. 介质声学特性的梯度, 如声速的变化, 引起传播声波中能量密度的梯度, 产生了辐射力. 另一种产生传播波能量密度梯度的可能性是由吸声引起的. 1955 年, Yosioka 等 [90] 将 King[88] 的方法拓展到平面波声场中弹性球体的声辐射力计算. 1953 年, Awatani[91] 第一个提出关于刚性柱的声辐射力计算公式. 1962 年, Gor'kov[92] 简化了声辐射力的计算方法, 提出了一种具有一般性的计算方法. 受实验条件的限制, 直到 1990 年, Wu 等才首次利用双换能器产生的聚焦声场实现了对 270μm 微粒的捕获, 但是 Gor'kov 的计算方法具有较大的适用性, 被广泛地应用于声辐射力实验的结果分析.

进入 21 世纪以来, 随着科学技术的发展, 微小粒子的操控技术在生物医学、材料科学等领域的应用越来越迫切, 声辐射力得到了广泛的关注. 已经有许多的研究工作从研究方法 [92-103]、粒子材料和形状、声场类型 [104-186] 等方面对声辐射力在理论和实验上进行了研究, 这些研究工作挖掘了声辐射力的理论深度, 丰富了声辐射力的应用场景, 为声辐射力的应用转化提供了理论基础和实验支持. 由于声场是决定声辐射力操控粒子时的有效性和精确性的关键核心, 因此, 下面我们回顾了基于不同类型声场的声辐射力的最新进展, 并展望了未来的发展前景.

1. 驻波场声辐射力的操控

声波大致可分为两种类型, 即体声波 (BAW) 和表面声波 (SAW). BAW 使用压电传感器将电信号转换成机械波, 它们被广泛用于粒子和细胞操纵, 可以通过调整驻波声场的频率等参量调整声场中压力节点和波腹的位置和数量. 压力节点的周期性分布产生声辐射力, 从而确定声场中粒子的轨迹和位置. SAW 是由交叉指型传感器 (IDT) 产生的, 通过设计各种形状的叉指电极, 如弯曲、笔直和倾斜的手指, 可以实现聚焦、平面和宽带声场. 还可以利用声学参数的调制 (如相移和振幅调制) 来实现三维操作 [186-188].

由于驻波易于产生, 而且可以利用声学参数的调制, 实现对粒子的高效、精确操控, 已经被广泛应用于声悬浮 [185,189,190]、细胞的排列与筛选 [191-198]、声镊子打印 [35,36,199,200]、碳纳米管等纳米材料的排列 [201] 等研究中.

利用声辐射力操控粒子的多功能性, 使它们能够应对生物医学和医学领域的当前挑战. 细胞的排列、分离、筛选是研究细胞特性、疾病诊断和治疗的重要过程. 尤其是对于癌症患者来说, 如果能够及早地检测出癌细胞, 对癌症的治疗会有很大的帮助. ARF 分离粒子是一种有希望替代传统技术的方法, 可以通过调整微粒上 ARF 的大小, 分离出不同尺寸的粒子. Ding 等 [188] 开发了倾斜角声表面驻波 (SSAW) 装置, 该装置能够将 HL-60 细胞从尺寸相同但压缩性不同的聚苯乙烯珠中分离出来. Li 等 [192] 在 2015 年成功地将低浓度的癌细胞从白细胞中分离出来, 并成功地从乳腺癌患者的临床标本中分离出循环肿瘤细胞 (CTC). Dow 等 [193] 开发了一种声谐振器, 用于从全血中分离细菌 [152]. 三种细菌 (铜绿假单胞菌、大肠杆菌和金黄色葡萄球菌) 可以在低浓度下分离和检测. 在实际应用中, 需要以可控的方式制备生物制品. 细胞运输的方法为细胞分离和分选提供了坚实的基础. Guo 等 [35,36] 展示了使用 SAW 的 3D 声镊子, 该镊子能够沿三个相互正交的轴操纵粒子和细胞, 单个细胞可以自由运输和播种, 从而可以任意模式打印细胞.

近年来, 一个非常活跃的研究领域是将声学驻波与微流体相结合, 开发了许多有希望的生物学应用, 在无标记环境中实现高通量分离、浓缩和操纵颗粒, 特别是生物细胞 [198,203-206]. 声辐射与微流控技术的结合是一种很有前途的辅助芯片实验设备开发工具. Habibi 等 [207] 以及 Baasch 等 [208] 研究了超出瑞利极限的驻波势阱. Cacace 等 [204] 展示了声辐射在与微流控技术结合的作用下旋转红细胞聚集体, 实现了全相位造影. Habibi 等 [205] 在微流控通道中填充微粒, 使其形成紧密堆积的结构, 然后以微粒的共振频率激发它们, 提出了机械活化填料床的概念, 并证明它能够在连续流动中截留和富集纳米颗粒. Wang 等 [206] 在超声微流控芯片中利用声表面驻波场和声表面聚焦场相结合, 实现了对 $2\mu m$ 和 $5\mu m$ 聚苯乙烯微球以及红细胞和肿瘤细胞的排列与筛选. 来自杜克大学、麻省理工学院和南洋理工大学的研究人员已经全国首创性地证明了声波是如何检测癌细胞的, 并被证明是侵入性较低且足够高效的临床检测方法 [198], 这项技术的原理是对通过微小通道的流体施加一定角度的声波. 将声波设置为和血液流动的方向相同, 不同的细胞通过周期性的声压波节和波腹时将会受到不同的声辐射力, 导致不同的横向位移, 从而筛选癌细胞和正常细胞. 为了提高生产量, 他们采用聚二甲基硅氧烷 (PDMS) 玻璃混合通道形成一个声学外壳, 从而增加能量密度和由此产生的吞吐量. 利用这种外周循环肿瘤细胞分离技术, 仅通过分析从患者身上抽取的小部分血液样本就可以判断患者是否患有癌症, 癌细胞在什么位置, 已发展到什么阶段以及哪些药物治疗效果最好, 而这些检测不会给患者带来任何痛苦, 为癌症早期检测、诊断和治疗提供了实据和更多的便利. 他们试图将复杂的技术模块化, 生产出用户可以按键操作的便携式仪器. 借助这种仪器可进行癌症早期筛查、分析癌变部位及程度、采取外泌体介入治疗等, 应用前景值得期待.

2. 行波场声辐射力操控

近年来, 也有许多学者对行波场中产生的声辐射力操控粒子的技术进行了许多研究. 与驻波中的声辐射力不同, 行波产生的单向声辐射力不断地沿波传播方向推动粒子, 提高了分选性能的鲁棒性. 此外, 行波场中声辐射力的操控技术更容易实时调制, 更适合需要任意模式或单物体处理的应用 (如细胞打印或单细胞分析等). 2016 年, 伦敦大学学院 (University College London) 药学院和 FabRx 公司的研究人员携手合作, 使用 SLA 技术 3D 打印出了口服片剂 [199]. 2018 年哈佛大学 Wyss 仿生工程研究所的 Foresti 等 [200], 利用亚波长 Fabry-Perot 谐振器的声学特性, 开发了一种新型声波印刷技术 (acoustophoretic printing), 可以对包括牛顿流体在内的各种软材料进行按需控制, 并证明了这种印刷技术的多功能性和可扩展性. 重要的是, 声波难以透过水滴, 因此这种方法即使在敏感的生物材料中也能安全使用, 如活细胞或蛋白质. 这一技术将促进许多新领域的发展, 如生物制药、化妆品和食品, 并扩展了光学和导电材料的开发, 将成为多个行业的重要研发平台. 最近, Marston[202] 推导出了材料的相移扩展和渐进波辐射力和球后向散射的频率依赖性, 为 ARF 计算提供了一个更精确的模型.

3. 基于其他结构的声辐射力操控

为了更加灵活地实现多功能操控, 随着换能器加工工艺和超声驱动电路系统的发展, 换能器的声参量, 如频率、相位、强度、持续时间等可以独立控制, 利用阵列换能器可以产生所需的声场, 使得利用声辐射力操控粒子的形式更加丰富 [22,42,44,210−217].

Marzo 等 [41,209,213,216] 基于换能器阵列实现了空气中声辐射力对微粒的多功能操控, 并将系统小型化. 研发出能够操纵微小物体的超声波悬浮装置, 这一装置包含彼此相对的两面扬声器阵列, 每一面阵列由 256 个直径仅 1cm 的扬声器组成, 可以同时将多个物体向不同方向移动. 由于超声波可以在人体组织中传播, 未来该技术将在医学等领域有广阔的应用前景, 比如可缝合身体内部伤口, 把药物送达目标器官, 清除肾结石或者将可植入的医疗器械引导到身体中等.

相控阵换能器已经实现了声辐射力多功能的粒子操作, 丰富了声辐射力操控的形式, 但要实现精确操控有时需要精细的阵列, 每个换能器都可以单独寻址, 这样随着相控阵换能器的复杂度增加, 制造成本就会变得昂贵. 因此, 需要低成本地设计一些面向特定应用, 不需要独立调节每一个换能器应用的声场设备. 许多研究表明, 人工结构, 如声子晶体、声超材料等, 可以引入一种优化的声辐射力操控效果. 通过对材料结构进行人工设计, 能灵活调控声波的传播及声场分布, 从而打破天然声学材料的局限性, 实现低成本的设备制造.

已有很多研究者利用人工结构调控的声场来改变微粒受到的声辐射力的大小与方向, 实现微粒的灵活操控 [155,173−177,179−184,218−221].

Li 等 [183] 将声子晶体板微型化, 并研究了声子晶体板上的声流诱导阻力和 ARF 同时驱动的微粒声呐运动. Dai 等 [219] 引入声子晶体结构来构造更多的微颗粒图形, 提供了一种新的实现微粒图案化的方法. Li 等 [154] 基于声子晶体板人工声场, 实现了对胶囊状粒子的捕获. 这种方法可以被设想为在生物学和医学中输送药物或细胞和小纤维铺平道路. 近来, 欧阳文乐等基于周期性栅结构硬薄板附近球体微粒的声辐射力, 证明了结构板对其表面附近粒子的捕获.

三、我们的优势方向和薄弱之处

目前我国对平面波、高斯波、驻波、贝塞尔波、艾瑞波、驻贝塞尔波等各种声场中的声辐射力在理论方面进行了全面的研究, 给出了各种声场中声辐射力的表达式, 研究了各参数对声辐射力的影响, 为之后量化声辐射力对被操控物体结构、性能和功能的影响铺平了道路. 在最新的研究中, 结合人工材料, 实现了一种优化的声辐射力操控效果. 通过对材料结构进行人工设计, 灵活调控声波的传播及声场分布, 打破天然声学材料的局限性, 丰富了利用声辐射力操控粒子的形态, 为提高声辐射力操控技术的空间分辨率提供了一种低成本的方式. 但是在声辐射力操控技术设备微型化、集成化、智能化方面没有太多的进展. 在之后深入且全面研究声辐射力的同时, 在其器件和设备微化、集成化、智能化上也要加以努力.

四、基础领域今后 5 ～ 10 年重点研究方向

(1) 提高声辐射力操控技术的空间分辨率. 当前声镊子的一个主要缺点是空间分辨率有限, 声镊子要达到光镊子所能达到的最高频率是一个挑战. 人工结构可以克服声学材料天然的局限性, 可以在不增加频率的情况下大幅度提高声辐射力操控技术的精度, 在之后的研究中会将人工结构很好地应用到声辐射力的操控中来.

(2) 量化声辐射力对被操控物体结构、性能和功能的影响. 目前的研究工作中声辐射力操控的生物相容性限于特定的声学系统, 不能作为不同声辐射力操控平台的参考. 为了进一步促进生物界和医学界采用声辐射力操控技术, 检查更标准的特征参数, 例如, 每个细胞的声压和相关的流体剪切应力, 以及声辐射后基因和蛋白质的表达等, 以量化辐射力对样本的影响将是未来几年的重点研究方向. 随着越来越多的标本特征化数据可用, 研究人员将有信心使用声辐射力操控技术探测更微妙和有趣的生物过程, 并研究癌症-免疫细胞相互作用、病原体-宿主相互作用和发育生物学.

(3) 利用声辐射力对体内细胞或异物的操控. 目前大多数研究关注于体外应用, 原则上, 由于声波的无创性和深层组织的穿透特性, 声辐射力操控有可能在体内操纵细胞或异物. 从靶向药物释放到神经元活化, 声镊子可能对体内医学研究和最终临床应用有潜在影响. 因此声辐射力的体内应用将是未来几年内另一个研究重点.

五、国家需求和应用领域急需解决的科学问题

(1) 颗粒组装. 最近已经证明了使用声镊子对颗粒进行的 3D 选择性操作. 未来必须证明, 不仅可以单独捕获颗粒, 而且还可以将它们组装以形成精确组装的物体簇.

(2) 力校准. 对于应用, 还需要将校准镊子施加的辐射力作为输入功率的函数. 实际上, 这种力的校准对许多应用 (如细胞的机械传导的研究, 生物对象对机械诱导的抵抗) 都很重要.

(3) 进一步小型化. 最近在声镊子的小型化方面取得了重大进展. 不过, 声学相干源的存在频率高达千兆赫, 为微米级甚至亚微米级的粒子操控铺平了道路. 这种规模的操控既是技术上的挑战, 也是科学的挑战, 因此有必要了解声辐射力和声流在这些尺度上是如何演变的.

(4) 生物物体的无害选择性操纵. 还必须证明具有大捕获力的声学陷阱可以在微米尺度上获得且对于生物物体无害的声波. 这对涉及细胞和微生物的所有应用都至关重要.

六、发展目标与各领域研究队伍状况

声辐射力操控粒子具有非接触、无损、无标记、多功能性特征, 对介质的导电性、透光性等没有特殊的要求, 同时其装置简单, 易集成和微型化, 该技术将在医学、生物物理、超声医学、生命科学、材料科学等众多领域中具有广阔的应用前景. 尽管声辐射力操控技术有了长足的发展, 但是在理论方面还存在一些空白, 要在实际中得到广泛应用还需要解决很多的问题, 我们的发展目标就是解决理论方面的空白, 更深入全面地研究声辐射力, 使声辐射力操控技术在众多领域的应用得到实现.

国内从事声辐射力研究的主要单位有南京大学、陕西师范大学、中科院深圳先进技术研究院等, 研究队伍需要进一步加强.

七、基金资助政策措施和建议

建议适当立项重点基金支持本领域瓶颈科学问题的解决, 如声辐射力用于颗粒组装, 声辐射力校准, 声辐射力应用的进一步小型化和生物物体的无害选择性操控等.

八、学科的关键词

声辐射力 (acoustic radiation force); 声镊子 (acoustic tweezer); 驻波场 (standing wave field); 行波场 (travelling wave field); 声散射 (acoustic scattering); 声操控 (acoustic manipulation); 声陷阱 (acoustic trap); 声微流 (acoustofluidics); 声悬浮 (acoustic levitation); 声分离 (acoustic separation); 微流控芯片 (microfluidic chip).

参考文献

[1] Wu J R. Acoustical tweezers. J Acoust Soc Am, 1991, 89(5): 2140-2143.
[2] Ashkin A. Acceleration and trapping of particles by radiation pressure. Phys Rev Lett, 1970, 24(4): 156-159.
[3] Ashkin A, Dziedzic J M. Optical levitation by radiation pressure. Appl Phys Lett, 1971, 19(8): 283-285.
[4] Ashkin A, Dziedzic J M. Stability of optical levitation by radiation pressure. Appl Phys Lett, 1974, 24(12): 586-588.
[5] Ashkin A, Dziedzic J M. Optical levitation of liquid drops by radiation pressure. Science, 1975, 187(4181): 1073-1075.
[6] Ashkin A, Dziedzic J M. Optical levitation in high vacuum. Appl Phys Lett, 1976, 28(6): 333-335.
[7] Ashkin A. Application of laser radiation pressure. Science, 1980, 210 (4474): 1081-1087.
[8] Ashkin A, Dziedzic J M. Optical trapping and manipulation of viruses and bacteria. Science, 1987, 235(4795): 1517-1520.

[9]   Ashkin A, Dziedzic J M, Yamane T. Optical trapping and manipulation of single cells using infrared laser beams. Nature, 1987, 330(6150): 769-771.

[10]   Ashkin A, Dziedzic J M, Bjorkholm J E, et al. Observation of a single-beam gradient force optical trap for dielectric particles. Opt Lett, 1986, 11(5): 288-290.

[11]   Ashkin A. Optical trapping and manipulation of neutral particles using lasers. Proc Natl Acad Sci, 1997, 94(10): 4853-4860.

[12]   Zhang H, Liu K K. Optical tweezers for single cells. J R Soc Interface, 2008, 5(24): 671-690.

[13]   Rasmussen M B, Oddershede L B, Siegumfeldt H. Optical tweezers cause physiological damage to Escherichia coli and Listeria bacteria. Appl Environ Microbiol, 2008, 74(8): 2441-2446.

[14]   Leitz G, Fällman E, Tuck S, et al. Stress response in caenorhabditis elegans caused by optical tweezers: wavelength, power, and time dependence. Biophys J, 2002, 82(4): 2224-2231.

[15]   Bausch A R, Möller W, Sackmann E. Measurement of local viscoelasticity and forces in living cells by magnetic tweezers. Biophys J, 1999, 76(1): 573-579.

[16]   Lee S W, Jeong M C, Myoung J M, et al. Magnetic alignment of ZnO nanowires for optoelectronic device applications. Appl Phys Lett, 2007, 90(13): 133115.

[17]   Tanase M, Bauer L A, Hultgren A, et al. Magnetic alignment of fluorescent nanowires. Nano Lett, 2001, 1(3): 155-158.

[18]   Winkleman A, Gudiksen K L, Ryan D, et al. A magnetic trap for living cells suspended in a paramagnetic buffer. Appl Phys Lett, 2004, 85(12): 2411-2413.

[19]   Molhave K, Wich T, Kortschack A, et al. Pick-and-place nanomanipulation using microfabricated grippers. Nanotechnology, 2006, 17(10): 2434-2441.

[20]   Carlson L, Andersen K N, Eichorn V, et al. A carbon nanofibre scanning probe assembled using an electrothermal microgripper. Nanotechnology, 2006, 18(34): 345501.

[21]   Destgeer G, Sung H J. Recent advances in microfluidic actuation and micro-object manipulation via surface acoustic waves. Lab Chip, 2015, 15(13): 2722-2738.

[22]   Baresch D, Thomas J L, Marchiano R. Observation of a single-beam gradient force acoustical trap for elastic particles: acoustical tweezers. Phys Rev Lett, 2016, 116(2): 024301.

[23]   Friend J, Yeo L Y. Microscale acoustofluidics: microfluidics driven via acoustics and ultrasonics. Rev Mod Phys, 2011, 83(2): 647-704.

[24]   Carovac A, Smajlovic F, Junuzovic D. Application of ultrasound in medicine. Acta Inform Med, 2011, 19(3): 168-171.

[25]   Ng K H. International guidelines and regulations for the safe use of diagnostic ultrasound in medicine. J Med Ultrasound, 2002, 10(1): 5-9.

[26]   Wiklund M. Acoustofluidics: biocompatibility and cell viability in microfluidic acoustic resonators. Lab Chip, 2012, 12(11): 2018-2028.

[27] Lam K H, Li Y, Li Y, et al. Multifunctional single beam acoustic tweezer for noninvasive cell/organism manipulation and tissue imaging. Sci Rep, 2016, 6: 37554.

[28] Sundvik M, Nieminen H J, Salmi A, et al. Effects of acoustic levitation on the development of zebrafish, Danio rerio, embryos. Sci Rep, 2015, 5: 13596.

[29] Shapira I, Oswald M, Lovecchio J, et al. Circulating biomarkers for detection of ovarian cancer and predicting cancer outcomes. Br J Cancer, 2014, 110(4): 976-983.

[30] Joyce D P, Kerin M J, Dwyer R M. Exosome-encapsulated microRNAs as circulating biomarkers for breast cancer. Int J Cancer, 2016, 139(7): 1443-1448.

[31] Plaks V, Koopman C D, Werb Z. Circulating tumor cells. Science, 2013, 341(6151): 1186-1188.

[32] Wu M, Ouyang Y, Wang Z Y, et al. Isolation of exosomes from whole blood by integrating acoustics and microfluidics. Proc Natl Acad Sci, 2017, 114(40): 10584-10589.

[33] Li P, Mao Z M, Peng Z L, et al. Acoustic separation of circulating tumor cells. Proc Natl Acad Sci, 2015, 112(16): 4970-4975.

[34] Shi J, Ahmed D, Mao X L, et al. Acoustic tweezers: patterning cells and microparticles using standing surface acoustic waves (SSAW). Lab Chip, 2009, 9(20): 2890-2895.

[35] Guo F, Mao Z M, Chen Y C, et al. Three-dimensional manipulation of single cells using surface acoustic waves. Proc Natl Acad. Sci, 2016, 113(6): 1522-1527.

[36] Guo F, Li P, French J B, et al. Controlling cell-cell interactions using surface acoustic waves. Proc Natl Acad Sci, 2015, 112(1): 43-48.

[37] Epstein H F, Shakes D C. Caenorhabditis Elegans: Modern Biologcal Analysis of an Organism Vol. 48. Academic: Elsevier, 1995.

[38] Ahmed D, Ozcelik A, Bojanala N, et al. Rotational manipulation of single cells and organisms using acoustic waves. Nat Commun, 2016, 7: 11085.

[39] Destgeer G, Cho H, Ha B H, et al. Acoustofluidic particle manipulation inside a sessile droplet: four distinct regimes of particle concentration. Lab Chip, 2016, 16(4): 660-667.

[40] Marmottant P, Hilgenfeldt S. A bubble-driven microfluidic transport element for bio-engineering. Proc Natl Acad Sci, 2004, 101(26): 9523-9527.

[41] Marzo A, Seah S A, Drinkwater B W, et al. Holographic acoustic elements for manipulation of levitated objects. Nat Commun, 2015, 6: 8661.

[42] Foresti D, Nabavi M, Klingauf M, et al. Acoustophoretic contactless transport and handling of matter in air. Proc Natl Acad Sci, 2013, 110(31): 12549-12554.

[43] Tsujino S, Tomizaki T. Ultrasonic acoustic levitation for fast frame rate X-ray protein crystallography at room temperature. Sci Rep, 2016, 6: 25558.

[44] Kaiser J. 'Liquid biopsy' for cancer promises early detection. Science, 2018, 359(6373): 259-259.

[45] Brandt E H. Suspended by sound. Nature, 2001, 413(6855): 474-475.

[46] Andrade M A B, Bernassau A L, Adamowski J C. Acoustic levitation of a large solid sphere. Appl Phys Lett, 2016, 109(4): 044101.

[47] Zang D, Yu Y, Chen Z, et al. Acoustic levitation of liquid drops: dynamics, manipulation and phase transitions. Adv Colloid Interf Sci, 2017, 243: 77-85.

[48] Yeo L Y, Friend J R. Ultrafast microfluidics using surface acoustic waves. Biomicrofluidics, 2009, 3(1): 12002.

[49] Yeo L Y, Friend J R. Surface acoustic wave microfluidics. Annu Rev Fluid Mech, 2014, 46(1): 379-406.

[50] Destgeer G, Ha B H, Park J, et al. Travelling surface acoustic waves microfluidics. Phys Procedia, 2015, 70: 34-37.

[51] Reboud J, Bourguin Y, Wilson R, et al. Shaping acoustic fields as a toolset for microfluidic manipulations in diagnostic technologies. Proc Natl Acad Sci, 2012, 109(38): 15162-15167.

[52] Bernard I, Doinikov A A, Marmottant P, et al. Controlled rotation and translation of spherical particles or living cells by surface acoustic waves. Lab Chip, 2017, 17(4): 2470-2480.

[53] Hahn P, Lamprecht A, Dual J. Numerical simulation of micro-particle rotation by the acoustic viscous torque. Lab Chip, 2016, 16(23): 4581-4594.

[54] Shi J, Ahmed D, Mao X, et al. Acoustic tweezers: patterning cells and microparticles using standing surface acoustic waves (SSAW). Lab Chip, 2009, 9(20): 2890-2895.

[55] Sarvazyan A, Tsyuryupa S. Potential biomedical applications of non-dissipative acoustic radiation force. J Acoust Soc Am, 2016, 139(4): 2027.

[56] Denis M, Wan L, Cheong M, et al. Bone demineralization assessment using acoustic radiation force. J Acoust Soc Am, 2016, 139(4): 2028.

[57] Wiklund M, Manneberg O, Svennebring J, et al. Ultrasonic manipulation in microfluidic chips for accurate bioparticle handling. J Acoust Soc Am, 2009, 125(4): 2592.

[58] Rajabi M, Mojahed A. Acoustic manipulation of oscillating spherical bodies: emergence of axial negative acoustic radiation force. J Sound Vibration, 2016, 383: 265-276.

[59] Haake A, Neild A, Radziwill G, et al. Positioning, displacement, and localization of cells using ultrasonic forces. Biotechnol Bioeng, 2005, 92(1): 8-14.

[60] Laurell T, Petersson F, Nilsson A. Chip integrated strategies for acoustic separation and manipulation of cells and particles. Chem Soc Rev, 2007, 36(3): 492-506.

[61] Oberti S, Neild A, Dual J. Manipulation of micrometer sized particles within a micromachined fluidic device to form two-dimensional patterns using ultrasound. J Acoust Soc Am, 2007, 121(2): 778-785.

[62] Torr G R. The acoustic radiation force. Am J Phys, 1984, 52(5): 402-408.

[63] Trinh E H. Compact acoustic levitation device for studies in fluid dynamics and material science in the laboratory and microgravity. Rev Sci Instrum, 1985, 56(11): 2059-2065.

[64] Bauerecker S, Neidhart B. Cold gas traps for ice particle formation. Science, 1998, 282(5397): 2211-2212.

[65] Yamazaki T, Hu J, Nakamura K, et al. Trial construction of a noncontact ultrasonic motor with an ultrasonically levitated rotor. Jap J Appl Phys, 1996, 35(5S): 3286-3288.

[66] Fatemi M, Greenleaf J F. Ultrasound-stimulated vibro-acoustic spectrography. Science, 1998, 280(5360): 82-85.

[67] Fatemi M, Greenleaf J F. Vibro-acoustography: an imaging modality based on ultrasound-stimulated acoustic emission. Proc Natl Acad Sci, 1999, 96(12): 6603-6608.

[68] Urban M W, Silva G T, Fatemi M, et al. Multifrequency vibroacoustography. IEEE Trans Med Imag, 2006, 25(10): 1284-1295.

[69] Pislaru C, Kantor B, Kinnick R R, et al. In vivo vibroacoustography of large peripheral arteries. Invest Radiol, 2008, 43(4): 243-252.

[70] Sarvazyan A P, Rudenko O V, Swanson S D, et al. Shear wave elasticity imaging: a new ultrasonic technology of medical diagnostics. Ultrasound Med Biol, 1998, 24(9): 1419-1435.

[71] Dahl J J, Dumont D M, Allen J D, et al. Acoustic radiation force impulse imaging for noninvasive characterization of carotid artery atherosclerotic plaques: a feasibility study. Ultrasound Med Biol, 2009, 35(5): 707-716.

[72] Palmeri M L, Wang M H, Dahl J J, et al. Quantifying hepatic shear modulus in vivo using acoustic radiation force. Ultrasound Med Biol, 2008, 34(4): 546-558.

[73] Huang Y, Curiel L, Kukic A, et al. MR acoustic radiation force imaging: in vivo comparison to ultrasound motion tracking. Med Phys, 2009, 36(6): 2016-2020.

[74] Souchon R, Salomir R, Beuf O, et al. Transient MR elastography (t-MRE) using ultrasound radiation force: theory, safety, and initial experiments in vitro. Magn Reson Med, 2008, 60(4): 871-881.

[75] Walker W F, Fernandez F J, Negron L A. A method of imaging viscoelastic parameters with acoustic radiation force. Phys Med Biol, 2000, 45(6): 1437-1447.

[76] Soo M S, Ghate S V, Baker J A, et al. Streaming detection for evaluation of indeterminate sonographic breast masses: a pilot study. AJR Am J Roentgenol, 2006, 186(5): 1335-1341.

[77] Zhao S, Borden M, Bloch S H, et al. Radiation- force assisted targeting facilitates ultrasonic molecular imaging. Mol Imaging, 2004, 3(3): 135-148.

[78] Lum A F, Borden M A, Dayton P A, et al. Ultrasound radiation force enables targeted deposition of model drug carriers loaded on microbubbles. J Control Release, 2006, 111(1/2): 128-134.

[79] Rayleigh S L. On the pressure of vibrations. Philophical Magazine, 1902, 3: 338-346.

[80] Rayleigh S L. On the momentum and pressure of gaseous vibrations, and on the connexion with the virial theorem. Phil Magazine Series 6, 1905, 10(57): 364-374.

[81] Graff K F. A history of ultrasonics//Mason W P, Thurston R N. Physical Acoustics: Principles and Methods. New York: Academic Press, 1981.

[82] Bergmann L. Der Ultrashall und Seine Anwendung in Wissenschaft und Technik. 6th ed. Stuttgart: S. Hirzel Verlag, 1954.

[83] Beyer R T, Letcher S V. Physical Ultrasonics. New York: Academic Press, 1969.

[84] Beyer R T. Nonlinear acoustics. Naval Ship Systems Command Department of the Navy, 1974.

[85] Brillouin L. The tensions of radiation and their interpretation in terms of classical mechanics and relativity. J Phys Etradium, 1925, 6: 337-353.

[86] Borgnis F E. Acoustic radiation pressure of plane compressional waves. Rev Mod Phys, 1953, 25(3): 653-664.

[87] Beyer R T. Radiation pressure-the history of a mislabeled tensor. J Acoust Soc Am, 1978, 63(4): 1025-1030.

[88] King L V. On the acoustic radiation pressure on spheres. Proc R Soc London, 1934, 147(861): 212-240.

[89] Hertz G, Mende H. Der schallstrahlungsdruck in flussigkeiten. Zs Phys, 1939, 114: 354-367.

[90] Yosioka K, Kawasima Y. Acoustic radiation pressure on a compressible sphere. Acta Acustica United with Acustica, 1955, 5(3): 167-173.

[91] Awatani J. Study on acoustic radiation pressure(VI): radiation pressure on a cylinder. J Acoust Soc Jpn, 1953, 9: 140-146.

[92] Gor'kov L P. On the forces acting on a small particle in an acoustical field in an ideal fluid. Soviet Physics-Doklady, 1962, 6: 773-775.

[93] Lee J, Ha K, Shung K K. A theoretical study of the feasibility of acoustical tweezers: ray acoustics approach. J Acoust Soc Am, 2005, 117(5): 3273-3280.

[94] Lee J, Shung K K. Radiation forces exerted on arbitrarily located sphere by acoustic tweezer. J Acoust Soc Am, 2006, 120(2): 1084-1094.

[95] Wu R R, Cheng K X, Liu X, et al. Acoustic radiation force on a double-layer microsphere by a Gaussian focused beam. J Appl Phys, 2014, 116(14): 144903.

[96] Wu, R R, Cheng K X, Liu X, et al. Study of axial acoustic radiation force on a sphere in a Gaussian quasi-standing field. Wave Motion, 2016, 62: 63-74.

[97] 孙秀娜. 基于时域有限差分法的高斯波束声辐射力特性研究. 西安: 陕西师范大学, 2015.

[98] 程欣. 基于时域有限差分法的声辐射力研究. 哈尔滨: 哈尔滨工业大学, 2011.

[99] Cai F, Meng L, Jiang C, et al. Computation of the acoustic radiation force using the finite-difference time-domain method. J Acoust Soc Am, 2010, 128(4): 1617-1622.

[100] Mitri F G. Acoustic scattering of a high-order Bessel beam by an elastic sphere. Annals of Physics, 2008, 323(11): 2840-2850.

[101] Marston P L. Axial radiation force of a Bessel beam on a sphere and direction reversal of the force. J Acoust Soc Am, 2006, 120(6): 3518-3524.

[102] 范宗尉, 杨克己, 陈子辰. 任意声场中非规则形状 Rayleigh 散射体的声辐射力研究. 声学学报, 2008, 33(6): 491-497.

[103] Wang J, Dual J. Numerical simulations for the time-averaged acoustic forces acting on rigid cylinders in ideal and viscous fluids. J Phys A: Mathematical and General, 2009, 42(28): 285502.

[104] Glynne-Jones P, Mishra P P, Boltryk R J, et al. Efficient finite element modeling of

radiation forces on elastic particles of arbitrary size and geometry. J Acoust Soc Am, 2013, 133(4): 1885-1893.

[105] Wang J, Dual J. Theoretical and numerical calculations for the time-averaged acoustic force and torque acting on a rigid cylinder of arbitrary size in a low viscosity fluid. J Acoust Soc Am, 2011, 129(6): 3490-3501.

[106] Hasegawa T. Acoustic radiation force on a sphere in a quasistationary wave field——experiment. J Acoust Soc Am, 1979, 65(1): 41-44.

[107] Wu R, Cheng K, Liu X, et al. Study of axial acoustic radiation force on a sphere in a Gaussian quasi-standing field. Wave Motion, 2016, 62: 63-74.

[108] Hasegawa T, Hino Y, Annou A, et al. Acoustic radiation pressure acting on spherical and cylindrical shells. J Acoust Soc Am, 1993, 93(1): 154-161.

[109] Wijaya F B, Lim K M. Numerical calculation of acoustic radiation force and torque on non-spherical particles in Bessel beams. J Acoust Soc Am, 2016, 139(4): 2071.

[110] Baresch D, Thomas J L, Marchiano R. Three-dimensional acoustic radiation force on an arbitrarily located elastic sphere. J Acoust Soc Am, 2013, 133(1): 25-36.

[111] Johnson K A, Vormohr H R, Doinikov A A, et al. Experimental verification of theoretical equations for acoustic radiation force on compressible spherical particles in traveling waves. Phys Rev E, 2016, 93(5): 053109.

[112] Marston P L. Radiation force of a helicoidal Bessel beam on a sphere. J Acoust Soc Am, 2009, 125(6): 3539-3547.

[113] Wei W, Marston P L. Equivalence of expressions for the acoustic radiation force on cylinders. J Acoust Soc Am, 2005, 118(6): 3397-3399.

[114] Brazhnikov A I, Brazhnikov N I. Radiation pressure on an acoustic cylinder in the intermediate and far zones of an ultrasonic field. J Eng Phys Thermophys, 2003, 76(1): 158-162.

[115] Hasegawa T, Saka K, Inoue N, et al. Acoustic radiation force experienced by a solid cylinder in a plane progressive sound field. J Acoust Soc Am, 1988, 83(5): 1770-1775.

[116] Morse P M, Ingard K U, Stumpf F B. Theoretical Acoustics. New York: McGraw-Hill, 1968.

[117] Thiessen D B, Marr-Lyon M J, Wei W, et al. Radiation pressure of standing waves on liquid columns and small diffusion flames. J Acoust Soc Am, 2002, 112(5): 2240.

[118] King L V. On the acoustic radiation pressure on spheres. Proc R Soc London, 1934, 147(861): 212-240.

[119] Hasegawa T, Yosioka K. Acoustic-radiation force on a solid elastic sphere. J Acoust Soc Am, 1969, 46(5B): 1139-1143.

[120] Wei W, Thiessen D B, Marston P L. Acoustic radiation force on a compressible cylinder in a standing wave. J Acoust Soc Am, 2004, 116(1): 201-208.

[121] Mitri F G, Chen S. Theory of dynamic acoustic radiation force experienced by solid cylinders. Phys Rev E, 2005, 71: 016306.

[122] Mitri F G. Theoretical calculation of the acoustic radiation force acting on elastic and

viscoelastic cylinders placed in a plane standing or quasistanding wave field. Phys Cond Matt, 2005, 44(1): 71-78.

[123] Wu R, Liu X, Liu J, et al. Calculation of acoustical radiation force on microsphere by spherically-focused source. Ultrasonics, 2014, 54(7): 1977-1983.

[124] Azarpeyvand M. Acoustic radiation force on a rigid cylinder in a focused Gaussian beam. J Sound Vibration, 2013, 332(9): 2338-2349.

[125] Marston P L. Negative axial radiation forces on solid spheres and shells in a Bessel beam. J. Acoust Soc Am, 2007, 122(6): 3162-3165.

[126] Marston P L. Acoustic beam scattering and excitation of sphere resonance: Bessel beam example. J Acoust Soc Am, 2007, 122(1): 247-252.

[127] Marston P L. Axial radiation force of a Bessel beam on a sphere and direction reversal of the force. J Acoust Soc Am, 2006, 120(6): 3518-3524.

[128] Marston P L, Thiessen D B. Manipulation of fluid objects with acoustic radiation pressure. Ann N Y Acad Sci, 2004, 1027(1): 414-434.

[129] 宋智广, 张小凤, 张光斌. 高斯波束对水中柱形粒子的声辐射力研究. 压电与声光, 2013, 35(06): 792-796.

[130] 陈东梅, 张小凤, 张光斌, 等. 水中刚性柱在高斯声场中的声辐射力特性. 陕西师范大学学报 (自然科学版), 2014, 42(2): 27-32.

[131] Zhang X, Yun Q, Zhang G, et al. Computation of the acoustic radiation force on a rigid cylinder in off-Axial Gaussian beam using the translational addition theorem. Acta Acust United Ac, 2016, 102(2): 334-340.

[132] Zhang X, Zhang G. Acoustic radiation force of a Gaussian beam incident on spherical particles in water. Ultrasound Med Biol, 2012, 38(11): 2007-2017.

[133] Zhang X, Song Z, Chen D, et al. Finite series expansion of a Gaussian beam for the acoustic radiation force calculation of cylindrical particles in water. J Acoust Soc Am, 2015, 137(4): 1826-1833.

[134] 孙秀娜, 张小凤, 常国栋, 等. 粒子间耦合振动对液体中刚性球形粒子的声辐射力影响. 南京大学学报 (自然科学版), 2015 , 51(06): 1160-1165.

[135] 陈东梅, 张小凤, 张光斌, 等. 高斯波束对水中球形粒子的声辐射力研究. 压电与声光, 2013, 35(3): 329-332.

[136] 宋智广. 单波束微小柱形粒子声辐射力的研究. 西安: 陕西师范大学, 2013.

[137] 史菁尧, 张小凤. 充液柱形腔中球形粒子在高斯声场中的声辐射力. 南京大学学报 (自然科学版), 2017, 53(1): 27-33.

[138] 陈东梅. 高斯波束对水中微小粒子的声辐射力研究. 西安: 陕西师范大学, 2014.

[139] 乔玉配. 界面附近柱形粒子的声辐射力研究. 西安: 陕西师范大学, 2017.

[140] 孙秀娜, 张小凤, 张光斌, 等. FDTD 法计算刚性球形粒子离轴声辐射力. 陕西师范大学学报 (自然科学版), 2015, 43(4): 28-33.

[141] 负倩. 高斯波束对水中柱形粒子声辐射力的研究. 西安: 陕西师范大学, 2016.

[142] 乔玉配, 张小凤, 张光斌. 阻抗边界对刚性圆柱形粒子声辐射力的影响. 陕西师范大学学报 (自然科学版), 2016, 44(5): 58-63.

[143] 乔玉配, 张小凤. 阻抗界面附近水下刚性柱形粒子的声辐射力. 南京大学学报 (自然科学版), 2017, 53(1): 19-26.

[144] Marston P L, Wei W, Thiessen D B. Acoustic radiation force on elliptical cylinders and spheroidal objects in low frequency standing waves. AIP Conference Proceedings, 2006, 838(1): 495-499.

[145] Marr-Lyon M J, Thiessen D B, Marston P L. Stabilization of a cylindrical capillary bridge far beyond the Rayleigh Plateau limit using acoustic radiation pressure and active feedback. J Fluid Mech, 1997, 351(351): 345-357.

[146] Marr-Lyon M J, Thiessen D B, Marston P L. Passive stabilization of capillary bridges in air with acoustic radiation pressure. Phys Rev Lett, 2001, 86(11): 2293-2296.

[147] Morse S F, Thiessen D B, Marston P L. Capillary bridge modes driven with modulated ultrasonic radiation pressure. Phys Fluids, 1996, 8(1): 3-5.

[148] Miri A K, Mitri F G. Acoustic radiation force on a spherical contrast agent shell near a vessel porous wall—theory. Ultrasound Med Biol, 2011, 37(2): 301-311.

[149] Wang J, Dual J. Theoretical and numerical calculation of the acoustic radiation force acting on a circular rigid cylinder near a flat wall in a standing wave excitation in an ideal fluid. Ultrasonics, 2012, 52(2): 325-332.

[150] Azarpeyvand M. Corrigendum to "Acoustic radiation force on a rigid cylinder in a focused Gaussian beam". J Sound Vibration, 2014, 333(2): 621-622.

[151] Marr-Lyon M J, Thiessen D B, Marston P L. Passive stabilization of capillary bridges in air with acoustic radiation pressure. Phy Rev Lett, 2001, 86(11): 2293-2296.

[152] Wu J R, Du G H, Work S S, et al. Acoustic radiation pressure on a rigid cylinder: an analytical theory and experiments. J Acoust Soc Am, 1990, 87(2): 581-586.

[153] Wu J R, Du G H. Acoustic radiation force on a small compressible sphere in a focused beam. J Acoust Soc Am, 1990, 87(3): 997-1003.

[154] Li H Y, Wang Y, Ke M Z, et al. Acoustic manipulating of capsule-shaped particle assisted by phononic crystal plate. Appl Phys Lett, 2018, 112(22): 223501.

[155] Lee J, Teh S Y, Lee A, et al. Single beam acoustic trapping. Appl Phys Lett, 2009, 95: 123-126.

[156] Lee J, Teh S Y, Lee A, et al. Transverse acoustic trapping using a Gaussian focused ultrasound. Ultrasound Med Biol, 2010, 36: 350-355.

[157] Zhang X F, Yun Q, Zhang G B, et al. Computation of the acoustic radiation force on a rigid cylinder in off-axial Gaussian beam using the translational addition theorem, Acta. Acust United Ac, 2016, 102(2): 334-340.

[158] Zhang X F, Song Z G, Chen D M, et al. Finite series expansion of a Gaussian beam for the acoustic radiation force calculation of cylindrical particles in water. J Acoust Soc Am, 2015, 137(4): 1826-1833.

[159] Zhang X F, Zhang G B. Acoustic radiation force of a Gaussian beam incident on spherical particles in water. Ultrasound Med Biol, 2012, 38(11): 2007-2017.

[160] Shi J Y, Zhang X F, Chen R M, et al. Acoustic radiation force of a solid elastic sphere

immersed in a cylindrical cavity filled with ideal fluid. Wave Motion, 2018, 80: 37-46.

[161] Qiao Y P, Zhang X F, Zhang G B. Acoustic radiation force on a fluid cylindrical particle immersed in water near an impedance boundary. J Acoust Soc Am, 2017, 141(6): 4633-4641.

[162] Qiao Y P, Zhang X F, Zhang G B. Axial acoustic radiation force on a rigid cylinder near an impedance boundary for on-axis Gaussian beam. Wave Motion, 2017, 74: 182-190.

[163] Qiao Y P, Shi J Y, Zhang X F, et al. Acoustic radiation force on a rigid cylinder in an off-axis Gaussian beam near an impedance boundary. Wave Motion, 2018, 83: 111-120.

[164] Jiang C, Liu X Z, Liu J H, et al. Acoustic radiation force on a sphere in a progressive and standing zero-order quasi-Bessel-Gauss beam. Ultrasonics, 2017, 76: 1-9.

[165] Wang H B, Liu X Z, Gao S, et al. Study of acoustic radiation force on a multi-layered sphere in a Gaussian standing field. Chinese Physics B, 2018, 27(3): 034302.

[166] Wang H B, Gao S, Qiao Y, et al. Theoretical study of acoustic radiation force and torque on a pair of polymer cylindrical particles in two Airy beams fields. Phys Fluids, 2019, 31: 047103.

[167] Gao S, Mao Y W, Liu J H, et al. Acoustic radiation force induced by two Airy-Gaussian beams on a cylindrical particle. Chin Phys B, 2018, 27(1): 014302.

[168] Wang Y Y, Yao J, Wu X W, et al. Influences of the geometry and acoustic parameter on acoustic radiation forces on three-layered nucleate cells. Appl Phys, 2017, 122(9): 0949021.

[169] 王跃, 张小凤. 平面波斜入射时水中液体柱形粒子的声辐射力. 陕西师范大学学报 (自然科学版), 2018, 46(05): 51-55.

[170] 惠铭心, 刘晓宙, 刘杰惠, 等. 平面行波场中多个粒子受到的声辐射力. 应用声学, 2018, 37(1): 106-113.

[171] 史菁尧, 张小凤. 球体参数及柱腔对腔内胶囊球声辐射力的影响. 陕西师范大学学报 (自然科学版), 2018, 46(2): 45-51.

[172] 王添, 柯满竹, 邱春印, 等. 借助声子晶体板实现微球的一维周期排列. 2016 年声学技术学术会议, 2016.

[173] 欧阳文乐, 邹峰, 何海龙, 等. 基于周期性栅结构硬薄板的球体粒子声捕获. 吉首大学学报 (自然科学版), 2019, 40(01): 49-52.

[174] 邓科. 基于加强表面栅结构的定向声辐射研究. 中国科技信息, 2016, 5: 22-22.

[175] 黄先玉, 蔡飞燕, 李文成, 等. 空气中一维声栅对微粒的声操控. 物理学报, 2017, 66(4): 154-159.

[176] 许迪, 蔡飞燕, 陈冕, 等. 圆柱微腔三维声操控颗粒. 2016 年全国声学学术会议, 2016.

[177] 杨阳, 乔璐, 严飞, 等. 超声辐射力推移靶向微泡的参数设置研究. 中国超声医学杂志, 2015, 31(2): 170-173.

[178] Wang T, Ke M, Li W, et al. Particle manipulation with acoustic vortex beam induced by a brass plate with spiral shape structure. Appl Phys Lett, 2016, 109(12): 123506.

[179] Wang T, Ke M, Qiu C, et al. Particle trapping and transport achieved via an adjustable acoustic field above a phononic crystal plate. J Appl Phys, 2016, 119(21): 214502.

[180] Wang T, Ke M, Xu S, et al. Dexterous acoustic trapping and patterning of particles assisted by phononic crystal plate. Appl Phys Lett, 2015, 106(16): 163504.

[181] Zhu B, Xu J, Li Y, et al. Micro-particle manipulation by single beam acoustic tweezers based on hydrothermal PZT thick film. AIP Advances, 2016, 6(3): 035102.

[182] He H, Ouyang S, He Z, et al. Broadband acoustic trapping of a particle by a soft plate with a periodic deep grating. J Appl Phys, 2015, 117(16): 164504.

[183] Li F, Xiao Y, Lei J, et al. Rapid acoustophoretic motion of microparticles manipulated by phononic crystals. Appl Phys Lett, 2018, 113(17): 173503.

[184] Chen X, Lam, K H, et al. Acoustic levitation and manipulation by a high-frequency focused ring ultrasonic transducer. Appl Phys Lett, 2019, 114(5): 054103.

[185] Wu M X, Huang P H, Zhang R, et al. Circulating Tumor Cell Phenotyping via High-Throughput Acoustic Separation. Small, 2018, 14: 1801131.

[186] Zang Y, Qiao Y, Liu J , et al. Axial acoustic radiation force on a fluid sphere between two impedance boundaries for Gaussian beam. Chinese Physics B, 2019, 28(3): 034301.

[187] Bruus H. Acoustofluidics 2: perturbation theory and ultrasound resonance modes. Lab Chip, 2012, 12(1): 20-28.

[188] Ding X, Lin S-C S, Kiraly B, et al. On-chip manipulation of single microparticles, cells, and organisms using surface acoustic waves. Proc Natl Acad Sci, 2012, 109(28): 11105.

[189] Andrade M A B, Perez N, Adamowski J C. Review of progress in acoustic levitation. Brazilian J Phys, 2018, 48(2): 190-213.

[190] Mu C, Wang J, Barraza K M, et al. Mass spectrometric study of acoustically levitated droplet illuminates molecular-level mechanism of photodynamic therapy for cancer involving lipid oxidation. Angew Chem Int Ed, 2019, 58: 8082-8086.

[191] Ding X, Peng Z, Lin M, et al. Cell separation using tilted-angle standing surface acoustic waves. Proc Natl Acad Sci, 2014, 111(36): 12992.

[192] Li P, Mao Z, Peng Z, et al. Acoustic separation of circulating tumor cells. Proc Natl Acad Sci, 2015, 112: 4970.

[193] Dow P, Kotz K, Gruszka S, et al. Acoustic separation in plastic microfluidics for rapid detection of bacteria in blood using engineered bacteriophage. Lab Chip, 2018, 18(6): 923-932.

[194] Sehgal P, Kirby B J. Separation of 300 and 100nm particles in Fabry-Perot acoustofluidic resonators. Anal Chem, 2017, 89(22): 12192-12200.

[195] Wu M, Mao Z, Chen K, et al. Acoustic separation of nanoparticles in continuous flow. Adv Funct Mater, 2017, 27(14): 1606039.

[196] Wu M, Ouyang Y, Wang Z, et al. Isolation of exosomes from whole blood by integrating acoustics and microfluidics. Proc Natl Acad Sci, 2017, 114(40): 10584.

[197] Simon G, Pailhas Y, Andrade M A B, et al. Particle separation in surface acoustic wave microfluidic devices using reprogrammable, pseudo-standing waves. Appl Phys Lett, 2018, 113(4): 044101.

[198] Wu M X, Huang P H, Zhang R, et al. Circulating tumor cell phenotyping via high-throughput acoustic separation. Small, 2018, 14: 1801131.

[199] Wang J, Goyanes A, Gaisford S, et al. Stereolithographic (SLA) 3D printing of oral modified-release dosage forms. Inter J Pharmaceutics, 2016: 207-212.

[200] Foresti D, Kroll K T, Amissah R, et al. Acoustophoretic printing. Science Advances, 2018, 4(8): eaat1659.

[201] Ma Z, Collins D J, Guo J, et al. Mechanical properties based particle separation via traveling surface acoustic wave. Anal Chem, 2016, 88(23): 11844-11851.

[202] Marston P L. Phase-shift derivation of expansions for material and frequency dependence of progressive-wave radiation forces and backscattering by spheres. J Acoust Soc Am, 2019, 145(1): EL39.

[203] Ni, Z, Yin C, Xu G, et al. Modelling of SAW-PDMS acoustofluidics: physical fields and particle motions influenced by different descriptions of the PDMS domain. Lab Chip, 2019, 19(16): 2728-2740.

[204] Cacace T, Memmolo P, Villore M M, et al. Assembling and rotating erythrocyte aggregates by acoustofluidic pressure enabling full phase-contrast tomography. Lab Chip, 2019, 19(18): 3123-3132.

[205] Habibi R, Neild A. Sound wave activated nano-sieve (SWANS) for enrichment of nanoparticles. Lab Chip, 2019, 19(18): 3032-3044.

[206] Wang K, Zhou W, Lin Z, et al. Sorting of tumour cells in a microfluidic device by multi-stage surface acoustic waves. Sensors and Actuators B: Chemical, 2018, 258: 1174-1183.

[207] Habibi R, Devendran C, Neild A. Trapping and patterning of large particles and cells in a 1D ultrasonic standing wave. Lab Chip, 2017, 17(19): 3279-3290.

[208] Baasch T, Dual J. Acoustofluidic particle dynamics: beyond the Rayleigh limit. J Acoust Soc Am, 2018, 143(1): 509-519.

[209] Marzo A, Drinkwater B W. Holographic acoustic tweezers. Proc Natl Acad Sci, 2019, 116(1): 84-89.

[210] Courtney C R P, Ong C K, Drinkwater B W, et al. Manipulation of particles in two dimensions using phase controllable ultrasonic standing waves. Proc R Soc A: Math, Phys and Eng Sci, 2012, 468(2138): 337-360.

[211] Baresch D, Thomas J L, Marchiano R. Spherical vortex beams of high radial degree for enhanced single-beam tweezers. J Appl Phys, 2013, 113(18): 184901.

[212] Baresch D, Thomas J L, Marchiano R. Orbital angular momentum transfer to stably trapped elastic particles in acoustical vortex beams. Phys Rev Lett, 2018, 121(7): 074301.

[213] Marzo A, Caleap M, Drinkwater B W. Acoustic virtual vortices with tunable orbital angular momentum for trapping of Mie particles. Phys Rev Lett, 2018, 120(4): 044301.

[214] Hong Z, Zhang J, Drinkwater B W. Observation of orbital angular momentum transfer from Bessel-shaped acoustic vortices to diphasic liquid-microparticle mixtures. Phys

Rev Lett, 2015, 114(21): 214301.

[215] Foresti D, Poulikakos D. Acoustophoretic contactless elevation, orbital transport and spinning of matter in air. Phys Rev Lett, 2014, 112(2): 024301.

[216] Marzo A G. A wearable to manipulate freefloating objects. 34th Annual Chi Conference on Human Factors in Computing Systems, 2016: 3277-3281.

[217] Memoli G, Caleap M, Asakawa M, et al. Metamaterial bricks and quantization of meta-surfaces. Nature Communications, 2017, 8: 14608.

[218] Melde K, Mark A G, Qiu T, et al. Holograms for acoustics. Nature, 2016, 537(7621): 518-522.

[219] Dai H, Xia B, Yu D. Acoustic patterning and manipulating microparticles using phononic crystal. J Phys D: Appl Phys, 2019, 52(42): 425302.

[220] Xia X, Yang Q, Li H, et al. Acoustically driven particle delivery assisted by a graded grating plate. Appl Phys Lett, 2017, 111(3): 031903.

[221] Xu S J, Qiu C Y, Liu Z Y, et al. Acoustic transmission through asymmertric grating structures made of cylinder. J Appl Phys, 2012, 111(9): 094505.

2.3　含颗粒介质研究现状以及未来发展趋势

姜根山

华北电力大学数理系, 保定 071003

一、学科内涵、学科特点和研究范畴

1. 学科内涵

声学 (含颗粒介质流体中的声传播规律及声效应) 作为一门基础性和交叉性极强的学科, 近年来已渗透到几乎所有重要的自然科学和工程技术领域. 尤其在电力行业中, 声学检测技术以其自身的非接触式特点, 逐步受到国内外电力科研单位、高等院校和发电企业的重视, 在实际工程中得到推广和应用. 而含颗粒介质流体中的声传播规律及颗粒介质声场参数反演测定颗粒浓度、速度和粒径等是当前的研究热点; 基于声传播规律的研究, 对声波作用下含颗粒介质流体中传热传质行为特征、颗粒动力学行为特征、团簇颗粒解聚和微颗粒团聚机理的研究将是未来工程应用的主要方向.

(1) 研究对象. 含颗粒介质流体中的声传播规律是研究颗粒与流体介质有关声学信息的采集、分析及应用的科学与技术. 其研究内容主要包括: 声波在含颗粒介质流体中的声衰减、声散射及波形畸变规律的研究和声波作用下颗粒动力学特征、群体颗粒传热传质机理、团簇颗粒解聚、微颗粒团聚机理的研究.

(2) 理论. 声学的现代发展揭示了颗粒介质中声传播特性的内在规律, 并拓展了现代声学的发展方向和丰富了声波在复杂环境中传播的一系列基础理论与研究方法. 根据现代声学的研究进展, 本研究方向的主要理论包括含颗粒介质流体中声学信息数据处理的理论和方法、线性声学和非线性声学基础理论与方法、高等流体力学、高等传热学和高等工程热力学等.

(3) 知识基础. 含颗粒介质流体中声传播规律的研究将不断地形成和完善支撑学科体系的知识基础, 包括实现声学测定气–固两相流中颗粒浓度、粒径等参数一体化测量技术与理论方法, 声波作用下悬浮颗粒介质的动力学行为特征、传热传质特征、解聚和团聚等一整套基础知识体系.

(4) 研究方法. 通过建立理论模型和搭建实验平台相融合, 以系统科学方法为指导将含颗粒介质流体中声音的产生、传播、接收及声效应和应用作为一个研究整体, 为满足现代声学发展、工业工程监测和人才培养的需求提供保障.

2. 学科特点

(1) 高度的学科交叉性. 现代声学的研究现状和未来应用决定了它的学科特征. 声学作为一门基础性和交叉性极强的学科, 其涵盖了地球科学、生命科学、艺术学和工程学等众多科学领域. 而含颗粒介质流体中的声学理论研究将为各领域学科发展提供新的保障, 并将丰富其基础理论.

(2) 较强的数理基础. 含颗粒介质流体中声规律的研究涉及声学基础理论、数学物理方法、力学及信号处理与分析等, 因此, 研究人员需具备一定的数理基础. 通过建立数学模型并结合实验数据改善模型是研究含颗粒介质流体中声传播规律的重要手段.

(3) 面向国家需求. 含颗粒介质流体中声物理规律及相关问题的研究是以 "坚持面向国家重大需求" 为中心, 以实现能源与环境的可持续发展为导向的.

3. 研究范畴

与均匀介质中声的传播规律不同, 在含颗粒介质流体中, 由于颗粒和流体具有不同的声学特性, 颗粒将使声波产生散射, 这时的声场除了原声场以外, 还要叠加散射声场, 致使声传播问题复杂起来. 而电站锅炉是研究含颗粒介质流体中声传播规律及相关问题的主要载体, 具有明确的工程应用背景.

(1) 含颗粒介质流体中的声传播规律研究. 基于声学基础理论, 研究小振幅声波的衰减、散射、声速、空间声场分布规律及大振幅声波在传播过程中的波形畸变及冲击波的形成和声波的衰减、散射、声速、空间声场分布规律, 以及探究非均匀温度场、非均匀流场、非均匀粉尘密度场及非均匀压力场等物理场及多场耦合行为对声传播规律的影响机理.

(2) 声波作用下颗粒附近流体的流场特征. 基于纳维–斯托克斯方程、流体介质连续性方程和物态方程, 建立声波作用下颗粒周围的流场模型, 进而分析声压级 (SPL)、声波频率及声源类型对流场的影响.

(3) 声场作用下颗粒动力学行为. 基于牛顿第二定律, 建立声场作用下单颗粒的动力学模型, 分析声压级 (SPL)、声波频率及声源类型对单颗粒动力学行为的影响, 并进一步建立声场作用下群体颗粒的动力学模型.

基于以上的研究基础, 将进一步对声波作用下气–固两相流环境中颗粒间的行为特征进行研究. 主要包含以下几点 (声效应):

(4) 声波作用下群体颗粒间的传热行为研究.

(5) 声波作用下群体颗粒的流化行为研究.

(6) 声波作用下团簇颗粒解聚和小颗粒凝并机理研究.

综上, 声波作用下颗粒的动力学行为特征、含颗粒介质流体中的声传播规律及声波扰动下颗粒周围的流场特征是理解声波强化传热传质、团簇颗粒解聚和小颗粒凝并等现象的重要理论基础. 因此, 以上的研究将对能源与环境的可持续发展具有重要意义.

二、学科国外、国内发展现状

以下针对声波在含颗粒介质流体中的传播规律及声效应相关方面国内外的研究现状进行分析.

1. 含颗粒介质流体中的声传播规律研究现状

含颗粒介质流体中声传播规律的理论研究一直是一个研究热点. 与纯流体中的声传播规律不同, 因为声波遇到流体介质中的颗粒时将发生波的散射, 当流体中颗粒体积分数较大时, 各颗粒之间的散射波将相互作用, 使得声波在含颗粒介质流体中的传播变得更为复杂. 且由于流场、温度场及压力场等物理场非均匀变化, 含颗粒介质流体中声物理规律机理的研究变得更加困难. 目前对于声速的机理研究都基于背景场相对均匀或单一的环境.

(1) 含颗粒介质流体中声波衰减 (稀悬浮颗粒环境). 国外对含颗粒介质流体中声传播规律的研究最早要追溯到 20 世纪初. 对于含颗粒介质流体中的声学分析表明, 一个固体粒子在声场中会散射声波, 使入射声能在空间重新分布, 导致声强减弱; 另外, 在它与流体做相对运动时, 由于黏滞摩擦, 还要产生黏滞波, 在没有相互作用时, 这部分能量完全损耗于流体之中. 稀悬浮粒子声衰减理论主要计及这两部分能量. 国外学者 [1-3] 在考虑颗粒散射效应和流体介质热黏性吸收作用后, 先后建立与完善了稀悬浮粒子理论. 但是当颗粒体积比大到 0.1 左右时, 颗粒间波的相互作用就不能忽略了. 因此, 对于气–固流化床和海底沉积物环境中的浓悬浮颗粒环境, 稀悬浮粒子理论不再适用.

Allegra 等 [4] 结合质量守恒、动量守恒、能量守恒方程联立求出考虑了粒子散射、黏滞及热传导效应的声吸收系数, 给出了考虑声吸收因素最为全面的理论.

20 世纪 90 年代, Sheng 和 Hay[5] 研究了球形粒子散射衰减系数, 建立了计算式, 该式也是目前计算散射衰减系数的通用表示式.

(2) 含颗粒介质流体中声波衰减 (浓悬浮颗粒环境). 钱祖文 [6] 基于前人研究的基础, 考虑了散射波、黏滞波相互作用以及粒径作正态分布的声衰减公式, 它可以用于像气–固流化床内部浓悬浮体环境中. 理论表明声衰减系数与介质的体积浓度、平均粒径、粒径方差等参数有关. 因此, 如果测出这类介质中的声学量, 通过反演方法, 可以反推出介质的上述几个参数, 实现声学方法遥测.

苏明旭等 [7] 从 Allegra 数学模型出发, 研究了超细颗粒悬浊液中声波传播的衰减和相速度, 并分析了在不同声频率、颗粒尺寸和悬浊液浓度的情况下, 声波的衰减特性和相速度变化特性, 并一直从事关于声学反演测量颗粒介质参数的研究. 彭临慧等 [8] 在对颗粒物声吸收机理分析的基础上, 根据已有调查数据, 研究了中国近海实际海域悬浮颗粒物海水在声呐工作频段内的声波衰减. 华北电力大学杨文泽 [9] 在冷态锅炉环境下, 初步测试了气–固两相流介质中的声传播衰减特性.

华北电力大学姜根山等 [10] 建立了电站锅炉含颗粒介质气体中的声衰减系数计算公式, 得到了声衰减系数与声频率、颗粒介质体积分数、颗粒粒径及烟气温度的关系. 根据多体多次散射理论, 对颗粒介质体积分数较大的循环流化床锅炉中的声波衰减特性进行了研究, 并对其声衰减系数进行了修正.

由以上研究现状分析可知, 前人对含颗粒介质流体中声波衰减规律的研究都是基于不同环境和不同条件得到的, 具有很大的限制性. 因此, 研究含颗粒介质流体中声波衰减的通用计算模型显得十分重要.

(3) 含颗粒介质流体中的声速. 众所周知, 气相中颗粒的存在 (如流化床) 会影响声波在连续相中的传播. 在含颗粒介质流体中传播时, 声波会衰减, 测量到的声速与空气中的理论值相背离. 连续可压缩介质中声波速度的表达式为 $c = \sqrt{\mathrm{d}p/\mathrm{d}\rho}$, 而要将这个表达式应用于气体和颗粒的两相混合物中, 需要做一些假设 [11-16]: ① 颗粒和气体一起运动, 即相对运动可以忽略不计; ② 间隙气体是可压缩的, 符合理想气体定律; ③ 颗粒是不可压缩的; ④ 颗粒物和气体是等温的. 通过计算固相和气体达到相同温度所需的时间, 可以证明气体和颗粒处于等温状态的假设是正确的. 但这一假设在含较大颗粒的流化床中可能不成立, 因为增加颗粒的尺寸会增加时间常数, 从而增加系统达到热平衡所需的时间 [17].

Roy 等 [15] 推导了均匀两相介质中声速的表达式, 并通过实验验证了表达式的准确性. 国外其他学者 [18-23] 基于 Roy 的气–固两相声速理论关系, 通过 CFD-DEM 仿真得到了验证. 而国内最早对含颗粒介质流体中声传播速度的理论研究, 是由中国科学院声学研究所钱祖文率先进行的, 并出版了《颗粒介质中的声传播及其应用》[24]. 钱祖文在浓颗粒介质中的声传播理论, 计及声散射相互作用和粒径分布等, 应用熄灭定理得到了声速的理论公式, 并与实验数据进行了比较. 同时论证了颗粒介质模型和空隙介质模型的差别. 之后, 上海理工大学苏明旭等 [7] 基于声波在悬浊液中传播的 Allegra 数学模型, 通过两个算例的数值模拟计算, 研究了二氧化钛–水, 铁粉–水两种超细颗粒悬浊液中声波传播的衰减和相速度, 分析了声波的频率、颗粒尺寸和浓度对衰减和相速度的影响规律, 并讨论了计算模型对不同物性参数的敏感程度. 华北电力大学许伟龙等 [25] 基于钱祖文的研究给出了声速理论模型, 对电站锅炉含颗粒介质中的声传播速度进行了数值模拟.

而以上推导得到的气–固两相流环境中的声传播速度计算公式是基于一系列假设条件得到的近似计算公式, 且没有考虑复杂流场 (如剪切流)、温度场 (梯度场) 及多场耦合作用下的声传播规律. 目前国内对含颗粒介质流体中的声速研究多处于实验研究阶段. 因此, 在含颗粒介质流体的实际环境中声传播速度的基础理论研究将是下一步的研究重点.

2. 声波作用下颗粒附近流场特征研究现状

19 世纪 80 年代末, Basset[26] 进行了振荡流绕球的理论研究. 之后, Odar 和 Hamilton[27] 通过实验将小球放入振荡流中获得了球表面的曳力值, 根据实验结果对 Basset 的理论解进行了修正. Mei 等 [28] 研究了静止黏性流中振荡球体表面的受力. Chang 和 Maxey[29] 采用数值计算的方法研究了频率最高为 10Hz, 雷诺数最高为 16.7 时振荡流中的球体表面流场分布特性, 发现在低雷诺数时, 一个周期内流动分离主要发生在减速期, 而在加速期中没有分离现象发生. Alassar 和 Badr[30] 在 Chang 和 Maxey 的研究基础上, 采用连续截断法, 将雷诺数范围延伸至 200, 并详细分析了振荡自由流中球体的分离角和尾迹长度. 然而上述研究均为球体半径远大于振荡流振荡幅值的情况.

对于球体半径小于振荡振幅的情况, Pozrikidis[31] 采用边界积分法求解非稳态的 Stokes 方程, 研究了在低声雷诺数情况下黏性振荡流绕颗粒的流场特性, 得到了不同相位时球表面的剪切应力分布, 描述了不同频率下曲面边界处非稳态黏性边界层的形成、扩张和消散. Ha[32] 采用数值计算的方法研究了空气中振荡流绕球形颗粒表面的流场特性, 分析了在声雷诺数和斯特劳哈尔数不同时, 球体表面的流场结构、轴向压力梯度、壁面剪切应力和分离角的变化.

国内学者针对振荡流绕物体的流场特性也进行了大量研究, 其中邹建锋等 [33] 采用基于结构网格有限差分法的三围分块耦合算法成功模拟了声雷诺数在 20 ∼ 1000 的圆球绕流场. 在声雷诺数 $Re = 25$ 时捕捉到了流动分离, 并在验证实验中得到了相同的结果. 同时他们还对扰流场中的稳态非对称流场进行了研究, 分析了尾流区中流体的输运特性, 所得结论验证了纵向对称面的存在.

而以上针对振荡流中球体表面流场特性的研究大多是球体半径大于振荡振幅以及液体流场的研究, 而针对空气流场以及微小球形颗粒的研究较少. 华北电力大学许伟龙等[25] 采用数值计算方法, 通过建立二维非稳态层流的动量守恒方程和质量守恒方程, 得到在强声波作用下炉内煤颗粒周围气体的振荡流动特性, 详细讨论了不同声雷诺数和斯特劳哈尔数下, 颗粒表面的流场速度、轴向压力梯度、壁面剪切应力和分离角的分布, 为进一步研究强声波强化煤颗粒燃烧提供了理论基础.

3. 声场作用下颗粒动力学行为研究现状

含颗粒介质流体的气–固两相流是电站锅炉内最基本的物理现象. 已有实验和数值研究表明, 将强声波作为外部扰动源作用于气–固流化床可加强颗粒间的传热过程和改善物料流化质量. 强声波具有大振幅和高畸变性质, 同时还具有辐射压力、声流和空化等多个次级效应, 这些次级效应在声波与物质相互作用时往往能够起到特殊的效果. 因此, 对强声波作用下颗粒的动力学特征进行研究是理解声波强化传热传质、团簇颗粒解聚和小颗粒凝并等现象的重要理论基础.

Brandt[34] 早在 1936 年便推导了仅考虑 Stokes 力声场中颗粒的运动方程, 并发现流体–颗粒的相位滞后、夹带系数取决于颗粒弛豫时间和声波角频率. Maxey 和 Riley[35] 综合考虑了 Stokes 力、Basset 力、虚拟质量力、压力梯度力和浮力, 给出了非均匀流场中刚性小球的运动方程. Clecker 等[36] 基于 Maxey 和 Riley 给出的运动方程, 对小振幅声波作用下颗粒的运动进行了数值模拟, 对比分析了颗粒所受各种力的数值大小. 研究发现, 当流体与颗粒密度比的平方根小于 0.2 时, Stokes 力是控制粒子运动最主要的力, 在这种情况下, 可以将 Basset 力、压力梯度力和虚拟质量力视为 Stokes 力的 "高阶" 修正. 杨旭峰和凡凤仙[37] 则在 Clecker 等研究的基础上, 分别对驻波声场中颗粒受到的 Stokes 力、Basset 力、虚拟质量力和压力梯度力进行了数值计算, 并考察了空气温度和颗粒密度对颗粒动力学的影响规律. 研究表明, 黏性夹带力对颗粒运动起主导作用, 且气温、颗粒密度、粒径等参量对颗粒的动力学特征具有重要影响. Zhou 等[38,39] 计算了行波声场和驻波声场中粒子的运动, 并考虑了粒子大小、声频、声压级和初始位置等因素的影响. 考虑 $Re < 1$ 的情况, 选取 Stokes 力为主要受力. 数值计算表明, 粒径和频率对夹带因子有较大影响, SPL 越大, 振动幅值越大, 且波节和反射层的存在使得驻波声场与行波声场有很大的不同.

但以上的研究均没有涉及强声波传播过程中对颗粒动力学特征的影响. 因此, 对强声波作用下颗粒的运动特征进行数值研究将具有重要意义.

4. 声波作用下单颗粒传热传质研究现状

在 20 世纪 40 年代, Marthelli 和 Boelter[40] 首次探索了振荡气流对单球形粒子燃料燃烧时能量和质量传递的影响, 并探讨了稳态速度的影响. Baxi 和 Ramachandran[41] 研究了振荡的球体的自然对流换热和强制对流换热. 在研究自然对流换热的实验中, 铜球以频率为 $2.5 \sim 15.5\text{Hz}$, 振幅为 $4 \sim 25\text{mm}$ 振动. 在强制对流换热的实验里, 振动频率为 $3.3 \sim 26.7$Hz, 振幅为 $4 \sim 12$mm, 稳流速度为 $7.5 \sim 25.6$m/s. 在自然对流换热研究中, 当声雷诺数大于 200 后, 可以明显观察到不断增加的传热率. 然而, 声雷诺数/稳流雷诺数在 $0 \sim 0.2$ 变化时, 振动对传热率没有影响.

Mori 等 [42] 研究了在振荡流场中的小球体的非稳态传热并与稳流中的结果相对比. 通过求解时均速度的声雷诺数方程以及低斯特劳哈尔数 ($0.00094 \sim$ 0.017) 下的非稳态速度与稳态速度之比最终得到传热传质系数. 结果表明, 在所使用的低斯特劳哈尔数 ($0.00094 \sim 0.017$) 情况下, 传热率与振荡流无关. Gibert 和 Angelino[43] 在相似的实验中, 采用频率范围为 $0.76 \sim 3.64$Hz, 声雷诺数/雷诺数范围 $0 \sim 2/\pi$, 声雷诺数范围 $1250 \sim 12000$ 时, 得到了关于传质系数 (舍伍德系数) 的经验关联式. Ranz 等 [44,45] 通过理论推导和实验分析, 提出了稳流中单个颗粒在不同条件下传热传质计算公式, 这一结果为研究者们所广泛接受, 并应用于实际工业计算和相关数值模拟计算中.

Larsen 和 Jensen 等 [46] 对 Ranz 所得到的公式进行了修改, 提出了振荡流中单颗粒的传热传质计算公式, 频率的适用量级在几十至几百赫. Sayegh 等 [47] 研究了环境为空气时的传热传质现象, 提出了振荡流中单颗粒的传热传质计算公式. 上述研究中, 振荡流大多采用机械驱动, 因此频率范围很小.

Ha 和 Yavuzkurt[48] 采用数值计算的方法计算了二维非稳态气相层流质量、动量、能量传递守恒方程, 给出了无叠加稳态项时态方程下不同振荡流时颗粒表面速度场和温度场. 分析了重力曲率和流体加速度对努赛尔数的影响, 在声雷诺数大约为 100 时, 相比于无声场, 努赛特数增加了 290%.

综上分析知, 颗粒处于振荡流环境中的传热机理研究并没有考虑颗粒的几何形状, 因为颗粒的几何形状将直接影响颗粒周围的流场和温度场分布, 从而导致颗粒周围的传热效果. 因此, 后期的研究有必要考虑颗粒的几何形状.

5. 声波作用下群体颗粒间的传热及流化行为研究现状

电站锅炉 (煤粉炉和循环流化床锅炉) 是含颗粒介质流体的主要环境. 尤其是循环流化床锅炉中的气-固两相流的流场环境使其成为研究声波作用下群体颗粒间传热行为的主要载体.

加强传热传质过程一直是工程关注的热点. 而流化床是实现快速传热传质的重要设备, 其在催化裂化、合成反应、燃烧和气化等加速过程反应中起到重要作用. 且已有实验研究表明, 强声波对加速热源的热传递、清洁受污染表面、振动燃烧中液滴的雾化等具有十分显著的效果. 而声波对床料流化行为的研究是声波强化传热的研究基础.

Morse[49] 的开创性工作报道, 在低频段 ($50 \sim 500$Hz), 高强度声波 (>110dB)

可以显著改善细粉的流化, 消除沟流、节涌等现象. 因为, 高强度的声能可以破坏粒子间的作用力, 如范德瓦耳斯力、静电和水分诱导的表面张力. 目前, 关于声波提高流化质量的研究已有许多论文发表 [50-54].

然而, 对声助流化床传热特性的研究较少, 更多的是基于传统浸没式热管气–固流化床的传热研究. Al-Busoul 等 [55] 通过实验研究了不同流化速度和五种不同固体颗粒的气动流化床中单水平热管的传热特性. 结果表明, 在最小流化速度下, 局部换热系数的实验值与颗粒大小成正比. Schmidt 等 [56] 对沸腾流化床与浸入式管束的传热行为进行了数值预测, 其结果与实验相符. Gao 等 [57] 利用双颗粒层多孔介质模型对流化床与浸水表面之间的气体流动和传热进行了数值模拟. Lungu 等 [58] 研究了曳力模型、传热模型、颗粒大小和气速等对鼓泡床内传热系数的影响. Bisognin 等 [59] 为了确定描述流化床与内埋管表面传热现象的最佳 CFD 设置, 对不同的镜面系数、曳力模型和湍流模型进行了传热系数分析, 研究表明: 通过对镜面系数取 0.1、曳力模型选取 Gidaspow 和湍流模型选取 RNG κ-ε 得到了与实验更为接近的传热系数计算结果.

而以上的研究均未涉及声波作用下流化床内传热行为的研究, 且目前针对声辅助流化床的传热研究还非常少. Huang 和 Levy[60] 在声辅助下对细粉流化床中水平热管周围的气泡行为和传热系数进行了实验测量, 研究表明, 随着流化气速和声压级 (SPL) 增加, 气泡频率增加, 颗粒停留时间和颗粒接触时间在管表面的比例减小. Wankhede 等 [61] 进行了声辅助流化床内埋热管的传热实验, 研究发现, 足够强度和声压级的声波能显著提高细粉流化质量, 且在一定频率下, 颗粒的振动可以提高传热速率.

基于以上的研究现状, 对声辅助流化床内传热特性的研究大多是基于仿真模拟, 因为实验研究无法获得流化床内气–固两相流动的微观动态特性, 从而阻碍了对流化床内传热机理的研究. 而自计算流体动力学 (CFD) 问世以来, 这个工具一直在帮助科学家们获得有关设备内部现象的信息, 为传热传质机理的研究提供了有效手段.

6. 声波作用下团簇颗粒解聚和微颗粒凝并机理研究现状

(1) 声波团聚. 最早的声波团聚研究始于 1926 年, 物理学家 Wood 对一系列高强声波在介质中振动性质的研究, 引发了大量学者对声波团聚的研究. 1931 年, Partterson 和 Cawood 在实验室首次发现声波团聚. Brand 在 1963 年首次提出同向团聚机理, 它描述了声波作用使不同粒径的颗粒发生团聚的过程.

众多机理性研究中包含了同向团聚作用、流体力学作用、声致湍流、声压辐射等作用, 其中流体力学作用包括声波尾流效应和共辐射压作用, 它们与同向团聚作用共同被认为是作用较大, 也是被研究得最多的声波团聚机理. 声波团聚过程示意图见图 1 所示.

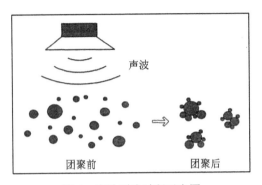

图 1　声波团聚过程示意图

到 20 世纪 70 年代, 由于人们环保意识增强, 以及对 PM2.5 的关注, 越来越多的学者开始进入该领域.

电站锅炉是大气中可吸入颗粒物 (PM2.5) 的重要来源之一. 电站锅炉燃烧过程排放的烟气携带的微米和亚微米细微颗粒物易于吸附有害物质 (有毒重金属、酸性氧化物、有机污染物、细菌和病毒等), 且能通过呼吸系统进入人体, 引发疾病. 细微颗粒物体积小、质量轻、数量多, 常规离心式除尘、过滤除尘以及电除尘等方式对其脱除均难以奏效. 因此, 如何高效脱除细微颗粒物已成为该领域的研究热点.

继国外的学者研究后, 国内也于 20 世纪 90 年代, 由浙江大学、东南大学等高校带头做了相应的研究 [62-73], 在实验研究、机理研究和数值研究方面做了很多工作. 研究工作主要集中在声波团聚机理、研制适合声波团聚使用的高效高能换能器、探寻工业使用声波团聚的最佳操作参数和声波团聚效果数值模拟等方面.

近年来, 利用声波团聚技术使细微颗粒凝聚成大颗粒后脱除已成为能源与环境实现细微颗粒高效脱除的有效技术手段. 利用声波引起空气介质振动, 能够对细微颗粒的运动产生显著作用. 在声场作用下, 细微颗粒因碰撞接触而粘合成较大粒子的现象称为声凝并 (声团聚), 声凝并是一种很有潜力地脱除细微颗粒的方法.

但由于声波团聚过程非常复杂, 涉及流体力学、声学、气溶胶动力学等多个领域, 因此目前对其机理研究还很缺乏.

(2) 声波解聚. 声波解聚是利用声场力破坏团簇颗粒的相间作用力平衡, 如范德瓦耳斯力、静电力和水分诱发的表面张力等. 微颗粒具有很大的比表面积, 导致微颗粒之间的相间作用力很强, 容易使微颗粒吸附在一起形成大颗粒. 且颗粒粒径越小, 颗粒间相互作用力越强, 也越容易发生团聚. 因此, 在一些工业设备 (电站锅炉) 中, 细/超细颗粒总是以较大的多孔团聚体的形式存在, 这极大地降低了燃烧效率. 而为提高物料的燃烧效率, 需要将团聚后的大颗粒解聚成微小颗粒以实现物料的完全燃烧. 而利用声波解聚团簇颗粒是一种行之有效的方法.

此外, 声波解聚是改善循环流化床流化质量的重要体现. 已有研究表明, 在适当的声场作用下, 沟道、段塞等恶化流态化现象趋于消失, 且床层扩张均匀, 最小流化速度明显降低. 声波的作用与气体分子的振动和固体颗粒/团簇体的运动有关. 一般情况下, 对于细/超细颗粒, 声波激发的气体分子振动对颗粒施加的摩擦力大于颗粒惯性力, 这时颗粒将被卷入振荡的气体流场中. 但这种运动的实体依赖于颗粒和团簇体的大小, 显然, 较小的结构比较大的团簇体更容易受到声音扰动的影响. 不同大小的团簇体对声波的这种不同反应导致了它们之间的相对运动, 从而导致更大的团簇形成更小的子团簇, 更容易流化.

因此, 理解声波与颗粒间力在细/超细粉体流化中的相对作用对于将流化技术应用于细粉体是至关重要的. 在以后的研究中, 建立具体的团簇/子团簇声波解聚模型将是未来的重要工作内容.

三、我们的优势方向和薄弱之处

1. 已有的优势方向

我国已有许多科研院所对含颗粒介质流体中的声传播规律及声效应进行了相关研究. 各科研院所具体研究方向如下.

(1) 华北电力大学姜根山团队围绕电站锅炉研究了声波在炉内复杂环境中声传播规律、颗粒周围流场特性、单颗粒煤粉传热传质特性和管道泄漏声场特性及其源定位. 该团队系统地研究了电站锅炉内部声物理规律, 丰富了现代声学基础理论及方法 [74-84].

(2) 钱祖文团队对颗粒介质中的声传播进行了系统研究, 并对其应用进行了介绍.

(3) 青岛科技大学郭庆杰团队围绕气-固流化床模型研究了声波对流化床物料流化行为的影响. 该方面的研究团队还有四川大学、中国石油大学、浙江大学等院校.

(4) 浙江大学、东南大学围绕声波团聚机理进行了相关研究.

(5) 上海理工大学凡凤仙团队对声波作用下颗粒的微观动力学特性进行了研究. 浙江大学和东南大学等院校也在该方面做了相关研究.

综上, 我国针对含颗粒介质流体中相关问题已建立了相对成熟的研究团队, 经过不断的学习研究, 我国在该领域已具备一定的理论基础、经验和方法, 但还存在不足.

2. *存在的薄弱之处*

目前, 我国针对含颗粒介质中声传播规律、声场中颗粒动力学行为特征、声辅助流化床流化行为及传热行为等相关问题的研究还处于基础理论研究和实验研究阶段. 且研究的背景流场相对单一, 因此, 相关的基础理论多适用于条件相对简单的背景场, 如均匀流场、均匀密度场、均匀温度场以及颗粒粒径一致或按某种特定函数分布. 因此, 对于复杂物理场含颗粒介质中的声传播规律基础理论还很薄弱.

此外, 对于声波作用下含颗粒介质流体中的传热行为和颗粒团聚及团簇颗粒解聚的基础理论还有待进一步深入研究. 且声波在复杂背景场的传播规律有待深入研究, 如非均匀流场、非均匀温度场、非均匀密度场、非均匀压力场以及多场耦合环境中声的传播规律.

四、基础领域今后 5 ~ 10 年重点研究方向

深入分析学科发展的自身需求和国家经济社会发展需求, 明确未来 5~10 年促进我国基础研究学科均衡协调可持续发展的战略思路和保障措施对于全面提升科学基金 "十三五" 发展规划制定工作的科学性、战略性和前瞻性具有重要意义, 对于我国基础研究的长远发展也必将产生深远影响.

结合现代声学发展现状及国家需求, 对于含颗粒介质流体中声传播规律及相关问题的研究, 我国在今后 5 ~ 10 年针对基础领域的重点研究方向如下.

(1) 各物理场对含颗粒介质流体中声传播的影响机理研究. 例如, 流场 (均匀流、涡流及单向剪切流)、温度场 (均匀温度场和温度梯度场)、压力场等单一物理场环境.

(2) 多场耦合环境中对含颗粒介质流体中的声物理规律研究. 针对流场、温度场和压力场等多场耦合条件下的声物理规律.

(3) 多场耦合环境中的声学测量方法研究.

(4) 声波作用下群体颗粒间传热机理研究.

(5) 声波作用下群体颗粒间的动力学行为特征研究.

(6) 声波作用下团簇颗粒解聚和微颗粒凝并机理研究.

五、国家需求和应用领域急需解决的科学问题

1. *国家重大战略需求*

我国未来几十年的能源结构仍将以化石能源为主. 尤其以煤炭为主要燃料的发电行业仍占主要地位. 新中国成立以来, 为满足不断增长的电力需求, 投入了巨额资金新建了大量发电基础设施. 发电装机容量规模从 1949 年的 185 万 kW, 到 1978 年的 5712 万 kW; 再到 2018 年的 19.0 亿 kW, 是新中国成立之初的 1027 倍, 是改革开放之初的 33 倍, 较 1978 年增长了约 18.4 亿 kW. 但我国目前能源供需矛盾尖锐, 结构不合理; 能源利用效率低, 且化石能源的大量消费造成了严重的环境污染. 因此, 为满足持续快速增长的能源需求和能源的清洁高效利用, 对能源科技发展提出了重大挑战. 而改善生态与环境是事关经济社会可持续发展和人民生活质量提高的重大问题. 我国环境污染严重; 生态系统退化加剧; 污染物无害化处理能力低; 全球环境问题已成为国际社会关注的焦点, 亟待提高我国参与全球环境变化合作能力. 在要求整体环境状况有所好转的前提下实现经济的持续快速增长, 对环境科技创新提出重大战略需求.

综上分析知, 能源与环境的科技创新发展是实现能源与环境可持续发展的重要途径. 本调研报告针对电站锅炉等工业设备能源利用率低及污染物 (PM2.5) 排放不能得到及时处理等问题, 对含颗粒介质流体中声传播规律、传热传质特性、团簇颗粒解聚及微颗粒凝并等基础领域的研究是提高能源利用效率和降低粉尘颗粒排放的重要基础.

2. 应用领域急需解决的科学问题

基础领域的研究是解决工程应用问题的基石. 而介于含颗粒介质流体中声传播规律及相关问题的复杂性, 当前应用领域急需解决的科学问题如下.

(1) 解决多场耦合环境中的声学测量问题. 如电站锅炉泄漏声源的发射、传播与接收; 炉内温度场、流场等多场耦合对泄漏声辐射的影响; 炉内换热器管排列对声传播的影响; 涉及提高泄漏声信号的接收精度、消除背景噪声、泄漏判据多方面技术.

(2) 解决电站锅炉等能量转换设备能源利用效率低的问题. 声波作用下含颗粒介质流体中 (气–固两相流) 传热传质特性的研究可为实现高效清洁燃烧提供理论基础. 且团簇颗粒解聚机理研究可为提高物料流化质量、促进煤颗粒完全燃烧提供理论支撑.

(3) 解决工业设备污染物排放量高及大气污染日益突出的问题. 如声波作用下含颗粒介质流体中微颗粒凝并机理的研究可为降低粉尘排放量及消除大气中 PM2.5 提供理论基础.

六、发展目标与各领域研究队伍状况

1. 发展目标

本学科基础领域研究最终的发展目标: ① 探索炉内燃烧温度场、烟气流场、压力场等对声传播速度等物理量的影响规律; ② 揭示炉内多场耦合对声物理规律的影响机理; ③ 实现多场耦合作用下的炉内温度场、流场、声场的协同实时测量; ④ 为建立锅炉声学理论和实现炉内多物理场声学协同测量奠定基础; ⑤ 揭示声波作用下含颗粒介质流体中的传热传质机理; ⑥ 进一步揭示声波团聚机理、研制适合声波团聚使用的高效高能换能器、探寻工业使用声波团聚的最佳操作参数.

2. 各领域研究队伍状况

各领域研究队伍状况如下:

(1) 华北电力大学锅炉声学研究团队. 以姜根山为主要负责人, 主要研究方向为锅炉声学理论及应用研究. 在电站设备状态声学检测和炉内声效应方面 (包括基于声波的炉内温度场和动力场在线监测、两相流声发射测量、超声检测、声波除灰、四管泄漏声学监测和定位、声波影响燃烧、电厂噪声综合治理等), 对电站锅炉中的声波发射、传播、接收和效应等声学问题进行了系统研究. 其基础理论的研究和研究方法的创新拓展了现代声学的发展方向, 并为其他领域的发展提供了参考. 该团队在国内外权威期刊发表的锅炉声学领域学术论文 100 余篇. 承担国家和省部级及以上科研项目 20 余项; 获发明专利 10 余项; 省部级科技成果奖 2 项.

(2) 浙江大学声波团聚研究团队. 刘建忠为主要负责人, 关于 "高温环境下燃煤超细灰粒声波团聚现象机理研究" 申请了 2006 年国家自然科学基金. 以此建立了声波团聚研究团队. 研究团队还包括岑可法院士、周俊虎教授和张光学博士等. 该项目主要研究高温和变温条件下燃煤超细灰粒声波团聚机理, 对超细灰粒在声波中团聚所需要的最佳操作参数, 温度在声波团聚中的影响规律, 超细灰粒团聚过程中形态特征及其变化规律, 团聚物二次破碎条件等进行了深入系统的研究; 探讨添加吸附剂对声波中超细灰粒团聚的促进作用, 对声场中以添加剂为基核的吸附团聚新模式进行研究; 应用流体力学、气溶胶动力学理论建立多分散声波碰撞团聚动力学模型; 提出适合燃煤超细灰粒团聚的声波布置和组合方式, 从实验和理论上系统总结燃煤超细灰粒声波团聚规律, 为声波团聚的实际应用打下基础. 燃煤产生的超细灰粒仍然是我国大气粉尘污染的主要来源, 现有的除尘设备对微米和亚微米级颗粒捕捉效果不佳, 对超细灰粒进行团聚预处理是很有发展潜力的技术, 因此, 该项目将为我国大量燃煤锅炉超细灰粒有效脱除探索一条新的途径.

(3) 青岛科技大学化学工程泰山学者创新团队. 团队现有教授 1 人、副教授 2 人、讲师 (博士)3 人、博士后 2 人, 研究生 25 人, 是一支年龄结构合理、凝聚力和创新力强、产业化业绩突出的学术研究团队. 团队负责人郭庆杰博士, 现为化工学院教授、博士生导师、德国洪堡学者、泰山学者特聘教授 (首批), 享受 2007 年国务院政府特殊津贴, 入选教育部新世纪优秀人才支持计划, 是山东省有突出贡献的中青年专家, 获得 2009 年山东省自然科学杰出青年基金, 是山东省高校首席专家. 学术兼职有中国化工学会理事, 中国颗粒学会理事, 中国颗粒学会流态化专业委员会副主任委员等. 该团队主要研究内容为: 基于气–固流化床模型探究超细颗粒声场流态化机理.

(4) 上海理工大学团队颗粒动力学及声凝并研究团队. 凡凤仙研究团队先后

承担上海理工大学博士科研启动基金项目、上海市教委高校选拔培养优秀青年教师科研专项基金项目、上海市自然科学基金项目、国家自然科学基金项目, 以及来自企业的横向课题, 正在进行的科研项目主要是: PM2.5 排放控制与监测; 声场/超声场中颗粒动力学; 流体–颗粒两相流的 CFD-DEM 模拟; 振动体系中堆积颗粒的行为规律. 发表学术论文 50 余篇.

(5) 东南大学大气污染物排放控制研究团队. 该团队针对燃煤电站与工业窑炉等典型污染物 SO_x、NO_x、CO_2、可吸入颗粒以及重金属 (汞 Hg、铅 Pb、镉 Cd、砷 As 等) 等污染物, 研究其生成机理、迁移特性、控制或脱除规律, 开发先进的排放控制方法和技术, 实现对上述污染物的有效控制与低成本去除, 进而为改善环境质量提供理论、方法和技术. 在国家自然科学基金项目的支持下, 实验室利用数值计算的方法以及颗粒破碎模型, 对燃煤电厂排放烟气中粉尘的粒径分布进行了预测, 分析了已有电厂除尘器的除尘效率、细颗粒的粒径分布等特性, 对外加条件下 (声、电、磁等) 可吸入颗粒物的动力学特性进行了全面评价, 并利用蒸汽相变的原理促进细颗粒的 "长大", 给出了相应的脱除工艺参数.

七、基金资助政策措施和建议

1. 基金资助政策措施

基金资助主要用于支持在基础研究方面已取得较好成绩的青年学者自主选择研究方向开展创新研究, 促进青年科学技术人才的快速成长, 培养一批有望进入世界科技前沿的优秀学术骨干. 同时, 基金资助也是为了更好地推动基础领域的研究进展, 以满足国家和社会的需求.

因此, 对声学学科各基础领域研究的基金资助政策要始终贯彻以 "坚持面向国家需求" 为目标, 要瞄准世界科技前沿, 强化基础研究, 实现前瞻性基础研究、引领性原创成果重大突破.

2. 建议

为实现基金资助有效性, 提以下几点建议: ① 明确基础研究项目定位. 应该强调人才项目的本质, 进一步明确定位, 避免荣誉称号的倾向化, 着力引导获资助者积极冲击更高水平项目. ② 提高资助强度. 在现有基础上提高资助强度并适当延长资助期限, 既是稳定支持青年人才开展创新研究的必然要求, 也是造就基础研究领军人才的现实需要. ③ 扩大资助规模. 为了给我国基础研究提供更多的创新力量和人才储备, 给更多年轻人机会以取得更多创新成果, 在目前基础上适当扩大资助规模, 对于像我国这样基础研究蓬勃发展的大国, 是必要且可行的. ④ 优化管理模式. 不同的学科有不同的人才成长规律和培养需求, 为开创各学科人才竞相涌现的生动局面, 国家自然科学基金委员会下一步应当改革目前优秀青年科学基金相对统一的评审方式、遴选机制等, 着力推进精细化管理, 根据各学科特点制定符合个性发展规律的管理模式.

综上, 国家自然科学基金委员会应密切跟踪科技动态变化, 不断优化资助模式、提高管理水平, 使优秀青年科学基金为国家科技进步和经济发展提供越来越多的创新人才.

八、学科的关键词

声效应 (acoustic effect); 声辐射力 (acoustic radiation force); 声流 (acoustic streaming); 声波散射 (acoustic scattering); 声波衰减 (acoustic attenuation); 声波团聚 (acoustic agglomeration); 颗粒物 (particulate matter); 悬浮颗粒物 (suspended particulate matter); 颗粒动力学行为 (particle dynamics behavior); 传热传质 (heat and mass transfer); 多物理场耦合 (coupling of multi-physics); 振荡流 (oscillatory flow); 气–固两相流 (gas-solid two-phase flow).

参考文献

[1] Sewell C J T. The extinction of sound in a viscous atmosphere by small obstacles of cylindrical and spherical form. Phil Trans R Soc A Mat Phys and Eng Sci, 1910, 210(566): 239-270.

[2] Lamb H. Hydrodynamics. 6th ed. Cambridge, UK: Cambridge University Press, 1945.

[3] Urick R J. The absorption of sound in suspensions of irregular particles. J Acoust Soc Am, 1948, 20(3): 283-289.

[4] Allegra J R, Hawley S A, Holton G. Attenuation of sound in suspensions and emulsions: theory and experiments. J Acoust Soc Am, 1970, 51(1A): 1545-1564.

[5] Sheng J, Hay A E. An examination of the spherical scatterer approximation in aqueous suspensions of sand. J Acoust Soc Am, 1988, 83(2): 598-610.

[6] 钱祖文. 颗粒介质中声衰减的浓悬浮粒子理论及其应用. 物理学报, 1988, 37(1): 64-70.

[7] 苏明旭, 蔡小舒. 超细颗粒悬浊液中声衰减和声速的数值模拟——4 种模型的比较. 上海理工大学学报, 2002, 24(1): 21-25.

[8] 彭临慧, 王桂波. 中国近海悬浮颗粒物海水声波衰减. 声学学报, 2008, 33(05): 389-395.

[9] 杨文泽. 声波在气固两相流介质中传播特性的实验研究. 保定: 华北电力大学, 2008.

[10] 姜根山, 许伟龙, 安连锁. 声波在电站锅炉含颗粒介质气体中的衰减特性. 动力工程学报, 2017, 37(2): 126-133.

[11] Mallock A. The damping of sound by frothy liquids. Proc R Soc London. Series A, 1910, 84(572): 391-395.

[12] Mindlin R D, Deresiewicz H. Elastic spheres in contact under varying oblique forces. J Appl Mech, 1953, 20: 327-344.

[13] Müller C R, Holland D, Sederman A J, et al. Granular temperature: comparison of magnetic resonance measurements with discrete element model simulations. Powder Technology, 2008, 184(2): 241-253.

[14] Patankar S V. Numerical heat transfer and fluid flow. New York: T & F, 1980.

[15] Roy R, Davidson J F, Tuponogov V G. The velocity of sound in fluidised beds. Chem Eng Sci, 1990, 45(11): 3233-3245.

[16] Tangren R F, Dodge C H, Seifert H S. Compressibility effects in two phase flow. J Appl Phys, 1949, 20(7): 637-645.

[17] Turton R, Fitzgerald T J, Levenspiel O. An experimental method to determine the heat transfer coefficient between fine fluidized particles and air via changes in magnetic properties. Int J Heat and Mass Transfer, 1989, 32(2): 289-296.

[18] Third J R, Scott D M, Scott S A, et al. Tangential velocity profiles of granular material within horizontal rotating cylinders modelled using the DEM. Granular Matter, 2010, 12(6): 587-595.

[19] Tsuji Y, Kawaguchi T, Tanaka T. Discrete particle simulation of two-dimensional fluidized bed. Powder Technology, 1993, 77(1): 79-87.

[20] Tsuji Y, Tanaka T, Ishida T. Lagrangian numerical simulation of plug flow of cohesionless particles in a horizontal pipe. Powder Technology, 1992, 71(3): 239-250.

[21] van der Hoef M A, van Sint Annaland M, et al. Numerical simulation of dense gas-solid fluidized beds: a multiscale modeling strategy. Annu Rev Fluid Mech, 2008, 40(1): 47-70.

[22] van der Hoef M A, van Sint Annaland, Deen N G, et al. Computational fluid dynamics for dense gas-solid fluidized beds: a multi-scale modeling strategy. Chem Eng Sci, 2004, 59(22-23): 5157-5165.

[23] Khawaja H A. Sound waves in fluidized bed using CFD-DEM simulations. 颗粒学报 (英文版), 2018, 38(3): 126-133.

[24] 钱祖文. 颗粒介质中的声传播及其应用. 北京: 科学出版社, 2012.

[25] 许伟龙, 姜根山, 安连锁, 等. 强声波作用下煤颗粒周围气体的振荡流动特性. 计算物理, 2017, 34(04): 425-436.

[26] Basset A B. Treatise in Hydrodynamics. Cambridge: Deighton Bell, 1888.

[27] Odar F, Hamilton W S. Forces on a sphere accelerating in a viscous fluid. J Fluid Mech, 1964, 18(2): 302-314.

[28] Mei R. Flow due to an oscillating sphere and an expression for unsteady drag on the sphere at finite Reynolds number. J Fluid Mech, 1994, 270(270): 133-174.

[29] Chang E J, Maxey M R. Unsteady flow about a sphere at low to moderate Reynolds number. Part 1. Oscillatory motion. J Fluid Mech, 1994, 277: 347-379.

[30] Alassar R S, Badr H M. Oscillating viscous flow over a sphere. Computers and Fluids, 1997, 26(7): 661-682.

[31] Pozrikidis C A. Study of linearized oscillatory low past particles by the boundary-intergral method. J Fluid Mech, 1989, 202(202): 17-41.

[32] Ha M Y. A theoretical study on the acoustically driven oscillating flow around small spherical particles. KSME J, 1992, 6(1): 49-57.

[33] 邹建锋, 任安禄, 邓见. 圆球绕流场的尾涡分析和升阻力研究. 空气动力学学报, 2004, 22(03): 303-308.

[34] Brandt O, Freund H, Hiedemann E. Zur theorie der akustischen koagulation. Kolloid Zeitschrift, 1936, 77(1): 103-115.

[35] Maxey M R, Riley J J. Equation of motion for a small rigid sphere in a nonuniform flow. Phys of Fluids, 1983, 26(4): 883-889.

[36] Cleckler J, Elghobashi S, Liu F. On the motion of inertial particles by sound waves. Phys of Fluids, 2012, 24(3): 935-937.

[37] 杨旭峰, 凡凤仙. 气温和颗粒密度对声场中颗粒动力学影响的数值模拟. 声学学报, 2014, 39(06): 745-751.

[38] Zhou D, Luo Z, Fang M, et al. Numerical calculation of particle movement in sound wave fields and experimental verification through high-speed photography. Appl Energy, 2017, 185: 2245-2250.

[39] Zhou D, Luo Z, Fang M, et al. Numerical Study of the Movement of Fine Particle in Sound Wave Field. Energy Procedia, 2015, 75: 2415-2420.

[40] Marthelli R C, Boelter L M. The effect of vibration on heat transfer by free convection from a horizontal cylinder. Proc 5th International Congress of Applied Mechanics, 1939: 578-584.

[41] Baxi C B, Ramachandran A. Effect of vibration on heat transfer from spheres. ASME J Heat Transfer, 1969, 91(3): 337-343.

[42] Mori Y, Imabayas M, Hijikata K, et al. Unsteady heat and mass transfer from spheres. International J Heat & Mass Tranfer, 1969, 12(5): 571-585.

[43] Gibert H, Angelino H. Mass transfer between a vibrating sphere and liquid flow. International J Heat & Mass Tranfer, 1974, 17(6): 625-632.

[44] Ranz W E, Marshall W R. Evaporation from drops 1. Chem Eng Prog, 1952, 48(3): 141-146.

[45] Ranz W E, Marshall W R. Evaporation from drops 2. Chem Eng Prog, 1952, 48(4): 173-180.

[46] Larsen P S, Jensen J W. Evaporation rates of drops in forced-convection with superposed transverse sound field. International J Heat & Mass Tranfer, 1978, 21(4): 511-517.

[47] Sayegh N N, Gauvin W H. Heat-transfer to stationary sphere in a plasma flame. AIChE J, 1979, 25(6): 1057-1064.

[48] Ha M Y, Yavuzkurt S. A theoretical investigation of acoustic enhancement of heat and mass transfer—I. Pure oscillating flow. International J Heat & Mass Tranfer, 1993, 36(8): 2183-2192.

[49] Morse, R D. Sonic energy in granular solid fluidization. Indust and Eng Chem Research, 1955, 47(6): 1170-1175.

[50] Chirone R, Massimilla L, Russo S. Bubble-free fluidization of a cohesive powder in an acoustic field. Chem Eng Sci, 1993, 48(1): 41-51.

[51] Nowak, H, Masanobu D M. Fluidization and heat transfer in an acoustic field. AIChE Symp Series 89, 1993: 137-149.

[52] Guo Q, Liu H, Shen W, et al. Influence of sound wave characteristics on fluidization behaviors of ultrafine particles. Chem Eng J, 2006, 119(1): 1-9.

[53] Xu C, Cheng Y, Zhu J. Fluidization of fine particles in a sound field and identification of group C/A particles using acoustic waves. Powder Technology, 2006, 161(3): 227-234.

[54] Cao C, Dong S, Zhao Y, et al. Experimental and numerical research for fluidization behaviors in a gas-solid acoustic fluidized bed. AIChE J, 2010 56(7): 1726-1736.

[55] Al-Busoul M A, Abu-Ein S K. Local heat transfer coefficients around a horizontal heated tube immersed in a gas fluidized bed. Heat and Mass Transfer, 2003, 39(4): 355-358.

[56] Schmidt A, Renz U. Numerical prediction of heat transfer between a bubbling fluidized bed and an immersed tube bundle. Heat and Mass Transfer, 2005, 41: 257-270.

[57] Gao W M, Kong L X, Hodgson P D. Computational simulation of gas flow and heat transfer near an immersed object in fluidized beds. Adv in Eng Software, 2007, 38: 826-834.

[58] Lungu M, Sun J Y, Wang J D, et al. Computational fluid dynamics simulations of interphase heat transfer in a bubbling fluidized bed. Korean J Chem Eng, 2014, 31(7): 1148-1161.

[59] Bisognin M P C, Fusco M J M, Soares D C. Euler-Euler CFD study of heat transfer in fluidized beds with an immersed surface using the kinetic theory of granular flows. Proc the XXXVI Iberian Latin-American Congress on Computational Meth in Eng, 2015.

[60] Huang D S, Levy E. Heat transfer to fine powders in a bubbling fluidized bed with sound assistance. AIChE J, 2004, 50(2): 302-310.

[61] Wankhede U S, Sonolikar R L, Thombre S B. Effect of acoustic field on heat transfer in a sound assisted fluidized bed of fine powders. Int J Multiphase Flow, 2011, 37(9): 1227-1234.

[62] 黄虹宾, 田志鸿, 时铭显. 声波团聚微粒技术的进展与分析. 中国石油大学学报 (自然科学版), 1995, 6: 126-131.

[63] 郑世琴, 黄虹宾, 刘淑艳, 等. 声波团聚煤飞灰微粒的新数学模型. 北京理工大学学报, 1999, 19(6): 686-690.

[64] 徐鸿, 骆仲泱. 燃煤细微颗粒声波团聚的机理研究. 工程热物理学报, 2008, 29(11): 1965-1968.

[65] 张光学, 刘建忠, 周俊虎, 等. 燃煤飞灰低频下声波团聚的实验研究. 化工学报, 2009, 60(4): 1001-1006.

[66] 张光学, 刘建忠, 周俊虎, 等. 小颗粒声波团聚中碰撞效率的计算及影响分析. 化工学报, 2009, 60(1): 42-47.

[67] 陈厚涛, 章汝心, 曹金祥, 等. 声波团聚脱除柴油机尾气中超细颗粒物的试验研究. 内燃机学报, 2009, 27(2): 160-165.

[68] 刘舒昕. 荷电液滴联合声波作用下颗粒物的运动和凝并特性. 杭州: 浙江大学, 2019.

[69] 陈浩. 声波联合电场作用细颗粒物脱除机理与方法. 杭州: 浙江大学, 2017.

[70] 周栋. 多种颗粒源的声波团聚实验研究与模拟. 杭州: 浙江大学, 2016.

[71] 张光学. 燃煤飞灰气溶胶声波团聚的理论和实验研究. 杭州: 浙江大学, 2010.

[72] 姚刚. 燃煤可吸入颗粒物声波团聚. 南京: 东南大学, 2006.

[73] 姚刚, 沈湘林. 基于分形的超细颗粒声波团聚数值模拟. 东南大学学报 (自然科学版), 2005, 35(1): 145-148.

[74] Kong Q, Jiang G S, Liu Y C. Research on temperature field reconstruction based on RBF approximation with polynomial reproduction considering the refraction effect of sound wave paths. Sound and Vibration, 2018, 54(4): 1-12.

[75] Xu W L, Jiang G S, An L S, et al. Numerical and experimental study of acoustically enhanced heat-transfer from a single particle in flue gas. Combustion Sci and Tech, 2018, 190(7): 1158-1177.

[76] Jiang G, Xu W, Liu Y, et al. A numerical study on the oscillating flow induced by an acoustic field around coal particles. J of Combustion, 2016: 1-13.

[77] Jiang G, Zheng Y, Pan J, et al. The enhancement of pulverized-coal combustion by using sound waves. J Acoust Soc Am, 2012, 131(4): 3468.

[78] Jiang G, Tian J, Li X. Theoretical analysis for sound wave scattering caused by parallel cylindrical tubes in boilers. Chin J Acoustics, 2000, 19(2): 105-113.

[79] Jiang G, Xu W. Attenuation characteristics of acoustic waves in boiler flue gas containing solid particles. Proc of Sixth Int Congress on Ultrasonics, Hawaii, USA, 2017, 18-20.

[80] Jiang G, Chen D, Xu W, et al. Aeolian tones radiated from leakage jet flow past heat exchanger tubes. 21st Int Congress on Sound and Vibration, 2014.

[81] 许伟龙, 姜根山, 安连锁, 等. 强声波作用下烟气中滑移单颗粒煤粉传热传质特性. 计算物理, 2018, 35(3): 60-69.

[82] 许伟龙, 姜根山, 安连锁, 等. 强声波作用下烟气夹带单颗粒煤粉传热特性的数值研究. 动力工程学报, 2017, 37(10): 788-795.

[83] 姜根山, 许伟龙, 孔倩, 等. 强声波在电站锅炉中传播特性的研究. 动力工程学报, 2016, 36(9): 683-689.

[84] 许伟龙. 声波作用下炉内煤颗粒的动力学特性研究. 北京: 华北电力大学, 2018.

2.4 非经典非线性声学研究现状以及未来发展趋势

刘晓宙

南京大学声学研究所, 南京 210093

一、学科内涵、学科特点和研究范畴

无损检测技术由于检测手段灵活多样、适用性强, 自问世以来一直受到研究人员的持续关注, 在传统机械制造业和现代工业检测领域中都有广泛的应用[1-3]. 无损检测技术的主要检测方法包括超声检测、射线检测、电磁检测、涡流检测

等 [4-6], 而超声检测技术更是由于其穿透力强、检测灵敏度高、设备轻便、操作安全等优点在学术研究和工业生产中一直是关注的热点. 然而, 现有的常规无损检测方法主要是利用声波线性以及经典非线性的特性, 通过研究声学的各种物理参量 (如声速、声衰减、非线性声参量等) 在固体材料中传播的变化, 可以得到固体材料的力学特性以及微观结构方面的信息 [7-11]. 但是, 对于材料内部的缺陷或微裂纹, 传统的技术则难以检测, 而这种微裂纹的漏检往往会导致安全隐患甚至造成严重的后果, 例如航天器与飞机的故障及失事 [12].

与之相对地, 非经典非线性声学检测技术却可以很好地识别固体材料或构件早期性能的退化. 一般而言, 固体材料内的微小裂纹或缺陷总是伴随着某种形式的材料非线性力学行为, 从而引起超声波传播的非线性, 即高频谐波的产生. 相对于基频来说, 高频谐波参量对材料微孔和微裂纹等缺陷更为敏感. 因此, 通过测量材料的非线性, 可以检测及评价材料的微孔和微裂纹, 也就是所谓的非线性声学检测.

近年来, 非经典非线性声学对金属、混凝土以及骨头等介观弹性材料或具有微不均匀性的材料进行检测的理论和技术研究已经成为无损检测研究的一个关键发展方向 [13-16], 不但在金属疲劳损伤探测、桥梁建设、油/气输送管道渗漏监控等国家重点扶持和发展的前沿科技领域具有广泛的前景, 而且在骨裂纹诊断等临床医学课题上也有诸多应用 [17-19]. 因此进一步促进该技术的发展, 对提高检测的定性及定量分析结果具有积极意义和重要的参考价值, 对医学健康、铁路交通、航空航天等社会生活和军事领域的发展也具有重要的促进作用.

二、学科国外、国内发展现状

1. 概述

固体的非线性分为经典非线性和非经典非线性, 经典非线性是由应力和应变关系 (即本构方程) 的高阶项引起的, 而非经典非线性在实验中主要表现为 [20]: ① 非线性固体材料加卸载过程中应力和应变关系存在滞后曲线; ② 在共振响应实验中共振频率的偏移和施加的应变成正比关系; ③ 当应变很小 (10^{-6}) 时, 就有非线性现象, 其非线性参量比传统的气体、液体或固体要大得多, 也就是非线性效应非常明显; ④ 声衰减和声速随应变的变化而变化, 弹性模量与激发的振幅、温度、湿度及孔流体具有依赖性; ⑤ 当声波激发停止后, 弹性模量要经过很长的时间才能恢复, 称为慢动力学现象; ⑥ 透射波的奇次谐波与基波成二次关系等.

汪元林等介绍了经典的非线性声学理论以及一种非经典的非线性声学理论 (基于接触作用的非线性声学理论), 通过数值方法验证了接触非线性声学理论对于定量评价材料内部裂纹形态及损伤程度的可行性, 并将数值试验结果的正确性进行了简要对比 [21]. 张世功等基于迟滞应力应变关系的非线性声学检测理论与方法研究, 进行了非线性高次谐波时反聚焦的数值仿真 [22]. 滕旭东等研究了微裂纹圆锥杆非经典非线性声学波动方程 [23]. Potter 等用相控阵实验实现了非线性成像 [24]. Remillieux 等通过多模共振实验证明了非线性介观弹性材料非平衡动力学的张量性质 [25]. Lott 等在细长谐振杆中建立了非经典非线性弹性的局部和全局度量的等价性 [26]. Kijanka 等研究了用于板状结构损伤检测的非线性裂纹波相互作用, 将半解析模型用于研究裂纹附近的波传播 [27]. Eiras 等从标准振动测试数据中提取非线性非经典动态材料行为, 使用原始和冻坏的水泥砂浆棒样本, 对其进行量化 [28]. Sarens 等研究了非经典声非线性的全场剪切检测的可行性 [29]. Haupert 等介绍了一种适用于小样本的优化非线性共振超声测量和数据处理方案 [30]. Perez-Miravete 等提出了一种基于 Preisach-Mayergoyz (PM) 本构关系的非线性共振弯曲振动理论模型, 用于损伤定量分析, 完整样品和受损样品的实验比较表明相关非线性参数增加, 从而表明损伤导致滞后环扩大 [31]. Solodov 综述了非经典声学现象的机制和表现, 为超声无损检测和缺陷选择成像的新方法奠定了基础 [32]. Ulrich 等固体材料的实验和数值波传播的结果都证明了使用标量源、三分量检波器和时间反转的倒数过程可以选择性地聚焦每个不同的矢量分量的能力, 无论是单独聚焦还是整体聚焦 [33]. Van Den Abeele 等认为非线性弹性波谱是研究微非均匀材料柔性键合系统的动态非线性应力应变特征并将其与微尺度损伤联系起来的一类强有力的工具 [34], 该技术主要研究在相对较小的波幅下驱动时材料共振模式之一的声非线性 (即振幅相关) 响应, 故称为单模非线性共振声谱 [35]. 损伤材料的行为表现为振幅相关的共振频移、谐波产生和非线性衰减, 通过人造石板瓦在屋面施工中的试验说明了该方法的可行性 [36]. McPherson 等报道了一种新的物理效应, 即在铌酸锂的单晶中, 观察到了声记忆效应, 是指一个声波调制脉冲存储在晶体内, 并在以后的时间重新发送 [37]. 周到等 [38] 研究了在 $2.5 \sim 10\text{MHz}$ 的声记忆效应, 在柱状和立方体样品中都观察到了这种声学记忆效应, 声记忆信号的振幅滞后现象表明, 铌酸锂的结构不均匀性和不可避免的缺陷导致了非经典非线性特性.

材料损伤伴随着微裂纹萌生、发展及贯通过程, 微裂纹界面之间的接触非线性作用可以使入射声波信号发生波形畸变, 表现出非线性效应, 典型地如高阶谐波滋生, 可以用来检测识别材料内部较小裂纹. 由于 Clapping 和 Kissing 机制的损伤裂纹接触界面的非线性畸变, 超声波在接触界面上传播时显示非常明显的非线性, 出现声波时域波形畸变并出现高阶谐波等非线性声学特征 [39]. 基于损伤裂纹接触非线性作用的声学理论也是一种非经典的非线性声学理论, 可以用来分析判断材料内部结构状态及变化.

国内外学者对非经典非线性的研究最初主要集中在非线性介观弹性材料 [40], 如岩石和混凝土, 它们体现出与经典非线性不同的传播特性, 比如共振频率的偏移、三次谐波高于二次谐波、三次谐波与发射幅度呈平方关系等 [15]. 文献 [41, 42] 通过超声高阶谐波试验和调制试验, 对混凝土材料损伤的非线性超声特征进行了研究, 发现谐波幅值与基波幅值平方之比这一非线性参数随着材料损伤发展总体呈现上升趋势, 但到一定程度后出现突变转折, 并认为这是裂纹贯通引起的. 文献 [43] 采用不同水灰比制作多组混凝土试件, 并通过压力试验引入损伤, 超声试验结果显示接收信号波形畸变, 并且分析了水灰比带来的三阶谐波幅值与二阶谐波幅值的变化, 从另一个侧面反映出非线性声学检测方法对裂纹识别的可行性. 与此同时, 有研究显示, 损伤的金属材料响应类似于非线性介观弹性材料, 甚至有更高的非线性强度. 基于损伤微裂纹非线性作用的声学理论也是一种非经典的非线性声学理论, 可以用来分析判断材料内部结构状态及变化 [44]. 文献 [45-47] 通过试验证实了金属及合金材料的疲劳损伤引起的非线性声学特性, 主要是高阶谐波特征, 指出谐波幅值特征可以表征材料内部疲劳损伤程度, 即随着疲劳损伤的积累, 非线性参数增加. 文献 [48] 对于接触非线性作用在力学上作出了一定的解释. 郭霞生等 [49] 结合非线性波导和时间反转理论提出了管道中微裂纹检测的三维模型. 文献 [50] 采用有限元方法对由裂纹引起的非线性声学特征做出了数值模拟, 数值试验结果与理论和物理试验结果吻合较好. 全力等 [51] 提出了基于非经典非线性声学的一维棒中多裂纹定位的方法. 朱金林等对 PM 模型一维情况进行了实验验证, 并在二维情况下分析了非线性声学参数随破损区域的位置和大小发生变化的规律 [52]. 他们还利用改进的 PM 模型结合 NEWS-TR[53] 技术, 研究了不同声源频率下的成像位置和实际缺陷位置的差异 [54]. 张略等在此基础上提出了进一步改进的 NEWS-TR-NEWS, 此方法不仅可以识别出成像较弱的缺陷, 而且可以区分出间隔很小的缺陷 [55]. Ulrich 等提出了 TR 算子的离散方法, 并在实验中验证了 TR 对于缺陷检测和成像的有效性 [56]. Van Den Abeele 利用 PM 模型, 从理论上阐释了非经典非线性在一维方向上的详细的解析解, 同时给出了一维和二维数值模拟 [57–59].

2. 裂纹的非经典非线性物理效应

裂纹的经典非线性效应是对裂纹的应力–应变关系 $\sigma = f(\varepsilon)$ 按照幂级数展开而得到的, 在一维情况下, 本构关系 [60] 可以简单地表示为

$$\sigma = Y_0\varepsilon + Y_1\varepsilon^2 + Y_2\varepsilon^3 + \cdots$$

其中, σ 和 ε 分别为材料中的应力和应变; Y_0、Y_1 和 Y_2 分别为材料的二阶、三阶及四阶弹性常数. 而对裂纹的非经典非线性效应, 应力–应变关系存在弹性滞后效应和非弹性滞后效应.

1) 裂纹的弹性滞后效应

定性地讲, 弹性滞后类似于错位的 Granato-Lucke 滞后效应 [61], 应力-应变关系为

$$\sigma = \sigma(\varepsilon, \mathrm{sgn}\dot{\varepsilon}, \dot{\varepsilon}) = E[\varepsilon - f(\varepsilon, \mathrm{sgn}\dot{\varepsilon})] + \alpha\rho\dot{\varepsilon}$$

其中, E 为杨氏模量, α 为黏滞系数, ρ 为密度, $\dot{\varepsilon}$ 为应变率, 滞后函数定义为

$$f(\varepsilon, \mathrm{sgn}\dot{\varepsilon}) = \frac{1}{n} \begin{cases} \gamma_1\varepsilon^n, & \varepsilon > 0, \dot{\varepsilon} > 0 \\ (\gamma_1 + \gamma_2)\varepsilon_m^{n-1}\varepsilon - \gamma_2\varepsilon^n, & \varepsilon > 0, \dot{\varepsilon} < 0 \\ -\gamma_3\varepsilon^n, & \varepsilon < 0, \dot{\varepsilon} < 0 \\ (-1)^n(\gamma_3 + \gamma_4)\varepsilon_m^{n-1}\varepsilon + \gamma_4\varepsilon^n, & \varepsilon < 0, \dot{\varepsilon} > 0 \end{cases}$$

式中, 如图 1 所示, 在小应变范围 $\mathrm{I}(\varepsilon < \varepsilon^*)$ 内 $n = 3$, 而在大应变范围 $\mathrm{II}(\varepsilon > \varepsilon^*)$ 内 $n = 2$, γ_{1-4} 是非线性滞后参数, $\varepsilon_m = \varepsilon_m(x)$ 为 x 处的应变幅度, 且 $\varepsilon_m < |\varepsilon_{\mathrm{th}}|$, $\varepsilon_{\mathrm{th}}$ 为屈服强度的极限 (超过此极限后, 将会产生不可逆的塑性形变), 对于大多数材料来说, $|\varepsilon_{\mathrm{th}}| > (10^{-4} - 10^{-3})$. 滞后函数满足 $|f_\varepsilon(\varepsilon, \mathrm{sgn}\dot{\varepsilon})| \ll 1$. 在准静态条件下, 即 $\alpha\rho|\dot{\varepsilon}| \ll E|f(\varepsilon, \mathrm{sgn}\dot{\varepsilon})|$, 当 $\varepsilon = 0$ 时, $\sigma(\varepsilon, \mathrm{sgn}\dot{\varepsilon}, \dot{\varepsilon}) = 0$, 因此, 这类滞后效应被称作弹性滞后效应, 如图 1 所示.

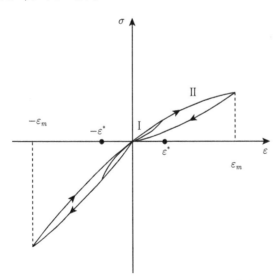

图 1 准静态弹性滞后应力-应变关系图 [61]

2) 裂纹的非弹性滞后效应

非线性滞后函数可以表示为 [61]

$$f(\varepsilon, \mathrm{sgn}\dot{\varepsilon}) = \beta\varepsilon(3\varepsilon_m^2 + \varepsilon^2) + 3\beta\varepsilon_m \begin{cases} \varepsilon^2 - \varepsilon_m^2, & \dot{\varepsilon} > 0 \\ -\varepsilon^2 + \varepsilon_m^2, & \dot{\varepsilon} < 0 \end{cases}$$

其定性的准静态非弹性图像如图 2 所示. 从图中可以明显看出, 当 $\varepsilon = 0$ 时, $\sigma(\varepsilon, \mathrm{sgn}\dot{\varepsilon}, \dot{\varepsilon}) \neq 0$.

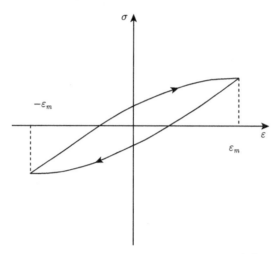

图 2 准静态非弹性滞后应力–应变关系图 [61]

此类非线性效应与经典非线性效应有一个显著的区别, 即由滞后效应所引起的各个高次谐波的大小与基波的幅度成平方关系, 而经典非线性效应中, 第 n 次谐波与基波成 n 次方的关系. 由此, 可以很容易判断裂纹所表现出的非线性关系是经典的还是非经典的.

3. 双线性模型

其他的裂纹非线性应力–应变关系还包括双线性应力–应变关系 [62]. 设纵波在存在裂纹的长条形材料中传播, 一端固定, 另一端用正弦信号激发, 在裂纹处的双线性应力–应变关系如图 3 所示. 通常情况下, 当材料被拉伸时, 其应变 ε 为正; 当材料被压缩时, 其应变 ε 为负. 因此, 数学上要求, 当 $\varepsilon|_{x_c} > 0$ 裂纹张开, $\varepsilon|_{x_c} < 0$ 时, 裂纹闭合 (其中 x_c 是裂纹的位置). 裂纹处 $(x = x_c)$ 的杨氏模量满足双线性关系, 其他地方则满足普通线性关系

$$
E = \begin{cases} E_2, & \varepsilon|_{x=x_c} > 0 \\ E_1, & \varepsilon|_{x=x_c} < 0 \end{cases}
$$

这是由于裂纹张开时认为其相互作用比较小, 即杨氏模量较小, 裂纹闭合时与不存在裂纹的情况相同. 在此非线性应力–应变关系下, 其谐波特征是只存在偶次谐波而不存在奇次谐波, 且其二次谐波幅度与激发幅度成线性关系. 目前, 对此类非线性应力–应变关系有广泛的研究, 但其缺点是理论预言不会产生奇次谐波, 而实验中却发现三次谐波存在.

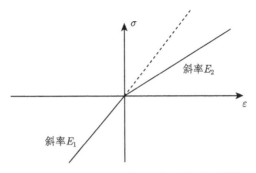

图 3 在裂纹处的双线性应力–应变关系 [62]

4. PM 模型

通过建立迟滞模型可以对材料中微裂纹产生的非经典非线性进行模拟. Preisach[63] 最早对固体材料的非经典非线性现象进行了研究, 并于 1935 年提出了对非线性关系具有广泛描述能力的经典 Preisach 模型, 通过建立一系列基本算子并进行加权叠加构建了迟滞非线性, McCall 和 Guyer 进一步发展和完善了这个模型, 现在称之为 PM 模型 [64–66].

通过建立迟滞模型可以对材料中微裂纹产生的非经典非线性进行模拟. 从数学上来说, 迟滞非线性是一标量非线性函数, 它的输入与输出之间具有非局部记忆特性, 是一种多对多的映射关系. 通过主迟滞环内某点的次迟滞环不是只有唯一一条, 而是有无数条, 并且均在主迟滞环以内: 具体选择哪一条作为该点的下一时刻的运动轨迹, 不仅取决于当前输入还取决于历史输入, 尤其与历史输入的极值有关.

根据 PM 迟滞模型理论, 非经典非线性在微观上表现为质点的应力、应变的阶跃响应, 微观单元集合后在介观上体现为固体材料的滞后曲线, 介观单元组成宏观非经典非线性固体材料, 即通常意义上所说的受损材料. 通过对材料微观单元的统计性分析, 可以将非经典非线性的影响归于介观单元尺度上应力对于模量的作用. 原始 PM 模型中基本的滞后单元应力–应变关系如图 4 所示, 当应力增加时, 若应力小于 P_c, 滞后单元应变为 0, 而当应力减小时, 若应力小于 P_0, 滞后单元应变也为 0.

由于原始 PM 模型只能生成奇次谐波而不能生成偶次谐波, 故采用改进的 PM 模型, 图 5 为缺陷区域中的应力–应变非线性迟滞关系. 假设迟滞单元最初均处于开放状态, 当从 P_0 开始增加的应力仍然小于 P_c 时, 迟滞单元保持线性性质, 其模量为 K_{M1}; 当应力超过 P_c 时, 应变发生跳变, 其跳变量为 r_2. 此时迟滞单元进入关闭状态. 再增加应力, 迟滞单元保持线性, 其弹性模量 K_{M2}. 即使最初大于 P_c 的应力开始减小, 本身关闭的迟滞单元会保持线性性质, 其弹性模量为 K_{M2},

直到应力小于 P_0. 相应地, 当应力跳过 P_0 时, 应变会发生一个值为 r_1 的跳变, 而且迟滞单元会变为开启状态. 当继续减小应力时, 迟滞单元保持线性弹性性质, 其弹性模量为 K_{M1}.

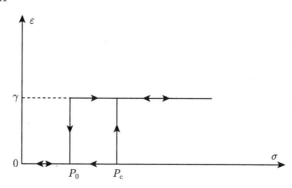

图 4   PM 模型中应力和应变的阶跃响应

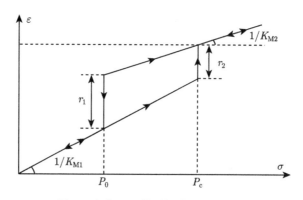

图 5   改进 PM 模型的基本迟滞单元

5. 二维非经典非线性研究方法

对声波在缺陷材料中的传播进行分析和数值计算, 首先需建立声波在均匀弹性介质中传播的柯西方程和本构方程, 并以有限弹性动态积分法进行离散化, 确保计算的稳定性和收敛性. 同时, 定义迟滞非线性算子, 对裂纹及缺陷区域中应力和应变的非线性关系进行建模.

当以频率和系统共振频率相当的声源对系统施加激励时, 根据非线性弹性波谱法获取由于微裂纹存在而产生的非线性信号, 通过滤波算法提取非线性区域产生的高次谐波, 并根据时间反转法对反转声波会聚区域和会聚路径进行成像, 完成微裂纹的定位过程.

对于固体材料中由裂纹或缺陷造成的局部迟滞现象 (即非经典非线性), 可以通过非线性超声共振谱法 NURS[18] 和非线性弹性波谱法 NEWS[16] 来描述. 同时, 通过与时间反转技术 TR[67] 相结合, NEWS 法还可以利用声波方程的时间反转不变性实现对非线性源的会聚, 从而进一步实现对裂纹的定位. NEWS 和 TR 的结合主要有 NEWS-TR 和 TR-NEWS 两种, 其中, 前者在时间反转之前首先进行非线性处理, 而对于后者, 非线性处理则在时间反转过程之后 [68-69].

(1) 时间反转法及最大值成像法. 根据互易性原理, 在线性弹性材料中, 对于 A、B 两个换能器, 换能器 B 从发射换能器 A 接收到的信号, 与信号源在 B 换能器处时 A 换能器所接收到的信号相同. 时间反转法正是基于声波方程的这种时间反转不变性, 其主要过程如下: 首先向不均匀介质 (即含有缺陷的固体材料样本) 发射一个声信号; 声信号在介质内遇到待测目标 (即缺陷) 后, 目标对声波进行散射并产生在介质内传播的散射信号; 用接收阵列对该散射信号进行接收; 将接收到的信号进行时间反转后, 再传输回介质内, 最终信号将重新聚焦于目标, 从而实现了对缺陷的定位. 根据文献, 已有诸多实验结果证明了时间反转方法的有效性 [70].

以上时间反转法是基于声波的线性传播情况, 若应用于非线性的谐波聚焦特性分析, 当介质整体保持线性弹性, 而非线性效应较小或高度局域化时, 可以不破坏时间反转的不变性, 时间反转法的聚焦仍然有效 [63].

在数值计算的时间反转过程中, 采用最大值成像法对裂纹进行成像 [71]. 根据最大值成像法, 对于坐标为 (x, y) 的质点在 t 时刻的速度分量 $v_x(x, y; t)$, 定义函数 $M(x, y) = \max[v_x(x, y; t)]$ 来表征在一段时间内指定质点在 x 方向速度 v_x 的最大值. 可以预见, 在反转声波会聚区域, M 达到最大值, 并且当 N 个接收换能器发出的反转声波相关干涉时, 其会达到次大值. 由最终所成图像可以看出, 这些次大值区域形成多条路径, 其指向会聚区域. 将矩阵 M 用于成像, 即为所谓的最大值成像方法. 从最大值成像法所成图像中, 我们不仅能观察到会聚点, 而且能观测到声波的会聚路径.

此外, 还运用带窗函数的最大值成像法来研究一段特定时间的声场, 即只对谐波信号实施时间反转处理, 将其重新发射到被测介质中. 重新发射的声波信号就会在有裂纹的区域形成干涉, 从而使声波的能量更准确地聚焦在裂纹区域, 也就是引起谐波的位置.

同时, 通过非线性谱分析并通过软件滤波可以对声信号进行提取, 保证只有非线性成分在散射处实现聚焦, 而不出现线性成分. 采用脉冲反转滤波法来提取接收信号中的非线性成分 [72]. 与传统的谐波滤波法相比, 脉冲反转滤波的方法能够更加稳定地获得缺陷图像. 比如, 对于靠近边界的缺陷, 脉冲反转滤波法能够有效探测到, 但是谐波滤波法不可以, 这是因为谐波滤波法无法完全将基波滤除.

(2) NEWS-TR-NEWS 法. 如前所述, 根据最大值成像法能够提取固体样本中所含裂纹的中心位置, 然而在检测真实存在的裂纹的同时, 还有以下两种可能存在: ① 成像判断有裂纹的位置实际并不存在裂纹, 即出现伪裂纹; ② 在成像较暗的区域中真实存在的裂纹, 在判断时容易被漏判. 为了辨别伪裂纹, 采用图 6 所示的 NEWS-TR-NEWS 方法进行, 即在原有的 NEWS-TR 过程之后再进行一次 NEWS 过程.

根据图 6 中的 NEWS-TR-NEWS 方法, 在 NEWS-TR 过程中仍然首先确定所有裂纹 (包括伪裂纹) 的位置信息并进行记录, 而在后加入的前向 NEWS 阶段, 通过扫描这些记录位置上质点的速度 $v_x(x, y; t)$. 为了实现这一过程, 需要增加两次前向阶段, 并使用冲击反转滤波法来获得相应位置的非线性信号. 对于固体样本中特定的位置, $x = x_k$、$y = y_k$, 所获得的非线性信号为时间序列 $v_x(t)$, 提取其最大值即获得 $\max[v_x(t)]$, 当横坐标相同、接收装置沿 y 轴方向扫描时, 得到相应位置的 $M = \max[v_x(t)]$, 即可辨别该位置的裂纹是否为真实存在: 如果裂纹真实存在, 则非线性信号在裂纹处产生, 并在此后的传播过程中不断扩散, 因此当非线性声波在裂纹处产生而未经扩散时, 非线性振动为最大值, 即上述一维阵列 $M = \max[v_x(t)]$ 图像会产生一个峰值. 类似地, 较为暗淡的裂纹也可以通过后加入的前向 NEWS 过程进行辨别, 避免漏判.

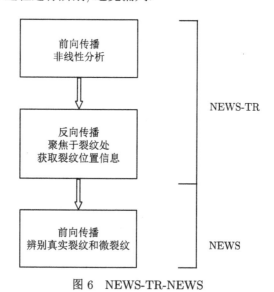

图 6 NEWS-TR-NEWS

三、我们的优势方向和薄弱之处

我国在非经典非线性声学的优势: ① 实验研究了声波在岩石材料中的基波和高次谐波的非经典非线性声传播; ② 利用 PM 模型分析了声波在混凝土材料中的非经典非线性的传播规律; ③ 测量了非线性声参量随混凝土的含水量和破损变化的规律; ④ 采用弹簧模型模拟固体中的一维非经典非线性声传播; ⑤ 采用等效介质法研究多孔材料的强非线性特性; ⑥ 实验上观察到铌酸锂的非经典非线性效应;

⑦ 利用时间反转法实现了裂纹的仿真二维成像.

薄弱之处：声波在复杂介质中的非经典线性传播的物理机制研究.

四、基础领域今后 5 ～ 10 年重点研究方向

(1) 非经典非线性产生动力学的物理机制.

(2) 声波在带有裂纹材料中的非经典非线性的传播规律.

(3) 非线性共振声谱法进行无损检测的逆问题的唯一性和稳定性.

(4) 利用相控阵实现裂纹的非经典非线性成像.

五、国家需求和应用领域急需解决的科学问题

微裂纹的发生发展是一个多因素、多阶段、多步骤的过程, 涉及复杂的物理过程, 找出其中的关键因素, 并确定为微裂纹早期诊断和有效判定的非线性物理参量, 是本项目拟解决的关键科学问题.

六、发展目标与各领域研究队伍状况

1. 发展目标

随着无损检测技术的发展, 高正确率及高精度是大势所趋. 非经典非线性对于传统的经典非线性技术是一个极大的补充与拓展, 综合经典非线性理论及非经典非线性的理论, 对实际材料的破损程度及其破损区域定位有更好的判断方式. 对非经典非线性成像的算法和模型做进一步的改进, 如提高其成像精度, 减小成像干扰, 同时改进横向分辨率和纵向分辨率, 在实际应用中有美好的前景.

2. 研究队伍

国内从事非经典非线性研究的主要单位有南京大学, 武汉理工大学, 中国科学院声学研究所等, 研究队伍需要进一步加强.

七、基金资助政策措施和建议

建议适当立项重点基金：微裂纹早期诊断和有效判定的非线性超声的基础科学问题研究.

八、学科的关键词

非经典非线性声学 (nonclassical nonlinear acoustics); PM 模型 (PM model); 双线性模型 (bilinear model), 非线性弹性波谱 (nonlinear elastic wave spectroscopy); 时间反转 (time reversed); 微裂纹 (micro-crack); 滞后效应 (hysteresis effect), 弹性滞后效应 (elastic hysteresis effect), 非弹性滞后 (inelastic hysteresis effect), 声记忆 (acoustical memory); 超声无损检测 (ultrasonic non-destructive test), 超声无损评价 (ultrasonic non-destructive evaluation).

参考文献

[1] Bruno F, Laurent J, Prada C, et al. Non-destructive testing of composite plates by holographic vibrometry. J Appl Phys, 2014, 115: 154503.

[2] Shen G T. Review of non-destructive testing in China. Insight–Non-Destructive Testing and Condition Monitoring, 2006, 48: 398-401.

[3] Chassignole B, Guerjouma R E, Ploix M A, et al. Ultrasonic and structural characterization of anisotropic austenitic stainless steel welds: Towards a higher reliability in ultrasonic non-destructive testing. NDT & E Int, 2010, 43: 273-282.

[4] 杜宣燕, 潘玉田, 刘智超, 等. 基于图像采集卡的高分辨率 X 射线检测系统设计. 传感器与微系统, 2011, 6: 106-108.

[5] Liu Z P, Liu H L, Jiang L, et al. Simulation of non-destructive testing on weld surface crack of metal structure by electromagnetically stimulated infrared thermography. Appl Mech and Mat, 2014, 590: 639-644.

[6] Rosado L S, Santos T G, Piedade M, et al. Advanced technique for non-destructive testing of friction stir welding of metals. Measurement, 2010, 43: 1021-1030.

[7] 石涛, 龚秀芬. 有限振幅法研究损耗介质的非线性声参量. 声学学报, 1989, 2: 103-109.

[8] Renaud G, Callé S, Defontaine M. Remote dynamic acoustoelastic testing: Elastic and dissipative acoustic nonlinearities measured under hydrostatic tension and compression. Appl Phys Lett, 2009, 94: 011905.

[9] Zheng Y, Maev R G, Solodov I Y. Review / Sythèse nonlinear acoustic applications for material characterization: A review. Canadian J of Phys, 2000, 77: 927-967.

[10] Donskoy D, Sutin A, Ekimov A. Nonlinear acoustic interaction on contact interfaces and its use for nondestructive testing. NDT & E Int, 2001, 34: 231-238.

[11] 师小红, 李建增, 徐章遂, 等. 基于非线性系数的金属构件寿命预测研究. 固体火箭技术, 2010, 33: 229-231.

[12] Bernard K. Knowledge-based support in non-destructive testing for health monitoring of aircraft structures. Adv Eng Informatics, 2012, 26: 859-869.

[13] Broda D, Staszewski W J, Martowicz A, et al. Modelling of nonlinear crack-wave interactions for damage detection based on ultrasound-A review. J Sound and Vibration, 2014, 333: 1097-1118.

[14] Zhang L, Liu X Z, Wang X H, et al. The study on the nonclassical nonlinear effect of concretes with different mix rate. FENDT, 2013: 35-39.

[15] Liu X Z, Zhou D, Gong X F, et al. Theoretical and experimental study of nonclassical nonlinear acoustic phenomena in concrete. 18th ISNA, 2008: 545-548.

[16] Ulrich T J, Johnson P A, Muller M, et al. Application of nonlinear dynamics to monitoring progressive fatigue damage in human cortical bone. Appl Phys Lett, 2007, 91: 213901.

[17] 刘洋, 郭霞生, 章东, 等. 基于时间反转的骨裂纹超声成像模拟研究. 声学学报, 2011, 36: 179-184.

[18] Muller M, Guyer R, Talmant M, et al. Nonlinear resonant ultrasound spectroscopy (NRUS) applied to damage assessment in bone. J Acoust Soc Am, 2005, 118: 3946-3952.

[19] Liu Y, Guo X S, Da Z, et al. Imaging cracks in bones using acoustic nonlinearity: A simulation study. Acta Acustica United with Acustica, 2011, 97(5): 728-733.

[20] Ostrovsky L, Johnson P A. Dynamic nonlinear elasticity in geomaterials. Riv Nuovo Cimento, Italian of Phys of Soc, 2001, 24: 1-46.

[21] 汪元林, 杨向华. 一种非经典的非线性声学理论数值试验及无损检测应用. 科协论坛, 2009, 1: 97-98.

[22] 张世功, 吴先梅, 张碧星. 基于迟滞应力应变关系的非线性声学检测理论与方法研究. 物理学报, 2014, 63(19): 194302.

[23] Teng X D, Guo X S, Luo L J, et al. Solutions of non-classical nonlinear acoustics wave equation in a conical bar with micro-cracks. Acta Acustica United with Acustica, 2016, 102(2): 341-346.

[24] Potter J N, Croxford A J, Wilcox P D. Nonlinear ultrasonic phased array imaging. Phys Rev Lett, 2014, 113: 144301.

[25] Remillieux M C, Guyer R A, Payan C, et al. Decoupling nonclassical nonlinear behavior of elastic wave types. Phys Rev Lett, 2016, 116: 115501.

[26] Lott M, Remillieux M C, Le Bas P Y, et al. From local to global measurements of nonclassical nonlinear elastic effects in geomaterials. J Acoust Soc Am, 2016, 140(3): EL231.

[27] Kijanka P, Packo P, Staszewski W J, et al. Non-classical dissipative model of nonlinear crack-wave interactions used for damage detection. Proc. SPIE, Health Monitoring of Structural and Biological Systems, 2015: 94381U.

[28] Eiras J N, Monzó J, Payá J, et al. Non-classical nonlinear feature extraction from standard resonance vibration data for damage detection. J Acoust Soc Am, 2014, 135(2): EL82-87.

[29] Sarens B, Kalogiannakis G, Glorieux C, et al. Full-field imaging of nonclassical acoustic nonlinearity. Appl Phys Lett, 2007, 91(26): 264102.

[30] Haupert S, Renaud G, Rivière J, et al. High-accuracy acoustic detection of nonclassical component of material nonlinearity. J Acoust Soc Am, 2011, 130(5): 2654-2661.

[31] Perez-Miravete I T, Campos-Pozuelo C, Perea A. Nonlinear nonclassical elasticity applied to the analysis of low frequency flexural vibrations: Theory and experiments. J Acoust Soc Am, 2009, 125(3): 1302-1309.

[32] Solodov I. Non-classical nonlinearity in solids for defect-selective imaging and NDE. IUTAM Symp on Recent Advances of Acoustic Waves in Solids, 2010: 53-63.

[33] Ulrich T J ,Van Den Abeele K, Pierre-Yves L B. Three component time reversal: Focusing vector components using a scalar source. J Appl Phys, 2009, 106(11): 113504.

[34] Van Den Abeele K, Sutin A, Carmeliet J, et al. Micro-damage diagnostics using non-linear elastic wave spectroscopy (NEWS). NDT & E Int, 2001, 34(4): 239-248.

[35] Van Den Abeele K, Carmeliet J, Ten Cate J A, et al. Nonlinear elastic wave spectroscopy (NEWS) techniques to discern material damage, Part II: Single-mode nonlinear resonance acoustic spectroscopy. Research in Nondestructive Evaluation. March, 2000, 12(1): 31-42.

[36] Van Den Abeele K, Johnson P A, Sutin A. Nonlinear elastic wave spectroscopy (NEWS) techniques to discern material damage, Part I: nonlinear wave modulation spectroscopy (NWMS). Research in Nondestructive Evaluation, 2000, 12(7): 17-30.

[37] McPherson M M, Ostrovskii I, Breazeale M. Observation of acoustical memory in LiNbO$_3$. Phys Rev Lett, 2002, 89(11): 115506.

[38] Zhou D, Liu X Z, Gong X F. Experimental study of acoustical memory in lithium niobate. Phys Rev E, 2008, 78: 016602.

[39] Solodov I Y. Ultrasonic of nonlinear contacts: Propagation, refection and NDE application. Ultrasonics, 1998, 36: 383-390.

[40] Nazarov V E, Ostrovskii L A, Soustova I A, et al. Anomalous acoustic nonlinearity in metals. Soviet Phys Acoustics, 1988, 34(3): 284-288.

[41] 陈小佳. 基于非线性超声特征的混凝土初始损伤识别和评价理论研究. 武汉理工大学博士学位论文, 2007.

[42] Chen X J, Kim J Y, Qu J, et al. Microcrack identification in cement-based materials using nonlinear acoustic waves//Thompson D O, Chimenti D E (Eds.), Rev Prog in Quant Nondestr Eval. New York: Plenum, 2007, 26: 1361-1367.

[43] Shah A, Ribakov Y, Hirose S. Nondestructive evaluation of damaged concrete using nonlinear ultrasonics. Materials and Design, 2009, 30(3): 775-782.

[44] Solodov I Y. Ultrasonics of non-linear contacts: Propagation, refection and NDE applications. Ultrasonics, 1988, 36: 383-390.

[45] Yost W T, Cantrell J H. The effects of fatigue on acoustic nonlinearity in aluminum alloys. IEEE, Ultrasonics Symp, 1992: 947-955.

[46] Nagy P B. Fatigue damage assessment by nonlinear ultrasonic materials characterization. Ultrasonics, 1998, 36: 375-381.

[47] Jerome Jean F. Acoustical linear and nonlinear behavior of fatigued titanium alloys. The School of Engineering of University of Dayton, Ohio, 2001.

[48] Solodov I Y, Krohn N, Busse G. CAN: An example of nonclassical acoustic nonlinearity in solids. Ultrasonics, 2002, 40: 621-625.

[49] Guo X S, Zhang D, Zhang J. Detection of fatigue-induced micro-cracks in a pipe by using time-reversed nonlinear guided waves: A three-dimensional model study. Ultrasonics, 2012, 52: 912-919.

[50] Hirata S, Sugiura T. Detection of a closed crack by nonlinear acoustics using ultrasonic transducers//Thompson D O, Chimenti D E (Eds.), Rev Prog in Quant Nondestr Eval. New York: Plenum, 2006, 25: 277-282.

[51] Quan L, Liu X Z, Gong X F. Nonlinear nonclassical acoustic method for detecting the location of cracks. J Appl Phys, 2012, 112: 054906.

[52] 朱金林, 刘晓宙, 周到, 等. 声波在有裂纹的固体中的非经典非线性传播. 声学学报, 2009, 34(3): 234-241.

[53] Fink M. Time reversal of ultrasonic field. IEEE Trans UFFC, 1992, 39: 555-592.

[54] Zhu J L, Zhang Y, Liu X Z. Simulation of multi-cracks in solids using nonlinear elastic wave spectroscopy with a time-reversal process. Wave Motion, 2014, 51: 146-156.

[55] Zhang L, Zhang Y, Liu X Z, et al. Multi-cracks imaging using nonlinear nonclassical acoustic method. Chin Physics B, 2014, 23(10): 104301.

[56] Ulrich T J, Johnson P A, Guyer R A. Interaction dynamics of elastic waves with a complex nonlinear scatterer through the use of a time reversal mirror. Phys Rev Lett, 2007, 98: 104301.

[57] Van Den Abeele K. Multi-mode nonlinear resonance ultrasound spectroscopy for defect imaging: An analytical approach for the one-dimensional case. J Acoust Soc of Am, 2007, 122: 73-90.

[58] Van Den Abeele K. Resonant bar simulations in media with localized damage. Ultrasonics, 2004, 42: 1017-1024.

[59] Vanaverbeke S, Van Den Abeele K. Two-dimensional modeling of wave propagation in materials with hysteretic nonlinearity. J Acoust Soc Am, 2007, 122: 58-72.

[60] Campos-Pozuelo C, Vanhille C, Gallego-Juárez J A. Nonlinear elastic behavior and ultrasonic fatigue of metals. Universality of Nonclassical Nonlinearity, 2006, 3: 443-465.

[61] Nazarov V E, Kolpakov A B, Radostin A V. Amplitude dependent internal friction and generation of harmonics in granite resonator. Acoustical Phys, 2009, 55(1): 100-107.

[62] Dutta D, Sohn H, Kent A, et al. A nonlinear acoustic technique for crack detection in metallic structures. Structural Health Monitoring, 2009, 8(3): 251-262.

[63] Preisach F. Über die magnetische nachwirkung. Z Phys, 1935, 94: 277-302.

[64] Mayergoyz J D. Hysteresis models from the mathematical and control theory points of view. J Appl Phys, 1985, 57: 3803-3805.

[65] McCall K R, Guyer R A. Equation of state and wave propagation in hysteretic nonlinear elastic materials. J Geophys Research, 1994, 99: 23887-23897.

[66] Guyer R A, McCall K R. Hysteresis, discrete memory, and nonlinear wave propagation in rock: A new paradigm. Phys Rev Lett, 1995, 74: 3491-3494.

[67] Fink M. Time reversed acoustics. Physical Today, 1997, 50: 34-40.

[68] Goursolle T, Callé S, Dos S S. A two-dimensional pseudospectral model for time reversal and nonlinear elastic wave spectroscopy. J Acoust Soc Am, 2007, 122: 3220-3229.

[69] Ulrich T J, Johnson P A, Sutin A. Imaging nonlinear scatterers applying the time reversal mirror. J Acoust Soc Am, 2006, 119: 1514-1518.

[70] Anderson B E, Griffa M, Larmat C, et al. Time reversal. Acoustical Today, 2008, 4: 5-15.

[71] Gliozzi A S, Griffa M, Scalerandi M. Efficiency of time-reversed acoustics for nonlinear damage detection in solids. J Acoust Soc Am, 2006, 120: 2506-2517.

[72] Simpson D H, Chin C T, Burns P N. Pulse inversion doppler: A new method for detecting nonlinear echoes from microbubble contrast agents. IEEE Trans UFFC, 1999, 46: 372-382.

2.5　涡旋声场研究现状以及未来发展趋势

马青玉

南京师范大学物理科学与技术学院, 南京　210023

一、学科内涵、学科特点和研究范畴

　　涡旋是存在于自然界的一种拓扑形态, 从经典系统中的水涡旋、龙卷风和大气涡旋到量子系统中的超流体和超导体, 甚至宇宙大爆炸中物质的形成, 它都占有重要的位置. 1974 年, Nye 和 Berry[1] 首先将相位奇异性引入波动理论中, 发现当平面波中存在类似于晶体中的 "螺旋缺陷" 时, 波前会绕其传播方向旋转形成螺旋状波阵面, 而等相位波阵面的中心存在相位不确定, 沿轴相位扭转和相干抵消形成中心强度为零的相位奇点, 产生具有螺旋状相位波前的涡旋波束[2-9], 其横截面为环形声压分布和螺旋相位分布, 螺旋相位因子用 $\exp(\mathrm{i}l\varphi)$ 表示, 其中 l 是涡旋波束的拓扑荷, 表示在传播一个波长内相位从 0 到 2π 的变化次数, 可以是整数和分数, 其正负表示涡旋波束的旋转方向, φ 是波束横截面内的方位角. 涡旋波场具有不同于振幅、频率和相位等的拓扑特征.

　　涡旋波束的概念和螺旋特性 [10-16] 在光学和电磁学领域被较早研究和运用. 利用涡旋光束的中空特性以及轨道角动量 [17] 与物质的相互作用, 通过粒子对光的吸收作用, 将涡旋光束的轨道角动量传递给粒子, 实现光镊对微粒捕获和旋转操控. 另外, 利用涡旋光束所携带的轨道角动量, 可以实现信息编码和传输 [18], 常用的轨道角动量键控技术 [19] 和复用技术 [20] 能够实现自由空间的太比特数据传输, 不仅可以实现数据传输和加密, 还能提高通信速率和频谱效率 [21], 在光通信、光子计算和量子信息 [22-28] 等方面均具有十分重要的潜在应用价值. 为了解决电磁数据传输中信道容量较低的问题, 研究者利用电磁涡旋构建通信系统, 实现同一频率上的多信道编码 [29], 通过同心圆阵 [30]、Butler 矩阵 [31] 和 Rotman 透镜 [32] 等方法完成了电磁涡旋复用, 大幅度提高了数据传输的信道容量, 并提出了多种基于轨道角动量的数据传输和检测技术, 实现了电磁涡旋轨道角动量的解复用.

　　然而, 相比于光波和电磁波, 声波具有更好的物体穿透性和更小的损耗, 在生物医学和水声通信领域具有良好的应用前景. 由于声波和光波在数学形式上具有极大的相似性, 因此涡旋波束的概念也被引入声学中, 通过构建螺旋相位来产生涡旋声场 [33,34]. 研究表明, 非零拓扑荷涡旋声场携带大小可控的轨道角动量, 能传递给物体产生转矩驱动物体旋转, 同时环形声压分布能够产生指向涡旋中心的梯度力或声辐射力 [35-41], 推动物体以螺旋轨迹从高声压区域向低声压区域运动, 实现物体的中心积聚. 利用涡旋声场轨道角动量所产生的力学效应可以设计 "声镊" 或 "声扳手", 实现粒子的旋转操控和捕获 [42,43]. 涡旋声场可以在不损伤表面的前提下传播到生物体内部, 还可以和磁场、电场、光场等相互作用, 产生特有的耦合效应, 进而与超声治疗、靶向药物传输、分子成像、脑神经刺激等技术相结合, 在生物医学领域具有独特的应用优势. 另外, 由于涡旋声场所携带不同模式的轨道角动量具有正交性, 可以通过轨道角动量的多路复用提高数据传输的信道容量, 在水声通信和保密传输等方面也表现出了巨大的潜力.

二、学科国外、国内发展现状

1. 涡旋声场的构建研究

众所周知, 由于单个点声源或平面声源所激发的是纵波, 其振动方向和传播方向一致, 不具备形成螺旋相位和轨道角动量的基本条件, 因此需要通过二维分布声源的相位调控来形成和传播方向存在一定夹角的振动, 构建不平行于声轴的螺旋波矢, 在垂直于声轴的横截面上形成围绕中心的螺旋相位分布. 目前形成涡旋声场的相位调控技术主要分为有源相控和无源结构调控两类.

有源相控技术一般利用环形分布声源的相位延迟来形成螺旋相位分布, 所产生的涡旋声场具有良好的可控性、灵活性和实时性. 1999 年, Hefner 和 Marston[44] 在利用黄铜环和 PVDF 所构建的螺旋形换能器的基础上, 将声源的相位离散化处理, 利用相位差为 $\pi/2$ 的四路相控信号驱动的四象限换能器产生了拓扑荷为 1 的涡旋声束, 理论计算了涡旋声场的声压和角动量的关系, 并提出了一种基于涡旋声束的水下超声校准方法, 可以提高声呐等仪器的校准精确度. 这种采用离散声源产生涡旋声束的方法克服了螺旋形换能器对加工工艺的依赖, 是一种被广泛采用的方法. 2009 年, Santillán 与 Volke-Sepúlveda[45] 提出了在自由空间中利用环形点声源阵列形成涡旋声场的理论, 对形成的涡旋声场波阵面和声强矢量场进行了模拟, 并设计了涡旋声场构建和实验测量系统, 建立了拓扑荷为 1 和 2 的涡旋声场, 并通过吸声盘的扭转证明涡旋声束的轨道角动量传输特性. 2013 年, 南京师范大学的马青玉课题组 Yang 等 [46-48] 基于环形相控点声源阵列提出了一种相位编码通用方法, 来构建涡旋声场, 推导了涡旋声场的精确解, 并对整数阶涡旋声场的声压和相位分布进行了研究, 从理论和实验上证明了涡旋声场最大整数拓扑荷数和声源数 N 的关系; 他们进一步研究涡旋声场的声压分布的影响因素, 并针对稀疏声源所形成涡旋声场的相位不均匀性, 提出了利用环形相位分布和相位斜度来表征螺旋相位线性度的方法, 来增强物体操控的均匀性和稳定性.

2014 年, Courtney 等 [49] 利用指向中心, 频率为 2.35 MHz 的 64 振元环形压

电换能器阵列产生表面波涡旋, 分别对直径为 $45\mu m$ 和 $90\mu m$ 的聚乙烯粒子进行操控实验, 通过两个贝塞尔涡旋声束的叠加实现了对粒子簇的独立操控, 证明了高阶贝塞尔涡旋声束的操控范围远大于一阶涡旋声束. 2010 年, Kang 和 Yeh [50] 建立了中心频率为 2 MHz 的 4 振元扇形超声换能器阵列, 在 8000 个周期脉冲信号的激励下在水下形成了超声涡旋, 并在实验上对声场中的微泡进行了捕获, 指出该超声涡旋的最佳捕获位置处于 1/4 瑞利距离处, 且由于涡旋中心声波的干涉相消, 其声压小于 300 kPa, 能避免高声压下微泡破裂. 2018 年, Li 等和 Wang 等 [51,52] 针对超声涡旋的实际应用, 利用指向性平面超声换能器环形阵列在声轴近场区域形成多个封闭的涡旋声场, 实现了深层次多势阱的超声涡旋操控, 进一步利用扇形换能器阵列构建了轴向近场多涡旋, 证明扇形换能器旁瓣辐射能在近场区域形成多个具有较小半径的副涡旋, 沿声轴形成的涡旋波节为轴向多势阱的粒子捕获提供了可行性.

近年来, 随着 3D 打印技术日趋成熟, 研究者将超材料和超表面技术与涡旋声场理论相结合, 提出了无源结构调制技术, 通过亚波长的结构单元设计来引入声学共振, 或利用声传播的距离差异来产生相位差, 形成相位螺旋, 以构建不同拓扑荷的涡旋声场, 成功实现了粒子的捕获与操控, 为涡旋声场的构建和应用提供了新的方法. 2016 年, 武汉大学 Wang 等 [53] 通过调整超表面上内嵌的亚波长共鸣器的轴向长度, 对换能器表面面元所激发的声波产生相应的相位延迟, 将平面声束转化为涡旋声束, 从理论上给出了涡旋声场的声辐射梯度力和力矩计算公式, 实验结果验证了涡旋声场对于吸声圆盘的力矩作用和力学效应的实际应用. 2016 年, 南京大学 Jiang 等 [54] 设计了由亚波长螺旋裂缝耦合形成的多臂螺旋人工结构, 成功产生了拓扑荷为 1 ~ 4 的宽带稳定涡旋声场. 进一步针对所设计的超表面结构尺寸和能量透射率问题, 利用声学共振产生轨道角动量 [55], 通过 3D 打印制备了亥姆霍兹共振腔人工器件, 成功产生了拓扑荷为 1 的贝塞尔型涡旋声场, 为涡旋声束的产生与调控提供了新方法. Liu 等 [56] 推导了消除空间混叠效应的单元尺寸准则, 并设计了一种基于膜的亚表面, 在轴对称波照射下在封闭的亚表面内产生不同阶的二维涡旋声场, 为新型涡旋器件的设计及其在片上粒子操控中的应用提供了参考. 2018 年, Jia 等 [57] 设计了一种复合迷宫结构组成的环形声超表面, 通过改变声波通过的有效长度来控制不同角度上的相移, 在空气中产生了分数阶的涡旋声束. Guo 等 [58] 设计声学共振结构产生了高阶涡旋声束, 分析了共振结构的半径、环形分布的扇区数目和涡旋声束拓扑荷之间的关系, 产生了拓扑荷为 5 的涡旋声束.

有源相控技术在现有换能器阵列的基础上实现, 具有频率范围宽、应用灵活度和实时性好的优点, 但需要由和阵元数匹配的相控电路来完成, 系统实现较为复杂. 无源结构调制技术具有结构简单和应用方便的优点, 但结构一旦确定, 所形成的涡旋声场固定, 难以做到实时调控, 同时由于波长的限制, 无源结构调控一般在音频和中低频超声领域中得到应用.

2. 涡旋声场的物体操控研究

尽管基于环形声源的相位编码技术为拓扑荷可控涡旋声场的构建提供了基本方法, 但所形成的涡旋声场存在声场发散, 主瓣距离较远, 能量不能聚焦等问题, 因此其声压较低, 声辐射力较小, 物体操控能力较弱. 为了提高涡旋声束的能量, 获得更好的物体捕获能力和操控效果, 研究者通过改变声源阵列的几何结构、安装声透镜或大阵列相控等技术来产生可控的聚焦涡旋声场, 并开展物体操控的研究.

2015 年, Pazos-Ospina 等 [59] 建立了超声换能器阵列, 通过相控聚焦构建圆锥形聚焦和球面聚焦涡旋声场, 并从理论和实验上对两种超声涡旋进行了研究, 证明相控聚焦所形成的涡旋声场在尺寸上比非聚焦涡旋减小 80%, 声场能量提高 3 倍, 对涡旋声场的操控能力提升和操控精度改进有着重要的意义. Marzo 等 [60] 基于单边超声换能器阵列, 提出了全息声源相控系统, 实现了对声场中物体的平移和旋转操控. 为了进一步研究超声涡旋声场对物体的旋转驱动作用和大物体的捕获能力, 设计了球面聚焦换能器阵列, 利用具有相同螺旋方向和相反手性的短脉冲序列, 在空气中形成 40 kHz 的旋涡声场, 实现了尺寸大于波长聚苯乙烯颗粒的稳定捕获, 证明了涡旋声场的轨道角动量可以独立于捕获力, 通过快速变化的涡旋方向控制实现物体旋转速度的精细调控, 为超声涡旋的大物体操控提供了新方法. Baresch 等 [61] 研究了非涡旋波束、高阶涡旋波束和聚焦涡旋波束的声场和力学特性, 并研究了波长级亚克力球在声涡旋中的受力, 模拟了其在聚焦涡旋场中的运动轨迹, 利用换能器阵列和声透镜构建了贝塞尔型聚焦超声涡旋, 实现了薄膜表面上聚乙烯颗粒的抓取和轴向操控, 为聚焦超声涡旋的三维物体操控提供了理论基础.

3. 涡旋声场轨道角动量和声辐射力矩研究

涡旋声场所携带的轨道角动量及其所产生的声辐射力和力矩是研究物体运动特性的基本要素. 2003 年, Thomas 和 Marchiano[62] 通过声涡旋和光涡旋的类比, 提出了涡旋声场的伪角动量概念和伪轨道角动量守恒的假设, 证明声涡旋所包含的伪角动量与其拓扑荷保持线性关系为 $M_z/g_z = lc_0/\omega$, 并于 2005 年在水下搭建了超声换能器阵列, 对超声涡旋的伪轨道角动量假设进行了实验验证. 2008 年, Skeldon 和 Wilson[63] 研究了环形声源阵列在自由空间场中所形成的音频涡旋声场及其对物体的力学效应, 模拟和实验证明涡旋声场可以转动声场中的扭摆和悬挂的圆盘, 并设计了基于多普勒频移的涡旋声场力矩测量系统, 对不同拓扑荷涡旋声场所产生的声辐射力矩进行测量. 2008 年, Volke-Sepúlveda 等 [64] 利用相控环形点声源阵列产生了拓扑荷为 1 和 2 的音频涡旋声场, 通过中心悬挂圆盘的转速测量估算涡旋声场的声辐射力矩, 测量结果发现声涡旋的声辐射力矩和声场以及被操控物体的尺寸有关. Li 等 [65] 针对上述涡旋声场声辐射力矩测量结果存在的问题, 基于涡旋声场的螺旋波阵面, 研究了介质中涡旋声场的振速矢量分布, 利用声辐射力研究了涡旋声场中物体所受到的声辐射力矩, 并基于转矩平衡设计了激光偏转角度测量系统, 理论模拟和实验测量了悬吊圆盘所受到的力矩, 得到了力矩和拓扑荷及圆盘半径的关系, 给 Volke-Sepúlveda 的测量结果以精确的解释.

多位研究者也针对涡旋声场的轨道角动量和力矩问题开展了理论研究. 2011 年, Zhang 和 Marston[66,67] 指出理想流体中涡旋声场作用于物体的声辐射力矩可以通过对声场中的角动量密度的积分来求解, 其有效角动量传输可以描述为角动量通量的密度张量. 对于单频非近轴涡旋声场, 中心对称物体所受到的声辐射力矩指向声传播轴方向, 其大小和物体所吸收的能量成正比, 涡旋声场的角动量通量密度与能量通量密度之比等于其拓扑荷与角频率之比. Mitri 等 [68] 重点研究了涡旋声场的声辐射转矩与声辐射力理论, 对任意阶贝塞尔声场中在轴物体受到的声辐射力与声辐射力矩进行了理论推导, 分析了不同传播介质中涡旋声束的传播特性, 分别讨论了刚性和弹性球体在理想贝塞尔行波和驻波场中的声散射, 分析了不同驻波比条件下贝塞尔涡旋声场对球形散射体的声辐射力矩. 2012 年, Anhäuser 等 [69] 对黏滞流体中涡旋声场所产生的力矩进行了研究, 利用换能器阵列建立聚焦超声涡旋, 驱动浸没在黏滞液体中的毫米级吸声靶产生旋转, 并估计和测量了声辐射力矩对声场能量占比, 获得了轨道角动量的定量值, 还利用介质中的声流现象解释了涡旋声场的角动量传输特性. 同年, Demore 等 [70] 理论证明了超声涡旋所携带轨道角动量与声功率的比值等价于涡旋声场拓扑荷和角频率的比值, 并通过吸声靶盘的旋转和轴向位移测量, 估计了涡旋声场所产生的轴向浮力和声辐射力矩与声场能量的比率.

4. 涡旋声场的声辐射力研究

尽管针对涡旋声场的旋转物体操控, 已经开展了声辐射力矩和轨道角动量的研究, 但对于物体的精确定位和三维操控, 涡旋声场的声辐射力也显示出十分重要的作用, 尤其是涡旋声场的轴向声辐射推力和拉力对物体的稳定操控起到关键作用. 1981 年, Hasegawa 等 [71,72] 研究了球形物体对点声源所辐射球面波的散射声场, 基于刚性和弹性球体的边界条件, 对球面波作用下任意位置上弹性球的声辐射力进行了理论推导和数值模拟, 为涡旋声场的轴向声辐射力研究奠定了基础. Kido 等 [73] 深入阐述了声辐射力表达式中的各成分的意义, 对平面波和球面波条件下声场平均势能和动能密度的关系进行了讨论, 理论研究了负声辐射力的形成机制. 2004 年, Wei 等 [74] 研究了驻波场中无限长圆柱体的声散射效应及其所受到的声辐射力, 通过长波长近似对散射声场进行了化简, 用无量纲声辐射力函数来反映物体受到的声辐射力的大小与方向. Marston 利用远场近似对球形物体在理想非涡旋贝塞尔声场中的声散射进行了理论推导, 得到了相应的解析解 [75-77], 导出了轴向声辐射力的表达式 [78], 并通过对不同材料和物态散射球的数值仿真, 获得了理想贝塞尔声束对小球产生的轴向声辐射力, 证明了在特定条件下轴向声辐射力能够表现为声辐射拉力 [79], 其形成与球形散射体大小和贝塞尔声束的半锥角紧密相关, 最后通过对实心亚克力小球和空心铝壳的轴向受力分析得到了零阶贝塞尔声束中的声辐射拉力区. Mitri[80,81] 将远场散射近似引入驻波场, 分别对驻波场和行波场中纳米金颗粒、液体球和亚克力小球的轴向受力进行了理论推导和比对, 证明减小贝塞尔声束的半锥角和传播介质中黏滞性, 能够降低其轴向声辐射力.

2005 年, Lee 和 Shung[82] 采用射线法对具有高斯强度分布的高强度聚焦声场中半径为 75 μm 小球所受到轴向声辐射力进行了定量计算, 发现在聚焦声场焦点以后的较小区域内会出现轴向声辐射拉力, 可以用来驱动粒子向传播轴向反方向移动, 证明了聚焦换能器实现声镊应用的可行性. 2009 年, Mitri[83-85] 在非涡旋声场的声辐射力研究基础上添加了螺旋相位项, 对高阶贝塞尔驻波声场中刚性小球的轴向受力进行分析, 发现当高阶贝塞尔驻波场的拓扑荷为正偶数时, 其轴向声辐射力总是指向波节方向, 而当其拓扑荷为正奇数时, 声辐射力指向波腹方向; 然后又对行波场中弹性球体的轴向声辐射力进行了分析, 得到了高阶贝塞尔行波场中轴向声辐射力的理论表达式. Marston[86] 利用远场散射法分别对固体球、液体球和刚性球在高阶贝塞尔束中的散射特性进行了理论推导, 得到了不同物态散射体的声辐射力特性.

5. 复合涡旋声场和离轴多涡旋声场研究

传统有源相控和无源结构调控技术所产生的涡旋声束一般沿声轴传播, 具有一个拓扑荷数, 在声场校准和粒子操控中只能沿声束轴线构建一个声压为 0 的涡旋势阱, 其操控范围小, 位置不能灵活移动, 更不能实现多区域的粒子捕获. 为了增大涡旋声场的捕获区域和操控精度, 多涡旋声场的研究应运而生. 在光涡旋研究中, 采用调节双螺旋相位板、波前振幅、空间滤波, 或利用两束共轴传播的拉盖尔-高斯光束构建了复合多涡旋, 实现了传播平面上多点的粒子同步捕获和操控. 在涡旋声场的研究中, Hong 等 [87] 利用分数阶拓扑荷打破声涡旋的对称性, 产生具有多个相位奇点, 分析了离轴涡旋的声辐射力, 证明了多个涡旋的可控捕获能力, 并利用不同分数阶涡旋声束对两个粒子进行捕获, 证明通过拓扑荷的控制可以实现对离子的灵活操控. Muelas-Hurtado 等 [88] 利用螺旋形有源光栅在空气中形成了宽带的 Bessel 型离轴涡旋, 但是这些离轴多涡旋的分布的均匀性和可控性以及精确定位性不令人满意. Li 和 Ma[89,90] 在相位编码的技术基础上, 利用环形分布的奇偶声源分别产生两束同频的共轴涡旋声束, 通过两波束的相干叠加形成了复合涡旋声场, 沿轴中心涡旋和多个离轴子涡旋, 实现了涡旋声场拓扑能力由中心向周围的转移, 理论和实验证明了中心涡旋和离轴子涡旋的拓扑荷和精确位置, 进一步构建了中心准平面波的离轴多涡旋声场, 为离轴多涡旋声场的形成和相位调控及其在多区域粒子捕获中的应用提供了理论依据.

6. 涡旋声场的轨道角动量通信研究

在过去几十年中, 尽管通信技术取得了巨大成功, 但它还不能完全满足人们的需求, 研究者在不断寻找新频谱资源的同时, 一些新的调制技术、编码方法、信息监测方法、数据保密方法等也在不断开发中, 来进一步提高频谱利用效率和通信速率. 近年来, 研究者们利用涡旋波束的螺旋相位分布, 提出了安全性高、正交性强、频谱利用率高的轨道角动量通信技术, 提高了传输信道容量, 为其通信应用提供了新方法. 基于涡旋声束的轨道角动量的声呐和水声通信已经成为研究热点.

Hefner 和 Marston[91] 使用相位对称声源产生了涡旋声束, 通过基于线圈的电磁声波换能器来激发不锈钢球形壳体的共振模式, 验证了扭转模态激发和声辐射的可能机制, 讨论了在空气和水中不锈钢球壳的激发模式. 同年, Marston 等[92,93] 改变涡旋声束的拓扑电荷来传数据, 通过不同象限换能器的相位调控来激发快速改变的 (或调制) 螺旋度, 只需用四阵元阵列作为接收器来接收水中声信号, 无须进行额外的数据处理就可以重建涡旋声束所传输的拓扑荷. 虽然这种测量方法仅实现了拓扑荷 +1 或 −1 解码, 但为涡旋声场轨道角动量通信的应用提供了思路. Shi 等 [94] 利用 4 圈 64 个换能器激发相控声场, 通过不同轨道角动量涡旋声束的多路复用构建了一个复用声场实现数据传输, 并根据涡旋波束的正交性进行声场检测和解码, 解调出涡旋声束的轨道角动量. 南京大学 Jiang 等[95,96] 利用拓扑荷为 −1 的共振腔超材料结构对涡旋声束进行拓扑荷降阶, 并基于拓扑荷为 0 涡旋声束中心声压不为 0 的特点进行解码, 实现了涡旋深处的轨道角动量通信. 2019 年, 中国科学院 Zhang 和 Yang[97] 利用 20 路环形阵列产生轨道角动量复用的涡旋声束在水下实时传输图像, 并利用方阵接收声场信号, 成功重建出图像. 2020 年, 南京师范大学的 Li 等 [98] 基于字母 ASCII 码的相位编码拓扑荷调制, 利用单环形阵列的幅度和相位调制实现了涡旋声场的复用, 构建了同轴传输的携带多轨道角动量的复用涡旋声束, 并通过单环接收阵列实现了声场检测和轨道角动量解码, 证明涡旋声束的轨道角动量通信可以有效增加信道容量, 避免不同模式之间的串扰, 具有良好的解码稳定性. 对于超声成像、超声治疗和水下导航等实际应用,涡旋声束在深海或生物医学环境中具有随空间变化的声学参数, 超声在不均匀介质中的传播显示出其重要性. Fan 等 [99] 研究了在分层的非均匀介质中传播的涡旋声束的一系列不稳定和动态行为, 包括弯曲、拉伸、扭曲、聚焦、解捻、奇异点迁移、能量通量和角动量的逆转, 为进一步研究复杂介质中涡旋声束的轨道角动量通信提供了理论支持.

涡旋声束轨道角动量通信的研究虽然取得了一定的成绩, 实现了实验室内的编码传输和解码, 但该技术仍处于初级阶段, 特别是在海洋深海环境的实际应用还需要进一步的实验验证. 随着我国近海工业和远洋活动以及军事应用的发展, 水下通信显得尤为重要, 而以声波为载体的水下通信方式是目前主要的水声通信技术, 但是其较低的频率限制了其数据传输的频带和速率, 而基于涡旋声束的轨道角动量可以在现有的声传输基础上增加一个自由度, 提高了数据传输的能力, 在合适的编码和解码方式下可以大幅提高信道容量和频谱效率, 实现水声通信技术的新突破.

三、我们的优势方向和薄弱之处

我国在涡旋声场及其应用方面的优势方向: ① 基于有源相控技术和无源结构调控技术的涡旋声场构建方法研究; ② 涡旋声场特性及其应用研究, 包括涡旋声束的声传播、轨道角动量、声辐射力、声辐射力矩等理论建模和实验测量; ③ 基于环形和二维平面相控阵列的涡旋声场调控技术研究; ④ 针对三维空间多目标的涡旋声场构建及其在物体操控中的应用研究; ⑤ 涡旋声场的轨道角动量通信及其在水声通信中的应用研究; ⑥ 涡旋声场在生物组织中的传播特性及其在药物定向传输和操控中的应用研究.

薄弱之处如下: 尽管我国在涡旋声场的研究中取得较大进展, 但声涡旋的形成机制、声场特性、轨道角动量传输、声辐射力调控及其实际应用与国外还存在一定的差距, 尤其在涡旋声场的生物医学应用和水声通信解码等方面还需加大研究力度. 当前涡旋声场的相关研究普遍仅考虑简单环境 (通常为空气或水), 忽略复杂生物环境和障碍物对涡旋声场及其操控应用的影响; 一般考虑性质均匀的单一对象, 忽略不同物体的性质差异及其相互作用; 对被操控对象有一定限制, 无法进行多尺寸、不同材质物体的同时操控; 声涡旋操控中缺少对细胞、微粒及造影剂群体之间的相互作用及其生物效应的研究; 涡旋声场声辐射力的研究普遍停留在定性的理论分析阶段, 缺乏高精度的定量测量; 没有考虑组织或骨骼等障碍物对涡旋声场构建的影响, 缺少行之有效的避障操控方法; 涡旋声场轨道角动量通信只能在收发阵列共轴正对的条件下完成, 不能实现任意位置和方向的涡旋声场测量和轨道角动量解码; 对涡旋声场轨道角动量的计算是从沿轴和全场角度分析, 但是没有开展不同声场、介质、位置等影响下的轨道角动量测量和解码; 由于加工工艺和精度的限制, 缺少大型声源阵列的高频涡旋声场调控和应用研究.

四、基础领域今后 5 ～ 10 年重点研究方向

(1) 复杂生物环境下的涡旋声场构建及针对多样性物体的力学特性分析.

(2) 涡旋声场的轨道角动量和声辐射力的定量研究.

(3) 基于涡旋声场轴向声辐射推力和拉力的药物双向传输技术.

(4) 无源结构调制技术在高频涡旋声场中的应用.

(5) 三维空间实时多目标操控涡旋声场的快速构建.

(6) 面向生物医学应用的涡旋声场的避障操控技术.

(7) 基于涡旋声场偏轴传播或局部声场探测的轨道角动量通信新技术.

(8) 基于声光电磁热等多物理场耦合效应的涡旋声场应用新技术.

(9) 基于聚焦涡旋声场的肿瘤治疗新技术.

五、国家需求和应用领域急需解决的科学问题

(1) 面向生物医学应用的智能化涡旋声场实时构建. 针对医学应用中的避障和多目标操控需求, 建立基于超声探测的多样性物体自动识别和定位技术, 实现超声诊疗和药物治疗相结合的一体化发展, 促进涡旋声场技术在生物医学中的应用.

(2) 涡旋声场轨道角动量通信新技术. 针对涡旋声场轨道角动量传输和探测中的关键影响因素, 研究涡旋声场的偏轴传播物理机制和声场特性, 探索基于局部声场探测数据的轨道角动量解码算法, 实现其在水声通信中的应用.

(3) 基于多物理场的涡旋声场耦合效应及其应用新技术. 研究涡旋声场和声光电磁热等多物理场的相互作用机制, 探索耦合效应所产生的新现象, 发展新型探测、成像和治疗新技术, 促进多物理场耦合效应的实际应用.

六、发展目标与各领域研究队伍状况

1. 发展目标

涡旋声场是一种具有螺旋状相位波前的特殊声场, 具有不同于振幅和频率及相位的拓扑特性, 所携带的轨道角动量具有良好的正交性, 还会产生轴向和径向的声辐射力, 可以实现物体的旋转捕获和操控, 还能用于轨道角动量通信, 是传统声学技术的一个新的发展方向. 研究涡旋声场的构建和调控方法, 探索涡旋声场的传输、探测和解码方法, 发展基于涡旋声场的超声检测和成像、超声治疗、超声操控、超声轨道角动量通信、超声多物理场耦合等技术, 具有重大的科学研究价值, 在医学、工业、国防等领域有着巨大的推广应用价值.

2. 研究队伍

我国现有多所高校和科研所 (南京大学, 武汉大学, 中国科学院声学研究所,

中国科学院深圳先进技术研究院, 南京师范大学, 合肥工业大学等) 针对涡旋声场的基本理论和实际应用, 围绕涡旋声场的声辐射力和物体操控, 聚焦涡旋声场的靶向药物传输和超声治疗, 涡旋声场的工业应用, 涡旋声场轨道角动量通信的数据传输和解码等开展了大量的研究, 为上述目标的实现打下了坚实的基础.

七、基金资助政策措施和建议

建议围绕涡旋声场的生物医学应用, 基于涡旋声场的双向透皮传输、涡旋声场的结石操控、涡旋声场的自适应避障操控、远距离轨道角动量通信的智能解码技术等立项重点基金, 基于涡旋声场的实时全息相控系统设计设定仪器专项.

八、学科的关键词

声涡旋 (acoustic vortex); 拓扑荷 (topological charge); 螺旋相位 (phase spiral); 轨道角动量 (orbital angular momentum); 声镊子 (acoustic tweezers); 声扳手 (acoustic spanner); 粒子操控 (particle manipulation); 超声治疗 (ultrasound therapy); 靶向药物传输 (targeted drug delivery); 声辐射力 (acoustic radiation force); 声辐射力矩 (acoustic radiation torque); 轨道角动量传输 (orbital angular momentum transfer); 全息声镊 (holographic acoustic tweezers); 多点操控 (multi-point manipulation); 三维操控 (three-dimensional manipulation); 声场调控 (regulation of sound field); 声辐射力调控 (regulation of sound radiation force); 轨道角动量通信 (OAM communication); 正交性 (orthogonality).

参考文献

[1] Nye J F, Berry M V. Dislocations in wave trains. Proc Roy Soc (London). Series A, Math and Phys, 1974, 336: 165-190.

[2] Marchiano R, Thomas J L. Synthesis and analysis of linear and nonlinear acoustical vortices. Phys Rev E, 2005, 71: 066616.

[3] Thomas J L, Marchiano R. Pseudo angular momentum and topological charge conservation for nonlinear acoustical vortices. Phys Rev Lett, 2003, 91: 244302.

[4] Marchiano R, Coulouvrat F, Ganjehi L, et al. Numerical investigation of the properties of nonlinear acoustical vortices through weakly heterogeneous media. Phys Rev E, 2008, 77: 981-984.

[5] Bliok K Y, Freilikher V D. Polarization transport of transverse acoustic waves, berry phase and spin Hall Effect of phonons. Phys Rev B, 2012, 74: 3840-3845.

[6] Lekner J. Acoustic beam invariants. Phys Rev E, 2007, 75: 036610.

[7] Brunet T, Thomas J L, Marchiano R, et al. Experimental observation of azimuthal shock waves on nonlinear acoustical vortices. New J Phys, 2009, 11: 013002.

[8] Molina-Terriza G, Recolons J, Torner L. The curious arithmetic of optical vortices. Optics Letters, 2000, 25: 1135-1137.

[9]   Khoroshun A N. Theory of a simple and efficient method for the axial optical vortex beam synthesis from a quasi-plane wave. Semiconductor Physics, Quantum Electronics & Optoelectronics, 2009, 12: 227-233.

[10] Mariyenko I G, Strohaber J, Uiterwaal C. Creation of optical vortices in femtosecond pulses. Optics Express, 2005, 13: 7599-7608.

[11] Dashti P Z, Alhassen F, Lee H P. Observation of orbital angular momentum transfer between acoustic and optical vortices in optical fiber. Phys Rev Lett, 2006, 96: 043604.

[12] Bliokh K Y, Freilikher V D. Polarization transport of transverse acoustic waves, berry phase and spin Hall effect of phonons. Phys Rev B, 2006, 74: 174302.

[13] Zhang Y, Wu Z, Yuan C, et al. Optical vortices induced in nonlinear multilevel atomic vapors. Optics Letters, 2012, 37: 4507-4509.

[14] Paz-Alonso M J, Michinel H. Superfluid-like motion of vortices in light condensates. Phys Rev Lett, 2005, 94: 093901.

[15] Guo C, Zhang Y, Han Y, et al. Generation of optical vortices with arbitrary shape and array via helical phase spatial filtering. Optics Communications, 2006, 259: 449-454.

[16] Yu N, Genevet P, Aieta F, et al. Light propagation with phase discontinuities, generalized laws of reflection and refraction. Science, 2011, 334: 333-337.

[17] Allen L, Beijersbergen M W, Spreeuw R J C, et al. Orbital angular momentum of light and the transformation of Laguerre-Gaussian laser modes. Phys Rev A, 1992, 45: 8185.

[18] Yao A M, Padgett M J. Orbital angular momentum, origins, behavior and applications. Advances in Optics and Photonics, 2011, 3: 161-204.

[19] Kai C, Huang P, Shen F, et al. Orbital angular momentum shift keying based optical communication system. IEEE Photonics J, 2017, 9: 1-10.

[20] Wang J, Yang J Y, Fazal I M, et al. Terabit free-space data transmission employing orbital angular momentum multiplexing. Nature Photonics, 2012, 6: 488-496.

[21] Willner A E, Wang J, Huang H. A different angle on light communications. Science, 2012, 337: 655-656.

[22] Gibson G, Courtial J, Padgett M J, et al. Free-space information transfer using light beams carrying orbital angular momentum. Optics Express, 2004, 12: 5448-5456.

[23] Huang H, Xie G, Yan Y, et al. 100 Tbit/s free-space data link using orbital angular momentum mode division multiplexing combined with wavelength division multiplexing. 2013 Optical Fiber Communication Conference and Exposition and the National Fiber Optic Engineers Conference, 2013: 1-3.

[24] Ren Y, Wang Z, Xie G, et al. Demonstration of OAM-based MIMO FSO link using spatial diversity and MIMO equalization for turbulence mitigation. Optical Fiber Communication Conference, IEEE, 2016: Th1H-2.

[25] Beijersbergen M W, Coerwinkel R P C, Kristensen M, et al. Helical-wavefront laser beams produced with a spiral phase plate. Optics Communications, 1994, 112: 321-327.

[26] Lei T, Zhang M, Li Y, et al. Massive individual orbital angular momentum channels for multiplexing enabled by Dammann gratings. Light, Sci & Appl, 2015, 4: E257.

[27] Xie Z, Gao S, Lei T, et al. Integrated (de)multiplexer for orbital angular momentum fiber communication. Photonics Research, 2018, 6: 743-749.

[28] Kupferman J, Arnon S. Decoding algorithm for vortex communications receiver. J Optics, 2017, 20: 015702.

[29] Tamagnone M, Craeye C, Perruisseau-Carrier J. Comment on Encoding many channels on the same frequency through radio vorticity, first experimental test. New J Phys, 2012, 14: 118001.

[30] Park D, Sung L, Gil G T, et al. Performance analysis of orbital angular momentum signal using polarization based uniform circular array. 2015 Inter Conference on Information and Communication Technology Convergence (ICTC), IEEE, 2015: 8-10.

[31] Palacin B, Sharshavina K, Nguyen K, et al. An 8×8 Butler matrix for generation of waves carrying orbital angular momentum (OAM). 2014 8th European Conference on Antennas and Propagation, IEEE, 2014: 2814-2818.

[32] Xu C, Zheng S, Zhang W, et al. Free-space radio communication employing OAM multiplexing based on rotman lens. IEEE Microwave and Wireless Components Letters, 2016, 26: 738-740.

[33] Broadbent E G, Moore D W. Acoustic destabilization of vortices. Phil Trans Roy Soc B Biological Sci, 1979, 290: 353-371.

[34] Wu J. Acoustical tweezers. J Acoust Soc Am, 1991, 89: 2140-2143.

[35] Torr G R. The acoustic radiation force. American J Phys, 1984, 52: 402-408.

[36] Mitri G F, Fellah Z E A, Chapelon J Y. Acoustic backscattering form function of absorbing cylinder targets. J Acoust Soc Am, 2004, 115: 1411-1413.

[37] Mitri F G, Fellah Z E A. Theory of the acoustic radiation force exerted on a sphere by standing and quasistanding zero-order Bessel beam tweezers of variable half-cone angles. IEEE Trans UFFC, 2008, 55: 2469-2478.

[38] Mitri F G. Interaction of a nondiffracting high-order bessel (vortex) beam of fractional type alpha and integer order m with a rigid sphere, linear acoustic scattering and net instantaneous axial force. IEEE Trans UFFC, 2010, 57: 395-404.

[39] Miri A K, Mitri F G. Acoustic radiation force on a spherical contrast agent shell near a vessel porous wall-theory. Ultrasound in Medicine & Biology, 2011, 37: 301-311.

[40] Mitri F G. Axisymmetric scattering of an acoustical bessel beam by a rigid fixed spheroid. IEEE Trans UFFC, 2015, 62: 1809-1818.

[41] Mitri F G. Potential-well model in acoustic tweezers-comment. IEEE Trans UFFC, 2011, 58: 662-665.

[42] Marzo A, Seah S A, Drinkwater B W, et al. Holographic acoustic elements for manipulation of levitated objects. Nature Communications, 2015, 6: 8661.

[43] Brunet T, Thomas J L, Marchiano R. Transverse shift of helical beams and subdiffraction imaging. Phys Rev Lett, 2010, 105: 1367-1377.

[44] Hefner B T, Marston P L. An acoustical helicoidal wave transducer with applications for the alignment of ultrasonic and underwater systems. The J Acoust Soc Am, 1999,

106: 3313-3316.

[45] Santillán A O, Volke-Sepúlveda K. A demonstration of rotating sound waves in free space and the transfer of their angular momentum to matter. Am J Phys, 2009, 77: 209-215.

[46] Yang L, Ma Q, Tu J, et al. Phase-coded approach for controllable generation of acoustical vortices. J Appl Phys, 2013, 113: 154904.

[47] Zheng H, Gao L, Ma Q, et al. Pressure distribution based optimization of phase-coded acoustical vortices. J Appl Phys, 2014, 115: 084909.

[48] Gao L, Zheng H, Ma Q, et al. Linear phase distribution of acoustical vortices. J Appl Phys, 2014, 116: 024905.

[49] Courtney C R P, Demore C E M, Wu H, et al. Independent trapping and manipulation of microparticles using dexterous acoustic tweezers. Appl Phys Lett, 2014, 104: 154103.

[50] Kang S, Yeh C. Potential-well model in acoustic tweezers. IEEE Trans UFFC, 2010, 57: 1451-1459.

[51] Li Y, Guo G, Tu J, et al. Acoustic radiation torque of an acoustic-vortex spanner exerted on axisymmetric objects. Appl Phys Lett, 2018, 112: 254101.

[52] Wang Q, Li Y, Ma Q, et al. Near-field multiple traps of paraxial acoustic vortices with strengthened gradient force generated by sector transducer array. J Appl Phys, 2018, 123: 034901.

[53] Wang T, Ke M, Li W, et al. Particle manipulation with acoustic vortex beam induced by a brass plate with spiral shape structure. Appl Phys Lett, 2016, 109: 123506.

[54] Jiang X, Zhao J, Liu S, et al. Broadband and stable acoustic vortex emitter with multi-arm coiling slits. Appl Phys Lett, 2016, 108: 203501.

[55] Jiang X, Li Y, Liang B, et al. Convert acoustic resonances to orbital angular momentum. Phy Rev Lett, 2016, 117: 034301.

[56] Liu J, Liang B, Yang J, et al. Generation of Non-aliased Two-dimensional Acoustic Vortex with Enclosed Metasurface. Scientific Reports, 2020, 10: 3827.

[57] Jia Y, Ji W, Wu D, et al. Metasurface-enabled airborne fractional acoustic vortex emitter. Appl Phys Lett, 2018, 113: 173502.

[58] Guo Z, Liu H, Zhou H, et al. High-order Acoustic vortex field generation based on a Metasurface. Phys Rev E, 2019, 100: 053315.

[59] Pazos-Ospina J F, Quiceno F, Ealo J L, et al. Focalization of acoustic vortices using phased array systems. Physics Procedia, 2015, 70: 183-186.

[60] Marzo A, Caleap M, Drinkwater B W. Acoustic virtual vortices with tunable orbital angular momentum for trapping of Mie particles. Phys Rev Lett, 2018, 120: 044301.

[61] Baresch D, Thomas J, Marchiano R. Observation of a single-beam gradient force acoustical trap for elastic particles, acoustical tweezers. Phys Rev Lett, 2016, 116: 024301.

[62] Thomas J, Marchiano R. Pseudo angular momentum and topological charge conservation for nonlinear acoustical vortices. Phys Rev Lett, 2003, 91: 244302.

[63] Skeldon K D, Wilson C, Edgar M, et al. An acoustic spanner and its associated rotational Doppler shift. New J Phys, 2008, 10: 013018.

[64] Volke-Sepúlveda K, Santill'an A O, Boullosa R R. Transfer of angular momentum to matter from acoustical vortices in free space. Phys Rev Lett, 2008, 100: 024302.

[65] Li Y, Guo G, Tu J, et al. Acoustic radiation torque of an acoustic-vortex spanner exerted on axisymmetric objects. Appl Phys Lett, 2018, 112: 254101.

[66] Zhang L, Marston P L. Acoustic radiation torque and the conservation of angular momentum. J Acoust Soc Am, 2011, 129: 1679-1680.

[67] Zhang L, Marston P L. Angular momentum flux of nonparaxial acoustic vortex beams and torques on axisymmetric objects. Phys Rev E, 2011, 84: 065601.

[68] Mitri F G, Lobo T P, Silva G T. Axial acoustic radiation torque of a Bessel vortex beam on spherical shells. Phys Rev E, 2012, 85: 026602.

[69] Anhäuser A, Wunenburger R, Brasselet E. Acoustic rotational manipulation using orbital angular momentum transfer. Phys Rev Lett, 2012, 109: 034301.

[70] Demore C E M, Yang Z, Volovick A, et al. Mechanical evidence of the orbital angular momentum to energy ratio of vortex beams. Phys Rev Lett, 2012, 108: 194301.

[71] Hasegawa T, Ochi M, Matsuzawa K. Acoustic radiation pressure on a rigid sphere in a spherical wave field. J Acoust Soc Am, 1980, 67: 770-773.

[72] Hasegawa T, Ochi M, Matsuzawa K. Acoustic radiation force on a solid elastic sphere in spherical wave field. J Acoust Soc Am, 1981, 69: 937-942.

[73] Kido T, Hasegawa T, Okamura N. Mechanisms for the attracting acoustic radiation force on a rigid sphere placed freely in a spherical sound field. Acoust Sci and Tech, 2004, 25: 439-445.

[74] Wei W, Thiessen D B, Marston P L. Acoustic radiation force on a compressible cylinder in a standing wave. J Acoust Soc Am, 2004, 116: 201-208.

[75] Marston P L. Scattering of a Bessel beam by a sphere. J Acoust Soc Am, 2007, 121: 753-758.

[76] Marston P L. Acoustic beam scattering and excitation of sphere resonance, Bessel beam example. J Acoust Soc Am, 2007, 122: 247-252.

[77] Marston P L. Scattering of a Bessel beam by a sphere, II. Helicoidal case and spherical shell example. J Acoust Soc Am, 2008, 124: 2905-2910.

[78] Marston P L. Axial radiation force of a Bessel beam on a sphere and direction reversal of the force. J Acoust Soc Am, 2006, 120: 3518-3524.

[79] Marston P L. Negative axial radiation forces on solid spheres and shells in a Bessel beam. J Acoust Soc Am, 2007, 122: 3162-3165.

[80] Mitri F G. Acoustic radiation force on a sphere in standing and quasi-standing zero-order Bessel beam tweezers. Annals of Phys, 2008, 323: 1604-1620.

[81] Mitri F G, Fellah Z E A. Acoustic radiation force on coated cylinders in plane progressive waves. J Sound and Vibration, 2007, 308: 190-200.

[82] Lee J, Ha K, Shung K K. A theoretical study of the feasibility of acoustical tweezers, Ray acoustics approach. J Acoust Soc Am, 2005, 117: 3273-3280.

[83] Mitri F G. Acoustic radiation force of high-order Bessel beam standing wave tweezers on a rigid sphere. Ultrasonics, 2009, 49: 794-798.

[84] Mitri F G. Langevin acoustic radiation force of a high-order Bessel beam on a rigid sphere. IEEE Trans UFFC, 2009, 56: 1059-1064.

[85] Mitri F G. Negative axial radiation force on a fluid and elastic spheres illuminated by a high-order Bessel beam of progressive waves. J Phys A, Math & Theor, 2009, 42: 245202.

[86] Marston P L. Radiation force of a helicoidal Bessel beam on a sphere. Journal of the Acoustical Society of America, 2009, 125: 3539-3547.

[87] Hong Z, Zhang J, Drinkwater B W. On the radiation force fields of fractional-order acoustic vortices. Europhys Lett, 2015, 110: 14002

[88] Muelas-Hurtado R, Ealo J L, Pazos-Ospina J F, et al. Generation of multiple vortex beam by means of active diffraction gratings. Appl Phys Lett, 2018, 112: 084101.

[89] Li W, Dai S, Ma Q, et al. Multiple off-axis acoustic vortices generated by dual coaxial vortex beams. Chin Phys B, 2018, 27: 024301.

[90] Li Y, Li W, Ma Q, et al. Regulation of multiple off-axis acoustic vortices with a centered quasi-plane wave. J Appl Phys, 2018, 124: 114901.

[91] Hefner B T, Marston P L. Magnetic excitation and acoustical detection of torsional and quasi-flexural modes of spherical shells in water. J Acoust Soc Am, 1999, 106: 3340-3347.

[92] Marston T M, Marston P L. Acoustic beams with modulated helicity and a simple helicity-selective acoustic receiver. J Acoust Soc Am, 2009, 126: 2187-2187.

[93] Marston T M, Marston P L. Modulated helicity for acoustic communications and helicity-selective acoustic receivers. J Acoust Soc Am, 2010, 127: 1856.

[94] Shi C, Dubois M, Wang Y, et al. High-speed acoustic communication by multiplexing orbital angular momentum. Proc Natl Acad Sci, 2017, 114: 7250-7253.

[95] Jiang X, Liang B, Cheng J C, et al. Twisted acoustics, metasurface-enabled multiplexing and demultiplexing. Advanced Materials, 2018, 30: 1800257

[96] Jiang X, Shi C, Wang Y, et al. Nonresonant metasurface for fast decoding in acoustic communications. Phys Rev Appl, 2020, 13: 013014.

[97] Zhang H, Yang J. Transmission of video image in underwater acoustic communication. Preprint arXiv, 2019: 1902. 10196.

[98] Li X, Li Y, Ma Q, et al. Principle and performance of orbital angular momentum communication of acoustic vortex beams based on single-ring transceiver arrays. J Appl Phys, 2020, 127: 124902.

[99] Fan X D, Zou Z, Zhang L. Acoustic vortices in inhomogeneous media. Phys Rev Research, 2019, 1: 032014.

第 3 章　声人工结构

声学超材料研究现状以及未来发展趋势

刘晓峻 [1], 程营 [1], 梁彬 [1], 邱春印 [2], 李勇 [3]

[1] 南京大学声学研究所, 南京 210093
[2] 武汉大学物理科学与技术学院, 武汉 430072
[3] 同济大学物理科学与工程学院, 上海 200092

一、学科内涵、学科特点和研究范畴

声学是研究声波产生、传播、接收及处理的科学, 它作为一门经典又常新的物理学科, 不仅关注物理现象的研究, 更与其他技术领域广泛交叉, 在工业、国防、民生等诸多领域起到至关重要的作用. 声学材料对声场的精准调控是声学基础研究的核心问题, 也是声学成像、治疗、探测、通信及对抗等应用领域的关键技术, 与国家重大需求密切相关, 例如高效低频声隐身、声学探测与感知、高精度声学成像、精准超声治疗及高容量声学通信等重要问题的解决都需要以对声场实现精确及高效的调控为基础. 然而, 经典声学理论与技术通常使用天然声学材料来实现不同的声场调控功能进而构建各种声学功能器件. 受限于天然材料自身声学属性, 经典声场调控理论与技术的发展受到极大制约, 致使声学学科中存在低频声调控、复杂声场生成及非对称声传输等难题, 简便、高效而精准的声场调控仍面临极大的挑战. 由于天然材料的声学性质受自身组分结构与该尺度层次上组织方式限定, 其随着制备技术水平的提升而接近瓶颈, 而通过引入特殊设计的人工微结构单元来构建声学超材料, 可打破这种瓶颈并产生天然介质所不具备的特异声学性能, 进而超出传统声学理论的限制, 引起声学技术的革新.

声学超材料是声学研究领域的最前沿学科之一, 具有极为鲜明的学科特点和丰富的学科内涵. 区别于传统材料, 声学超材料是由亚波长人工微结构单元组成的人工材料, 其具有特殊功能, 可用来对波动传输进行有效调控. 由于其非凡的物理性质通常不仅取决于构成材料本身的性质, 更取决于其中微结构单元的特殊构型, 故而人们可以通过设计适当的构型来获得与其组成材料完全不同的特异性材料性能. 所以, 声学超材料所具备的三个重要特征是: ①具有新奇的人工几何结构; ②具有自然介质所不具备的超常声学性质; ③声学性质不主要取决于构成材料本身, 而取决于其中的人工几何结构.

　　因此, 开展并不断深化基于人工材料的新奇声场调控研究, 可突破传统声学理论的局限及带来声学技术的原理性变革, 不仅对增强我国声学基础研究实力具有关键意义, 并且有望为满足国家重大需求提供重要支持与保障.

　　声学超材料研究主要包括复杂声学介质中声传播基础理论、人工材料分析与设计、新原理声人工器件的制备、优化及应用等. 其研究对象为利用人工方法构建的具有特殊微结构的各类非均匀复合人工结构材料体系, 如声子晶体、局域共振声超构材料及声超构表面等. 声学超材料主要研究声波在人工构建的非均匀微结构中传播、激发和耦合的规律, 揭示人工体系中存在的各种特殊声学现象, 提出利用人工结构突破天然材料的物性局限、提升声学调控性能的设计思路, 通过人工方法实现声场在亚波长尺度下的有效操控, 对声波的传播、反射、散射等行为实现用传统方法无法或难以产生的非常规操控方式. 通过发展声学超材料的设计理论, 揭示具有普适性和可扩展性的科学规律, 研制具有可突破常规性能极限的特定功能的、小型化、轻质化和集成化的新一代声学器件, 作为传统声学器件的更替或补充, 拓展声学在物理学、生命科学与医学、材料科学和信息通信等领域的应用. 因此, 由于新概念的引入及新效应的发现, 声学超材料正促使声学学科持续焕发蓬勃生机, 并有望在各个领域发挥重要作用.

　　声学超材料的研究方向以物理声学为核心, 涉及超声学、水声学、噪声振动控制、环境声学等不同声学领域, 并与凝聚态物理等学科领域交叉. 支持声学超材料研究的知识基础主要包括 (根据研究对象的不同而有所侧重): 物理学 (声学基础理论、固体物理理论、理论力学、量子力学等), 力学 (材料力学、结构力学、流体力学等)、电子学 (电路分析与设计、模拟电路、数字电路、高频电路等)、现代数学 (高等数学、数值分析、数理方法、最优化理论等), 生物学、信号处理理论、计算机理论以及结构设计原理与方法等. 该学科一般采用基于理论分析、数值计算、实验测量与表征的研究方法.

二、学科国外、国内发展现状

1. 概况与整体趋势

　　声学超材料依据人工基元和序构可大致上分为三类, 即声子晶体、声学体超材料和声学超表面.

　　(1) 声子晶体通常指的是材料声学参数 (诸如质量密度、体积模量、声速等) 在空间上周期性调制的结构, 结构的周期通常与所用声波的波长相当 (因而会有类似于固体物理学中带隙的概念).

　　(2) 声学体超材料虽然也由人造单元构成, 但其单元尺寸远小于所用声波波长, 并且通常对声波具有强烈的局域共振散射作用, 因而可使用有效介质理论推算出这种结构材料的有效声学参数; 与声子晶体不同, 声学体超材料中的单元排布不一定是周期性的, 可根据需要给出材料有效声学参数在空间上进行变化的设计.

(3) 声学超表面一般是由多种微结构单元按特殊序列排列在一起形成的具有亚波长厚度的平面型超材料体系, 它可以灵活有效地操纵波的振幅、相位、偏振、传播模式等. 相对于体积型超材料, 超表面具有结构简单、紧凑、效率高、体积小、易加工等特点. 也正是这些特点使其潜力巨大, 并拥有广泛的应用前景.

声子晶体概念从 20 世纪 90 年代末期提出伊始一直受到广泛关注, 从声子晶体的能带带隙特性的研究到声子晶体在隔声、负折射、超分辨率成像等应用的研究, 从 "空气声" 声子晶体、"水声" 声子晶体到 Lamb 波、瑞利波等弹性波声子晶体, 一直是人们关注的热点. 关于声学体超材料, 于 2002 年才有相关文章出现, 文章数量随后呈指数形式上升, 研究对象从二维超材料到三维超材料, 近年来更是将固体物理中 "拓扑绝缘体" 等类量子效应概念引入声学超材料中, 使得声学超材料特异声学性质的覆盖面更为广泛, 也越来越受到人们的关注. 声学超表面作为低维化的平面型超材料, 出现时间相对较晚, 从 2009 年起有相关文章的发表, 由于其尺寸较小, 在灵活有效调控电磁波和声波中具有巨大的潜力, 因此拥有广泛的应用前景, 每年相关文章数量也持续增长. 从整体上看, 该领域的整体趋势有: ①从 "体超材料" 到 "超薄超表面"; ②从 "基元性质" 到 "序构调控"; ③从 "经典声学效应" 到 "类量子效应"; ④从 "基础研究" 到 "应用研究".

2. 发展现状——基于声学超材料的经典声场调控

自 21 世纪伊始, 香港科技大学沈平及武汉大学刘正猷等提出局域共振结构的概念以来 [1], 声学超构材料在不到二十年的时间里得到了迅猛的发展, 国内外的许多课题组在声场人工调控领域开展了大量理论与实验工作, 并取得若干重要突破, 通过深入研究声波与不同类型的人工结构的相互作用机制, 揭示了人工体系中的异常反射/折射、声单向、声隐身等各种反常声学现象, 提出了多种实现常规方法难于或无法产生的特殊声波操控的新思路, 为传统声学领域中存在的非对称性传输、复杂声场生成、低频声吸收和隔离等基本难题的解决提供了启示.

针对低频声波难于操控的问题, 南京大学程建春与梁彬等率先在声学上提出了突破传统 Snell 定律的 "声超构表面" 概念, 通过发展在亚波长尺度上引入声波相位突变的机制, 在声学体系中实现了 "广义"Snell 定律, 据此设计制备了声超构表面原型器件, 以小尺寸器件实现了对大波长声波的有效操控 [2,3]. 武汉大学刘正猷和邱春印等也在该领域开展了理论与实验工作, 以空间折叠型超构表面实现了声波的异常折射等特殊操控效果 [4]. 南京大学刘晓峻和程营等提出了基于人工 Mie 共振的稀疏超表面设计理论, 并制备了原理性器件 [5]. 华中科技大学祝雪丰和香港理工大学祝捷等提出了用三维螺旋形结构实现相位延迟的思路, 在实验上构建低色散的超表面 [6]. 最近南京大学程建春和梁彬等还提出了损耗型声超材料设计理论, 通过振幅和相位的解耦操控实现了三维空间中的精细声场操控 [7]. 国外方面, 新加坡国立大学 Qiu 等提出了利用压电结构实现特殊声波操控的理论方法, 美国杜克大学的 Cummer 等提出并通过实验实现了一种具有变截面迷宫结构的声超表面, 可对透射波进行不同的反常操控 [8]. 声超表面的实现极大地丰富了低频声波的操控方式, 打破了结构尺度与波长间的经典关系, 并提供了简便高效产生复杂声场的新方法, 引起了国内外学术界对声超表面研究的广泛兴趣.

在非对称声波操控方面, 2009 年南京大学程建春和梁彬等首次提出并验证了 "声二极管" 原理, 结合强非线性与声子晶体的滤波机制突破了互易原理制约, 成功设计制备了第一个声二极管原型器件 [9,10], 引发了声单向传播研究热潮. 针对非线性体系能量转化率低、工作带宽小等问题, 南京大学程建春课题组和陈延峰课题组分别建立了线性体系中 "单向模式跃迁" 及 "单向波矢跃迁" 的新原理, 由于线性情况下模式转换及波矢转换的效率远大于非线性体系中的频率转换效率, 因此与非线性声整流结构相比, 基于单向模式跃迁及单向波矢跃迁原理的新型声单向器件具有高效、宽带且无阈值的独特优势. 其后国内外学者相继在声单向操控领域开展了大量理论与实验工作, 提出了在各方面提升单向操控性能的若干新原理, 设计制备了一系列具有高性能、新功能及高集成的单向器件, 例如 2013 年起南京大学程建春和梁彬等先后提出 "声单向棱镜"、"声三极管" 和 "声学单向隧道" 等新概念器件设计理论, 2017 年同济大学李勇等利用损耗型超表面中的相位调制和周期调制 (高阶模式) 两种机制对损耗因子的不同反馈, 实现了可调控的非对称生输 [11]. 国外方面, 美国得克萨斯大学奥斯汀分校 Alù 等提出并在实验上实现了利用旋转气流引起的角动量偏置来产生声学强非互易性的机制 [12]; 苏黎世大学 Daraio 等利用颗粒体系中的混沌和分叉现象实现了声波不对称传输 [13], 其后又构建了双稳态的力学结构, 利用磁场耦合实现了可控的振动传输 [14].

基于声超材料特殊的声操控性能, 国内外学者也开展了对声超材料应用潜力的探究. 南京大学程建春和梁彬等提出了利用超表面中的共振引入声角动量的新机制, 设计制备了具有效率高、尺寸薄及结构平整的声角动量人工器件, 在理论和实验中高效、准确地生成了预设阶数的声涡旋 [15,16], 并基于此研究了声角动量在水下声通信等重要领域中的应用方法, 利用声角动量作为独立于时间和频率等物理量的新自由度, 提出了用不同阶数的角动量作为正交基来拓展数据传输物理信道数目的调制–解调机制 [17]. 他们还首次提出基于超表面的声人工扩散体设计理论, 突破了沿用 40 余年的 Schroder 扩散体设计理论局限, 构建了性能优于商业产品的人工器件, 具有尺寸超薄、表面平整、重量轻盈、制备简单及用料节省等重要优势[18]. 同济大学李勇等将超表面概念与穿孔板理论相结合, 构建了结构厚度小于工作波长千分之五的轻薄吸声超表面, 有利于在低频噪声吸收等场合的应用[19]. 最近, 华中科技大学祝雪丰等还将聚合物等软材料和静电纺丝制备方法引入声学超材料设计, 实现了柔性的多功能定制超薄声学超表面, 为超材料的低成本量产化提供了可能[20].

3. 发展现状——声学超材料的类量子效应

自 20 世纪末以来, 声波在周期性人工结构中的新颖传播行为引起了人们强烈的研究兴趣. 类比于由微观原子 (分子) 构成的固态晶体, 这些人工结构被称为声子晶体. 它们的主要特点在于, 当波长和结构周期可比拟时, 在其中传播的声波会发生强烈的布拉格散射而产生频率带隙. 通过在这些人工晶体中引入点、线、面缺陷, 人们在频率带隙内发现各种缺陷态、波导态, 从而实现对经典波的囚禁、过滤以及受限传播等. 与此同时, 周期性散射导致通带的性质也显著不同于均匀介质: 原本线性的色散关系发生强烈的修正, 从而产生大量新奇的声传播特性, 如负折射、零折射效应等. 此外, 一些其他的在自然晶体中发现的量子波动效应也相继在声子晶体中被发现, 例如 Zitterbewegung 振荡等[21].

迄今为止, 虽然声子晶体方面的研究日趋成熟, 其应用前景也备受关注, 这类人工结构晶体中的一些深层次物理依然有待于挖掘. 受凝聚态拓扑物理研究的启发, 最近人们正从晶体对称性、能带拓扑分类等新视角深入理解声子晶体中的带隙形成机制和通带传播特性, 建立体态和边界态的密切关联. 一方面, 这类研究必将加深对声子晶体声传播特性的物理理解; 另一方面, 作为一门直接面向应用的基础学科, 声学中的拓扑研究必将催生新应用.

由于声波方程和光波方程的相似性, 基于经典体系和量子体系的波动行为可进行类比, 从理论上讲, 体态拓扑相分类和相应的拓扑表面态 (或边界态) 也存在于声子晶体等工晶体中. 量子体系的研究经验告诉我们, 拓扑相的性质和体系的时间-空间对称性密切相关. 有趣的是, 相对量子体系而言, 由于晶格对称性可随意搭配任何几何形状的 "人工原子", 经典波人工晶体的空间对称性变得更容易调控, 而其宏观特性也有利于实验检测基础理论的正确性. 因此, 这类经典波体系有望为我们探究和理解拓扑保护提供一个全新的平台, 同时加深对经典波在人工结构中传播特性的物理理解. 可以想象, 基于拓扑保护、无散射损耗的优异特性, 声拓扑物相的研究必将催生全新的应用场景, 尤其是在声学器件集成等方面有巨大的潜力. 声学拓扑保护边界态传输可以较好抑制背向散射, 并且对缺陷有着很强的鲁棒性, 使得其在声通信、噪声控制以及声、电集成中有着巨大的应用前景. 接下来将主要回顾近年来声学系统中的类量子霍尔效应、类量子自旋霍尔效应、类谷霍尔效应以及高阶拓扑绝缘体的相关工作.

1) 声学类量子霍尔效应

实现类量子霍尔效应需要打破 T 对称性 (时间反演对称性), 在光学中可以通过外加磁场等方法实现, 但是对于缺少磁场响应并且只有纵波模式的声波而言, 如何破缺 T 或者如何构建等效磁场是亟待解决的问题. 2014 年, Fleury 等 [22] 提出了一种利用环形流速场打破时间反演对称性的方法, 并构建了声学环流器, 这一发现为实现声学类量子霍尔效应提供了可能.

2015 年, Yang 等 (同期还有其他一些研究组) 在二维声学系统中利用背景流速场等效于磁场 [23-26], 并构造了受拓扑保护的单向边界传输态. 该研究小组从可以形成狄拉克简并点的三角晶格出发, 在每一个单元外围施加相同 Couette 流场, 由环形流速场产生的有效矢势可以产生等效磁场. 由于加入流速后的等效磁场导致的时间反演对称性破缺, 能带图中原本在第一布里渊区边界产生的狄拉克锥被打开, 产生带隙. 通过计算 Berry 联络 (connection) 和陈数可以得到两条能带的陈数为 +1 和 −1, 根据体-边对应关系, 对于一个基于这种三角晶格的有限声子晶体而言, 这两条能带之间的带隙中将存在单向的声拓扑边界态. 声波将沿边界单方向传输, 并且由于不存在背向传输边界态, 缺陷不会引起背向散射, 因此在边界上引入空腔、弯曲路径等缺陷都不会影响声波的单向传输, 可以保证较高的传输效率.

2) 声学类量子自旋霍尔效应

2016 年, 南京大学何程等利用蜂窝状声子晶体中四重偶然简并双狄拉克锥的特性, 设计实现了受晶格对称性保护的声学量子自旋霍尔相, 并在实验上观测到声学赝自旋相关的声波单向传输 [27]. 该声子晶体由铁质圆柱周期性排列为蜂窝状声子晶体, 具有 C6v 对称性. 通过调节圆柱的半径参数, 即空间填充率, 声子晶体在第一布里渊区中心发生四重偶然简并, 形成双狄拉克锥点. 逐渐从大到小改变圆柱的空间填充率, 双狄拉克锥点经历了打开—闭合—再打开的过程, 四重简并点分裂为两个双重简并点, 简并点的本征模式对应的声场分布呈现出类似电子 p 轨道和 d 轨道的对称模式, 并且改变空间填充率可以实现模式反转, 说明发生了拓扑相变. 这种结构中拓扑不变量用自旋陈数表征. 通过实验验证拓扑边界态的存在时, 发现与常规的有强烈反射缺陷态波导相比, 声拓扑边缘态对拓扑波导中加入的空位、无序及弯曲等缺陷免疫, 背向散射几乎可以忽略. 同时, 为了激发单一的声赝自旋态, 通过实验验证了声量子自旋霍尔效应, 提出一种 X 型的声分束器.

2017 年, 南京大学刘晓峻、程营课题组提出了在无背景流速的超材料声子晶体中构造声学赝自旋偶极子和四极子模式. 并实现了声波拓扑传输的理论方法 [28]. 研究发现, 通过将基本单元耦合组装成超元胞, 构建声子晶体形成双狄拉克锥, 进一步收缩或扩张超元胞打破双狄拉克锥形成带隙, 可在带隙附近产生类似电子 p/d 轨道对称形式的声压场分布, 即平均声强沿顺时针或逆时针转动, 产生了有效的声学赝自旋偶极子和四极子. 收缩和扩张超元胞时声子晶体能带呈现平庸态和非平庸态, 从平庸态到非平庸态发生了能带反转和拓扑相变. 在平庸态和非平庸态声子晶体之间的边界上可形成声赝自旋与传输轨道相耦合的声拓扑边界态, 具有奇特的单向传输特性和散射抑制能力, 各种缺陷散射体既不会引起声波的背向散射, 也不会改变边界声传输的类自旋态. 该工作的意义在于提出了一种结构简单、不依赖于复杂背景流速场的声学赝自旋多极子模式形成机制, 并实现了声波的无背向散射拓扑传输, 为构造声学拓扑绝缘体建立理论框架.

进一步, 他们还将声波类量子效应与新原理声学功能器件相结合, 获得了拓扑保护声单向传输、可重构声学路径选择开关、声拓扑延迟线、深度亚波长成像、非厄米声场局域与放大等一系列新颖的声场调控功能 [29-33]. 尤其是设计了一种拓扑声学定向天线, 并实验验证了其在复杂声学环境中的高指向性辐射和接收声波的功能, 能够使普通扬声器向四周发出的声波在经过天线后产生超指向性, 只传向指定人员, 而邻近的人无法听到, 实现了保密声通信; 同时可选择只收听特定方向的声音并抑制其他方位的干扰噪声, 实现了抗干扰声通信以及室内混响场中的声源精确定位, 并且基于拓扑保护的声传输性质, 理论上可完全抑制旁瓣, 产生针式指向性, 使得声束半高宽小于 $10°$、声束效率达到 97.514%, 在通信、医疗、水下探测等领域具有重要应用价值 [34].

此外, 华南理工大学梅军等 [35] 利用钢-橡胶同心结构组成的三角晶格, 在水介质中实现了偶然简并的双狄拉克锥, 并通过调节两种材料的填充率实现了拓扑能带反转, 进而实现了拓扑保护边界态传输. 2017 年, Deng 等 [36] 在由铁质圆柱组成的三角晶格中实现了能带折叠理论诱发的双狄拉克锥, 同样地, 通过调节材料填充率实现了拓扑相变和拓扑边界态. 同年, 湖南大学夏百战等 [37] 利用能带折叠理论, 首先在由三角形散射柱组成的三角晶格中构建双狄拉克锥, 然后旋转三角形散射柱单元, 实现了赝自旋轨道耦合拓扑边界态传输.

4. 声学拓扑谷态传输

众所周知, 电子具有两个内禀自由度, 即电荷和自旋. 除了这两个自由度, 固体材料还有谷自由度 (valley degree of freedom), 而谷就是指能带结构中的极值点, 不仅在常规半导体材料中广泛出现, 也存在于当下热门的二维晶体中, 如石墨烯、二硫化钼等. 谷自由度的定义与电子的自旋自由度类似, 所以谷自由度也被称作赝自旋, 并且利用谷自由度进行信息处理具有信息不易丢失、处理速度快、能耗小、集成度高、传输距离远等优点.

2016 年, 武汉大学刘正猷研究小组将电子系统中谷态的概念引入二维声子晶体中, 并且在具有不同谷霍尔相的两种声子晶体之间的边界上发现拓扑边界态声传输 [38-40]. 将可旋转的正三角形散射体排列成三角晶格, 当旋转角为 $\alpha = 0°$ 时, 声子晶体具有 C3v 对称性, 能带结构中将在第一布里渊区 K 和 K' 点形成狄拉克锥; 而当旋转角度发生偏转时 ($-60° < \alpha < 60°$ 且 $\alpha \neq 0°$), 正三角形散射体和晶格的镜面对称性失配, 能带结构中的狄拉克锥打开形成带隙, 在带隙两边形成一对极值点, 也就是谷态. 类似于电子体系的谷态, 声谷态也具备手征性, 在散射体之间形成了声涡旋场. 旋转散射体的过程中, 能带经历了打开—闭合—打开的过程, 并且谷的涡旋特征在经过旋转角 $\alpha=0°$ 时发生了交换, 类似于电子体系, 这里的谷赝自旋反转意味着发生了谷霍尔相变. 在两种不同谷霍尔相声子晶体之间的边界上, 由于发生了等效质量的反转, 所以可以在带隙内产生一对谷手征的边界传输态. 而拥有相同的谷霍尔相的两种声子晶体由于没有发生等效质量反转, 所以在带隙中没有产生拓扑边界态. 研究发现, 拓扑谷霍尔边界态本质上源自单个谷的物理性质, 这包含两重含义: 边界态色散曲线来自于独立的谷投影; 波函数由相同谷的简并基矢态线性叠加构成. 谷间退耦合导致了很多有趣的边界传输现象, 比如边界态的宇称/动量选择性激发, 以及边界态的抗反射效应等.

除此之外, 2018 年陆九阳等 [41] 利用双层耦合的声子晶体, 提出了双层拓扑谷投影边界态, 实现了声波在两层拓扑声波导之间的耦合传输. 同年, 湖南大学夏百战等 [42] 在正方晶格中, 同样通过旋转正方形散射柱单元实现了拓扑谷霍尔相变. 而 Wang 等 [43] 将声学拓扑谷霍尔相与 PT 对称性相结合, 通过向系统引入增益和损耗介质, 实现了非厄米系统中的拓扑谷投影边界态传输.

综上所述, 声拓扑材料的研究意义在于: 科学上, 声拓扑材料研究可促成对经典、量子拓扑物态统一完备的理解, 甚至领先于量子体系提出、发现一些有趣的拓扑物理现象, 深刻揭示声拓扑材料控制声波的新规律; 应用上, 这类基础研究可为研制性能卓越的新型声功能器件提供理论依据和知识储备, 催生、引领产业发展的新方向.

5. 发展现状——声学超材料的应用探索

随着社会文明的进步, 噪声污染日趋严重并影响到人类的生活质量, 现实生活中既有来自高速公路、高速铁路等的交通噪声, 也有来自建筑工地、大型厂矿的工业噪声等, 为了解决这一问题, 国内外研究者针对各种实际面临的噪声问题提出了对应的吸声结构, 例如, 传统多孔吸声材料、声学穿孔板等. 由于普通材料的固有耗散在低频区域很微弱, 对低频的声波的吸收一直都是颇具挑战性的任务. 利用小尺度结构实现对低频声波的高效吸收是急需解决的问题. 一般来说, 声学材料的结构尺寸与波长在同一数量级, 为了较好地吸收低频噪声 (例如 100Hz), 通常需要使用厚度为分米甚至米量级的吸声材料, 如此厚的吸声材料不仅增加了样品加工的成本, 而且会占用大量的空间, 给实际应用带来诸多不便. 因此, 设计超薄低频吸声结构成为近些年的研究热点, 也是未来发展的趋势.

声学超构表面是一种由声学功能基元按照特定序列构成的超薄平面结构, 由于其具备平面、超薄等独特物理特性及对声波的灵活调控能力, 其在声场调控、噪声控制等诸多声学领域具有重要的应用前景. 在超构表面吸声降噪方面, 2014 年香港科技大学沈平课题组提出基于薄膜和背腔组合的声学超构表面结构, 在共振频率下薄膜中的能量密度急剧增加, 入射能量被橡胶薄膜的固有黏滞完全耗散, 达到全吸声, 他们采用厚度仅为 17mm 的实验样品针对 152Hz 的低频声波测量到高达 99.4% 的吸声效率, 为低频噪声控制提供了一种新的解决方案 [44]. 2014 年加拿大西安大略大学 Yang 等利用折叠空间的概念构建了弯曲管道和弯曲管道加背腔的两种复合结构, 分别在 400Hz 和 250Hz 附近实现了全吸声 [45]. 2015 年, 沈平等将不同尺寸大小的薄膜结构进行并联结合, 利用薄膜的近场耦合实现了 440Hz 附近的全吸声. 2016 年, 李勇等基于亥姆霍兹共振理论提出了穿孔板和迷宫背腔的超表面吸声结构, 在理论上阐述了 1.2cm 厚度的结构可在 125 Hz 实现全吸声 [19]; 法国勒芒大学声学研究所的 Noé 和 Romerogarcia 等基于带有直管的亥姆霍兹共振理论实现了在 350Hz 左右的全吸声 [46]. 美国杜克大学 Cummer 等利用不同大小的亥姆霍兹共鸣器之间的耦合共振实现了 511Hz 的全吸声 [47]. 香港科技大学温维佳等利用分离的管道共振器之间的耦合共振实现了 300Hz 左右的全吸声 [48]. 2018 年南京大学刘晓峻课题组提出了两通道的米氏谐振器, 通过盘绕卷曲的通道使得声波的传播路径变长, 以致能吸收低频的声音, 最低的峰值频率所对应的波长是整个结构的 69 倍 [49]. 复旦大学胡新华课题组利用具有相同等效管长但不同的卷曲结构构型的法布里–珀罗共振结构实现了一系列具有相同共振频率但不同带宽的吸声结构, 在设计完美吸声结构的过程中, 利用了吸声棉来调节声阻匹配. 法国勒芒大学 Auregan 提出了附加质量块薄膜、空气腔和阻性层的复合结构, 实验中利用 16mm 的结构实现了 100Hz 附近的全吸声 [50]. 2019 年同济大学李勇课题组在共面迷宫腔加穿孔板的基础上, 进一步增加了内嵌孔来提升超构表面的声学性能可调性. 理论和实验结构表明, 具有内嵌孔的卷曲超构表面吸声体在工作频段及工作带宽方面都具有更高的可调性. 他们还进一步在传统亥姆霍兹共鸣器的基础上引入了内嵌孔, 来较大程度地压缩结构厚度和提升声学性能可调性. 具有内嵌孔的赫姆霍兹共振吸声结构在厚度为声波波长 1/50 的尺度下实现了完美吸声, 并且在结构外形保持不变的情况下可以实现共振频带与工作带宽的大幅调节. 以上所提及的吸声结构的机制可归纳为: 构建吸声功能基元来引入共振机制, 以提高低频声波在介质中的能量密度, 从而达到高效的吸声特性, 然而单共振系统通常也面临着工作带宽狭窄的问题.

为了解决吸声带宽的问题, 2016 年复旦大学胡新华课题组利用不同弯曲程度的管道之间的耦合效应在较低频范围内得到若干吸声峰, 通过叠加吸收峰实现了低频范围内较宽的高效吸声 [51]. 2017 年南京大学刘晓峻课题组利用具有损耗的共振板和背腔构成的复合结构在理论上实现了 100Hz 附近完美吸声, 并通过吸声峰的叠加在相对宽频带范围内实现了较高的吸声效率, 其结构厚度约为工作波长的 1/10[52]. 沈平课题组提出了卷曲空间并构建了 1/4 共振腔基本单元, 通过 16 个工作在不同频率的共振腔单元实现了 345Hz 以上的宽带吸声 [53]. 刘晓峻课题组利用厚度为 12.5cm 的卷曲空间结构在 228~319Hz 内实现了吸声系数大于 95% 的吸收体 [54]. 上述宽带吸声的实现机制可归纳为: 通过简单序构叠加吸声功能基元提供的高效单吸声峰实现在宽频范围的高效吸声, 然而该类设计忽略了吸声功能基元的序构方式对吸声性能增强的作用规律及序构引发的功能基元间的耦合、增强效应.

然而, 这类吸收体需背衬封闭的刚性壁, 封闭刚性背衬的存在阻碍了声学吸收体内外空间的光线、气流和热量交换. 为了构建具有良好通风、散热性能的声吸收体, 研究者们采用人工声学 "软" 边界代替传统单端口吸收体的硬边界底衬. 2017 年, 香港科技大学 Yang 等 [55] 利用两个弱失谐的杂化膜共振器在多个离散的频带实现了多个离散频带的通风性吸收体. 同年, 南京大学刘晓峻课题组对基于两个具有相同辐射因子和损耗因子的弱失谐亥姆霍兹共振器在管道中实现了通风性声非对称吸收体, 并将该机制拓展到了多带和宽带 [56]. 法国国立缅因大学 Noé 等 [57] 基于类似的原理在 300~1000Hz 内实现了近完美的吸收. 2018 年, 南京大学刘晓峻课题组提出了基于两个调谐 (具有相同共振频率) 但具有不同的损耗因子和辐射因子的共振器结构, 实现了非对称吸收, 其中具有较大辐射因子和较小损耗因子的共振器等效为声学软边界; 并通过耦合多个完全相同的多阶亥姆霍兹共振器, 构建了在多个频带内的通风吸收体 [58]. 丰田汽车北美研究所的 Lee 等 [59] 通过设计具有非对称损耗因子的亥姆霍兹共振器构建了超稀疏 (共振器占空比为 26%) 的非对称声吸收体. 进一步地, 通过设计具有对称性的结构, 可构建具有良好通风、散热性能的双向声学近完美吸收体.

综上所示, 近年来声人工结构在静态吸声降噪领域已经实现了质的飞跃. 轻薄、易加工的结构仍在不断被提出. 可以预见的是在不久的将来, 超构表面吸声结构必定会逐渐取代传统吸声结构, 使人们的生活环境更加舒适, 生活质量得到显著提升.

与上述已经取得的成果不同的是, 在航空航天领域涉及的问题多是动态问题, 其中比较有代表性的装备包括以下几种.

1) 大型风洞

大型风洞噪声的主要来源是压气机运行过程中产生的气动噪声, 它是由装备管道中空气的强非线性流动引起的旋转噪声与涡流噪声耦合产生的, 因此在管道中形成了高速气流、高声强等极端声环境. 由于压气机和发动机的尺寸较大, 产生的噪声具有低频、宽频、多种可传播的径向、周向模态等显著特征. 同时风洞装备对空间有着严苛的要求, 给降噪结构的空间是非常有限的. 上述极端声环境及严苛降噪要求给降噪结构设计带来了极大的挑战, 所设计的降噪结构需耐高速气流、高声强的冲击、针对多模态噪声源有效, 且具有轻薄、低频、宽带等优良特征. 如何实现这类优良特征的吸声降噪结构是学界公认的科学瓶颈, 也是限制我国相关装备快速发展的 "卡脖子" 难题. 在超构表面实现的轻薄、低频、宽带吸声降噪结构基础上, 深入探索极端声环境下超构表面的降噪机制, 解决上述瓶颈和 "卡脖子" 问题, 可为我国大型风洞的降噪设计提供可行的解决方案, 从而提升我国在航天航空领域的国际竞争力.

2) 航空发动机

自喷气式航空发动机出现以来, 声衬 (liner) 一直是控制叶轮噪声最主要的有效手段. 有统计表明, 目前先进民用飞机所取得的降噪量中一半应归功于声衬技术, 近年来日益提高的民用航空噪声控制需求更进一步推动了这方面的研究工作. 虽然对声衬技术研究和使用已有超过 70 年的历史, 但是仍然存在许多没有解决的科学和工程问题. 新的声衬设计 (如多自由度设计、泡沫金属设计等) 和应用 (如涡轮、燃烧室噪声控制) 近年来也层出不穷. 常规声衬普遍采用亥姆霍兹共振腔为基本单元, 然而由于共振结构自身窄带特征, 无论是单自由度还是双自由度声衬的工作带宽 (吸收峰) 均较窄, 无法胜任宽频带的降噪要求. 另外, 对低频噪声有效的声衬均比较厚重, 会对航空发动机的整体性能及相关设计会带来不利影响.

目前声学超材料在航空航天领域的应用甚少, 但是由于声学超材料表现出来的巨大的应用前景, 如能在航天航空领域得到应用, 因此, 不仅可以解决上述瓶颈和 "卡脖子" 问题, 也可为我国大型风洞和航空发动机的降噪设计提供可行的解决方案, 从而提升我国在航天航空领域的国际竞争力.

在水声领域, 水声材料的应用是潜艇等水下航行器实现声隐身及提升水声探测性能的关键所在. 近年来, 随着声学超材料的蓬勃发展, 各种水声超材料被提出. 水声超材料包含的类型众多, 要实现的声调控功能各异, 由于篇幅有限, 这里主要概述吸收型水声超材料、水下声学探测与感知超材料等几类与潜艇隐身和声呐水声信号拾取增强密切相关的新型声学超材料.

3) 水声吸声超材料

近年来, 随着声呐探测技术向低频化不断发展, 探测能力不断提高, 对于相应的高性能水下低频吸声材料的需求也日益迫切. 传统的水下吸声材料包括纯聚合物水下吸声材料、微粒填充型水下吸声材料、空腔谐振型水下吸声材料、阻抗渐变型水下吸声材料及多孔水下吸声材料等, 吸声机制主要以声波在材料内部引起的分子内摩擦以及声波在不同介质界面上的耗能机制为基础. 在面对水下低频声波时, 传统材料通常吸声性能较弱, 或需要较大的厚度才能实现低频声波的有效吸收.

在国内, 国防科技大学 Zhao[60,61] 首次将局域共振理论引入水声吸声材料的设计, 通过在黏弹性聚合物中填充软橡胶层包覆的金属核作为局域共振子, 观察到了局域共振频率处显著的水声吸声增强. 通过调节局域共振散射体的形状、偏心角等, 可调节局域共振频率的位置及该频率处的吸声带宽 [62,63]. 考虑到含单一局域共振子的超材料带隙宽度过窄, 可通过多层不同局域共振频率的超材料叠加或单层具有多个尺寸 (局域共振频率) 的共振子来拓宽低频水声吸声频带 [64,65]. 考虑到软橡胶层包覆的金属核作为单自由度局域共振子的局限性, Zhang 等 [66] 提出将单个或周期排列的有限尺寸弹性薄板作为分布式散射体/多模态局域共振板敷, 设在含有钢背衬板的高阻尼柔性橡胶层湿表面, 利用钢背衬引起的质量弹簧模态的共振、有限尺寸薄板 (周期阵列) 对声波的 (相干) 绕射及附近多个局域模式的 (相干) 共振, 实现了多个低频频带水声吸声的增加. Sharma 等 [67] 研究了弹性层内同时包含周期性空腔 (真空) 和金属钢球填充物时的水声吸收, 仿真结果表明, 腔体的单极共振和金属球的偶极共振及钢背衬引起的质量弹簧共振的组合也可使吸声系数在宽频范围显著增加.

传统局域共振结构依靠调节多个单自由度局域共振模式的参数特征, 使其在多个共振频率处的模态产生叠加, 其带隙扩宽效果非常有限. 实现宽频强吸声, 一个可行方法是在局域共振声学超材料中引入复杂的晶格类型, 在一个晶格基元中引入多个共振子, 通过各个振子之间的强相互耦合作用产生新的共振形式, 进而用于拓宽带隙, 实现宽频强吸声. Jiang 等 [68] 和 Chen 等 [69] 将梯度木堆结构引入局域共振声超材料中, 使之具有复式晶格, 即一个原胞内含有两种正交的共振子. 结果表明, 共振子单元之间存在强耦合作用, 可打开一个宽频带隙实现对声波的宽频强吸收. Jiang 和 Wang[70] 利用泡沫铝骨架包裹不同性质聚氨酯高分子材料, 并通过互穿网络结构设计构建了具有宽频强吸声和耐压双重特性的声子玻璃. Shi 等 [71] 提出了局域共振单元内含多层局域共振结构时的水声超材料, 仿真结果表明, 单元内多个局域共振模态耦合可扩宽带隙或造成多个带隙.

由于局域共振的固有属性, 局域共振吸声超材料目前还面临吸声频带较窄, 且对水声吸收能力不够强的缺点. 从其吸声机制上看, 如何利用亚波长尺度材料在低频宽带范围内产生多个频率连续分布的局域共振模式, 并促使尽可能多个共振模式产生强耦合, 在拓宽吸声频带同时实现强吸声, 是该型吸声材料实现低频宽带水下强吸声的关键, 也是难点所在.

4) 水下声学探测与感知

声人工结构优良的场调控能力也为传感器的性能提升提供了一种全新的方

法. 近年来, 北卡罗莱纳州立大学和杜克大学设计了声学双曲人工材料, 通过控制声波通过的角度使声波成像的分辨率提高一倍以上. 韩国小组报道了由金属间隙环谐振器微波人工材料阵列, 并成功对真菌、霉菌和细菌等小分子微生物进行了检测. 英国埃克塞特大学、苏黎世量子电子研究所和美国桑迪亚国家实验室联合, 通过声学人工材料和纳米材料的组合开发了一种混合红外光电探测器, 增强了石墨烯对电磁辐射的吸收, 为面向集成的、表面增强的红外传感迈出了关键一步. 日本研究人员开发了基于等离子体人工材料表面增强的红外吸收高灵敏度的光谱检测技术, 显著降低了直接红外吸收光谱的检测限.

综上所述, 水声材料是发展海洋装备的基础和重要支撑, 具有广阔的应用发展前景. 水声超材料在空气声超材料的启示和带动及海洋安全的迫切需求下, 已取得了一定的进展, 但其发展尚处于初期. 然而, 因其展现出众多奇特超常的声学特性, 代表了未来水声材料的发展方向. 水中声波与人工材料相互作用的物理机制与空气环境中有很多不同之处, 其中很多科学问题和技术挑战尚不明确, 因此亟待开展相关物理机制、关键技术应用等方面的研究.

三、我们的优势方向和薄弱之处

1. 基础研究的优势方向和薄弱之处

与电磁人工材料的早期工作主要源于国外的情形不同, 中国学者对声超材料概念的最初提出及该领域的发展做出了重要贡献, 完成了一系列原创性工作. 在2000 年前后, 香港科技大学沈平和武汉大学刘正猷等首先开展了声学超材料的研究 [1], 这一当时称为 "局域共振声学材料" 的人工结构, 利用局域共振机制, 实现了比布拉格散射机制频率低两个量级的声学带隙. 对应于这一带隙, 材料的有效质量密度变为负数, 首次开启了声超材料研究的大门.

2009 年南京大学程建春和梁彬等首次提出并验证了声二极管原理, 成功设计制备了第一个声二极管原型器件 [9,10], 打破了传统意义上声波仅能对称传输的局限, 使声单向操控成为一个备受关注的研究领域. 2013 年他们又将超表面概念引入声学体系, 考虑到声学体系缺乏直接类比表面等离激元的物理机制, 利用声学特有的 "空间卷曲" 机制实现了等效折射率的提升和调制 [2,3,72], 利用声超表面器件具有厚度薄、尺寸小、效率高等重要优势极大地丰富了低频声波的操控方式, 引发了人们对该方向研究的兴趣. 2015 年南京大学刘晓峻和程营在国际上首次提出人工声学 Mie 共振超构介质体系 [5], 他们提出用人工结构激发 Mie 共振的新思想及其调控声波的新方法, 基于硬质高对称性折叠空间的低有效声速效应构建等效软质流体单元, 并利用产生的单负有效声学参数构建了一种超稀疏超表面, 为低频声波屏蔽提供了有效途径. 他们进一步设计了低频 "声彩虹"、可调声特异传输、声学布尔运算、拓扑界面模式等多种新原理声学功能器件 [73-78]. 该理论突破了传统声学惯性共振原理局限, 为复杂声场调控提供了全新的超构介质体系. 这些成果得到了国际同行的广泛关注, 国内外许多课题组也在跟踪该方向研究, 同时, 丰田汽车北美研究院等机构还依据该理论研制了一系列声学器件, 例如超稀疏可通风吸收体设计、指向性声信号传感、定向声能辐射、深度亚波长声学天线、微型超强低音扬声器等 [79-83,83].

　　另外, 迄今为止, 国内学者在基于声学超材料的类量子效应及拓扑声学相关的研究已经取得阶段性进展. 令人兴奋的是, 相比较于其他经典波的拓扑物态研究, 如光学体系、力学体系, 国内学者在拓扑声学的研究进展中起到了关键性作用, 做出了一系列原创性工作. 例如, 通过构建多极子声赝自旋等方法, 实现二维量子自旋霍尔效应类比 [27,28,84]; 发现声谷态具有涡旋手征性, 构建声学谷霍尔拓扑绝缘体, 观察到声谷态的抗反射传播 [34,38,39,41,43,85]; 理论提出 [25] 和实验实现 [86] 打破了时间反演对称性的声学 Chern 拓扑绝缘体, 观察到声波的非对称传输. 以上研究主要集中在二维声拓扑绝缘体体系. 最近又把研究推向更高维度, 主要成绩体现在: 首次观察到声学外尔半金属中的开放费米弧表面态, 发现声表面波的拓扑负折射等新奇效应 [87-89], 实现高阶声拓扑绝缘体 [33,90,91] 等. 如上所述, 虽然当前拓扑声学方面的基础研究尚处于起步阶段, 国内学者已经做出了十分出色的研究工作, 在二维声拓扑绝缘体、三维声拓扑半金属、高阶声拓扑绝缘体等众多方向的研究中起着极其重要的引领、推动作用; 据不完全统计, 近三年在国际顶级期刊发表的研究论文超过 25 篇. 若能获得各个层面基金项目的大力支持, 可以乐观地预期, 就基础研究而言, 这一领先地位将会持续下去.

　　因此, 我国在声超构材料研究领域具备较高的理论水平及研究能力, 与国际先进水平之间不存在明显差距, 尤其是在基于声超材料的低频声场调控、声单向操控等方向上具有显著优势, 具有成为 "领跑者" 的潜力.

　　然而, 同样要重视我们在声场人工调控研究方面的薄弱环节. 对一个国家而言, 科技创新的深度和广度受制于基础研究能力, 这也是造成目前我国面临的某些方面 "卡脖子" 问题的根源所在. 尽管我国科技工作者在声学基础理论水平、对复杂结构与声波相互作用机制的研究能力上不存在短板, 但声场人工调控的整体发展水平仍受制于工业制造等薄弱环节. 考虑到声人工材料的几何构型通常比较复杂且常需要个性化定制, 这对于我国的精密加工能力及 3D 打印等增材制造技术提出了很大的挑战. 另外, 从软件层面而言, 极端复杂的声人工结构的声学响应及设计优化基本无法进行解析求解, 通常需要依赖有限元或边界元等数值方法; 但我国在核心工业软件领域的原创能力仍然较差, 缺乏自主知识产权的相关数值方法, 很大程度上制约了声场人工调控研究开展的效率. 此外, 声学学科的典型特点的应用性和外延性, 声场人工调控研究的终极目的应是为国家重大需求服务,产生实际的社会经济效益, 这由目前该领域的发展趋势亦可见一斑. 然而, 现行的科技成果的转化机制不利于科研人员将科技创新成果高效转化为实际产品, 因此有必要从国家高度进行顶层设计, 有效突破声场人工调控研究中的这一重要薄弱环节, 更好地将 "纸" 变为 "钱", 从而实现各种新概念人工器件基础研究向应用的转化, 最终造福国家和人民. 这里以拓扑声学方向为例, 目前该方向的研究几乎都集中于基础研究, 如何将在这些研究过程中所获得的全新的声学性质、声学知识加以运用, 使之服务于国家的战略应用需求, 是我辈同行们亟待努力的方向. 为使声拓扑材料更加有利于实际应用, 应着力克服以下不足: ①现有声拓扑材料普遍受复杂结构影响, 难以大规模制备, 主要停留在实验室阶段; ②研究对象基本上都局限于线性、厄米体系; ③偏重静态声拓扑材料研究, 鲜有研究涉及动态可调、智能化.

2. 应用研究的优势方向和薄弱之处

在声人工结构应用于航空航天领域的探索方面, 中国科学院声学研究所、南京大学、同济大学、哈尔滨工程大学、复旦大学、武汉大学、西北工业大学及香港理工大学、香港科技大学等单位相关课题组都各自提出了相应的轻薄吸声结构, 无论在吸声机理还是在相关器件设计上, 我国的相关研究已经处于世界先进水平. 特别地, 得益于我国在航空航天领域的重要部署, 近年来国家大力发展风洞建设及大飞机建设, 这也给声人工结构的降噪研究提供了绝佳的契机. 采用声人工结构来实现大型装备上的降噪设计, 不仅在科学上对探索极端环境下的吸声降噪机制有着重要物理意义, 更有望设计新型降噪结构, 在大幅节约空间的前下提升低频、宽频降噪性能, 提升我国在航天航空领域的国际竞争力. 如同济大学声学研究所参与了国家大型风洞的降噪设计研发, 针对风洞对极端环境下 (高低温变化、高速气流、高声强、空间狭小等) 噪声控制的迫切需求, 在吸声棉、穿孔板等常规降噪结构无法适用的情况下, 提出了新型弱共振耦合吸声物理机制, 实现了可耐高低温热冲击、高速气流冲击、高声强、低频、宽频噪声源等极端环境下的轻薄吸声结构.

在声人工结构应用于水声领域的探索方面, 中国科学院声学研究所、哈尔滨工程大学、西北工业大学、东南大学、中国船舶重工集团第七一五研究所等单位相继在传感器阵列、定位通信算法以及抗多途干扰等方面做了大量研究, 基本上与国外保持同步. 但在水声信号拾取设备研制上与国外还有较大的差距, 需要大力加强. 欧美国家对新型水声信号拾取设备的研制十分重视, 一些新原理、新技术的声呐纷纷涌现, 其目标都是提高声呐的灵敏度和监听范围. 但是受限于国外对元器件的禁运, 我国在灵敏度、稳定性、信噪比等方面仍然大大落后于欧美等发达国家.

四、基础领域今后 5~10 年重点研究方向

(1) 低频声场精准操控. 低频宽带薄层超表面的设计原理、基于非厄米体系构建的声学超材料、微纳单元构筑超薄层超表面的物理机制及设计制备方法等.

(2) 声单向传播. 具有高效率、大带宽及自由工作条件的声单向操控原理, 基于非对称声传播体系的非常规声操控等.

(3) 低频或低频宽带吸声. 目前吸声和声聚焦方面的工作主要集中在中高频甚至超声频率范围, 针对低频尤其是低频宽带的研究较少, 特别是针对 1kHz 以下低频宽带声波调控的研究更少.

(4) 斜入射声波吸收和聚焦. 目前吸声和聚焦研究主要针对法向垂直入射声波, 实际中入射声波可存在于不同方向, 需开发具有全向声波调控能力的声学超材料.

(5) 高维以及高阶的声拓扑态. 总体而言, 当前声拓扑态相关的研究主要停留在低维、低阶拓扑体系. 当体系往高维、高阶推广时, 所蕴含的物理及性质会更加丰富, 有必要进行深入系统的研究.

(6) 弹性波体系中的拓扑态研究. 现有研究主要集中于标量声学, 相对而言, 对弹性体系鲜有研究. 然而, 不管从物理的丰富性还是面向应用的广泛性而言, 都有必要加强对弹性波拓扑体系的研究.

(7) 将研究推广到非线性、非厄米体系. 当前研究基本上都是针对线性介质且忽略体系的非厄米性. 非线性和非厄米性的引入可以拓宽拓扑物理的研究内涵, 也带来前所未有的应用可能, 例如单向声通信、拓扑激声等.

(8) 添加主动控制等新元素. 例如, 现有的声拓扑材料通常由无源单元结构制作而成, 成品一经构建, 其声学性质无法更改, 难以满足各种复杂情况下的实际需求. 因此, 有必要探索利用特定外场实时操控人工结构的方法, 发展可重构、智能化的声拓扑器件的设计理念.

(9) 大尺度样件制作与测试的研究. 受制作工艺、周期等的限制, 目前对大尺寸超材料的加工能力不足, 特别是目前水下吸声测试多为水声管中的小样测试, 其吸声性能难以反映真实环境下的吸声能力, 鲜有消声水池中大样实验研究的报道.

(10) 复合功能的声学超材料. 基于空间的限制, 往往要求一定厚度的材料能同时具备多重声功能, 如能在去耦的同时又能实现吸声及 (或) 声聚焦, 然而目前还缺乏对亚波长尺度下多功能复合声学超材料的设计开发. 为此, 需要将不同类型微结构单元按相应空间序形成功能各异的超材料子系统, 进而组合成性能强大的复合化超材料系统, 实现材料器件一体化、结构功能一体化.

(11) 新型声超构器件设计及应用. 新型能量吸收/收集超表面设计及其在隔

声抑噪等领域的应用, 水声超构器件设计及其在水声探测、通信及医学超声中的应用, 基于超表面的新型人工扩散体设计及其在建筑声学中的应用.

五、国家需求和应用领域急需解决的科学问题

1. 声学超材料在水下探测与通信领域的应用

将声人工材料技术引入水下远距离目标探测与通信中, 探索各向异性声学人工材料的声波压缩效应机制, 实现水声信号的放大. 设计具有高指向性的声人工材料, 提高水下接收信号的信噪比, 帮助克服传统声传感系统的检测极限, 提高对水下弱信号的探测能力. 利用纤细光纤传感器封装于人工材料内部, 构建基于水声人工材料的光纤激光增强型声学传感系统. 尝试将复合探测系统应用于单频水下信标搜索, 极大地扩展其搜索的距离. 研究水下目标噪声谱特性和规律, 发展具有宽带定向功能的水下人工材料, 发展宽谱探测复合传感器和基于人工材料特性的阵列技术, 增加声呐设备的探测距离, 提高我国水下舰艇反潜能力. 同时研究水下多途和环境噪声的特点, 研制宽带定向水下通信接收装置, 提高水声通信的距离, 结合水下仿生通信机制, 建立远程、稳健、高效隐蔽通信方式. 可以预见水下人工材料必然会在水声领域产生重要影响, 推动我国声呐技术、水下探测、信标搜索以及水声通信等多个领域的技术革新, 有望实现水声功能材料和水下探测与通信技术的突破.

随着潜艇制造技术和减振降噪技术的不断发展, 发达国家水下航行器辐射的声波在到达传感器端时已接近甚至低于海洋背景噪声, 采用常规测量方法已经无法探测航行器声谱, 这成为限制现代水下探测水平提升的瓶颈. 另外, 现代海战中, 水下潜-潜、潜-舰、潜-蛙间通信全依靠水声通信, 在水下航行器间建立联通、可靠、隐蔽的通信手段, 对海洋协同作战和重点海域的区域防御至关重要, 水声探测通信的核心是发展能把微弱目标从噪声中提取出来的新型高效的水下监听、通信技术. 从物理上解决小型复杂结构的声场控制, 克服现有声学技术局限性, 发展新型高灵敏度、高信噪比的小型水声信号拾取设备, 实现水声信号放大, 提高空间滤波能力和信噪比, 这对水下信标搜索、水声探测和水声通信系统的应用具有重要意义. 其中的科学问题包括:

(1) 建立水声与声学人工材料相互作用的声-固-热多物理场耦合仿真模型, 基于该模型设计和优化声学人工材料, 研究水下声场增强方法, 并克服流体中的声波转化为固体中剪切波的问题, 在复杂环境中仍然保持高度指向性、实现水声信号高信噪比接收, 解决水声探测与通信接收的基本物理问题.

(2) 研究人工材料光纤复合水听器, 从人工材料中进行筛选, 创建较为全面的水声高折射率材料数据库, 结合光纤激光器拍频传感技术, 实现微弱水声信号监听, 突破传统声学传感器灵敏度和信噪比限制.

(3) 研究光纤超材料复合传感系统在复杂海洋环境 (如潮涌、多途等) 工作中的性能劣化机制, 减少背景噪声干扰, 并研究其在单频水下信标搜索、水下弱目标探测和水声通信的具体方案, 根据光纤超材料新型器件特性, 调整信号处理和通信体制, 能够克服复杂海洋环境的影响, 研制适合水下环境的光纤超材料水下探测与通信接收装置.

目前基于声学超材料的研究大多集中在空气中, 无法直接应用于水下环境. 水中声波与人工材料相互作用的物理机制与空气环境中有很多不同之处, 其中很多科学问题和技术挑战尚不明确, 因此亟须开展相关机理、关键技术应用等方面的研究.

2. 声学超材料在航空航天领域的应用研究

随着声学超材料的发展, 对低频高效吸声物理机理和特性的探索引起了国内外研究者的广泛兴趣, 提出了不同种类的低频吸声降噪结构. 基于超表面的降噪方案由于其尺寸小、易加工、高吸声性能等优势展示了极大的潜在应用价值, 但是航空航天领域提出的降噪挑战和需求主要有以下两点:

(1) 目前超构表面吸声体的研究多适用于正入射情况, 通常在阻抗管中对其吸声性能进行测试, 然而在航空航天装备的消声段管道中, 声波的入射角度不再是垂直入射, 管道内的声波存在多种可传播模态, 模态的个数由管道几何形状、尺寸大小以及管道内的流场特性决定, 也与压缩机、发动机的各项参数 (如压缩机动静叶片数、各排叶片轴向间隙、静叶结构形式等) 有直接关联, 超构表面降噪结构在这类情况下的吸声降噪有待研究.

(2) 压缩机和发动机实际工况中存在高速气流冲击、高声强、低温、空间狭小等极端声学环境, 会带来非线性、切向流等声学效应, 超构表面吸声结构在这类极端环境下的吸声降噪性能有待深入探索.

根据国家战略发展要求, 大型风洞是我国大型飞机自主研制和创新发展的重大关键基础设施, 是我国迈向航空航天强国的标志性基础设备, 是国之重器. 由于国际上意识形态、军事竞争、技术封锁、贸易壁垒等限制, 风洞动力系统的建设必须建立在自力更生、自我创新的基础上. 压缩机运行过程中产生的气动噪声是大型风洞的主要噪声源之一. 然而, 压缩机系统通常具有运行温度范围宽、气流速度高、工况变化频繁等特点, 综合难点分析, 压缩机降噪设计主要围绕降噪结构是否能够耐高低温、能否适应高速气流的冲击、是否具有较宽的高性能吸声频带以及对低频噪声是否具有较高降噪性能等进行展开. 其中的科学问题包括:

(1) 降噪结构声阻抗模型. 风洞和航空发动机降噪设计中存在高声强、高速气流等复杂声环境, 因此建立精确的超表面声阻抗模型是重中之重, 只有在此基础上, 才能设计出满足降噪要求的声学超表面降噪模块.

(2) 管道声传播模型. 风洞和航空发动机的消声段截面尺寸较大, 其中传播的声波不再满足平面波近似, 存在多种模态分布, 包括可传播模态和截止模态. 管道声模态的传播特性是由管道具体几何形状、尺寸大小、管道内的流场特性以及压缩机的各项参数决定的. 在压缩机的降噪设计中必须针对主导的传播模态进行降噪设计, 根据声阻抗模型设计声学超表面降噪模块, 最终实现较好的降噪指标.

六、发展目标与各领域研究队伍状况

以创建世界一流学科为战略目标, 以国内声学学科现有布局的一个国家重点实验室、一个教育部重点实验室、一个工信部重点实验室及其他交叉领域相关国家和省部级科技平台为依托, 到 2035 年, 催生一批具有国际影响力的原创性科技成果, 培养一批世界一流人才, 产生一批具有国际重大影响的科学家; 在低频吸声、水声探测、超分辨成像、拓扑声学等重点研究方向上突破相关科学前沿问题, 引领国际前沿, 其他各个方向进入国际前列; 同时, 解决国家发展战略所需的若干重大工程技术问题, 促使相关装备的声学性能达到世界领先水平, 提升我国该类领域的国际竞争力.

具体包括: ①研究利用人工结构对声场实现简便、精准、复杂操控的方法, 提出原创性的学术思想, 形成新的物理概念及相关的声场调控方法, 为其在物理、信息、生命与材料等领域的交叉和应用提供物理基础; ②研究新型声场与结构、物质的相互作用, 发现一系列新现象与新效应, 产生若干原始思想, 并形成相关的高新技术; ③逐步形成具有国际影响的学派, 确保我国在该研究领域中的科学竞争力和科学地位, 为国家解决相关的重大需求、实现国民经济发展和保障国家安全等提供基础性和前瞻性的科学技术储备, 造就一支高水平的 "国家队", 产生若干具有国际重要影响的领军人物.

国内主要研究队伍包括:

(1) 南京大学声学研究所. 南京大学声学学科始建于 20 世纪 50 年代, 是我国最早从事声学研究的单位之一, 是目前国内唯一的声学本科专业和国家重点学科点, 建有近代声学教育部重点实验室, 是我国高校中主要的声学教学和科研基地, 已涵盖大部分声学基础和应用研究方向, 总体学术水平长期在国内名列前茅, 在国际上也享有较高的学术声誉. 近年来在声学超材料领域做出了卓越的贡献, 在声能单向传播、声超构表面、人工 Mie 共振超构介质等研究方向做出了多项原创性工作, 开辟了声人工结构调控声波的全新领域, 引领了国际前沿. 同样, 在推进声人工结构从基础领域到实际应用也做出了大量的贡献, 如程建春、梁彬课题组用声人工结构的理念实现了比传统设计更为轻薄的声扩散体, 刘晓峻、程营课题组将声超材料应用于上海汽车集团的汽车极低频减振降噪项目, 并已完成实车试验和企业联合专利申请. 南京大学声学研究所已形成一支以中青年教师为主体、知识结构合理、凝聚力强、富有创新和合作精神的学术梯队, 致力于开展声超材料中新现象、新机理、新器件、新应用的基础和应用研究.

(2) 中科院噪声与振动重点实验室 (声学研究所). 杨军课题组主要从事基于超材料的声传播调控、声隐身与声学传感等方面研究, 成果主要包括: 首次利用超材料结构制备出二维和三维水下声学隐身毯, 实现对水底目标的声隐匿, 并应邀在 2018 年的第 25 届国际声与振动大会上做大会特邀报告; 首次实现时间反演不变型声拓扑绝缘体, 并证实拓扑保护下声边缘态的存在, 还成功将时空对称声学引入二维空间, 通过在声学衍射栅中引入损耗, 并利用实部折射率和虚部折射率的相互作用实现了声学非对称衍射; 提出了一种基于声学超材料的单通道多声源定位与分离系统, 即通过将麦克风嵌入三维超材料结构中, 利用该结构与来波方向相关的方式修改麦克风的频率响应, 对来自三维空间中不同方向的信号进行编码, 结合发展相匹配的联合重建算法, 实现了多声源的实时定位和分离. 近年来, 课题组承担国家自然科学基金等十余项省部级以上科研项目.

(3) 同济大学声学研究所. 同济大学声学研究所始于 20 世纪 50 年代中期, 是国内最早从事声学研究的单位之一, 在几十年的科学研究过程中, 已经积累了相当成熟的实验设备, 拥有 B&K 声学阻抗管、B&K 声学信号发射与采集系统 (LAN-X 数据采集硬件和 Pulse 声信号软件)、三维步进马达、Precision 水下超声发射和采集系统、Ploytec 激光 Doppler 成像实验系统、三维 Schlieren 声场成像系统、电子声显微镜和扫描探针声显微镜系统等实验设备. 同济大学声学研究所在航空航天声学噪声控制领域也积累了相当的研究经验, 先后承接了包括风洞低温高速风扇降噪等航空航天声学方面的科研项目.

(4) 其他单位. 国内从事声超材料领域研究的课题组还广泛分布于众多院校的物理类系所中, 例如: 武汉大学刘正猷、邱春印团队, 北京理工大学胡更开、朱睿、周萧明团队, 华中科技大学祝雪丰团队, 香港科技大学沈平、马冠聪团队, 香港理工大学祝捷团队, 黑龙江大学刘盛春团队, 等等.

七、基金资助政策措施和建议

(1) 鼓励与支持开展前沿领域的探索性研究, 特别是在低频声场精准操控、声单向传播、新型声超构器件设计等优势方向上, 重点支持具有重大原创性的声场人工调控的新概念、新原理和新方法的研究.

(2) 鼓励与支持通过新型声场与人工结构的相互作用来发现新现象、新物理, 并在国家重大需求方向上催生高新技术、有望产生重大应用的研究.

(3) 鼓励与支持多学科实质性交叉合作研究, 特别需要注重理论与实验的有机结合, 重点关注声场人工调控领域的新发现在物理、信息、生命和材料领域的交叉应用.

(4) 结合国家在工业、民生及国防等重大战略领域的需求, 聚焦该类领域中的声学 "卡脖子" 问题, 发展新型声人工结构器件, 解决制约行业发展的技术瓶颈背后的核心科学问题, 促进我国相关领域达到世界一流水平.

(5) 支持基础研究, 坚持自由探索, 注重原始创新, 鼓励学科交叉, 发挥导向作用, 扶持应用转化.

八、学科的关键词

声子晶体 (sonic/phononic crystal); 声超材料 (acoustic metamaterial); 声超表面 (acoustic metasurface); 声场调控 (acoustic field manipulation); 低频吸声 (absorption of low-frequency sound); 完美吸声 (perfect sound absorption); 非对称吸声 (asymmetric sound absorption); 超构表面声衬 (acoustic metasurface liner); 风洞噪声控制 (wind tunnel noise control); 声角动量 (acoustic angular momentum); 声单向传播 (acoustic one-way transmission); 声全息 (acoustic holography); 声波定向辐射 (directional sound radiation); 声隐身 (acoustic cloaking); 声扩散体 (acoustic diffuser); 声通信 (acoustic communication); 声传感 (acoustic sensing); 超分辨率声成像 (acoustic imaging in super-resolution); 水下通信 (underwater communication); 水下探测 (underwater detection); 拓扑声学 (topological acoustics); 谷声学 (valley acoustics); 声涡旋场 (acoustic vortexfield); 声赝自旋模式 (acoustic pseudospin modes); 声拓扑边界态 (acoustic topological edge state); 声学拓扑绝缘体 (acoustic topological insulators); 拓扑声子晶体 (topological phononic crystal); 声拓扑材料 (acoustic topological material).

参考文献

[1] Liu Z, Zhang X, Mao Y, et al. Locally resonant sonic materials. Science, 2000, 289(5485): 1734-1736.

[2] Li Y, Jiang X, Li R Q, et al. Experimental realization of full control of reflected waves with subwavelength acoustic metasurfaces. Phys Rev Appl, 2014, 2: 064002.

[3] Li Y, Jiang X, Liang B, et al. Metascreen-based acoustic passive phased array. Phys Rev Appl, 2015, 4: 024003.

[4] Tang K, Qiu C, Ke M, et al. Anomalous refraction of airborne sound through ultrathin metasurfaces. Scientific Reports, 2014, 4: 6517.

[5] Cheng Y, Zhou C, Yuan B G, et al. Ultra-sparse metasurface for high reflection of low-frequency sound based on artificial mie resonances. Nature Materials, 2015, 14(10): 1013-1019.

[6] Zhu X, Li K, Zhang P, et al. Implementation of dispersion-free slow acoustic wave

propagation and phase engineering with helical-structured metamaterials. Nature Communications, 2016, 7: 11731.

[7]　Zhu Y, Hu J, Fan X, et al. Fine manipulation of sound via lossy metamaterials with independent and arbitrary reflection amplitude and phase. Nature Communications, 2018, 9: 1632.

[8]　Xie Y, Wang W, Chen H, et al. Wavefront modulation and subwavelength diffractive acoustics with an acoustic metasurface. Nature Communications, 2014, 5: 5553.

[9]　Liang B, Guo X S, Tu J, et al. An acoustic rectifier. Nature Materials, 2010, 9(12): 989-992.

[10]　Liang B, Yuan B, Cheng J C. Acoustic diode: Rectification of acoustic energy flux in one-dimensional systems. Phys Rev Lett, 2009, 103: 104301.

[11]　Li Y, Shen C, Xie Y, et al. Tunable asymmetric transmission via lossy acoustic metasurfaces. Phys Rev Lett, 2017, 119: 035501.

[12]　Fleury R, Sounas D L, Sieck C F, et al. Sound isolation and giant linear nonreciprocity in a compact acoustic circulator. Science, 2014, 343(6170): 516-519.

[13]　Boechler N, Theocharis G, Daraio C. Bifurcation-based acoustic switching and rectification. Nature Materials, 2011, 10(9): 665-668.

[14]　Bilal O R, Foehr A, Daraio C. Bistable metamaterial for switching and cascading elastic vibrations. Proc Natl Acad Sci, 2017, 114(18): 4603-4606.

[15]　Jiang X, Li Y, Liang B, et al. Convert acoustic resonances to orbital angular momentum. Phys Rev Lett, 2016, 117: 034301.

[16]　Jiang X, Zhao J, Liu S L, et al. Broadband and stable acoustic vortex emitter with multi-arm coiling slits. Appl Phys Lett, 2016, 108(20): 203501.

[17]　Jiang X, Liang B, Cheng J C, et al. Twisted acoustics: Metasurface-enabled multiplexing and demultiplexing. Advanced Materials, 2018, 30(18): 1800257.

[18]　Zhu Y, Fan X, Liang B, et al. Ultrathin acoustic metasurface-based schroeder diffuser. Phys Rev X, 2017, 7: 021034.

[19]　Li Y, Assouar B. Acoustic metasurface-based perfect absorber with deep subwavelength thickness. Appl Phys Lett, 2016, 108(6): 063502.

[20]　Tang H, Chen Z, Tang N, et al. Hollow-out patterning ultrathin acoustic metasurfaces for multifunctionalities using soft fiber/rigid bead networks. Advanced Functional Materials, 2018, 28(36): 1801127.

[21]　Zhang X. Observing zitterbewegung for photons near the dirac point of a two-dimensional photonic crystal. Phys Rev Lett, 2008, 100: 113903.

[22]　Fleury R, Sounas D L, Sieck C F, et al. Sound isolation and giant linear non-reciprocity in a compact acoustic circulator. Science, 2014, 343(6170): 516-519.

[23]　Yan G Z, Gao F, Shi X, et al. Topological acoustics. Phy Rev Lett, 2015, 114(11): 114301.

[24]　Khanikaev A B, Fleury R, Mousavi S H, et al. Topologically robust sound propagation in an angular-momentum-biased graphene-like resonator lattice. Nature Communica-

tions, 2015, 6(8260): 1-7.

[25] Ni X, He C, Sun X C, et al. Topologically protected one-way edge mode in networks of acoustic resonators with circulating air flow. New J Phys, 2015, 17(5): 053016.

[26] Chen Z G, Wu Y. Tunable topological phononic crystals. Phys Rev Appl, 2016, 5(5): 054021.

[27] He C, Ni X, Ge H, et al. Acoustic topological insulator and robust one-way sound transport. Nature Phys, 2016, 12 (12): 1124-1129.

[28] Zhang Z, Wei Q, Cheng Y, et al. Topological creation of acoustic pseudospin multipoles in a flow-free symmetry- broken metamaterial lattice. Phys Rev Lett, 2017, 118(8): 084303.

[29] Zhang Z, Long H, Liu C, et al. Deep-subwavelength holey acoustic second-order topological insulators. Advanced Materials, 2019, 31(49): 1904682.

[30] Zhang Z, Tian Y, Cheng Y, et al. Experimental verification of acoustic pseudospin multipoles in a symmetry-broken snowflakelike topological insulator. Phys Rev B (Rapid Communications), 2017, 96(24): 241306.

[31] Zhang Z, Tian Y, Cheng Y, et al. Experimental verification of acoustic pseudospin multipoles in a symmetry-broken snowflakelike topological insulator. Phys Rev B, 2017, 96(24): 241306.

[32] Zhang Z, Tian Y, Cheng Y, et al. Topological acoustic delay line. Phys Rev Appl, 2018, 9(3): 034032.

[33] Zhang Z, Rosendo L M, Cheng Y, et al. Non-Hermitian sonic second-order topological insulator. Phys Rev Lett, 2019, 122(19): 195501.

[34] Zhang Z, Tian Y, Wang Y, et al. Directional acoustic antennas based on valley-hall topological insulators. Advanced Materials, 2018, 30(36): 1803229.

[35] Mei J, Chen Z, Wu Y. Pseudo-time-reversal symmetry and topological edge states in two-dimensional acoustic crystals. Scientific Reports, 2016, 6(32752): 1-7.

[36] Deng Y, Ge H, Tian Y, et al. Observation of zone folding induced acoustic topological insulators and the role of spin-mixing defects. Phys Rev B, 2017, 96(18): 184305.

[37] Xia B Z, Liu T T, Huang G L, et al. Topological phononic insulator with robust pseudospin-dependent transport. Phys Rev B, 2017, 96(9): 094106.

[38] Lu J, Qiu C, Ke M, et al. Valley vortex states in sonic crystals. Phys Rev Lett, 2016, 116(9): 093901.

[39] Lu J, Qiu C, Ye L, et al. Observation of topological valley transport of sound in sonic crystals. Nature Phys, 2017, 13(4): 369-374.

[40] Shen Y, Qiu C, Cai X, et al. Valley-projected edge modes observed in underwater sonic crystals. Appl Phys Lett, 2019, 114(2): 023501.

[41] Lu J, Qiu C, Deng W, et al. Valley topological phases in bilayer sonic crystals. Phys Rev Lett, 2018, 120 (11): 116802.

[42] Xia B Z, Zheng S J, Liu T T, et al. Observation of valleylike edge states of sound at a momentum away from the high-symmetry points. Phys Rev B, 2018, 97(15): 155124.

[43] Wang M, Ye L, Christensen J, et al. Valley physics in non-Hermitian artificial acoustic boron nitride. Phys Rev Lett, 2018, 120(24): 246601.

[44] Ma G, Yang M, Xiao S, et al. Acoustic metasurface with hybrid resonances. Nature Materials, 2014, 13(9): 873-878.

[45] Cai X, Guo Q, Hu G, et al. Ultrathin low-frequency sound absorbing panels based on coplanar spiral tubes or coplanar Helmholtz resonators. Appl Phys Lett, 2014, 105(12): 121901.

[46] Jimene Z N, Huang W, Romerogarcia V, et al. Ultra-thin metamaterial for perfect and quasi-omnidirectional sound absorption. Appl Phys Lett, 2016, 109(12): 121902.

[47] Li J, Wang W, Xie Y, et al. A sound absorbing metasurface with coupled resonators. Appl Phys Lett, 2016, 109(9): 091908.

[48] Wu X, Fu C, Li X, et al. Low-frequency tunable acoustic absorber based on split tube resonators. Appl Phys Lett, 2016, 109(4): 043501.

[49] Long H, Gao S, Cheng Y, et al. Multiband quasi-perfect low-frequency sound absorber based on double-channel Mie resonator. Appl Phys Lett, 2018, 112(3): 033507.

[50] Auregan Y. Ultra-thin low frequency perfect sound absorber with high ratio of active area. Appl Phys Lett, 2018, 113(20): 201904.

[51] Zhang C, Hu X. Three-dimensional single-port labyrinthine acoustic meta-material: Perfect absorption with large bandwidth and tunability. Phys Rev Appl, 2016, 6(6): 064025.

[52] Long H, Cheng Y, Tao J, et al. Perfect absorption of low-frequency sound waves by critically coupled subwavelength resonant system. Appl Phys Lett, 2017, 110(2): 023502.

[53] Yang M, Chen S, Fu C, et al. Optimal sound-absorbing structures. Materials Horiz, 2017, 4(4): 673-680.

[54] Long H, Shao C, Liu C, et al. Broadband near-perfect absorption of low-frequency sound by subwavelength metasurface. Appl Phys Lett, 2019, 115(10): 103503.

[55] Fu C, Zhang X, Yang M, et al. Hybrid membrane resonators for multiple frequency asymmetric absorption and reflection in large waveguide. Appl Phys Lett, 2017, 110(2): 021901.

[56] Long H, Cheng Y, Liu X. Asymmetric absorber with multiband and broadband for low-frequency sound. Appl Phys Lett, 2017, 111(14): 143502.

[57] Jimĺęnez N, Romero-Garcĺła V, Pagneux V, et al. Rainbow-trapping absorbers: Broadband, perfect and asymmetric sound absorption by subwave-length panels for transmission problems. Scientific Reports, 2017, 7(1): 13595.

[58] Long H, Cheng Y, Liu X. Reconfigurable sound anomalous absorptions in transparent waveguide with modularized multi-order Helmholtz resonator. Scientific Reports, 2018, 8(1): 15678.

[59] Lee T, Nomura T, Dede E M, et al. Ultrasparse acoustic absorbers enabling fluid flow and visible-light controls. Phys Rev Appl, 2019, 11: 024022.

[60] Zhao H, Liu Y, Wen J, et al. Tri-component phononic crystals for underwater anechoic

coatings. Phys Lett A, 2007, 367(3): 224-232.

[61] Zhao H, Wen J, Yu D, et al. Low-frequency acoustic absorption of localized resonances: Experiment and theory. J Appl Phys, 2010, 107(2): 023519.

[62] Wen J, Zhao H, Lv L, et al. Effects of locally resonant modes on underwater sound absorption in viscoelastic materials. J Acoust Soc Am, 2011, 130(3): 1201-1208.

[63] Zhong J, Wen J H, Zhao H G, et al. Effects of core position of locally resonant scatterers on low-frequency acoustic absorption in viscoelastic panel. Chin Physics B, 2015, 24(8): 084301.

[64] Meng H, Wen J, Zhao H, et al. Optimization of locally resonant acoustic metamaterials on underwater sound absorption characteristics. J Sound and Vibration, 2012, 331(20): 4406-4416.

[65] Yang H B, Li Y, Zhao H G, et al. Acoustic anechoic layers with singly periodic array of scatterers: Computational methods, absorption mechanisms, and optimal design. Chin Physics B, 2014, 23(10): 104304.

[66] Zhang Y, Huang H, Zheng J, et al. Underwater sound scattering and absorption by a coated infinite plate with attached periodically located inhomogeneities. J Acoust Soc Am, 2015, 138(5): 2707-2721.

[67] Sharma G S, Skvortsov A, MacGillivray I, et al. Sound absorption by rubber coatings with periodic voids and hard inclusions. Appl Acoust, 2019, 143: 200-210.

[68] Jiang H, Wang Y, Zhang M, et al. Locally resonant phononic woodpile: A wide band anomalous underwater acoustic absorbing material. Appl Phys Lett, 2009, 95(10): 104101.

[69] Chen M, Meng D, Zhang H, et al. Resonance-coupling effect on broad band gap formation in locally resonant sonic metamaterials. Wave Motion, 2016, 63: 111-119.

[70] Jiang H, Wang Y. Phononic glass: A robust acoustic-absorption material. J Acoust Soc Am, 2012, 132(2): 694-699.

[71] Shi K, Jin G, Liu R, et al. Underwater sound absorption performance of acoustic metamaterials with multilayered locally resonant scatterers. Results in Physics, 2019, 12: 132-142.

[72] Li Y, Liang B, Gu Z M, et al. Reflected wavefront manipulation based on ultrathin planar acoustic metasurfaces. Scientific Reports, 2013, 3: 2546.

[73] Long H, Gao S, Cheng Y, et al. Multiband quasi-perfect low-frequency sound absorber based on double-channel mie resonator. Appl Phys Lett, 2018, 112(3): 033507.

[74] Wan Q, Shao C, Cheng Y. A hybrid phononic crystal for roof application. J Acoust Soc Am, 2017, 142(5): 2988-2995.

[75] Zhang J, Cheng Y, Liu X. Extraordinary acoustic transmission at low frequency by a tunable acoustic impedance metasurface based on coupled mie resonators. Appl Phys Lett, 2017, 110(23): 233502.

[76] Zhang J, Cheng Y, Liu X. Tunable directional subwavelength acoustic antenna based on mie resonance. Scientific Reports, 2018, 8: 10049.

[77] Zhang T, Cheng Y, Guo J Z, et al. Acoustic logic gates and boolean operation based on self-collimating acoustic beams. Appl Phys Lett, 2015, 106(11): 113503.

[78] Zhang Z, Cheng Y, Liu X, et al. Subwavelength multiple topological interface states in one-dimensional labyrinthine acoustic metamaterials. Phys Rev B, 2019, 99(22): 224104.

[79] Landi M, Zhao J, Prather W E, et al. Acoustic purcell effect for enhanced emission. Phys Rev Lett, 2018, 120: 114301.

[80] Krushynska A O, Bosia F, Miniaci M, et al. Spider web-structured labyrinthine acoustic metamaterials for low-frequency sound control. New J Phys, 2017, 19(10): 105001.

[81] Lee T, Nomura T, Dede E M, et al. Ultrasparse acoustic absorbers enabling fluid flow and visible-light controls. Phys Rev Appl, 2019, 11: 024022.

[82] Zhu X, Liang B, Kan W, et al. Deep-subwavelength-scale directional sensing based on highly localized dipolar mie resonances. Phys Rev Appl, 2016, 5: 054015.

[83] Lu G, Ding E, Wang Y, et al. Realization of acoustic wave directivity at low frequencies with a subwavelength mie resonant structure. Appl Phys Lett, 2017, 110(12): 123507.

[84] Peng Y G, Qin C Z, Zhao D G, et al. Experimental demonstration of anomalous floquet topological insulator for sound. Nature Communications, 2016, 7(13368): 1-8.

[85] Yan M, Lu J, Li F, et al. On-chip valley topological materials for elastic wave manipulation. Nature Materials, 2018, 17(11): 993.

[86] Ding Y, Peng Y, Zhu Y, et al. Experimental demonstration of acoustic chern insulators. Phys Rev Lett, 2019, 122: 014302.

[87] Li F, Huang X, Lu J, et al. Weyl points and fermi arcs in a chiral phononic crystal. Nature Phys, 2018, 14 (1): 30.

[88] He H, Qiu C, Ye L, et al. Topological negative refraction of surface acoustic waves in a Weyl phononic crystal. Nature, 2018, 560(7716): 61.

[89] Xie B, Liu H, Cheng H, et al. Experimental realization of type-ii Weyl points and fermi arcs in phononic crystal. Phys Rev Lett, 2019, 122: 104302.

[90] Zhang X, Wang H X, Lin Z K, et al. Second-order topology and multi-dimensional topological transitions in sonic crystals. Nature Phys, 2019, 15(6): 582-588.

[91] Fan H, Xia B, Tong L, et al. Elastic higher-order topological insulator with topologically protected corner states. Phys Rev Lett, 2019, 122(20): 204301.

第 4 章　水声学和海洋声学

水声学和海洋声学研究现状以及未来发展趋势

李整林 [1], 杨益新 [2], 李风华 [1]

[1] 中国科学院声学研究所, 北京 100190

[2] 西北工业大学航海学院, 西安 710072

一、学科内涵、学科特点和研究范畴

水声学和海洋声学是声学的一个重要分支, 主要研究声波在水下的辐射、传播、接收及信息处理, 用以解决与水下环境测量、目标探测和信息传输等应用有关的各种声学问题. 水声学是一门交叉学科, 涉及海洋学、物理学、地球科学、计算机、电子技术、信号处理、人工智能、材料科学、机械制造等多学科. 水声学更是一门实验科学, 一些重要声学现象、规律、探测原理、方法和技术都需要通过海上实验, 进行充分的验证和不断改进与完善, 才能最终得以应用. 这种学科特点导致水声学研究需要的花费巨大, 对海上实验装备的可靠性要求较高, 涉海相关的设备批量较少, 研制费用较大, 此外对人才的培养周期较长.

声波是目前所知唯一能够在海洋中远距离传播的波动形式, 是探测海洋资源和环境、实现水下信息传输的重要信息载体. 所以, 水声学是围绕水声物理、水声技术和水声工程的基本需求来开展科学研究的, 其中: 水声物理主要研究海洋环境声学特性、海洋中声波传播规律与起伏特性、混响与散射特性、环境噪声及其统计特性; 水声技术主要利用声波作为信息载体来实现水下探测、定位、导航和通信的原理与方法; 水声工程是水声技术的工程目标实现. 水声技术是实施海洋资源调查、海洋环境监测, 保障海洋安全的重要手段, 被广泛应用于海洋石油勘探、海洋生物资源调查、海流遥测、全球大洋测温、海底地貌与地质探测等领域.

二、学科国外、国内发展现状

水声学是声学与海洋科学的交叉学科, 是现代海洋技术的重要基础. 海洋占地球总面积的 71%, 平均海深 3795 m. 南海、西太平洋和印度洋海域是我国走出浅海和走向深海的重要战略空间, 不仅有相对平坦的深海平原, 也存在由浅变深的过渡海域, 更有深海海沟、海底山、深海盆地等复杂地形. 受不同季节大洋环流影响, 还有内波、中尺度涡旋、锋面和黑潮等动力学现象广泛存在.

从水声物理基础研究角度, 深海海沟、海底山、深海盆地等复杂的海洋环境必然导致水下声场的复杂性, 此外, 海洋内波、中尺度涡旋和锋面等海洋动力学现象, 使得声波与海底及水体作用后呈现出随时空起伏变化的四维 (时间和三维空间) 声传播效应. 当人们在海洋中利用声波探测目标或环境信息以及传输信息时, 就必须对复杂海洋环境下的声场进行系统研究, 掌握其声场特征规律, 才有可能在军事安全、海洋资源勘察和海洋灾害预警等声呐装备中加以应用, 这是近年来国际水声领域的一个研究热点. 在大陆架浅海区, 重点关注海底底质、地形和海洋孤立子内波引起的声场三维水平折射效应和不确定性及对声呐探测性能的影响. 在大洋海深声学实验中, 重点开展超远程水声信息传输技术、海底山和中尺度涡旋对声散射的影响, 改善海盆尺度内声场预测性能及声学遥感能力等研究. 在北冰洋、印度洋和太平洋等关键航道上, 布设海洋声学长期监测站, 开展高纬度海洋环境下的冰下噪声及大洋海盆中生物噪声、舰船噪声及海面风生噪声的统计特性研究.

从水声实际应用的角度, 声场时空相关特性是水声学研究的重点内容之一. 在声呐信号处理中, 一般通过增加积分时间或增加声呐阵元数来获得足够高的时间或空间处理增益. 但是, 声场空间相关特性在浅海与深海环境中有很大的不同. 浅海中声场空间相关长度通常能达到数十个波长, 时间相关长度与是否存在中尺度现象有关, 一般从几秒到上百秒不等. 但是, 在深海环境下声源和接收基阵通常位于几百米以内的较浅深度, 此时的声场在空间上可以划分为直达声区、声影区和会聚区. 会聚区是由声波折射、声能汇聚的声能聚集增益, 是实现深海远程声探测的有利因素. 而在声影区内, 声传播能量相比于会聚区来说通常要低 10~20 dB, 从而形成水下弱目标探测的弱视区或盲区, 通常在第一次海底反射区位置声场易受海底地形影响, 进而影响声呐探测性能, 此外, 声影区内的声场相关性也受海底反射声影响, 比会聚区内相关长度短. 在通信声呐应用中, 水声通信的传输速率和误码率等会受到海洋声传播的多途影响. 所以, 一些在浅海中应用良好的水声探测与通信技术, 在深海环境中, 会由于声场特征差异而需要进行相应的改进, 比如, 被动声呐在深海中应用时多途引起的被动测向方位分裂、声影区内低信噪比目标定位、主动声呐在深海环境下的混响非平稳性等. 当然深海环境下也有其特殊的水声传播信道, 可以用来探测和信息传输.

1. 国外研究现状分析

浅海中, 孤立子内波等中尺度海洋现象对水下声传播具有显著影响. 1991 年, 周纪浔在黄海实验中发现两个不同传播路径上的声场能量衰减相差较大, 指出孤立子内波对声波的共振散射作用会导致声衰减增加 20 dB 以上 [1]. 从此引起了人们对孤立子内波与声波作用的关注. 美国为了进一步掌握海洋环境对声呐探测性能的影响, 提高现役声呐系统的探测性能, 部署一系列声学实验获取声信号在大陆架海区的传播规律. 在美国海军研究局 (ONR) 支持下, 伍兹霍尔海洋研究所 (WHOI)、应用物理实验室 (APL) 和海洋研究实验室 (NRL) 等多家海洋与声学单位开展了一系列著名的浅海声学实验. 1995 年, 美国在新泽西大陆架海域进行浅海随机介质中的声传播实验 (SWARM95), 通过定点声学发射与接收观察到声传播能量起伏及孤立子内波引起的声传播规律, 首次观察到了孤立子内波引起声场水平折射导致 1~7 dB 声传播能量起伏, 证实了孤立子内波的三维声学效应, 并从绝热及耦合等角度解释这些现象的发生机理, 认为声波穿过内波活动区引起的不同号简正波的能量耦合或共振散射等使得声波能量衰减增大或减小. 1996 年和 1997 年的 PRIMER 实验分冬季和夏季重点关注陆架区声散射问题, 实验观测到了大幅度孤立子内波, 并用于研究对低频声传播到达时间和幅度的影响. 2001 年美国在南海东沙附近海域开展了存在内波条件下的低频脉冲声传播到达时间、幅度及时间相关等起伏特性研究. 随着对孤立子内波与声场相互作用机理认识的深入, 人们的研究兴趣从二维转到三维问题, 开始重视孤立子内波的三维效应研究. 2006 年美国在新泽西大陆架海域开展了浅海声学实验 (SW06), 主要目标是获取声信号在大陆架复杂环境下的声传播规律, 认识声波在时变三维空间中弯曲传播的孤立子内波中, 声反射、折射和散射等引起的能量汇聚和反汇聚机理. SW06 实验中一个传播路径与内波波阵面呈 5° 左右的夹角, 并在声接收信号中观察到了孤立子内波水平折射引起的声场能量汇聚和反汇聚现象. Badiey 等 [2] 观察到了 SW06 实验中孤立子内波接近声传播路径的过程中 3 号和 4 号简正波沿不同水平路径到达的水平折射现象, 并利用射线理论和 3D-PE 模型进行了解释, 该实验结果很好地证实了孤立子内波引起的三维声场效应, 还对不同的内波与声波传播方向夹角条件下相互作用机理进行了总结. 伍兹霍尔海洋研究所的 Lynch 等 [3] 利用 SW06 实验水文环境研究了声波在孤立子波阵面弯曲通道中发生水平折射的现象. 三维空间中弯曲传播的孤立子内波, 使声场发生反射、折射和散射, 导致声能量在孤立子内波形成的管道中汇聚传播, 并对声场的时空特性造成影响. 2013 年, Lin 等 [4] 在 Lynch 等工作基础上, 进一步分析了声波在弯曲的两个孤立子内波串中的传播特性, 指出处于不同位置的声源可激发两种水平全反射模式和回声壁模式.

　　进一步加深理解海洋环境不确定性对声呐探测性能的影响, 美国国防研究机构 DARPA 为了掌握复杂水声环境条件下自适应匹配场处理性能限制与改进方法, 于 1998 年组织了 SBCX 实验, 要使声呐系统的探测增益改进 10 dB 以上. 2008 年至 2009 年期间, 美国在 "不确定性的量化、预测与利用"(QPE) 项目支持下, 在某些海域连续开展声传播、海洋环境噪声及其同步物理海洋观测. 实验中使用大规模测量声速剖面的漂流浮标、温度链潜标和拖曳式 CTD 等设备测量水文的时空变化. 同时, 采用多个潜标垂直阵和水平阵接收声信号与海洋环境噪声, 观测声传播三维各向异性与起伏特性, 用于分析海洋环境对声呐探测性能的影响, 并分析评估海洋模式在声传播损失和海洋环境噪声预报等应用中的不确定性. 近年来, 美国开始关注浅海软泥地对声传播的影响, 2017 年专门组织了一次针对海底反演的海上实验 SBCEX2017, 通过直接测量和声学反演等多种手段获取软泥地声学参数, 认为软泥地声速与海水声速比为 0.97~0.99, 为高频探雷及探测声呐在极端环境下性能评估奠定基础.

　　国外军事强国一直非常重视深海环境下声传播规律、水声探测性能和水声通信性能的影响研究. 冷战时期为了对付苏联的潜艇威胁, 由圣地亚哥空军和海军作战系统中心发起, 美国投资 160 亿美元部署了庞大的 SOSUS 水下监视系统 [5]. 该系统由安置在大西洋和太平洋中的大量水听器组成, 在西太平洋海域, 形成了一条上万千米的监听线. 除了直接用于反潜外, 国际上还将深海远程及超远程声传播应用于水下信息传输及海洋监测方面. 低频声波远程传播特性可以用来监测由于温室效应引起的海洋变暖趋势, 通过测量声波在深海声道中远距离传播时的时间变化, 反推声道轴上的温度变化, 进而推算出整个地球温度的变化. 美国从 20 世纪 90 年代开始实施大洋测温计划 (ATOC)[6], 1991 的赫德岛实验 (FIFT) 证明了低频声波在大洋中可传播上万千米, 并在 5000km 距离上成功地进行了声信号解码, 该技术可应用于远程水声通信, 实现对水下平台的远程指挥控制. 2007 年至 2011 年期间, Scripps 海洋研究所在加利福尼亚南部及日本西部深海海域实验中实现了 600km 至 3250km 范围内的远程水声通信实验.

　　随着深海水下目标探测及远程脉冲声传播在水声通信、大洋测温中的应用, 对深海声传播的研究在国际上受到高度重视. 冷战后 SOSUS 开始用于民用, 其中的很多水下声系统还一直用于采集深海声传播信号, 供深海声学研究使用. 除此之外, 为了弄清复杂深海环境下的声学机理及其对声呐的影响, 美国 NPAL(North Pacific Acoustic Laboratory) 实验室还对大西洋和太平洋开展了长期的水声实验 [7], 典型的有 SLICE89、NPAL98、ATOC、LOAPEX04 等, 传播距离从数十千米至上万千米. 这些实验收集了大量深海声学数据, 主要用于研究复杂深海环境下 (如海底山、大陆斜坡、海洋水文等) 的低频声场时空相干性、声场结构统计特性、深水影区物理机理和环境噪声场特性等科学问题. 2009 年至 2012 年间, 在巴士海峡外的菲律宾海实验 (PhilSea09 和 PhilSea10) 中通过声学测量、卫星遥感、水下声学滑翔机及其他手段获取观测数据, 以实现海洋模式及同化方法的应用, 改善海盆尺度内海水声速场预测性能及声场预测能力.

　　关于深海远程声传播研究, Spiesberger[8] 分析了 LOAPEX 实验中在声道轴接收的传播距离为 3115km 处声波的特征, 发现当接收器位于声道轴时, 随着声源远离声道轴深度, 传播损失在迅速增大. 随着深海声学理论的发展及人们认识的加深, 国外学者开始探究深海斜坡、海底山、涡旋和内波等复杂海洋环境下的声传播. Chapman 等 [9] 分析了不同深度的爆炸声源围绕 Dickins 山的声传播现象, 研究了声波的到达路径及海底山的反射机制, 发现最先到达接收器的和能量最强的脉冲是由粗糙界面的前向散射波和频率高于 50Hz 的衍射波组成. 由于海底山斜坡面的反射遮挡效应, 经过海山时的传播损失比平坦海底环境下增大了 20~30dB. McDonald 等 [10] 利用简正波理论分析了 Heard 岛声传播实验中声线的传播路径和到达结构. Colosi 等 [11] 分析了 AET 实验中在内波条件下接收距离 3252km 处脉冲声的时间到达结构, 研究发现脉冲的强度起伏略微大于使用弱起伏理论的仿真结果. Xu[12] 综合分析了北太平洋内波环境下, 远程低频脉冲声的时间到达结构, 并将实验结果与 Rytov 的弱起伏理论与抛物近似结果比较, 表明本地声场和内波场之间存在谐振条件, 当内波的波峰线平行于本地声线的传播轨迹时, 有助于声散射. Van Uffelen 等 [13] 对北太平洋 500km 和 1000km 接收的线性调频信号进行分析, 发现脉冲声的到达结构在深度上会发生扩展, 进入几何影区, 垂直深度达 500~800m, 内波引起的散射可以很好地解释这种现象, 同时研究了温跃层中声速的变化对脉冲声垂直扩展的影响. 近年来, 人们将海洋模型特征参数与声场特性参数关联起来, 建立海洋中尺度现象、水声环境参数模型与声场预报一体化系统, 成为当前国际研究发展新主流.

深海中的地形水平变化与深海声道影响结合, 会出现一些特殊的声传播现象. Dosso 和 Chapman[14] 最早在加拿大西海岸的大陆坡海域对斜坡增强效应进行了进一步实验验证, 观测到声源位于斜坡上方时, 测量得到的下坡传播损失比平坦海底最大可减少 15dB, 用射线声学对斜坡增强效应进行了机理解释, 可以看到声波在下坡传播过程中, 与大陆坡多次反射后声线掠射角逐渐减小, 从而能够在深海声道轴深度附近进行远距离传播. Tappert 等 [15] 对夏威夷 Kaneohe 湾的 Oahu 岛附近海域的声传播进行了研究, 发现当声源固定在大陆架浅海海底, 声波可沿着斜坡多次反射下传至深海声道轴深度后脱离斜坡, 继续在深海声道轴附近进行远距离传播, 最远可传播到 4000km 以上, 并用 "泥流效应" 解释了现象形成机理和稳健性, 实验结果表明这种效应对远距离接收信号的多途效应时间展宽很小. 声波在斜坡、海沟和海底山等复杂海底环境下传播时会与海底发生频繁碰撞, 受地形变化影响会偏离原来的传播平面, 产生三维水平折射效应, 便有许多学者开始关注水平折射现象背后的物理机制. Heaney 等 [16] 在佛罗里达东海岸进行水下声学实验, 清楚观测到海深变化引起的方位偏移和声线水平折射导致的水平多途三维声传播现象.

声场的相关性也是深海声场的基本特征之一. Urick 等 [17] 利用爆炸声信号对深海声场的垂直相关性进行了研究, 指出深海影区声场的垂直相关性小于会聚区声场的垂直相关性, 并从射线声学的角度进行了理论解释. William[18] 比较了深海与浅海声场的横向相关半径. 结果显示, 海底和复杂水体的作用使得浅海声场的相关性较差, 浅海中平横向相关半径还不到深海时的三分之一. John 等 [19] 根据菲律宾深海实验环境参数, 利用耦合模式传输理论和绝热模式近似系统分析了深海环境下的声场空间相关随距离和频率的经验关系.

目标被动测距一直以来都是水声探测最重要又最具挑战性的研究方向之一, 在深海中更是如此. 目前常用的被动测距方法主要有三元子阵被动测距方法、聚焦波束形成方法、基于波导不变量的定位方法、目标运动分析 (TMA) 方法和匹配场定位 (MFP) 方法. 三元子阵被动测距方法通过测量各阵元的相对时延来估计目标的距离和方位. 该方法实现简单, 对于近距离的声源能够达到较高的定位精度, 在深海远距离定位中很难应用. Kuperman 等 [20] 利用在浅海波导不变量特性估计目标与观测站之间的距离, 然而在深海波导中声场频散特性弱, 相应的被动定位方法在深海环境下不适用. TMA 方法仅利用方位信息估计目标运动参数, 要求观测平台机动 [21], 目标方位的测量要求比较高, 在深海环境下, 由于垂直面内的空间到达角度使得海底反射声区的目标方位估计通常会有一定的偏差或出现方位分裂, 传统的 TMA 方法在深海中应用需要注意. Westwood[22] 针对墨西哥湾 4500m 深海中垂直阵获取的声信号, 利用匹配场处理方法实现了远至 43km 处声源的被动定位. Hodgkiss 和 Tran[23] 在东北太平洋 5000m 的深海中进行了 165km 距离上的匹配场定位实验, 并指出了会聚区模糊问题. Baggeroer 等 [24] 利用菲律宾海实验中拖线阵接收数据分析了深海会聚区的双环结构. 研究指出, 拖线阵进入和离开会聚区时声场存在陡峭的过渡结构, 可用于对会聚区内的声源进行判别. 实验还利用拖线阵研究了恒定距离处会聚区声场的相关性, 指出当声源处于恒定会聚区距离时, 宽带信号具有很强的时间相干性, 该特征可用于会聚区合成孔径探测与定位.

进入 21 世纪以来, 美国在北冰洋布设多个海洋声学长期监测站, 开展海洋环境噪声长期监测, 进行高纬度海洋环境下的冰下噪声、生物噪声、舰船噪声及海面风生噪声规律的统计研究. 2016 年和 2017 年美国在北极开展了为期一年的大型极地声学实验 CANAPE, 主要从年尺度范围内研究不同冰层覆盖范围下北极声传播、冰下噪声统计特性及北极环流对水文和声场的影响.

在深海声学和海洋观测技术研究方面, 研发和采用先进的实验技术设备是保证深海实验的关键. 海洋环境要素多站/同时基立体观测、卫星遥感已成为海洋环境观测的常规技术手段, 结合海洋动力学模型及数据同化技术, 可对水下三维温、盐、声速场结构/黑潮/锋面/涡旋/内波等中尺度现象进行建模与预测; 深海声学数据获取需要采用大深度发射声源和垂直/水平接收声基阵, 一般包括船载、浮标和潜标布放方式. 从最近美国在菲律宾海的实验来看, 除了上述常规的海洋观测技术外, 还采用可同步、分布式声接收垂直线阵 (DVLA) 来实现 6000m 全海水深度上的声学与环境同步采集[25]. DVLA 由 Scripps 海洋研究所研制, 由自容式水听器模块和 1 个 D-STAR 控制器组成, D-STAR 控制器时钟可进行声学同步, 为自容式水听器模块提供时序和时间基准; 自容式水听器模块具备上十亿比特级的数据闪存, 并能够测量所在深度和海水温度; D-STAR 控制器内置的感应 MODEM 可通过很低带宽的通信, 对标准锚用铠装海缆上的水听器模块进行指控和同时基校准. 另外, 菲律宾海实验中还使用水下声学滑翔机水文设备进行同步自主观测. 所以, 随着无人平台技术的成熟, 美国开始越来越多地在声学实验中特别加强了水下机器人和水下滑翔机等技术手段执行声学观测, 并开始发展基于自主式水下无人航行器 (AUV) 和滑翔机的水声探测技术, 最终为实现无人平台的前线存在奠定技术基础.

2. 国内研究现状分析

我国海洋声学研究历经新中国成立后 70 年的发展, 实现了从无到有、从弱到强, 已形成了海洋声学基础理论、水声信号处理、声学实验设备、声呐装备等全链条的研究技术体系和研究队伍, 保障了我国水声装备技术的发展和应用.

我国的海洋声学研究最早始于 1958 年, 汪德昭先生带领一批北京大学的学生 (史称 "拔青苗") 开始在三亚的南海研究站与苏联水声学家共同开展合作研究. 中苏关系破裂后, 受综合国力和实验条件限制, 我国海洋声学研究重点在大陆架浅海区, 并取得了举世瞩目的成果. 1996 年中美两国在远黄海开展了第一次国际合作实验, 1997 年在北京举办的第一届国际浅海声学会议 (SWAC97), 关定华综述了我国从 1958 年到 1996 年近 38 年的水声学研究进展[26]. 主要进展包括广义相积分 (WKBZ) 简正波理论、浅海平滑平均场理论、浅海温跃层脉冲声传播理论、孤立子内波引起的异常声衰减现象、浅海海底参数反演理论、浅海射线简正波混响理论、浅海声场空间相关及匹配场处理技术等.

在 2012 年第三届国际海洋声学会议上, 张仁和院士综述了从 1997 年至 2012 年 15 年的浅海声学进展[27], 主要的亮点成果如下:

(1) 基于 WKBZ 理论, 发展了适合水平不变及平变化浅海的波束位移射线简正波理论 (BDRM)、耦合简正波抛物方程计算模型 (CMPE3D)、基于全局矩阵的耦合简正波声场模型 (DGMCM3D);

(2) 发展了多物理量联合海底参数反演方法, 解决了参数间的耦合性和多值性问题, 给出了不同底质类型对应的海底声学参数;

(3) 提出了相干混响模型, 解释了温跃层中的混响衰减随时间震荡现象;

(4) 分析总结了南海和黄海存在海洋内波时引起的声场起伏特性;

(5) 提出了基于水平阵的浅海声学被动层析方法和声源定位方法, 可应用于水下目标警戒探测及海洋水文环境自主保障.

在此次会议上, 李启虎院士总结了中国水声信号处理 30 年进展, 莫喜平总结了我国水声发射换能器研究的 30 年.

与浅海声学研究突出进展相比, 我国受大深度测量的声学实验设备等条件限制, 在深海海洋声学及水下探测等方面的研究开始得相对较晚. 早期的实验研究包括 1990 年、1992 年和 1995 年与俄罗斯科学家合作在西太平洋进行的 3 次水声考察, 1994 年南海水声考察实验等. 张仁和等老一辈科学家建立了深海声场模型, 使用 WKBZ 简正波方法精确预报了深海会聚区的形状和位置, 研究了南海深海声道中反转点会聚区特性, 以及信道时空相关性变化规律和深海声场垂直相关与水平相关特性.

2011 年至 2019 年间, 在国家 "全球变化与海气相互作用" 专项支持下, 国内在深海声学设备研制、深海声学实验、深海声场空间相关特性及深海声学定位方法等方面研究均取得了一些重要进展. 突破可工作于水下 10000m 深度的水听器制作关键技术, 打破国外对我国大深度水听器的技术封锁, 使我国具备大深度跨度和长时间水声信号采集能力 [28], 并在马里亚纳海沟获得 9300m 深度上人工脉冲信号. 获得了南海和西太平洋海域深海复杂地形条件下的远程声传播信号和同步海洋水文环境数据, 在西太平洋 [29] 和南海实现 1000km 级的超远程声传播与水声通信. 实验观测到了海底山、海沟及起伏地形引起的二维声传播和三维水平折射现象 [30], 海底山可破坏原有的会聚区结构, 传播损失变化可达 −30 ∼8dB, 并将海底山顶部作为次级声源, 开始重新形成会聚区. 深海海底山三维水平折射效应可导致海底山后的影区宽度变宽, 同时传播损失增大 10dB, 并用射线理论揭示了其影响机理. 同时, 还研究了深海直达声区、影区和会聚区等不同位置处的声场空间相关变化 [31] 及其受海底地形的影响机理, 加深了我国对深海及大陆架区声场空频特性的认识. 建立了适用于深海的海洋混响本底及异地混响模型, 解释了深海海面和海底混响随时间的衰减起伏规律. 记录了包括十多次台风过程的海洋环境噪声信号 [32], 分析了南海深海环境下海洋环境噪声统计特性, 并建立了随不同风速和频率的预报模型 [33], 可根据海洋预报中心给出的风速和降雨预报结果, 对相关海域的海洋环境噪声谱级进行预报. 通过把动态海洋与二维声场模型结合, 进行系统的理论分析, 揭示了中尺度涡旋、内波和海面波浪起伏等动态海洋环境变化引起的声场起伏统计特性及其影响机理. 此外, 还获得了深海大深度的声传播特性, 并在此基础上开始探索通过利用深海声场及矢量声场等特性进行水下声学目标定位方法 [34−36], 有些通过实验初步验证了方法的有效性, 为我国水声探测技术向深海发展奠定了理论基础. 与此同时, 国内也逐渐开展北极声学研究, 重点研究冰下噪声、传播特性及通信信道等.

在水声信号处理方面, 国内研究重点向四个方向发展: ①发展大孔径阵列处理技术有效提高信噪比; ②发展小孔径高分辨率波束形成技术, 以便在小平台上应用; ③发展基于新型传感器的信号处理方法; ④基于深度机器学习, 发展环境自适配的无人自主探测与识别技术.

三、我们的优势方向和薄弱之处

1. 我国浅海声学研究取得突出进展

我国在浅海声学领域取得了举世瞩目的成果, 特别在浅海声学理论、反演及探测等应用研究方面成绩显著, 系统开展了三维声场建模, 浅海声场起伏、海洋声学层析、声场时–空–频相关特性及水声探测应用等研究.

在声传播方面, 我国先后发展了能快速计算深海环境下声场的 WKBZ 简正波方法、浅海环境声场的波束位移射线简正波理论 (BDRM)、水平变化耦合简正波抛物方程计算模型 (CMPE) 及基于全局矩阵的耦合简正波声场模型 (DGMCM3D), 用于快速计算典型海域的声场. 在发展快速计算模型的基础上, 也通过并行计算技术实现了海洋声场的快速计算, 用于声呐及水声环境场快速分析.

在浅海混响研究方面, 在射线简正波理论的基础上, 提出了相干混响模型, 可用于计算浅海非相干的混响衰减和垂直相关, 并成功解释了实验观测到的海底混响振荡现象, 为主动声呐目标模拟与混响抵消奠定了重要的理论基础.

在海底声学反演方面, 针对海底参数对声场物理量敏感度不同, 发展了多物理量联合海底参数反演方法, 并提出适用于复杂浅海软泥底 [37] 及深海海底参数联合反演方法, 解决了参数间的耦合性和多值性问题, 获得了不同海底底质类型与海底声学参数之间的映射关系, 结合海底底质采样测量资料构建了海底底质声学参数数据库, 用于声呐探测性能分析及声呐定位. 解决了新型声呐对海底环境应用需求.

在水下目标探测方面, 提出了基于水平阵水下目标定位方法及基于声场空频干涉结构的弱信号增强技术, 成功应用于我国多型水声探测声呐. 同时, 还发展了利用海洋环境噪声提取信道格林函数的浅海海洋声学层析方法 [38], 不仅大大简化了声层析系统, 解决了困扰国际上浅海声学层析到达时间结构难分离的难题, 为声呐应用提供实时水文环境自主保障.

2. 我国深海声学研究逐渐展开

近年来, 随着我国综合实力的增强, 对海洋声学研究投入不断加大, 实验观测手段得到了显著改善, 对深海声传播规律与声场相关特性认识得到大幅度提高.

在深海实验设备研发方面, 针对深海声学发展需求, 我国突破大深度水听器制作关键技术, 自行设计和研制了可工作在 10000m 以上深度的自容式声学信号记录器, 打破了国外对我国大深度水听器的技术封锁, 使我国具备大深度跨度和长时间水声信号采集能力. 研发了 1000m 深度的声学发射潜标及 1000m 以上海深光纤水听器阵列等声学实验设备.

在深海声学实验方面, 我国在南海、西太平洋和东印度洋深海开展了多次海上实验, 在南海、西太平洋和东印度洋实现上千千米的超远程声传播与水声通信, 获得了包括深海海底山等复杂地形条件下的声传播信号和同步海洋水文环境数据. 记录了包括 "杜苏芮"、"苏力"、"罗莎"、"百合"、"天兔" 和 "西马仑" 等多次台风过程的海洋环境噪声信号, 为系统开展深海声学研究奠定了坚实的数据基础.

在深海声场规律认识方面, 实验观测到了海底山、海沟及起伏地形引起的二维声传播和三维水平折射现象, 并用射线理论揭示了其影响机理; 建立了适用于深海的海洋混响本底及异地混响模型, 成功解释了深海海面和海底混响随时间的衰减起伏规律; 揭示了中尺度涡旋、内波和海面波浪起伏等动态海洋环境变化引起的声场起伏统计特性及其对声场的影响机理; 建立了适用于南海海域的风生噪声模型, 可根据国家海洋预报中心给出的海面风速和降雨进行海洋环境噪声谱级预报. 此外, 还获得了深海大深度的声传播特性, 并在此基础上发展了基于大深度声场的水下目标定位方法, 为我国水声探测技术向深海发展奠定了理论基础.

3. 我国水声学研究的薄弱之处

相比浅海声学研究, 我国在深海及大陆斜坡等存在复杂海底地形和海洋中尺度现象条件下的声传播规律、起伏特征、时空相关特性及水声探测方法等方面的研究基础相对薄弱, 与发达国家存在一定的差距, 主要表现在以下五个方面.

(1) 复杂环境下的大尺度三维声场建模和传播特征机理研究差距较大. 与国外相比, 虽然国内在声传播方面先后建立了一些声场快速计算模型, 然而国外对二维和三维声场理论模型和计算方法的研究更为深入, 其深海声学及超远程声传播机理研究体系较为完整, 而我国对复杂环境下的三维声场建模和三维水平折射问题, 特别是对陆架斜坡和海底山海域的深海远程声传播机理和声场起伏等方面研究的差距较大. 对过渡海域海底地形和海洋水体起伏变化对声场双重影响机理及声场时空变化规律认识不足. 在深海低频声波与海洋耦合机理, 特别是中尺度、大尺度直至海盆级区域范围内声波传播与海洋中尺度现象等动力学过程及复杂海面与海底的耦合作用方面有待深入.

(2) 深海水声实验设备和实验数据缺乏. 在深海声学实验研究方面, 国外实验平台和测量手段多, 实验设计的针对性强, 声学和海洋同步观测保证了高质量数据的获取, 为深入研究深海环境现象和声学特性提供了有利的条件. 虽然我国在深海声学实验设备技术方面取得了突破, 但是对深海声传播规律的实验研究刚刚起步, 对于声传播规律的认识局限于定性描述, 定量化和规律性分析研究相对滞后, 有关高纬度海域及极地海域的冰下声学特性研究刚刚起步. 所以, 必须进行细致的海上实验设计, 需要用到大量成体系的大深度、高可靠声学潜浮标等, 以及适用于复杂海洋环境中进行长期、同步连续观测, 以便从实验中捕获海面起伏、海底地形、海洋内波等中尺度过程及其对应的声场三维效应、时空相关变化和起伏特性, 为声呐在复杂环境下探测性能改进提供数据支持.

(3) 发射换能器的频带宽度及低频响应特性有待提高. 声波的频率越低, 海水和海底介质的衰减系数越低, 加上水下平台的消声材料和结构对低频吸收性能差, 所以水声探测与通信应用逐年向低频发展. 我国已经具备低频发射换能器研制生产能力, 但是在低频端的频率响应宽度太窄, 无法完全满足实际应用需求. 国内许多研究水声的单位还在进口低频换能器, 有必要发现新型的宽度发射换能器技术, 为主动声呐研制提供高可靠声源.

(4) 深海水声探测与通信技术方面应用基础研究有待深入. 复杂深海环境下声场规律认识不足, 限制了我国声呐在这些环境下的适应性和使用性能, 必须予以足够的重视, 这需要进行大量的针对性理论和实验研究. 国外非常重视深海环境下的声场规律在超远程水声信息传输和探测技术上的应用. 强调水声装备的深海环境适应性, 其主要水声装备均利用了深海环境声场规律, 实现超远程探测或信息传输. 另外, 美国海军声呐应用中拥有的水声探测方式相对齐全, 可满足其在全球海域的使用要求. 而我国现有的水声探测与通信装备尚未深入考虑深海远程工作模式, 深海环境效应对其使用性能影响有待研究与实验评估. 随着我国深海战略的推进及对深海海洋声学研究的逐步深入, 深海环境下的水声远程探测和信息传输方面的复杂性问题凸显, 对此应引起足够重视. 深海水声探测和传输技术需进一步向低频、高信号处理增益、环境适配性等方向发展.

(5) 无人自主组网探测与组网技术刚刚开展. 随着 AUV 等无人平台技术的发展, AUV 广泛地应用于海洋环境的同步观察 [39], 同时由于其具有灵活的大深度工作及长航程航行能力, 可部署于全球许多关键海域. 所以, 也逐渐被人们用于水声目标的协同自主探测及水下自主组网通信. 但是, 我国在无人自主探测与识别技术方面还有待进一步深入研究, 尤其需要向基于无人平台的环境自主观测、同步模式预报及水声组网探测一体化技术发展.

四、基础领域今后 5~10 年重点研究方向

海洋声学基础研究领域今后 5~10 年重点研究方向应集中在以下七方面.

(1) 深海低频声传播特性及物理成因. 研究深海中不同空间范围内决定声传播的主要海洋环境因素及物理成因, 揭示深海低频声波与海洋耦合机理, 特别是中尺度、大尺度直至海盆级区域范围内声波传播与海洋中尺度现象等动力学过程及复杂海底的耦合作用. 针对水声探测需求, 重点研究典型的深海完全声道 (西太平洋) 和非完全声道 (南海和印度洋) 环境下, 存在复杂海底地形和时空变化海洋

环境条件下的低频声传播特性; 针对深海远程信息传输信号检测需求, 研究数百千米至上千千米尺度上的深海声场随距离及环境的演变规律. 了解海盆尺度上的环境噪声演变趋势, 探索利用低频、远距离、宽带声传播数据来理解和认识不同尺度海洋学现象的基本演变规律.

(2) 复杂海洋环境下声场时–空–频相干特性及机理. 在声传播机理认识的基础上, 研究和掌握海洋动力学过程影响低频声信号空时相关性和特征稳健性的物理机制. 研究确定性海洋环境条件下声场的垂直相关、水平纵向相关及声场时间相关特性, 重点关注低频远程传播到达结构、信号起伏特性及其与收发距离和频率的关系, 掌握复杂海洋环境声场的时–空–频变化特征规律, 揭示海深会聚区和声影区声场空间频率干涉特征的主要控制因素. 探索在深海海域利用声场的时–空–频相干特性提高阵列信号处理增益的方法, 并通过声学实验来验证方法的有效性与适用性, 研究在直达声区、会聚区和声影区内不同声呐系统的探测性能, 为深海复杂环境水声目标探测方法研究奠定基础.

(3) 典型海洋动力学过程与声学耦合四维海洋——声学模型. 研究海洋声场预报与典型海洋动力学过程 (内波、涡旋、锋面等) 预测模式、数据融合的机理, 重点开展海洋动力学模式预测、演变过程及特征建模方法研究与特征提取方法研究, 研究声学测量、卫星遥感, 以及其现场观测数据与海洋模式等多基/多源数据的海水声速场时空分布重构方法和同化方法, 以改善海盆尺度内海水声速场预测性能. 发展多尺度复杂海洋环境下声场并行快速计算方法, 实现全球尺度范围内传播、混响和噪声场快速预报, 系统分析和总结四维动态海洋环境下的声场不确定性, 提高我国在全球范围内海洋声学认知水平及保障应用能力.

(4) 基于新型材料和结构的水声传感器技术研究. 研究基于稀土超磁致伸缩材料、弛豫铁电单晶材料的高灵敏度的水听器制作方法, 研究基于光纤传感的深水高灵敏度水听器设计方法, 研究组合激励换能器、新结构弯张换能器、拼镶圆环换能器、纵向换能器、弯曲圆盘及弯曲梁换能器等实现能量转换新结构设计, 研究有关自由溢流圆环换能器、宽带溢流式弯张换能器、双激励纵向换能器、混合激励纵向换能器及匹配层技术等的有效拓宽水声发射换能器工作带宽新技术, 研究低频、大功率、宽带宽波束换能器的复杂几何形状、结构形式以及流体耦合机制优化设计, 适用于耐高静水压的深海换能器制作方法等.

(5) 水声探测与识别新原理和新技术的研究. 研究水中目标声学特征量提取方法及其在复杂深海环境下的稳定性, 研究复杂海洋环境中不同角度扇区声场频率–距离干涉结构的各向异性及其对应的提高水声信号检测信噪比的方法, 研究基于机器学习的水下目标探测方法及虚假目标甄别方法, 推动基于大数据和机器学习的目标分类识别技术及其应用, 探索多基地主被动协同探测技术及基于 AUV 和滑翔机等无人平台的组网观测与探测技术, 并开展原理性实验与示范应用.

　　(6) 高纬度海域及两极冰区环境下的声场模型与规律研究. 研究高纬度海域及两极区域表面声道与海面存在冰盖环境下的水下远程传播规律及冰下噪声场特性, 发展基于无人平台的冰下声学环境实时监测技术及基于声学层析的北冰洋环流实时监测方法, 为高纬度海域水声环境保障奠定技术基础. 同时, 发展适合于高纬度海域的水下探测技术与水声通信技术, 提高我国在极地海域的海洋声学认知水平及保障应用能力.

　　(7) 基于无人平台的海洋环境声学环境监测方法与协同探测技术. 研究基于声学滑翔机和 AUV 等无人平台的机动式组网环境观测及声学反演方法, 发展基于抛弃式深海海底声学参数快速测量或反演方法. 发展基于水平阵列处理的格林函数快速提取方法及被动声学层析方法.

五、国家需求和应用领域急需解决的科学问题

　　水声学是一门以应用为主的学科, 水下声呐的作用等同于空中的雷达, 是舰艇的眼睛和耳朵. 声呐探测技术是一个世界性问题, 各国探测声呐面临的共性突出问题包括: ①声呐探测距离近 ("探得近"); ②由于海上船舶众多, 对被动声呐造成强干扰, 目标识别难度大, 不易分清水上水下目标 ("分不清"); ③复杂水声环境对声场及声呐探测性能的影响机理掌握不够充分 ("测不准"); ④水下多途严重、信道容量有限, 导致水下信息传输链路及网络匮乏 ("传不出").

　　当前, 我国来自东海、南海以及第一、第二岛链西北太平洋方向水下安全形势严峻, 需要系统地掌握各种复杂海域下环境变化规律对应的声场传播特性, 在此基础上对声呐进行系统的优化设计, 并提高水声环境信息保障能力, 才有可能在未来的海上作战中, 发挥出应有的探测效果. 从当前水声探测技术发展趋势和我国的技术现状来看, 必须加快自主创新步伐, 切实有效地提高单个声呐设备的效能. 但靠某个单一声呐装备及其探测技术的发展之路还远远不够, 必须站在体系作战层次来发展联合探测技术, 同时要集中力量发展学科齐全的海洋水声环境保障系统和信息传输系统, 以便更好地服务于水声装备应用.

　　总结起来, 在十四五期间水声学科急需解决的科学问题包括以下六个方面:

　　(1) 系统深入地认识和掌握各种典型海洋环境下声传播规律与噪声特性, 为有效提高声呐时空处理增益奠定理论基础, 以实现 "探得远". 主要包括: 浅海、深海和大陆架区声场的传播规律及其引起的声场干涉特性; 典型海域声场水平相关、垂直相关和时间相关特性; 不同海况及极端天气条件下的海洋环境噪声场统计特性及时空相关特性; 存在不同海况、复杂海底及海洋生物条件下的海面、海底及体积混响规律; 高纬度和极区环境下的传播、混响和噪声特性.

　　(2) 发展与环境相适配的水声信号处理技术, 重点解决强目标干扰抑制及弱目标增强技术问题, 以区分水面和水下目标, 实现 "分得清". 主要包括: 高分辨率波

束形成技术, 自适应噪声抵消与干扰抑制技术, 基于声场空频干涉特征的弱目标增强技术, 基于声源三维位置和速度信息的水下目标定位与分辨技术, 基于声源频谱特性和机器学习的水下目标自主分类识别技术.

(3) 开展复杂海洋环境对声场起伏及声呐探测性能的影响研究, 重点突破水声探测中的环境自主保障技术, 在不确知的复杂环境下声呐能实现 "测得准". 主要包括: 认识复杂地形和中尺度现象三维环境变换引起的声场起伏特性及声场水平折射现象; 掌握海面随机起伏和海底粗糙引起的高频散射特性; 不同底质类型沉积物下声场特性及底质参数声学反演方法; 海洋温跃层、内波等中尺度现象的声学层析方法; 基于环境聚焦的宽容性水下目标定位方法; 可用于机器学习所需大数据的全球声场并行快速计算技术及声呐探测性能预报与评估技术.

(4) 发展适用于关键海域的水声局域网与导航技术, 重点突破近、中、远程水下信息的稳定、可靠、无缝传输技术, 实现水下信息 "传得出", 满足平时环境的实时传输及指令信息保障需求. 重点包括: 复杂浅海和深海环境下的低、中、高频脉冲声传播特性及多途扩展; 保密通信所需的信源和信道编解码方法; 高速水声通信的时分、频分及码分复用技术; 水声局域组网传输协议设计及干扰抵消; 高可靠大深度水下自主发射技术.

(5) 发展多手段联合的水声环境与目标体系化探测技术, 既可解决环境匮乏问题, 又能实现多种探测技术和手段的优势互补, 通过 "手段聚" 方式达到经济可靠观测的目的. 主要包括: 基于无人平台的环境组网协同探测技术; 多源数据融合与海洋模式相结合的海洋环境实时预测方法; 机动式无人平台近程自主组网探测技术; 多基地主被动协同探测技术与移动平台的自主优化部署方法; 海上环境与目标监测态势综合显示与远程指挥控制技术.

(6) 发展大深度、宽频带水声发射与接收技术, 重点解决深海远程探测相关的接收与发射系统存在的发射声源级不够高、频率不够低, 接收水听器灵敏度不高、频响不平坦等问题. 主要包括: 耐高压新材料与新结构优化设计与制备, 超构材料的阻抗匹配实现方法等.

六、发展目标与各领域研究队伍状况

针对我国海洋战略向深远海发展, 拟重点认识和研究典型海洋环境下三维声传播机理与声场起伏特性, 发展与环境相适应的水声主被动探测方法, 开发重点海域的水声环境实时监测技术及全球海洋环境预报技术, 提出适用于关键海域的水声局域网与导航技术, 集成多手段联合的水声环境与目标体系化探测技术, 在重点海域示范应用, 为我国水下作战应用及水下环境调查提供可靠声呐装备, 同时为我国海洋水声学科培养一批高层次人才.

海洋声学是以应用导向为主的学科, 要求相关的从业研究人员既要有深厚的理论基础, 又要有丰富的海上实验经验和实际应用系统开发背景. 美国通过海军研究局 (ONR) 长期在海洋声学基础研究方面的顶层规划和部署, 使得其在海洋声学与声呐工程的各个研究方向都聚集一批世界顶尖的科学家, 保持了其研究水平的世界领先地位. 近年来, 随着国家科技投入加大, 我国在海洋声学研究方面培养了大量的人才队伍. 国内设有水声学相关专业的研究所和高校: 中国科学院声学研究所、西北工业大学、哈尔滨工程大学、中国海洋大学、东南大学、厦门大学、上海交通大学、北京大学、南京大学、杭州应用声学研究所等. 但是, 与美国等发达国家相比, 我国海洋声学研究涉及的面相对较窄, 许多单位的队伍涉及的领域多集中在某些相近的方面, 而一些偏的研究方向坚持下去的科研力量薄弱. 此外, 受国家过去科研评价体制指挥棒的影响, 在高层次人才培养方面落后于其他数理学科, 领军人才相对缺乏, 需要国家在自然科学基金委、科技部、教育部和中国科学院等部委共同协调下加大研究方向的组织与人才队伍的培养力度.

七、基金资助政策措施和建议

在研究经费投入方面, 美国有一部分稳定的基础研究项目经费主要用于人员开支, 而国内的项目分散在各个不同渠道, 且主要用于设备购置和海上实验等, 用于理论基础研究的经费相对偏少, 自然科学基金委为我国基础研究提供了良好的资助平台, 多年以来都具有良好的公平性和广泛的覆盖面, 支持了一大批年轻的科技工作者逐渐走向正确的科研轨道.

建议自然科学基金委在重大项目、重点项目和人才项目等方面的资助政策和评审能按学科方向进行划分, 避免出现大学科吃小学科的问题.

八、学科的关键词

水声物理 (underwater acoustics); 海洋声传播 (ocean sound propagation); 海洋混响 (ocean reverberation); 海洋噪声 (ocean ambient noise); 声散射 (scattering field); 时空相关特性 (temporal-spatial correlation); 声场起伏 (sound fluctuation); 地声反演 (geoacoustic inversion); 海洋声学层析 (ocean acoustic tomography); 水下目标探测 (underwater target detection); 目标定位与识别 (source localization and recognition); 水声信号处理 (underwater acoustic signal processing); 水声通信 (underwater communication); 水声测量与仪器 (underwater measuring and instrument); 水声换能器 (underwater transducer); 目标特性 (target characteristic); 海洋生物声学 (marine bioacoustics).

参考文献

[1] Zhou J X, Zhang X Z, Rogers P H. Resonant interaction of sound wave with internal solitons in the coastal zone. J Acoust Soc Am, 1991, 90 (4): 2042-2054.

[2] Badiey M, Katsnelson B G, Lin Y T, et al. Acoustic multipath arrivals in the horizontal plane due to approaching nonlinear internal waves. J Acoust Soc Am, 2011, 129 (4): EL141-EL147.

[3] Lynch J F, Lin Y T, Duda T F, et al. Acoustic ducting, reflection, refraction, and dispersion by curved nonlinear internal waves in shallow water. IEEE J Oceanic Eng, 2010, 35(1): 12-27.

[4] Lin Y T, McMahon K G, Lynch J F, et al. Horizontal ducting of sound by curved nonlinear internal gravity waves in the continental shelf areas. J Acoust Soc Am, 2013, 133: 37-49.

[5] Surhone L M, Tennoe M T, Henssonow S F, et al. SOSUS (Sound Surveillance System). Beau-Bassin: Betascript Publishing, 2013.

[6] Munk W. Acoustic Thermometry of Ocean Climate (ATOC). J Acoust Soc Am, 1999, 105: 982.

[7] Dushaw B D, Howe B M, Mercer J A, et al. The North Pacific Acoustic Laboratory (NPAL) Experiment. J Acoust Soc Am, 2000, 107(5): 2829-2830.

[8] Spiesberger J L. Single transmission identification at 3115km from a bottom-mounted source at Kauai. J Acoust Soc Am, 2014, 115 (4):1497-1504.

[9] Chapman N R, Ebbeson G R. Acoustic shadowing by an isolated seamount. J Acoust Soc Am, 1983, 73(6):1979-1984.

[10] McDonald B E, Collins M D, Kuperman W A, et al. Comparison of data and model predictions for Heard Island acoustic transmissions. J Acoust Soc Am, 1994, 96(4):2357-2370.

[11] Colosi J A, Tappert F, Dzieciuch M. Further analysis of intensity fluctuations from a 3252-km acoustic propagation experiment in the eastern North Pacific Ocean. J Acoust Soc Am, 2001, 110(1):163-169.

[12] Xu J. Effects of internal waves on low frequency, long range, acoustic propagation in the deep ocean. Cambridge: Massachusetts Institute of Technology, 2007.

[13] Van Uffelen L J, Worcester P F, Dzieciuch M A, et al. Effects of upper ocean sound-speed structure on deep acoustic shadow-zone arrivals at 500- and 1000-km range. J Acoust Soc Am, 2010, 127(4):2169-2181.

[14] Dosso S E, Chapman N R. Measurement and modeling of downslope acoustic propagation loss over a continental slope. J Acoust Soc Am, 1987, 81(2): 258-268.

[15] Tappert F D, Spiesberger J L, Wolfson M A. Study of a novel range-dependent propagation effect with application to the axial injection of signals from the Kaneohe source. J Acoust Soc Am, 2002, 111(2): 757-762.

[16] Heaney K D, Murray J J. Measurements of three-dimensional propagation in a continental shelf environment. J Acoust Soc Am, 2009, 125(3): 1394-1402.

[17] Urick R J, Lund G R. Vertical coherence of explosive reverberation. J Acoust Soc Am, 1964, 36(11): 2164-2170.

[18] William M C. The determination of signal coherence length based on signal coherence

and gain measurements in deep and shallow water. J Acoust Soc Am, 1997, 104(2): 462-470.

[19] John A C, Tarun K C, Voronovich A G, et al. Coupled mode transport theory for sound transmission through an ocean with random sound speed perturbations: Coherence in deep water environments. J Acoust Soc Am, 2013, 134(4): 3119-3133.

[20] Thode A M, Kuperman W A, D'Spain G L, et al. Localization using Bartlett matched-field processor sidelobes. J Acoust Soc Am, 2000, 107(1):278-286.

[21] Nardone S C, Lindgren A G, Gong K F. Fundamental properties and performance of conventional bearings-only tracking. IEEE Trans AC, 1984, 29: 775-787.

[22] Westwood E K. Broadband matched source localization. J Acoust Soc Am, 1992, 91(5):2777-2789.

[23] Tran, Jean-Marie Q D, Hodgkiss W S. Experimental observation of temporal fluctuation at the output of the conventional matched-field processor. J Acoust Soc Am, 1991, 89(5):2291-2302.

[24] Baggeroer A B, Scheer E K, Heaney K, et al. Reliable acoustic path and convergence zone bottom interaction in the Philippine Sea 09 experiment. J Acoust Soc Am, 2010, 128(4): 2385.

[25] Worcester P F, Carey S, Dzieciuch M A, et al. Distributed Vertical Line Array (DVLA) acoustic receiver//Papadakis J S, Bjørnø L. Proceed 3rd International Conference on Underwater Acoustic Measurements: Technologies and Results. Nafplion, Greece: Foundation for Research and Technology Hellas (FORTH), 2009: 113-118.

[26] Zhang R H, Zhou J X. Shallow-Water Acoustics. Beijing: China Ocean Press, 1997.

[27] 张仁和, 李整林, 彭朝晖, 等. 浅海声学研究进展. 中国科学: 物理、力学、天文学, 2013, 43(1): S2-S15.

[28] Shi Y, Yang Y X, Tian J W, et al. Long-term ambient noise statistics in the northeast South China Sea. J Acoust Soc Am, 2019, 145(6): EL501-EL507.

[29] Wu L L, Peng Z H. Analysis of long-range transmission loss in the West Pacific Ocean. Chin Phys Lett, 2015, 32(9):094302.

[30] 李晟昊, 李整林, 李文, 等. 深海海底山环境下声传播水平折射效应研究. 物理学报, 2018, 67(22): 224302.

[31] Li J, Li Z L, Ren Y. Spatial correlation of the high intensity zone in deep-water acoustic field. Chin Phys B, 2016, 25(12):69-76.

[32] Jiang D G, Li Z L, Qin J X, et al. Characterization and modeling of wind-dominated ambient noise in South China Sea. Science China: Physics, Mechanics & Astronomy, 2017, 60(12): 75-78.

[33] Wang J Y, Li F H. Model/data comparison of typhoon-generated noise. Chin Phys B, 2016, 25(12): 125-129.

[34] 孙梅, 周士弘, 李整林. 基于矢量水听器的深海直达波区域声传播特性及其应用. 物理学报, 2016, 65(9):139-147.

[35] 杨士莪. 小型矢量阵深海被动定位方法. 应用声学, 2018, 37(5):588-592.

[36]　Liu Y N, Niu H Q, Li Z L. Source ranging using ensemble convolutional networks in the direct zone of deep water. Chin Phys Lett, 2019, 36(4): 044302.

[37]　李梦竹, 李整林, 周纪浔, 等. 一种低声速沉积层海底参数声学反演方法. 物理学报, 2019, 68(9): 094301.

[38]　Li F H, Yang X S, Zhang Y J, et al. Passive ocean acoustic tomography in shallow water. J Acoust Soc Am, 2019, 145: 2823-2830.

[39]　Shu Y, Chen J, Li S, et al. Field-observation for an anticyclonic mesoscale eddy consisted of twelve gliders and sixty-two expendable probes in the northern South China Sea during summer 2017. Science China: Earth Sciences, 2019, 62(2): 451-458.

第 5 章 结 构 声 学

结构声弹性研究现状以及未来发展趋势

俞孟萨[1], 陈美霞[2], 刘碧龙[3]

[1] 中国船舶科学研究中心, 无锡 116 信箱, 214082
[2] 华中科技大学船舶与海洋工程学院, 武汉, 430074
[3] 青岛理工大学机械与汽车工程学院, 青岛, 266520

一、学科内涵、学科特点及研究范畴

声弹性是研究结构、流体和声场相互作用的一个声学分支, 属于力学与声学交叉研究范畴. 弹性结构在外力作用下产生强迫振动, 并向周围或内部区域声介质中辐射声波, 声波又以负载形式反作用在弹性结构上, 改变结构的振动甚至可能改变激励外力, 形成激励–结构振动–声场耦合的力学系统. 声弹性不仅与船舶和水中兵器相关, 而且还涉及飞机、汽车、建筑、化工和海洋工程等诸多领域, 其主要研究任务是建立激励–结构振动–声场耦合系统的基本力学和声学关系, 研究和分析不同载荷作用下弹性结构耦合振动和声辐射的特征和规律, 为结构声学设计及振动和噪声控制提供理论基础和方法.

实际工程设计中, 虽然采取了减小激励源强度、隔离激励力和振动传递等措施, 但无论舰船及潜艇和水中兵器结构, 还是飞机和车辆结构都会受到多种形式、不同程度的动态激励, 并产生振动和声辐射. 以舰船为主要对象的声弹性研究, 从激励力类型上主要可以分为机械设备不平衡旋转运动引起的时间周期性激励力, 还有流动激励和噪声场等随机面分布激励力. 机械设备及管路系统振动通过基座和非支撑件传递的激励及轴系不平衡力为机械点激励力, 螺旋桨诱导脉动力及湍流边界层脉动压力和空泡脉动力、空气噪声场激励为面分布激励力或随机面分布激励力. 从辐射声场的区域可以分为外场问题和内场问题, 外场问题主要是舰船和水中兵器的水下辐射噪声场, 内场问题一般有舰船声呐罩内部声场和舱室空气噪声场. 飞机和车辆结构同样受到类似的机械点激励及流动和声场的面激励作用, 也分为外场声辐射噪声和舱室内部噪声场问题. 严格来讲, 它们都涉及结构、流体和声场的相互作用, 但对于外部和内部都是空气介质的飞机和车辆结构, 声场对结构振动的反作用一般比较弱, 往往可以忽略, 而对于舰船及潜艇和水中兵器的湿结构, 声场的反作用不可忽略.

声弹性研究的频率范围从声波波长远大于结构尺寸的低频段 (几赫兹 ~ 几十赫兹) 延伸到声波波长远小于结构尺寸的高频段 (几十千赫兹). 根据结构的不同形状和研究的不同频率范围, 声弹性的研究模型可以分为无限大平板、矩形平板、加肋平板、无限长和有限长梁、圆球壳、椭球壳、无限长圆柱壳、有限长圆柱壳、加肋圆柱壳及任意形状结构. 针对不同的模型和频段, 声弹性研究的基本方法有解析法、数值法、统计法及混合法. 解析法主要有分离变量法、积分变换法、模态叠加法、Rayleigh-Ritz 法; 数值法主要有有限元法、边界元法及它们衍生的等效源法、无限元法等; 统计法主要有统计能量法、功率流法、空间平均导纳法、模糊结构法; 混合法则主要有半解析/半数值法、数值/解析混合法、数值/统计混合法.

无论是舰船、潜艇还是飞机和车辆, 随着它们安静化要求的提高及主要噪声源的有效控制, 进一步控制振动和噪声都面临着噪声源数量增加、分布范围增大的难题, 完全依赖于传统的经验性声学设计, 难以满足实现安静化目标的需要, 必然会逐步进入基于定量计算的声学设计模式. 以舰艇机械噪声控制设计为例, 新型舰艇设计应以实现声学指标为目标, 建立全面规范的舰船机械系统定量声学设计方法, 在设计过程中, 通过严格可靠的声学计算分析, 客观评估设计方案的声学效果, 权衡确定设计方案及参数与振动和噪声的定量关系, 从而为噪声有效控制提供定量依据和可靠保证. 舰艇噪声预报不仅仅是噪声量级的简单估算过程, 而且是明确和把握振动与噪声控制方向及量化指标的过程, 这里涉及一个核心内容就是结构在不同激励力作用下的振动和声辐射问题, 也就是声弹性研究需要面对和解决的问题.

二、学科国外、国内发展现状

1. 结构耦合振动和外场声辐射的解析计算方法

虽然实际工程结构往往是比较复杂的, 但为了获得结构振动和声辐射的基本物理机理及规律, 常常将实际复杂结构简化为平板、球壳、圆柱壳等简单声弹性模型.

(1) 无限大弹性板结构耦合振动与声辐射. 无限大弹性板结构在外力或外力矩激励下产生的振动和声辐射, 经常作为一种简单模型, 模拟舰船及飞机和车辆壳板在机械设备作用下的振动和声辐射特性. 实际上, 无限大板结构声弹性模型是一种高频近似, 它适用于平板弯曲波波长远小于壳板结构尺寸, 且边界声波反射可以忽略的情况. Heckl[1] 最早研究点力激励下无限大平板的声辐射, Junger[2] 和 Fahy[3] 比较全面地归纳了无限大平板声辐射的计算模型及特性. 实际工程中, 无限大平板声辐射模型也可作为一种简单的模型, 建立船舶水下噪声的预报方法 [4], 但在低频段需考虑有限壳板振动模态共振引起的声辐射修正. 在吻合频率以上频段, 声波波长小于弹性平板弯曲波长, 应该考虑壳板剪切变形和转动惯量的作用,相应地需要采用 Timoshenko-Mindlin 厚板振动方程计算无限大弹性平板耦合振动与声辐射. 当弹性平板结构弯曲波波长与平板厚度接近时, 则需要采用严格弹性理论建立无限大平板声辐射模型.

舰船及飞机和车辆壳板结构一般都采用加强肋骨提高强度, 肋骨不仅改变壳板结构的动力特性, 同时也改变振动和声辐射特性. 实际壳板结构往往采用一组周期或非周期分布的肋骨, 在声波波长大于肋骨间距的低频段, 加肋平板可以等效为各向异性平板建立振动和声辐射模型, 肋骨作用视为一种平均效应 [5,6]. Mace[7] 将肋骨与平板的相互作用等效为线力和线力矩, 利用肋骨的周期性建立无限大平板、肋骨和声介质的耦合方程, 求解辐射声场. Mace[8] 进一步研究了双向正交周期加肋的结构振动和声辐射. 文献 [9] 针对舰船结构的加强肋骨并不严格满足空间周期性分布的情况, 建立了准周期加肋的无限大平板声辐射模型. 为了满足安全性和结构强度要求, 水面舰船的船底常常采用双层加肋平板结构形式, 双壳体潜艇更是典型的双层加肋结构, 文献 [10] 考虑双层平板间声腔的空间周期性, 建立了无限大双层加肋平板结构的振动和声辐射计算模型.

在水声工程中, 常常会将水听器或声呐基阵布置在振动的壳板附近. 弹性板中传播的弯曲波, 产生近场声波, 为了降低这种声场对水听器和基阵的影响, 一般在壳板上敷设一层柔性层, 再覆盖一层称为信号调节板的弹性板, 组合成夹芯复合结构的声障板, 文献 [11] 基于无限大平板建立了声障板模型. Ko 在文献 [12] 中进一步计算了三层夹芯结构的柔性层声速和厚度等参数变化对降噪效果的影响. 为了全面反映声障板降低声辐射的机理和作用, 文献 [13] 考虑柔性层的剪切模量, 推导了更完整的三层夹芯结构耦合振动和声辐射计算方法. 文献 [14] 针对某些情况, 如潜艇的舷侧声呐, 建立了无限大的多层弹性层和水层声学模型, 用于分析艇体振动和水动力噪声对声呐基阵的影响.

如果无限大弹性平板上除了肋骨以外, 还有质量块、弹簧–质块振子、支撑弹簧及位移约束支撑, 建立相应的振动和声辐射模型时, 可以将它们与弹性平板的相互作用表征为一系列点力 [15], 当然也可以认为是无限大弹性平板的不均匀性. 文献 [16] 针对四种局部质量或刚度变化引起的阻抗不均匀模型, 讨论了不均匀性对无限大平板结构声辐射的影响. 如果在无限大弹性平板表面敷设一块有限大小的弹性板, 也是一种不均匀分布 [17]. 在某些频率, 将亚声速弯曲波散射为超声速弯曲波, 增加辐射声功率. Zhang 和 Pan[18] 进一步研究了在无限大弹性平板敷设的柔性层上, 局部设置信号调节弹性板的耦合振动和声辐射问题.

(2) 有限弹性板梁结构耦合振动和声辐射. 无限大弹性平板声辐射计算模型无法反映有限结构振动模态共振的声辐射特性. 考虑到实际船舶及飞机和车辆壳板由舱壁、实肋板等加强构件分割为一个个单元, 每个单元近似于矩形板. 在环频以上频率, 圆柱壳半径远大于声波波长且单元宽度小于圆柱壳半径时, 圆柱壳可以采用矩形板单元模拟计算其声辐射. 因此, 矩形板作为最典型的一种声辐射计算模型, 不仅能够较全面地反映有限弹性结构声辐射的特征, 而且能够作为一个基本解合成计算复杂结构的声辐射.

矩形弹性板声辐射计算模型分为两种情况: 镶嵌或者没有镶嵌在无限大声障板上, 声障板又分为刚性声障板、柔性声障板和阻抗声障板. 镶嵌在无限大刚性声障板上且一面有流体负载的简支矩形板, 是最典型的矩形弹性板耦合振动和声辐射模型. Davies[19] 采用模态叠加法, 联合求解矩形板振动方程和 Rayleigh 积分方程, 得到每个模态和多模态平均的耦合振动、辐射声功率和辐射阻抗. Junger[2] 和 Fahy[3] 也在他们的专著中作过系统和全面的阐述. 矩形板声辐射效率或声辐射阻抗是一个十分重要的声学参数, 相应有很多研究, 可以说, 已知模态辐射阻抗, 则矩形板的耦合振动和声辐射特性即基本给定. 一般情况下, 无限大声障上矩形板的声辐射阻抗需要数值积分计算, 也有其他一些计算方法, 例如, Li 和 Gibeling[20] 利用 Green 函数的 MacLaurin 级数表达式, 给出了自辐射阻和互辐射阻的解析计算式.

镶嵌在无限大刚性障板的矩形弹性板声辐射模型, 实际上将周边结构近似处理为刚性结构, 为了更好地考虑周围子单元的影响, Li 和 He[21] 将矩形板周围结构等效为阻性障板及具有感抗或容抗的抗性障板, 选用满足非刚性声障板条件下的 Green 函数, 研究了非刚性声障板上矩形板的声辐射. 矩形弹性板的振动和声辐射不仅与平板参数及激励力有关, 还与边界条件密切相关. 简支边界条件矩形板模态作为一种低频近似的边界条件, 不能完全反映实际的边界条件情况. Lomas 和 Hayek[22] 求解了弹性支撑矩形板的耦合振动及声辐射, 但没有考虑弹性支撑边界对模态振型及声辐射阻抗的影响. Li[23] 采用改进的 Fourier 级数法求解弹性约束边界条件的矩形板振动及声辐射, Berry[24] 认为, 非简支边界条件的矩形板在边界附近产生近场振动, 模态叠加法求解相应的声辐射有一定的局限性. 他利用变分原理和 Rayleigh-Ritz 法, 建立了适用于无限大刚性障板上任意边界条件矩形板的声辐射计算方法. Li 和 Zhang[25] 考虑了矩形板四边为随位置变化的平动和转动支撑刚度的边界条件. Gavalas 和 EI-Raheb[26] 还研究了因几何或材料特性随位置变化而形成不连续边界条件的矩形板振动, 但没有考虑振动和声场的耦合.

在有些情况下, 矩形板单独置于无限声介质, 没有可视为声障板的周边结构, 或者结构尺寸较小, 结构两面流体的相互作用不可忽略, 声障板的效应便不复存在. 此时应该采用 Helmoholtz 积分方程计算流体负载及辐射声场. 在薄板近似条件下, 文献 [27, 28] 简化 Helmholtz 积分方程中的单层势项, 采用变分原理和 Rayleigh-Ritz 法, 求解无声障板的各种边界条件矩形板声辐射; Laulagnet[29] 将简支矩形板声辐射计算分为平板上表面和下表面积分两部分, 利用简化 Helmholtz

积分方程, 得到平板耦合振动位移满足的积分–微分方程, 从而求解辐射声场, 并进一步采用小波函数展开法 [30], 建立一种同时适用于有声障板和无声障板的矩形板声辐射计算方法.

船舶和飞机壳体等结构与流体的相互作用, 除了考虑流体负载外, 还需要考虑平均流动对结构振动和声辐射的影响. Atalla 和 Nicolas[31] 及 Frampton[32] 的研究表明, 声介质流动可以提高平板的声辐射效率. 在船舶运动的低马赫数情况下, 声介质流动对平板声辐射的影响可以忽略不计.

一般来说, 加肋或附加质量块引起的结构非均匀性增加平板声辐射效率, 但声辐射功率不一定增加, 这是因为肋骨和质量块有可能降低平板的振动效率. Sandman[33] 假设平板模态振型不受质块点作用惯性力的影响, 采用模态叠加法求解了带有单个质量块的简支平板耦合振动和声辐射. Li 和 Gibeling[34] 则研究了受多点弹性力作用的矩形弹性平板的声辐射, 考虑了弹簧作用力对矩形板振型的影响. 注意到, 建立加肋矩形弹性板振动和声辐射时, 没有肋骨的周期性条件可用, 因此早期一般采用两种近似 [35]: 一是将加肋矩形板等效为正交各向异性的平板; 二是假设矩形板模态振型不受肋骨的影响. 应该说, 在声波波长远大于肋骨间距的低频段以及肋骨尺寸较小的情况下, 这种近似是合理且比较简单的. 当然, 更多的研究是将肋骨与弹性平板的相互作用简化为线力和线力矩模型 [36,37]. Berry 和 Nicolas[38] 采用 Rayleigh-Ritz 法, 研究了边界弹性约束支撑、纵向和横向加肋并且带有质量块的弹性平板的振动和声辐射, 为了更好地适用于船舶结构, Berry 和 Locqueteau[39] 进一步考虑了矩形板弯曲、横向剪切及面内变形, 以及肋骨弯曲、扭转和伸展变形.

当矩形板长宽比较大, 且声波波长远大于其宽度时, 二维矩形板可以简化为一维梁模型. 工程中的大部分梁都是变截面梁, 在几赫兹的低频段, 潜艇艇体可以看作质量和刚度分布不均匀的变截面梁. Junger[40] 将梁离散为若干个单元, 每个单元弯曲振动的声辐射类似于偶极子声辐射. 注意到梁纵振位移一方面引起梁局部体积的变化, 另一方面引起梁横向变形, 再考虑到两端纵向振动也引起体积变化, 而一般情况下潜艇及鱼雷推进系统在低频段的纵向力远大于横向力, 因此有必要计算梁纵振动产生的声辐射. 在有些情况下, 梁横截面不是连续变化的, 而是分段台阶型变化, Sun[41] 建立了这种梁结构的振动和声辐射计算模型.

(3) 弹性球壳耦合振动和声辐射. 圆球壳是一种几何形状最简单的弹性壳体, 可以采用分离变量法严格求解其受激振动和声辐射, 因而很早就作为声弹性的研究对象, 也常常作为其他弹性结构声辐射计算方法验证的模型. 文献 [2] 和 [42] 详细给出了弹性薄圆球壳振动和声辐射的计算模型, Choi 等 [43] 比较了钢质矩形板和不同半径的钢质球壳的声辐射特性, 认为有限尺寸球壳比无限大障板上的矩形板更能切实表征实际结构的声辐射特征. 利用薄圆球壳模型, 可以进行一些机理性的振动和声场计算分析 [44].

　　随着潜艇潜深的不断增加以及水下深潜器的发展, 传统单一的圆柱壳耐压结构可能难以满足结构强度和排水量的兼容要求, 圆球壳已成为大潜深耐压壳体的一种合理选择, 为了保证结构强度, 圆球壳壁厚也会比潜艇传统耐压壳的厚度大, 建立声学模型时, 尤其研究圆球壳的共振散射特性, 需要考虑厚壳模型 [45]; 另外, 为了兼顾强度和透声性要求, 声呐导流罩常常采用玻璃钢等复合材料, 其壁厚达到厘米量级, 当声呐工作频率高于几十千赫兹的情况下, 圆球壳作为研究声呐罩的一种基本模型, 在计算透声性或声呐自噪声时, 也需要建立厚壳模型 [46]. Molloy 等 [47] 还建立了多层圆球壳和水层声传输模型.

　　应该说, 潜艇及鱼雷等水下运动体的形状更接近于椭球, 所以, 椭球壳也是典型的结构耦合振动和声辐射研究对象, 但由于椭球函数的复杂性, 即使采用分离变量法求解, 椭球壳的声辐射计算还是比较复杂. Chertock[48] 采用椭球函数研究了已知振动模态的椭球壳声辐射, 得到的声阻抗关系可用于已知振速细长体的声辐射近似计算. Hayek 和 Boisvert[49] 考虑剪切变形和转动惯量, 给出了椭球壳的振动方程, 并采用缔合 Legendre 函数作为基函数求解振动位移方程, 但未见采用分离变量法求解椭球壳耦合振动及声辐射的相关文献. 所以, 早年 Yen 和 Dimaggio[50] 采用有限差分法求解椭球壳振动和声辐射, 文献 [51] 将其推广到非轴对称激励情况. Jones-Oliveira[52] 采用变分原理求解椭球壳的耦合振动和声辐射, Chen 和 Ginsberg[53] 进一步采用简化的轴对称薄椭球壳模型和表面变分原理, 建立了完整的任意长径比的椭球壳耦合振动和声辐射模型. 为了解椭球壳的声辐射特性, Lynch 和 Woodhouse[54] 采用数值方法计算了带无限大声障板的矩形板及球壳、椭球壳和圆柱壳在点力激励下的声辐射, 结果表明: 椭球壳低阶模态的声辐射在相应频率范围内要比平板和球壳大很多.

　　(4) 无限长弹性圆柱壳耦合振动与声辐射. 在实际工程中, 潜艇、鱼雷及其他水下航行体的外形基本为圆柱壳. 采用圆柱壳模型研究它们的耦合振动和声辐射特性, 不仅形状上模拟程度高, 而且数学模型也不过于复杂. Junger[2] 及 Skelton 和 James[15] 的专著系统归纳了无限长弹性圆柱壳耦合振动和声辐射的计算方法, 他们采用周向 Fourier 级数展开和轴向 Fourier 积分变换方法, 联合求解圆柱壳振动方程及外场波动方程, 在远场条件下采用稳相法反演计算远场辐射声压. 当圆柱壳壳壁较厚时, 也不宜采用薄壳振动方程, 而应该采用严格的弹性理论求解圆柱壳的振动及声辐射 [55]. 在有些情况下, 如潜艇水面航行或近水面航行, 需要考虑界面对耦合振动及声辐射的影响. Li 等 [56] 采用虚源概念研究了完全浸没在半无限水介质中的无限长圆柱的声辐射. 潜艇深潜时, 静水压引起潜艇壳体中的预应力, 并有可能改变壳体动力特性, Keltie[57] 采用了包含静压引起的轴向和周向预应力项的薄壳振动方程, 研究了静压对无限长圆柱壳辐射声场的影响.

加肋圆柱壳作为常见的潜艇及水中兵器结构形式, 其声辐射比加肋平板更能反映结构特征. Burroughs[58] 采用 Fourier 变换方法, 并利用环形肋骨的空间周期性, 建立了双周期环形加肋的无限长圆柱壳声辐射模型. 实际潜艇结构, 除了周期性环肋外, 常常还采用纵向肋骨, 文献 [59] 研究了纵肋对圆柱壳周向振动模态及声辐射的影响. 针对潜艇和飞机舱段内部铺板, 可利用无限长圆柱壳远场声辐射模型, 计算铺板与圆柱壳的相互作用力和力矩引起的远场声辐射 [60]. 我国潜艇采用双层壳结构形式, 机械设备振动通过内部结构传递到耐压壳体上, 振动能量再通过舷间结构和水介质两种途径传递到外场产生噪声, 21 世纪初国内曾作为一个热点开展了无限长双层圆柱壳振动和声辐射研究 [61−63].

复合材料结构以其重量轻、强度高及阻尼大等优势, 越来越多地用于舰艇等结构, 随着高强度复合材料的发展, 未来潜艇有可能采用复合材料耐压艇体结构. Yin 等 [64] 基于复合材料结构动力模型, 建了无限大加肋复合材料平板和无限长加肋复合材料圆柱壳的振动和声辐射模型, Cao 等 [65] 进一步考虑了剪切变形的无限大加肋复合材料平板和无限长加肋复合材料圆柱壳研究振动和声辐射特性. Mejdi 等 [66] 建立了周期加肋的复合材料平板声传输损失计算方法, Lee 等 [67] 则研究了复合材料圆柱壳及内部矩形铺板的自由振动, Zhao 和 Geng[68] 还采用各向异性等效动刚度并考虑内力影响, 研究了潮湿环境下复合材料平板的振动和声响应. 但因为缺少足够的算例, 复合材料圆柱壳声辐射特性及规律尚不很清晰.

(5) 有限长弹性圆柱壳结构耦合振动与声辐射. 在十几赫兹左右的频率范围内, 产生声辐射的振动以潜艇舱段的局部振动为主, 因此有限长圆柱壳振动和声辐射模型更具实际价值. Stepanishen 等 [69,70] 采用轴向模态级数展开法, 详细建立了无限长圆柱形障板上的有限长圆柱壳的声辐射模型, 着重计算分析了两端简支边界条件圆柱壳的模态辐射自阻抗和互阻抗, 为研究有限长圆柱壳的声弹性问题提供了完整的声负载模型, 在此基础上, Laulagnet 和 Guyader[71,72] 采用模态叠加法进一步研究了无限长圆柱形障板上有限长圆柱壳的辐射声功率和辐射效率, 数值分析比较了模态声辐射互阻抗对辐射声功率的影响. Sandman[73] 研究了两端为刚性端板而没有圆柱形声障板的有限长圆柱壳的声辐射阻抗.

应该说, 有限长加肋圆柱壳声辐射计算模型, 是模拟潜艇舱段声辐射的最接近于实际结构的模型. 在考虑肋骨与有限长圆柱壳相互作用时, 不能利用肋骨的空间周期性而简化计算模型. Laulagnet 和 Guyader[74] 采用变分原理, 考虑肋骨的三个平动分量和两个转动分量, 研究了两端简支并镶嵌在无限长圆柱形刚性障板上的有限长加肋圆柱壳的声辐射. 文献 [75] 同样采用变分原理, 研究了不同环肋尺寸和间距的加肋圆柱壳在环频以下的声辐射特性; 汤渭霖和何兵蓉 [76] 只考虑肋骨对圆柱壳的法线作用力, 计算了水中有限长加肋圆柱壳的振动和声辐射. 由于轴对称性, 环肋主要改变轴向模态振型, 对于低频段声辐射起主要作用的呼吸模态基本没有影响, 而轴向加肋可以改变周向模态振型, 从而影响圆柱壳振动和声辐射特性, 但相关研究较少. Rinehart 和 Wang[77] 采用能量法建立了离散纵向加肋圆柱壳自由振动模型, 分析了模态振型及频率特性. 文献 [78] 考虑纵肋径向弯曲、周向弯曲、轴向纵振和扭转振动的作用, 建立了有限长纵向加肋圆柱壳的耦合振动和声辐射模型.

潜艇、飞机和鱼雷尾部去流段绝大多数采用圆锥壳结构, 尤其像潜艇尾尖舱一般还都是轻壳体结构, 在推进器系统产生的轴系力和表面力激励下, 可能产生较明显的声辐射. 圆锥壳声辐射及外场流体负载计算尚无相应的解析方法, 针对圆锥壳的研究大都限于振动问题. Tong[79] 提出了幂级数法用于求各向同性和各向异性圆锥壳自由振动, Caresta 和 Kessissoglou[80] 进一步研究了考虑流体负载的圆锥壳振动响应及圆柱壳与圆锥壳组合结构的自由振动. 陈美霞等 [81] 将幂级数法推广到水下加肋圆锥壳和任意边界圆锥壳的振动特性分析, 但相应的声辐射还缺少合适的解析方法, 在圆锥壳的半锥角较小时, 低频声辐射计算或许可以用圆柱壳声辐射近似, 但尚无比较深入的研究. 张聪 [82] 在文献中采用等效源方法研究了圆锥壳和圆锥壳–圆柱壳组合结构的辐射声场.

2. 结构耦合振动和外场声辐射的数值计算方法

解析方法虽然比较完整地给出了结构声弹性模型及声辐射规律和图像. 然而, 这些方法不适合于直接解决复杂的实际工程问题, 应发展适用性更强的结构振动和声辐射数值计算方法, 以满足舰艇等定量声学设计的工程需求.

(1) 外场声辐射计算的边界积分方法. 舰艇、鱼雷或者其他水下航行体, 还有飞机和车辆都是具有任意外形的三维结构, 严格地计算它们的声辐射, 应该在一定的空间域内求解声压满足的 Helmholtz 方程及物面边界条件和空间界面条件. 这一问题归结为边界值问题的求解, 基本的方法为边界积分方程方法, 可以追溯到 20 世纪 60 年代 Chen 和 Schweikert[83] 及 Copley[84] 等的工作. 计算任意形状物体的外场声辐射, 有三种形式的积分方程, 其一为简单源方程, 其二为表面 Helmholtz 积分方程, 其三为内部 Helmholtz 积分方程. 为了提高边界元方法计算的精度, 减小单元数量和计算时间, 将等参元引入声辐射计算 [85], 采用二阶插值函数同时模拟声场参数和结构表面几何形状. 为了减小边界积分方法计算辐射声场的计算量, 可以充分利用辐射表面的几何对称特性, 如回转体辐射的面积分可简化为线积分, 显著减少边界元积分的计算量 [86,87].

在很多实际情况下, 如潜艇近水面航行或接近海底航行时, 应该考虑半无限空间半任意结构声辐射计算的边界元模型, Seybert 和 Wu[88] 将半无限空间界面的声反射等效为一个虚源, 相应地在边界元积分方程中的 Green 函数增加一个虚源项, 建立了半无限空间结构声辐射所满足的 Helmholtz 积分方程修正形式. 文

献 [89] 对应于辐射结构近海底或近海面的情况, 进一步研究了无限大刚性和柔性界面对复杂结构声辐射的影响. 另外, 实际工程中结构内部区域和外部区域可能通过开孔相互连通, 对此 Seybert 等 [90] 建立了内外区域连通的耦合边界元积分离散方程. 当边界元方法用于薄型结构时, 单元两面相距很近, 直接应用常规的边界元积分方程, 会产生奇异现象, 称之为 "薄型失效", Martinez[91] 提出适用于薄型结构声辐射计算的边界积分方程, Wu[92] 推导了薄型结构与非规则结构相连或相邻的组合体边界积分方程.

边界积分方程计算辐射声场会遇到两个基本问题: 一是被积函数的奇异性, 二是积分的非唯一性. 简单来说, 当场点和源点吻合时, Helmholtz 积分方程中的核函数产生奇异, 影响积分的精度. 边界积分方程用于外场声辐射时, 如果频率接近内部 Dirichlet 问题的本征值所对应的特征频率, 则边界积分方程的解不能保证唯一性 [93,94].

(2) 复杂结构耦合振动与声辐射的有限元和边界元方法. 复杂结构产生的辐射噪声预报, 有效的方法是有限元和边界元结合的方法. Wilton[95] 和 Mathews[96] 建立了有限元和边界元方法计算结构声辐射的普适模型, 已成为声弹性研究的一个经典模型. 经过多年的发展, 已经形成了功能强大、界面方便的商用软件, 推动了有限元和边界元方法在结构振动和声辐射计算方面的工程应用. 为了提高计算效率, 可以降低流固耦合方程的阶数 [97,98], 或者改进计算模型和方法. 文献 [99] 将剩余模态概念用于有限元 + 边界元建模中, 提出了修正的模态分解法用于计算回转壳体的耦合振动及声辐射. 文献 [100] 发展了有限元 + 宽频快速多极边界元方法计算分析水下结构声辐射和声散射.

由 Helmholtz 表面积分方程计算结构表面振速和声压的关系获得流体负载时, 每个计算频率下需要针对每个单元进行两次曲面积分, 相应的计算量很大, 因此, 往往会采取一些近似方法处理. 在低频段可以忽略流体介质的压缩性, 由求解 Laplace 方程替代求解 Helmholtz 方程, 而在高频段可以采用平面波近似. 为了既不增加很大的计算量, 又提高流体负载计算的适用性, Geers[101] 利用平面波或曲面波近似与附加质量近似, 提出了双渐近近似法计算流体负载, Giordano 和 Koopmann[102] 又提出了称为状态空间法的处理流体负载和流固耦合的方法, 使流体负载不隐含频率变量, 得到以表面节点振动位移矢量的各阶导数为待解状态矢量的流固耦合方程, Cunefare 和 Rosa[103] 则提出声压与法向位移的声阻抗, 降低流固耦合方程的阶数.

(3) 结构耦合振动与声辐射的其他数值方法. 有限元和边界元方法计算任意形状结构受激振动和声辐射时, 随着计算频率的提高, 计算量迅速增加, 为了突破这一局限性, 需要寻找更有效更简便的数值计算方法. 为此, Koopmann 等 [104] 提出了波元叠加法, 将任意结构的声辐射看作由一组位于结构内部假想封闭曲面上简单声源的声场叠加而成, 再结合有限元方法建立弹性结构声辐射的流固耦合方程, 比边界元法具有计算简便和精度高的优点 [105]. 在此基础上, Stepanishen 和 Chen[106,107] 针对回转体结构, 沿轴线布置一系列虚拟的点源, 由回转体表面速度确定点源强度, 再由点源强度计算辐射声压, 并进一步发展了广义的内部声源密度法, 即在任意形状弹性结构外部作一个虚拟的回转封闭曲面, 并沿回转体封闭曲面轴线布置与周向模态匹配的虚拟环形声源, 其轴向分布采用内部声源密度法的方法确定. Ochmann[108] 还发展了一种声源模拟技术, 在结构外围构建一个虚拟球面, 在球面上采用球函数展开 Helmholtz 外场积分方程中的 Green 函数和声压, 将 Helmholtz 积分方程化为全场方程, 提供求解声压的球函数展开系数计算辐射声场.

实际上, 早在 20 世纪 70 年代, Hunt 等 [109] 就提出了一种半数值半解析的混合方法, 他们在结构外围作一个封闭球面, 结构振动采用结构有限元求解, 球面内声场采用流体有限元求解, 球面外的声场采用球函数分离变量求解, 可以快速计算远场辐射声场. Bossut 和 Decarpigny[110] 则将结构外球面上的单元视为声波吸收器, 称为阻尼单元, 它们吸收结构向外辐射的声波, 将无限声场问题化为有限声场问题, 而且还将一个复杂声源等效为一定距离外的多极子声源, 利用这种声源可以方便计算结构声辐射. Keller 和 Givoli[111] 又发展了一种在虚拟界面将 Dirichlet 边界条件转化为 Neumann 边界条件的方法, 实现无反射边界条件, 称为 DtN 边界条件, Giljohann 和 Bittner [112] 将 DtN 方法用于弹性结构的声辐射计算.

弹性结构受激振动和声辐射计算时, 还有一种方法可以避开 Helmholtz 积分方程计算, 提高数值分析效率, 这种方法为无限元方法. Zienkiewicz 等 [113] 提出的映射无限元将一个半无限区域映射到有限元区域, 并采用多项式形状函数映射得到不同阶数的幂函数, 满足外声场计算精度的要求. 20 世纪 90 年代中期, 又提出了一种映射波包元方法 [114], 它与映射无限元的主要差别在于形状函数中考虑了波动因子. 为了更好地模拟声辐射, Cremers 等 [115] 提出了变阶的无限波包元, 用于模拟向外辐射声波幅度随距离的衰减, Astley 等 [116] 进一步扩展到三维情况. 利用映射波包元方法建立流固耦合方程时, 弹性结构采用结构有限元离散, 近场声介质采用有限元处理, 远场声辐射则采用波包元处理, 依靠有限到无限的几何映射来实现远场声场模拟. Burnett[117] 认为: 无限元方法比边界元方法有更高的计算效率, 同样的计算精度下, 计算速度要高上百倍. 考虑到结构长径比较大时, 虚拟球面内声介质的有限元单元数量较大, 降低了数值分析的效率, 为了克服这一缺点, Burnett 和 Holford[118] 建立了椭球声无限元方法.

除了寻找辐射声场的高效计算方法以外, 如果能够提高结构建模及计算的效率, 无疑也是提高计算效率的有效途径. 考虑到潜艇和飞机结构主要为加肋圆柱壳, 如果能将圆柱壳和内部基座分别采用解析与数值方法求解, 则可以明显改进结构振动和声辐射的计算效率. Gordis 等 [119] 基于子系统界面作用力和位移连续的基本关系, 求解子系统相互作用的耦合力和力矩, 于是, 结构整体频率响应函数矩阵可以由子系统子矩阵合成得到, 对于独立求解的子结构而言, 可以采用解析法或数值法分别求解. Maxit 和 Ginoux[120] 考虑浸没在水介质中的圆柱, 其内部带有肋骨、横舱壁等轴对称结构, 分别采用解析方法和有限元方法计算圆柱壳和内部结构的导纳. Meyer 等 [121] 将此方法扩展到非轴对称内部结构, 可适用于复杂内部结构与圆柱壳振动和声辐射的数值/解析混合建模. Chen 等 [122] 进一步基于解析/数值混合法建立了完整的圆柱壳及内部结构振动计算模型, 其中解析方法求解圆柱壳振动, 有限元方法求解基座振动. 组合模型降低了计算模型的阶数, 提高了计算效率.

3. 结构内部声场及声弹性耦合计算方法

舰船声呐罩及飞机、列车舱室内部噪声场, 局限在以罩壁和舱壁为界面的有限区域内. 内部声场不仅与声源特性或激励方式有关, 而且与壁面的声学和力学性能有关. 壁面结构的振动也不仅与外部无限区域声场耦合, 而且还与内部有限区域声场耦合.

(1) 矩形腔与弹性板相互作用及内部声场. 最简单的矩形腔与弹性板相互作用模型来源于建筑声学中房间窗户的透声问题, 即矩形腔的一面为弹性矩形板, 另外五个面为刚性壁面. Guy[123] 采用声模态和振动模态法内部声场与矩形板振动求解, 建立弹性矩形板与内外声场相互作用的耦合方程, 得到平面声波通过矩形板产生的腔内声场. David 和 Menelle[124] 采用圆柱体内部的充水矩形腔, 试验验证腔体内部声场的计算精度. Narayanan 和 Shanbhag[125] 研究了平面波通过三层夹芯弹性板在矩形腔内产生的声场, Oldham 和 Hillarby[126] 仍然采用模态法建立了矩形腔内已知声源产生的噪声通过弹性板辐射到外场的计算模型. Pan 和 Bies[127] 认为, 上述模型只适用于弱耦合, 而不适用于薄板、浅腔及重质声介质等强耦合的情况.

在实际工程中, 矩形腔上的弹性板边界条件一般都不是理想的简支或固支边界条件, 为此, Du 等 [128] 考虑一面为弹性支撑边界的弹性板, 其他五面内壁为刚性壁面的情况, 提出了改进的 Fourier 级数法, 构建内壁为任意阻抗边界的矩形腔内部声场, 并采用 Rayleigh-Ritz 法求解弹性板与矩形腔耦合振动和声场.

(2) 腔体与弹性结构耦合的声弹性模型. 完整建立有限区域内部声场与弹性界面或声阻抗界面的声振耦合模型, 应该归属于 Dowell 和 Gorman[129] 的研究. 他们第一次提出声弹性概念, 采用界面为刚性边界条件下有限区域的声模态函数作为内部声场展开的基本函数族, 利用 Green 公式建立腔体内部声场与界面振动的关系, 得到描述内部声场和界面振动的两个模态方程组, 为分析弹性及阻抗壁面结构的内部声场奠定了理论基础. 但是, 在腔体弹性界面情况存在速度不连续问题, 应当说 Dowell 提出的方法是一种近似方法. 研究表明, Dowell 简化导致的偏差, 主要使腔体一阶共振频率下计算的均方声压偏低. Dowell 简化的有效性受腔内声介质有效刚度的影响, 对于空气介质比水介质腔体的适用性要好. 为了避免 Dowell 简化的缺陷, Magalhaes 和 Ferguson[130] 发展了部件模态合成法用于计算三维矩形腔体与结构的相互作用.

原则上讲, 只要已知模态函数, Dowell 声弹性方法可以求解任意形状壳体的振动和内部声场. 有些情况下, 腔体形状虽然不是标准的矩形腔等规则形状, 但其形状接近矩形腔, 可以采用几何形状与其相近的规则包络腔体来模拟, 并由规则包络腔体的模态函数求解其内部声场 [131]. 当然, 只有当规则包络腔体的几何形状与不规则腔体比较接近时, 内部声场求解的精度才比较好.

(3) 有限长圆柱壳声振耦合及内部声场. 针对潜艇和飞机舱室的声振耦合及内部声场, 需要将 Dowell 声弹性模型扩展到有限长圆及其内部声场. Narayanan 和 Shanbhag[132] 采用 Dowell 声弹性方法计算分层和夹心圆柱壳内部声场. 注意到实际的潜艇和飞机舱为几个圆柱壳链接而成, 每个舱段振动能量相互传递, 为此, Cheng 等 [133,134] 针对一端为声学刚性支撑, 另一端为弹性支承圆板的弹性圆柱壳, 采用 Hamilton 原理和 Rayleigh-Ritg 法, 求解有限长圆柱壳及端板产生的内部声场. 飞机和潜艇舱段内部一般都布置水平甲板, 甲板与圆柱壳侧面连接, 不仅改变圆柱壳动态特征, 而且改变了圆柱壳内部空间结构. Missaoui 和 Cheng[135] 采用 Rayleigh-Rity 法求解有限长圆柱壳结构振动, 并将圆柱壳内部区域划分为若干个腔体, 采用集成模态法求解内部声场.

为了提高飞机舱室噪声计算模型的实用性, 也发展了圆柱壳结构振动产生内部噪声的其他计算方法. Wu 和 Cheng[136] 根据互易原理, 采用一组规则形状封闭壳体, 如球壳或无限长圆柱壳, 空间拟合复杂形状封闭腔, 由前者声场的计算结果替代后者的声场. Thamburaj 和 Sun[137] 利用保角变换方法, 将圆角方形截面柱壳变换为圆柱壳, 并采用 Rayleigh-Ritz 法求解内部模态分布与声场.

(4) 腔体内部声场及声振耦合求解的数值方法. 严格来说, 飞机和潜艇舱室都不是理想的圆柱腔和矩形腔, 尤其舰艇声呐罩和汽车车厢更是复杂形状的腔体. 在这种情况下采用有限元等数值方法, 求解内部声场及其壁面结构的相互作用, 不受区域形状和边界的约束. Petyt 和 Lim[138] 建立了完整的任意结构与内部声场耦合的有限元运动方程, 求解时采用结构振动模态和腔内声模态分别展开结构振动位移和内部声压. Tourour 和 Atalla[139] 还采用准静态修正法求解内部声场和结构振动耦合方程, 即考虑剩余模态对解的贡献, 在不扩大耦合方程阶数的前提下, 可以减少计算时间和提高计算精度. 采用有限元求解腔壁结构振动和腔内声场的方法成熟, 普遍用于计算汽车、飞机等民用运输工具的内部噪声及分析降噪效果. 为了提高有限元方法计算内部声场的精度、效率以及网格生成的自动化功能, 需要改进和完善自适应的网格再生与细化, 处理结构和流体区域有限元网格的兼容性 [140,141].

无论有限元方法如何改进, 应该说都无法克服中高频段单元数量大所带来的计算量增大、精度变差的缺陷. 采用边界元法计算内部声场, 可以将三维问题简化为二维问题, 大大减少单元数量, 而且也不受形状限制. Sestieri 等 [142] 采用结构有限元和声学边界元方法, 建立流固耦合方程, 计算复杂形状腔体的内部声场. 我们知道, 等效源方法作为边界元方法的一种替代方法, 也可用于求解腔内声场, 具有方程维数低和计算方便等优点 [143], 如果任意一组外围声源产生同样的界面声压和法向振速, 则在腔内产生的声场不变. 这样, 由腔体壁面声压和法向振速及腔内声源产生的腔内声场等效为腔体外围声源及腔内声源产生的声场.

4. 结构耦合振动和声辐射的统计及混合计算方法

解析方法和数值方法求解弹性结构振动和声辐射, 当计算频率较高, 一般来说波长小于结构尺寸时, 所需模态数或单元数迅速上升, 计算的不确定性也随之增加. 结构动力特性和几何特性复杂程度的增加, 采用解析法和数值法计算振动和噪声的难度也增加, 甚至变得不可能. Lyon 和 De Jong[144] 以能量作为独立的动力学变量, 提出了统计能量法, 在一定频带内原来需要用多个自由度描述的子系统, 现只需用能量密度等少数几个参数描述即可, 从而使结构振动和声辐射计算大为简化.

(1) 统计能量法基本理论. 假设在每个分析频带内, 子系统能量由每个模态均分, 相应地, 可以得到每个子系统在分析频带内的平均振动和平均声压, 不再有振动能和声能的频率分布和空间分布; 进一步假设激励力的输入功率谱为宽带的, 耦合的两个子系统不会产生能量, 但有可能消耗能量, 子系统分析频带内所有模态的阻尼因子相等, 子系统的模态之间不存在相互作用, 相关效应可以忽略. 基于这些假设, Lyon 建立了具有弹性耦合、质量耦合、回转耦合及阻尼耦合的两个振子的功率流和能量平衡方程, Burroughs 等 [145] 进一步考虑了弹性耦合和回转耦合的保守双振子系统传输功率流与能量之间的关系, Sun 等 [146] 将保守耦合振子扩展到非保守耦合振子, Beshara 和 Reane[147] 则将其扩展到两个多模态的耦合子系统, Maxit 和 Guyader[148] 进一步研究了梁、板、壳体及声腔等分布参数系统的多模态子系统的能量平衡方程. Maxit 研究认为 [149], 当腔内为重质声介质时, 采用双振子模型建立结构振动与腔内声场传输能量的统计模型, 不仅需要考虑分析激励频带内共振模型的耦合, 而且需要考虑激励频带外 "非共振模态" 引起的附加质量和附加刚度, 不能从轻质声介质直接扩展到重质声介质情况.

应该说, 强耦合和非保守是统计能量法的两大难题, 尤其是强耦合. 为了能够更深入地研究强耦合情况下的统计能量平衡关系, Langley[150] 基于结构基本动态特性, 给出了具有一定普适性的统计能量分析模型推导方法, 提供了建立统计能量分析模型的方法和思路. 在此基础上, Keane[151] 基于 Green 函数及能量导纳概念, 针对任意组合的多模态子系统, 建立了完整和普适的统计能量法模型, 并扩展到非保守系统 [152], 不仅考虑子系统内部阻尼的能量耗散, 而且考虑了所有系统之间耦合阻尼的能量耗散. 在弱耦合情况下, 引入耦合阻尼损耗因子, 将子系统的耦合阻尼效应纳入统计能量平衡方程, 得到类似经典形式的耦合损耗因子, 从而使统计能量平衡方程的形式保持不变. 但是实际问题往往难以满足弱耦合条件, 尤其是水下结构的振动和声辐射问题, 有必要考虑强耦合情况下扩展经典的统计能量平衡方程.

(2) 统计能量法参数获取方法及结构振动和声辐射算例. 基于系统统计能量平衡方程, 只要已知每个子系统的输入功率、模态密度及子系统传递损耗因子和自损耗因子, 即可计算子系统平均能量, 进一步计算结构振动和辐射声压. 有三种常见的激励方式需要计算相应的输入功率: 其一为机械激励力; 其二为湍流边界层脉动压力激励; 其三为腔室内点声源或分布声源. Lyon 和 De Jong[144] 给出了这三种激励输入功率的基本计算方法. 文献 [153] 详细介绍了湍流边界层脉动激励结构的输入功率计算方法, Moorhouse 和 Gibbs[154] 建立了适用于弹性安装设备输入声功率计算方法, Yap 等 [155] 针对直接安装在基座上的设备, 采用互易原理提出了输入声功率的间接测量方法.

提高统计能量法计算的精度, 重要的一个环节是精确估算子系统的传递损耗因子. Cremer 和 Heekl[156] 及 Lyon 和 De Jong[144] 详细给出了角型、十字型、L 型和 T 型等常见连接形式的传递损耗因子估算公式, 为应用统计能量法提供了基本的传递损耗因子计算方法. 为了提高统计能量法的计算精度及适用性, 需要考虑有限结构情况下传递损耗因子的估算方法. Langley 等 [157,158] 基于波动法, 计算了多块平板连接及任意数量半无限梁与无限板连接的传递损耗因子. Dimitriadis 和 Pierce[159] 及 Maxit 和 Guyader[160] 基于模态法解析求解有限结构子系统的传递损耗因子. 应该说, 无论是波动法还是模态法, 都难以针对实际的结构解析计算传递损耗因子. 另外, 为了提高低频段传递损耗因子的精度, Simmons[161] 采用有限元方法计算组合平板结构的空间和频带平均振动位移, 获得子系统传递损耗因子. Craik 等 [162] 认为, 子系统传递损耗因子在低频的不确定性与子系统的点导纳变化有关, 因此, Steel 和 Craik[163] 采用有限元方法计算子系统能量和空间平均点导纳, 用于修正计算子系统传递损耗因子. 采用有限元方法计算子系统传递损耗因子, 再用于统计能量法计算, 实际上结合了两种方法的优势, 可扩展统计能量法的中频适用范围. 获取复杂结构子系统的传递损耗因子, 还可以采用试验测

量方法 [164], 其原理与有限元计算方法一样, 只是获得子系统能量的方式不同.

统计能量法的另外一个重要参数为模态密度. Fahy[165] 罗列了简单结构模态密度的计算方法, Langley[166] 针对曲面板详细推导了模态密度的计算公式, 认为模态密度与边界条件关系不大, 在简支边界条件下得到的模态密度也可用于其他边界条件. 实际上, 这种观点适用于频率较高的情况, 当频率较低时, 还是需要考虑边界条件对模态密度影响的修正. Xie 等 [167] 针对矩形板, 提出了简支、固支和自由等边界对模态密度影响的修正项. 除了边界条件影响模态密度外, 流体负载使结构的模态频率往低频压缩, 使模态密度增加. Chandiramani[168] 提出了流体负载对平板模态密度影响的修正因子. 应该说, 对于加肋圆柱壳等复杂结构及声呐罩等复杂腔体, 模态密度还没有简单的计算公式, 流体负载影响的修正, 也是采用了无限大平板流体负载的简单修正. 针对实际的结构, 尤其是水下结构, 还是需要采用试验测量的方法, 获得实用的模态密度特性. Clarkson 和 Pope[169] 提出了模态密度的测量方法. 原理上讲, 模态密度测量只需在每个频带内对模态峰值进行计数即可, 但对复杂结构来说, 边界条件、周围介质等多种因素的互相作用, 导致振动响应峰值复杂而难以计数, 尤其是水下结构, 辐射阻尼使振动响应峰值重叠而难以确认.

在统计能量法分析中, 无论是计算腔体与结构的传递损耗因子, 还是计算腔体的自损耗因子, 都会涉及结构的辐射阻抗或辐射效率, Maidanik[170] 很早就给出大家熟知的平板平均声辐射效率计算公式, Blake[171] 也按四个频段归纳了平板平均声辐射效率公式, Szeehenyi[172] 和 Fahy[173] 分别给出了圆柱壳内场和外场平均声辐射效率估算公式. Xie 等 [174] 进一步依据声辐射效率的定义, 对模态声辐射功率求和, 修正了平板声辐射效率, 在此基础上, Squicciarini 等 [175] 研究了不同边界条件对平板平均声辐射效率的影响. 另外, 平板和圆柱壳的水中吻合频率将比空气中的吻合频率增加 18 倍左右, 声波长增加 4 倍多, 它与模态波长的比值也相应增加, 使平板声辐射的面模式、边模式和角模式的比例发生变化. 因此, 平板和圆柱壳的平均声辐射效率用于水下结构, 需要进行修正, 否则不一定适用. Rumerman[176] 针对一面为半无限声介质的无限大平板和半无限大平板, 研究比较了轻质和重质声介质情况下的声辐射效率, 虽然明确了流体负载对声辐射效率的影响范围, 但尚未解决统计能量法应用时水中结构平均声辐射效率的估算问题.

由于具有方法简便、计算量小等优点, 统计能量法计算结构振动和声辐射已经从最早 Crocker 和 Price[177] 的腔室与平板子系统声传输特性计算, 发展到预报整船的结构噪声和舱室空气噪声. 从形式上讲, 系统统计能量平衡方程与结构有限元方程完全对应, 子系统损耗因子矩阵对应结构刚度矩阵, 可以借助有限元的建模思路进行大型复杂结构的统计能量法分析建模, 应该说, 统计能量法已经成为结构高频动力特性分析的一种有效工具. Burroughs 等 [178] 针对船舶结构, 介绍了统计能量法应用的几个例子, Hynna 等 [179] 详细归纳了统计能量法用于船舶噪声预报的具体方法.

(3) 结构振动和声辐射的其他高频近似方法. 在高频段, 除了统计能量法外, 还有其他几种计算结构振动和声辐射的近似方法. Skudrzyk[180] 提出了均值法, 利用模态法计算几何平均的结构点导纳, 由于高频段模态重叠, 使平均的有限结构导纳趋于无限结构的特征导纳. Torres 等 [181] 考虑流体负载的影响, 提出了修正的结构平均导纳估算公式. Langley[182] 提出的空间平均响应包络法, 对结构模态响应进行空间平均时, 取共振频率上的响应平均值为最大值, 两共振频率中心点上的响应平均值为最小值, 得到振动响应 (或导纳) 空间均方值的上下包络线. Dowell 等 [183] 针对受多点随机激励力作用的矩形板, 提出了渐近模态法求解振动频带均方位移响应, 并扩展到求解腔室高频声场 [184]. 为了向中频扩展内部声场计算的适用频率范围, Sum 和 Pan[185] 还提出了振动和声压的分频段空间均方值计算方法.

在弹性介质中, 利用能量密度与能量强度的转换关系、能量平衡及能量损耗关系, 可建立能量流控制方程, Bouthier[186] 建立了膜和平板结构振动的能量流控制方程. Han 等 [187] 给出两种多点力激励的输入功率密度计算方法: 其一为传递函数法, 其二为阻抗法, 从而基于能量流方法, 可以求解矩形板等结构的能量密度分布. Cotoni 等 [188] 针对半无限的 L 型平板及内侧声介质, 将边界声反射和声传输等效为二次源, 利用能量平衡关系, 求解得到能量场分布. Park 和 Hang[189,190] 利用能量法中的传递损耗因子, 建立了一维、二维和三维子系统的能量密度计算方法. Santos 等 [191] 提出了能量谱元法用于求解结构高频能量密度分布, Franzoni 等 [192] 提出了能量边界元方法, 利用能量守恒关系建立以能量为参数的边界积分方程, 可求解得到分布的边界单元声强及内部声压的空间均方值.

(4) 结构振动和声辐射的数值与统计混合法. 将结构振动人为地分为两种分量: 长波长分量和短波长分量. 相应地, 有限元方法适用于长波长分量, 统计能量法适用于短波长分量. 虽然提出了许多改进的方法以拓宽它们的适用频率范围, 但都难以使它们兼顾到低频到高频的全频段响应计算, 也就是说, 有限元方法往高频扩展有局限、统计能量法往低频扩展也有局限, 使得中频段结构振动和声辐射计算成为一个难点. 为了建立适用于中频的振动和声辐射计算模型, 将舰船和飞机结构分为主结构和次结构. 实际上, 大量的机械设备及管道、电缆、仪表等次结构, 非刚性地固定在船体和机身等主结构上, 针对这些附加的次结构, Soize[193] 和 Strasberg 等 [194] 引入了模糊结构概念, 并认为: 次结构作为船体和机身的一部分, 在低频区建模计算, 往往将它们作为附加质量处理, 得到的响应计算结果能够与试验结果吻合, 在中频区, 对于没有次结构的 "纯" 主结构, 计算与试验的响应也吻合, 但若有次结构并将其作为附加质量处理, 则响应计算结果存在较大误差, 为了有效预报主结构的中频响应, 有必要合理模拟次结构的动力特性. Soize 的模糊结构理论模型虽然合理解释了大型结构在较宽频率范围内阻尼骤增的物理原因, 但作为一种理论框架模型, 实际应用比较困难. Pierce 等 [195] 将无限大刚性障板上的矩形平板及一侧半无限声介质为主结构, 矩形平板另一侧布放若干数量的小阻尼弹簧质量振子作为模糊结构, 研究了模糊结构对主结构影响的附加质量和阻尼. Lyon[196] 认为模糊结构方法本质上与经典统计能量法是一致的, 只是主结构动力特性没有按随机量处理.

Langley 和 Bremner[197] 借鉴模糊结构分类处理随机结构和确定结构的方法, 将结构响应分为整体模式和局部模式两部分, 分别对应低频和高频. 求解整体响应时, 采用模糊结构考虑局部模态对它的作用, 求解局部响应时, 采用统计能量法处理, 并考虑整体模态对它的作用. Shorter 和 Langley[198] 进一步基于波动概念并组合有限元法和统计能量法, 建立了更一般的结构振动混合计算方法. Cotoni 等 [199] 分析了有限元与统计混合法的中频适用性, 文献 [200, 201] 进一步将有限元和统计能量混合方法用于求解平板和矩形腔、腔体与腔体、腔体/弹性板/腔体系统的声振耦合响应. Zhao 和 Vlahopoulos[202] 还将有限元和能量有限元方法混合, 同样用于求解结构系统的中频响应. 数值法与统计法相互扩展, 已成为结构声弹性研究的一个主要方向.

5. 随机面分布激励的结构耦合振动和外场声辐射计算方法

当结构受湍流边界层脉动压力或噪声场激励时, 由于激励力是时空随机的面分布激励力源, 相应的结构振动和声辐射也是随机过程, 需要采用统计方法进行表征. 湍流边界层脉动压力的波数–频率谱定量地描述了脉动压力与结构相互作用的时空耦合特征, 一旦确定即可作为输入参数计算考虑流体耦合作用的结构振动和声辐射.

(1) 湍流边界层脉动压力激励的结构振动及外场声辐射. 在已知湍流边界层脉动压力激励谱的情况下, Strawderman[203] 较早研究了无限大平板和简支平板受湍流边界层脉动压力激励的振动响应, 考虑了流体负载的耦合作用. Davies[204] 及 Aupperle 和 Lambert[205] 采用波数–频率谱概念, 求解矩形平板受湍流边界层脉动压力激励的振动和声辐射, 建立了比较完整的模型. Chandiramani[206] 计算分析了矩形板振动与湍流边界层脉动压力的空间相互作用对声辐射贡献的主要分量, 对于水中有限结构来说, 声辐射主要来源于湍流边界层脉动压力低波数分量与模态波函数峰值分量的相互作用. Hwang 和 Maidanik[207] 则认为中间波数的作用也应该考虑.

针对低 Ma 数情况, Borisyuk 和 Grinchenko[208] 计算了下湍流边界层脉动压力激励的流线型表面结构单元振动和声辐射, 明确 Chase 和 Smol'yakov 模型适用于低 Ma 数情况下的结构振动和声辐射计算. Rumerman[209] 将实际结构简化为加肋弦或膜, 研究它们受湍流边界层脉动压力激励的声辐射, 并推广到加肋均匀板和非均匀板. Durant 等 [210] 采用边界积分方法计算圆柱壳受湍流边界层脉动压力激励的振动和内外声场, 文献 [211] 建立了湍流边界层脉动压力激励的双层加肋圆柱壳辐射噪声计算模型. 文献 [212] 采用有限单元法建立了舰船湿表面结构受湍流边界层脉动压力激励产生的水动力噪声预报方法. Liu[213] 研究了飞机曲面壳板纵筋和环肋及水动力吻合效应对结构声响应的作用, 并计算湍流边界层脉动压力激励下阻尼对平板声辐射效率的影响[214]. Esmailzadeh[215] 采用有限元方法建立了湍流边界层脉动压力激励下曲面薄壳结构位移响应均方根值的计算模型.

为了深化随机激励的结构响应研究, Dahlberg[216] 研究了模态互谱密度对振动响应谱密度的影响, 认为每一个互谱密项可以忽略, 但大量互谱项的和不一定是小量. Maury 等 [217] 采用波数法建立了随机激励下平板声振响应的理论框架. Park[218] 将湍流边界层脉动压力互谱密度函数近似用空间 δ 函数表示, 简化空间相关函数的积分, 风洞试验验证平板振动和噪声计算与试验结果吻合较好. Hong 和 Shin[219] 将湍流边界层脉动压力时空随机分布激励处理为多个点力, 采用有限元方法建立了湍流边界层脉动压力激励的任意结构振动计算模型. Ichchou[220] 针对湍流边界层脉动压力及扩散场激励, 提出统计独立的点力, 即所谓的 "雨点力" 等效模拟空间相关的宽带激励源, 可以充分利用现有商用软件计算分析任意结构在湍流边界层脉动压力激励下的振动和声辐射.

(2) 湍流边界层随机激励的结构内部声场. 由于实际的声腔形状复杂, 计算湍流边界层脉动压力激励下的内部噪声, 一般都采用简化模型. Dyer[221] 和 Dowell[222] 分别建立了矩形腔上覆盖弹性平板的声呐罩模型. Maidanik[223] 和 Kuo[224] 采用无限大平行板模型, 分别计算机械激励和湍流边界层脉动压力面激励下声呐自噪声, 文献 [225] 采用简化平行腔体模型研究了加肋夹芯透声窗产生的水动力噪声. Rao[226] 解析求解简支矩形弹性板受湍流边界层脉动压力谱激励的振动加速度功率谱, 再利用模型试验测定的振动加速与罩内自噪声空间传递函数, 估算声呐自噪声功率谱. 文献 [227] 采用结构有限元和声有限元, 并考虑外场流体负载, 建立了湍流边界层脉动压力激励的复杂形状声呐罩的自噪声预报模型.

考虑到声呐自噪声中水动力噪声分量的频率较高, 适合采用统计能量法计算. Muet[228] 和 Vassas[229] 采用统计能量法, 建立了声呐罩受湍流边界层脉动压力激励的自噪声计算方法. 文献 [230] 采用统计能量法计算了矩形腔声呐自噪声的水动力分量, 并考虑了流体负载的影响修正. Maury[231] 将机舱壁划分为矩形单元,计算湍流边界层脉动压力激励飞机机舱壁产生的舱室噪声. Han 等 [232] 采用能量流分析法, 计算了湍流边界层脉动压力激励的矩形板振动及其下方矩形腔内声压均方值. 文献 [233,234] 采用集成模态法和集成统计能量法, 建立了湍流边界层脉动压力激励的非规则声腔与任意形状声腔的自噪声计算模型.

6. 结构耦合振动和声辐射控制方法

控制壳体结构振动和声辐射, 可以在三个层面实施, 其一, 降低激励源强度, 其二, 隔离或减小激励力或激励能量传递, 其三, 抑制结构自身声辐射效率. 前两种途径涉及低噪声机械设备及声振隔离装置设计, 这里不作讨论.

(1) 壳体结构设计降低振动和声辐射. 壳体结构设计最主要服从于结构强度、总体布置等需要, 声学优化的余地较小. 但是, 随着振动和噪声控制要求的提高, 壳体结构声学优化也成为振动和噪声控制应该考虑的一种途径, 最基本的思路是通过壳体尺度选取及肋骨布置, 避免出现壳体频域共振. Naghshineh[235] 基于优化设计控制方法, 通过调整结构杨氏模量、密度或厚度分布, 使结构模态呈现弱辐射的振动分布, 降低辐射声功率, 建立了结构声学优化的基本思路. Ratle 和 Constans 等优化多点质量的布置位置, 修整模态振型, 使强辐射模态变为弱辐射模态, 从而控制了声辐射 [236,237]. Johnson 等 [238] 优化复合材料圆柱壳的纤维铺设角, 改变圆柱壳振速分布, 降低了腔内噪声能量. 文献 [239-241] 在一定的约束条件下优化壳体及夹心层结构和参数, 分别降低了夹心圆柱壳振动、声辐射及声传输. 文献 [242] 归纳了代理模型法、多学科设计优化法及拓扑优化法等结构声学优化方法及研究进展.

(2) 敷设黏弹性层及隔声层降低结构振动和声辐射. 在壳板上敷设黏弹性阻尼层, 或者采用夹芯复合结构, 是降低辐射噪声及声目标强度的有效方法. 从降低振动和声辐射的角度来说, 敷设黏弹性阻尼材料有三方面的作用, 一是增加壳体结构面密度, 二是增加壳体结构阻尼, 三是降低辐射表面振速. 从降低声散射角度来看, 黏弹性层可以调节表面声阻抗, 降低声反射, 也可以屏蔽内部结构对声散射的影响. Sandman[243] 研究了镶嵌在无限大刚性声障板上三层夹芯矩形板的振动和声辐射特性, 主要考虑了中间黏弹性层的剪切损耗的阻尼效应. 除了阻尼效应以外, 黏弹性沿厚度方向还有振动衰减效应影响声辐射, 为此文献 [244] 采用只有刚度没有质量的局部阻抗近似, 建立了简支矩形板表面敷设黏弹性层的振动和声辐射模型. 文献 [245] 进一步讨论敷设在矩形基板上的三维黏弹性层耦合模型, 在低频段, 这种模型与局部阻抗模型计算的辐射声功率比较接近, 但在高频段由于厚度方向的共振现象, 计算的声辐射功率则明显高于局部阻抗模型的结果.

鉴于实际工程中往往难以在整个圆柱表面敷设黏弹性层的情况, Cuschieri[246] 研究了局部敷设黏弹性层对无限长圆柱壳声辐射和声散射的作用. Sastry 和 Munjal 研究了三层夹芯与多层复合无限长圆柱壳的声传输和声散射特性[247,248]. Ko 等 [249] 还研究了无限长圆柱壳敷设涂覆层对安装在壳体附近的声呐基阵自噪声的影响. 壳体结构敷设黏弹性层的阻尼效应及其计算方法与壳体形式及黏弹性层动刚度和阻尼有关. Markus[250] 针对黏弹性阻尼层敷设在薄壁圆柱壳外表面、内表面和内外表面三种情况, 建立了有限长复合圆柱壳振动方程及阻尼因子计算方法. Harari 和 Sandman[251] 利用模态法, 求解了有限长三层复合圆柱壳受激振动和声辐射, 比较了声辐射阻尼和结构阻尼的效果. Laulagnet 和 Guyader[252] 针对外表面敷设柔性层的有限长圆柱壳, 将柔性层等效为一个复刚度参数, 并进一步研究有限长圆柱壳沿周向部分敷设柔性层的降噪效果 [253]. 为了全面模拟柔性层压缩性的作用, Laulagnet 和 Guyader[254] 基于严格的弹性理论求解柔性层振动, 提出了渐近展开法求解柔性层振动, 建立了更完善的敷设柔性层的有限长圆柱壳声辐射模型. 文献 [255] 在有限长双层圆柱壳模型的基础上, 考虑了内外壳体敷设的声学覆盖层, 建立了以壳体振动模态位移矢量为未知量的有限长双层加肋圆柱壳振动和声辐射的模型, 计算分析了声学覆盖层对降低振动和声辐射的作用.

应该注意到, 壳体声辐射控制不仅取决于结构阻尼, 还取决于辐射阻尼, 具有流体负载的壳体结构, 所敷设的阻尼层厚度应该使结构阻尼大于辐射阻尼, 才会有控制效果. 为了减小重量等因素的制约, 需要选择适当部位局部敷设阻尼并达到较好的效果 [256]. Spalding[257] 通过结构声强的分析, 优化了约束分块阻尼的敷设位置, 降低了整个面板的振动响应. Mohammadi[258] 针对夹心圆柱壳进行了阻尼优化. 空气中隔声基于质量定律, 而隔离壳体结构的水下声辐射, 应该选择特征声阻抗远小于水介质特征声阻抗的材料实现声阻抗失配, Brigham 等和 Radlinski 基于声波散射原理研究了内部为空气介质的柔性管格栅的隔声机理 [259,260], 在此基础上, Junger[261] 和 Ko[262] 研究了采用这种柔性管格栅作为阻抗失配层的复合障板的声学特性.

(3) 动力吸振和共振吸声. 由于严格的频率选择性, 经典的动力吸振器一般用于机械设备低频刚体振动控制. 采用动力吸振器阵列并优化布置, 则可以控制板壳等分布结构的多模态振动. Huang[263] 在弹性圆柱壳上布置多个动力吸振器, 降低了壳体振动和内部声场. Nagaya[264] 以辐射噪声为目标函数, 采用神经网络技术优化多个动力吸振器的位置及参数, 降低了矩形板板前五阶模态的声辐射峰值. McMillan 和 Keane[265] 则依据遗传算法优化多动力吸振器系统的布置位置.

以往腔室内部噪声控制, 主要有内壁敷设吸声层、壁面隔声、浮筑地板减振等方法, 微穿孔板共振吸声结构具有结构简单、有效吸声频带宽的特点 [266], 为了在空间限制情况下提高低频吸声性能, 文献 [267] 提出了一种铁片加薄膜的共振吸声结构. 近些年, 国外研究采用共振腔控制声腔内部低频噪声取得了进展, 这一研究可以追溯到 Fahy 和 Schofield[268] 的工作, Doria[269] 将两个腔体串联, 扩展 Helmholtz 共振腔的吸声频率范围. Li[270] 采用多个 T 型共振腔或 T 型共振腔阵列, 有效降低了声腔多个模态频率的噪声或宽带噪声. Yu 等 [271] 研究了共振腔内部阻尼对降低声腔噪声的作用. 此外, 基于声子晶体概念的声学超材料共振隔声层研究也受到很大关注 [272,273]. 这些研究都是针对降低空气声腔噪声, 将它们直接用于水介质声腔噪声控制, 在几百赫兹以下的低频段存在腔体体积较大的问题. 文献 [274,275] 研究了水介质弹性壁共振腔低频吸声特征, 并提出了弹性壁格栅吸声阵列, 吸声下限频率不仅可扩展到 100~200Hz, 而且结构紧凑.

(4) 壳体结构振动和声辐射主动控制. 在机械设备低频隔振难以达到预期隔离激励力效果的情况下, 为了有效控制板壳结构低频振动和声辐射, 需要进一步采用主动控制方法, 为此在结构上增设一个或一组控制力, 通过自适应控制使其与机械激励力产生的振动相互抵消, 降低板壳结构振动和声辐射. Fuller 和 Pan 进行了机理性研究 [276,277], Burdisso 等采用压电材料激励器和 PVDF 传感器, 实现辐射声功率主动控制, 并扩展到复合材料结构振动控制 [278–281]. Johnson[282] 将激励器设计为分块式主动控制单元, 优化布置在结构上, 实现振动和辐射效率控制, Wang 等 [283] 将压电激励器和传感器埋置在黏弹内层中, 主动控制复合结构振动和噪声. Schiller 等 [284] 采用离散策略控制主动加肋矩形板声辐射, Pan 等 [285] 研究了潜艇结构模型辐射声场的主动控制. 人们还进一步发展了声学智能结构, 实现结构动力特性的智能控制 [286], 并将超材料概念引入结构声辐射控制 [287].

约束阻尼设计的一个关键问题就是提高其剪切应变. 为了提高阻尼层的性能和效果, Baz 等 [288] 提出了由黏弹性材料和两层压电约束层组成主动约束阻尼, Ray 等 [289] 优化了主动约束阻尼参数, 并将其设计为压电约束层和黏弹层组成的矩形单元, 可以布置在大型结构进行优化阻尼处理. 黄立锡等 [290] 利用扬声器悬挂系统和外接分流电路产生的机械和电路谐振, 提出半主动式的宽频吸声结构. 采用主动控制是提高声学覆盖层低频性能的一个重要技术途径, Lafleur 等 [291] 和 Howarth[292] 在 20 世纪 90 年代初提出主动消声瓦的原理, Corsaro 等 [293] 提出了 "智能瓦" 概念, Shields 等 [294] 进一步将主动吸声原理推广到兼有主动吸声、隔声和声辐射控制的多功能主动声学覆盖层.

在腔室内布置次级声源直接主动控制腔内噪声, 所需的次级声源数量及反馈控制信息处理量都比较大. 因此, 一般都通过控制腔壁结构振动实现内部噪声控制. Pan 等 [295] 以声腔声压为目标函数, 建立矩形声腔内部声场与腔口弹性板耦合的主动控制模型. Snyder 等 [296] 建立了主动控制声波透射到空腔的理论框架, 提出了多种误差准则用于实现声腔势能、腔内局部声压及结构振动动能最小化, Han 等 [297] 和 Al-Bassyiouni[298] 进一步深化研究并试验验证了主动控制

效果. Lin[299] 建立了圆柱壳振动及内部噪声主动控制模型. Lecce 等 [300] 和
Song [301] 分别采用压电激励器及神经网络法和鲁棒控制器, 实施飞机舱室和三
维车厢模型内部噪声主动控制. 针对多点激励力和多点控制力的情况, Tanaka
等 [302] 还提出了结构–声腔耦合系统噪声与振动主动群控制方法, Gardonio[303]
进一步采用智能结构控制矩形腔内部声场.

三、我们的优势方向和薄弱之处

经过 50 多年的研究发展, 尤其近 30 年中, 以结构振动和声辐射计算与控制
为主的声弹性研究, 已经建立了完整的理论框架, 针对不同的研究对象和目的, 已
有相应的研究方法和模型. 国内相关研究也有 30 年的历史, 从早期采用解析解建
立弹性平板耦合振动及声辐射模型, 采用有限元法和传递函数法等方法计算回转
体模型受点力激励的耦合振动和声辐射, 并由小尺度模型试验比较声辐射方向性
吻合程度, 发展到建立船体结构分频段三维声弹性计算模型, 采用实尺度及大尺
度舱段试验证辐射声功率计算精度. 国内相关研究在以下几方面具有一定的优
势: 建立了平板、加肋平板、圆柱壳和加肋圆柱壳, 尤其是敷设声学覆盖层的双层
圆柱壳等典型结构振动与声辐射模型; 基于有限元和边界元方法的结构声学设计
计算数字化建模, 可以针对实船结构建立声学模型, 用于机械激励下船体结构振
动和声辐射计算及优化; 提出了较完善的结构振动和声辐射计算解析/数值混合方
法, 为提高实际舱段结构声辐射计算及声学优化的效率创造了条件; 建立了湍流
边界层脉动压力激励下任意形状结构内部自噪声计算模型, 可用于声呐自噪声与
舱室噪声计算分析, 并掌握了常规的振动和噪声主被动控制机理和技术实现, 其
中微穿孔板吸声结构和高速列车头部优化线型最具标志性. 但是, 国内结构振动
和声辐射研究还存在碎片化和基础弱两方面的薄弱环节, 主要有:

(1) 跟踪国外研究研究, 但方向分散, 主体目标不明确, 缺少长线研究, 没有形
成自主的技术体系, 需要顶层构建长期可持续发展的结构声弹性研究的整体思路
和框架;

(2) 尚未建立复杂实际结构振动声辐射多种方法协同计算预报的框架, 数值
建模计算基本依赖于国外商用软件, 没有构建系统的模块化解决方案, 且缺乏验
证各种振动和声辐射计算方法的标准验证模型及共享的试验结果数据库.

(3) 缺乏基础性数据及相关计算方法和图表, 如统计能量法软件用于水下结构
振动和声辐射计算所需的子系统传递损耗因子, 加压状态吸隔声层设计所需的材
料动力参数, 标准连接结构和常用材料结构阻尼及数据等;

(4) 结构振动和声辐射研究侧重于响应研究, 而对相关的激励源特性研究不深
入, 没有建立完善的激励力测量方法, 形成了结构声学设计的短板;

(5) 在结构低频振动和声辐射控制方面, 尚未建立结构声学优化设计技术, 并

缺少有效的低频隔振、吸振和隔声新原理、新机理、新方法、新技术.

四、基础领域今后 5~10 年重点研究方向

(1) 结构声辐射与声散射. 复杂结构时空随机激励声辐射模型、结构声学优化及低频和次声噪声控制、复杂结构低频共振声散射模型、同质与非同质材料组合结构振动传递及声辐射计算模型、不同介质/不同缩比的弹性结构辐射噪声相似性换算、复合材料及复合结构振动传递及声辐射、结构物阻尼机制及定量特征、低频超材料结构及其声辐射;

(2) 体分布声源声辐射与声传播. 浅海环境体分布声源声辐射与声传播模型及规律、复杂海洋信道环境下结构声辐射与声传播模型、海洋环境下声源与传播声场时空相关性演变;

(3) 动力学与振动耦合建模. 轴承油膜动力学与转轴和基座振动耦合模型、齿轮啮合冲击与振动耦合模型、转/定子电磁场相互作用及其与振动耦合模型;

(4) 腔室声弹流耦合与共振. 复杂腔室声场与弹性结构相互作用及声辐射、涡流与叶片相互作用及弹性声腔耦合共振、腔口剪切振荡与弹性声腔耦合共振及线谱噪声、管束尾涡相互作用及弹性声腔耦合共振、节流器件流动分离及噪声控制;

(5) 时空随机激励与动载荷. 弹性与柔性表面湍流边界层脉动压力及其无流条件下的合成模拟、流线体边界层转捩时与流动分离时空随机激励、转/定子相互作用及多向流动激励、组合部件接触运动激励、电/液突变与切换诱发瞬态激励、高温燃烧气流激励;

(6) 声振隔离与噪声控制. 静压环境低频吸声与隔声、板壳结构中低频振动传递隔离、安静复合轻结构及透声窗结构、声呐自噪声空间相关性及其与声呐探测性能,重量与空间约束的中低频高效吸声和隔声材料及结构;

(7) 主动与智能控制. 主动控制宽带吸隔声及阻尼、声学智能材料与结构、声场主动控制及声屏蔽、多场耦合及润滑主动控制、流场及流动激励主动控制;

(8) 结构辐射声场测量. 深海自由场环境结构远场低频声场的高空间增益声阵测量、浅海和有限水域环境结构低频辐射声场的声阵测量及界面修正、开阔水域运动分布声源的声全息测量及贡献分离、有限水域分布声源的近场声全息反演及界面影响剥离、封闭空间低中频声场测量与分解及吸隔声测量.

五、国家需求和应用领域急需解决的科学问题

为了有效规避敌方水声探测及水中兵器攻击,提高作战性能及生命力,安静性已成为舰船尤其是潜艇等海上军事装备不懈追求的基本特性和主要性能衡量指标. 贸易全球化带来的海洋船舶航行的高度发展,民用货船普遍存在水下噪声高的问题,严重影响到海洋生物的生存环境. 为此,国际海事组织 (IMO) 及各国船

级社等机构, 分别制定民船水下噪声测试规程及限值标准, 推动水下辐射噪声控制纳入民船设计体系.

随着民用航空的不断普及, 以及列车和汽车等交通工具速度的显著提升, 在追求快捷的同时, 人们对安静舒适环境的要求也越来越高, 在现代化城市日益扩张的背景下, 飞机、列车和汽车噪声对都市宜居性影响的控制也越来越严格, 交通工具噪声将比以往更加引起重视.

舰艇及飞机和车辆面对新一轮的安静化要求, 它们的振动和噪声控制需要考虑解决以下问题.

(1) 结构振动和噪声计算预报方面: ①复杂结构振动和声辐射全频段高效协同计算方法; ②海洋声信道环境下分布体声源的声辐射与声传播衔接模型; ③实尺度 Re 数条件的航行体表面流动结构及声源特性计算方法和模型; ④湍流边界层随机面激励的腔室自噪声计算方法和模型; ⑤多物理场与结构振动耦合的激励源特性及声学响应计算方法和模型; ⑥有限空间结构低频辐射声场测量及界面效应剥离.

(2) 结构振动和噪声控制方面: ①航行体结构声学优化设计及低频辐射噪声控制方法; ②航行体结构低频振动响应主被动控制及传递隔离方法; ③湍流边界层及流动分离随机面激励下的安静轻结构优化; ④大静压环境下高性能的低频吸隔声与去耦材料和结构; ⑤重量与空间约束的高性能低中频吸声和隔声材料及结构; ⑥瞬态载荷特性及其激励的结构振动和声辐射控制.

六、发展目标与各领域研究队伍状况

围绕舰船及飞机和车辆等工程结构物安静化需求, 突破多物理场及其相互作用激励载荷、复杂结构阻尼机制及全频段流体负载、复杂环境下任意结构声响应计算模型等基础科学问题, 建立结构振动和声辐射计算的新理论、新方法、新模型, 提出结构低频振动和声辐射控制的新概念、新机理、新技术, 构建完整的结构声弹性理论和技术框架, 为形成自主领先的工程结构物声学设计与计算技术体系奠定基础.

在结构振动和声辐射基础性研究方面, 国内相关的主要研究单位有: 哈尔滨工程大学、西北工业大学、华中科技大学、上海交通大学、大连理工大学、国防科技大学、南京航空航天大学、西安交通大学、海军工程大学、武汉理工大学、江苏科技大学、青岛理工大学、中国船舶科学研究中心、中国空气动力研究与发展中心、中科院声学研究所、中科院力学研究所.

七、基金资助政策措施和建议

(1) 应以实际工程关切的基础性科学问题为导向, 设立重点研究方向引导开展创新研究. 合理布局, 有序推进, 自己的病吃自己的药, 不应盲目跟风为他人做研究;

(2) 应鼓励优势团队形成术有专攻的长效研究机制, 不应蜻蜓点水或打一枪换一个地方, 也不能做 "夹生饭", 建立并逐步扩大独立自主的研究体系, 研究成果不应碎片化;

(3) 应建立完整评价体系, 不能为研究而研究, 不应以发论文为唯一追求.

八、学科的关键词

结构 (structures); 黏弹性层 (viscoelastic layer); 声弹性 (acoustoelasticity); 水动力噪声 (hydrodynamic noise); 气动噪声 (aerodynamic noise); 流体负载 (fluid load); 隔声 (acoustic isolation); 隔振 (vibration isolation); 吸振 (dynamic absorbers)、声学优化 (acoustic optimization); 主动控制 (active control); 有限元 (finite element); 边界元 (boundary element); 等效源法 (equivalent source method); 无限元 (infinite element method); 统计能量法 (statistical energy analysis); 数值/解析混合法 (hybrid analytical-numerical method); 有限元与统计混合法 (hybrid finite element-statistical energy analysis approach).

参考文献

[1] Heckl M. Abstrahlung von einer punktförming angeregten unendlich grossen platte unter wasser. Acustica, 1963, 13: 182.

[2] Junger M C. Vibration Sound and Their Interaction. Cambridge, Massachusetts: The MIT Press, 1972.

[3] Fahy F J. Structure-fluid interaction//White R G, Walker J G. Noise and Vibration, Chichester: Ellis Horwood Ltd, 1982.

[4] Andresen K. Inter Conference on Noise and Vibration in the Marine Environment, 1995: 1-22.

[5] Maidanik G. Influence of fluid loading on radiation from orthotropic plates. J Sound and Vibration, 1966, 3(3): 288-299.

[6] Feit D. Sound radiation from orthotropic plates. J Acoust Soc Am, 1970, 47(1): 387-389.

[7] Mace B R. Sound radiation from a plate reinforced by 2 sets of parallel stiffeners. J Sound and Vibration. 1980, 71(3): 435-441.

[8] Mace B R. Sound radiation from fluid loaded orthogonally stiffened plates. J Sound and Vibration, 1981, 79(3): 439-452.

[9] Cray B A. Acoustic radiation from periodic and sectionally aperiodic rib-stiffened plates. J Acoust Soc Am, 1994, 95(1): 256-264.

[10] Brunskog J. The influence of finite cavities on the sound insulation of double-plate structures. J Acoust Soc Am, 2005, 117(6): 3727-3739.

[11] Gonzalez M A. Analysis of a composite compliant baffle. J Acoust Soc Am, 1978, 64(5): 1509-1513.

[12] Ko S H. Flexural wave reduction using a compliant tube baffle. J Acoust Soc Am, 1996, 99(2): 691-699.

[13] Ko S H. Flexural wave baffling by use of a viscoelastic material. J Sound and Vibration, 1981, 75(3): 347-357.

[14] Ebenezer D D. Effect of multilayer baffles and domes on hydrophone response. J Acoust Soc Am, 1996, 99(4): 1883-1893.

[15] Skelton E A, James J H. Theoretical Acoustics of Underwater Structures. London: Imperial College Press, 1997.

[16] Feit D, Cuschieri J M. Scattering of sound by a fluid-loaded plate with a distributed mass inhomogeneity. J Acoust Soc Am, 1996, 99(5): 2686-2700.

[17] Zhang Y, Pan J. Sound radiation from a fluid-loaded infinite plate with a patch. J Acoust Soc Am, 2013,133(1): 161-172.

[18] Zhang Y, Pan J. Underwater sound radiation from an elastically coated plate with a discontinuity introduced by a signal conditioning plate. J Acoust Soc Am, 2013,133(1): 173-185.

[19] Davies H G. Low frequency random excitation of water-loaded rectangular plates. J Sound and Vibration, 1971, 15(1): 107-126.

[20] Li W L, Gibeling H J. Determination of the mutual radiation resistances of a rectangular plate and their impact on the radiated sound power. J Sound and Vibration, 2000, 229(5): 1213-1233.

[21] Li J F, He Z Y. The influence of a non-rigid baffle on intermodal radiation impedances of a fluid-loaded bilaminar plate. J Sound and Vibration, 1996, 190(2): 221-237.

[22] Lomas N S, Hayek S I. Vibration and acoustic radiation of elastically supported rectangularplates. J Sound and Vibration, 1977, 52(1): 1-25.

[23] Li W L. Vibroacoustic analysis of rectangular plates with elastic rotational edge restraints. J Acoust Soc Am, 2006, 120(2): 769-779.

[24] Berry A. A new formulation for the vibrations and sound radiation of fluid-loaded plates with elastic boundary-conditions. J Acoust Soc Am, 1994, 96(2): 889-901.

[25] Li W L, Zhang X F. An exact series solution for the transverse vibration of rectangular plates with general elastic boundary supports. J Sound and Vibration, 2009, 321: 254-269.

[26] Gavalas G R, EI-Raheb M. Extension of Rayleigh-Ritz method for eigenvalue problems with discontinuous boundary conditions applied to vibration of rectangular plates. J Sound and Vibration, 2014, 333: 4007-4016.

[27] Atalla N, Nicolas J, Gauthier C. Acoustic radiation of an unbaffled vibrating plate with general elastic boundary conditions. J Acoust Soc Am, 1996, 99(3): 1484-1494.

[28] Nelisse H, Beslin O, Nicolas J. A generalized approach for the acoustic radiation from a baffled or unbaffled plate with arbitrary boundary conditions, immersed in a light or heavy fluid. J Sound and Vibration, 1998, 211(2): 207-225.

[29] Laulagnet B. Sound radiation by a simply supported unbaffled plate. J Acoust Soc Am,

1998, 103(5): 2451-2462.

[30] Langley R S. Numerical evaluation of the acoustic radiation from planar structures with general baffle conditions using wavelets. J Acoust Soc Am, 2007, 121(2): 766-777.

[31] Atalla N, Nicolas J. A Formulation for mean flow effects on sound radiation from rectangular baffled plates with arbitrary boundary-conditions. J Vibration and Acoustics, 1995, 117: 22-29.

[32] Frampton K D. The effect of flow-induced coupling on sound radiation from convected fluid loaded plates. J Acoust Soc Am, 2005, 117(2): 1129-1137.

[33] Sandman B E. Fluid-loaded vibration of an elastic plate carrying a concentrated mass. J Acoust Soc Am, 1977, 61(6): 1503-1510.

[34] Li W L, Gibeling H J. Acoustic radiation from a rectangular plate reinforced by springs at arbitrary locations. J Sound and Vibration,1999, 220(1): 117-133.

[35] Greenspon J E. Vibrations of cross-stiffened and sandwich plates with application to underwater sound radiators. J Acoust Soc Am, 1961, 33(11): 1485-1497.

[36] Mejdi A, Atalla N. Dynamic and acoustic response of bidirectionally stiffened plates with eccentric stiffeners subject to airborne and structure-borne excitations. J Sound and Vibration, 2010, 329(21): 4422-4439.

[37] Liu B L, Feng L P, Nilsson A. Sound transmission through curved aircraft panels with stringer and ring frame attachments. J Sound and Vibration, 2007, 300: 949-973.

[38] Berry A, Nicolas J. Structural acoustics and vibration behavior of complex panels. Appl Acoustics, 1994, 43: 185-215.

[39] Berry A, Locqueteau C. Vibration and sound radiation of fluid-loaded stiffened plates with consideration of in-plane deformation. J Acoust Soc Am, 1996, 100(1): 312-319.

[40] Junger M C. Sound radiation by resonances of free-free beams. J Acoust Soc Am, 1972, 52(1): 332-334.

[41] Sun J Q. Vibration and sound radiation of nonuniform beams. J Sound and Vibration, 1995, 185(5): 827-843.

[42] 何祚镛. 结构振动与声辐射. 哈尔滨: 哈尔滨工程大学出版社, 2001.

[43] Choi W, Woodhouse J, Langley R S. Sound radiation from point-excited structures: Comparison of plate and sphere. J Sound and Vibration, 2012, 331: 2156-2172.

[44] Gaunaurd G C, Huang H, Wertman W. Acoustic scattering by elastic spherical-shells that have multiple massive internal components attached by compliant mounts. J Acoust Soc Am, 1993, 94(5): 2924-2935.

[45] Pathak A G, Stepanishen P R. Acoustic harmonic radiation from fluid-loaded spherical-shells using elasticity theory. J Acoust Soc Am, 1994, 96(4): 2564-2575.

[46] Workman G. J Acoust Soc Am, 1969, 46(5), Part 2: 1340-1349.

[47] Molloy C T, Yeh G C K. Uniform spherical radiation through thick shells. J Acoust Soc Am, 1968, 44(1): 125-140.

[48] Chertock G. Sound radiation from prolate spheroids. J Acoust Soc Am, 1961, 33(7): 871-876.

[49] Hayek S I, Boisvert J E. Vibration of prolate spheroidal shells with shear deformation and rotatory inertia: Axisymmetric case. J Acoust Soc Am, 2003, 114(5): 2799-2811.

[50] Yen T, Dimaggio F. Forced vibrations of submerged spheroidal shells. J Acoust Soc Am, 1967, 41(3): 618-626.

[51] 何元安, 何祚镛. 水介质中弹性椭球壳体受激振动及声辐射场的数值分析. 哈尔滨船舶工程学院学报, 1990, 11(2): 164-172.

[52] Jones-Oliveira J B. Transient analytic and numerical results for the fluid-solid interaction of prolate spheroidal shells. J Acoust Soc Am, 1996, 99(1): 392-407.

[53] Chen P T, Ginsberg J H. Variational formulation of acoustic radiation from submerged spheroidal shells. J Acoust Soc Am, 1993, 94(1): 221-233.

[54] Lynch C M, Woodhouse J. Sound radiation from point-driven shell structures. J Sound and Vibration, 2013, 332: 7089-7098.

[55] Pathak A G, Stepanishen P R. Acoustic harmonic radiation from fluid-loaded infinite cylindrical elastic shells using elasticity theory. J Acoust Soc Am, 1994, 96(1): 573-582.

[56] Li T Y, Miao Y Y, Ye W B, et al. Far-field sound radiation of a submerged cylindrical shell at finite depth from the free surface. J Acoust Soc Am, 2014, 136(3): 1054-1064.

[57] Keltie R F. The effect of hydrostatic-pressure fields on the structural and acoustic response of cylindrical-shells. J Acoust Soc Am, 1986, 79(3): 595-603.

[58] Burroughs C B. Acoustic radiation from fluid-loaded infinite circular-cylinders with doubly periodic ring supports. J Acoust Soc Am, 1984, 75(3): 715-722.

[59] 谢官模, 李军向, 罗斌, 等. 环肋、舱壁和纵骨加强的无限长圆柱壳在水下的声辐射特性船舶力学. 2004, 8(2): 101-108.

[60] Guo Y P. Acoustic radiation from cylindrical shells due to internal forcing. J Acoust Soc Am, 1996, 99(3): 1495-1505.

[61] 吴文伟, 吴崇健, 沈顺根. 双层加肋圆柱壳振动和声辐射研究. 船舶力学, 2002, 6(1): 44-51.

[62] 刘涛. 水中复杂壳体的声振特性研究. 上海: 上海交通大学, 2002.

[63] 陈美霞, 骆东平, 陈小宁, 等. 有限长双层壳体声辐射理论及数值分析. 中国造船, 2003, 44(4): 59-67.

[64] Yin X W, Liu L J, Hua H X. Acoustic Radiation From an Infinite Laminated Composite Cylindrical Shell With Doubly Periodic Rings. J Vibr. and Acoust, 2009, 131: 1-8.

[65] Cao X T, Hua H X, Ma C. Acoustic radiation from shear deformable stiffened laminated cylindrical shells. J Sound and Vibration, 2012, 331: 651-670.

[66] Mejdi A, Legault J, Atalla N. Transmission loss of periodically stiffened laminate composite panels: Shear deformation and in-plane interaction effects. J Acoust Soc Am, 2012, 131(1): 174-185.

[67] Lee Y S, Choi M H, Kim J H. Free vibrations of laminated composite cylindrical shells with an interior rectangular plate. J Sound and Vibration, 2003, 265: 795-817.

[68] Zhao X, Geng Q. Vibration and acoustic response of an orthotropic composite laminated plate in a hygroscopic environment. J Acoust Soc Am, 2013, 133(3): 1433-1442.

[69] Stepanishen P R. Radiated power and radiation loading of cylindrical surfaces with nonuniform velocity distributions. J Acoust Soc Am, 1978, 63(2): 328-338.

[70] Stepanishen P R, Benjamin KC. Forward and backward projection of acoustic fields using fft methods. J Acoust Soc Am, 1982, 71(4): 813-823.

[71] Laulagnet B, Guyader J L. Model analysis of a shells acoustic radiation in light and heavy fluids. J Sound and Vibration, 1989, 131(3): 397-415.

[72] Guyader J L, Laulagnet B. Structural acoustic radiation prediction - expanding the vibratory response on a functional basis. Appl Acoustics, 1994, 43: 247-269.

[73] Sandman B E. Fluid-loading influence coefficients for a finite cylindrical-shell. J Acoust Soc Am, 1976, 60(6): 1256-1264.

[74] Laulagnet B, Guyader J L. Sound radiation by finite cylindrical ring stiffened shells. J Sound and Vibration, 1990, 138(2): 173-191.

[75] 谢官模, 骆东平. 环肋柱壳在流场中声辐射性能分析. 中国造船, 1995, 131(4): 37-45.

[76] 汤渭霖, 何兵蓉. 水中有限长加肋圆柱壳体振动和声辐射近似解析解. 声学学报, 2001, 26(1): 1-5.

[77] Rinehart S A, Wang J T S. Vibration of simply supported cylindrical-shells with longitudinal stiffeners. J Sound and Vibration, 1972, 24(2): 151-163.

[78] 张超, 商德江, 李琪. 水下纵肋加强圆柱壳低频振动与声辐射. 船舶力学, 2018, 22(1): 97-107.

[79] Tong L Y. Free-vibration of orthotropic conical shells. Inter J Engng Sci, 1993, 31(5): 719-733.

[80] Caresta M, Kessissoglou N J. Vibration of fluid loaded conical shells. J Acoust Soc Am, 2008, 124(4): 2068-2077.

[81] 陈美霞, 邓乃旗, 张聪, 等. 水中环肋圆锥壳振动特性分析. 振动与冲击, 2014, 33(4): 25-32.

[82] 张聪. 锥柱组合壳振动与声辐射特性的半解析法分析. 武汉: 华中科技大学, 2013.

[83] Chen L H, Schweikert D G. Sound radiation from an arbitrary body. J Acoust Soc Am, 1963, 35(10): 1626-1632.

[84] Copley L G. Fundamental results concerning integral representations in acoustic radiation. J Acoust Soc Am, 1968, 44(1): 28-32.

[85] Seybert A F, Soenarko B, Rizzo F J, et al. An advanced computational method for radiation and scattering of acoustic-waves in 3 dimensions. J Acoust Soc Am, 1985, 77(2): 362-368.

[86] Chertock G. Sound radiation from vibrating surfaces. J Acoust Soc Am, 1964, 36(7): 1305-1313.

[87] Seybert A F, Soenarko B, Rizzo F J, et al. A special integral-equation formulation for acoustic radiation and scattering for axisymmetrical-bodies and boundary-conditions. J Acoust Soc Am, 1986, 80(4): 1241-1247.

[88] Seybert A F, Wu T W. Modified helmholtz integral-equation for bodies sitting on an infinite-plane. J Acoust Soc Am, 1989, 85(1): 19-23.

[89] 黎胜, 赵德有. 半空间内结构声辐射研究. 船舶力学, 2004, 8(1): 106-112.

[90] Seybert A F, Cheng C Y R, Wu T W. The solution of coupled interior exterior acoustic problems using the boundary element method. J Acoust Soc Am, 1990, 88(3): 1612-1618.

[91] Martinez R. A boundary integral formulation for thin-walled shapes of revolution. J Acoust Soc Am, 1990, 87(2): 523-531.

[92] Wu T W. A direct boundary-element method for acoustic radiation and scattering from mixed regular and thin bodies. J Acoust Soc Am, 1995, 97(1): 84-91.

[93] Schenck H A. Improved integral formulation for acoustic radiation problems. J Acoust Soc Am, 1968, 44(1): 41-58.

[94] Reut Z. On the boundary integral methods for the exterior acoustic problem. J Sound and Vibration, 1985, 103: 297-298.

[95] Wilton D T. Acoustic radiation and scattering from elastic structures. Int J Num Meth in Eng, 1978, 13: 123-138.

[96] Mathews I C. Numerical techniques for 3-dimensional steady-state fluid structure interaction. J Acoust Soc Am, 1986, 79(5): 1317-1325.

[97] Jeans R, Mathews I C. Use of lanczos vectors in fluid structure interaction problems. J Acoust Soc Am, 1992, 92(6): 3239-3248.

[98] Ettouney M M, Daddazio R P, Dimaggio F L. Wet modes of submerged structures 1: theory. J Vibration and Acoustics, 1992, 114: 433-439.

[99] 张敬东, 何祚镛. 有限元 + 边界元——修正的模态分解法预报水下旋转薄壳的振动和声辐射. 声学学报, 1990, 15(1): 12-19.

[100] 陈磊磊, 郑昌军, 陈海波. 基于有限元与宽频快速多极边界元的流固耦合声场分析. 第十四届船舶水下噪声学术讨论会论文集, 201-212, 2013, 重庆.

[101] Geers T L. Doubly asymptotic approximations for transient motions of submerged structures. J Acoust Soc Am, 1978, 64(5): 1500-1508.

[102] Giordano J A, Koopmann G H. State-space boundary element-finite element coupling for fluid-structure interaction analysis. J Acoust Soc Am, 1995, 98(1): 363-372.

[103] Cunefare K A, Rosa S D. An improved state-space method for coupled fluid-structure interaction analysis. J Acoust Soc Am, 1999, 105(1): 206-210.

[104] Koopmann G H, Song L, Fahnline J B. A method for computing acoustic fields based on the principle of wave superposition. J Acoust Soc Am, 1989, 86(6): 2433-2438.

[105] Miller R D, Moyer E T, Huang H, et al. A comparison between the boundary element method and the wave superposition approach for the analysis of the scattered fields from rigid bodies and elastic shells. J Acoust Soc Am, 1991, 89(5): 2185-2196.

[106] Stepanishen P R, Chen H W. Surface pressure and harmonic loading on shells of revolution using an internal source density method. J Acoust Soc Am, 1992, 92(4): 2248-2259.

[107] Stepanishen P R, Chen H W. Acoustic harmonic radiation and scattering from shells of revolution using finite-element and internal source density methods. J Acoust Soc Am, 1992, 92(6): 3343-3357.

[108] Ochmann M. The source simulation technique for acoustic radiation problems. Acustica, 1995, 81: 512-527.

[109] Hunt J T, Knittel,M R, Barach D. Finite-element approach to acoustic radiation from elastic structures. J Acoust Soc Am,1974, 55(2): 269-280.

[110] Bossut R, Decarpigny J N. Finite-element modeling of radiating structures using dipolar damping elements. J Acoust Soc Am, 1989, 86(4): 1234-1244.

[111] Keller J B, Givoli D. Exact non-reflecting boundary-conditions. J Computational Physics, 1989, 82: 172-192.

[112] Giljohann D, Bittner M. The three-dimensional DtN finite element method for radiation problems of the Helmholtz equation. J Sound and Vibration, 1998, 212(3): 383-394.

[113] Zienkiewicz O C, Emson C, Bettess P. Inter. A novel boundary infinite element. J Num Meth Eng, 1983, 19: 393-404.

[114] Astley R J, Macaulay G J, Coyette J P. Mapped wave envelope elements for acoustical radiation and scattering. J Sound and Vibration, 1994, 170(1): 97-118.

[115] Cremers L, Fyfe K R, Coyette J P. A variable order infinite acoustic-wave envelope element. J Sound and Vibration, 1994, 171(4): 483-508.

[116] Astley R J, Macaulay G J, Coyette J P, et al. Three-dimensional wave-envelope elements of variable order for acoustic radiation and scattering. Part I. Formulation in the frequency domain. J Acoust Soc Am, 1998, 103(1): 49-63.

[117] Burnett D S. A 3-dimensional acoustic infinite element based on a prolate spheroidal multipole expansion. J Acoust Soc Am, 1994, 96(5): 2798-2816.

[118] Burnett D S, Holford R L. Prolate and oblate spheroidal acoustic infinite elements. Comput Meth Appl Mech Eng, 1998, 158: 117-141.

[119] Gordis J H, Bielawar L, Flannelly W G. A general-theory for frequency-domain structural synthesis. J Sound and Vibration, 1991, 150(1): 139-158.

[120] Maxit L, Ginoux J M. Prediction of the vibro-acoustic behavior of a submerged shell non periodically stiffened by internal frames. J Acoust Soc Am, 2010, 128(1): 137-151.

[121] Meyer V, Maxit L, Guyader J L, et al. Prediction of the vibroacoustic behavior of a submerged shell with non-axisymmetric internal substructures by a condensed transfer function method. J Sound and Vibration, 2016, 360: 260-276.

[122] Chen M, Zhang L, Xie K. Vibration analysis of a cylindrical shell coupled with interior structures using a hybrid analytical-numerical approach. Ocean Eng, 2018,154: 81-93.

[123] Guy R W. Response of a cavity backed panel to external airborne excitation - general-analysis. J Acoust Soc Am, 1979, 65: 719-731.

[124] David J M, Menelle M. Validation of a medium-frequency computational method for the coupling between a plate and a water-filled cavity. J Sound and Vibration, 2003, 265: 841-861.

[125] Narayanan S, Shanbhag R L. Sound-transmission through elastically supported sandwich panels into a rectangular enclosure. J Sound and Vibration, 1981, 77(2): 251-270.

[126] Oldham D J, Hillarby S N. The acoustical performance of small close fitting enclosures. 1. theoretical-models. J Sound and Vibration, 1991, 150(2): 261-281.

[127] Pan J, Bies D A. The effect of fluid-structural coupling on sound-waves in an enclosure-theoretical part. J Acoust Soc Am, 1990, 87(2): 691-707.

[128] Du J T, Li W L, Xu H A, et al. Vibro-acoustic analysis of a rectangular cavity bounded by a flexible panel with elastically restrained edges. J Acoust Soc Am, 2012, 131(4): 2799-2810.

[129] Dowell E H, Gorman G F. Acousto-elasticity - general theory, acoustic natural modes and forced response to sinusoidal excitation, including comparisons with experiment. J Sound and Vibration, 1977, 52(4): 519-542.

[130] Magalhaes M D C, Ferguson N S. The development of a Component Mode Synthesis (CMS) model for three-dimensional fluid-structure interaction. J Acoust Soc Am, 2005, 118(6): 3679-3690.

[131] Li Y Y, Cheng L. Vibro-acoustic analysis of a rectangular-like cavity with a tilted wall. Appl Acoustics, 2007, 68: 739-751.

[132] Narayanan S, Shanbhag R L. Sound transmission through layered cylindrical shells with applied damping treatment. J Sound and Vibration, 1984, 92(4): 541-558.

[133] Cheng L. Fluid structural coupling of a plate-ended cylindrical-shell - vibration and internal sound field. J Sound and Vibration, 1994, 174(4): 641-654.

[134] Li D S, Cheng L, Gosselin C M. Analysis of structural acoustic coupling of a cylindrical shell with an internal floor partition. J Sound and Vibration, 2002, 250(5): 903-921.

[135] Missaoui J, Cheng L. A combined integro-modal approach for predicting acoustic properties of irregular-shaped cavities. J Acoust Soc Am, 1997, 101(6): 3313-3321.

[136] Wu J H, Cheng H L. Structure-modified influence on the interior sound field and acoustic shape sensitivity analysis. J Sound and Vibration, 2002, 251(5): 905-918.

[137] Thamburaj P, Sun J Q. Acoustic response of a non-circular cylindrical enclosure using conformal mapping. J Sound and Vibration, 2001, 241(2): 283-295.

[138] Petyt M, Lim S P. Finite-element analysis of noise inside a mechanically excited cylinder. Inter J Num Meth Eng, 1978, 13: 109-122.

[139] Tournour M, Atalla N. Pseudostatic corrections for the forced vibroacoustic response of a structure-cavity system. J Acoust Soc Am, 2000, 107(5): 2379-2386.

[140] Bausys R, Wiberg N E. Adaptive finite element strategy for acoustic problems. J Sound and Vibration, 1999, 226(5): 905-922.

[141] Guerich M, Hamdi M A. A numerical method for vibro-acoustic problems with incompatible finite element meshes using B-spline functions. J Acoust Soc Am,1999, 105(3): 1682-1694.

[142] Sestieri A, Delvescovo D, Lucibello P. Structural acoustic coupling in complex shaped cavities. J Sound and Vibration, 1984, 96(2): 219-233.

[143] Johnson M E, Elliotl S J, Baek K H. An equivalent source technique for calculating the sound field inside an enclosure containing scattering objects. J Acoust Soc Am,

1998,104(3): 1221-1231.

[144] Lyon R H, DeJong R G. Theory and application of statistical energy analysis. Newton MA: Butterworth-Heinemann, 1995.

[145] Burroughs C B, Fischer R W, Kern F R. An introduction to statistical energy analysis. J Acoust Soc Am, 1997, 101(4): 1779-1789.

[146] Sun J C, Lalor N, Richards E J. Power flow and energy-balance of non-conservatively coupled structures .1. theory. J Sound and Vibration, 1987, 112(2): 321-330.

[147] Beshara M, Reane A J. Statistical energy analysis of multiple, non-conservatively coupled systems. J Sound and Vibration, 1996, 198(1): 95-122.

[148] Maxit L, Guyader J L. Extension of SEA model to subsystems with non-uniform modal energy distribution. J Sound and Vibration, 2003, 265: 337-358.

[149] Maxit L. Analysis of the modal energy distribution of an excited vibrating panel coupled with a heavy fluid cavity by a dual modal formulation. J Sound and Vibration, 2013, 332: 6703-6724.

[150] Langley R S. A general derivation of the statistical energy analysis equations for coupled dynamic-systems. J Sound and Vibration, 1989, 135(3): 499-508.

[151] Keane A J. Energy flows between arbitrary configurations of conservatively coupled multimodal elastic subsystems. Proc. R. Soc London A,1992, 436: 537-568.

[152] Beshara M, Keane A J. Statistical energy analysis of multiple, non-conservatively coupled systems. J Sound and Vibration, 1996, 198(1): 95-122.

[153] Han F, Bernhard R J, Mongeau L G. Prediction of flow-induced structural vibration and sound radiation using energy flow analysis. J Sound and Vibration, 1999, 227(4): 685-709.

[154] Moorhouse A T, Gibbs B M. Prediction of the structure-borne noise emission of machines-development of a methodology. J Sound and Vibration, 1993, 167(2): 223-237.

[155] Yap S H, Gibbs B M. Structure-borne sound transmission from machines in buildings, part 1: Indirect measurement of force at the machine-receiver interface of a single and multi-point connected system by a reciprocal method. J Sound and Vibration, 1999, 222(1): 85-98.

[156] Cremer L, Heekl M. Structure-borne sound. Berlin, Spring-Verlag,1973.

[157] Langley R S. A derivation of the coupling loss factors used in statistical energy analysis. J Sound and Vibration, 1990, 141(2): 207-219.

[158] Langley R S, Shorter P J. The wave transmission coefficients and coupling loss factors of point connected structures. J Acoust Soc Am, 2003, 113(4): 1947-1964.

[159] Dimitriadis E K, Pierce A D. Analytical solution for the power exchange between strongly coupled plates under random-excitation-a test of statistical energy analysis concepts. J Sound and Vibration, 1988, 123(3): 397-412.

[160] Maxit L, Guyader J L. Estimation of sea coupling loss factors using a dual formulation and FEM modal information, part I: Theory. J Sound and Vibration, 2001, 239(5): 907-930.

[161] Simmons C. Structure-borne sound-transmission through plate junctions and estimates of sea coupling loss factors using the finite-element method. J Sound and Vibration, 1991, 144(2): 215-227.

[162] Craik R J M, Steel J A, Evans D I. Statistical energy analysis of structure-borne sound-transmission at low-frequencies. J Sound and Vibration, 1991, 144(1): 95-107.

[163] Steel J A, Craik R J M. Statistical energy analysis of structure-borne sound-transmission by finite-element methods. J Sound and Vibration, 1994, 178(4): 553-561.

[164] Hopkins C. Statistical energy analysis of coupled plate systems with low modal density and low modal overlap. J Sound and Vibration, 2002, 251(2): 193-214.

[165] Fahy F J. Statistical energy analysis//Edited by White R G and Walker J G. Noise and Vibration, Chichester: Ellis Horwood Ltd, 1982.

[166] Langley R S. The modal density and mode count of thin cylinders and curved panels. J Sound and Vibration, 1994, 169(1): 43-53.

[167] Xie G, Thompson D J, Jones C J C. Mode count and modal density of structural systems: relationships with boundary conditions. J Sound and Vibration, 2004, 74: 621-651.

[168] Chandiramani K L. Vibration response of fluid-loaded structures to low-speed flow noise. J Acoust Soc Am, 1977, 61(6): 1460-1470.

[169] Clarkson B L, Pope R J. Experimental-determination of modal densities and loss factors of flat plates and cylinders. J Sound and Vibration, 1981, 77(4): 535-549.

[170] Maidanik G. Response of ribbed panels to reverberant acoustic fields. J Acoust Soc Am, 1962, 34(6): 809-826.

[171] Blake W K. Mechanics of flow induced sound and vibration, Academic Press, INC, Orlando, 1986.

[172] Szechenyi E. Modal densities and radiation efficiencies of unstiffened cylinders using statistical methods. J Sound and Vibration, 1971, 19(1): 65-81.

[173] Fahy F J. Response of a cylinder to random sound in contained fluid. J Sound and Vibration, 1970, 13(2): 171-194.

[174] Xie G, Thompson D J, Jones C J C. The radiation efficiency of baffled plates and strips. J Sound and Vibration, 2005, 280: 181-209.

[175] Squicciarini G, Thompson D J, Corradi R. The effect of different combinations of boundary conditions on the average radiation efficiency of rectangular plates. J Sound and Vibration, 2014, 333: 3931-3948.

[176] Rumerman M L. The effect of fluid loading on radiation efficiency. J Acoust Soc Am, 2002, 111(1): 75-79.

[177] Crocker M J, Price A J. Sound transmission using statistical energy analysis. J Sound and Vibration, 1969, 9(3): 469-486.

[178] Burroughs C B, Fischer R W, Kern F R. An introduction to statistical energy analysis. J Acoust Soc Am, 1997, 101(4): 1779-1789.

[179] Hynna P, Klinge P, Vuoksinen J. Prediction of structure-borne sound-transmission in

large welded ship structures using statistical energy analysis. J Sound and Vibration, 1995, 180(4): 583-607.

[180] Skudrzyk E. The mean-value method of predicting the dynamic-response of complex vibrators. J Acoust Soc Am, 1980, 67(4): 1105-1135.

[181] Torres R R, Sparrow V W, Stuart A D. Modification of Skudrzyk's mean-value theory parameters to predict fluid-loaded plate vibration. J Acoust Soc Am, 1997, 102(1): 342-347.

[182] Langley R S. Spatially averaged frequency-response envelopes for one-dimensional and 2-dimensional structural components. J Sound and Vibration, 1994, 178(4): 483-500.

[183] Dowell E H, Kubota Y. Asymptotic modal-analysis and statistical energy analysis of dynamical-systems. J Appl Mechanics, 1985, 52: 949-957.

[184] Peretti L F, Dowell E H. Asymptotic modal-analysis of a rectangular acoustic cavity excited by wall vibration. AIAA, 1992, J30(5): 1191-1198.

[185] Sum K S, Pan J. An analytical model for bandlimited response of acoustic-structural coupled systems. I. Direct sound field excitation. J Acoust Soc Am,1998, 103(2): 911-923.

[186] Bouthier O M. Energetics of vibrating systems, PH.D. thesis, Purdue University West Lafayette, Indiana, USA1992.

[187] Han F, Bernhard R J, Mongeau L G. Energy flow analysis of vibrating beams and plates for discrete random excitations. J Sound and Vibration, 1997, 208(5): 841-859.

[188] Cotoni V, LeBot A, Jezequel L. High-frequency radiation of L-shaped plates by a local energy flow approach. J Sound and Vibration, 2002, 250(3): 431-444.

[189] Park Y H, Hang S Y. Hybrid power flow analysis using coupling loss factor of SEA for low-damping system - Part I: Formulation of 1-D and 2-D cases. J Sound and Vibration, 2007, 299: 484-503.

[190] Park Y H, Hang S Y. Hybrid power flow analysis using coupling loss factor of SEA for low-damping system: Part II: Formulation of 3-D case and hybrid PFFEM. J Sound and Vibration, 2007, 299: 460-483.

[191] Santos E R O, Arruda J R F, Dos Santos J M C. Modeling of coupled structural systems by an energy spectral element method. J Sound and Vibration, 2008, 316(1): 1-24.

[192] Franzoni L P, Blias D B, Rousse J W. An acoustic boundary element method based on energy and intensity variables for prediction of high-frequency broadband sound fields. J Acoust Soc Am, 2001, 110(6): 3071-3080.

[193] Soize C. A model and numerical-method in the medium frequency-range for vibroacoustic predictions using the theory of structural fuzzy. J Acoust Soc Am, 1993, 94(2): 849-865.

[194] Strasberg M, Feit D. Vibration damping of large structures induced by attached small resonant structures. J Acoust Soc Am,1996: 99(1): 335-344.

[195] Pierce A D, Sparrow V W, Russell D A. Fundamental structural-acoustic idealizations for structures with fuzzy internals. J Vibr and Acoust, 1995, 117: 339-348.

[196] Lyon R H. Statistical energy analysis and structural fuzzy. J Acoust Soc Am, 1995, 97(5): 2878-2881.

[197] Langley R S, Bremner P. A hybrid method for the vibration analysis of complex structural-acoustic systems. J Acoust Soc Am, 1999, 105(3): 1657-1671.

[198] Shorter P J, Langley R S. Vibro-acoustic analysis of complex systems. J Sound and Vibration, 2005, 288(3): 669-699.

[199] Cotoni V, Shorter P, Langley R. Numerical and experimental validation of a hybrid finite element-statistical energy analysis method. J Acoust Soc Am, 2007, 122(1): 259-270.

[200] Langley R S, Cordioli J A, Julio A. Hybrid deterministic-statistical analysis of vibro-acoustic systems with domain couplings on statistical components. J Sound and Vibration, 2009, 321: 893-912.

[201] Reynders E, Langley R S, Dijckmans A, et al. A hybrid finite element - statistical energy analysis approach to robust sound transmission modeling. J Sound and Vibration, 2014, 333: 4621-4636.

[202] Zhao X, Vlahopoulos N. A hybrid finite element formulation for mid-frequency analysis of systems with excitation applied on short members. J Sound and Vibration, 2000, 237(2): 181-202.

[203] Strawderman W A, Christma R A. Turbulence-induced plate vibrations - some effects of fluid loading on finite and infinite plates. J Acoust Soc Am, 1972, 52(5): 1537-1552.

[204] Davies H G. Sound from turbulent-boundary-layer-excited panels. J Acoust Soc Am, 1971, 49(3): 878-889.

[205] Aupperle F A, Lambert R F. Acoustic radiation from plates excited by flow noise. J Sound and Vibration, 1973, 26(2): 223-245.

[206] Chandiramani K L. Vibration response of fluid-loaded structures to low-speed flow noise. J Acoust Soc Am, 1977, 61(6): 1460-1470.

[207] Hwang Y F, Maidanik G. A wave-number analysis of the coupling of a structural-mode and flow turbulence. J Sound and Vibration, 1990, 142(1): 135-152.

[208] Borisyuk A O, Grinchenko V T. Vibration and noise generation by elastic elements excited by a turbulent flow. J Sound and Vibration, 1997, 204(2): 213-237.

[209] Rumerman M L. Estimation of broadband acoustic power due to rib forces on a re-inforced panel under turbulent boundary layer-like pressure excitation. I. Derivations using string model .J Acoust Soc Am, 2001, 109(2): 563-575.

[210] Durant C, Robret G, Filippi P J T. Vibroacoustic response of a thin cylindrical shell excited by a turbulent internal flow: Comparison between numerical prediction and experimentation. J Sound and Vibration, 2000, 229(5): 1115-1155.

[211] 吕世金, 张占阳, 张晓伟. 流激双层加肋圆柱壳水动力噪声计算方法. 第十五届船舶水下噪声学术讨论会论文集, 324-333, 2015, 郑州.

[212] 俞孟萨, 李东升. 声纳自噪声中水动力噪声分量的统计能量法计算. 第九届全国船舶水下噪声学术讨论会, 苏州, 2003.

[213] Liu B L. Noise radiation of aircraft panels subjected to boundary layer pressure fluctuations. J Sound and Vibration, 2008, 314(3-5): 693-711.

[214] Kou Y, Liu B, Chang D. Radiation efficiency of plates subjected to turbulent boundary layer fluctuations. J Acoust Soc Am, 2016, 139: 2766-2774.

[215] Esmailzadeh M, Lakis A A. Response of an open curved thin shell to a random pressure field arising from a turbulent boundary layer. J Sound and Vibration, 2012, 331(2): 345-364.

[216] Dahlberg T. The effect of modal coupling in random vibration analysis. J Sound and Vibration, 1999, 228: 157-176.

[217] Maury C, Gardonio P, Elliott S J. A wavenumber approach to modelling the response of a randomly excited panel: Part 1 General theory. J Sound and Vibration, 2002, 252(1): 83-113.

[218] Park J, Mongeau L, Siegmund T. An investigation of the flow-induced sound and vibration of viscoelastically supported rectangular plates: experiments and model verification. J Sound and Vibration, 2004, 275(1-2): 249-265.

[219] Hong C, Shin K. Modeling of wall pressure fluctuations for finite element structural analysis. J Sound and Vibration, 2010, 329(10): 1673-1685.

[220] Ichchou M N, Hiverniau B, Troclet B. Equivalent 'rain on the roof', loads for random spatially correlated excitations in the mid-high frequency range. J Sound and Vibration, 2009, 322(4-5): 926-940.

[221] Dyer I. Second Symposium on Naval Hydrodynamics, 1958, 151-177.

[222] Dowell E H. Transmission of noise from a turbulent boundary layer through a flexible plate into a closed cavity. J Acoust Soc Am, 1969, 46(1): 238-252.

[223] Maidanik G. Domed sonar system. J Acoust Soc Am, 1968, 44(1): 113-124.

[224] Kuo E Y T. Acoustic field generated by a vibrating boundary. I. general formulation and sonar-dome noise loading. J Acoust Soc Am, 1968, 43(1): 25-31.

[225] Yu M S, Li D S. Chin J Acoustics, 2005, 24(2): 170-185,2005.

[226] Rao V B. Flow-induced noise of a sonar dome: part. Appl Acoustics, 1985, 18(1): 21-33.

[227] 刘进, 沈琪, 俞孟萨. 传递矩阵法预报时空随机激励下任意薄壳腔体内部噪声, 声学学报, 2020, 45(6): 840-848.

[228] Muet I L E. Bruit doriginehydrodynamiquerayonne a i'interieur d'un dome sonar: etude-sexperimentalesetevaluation S.E.A.J.d'Acoustic,1987;21: 111-116.

[229] Vassas M, Beretti S, Audoly C. Evaluation of flow noise on a hull mounted sonar array. UDT'99, 356-359, 1999.

[230] 俞孟萨, 李东升. 统计能量法计算声呐自噪声的水动力噪声分量. 船舶力学, 2004, 8(1): 99-105.

[231] Maury C, Gardonio P, Elliot S J. A wavenumber approach to modelling the response of a randomly excited panel, Part II: Application to aircraft panels excited by a turbulent boundary layer. J Sound and Vibration, 2002, 252(1): 115-139.

[232] Han F, Bernhard R J, Mongeau L G. Prediction of flow-induced structural vibration

and sound radiation using energy flow analysis. J Sound and Vibration, 1999, 227(4): 685-709.

[233] 俞孟萨, 朱正道. 集成统计能量法计算声呐自噪声水动力噪声分量. 船舶力学, 2007, 11(2): 273-283.

[234] 俞孟萨, 白振国, 吕世金. 随机面激励的非规则声腔自噪声计算方法研究. 船舶力学, 2015, 19(8): 1001-1010.

[235] Naghshineh K, Koopmann G H, Belegundu A D. Material tailoring of structures to achieve a minimum radiation condition. J Acoust Soc Am, 1992, 92(2): 841-855.

[236] Ratle A, Berry A. Use of genetic algorithms for the vibroacoustic optimization of a plate carrying point-masses. J Acoust Soc Am, 1998, 106(4): 3385-3397.

[237] Constans E W, Koopmann G H, Belegundu A D. The use of modal tailoring to minimize the radiated sound power of vibrating shells: theory and experiment. J Sound and Vibration, 1998, 217(2): 335-350.

[238] Johnson W M, Cunefare K A. Use of principle velocity patterns in the analysis of structural acoustic optimization. J Acoust Soc Am, 2007, 121(2): 938-948.

[239] Denli H, Sun J Q. Structural-acoustic optimization of sandwich cylindrical shells for minimum interior sound transmission. J Sound and Vibration, 2008, 316(1): 32-49.

[240] Denli H, Sun J Q. Structural-acoustic optimization of sandwich structures with cellular cores for minimum sound radiation. J Sound and Vibration, 2007, 301(1): 93-105.

[241] Franco F, Cunefare K A, Ruzzene M. Structural-acoustic optimization of sandwich panels. J Vibr and Acoust, 2007, 129: 330-340.

[242] 黎胜. 结构振动声辐射的数值分析方法和优化设计研究进展. 第十五届船舶水下噪声学术讨论会论文集, 5-14, 2015, 郑州.

[243] Sandman B E. Motion of a 3-layered elastic-viscoelastic plate under fluid loading. J Acoust Soc Am, 1975, 57(5): 1097-1107.

[244] Foin O, Berry A, Szabo J. Acoustic radiation from an elastic baffled rectangular plate covered by a decoupling coating and immersed in a heavy acoustic fluid. J Acoust Soc Am, 2000, 107(5): 2501-2510.

[245] Berry A, Foin O, Szabo J. Three-dimensional elasticity model for a decoupling coating on a rectangular plate immersed in a heavy fluid. J Acoust Soc Am, 2001, 109(6): 2704-2714.

[246] Cuschieri J M, Feit D. Influence of circumferential partial coating on the acoustic radiation from a fluid-loaded shell. J Acoust Soc Am, 2000, 107(6): 3196-3207.

[247] Munjal M L. Prediction of the break-out noise of the cylindrical sandwich plate muffler shells. Appl Acoustics, 1998, 53(1-3): 153-161.

[248] Sastry J S, Munjal M L. Response of a multi-layered infinite cylinder to a plane wave excitation by means of transfer matrices. J Sound and Vibration, 1998, 209(1): 99-121.

[249] Ko S H, Seong W, Pyo S. Structure-borne noise reduction for an infinite, elastic cylindrical shell. J Acoust Soc Am, 2001, 109(4): 1483-1495.

[250]　Markus S. Damping properties of layered cylindrical-shells, vibrating in axially-symmetric modes. J Sound and Vibration, 1976, 48(4): 511-524.

[251]　Harari A, Sandman B E. Vibratory response of laminated cylindrical-shells embedded in an acoustic fluid. J Acoust Soc Am, 1976, 60(1): 117-128.

[252]　Laulagnet B, Guyader J L. Sound radiation from a finite cylindrical-shell covered with a compliant layer. J Vibr and Acoust, 1991, 113: 267-272.

[253]　Laulagnet B, Guyader J L. Sound radiation from finite cylindrical-shells, partially covered with longitudinal strips of compliant layer. J Sound and Vibration, 1995, 186(5): 723-742.

[254]　Laulagnet B, Guyader J L. Sound radiation from finite cylindrical coated shells, by means of asymptotic-expansion of 3-dimensional equations for coating. J Acoust Soc Am, 1994, 96(1): 277-286.

[255]　白振国. 双层圆柱壳舱间声振耦合特性及控制技术. 无锡: 中国船舶科学研究中心, 2014.

[256]　Kung S W, Singh R J. Development of approximate methods for the analysis of patch damping design concepts. J Sound and Vibration,1999, 219(5): 785-872.

[257]　Spalding A B, Mann J A. Placing small constrained layer damping patches on a plate to attain global or local velocity changes. J Acoust Soc Am, 1995, 97(6): 3617-3624.

[258]　Mohammadi F, Sedaghati R. Vibration analysis and design optimization of viscoelastic sandwich cylindrical shell. J Sound and Vibration, 2012, 331(12): 2729-2752.

[259]　Brigham G A, Libuha J J, Radlinski R P. Analysis of scattering from large planar gratings of compliant cylindrical-shells. J Acoust Soc Am, 1977, 61(1): 48-59.

[260]　Radlinski R P. Scattering from multiple gratings of compliant tubes in a viscoelastic layer. J Acoust Soc Am, 1989, 85(6): 2301-2310.

[261]　Junger M C. Water-borne sound insertion loss of a planar compliant-tube array. J Acoust Soc Am, 1985, 78(3): 1010-1012.

[262]　Ko S H. Flexural wave reduction using a compliant tube baffle. J Acoust Soc Am, 1996, 99(2): 691-699.

[263]　Huang Y M, Fuller C R. The effects of dynamic absorbers on the forced vibration of a cylindrical shell and its coupled interior. J Sound and Vibration, 1997, 200(4): 401-418.

[264]　Nagaya K, Li L. Control of sound noise radiated from a plate using dynamic absorbers under the optimization by neural network. J Sound and Vibration, 1997, 208(2): 289-298.

[265]　McMillan A J, Keane A J. Vibration isolation in a thin rectangular plate using a large number of optimally positioned point masses. J Sound and Vibration, 1997, 202(2): 219-234.

[266]　马大猷. 微穿孔板吸声结构的理论和设计. 中国科学, 1975, 18(1): 38-50.

[267]　Mei J, Ma G, Yang M, et al. Dark acoustic metamaterials as super absorbers for low-frequency sound. Nature Communications, 2012, 3(2): 756.

[268]　Fahy F J, Schofield C. A note on the interaction between a helmholtz resonator and an acoustic mode of an enclosure. J Sound and Vibration, 1980, 72: 365-378.

[269] Doria A. Control of acoustic vibrations of an enclosure by means of multiple resonators. J Sound and Vibration, 1995, 181(4): 673-685.

[270] Li D, Cheng L. Acoustically coupled model of an enclosure and a Helmholtz resonator array. J Sound and Vibration, 2007, 305(1-2): 272-288.

[271] Yu G, Li D, Cheng L. Effect of internal resistance of a Helmholtz resonator on acoustic energy reduction in enclosures. J Acoust Soc Am, 2008, 124(6): 3534-3443.

[272] Jing X, Meng Y, Sun X. Soft resonator of omnidirectional resonance for acoustic metamaterials with a negative bulk modulus. Scientific Reports, 2015, 5: 16110.

[273] Reynolds M, Gao Y, Daley S. Experimental validation of the band-gap and dispersive bulk modulus behaviour of locally resonant acoustic metamaterials. Proceedings of Meetings on Acoustics, 19, 065041, 2013.

[274] 李东升. 水介质管路水动力噪声控制技术, 西安: 西北工业大学, 2014.

[275] 王世彦. 水介质腔体与结构声振耦合特性及控制研究, 无锡: 中国船舶科学研究中心, 2020.

[276] Fuller C R. Active control of sound-transmission radiation from elastic plates by vibration inputs .1. analysis. J Sound and Vibration, 1990, 136(1): 1-14.

[277] Pan J, Snyder S D, Hansen, C H. Active control of far-field sound radiated by a rectangular panel - a general-analysis. J Acoust Soc Am, 1992, 91(4): 2056-2066.

[278] Burdisso R A, Fuller C R. Design of active structural acoustic control-systems by eigenproperty assignment. J Acoust Soc Am, 1994, 96(3): 1582-1591.

[279] Ozer M B, Royston T J. Passively minimizing structural sound radiation using shunted piezoelectric materials. J Acoust Soc Am, 2003, 114 (4): 1934-1946.

[280] Guigou C, Fuller C R, Wagstaff P R. Active isolation of vibration with adaptive structures. J Acoust Soc Am, 1994, 96(1): 294-299.

[281] Liu G R, Peng X Q, Lam K Y. Vibration control simulation of laminated composite plates with integrated piezoelectrics. J Sound and Vibration, 1999, 220(5): 827-846.

[282] Johnson M E, Elliott S J. Active control of sound radiation from vibrating surfaces using arrays of discrete actuators. J Sound and Vibration, 1997, 207(5): 743-759.

[283] Wang C Y, Vaicaitis R. Active control of vibrations and noise of double wall cylindrical shells. J Sound and Vibration, 1998, 216(5): 865-888.

[284] Schiller N H, Cabell R H, Filler C R. Decentralized control of sound radiation using iterative loop recovery. J Acoust Soc Am, 2010,128 (4): 1729-1737.

[285] Pan X, Tso Y, Juniper R. Active control of radiated pressure of a submarine hull. J Sound and Vibration, 2008, 311(1-2): 224-242.

[286] Hasheminejad S M, Keshavarzpour H. Active sound radiation control of a thick piezolaminated smart rectangular plate. J Sound and Vibration. 2013, 332(20): 4798-4816.

[287] Li P, Yao S S, Zhou X M. Effective medium theory of thin-plate acoustic metamaterials. J Acoust Soc Am, 2014, 135 (4): 1844-1852.

[288] Baz A, Ro J J. The concept and performance of active constrained layer damping treatments. Sound and Vibration, 1994, 28(3): 18-21.

[289] Ray M C, Baz A. Optimization of energy dissipation of active constrained layer damping treatments of plates. J Sound and Vibration,1997, 208(3): 391-406.

[290] Zhang Y, Chan Y J, Huang L. Thin broadband noise absorption through acoustic reactance control by electro-mechanical coupling without sensor. J Acoust Soc Am, 2014, 135(5): 2738-2745.

[291] Lafleur L D, Shields F D, Hendrix J E. Acoustically active surfaces using piezorubber. J Acoust Soc Am, 1991, 90: 1230-1237.

[292] Howarth T R, Varadan V K, Bao X, et al. Piezocomposite coating for active underwater sound reduction. J Acoust Soc Am, 1992, 91: 823-831.

[293] Corsaro R D, Houston B, Bucaro J A. Sensor-actuator tile for underwater surface impedance control studies. J Acoust Soc Am, 1997, 102(3): 1573-1581.

[294] Shields F D, Lafleur L D. Smart acoustically active surfaces. J Acoust Soc Am, 1997, 102(3): 1559-1566.

[295] Pan J, Hansen C H, Bies D A. Active control of noise transmission through a panel into a cavity 1: analytical study. J Acoust Soc Am, 1990, 87(5): 2098-2108.

[296] Snyder S D, Hansen C H. The design of systems to control actively periodic sound-transmission into enclosed spaces 1: analytical models. J Sound and Vibration, 1994, 170(4): 433-449.

[297] Han G, Degrieck J, Paepegem W V, et al. Active Noise Control in Three Dimension Enclosure Using Piezoceramics. The 2009 Inter Symp on Active Control of Sound and Vibration, Ottawa, Ontario, Canada, 2009, August.

[298] Al-Bassyiouni M, Balachandran B. Sound transmission through a flexible panel into an enclosure: structural-acoustics model. J Sound and Vibration, 2005, 284(1/2): 467-486.

[299] Lin O R, Liu Z X, Wang Z L. Cylindrical panel interior noise control using a pair of piezoelectric actuator and sensor. J Sound and Vibration, 2001, 246(3): 525-541.

[300] Lecce L, Viscardi M, Siano D, et al. Active noise control in a fuselage section by piezoceramic actuators. The 1995 Inter Symp on Active Control of Sound and Vibration, Newport Beach, USA,1995, July.

[301] Song C K, Hwang J K, Lee J M. Active vibration control for structural-acoustic coupling system of a 3-D vehicle cabin model. J Sound and Vibration, 2003, 267(4): 851-865.

[302] Tanaka N, Kobayashi K. Cluster control of acoustic potential energy in a structural/acoustic cavity. J Acoust Soc Am, 2006, 119 (5): 2758-2771.

[303] Gardonio P, Bianchi E, Elliott S T. Smart panel with multiple decentralized units for the control of sound transmission. Part 1: theoretical predictions. J Sound and Vibration, 2004, 274(1-2): 163-192.

第 6 章 检测声学与储层声学

6.1 超声检测研究现状以及未来发展趋势

邓明晰 [1], 毛捷 [2], 项延训 [3], 程茜 [4], 张海燕 [5], 李卫彬 [6]

[1] 重庆大学航空航天学院, 重庆 400044

[2] 中国科学院声学研究所, 北京 100190

[3] 华东理工大学机械与动力工程学院, 上海 200237

[4] 同济大学物理科学与工程学院, 上海 200092

[5] 上海大学通信与信息工程学院, 上海 200444

[6] 厦门大学航空航天学院, 厦门 361102

一、学科内涵、学科特点和研究范畴

1. 学科内涵

超声检测是声学学科的重要分支, 也是声学理论的重要应用学科方向. 它主要面向工业装备、国防建设、生命科学、新材料等领域, 聚焦于固体、流体、生物体组织等介质中超声信号的激发、传播、获取、处理与评价相关的理论、方法和技术的研究与探索, 以满足上述领域在工业结构件服役安全、国防安全、生命安全等方面的重大需求. 超声检测学科的内涵十分丰富, 涉及内容包括基础物理学理论、材料学、电子技术、测量技术、信息技术、机械工程、计算机科学与技术等多个方面; 其应用领域和对象包含: 航空航天、石油化工、兵器工业、土木建筑、铁路船舶、核电、特种设备及结构、能源及人体及其他生物等; 针对各种不同的结构, 超声检测可对材料的健康、质量和损伤状态实现有效的评估和检测.

2. 学科特点

超声检测本质上是将超声在不同结构、不同材料和不同工况下激励、传播所发生的声学物理参数变化进行采集、统计和分析, 并根据接收信号的特征对介质的几何及物理性质等进行检测分析. 超声 (声学) 检测是保证产品质量和设备安全运行的一门共性技术, 已被广泛应用于现代工业的各个领域. 它是在物理学、电子学、电子计算机技术、信息处理技术、材料科学等学科成果基础上发展起来的一门综合性技术, 是现代工业制造、材料表征分析、材料评价的主要技术之一. 基于超声在介质中的传播、散射、透射特性的检测方法和技术, 已广泛应用于机械、冶

金、化工、电力、铁道、造船、汽车、航天、航空、能源设备等工程技术及科学研究等领域. 超声检测学科具有明显的学科交叉性强、内涵丰富、外延宽广等鲜明特点.

3. 研究范畴

根据原理和应用领域的不同, 目前超声检测的研究主要涉及超声导波检测、非线性超声检测、医学超声检测、光声检测、超声相控阵、非接触 (激光超声、电磁超声、空耦超声) 检测及其他在特殊结构、特殊 (新) 材料的超声检测, 极端工作环境下 (高温、高速旋转等) 的超声检测等. 随着新材料、新结构、新工艺等应用背景和应用对象的不断变化以及新的仪器和设备的不断升级, 超声检测研究涉及的内容越来越丰富, 超声检测新技术不断拓展, 超声检测学科的范畴也不断扩延.

二、学科国外、国内发展现状

超声检测发展的进展可以简单概括为从超声无损检测发展至超声无损评估和定量无损评估, 进一步至基于时间的定量无损评估 (结构健康监测) 和基于状况的定量无损评估 [1]. 国内外超声检测的研究目前处于从无损检测与无损评估向定量无损评估发展的阶段. 例如, 国内外已开始一些数字化、自动化、智能化和图像化的超声检测研究. 随着机器学习和神经网络研究开发以及传感技术、电子技术、自动化技术的发展, 超声检测技术将进一步向实时监测和状态监控方向发展. 超声检测也将向定量检测和寿命分析评估发展, 其检测的精确度和灵敏度也将进一步提高.

根据原理和应用领域的不同, 超声检测的国内外发展现状可从以下几个方面体现.

1. 超声导波检测

20 世纪 90 年代开始, 英国帝国理工学院和美国宾夕法尼亚州立大学的课题组开始系统研究超声导波在不同材料和结构导体中的检测应用, 推动了超声导波的工业应用 [2]. 目前国外已开发出商用的超声导波检测装置. 国内南京大学、北京工业大学、复旦大学、上海大学、香港理工大学、西安交通大学、南京航空航天大学等机构研究人员也开展了超声导波的理论和检测应用研究 [3,4]. 超声无损检测应用需求、超声阵列检测硬件及软件仿真平台的进步为超声导波成像提供了契机. 超声导波成像的主要困难在于导波的频散及多模式特性: 模式频散导致波包形状发生变化, 多模式导致单个模式的发射和接收变得困难. 法国波尔多大学研究小组 [5] 将源于数学界形状优化理论的拓扑渐近用于超声导波中, 发展了超声导波拓扑成像方法, 研究了超声导波在波速频散段和非频散段两种频厚积下的检测情况, 结果表明拓扑成像结果不受波速频散的影响. 上海大学张海燕等 [6] 研究了拓扑成像对多模式导波检测的适应性, 通过不同时刻的瞬态声场图可视化地显示多模式兰姆波在缺陷处的聚焦过程, 揭示了拓扑成像方法的物理机理.

目前国内也在将超声导波方法向工业应用领域推广. 以中国迅猛发展的高速列车为例, 随着高速铁路线路的持续延伸及行车密度的增加, 高速铁路车辆及基础设施设备的运营安全及养护维修面临重大挑战. 高速列车行驶速度快, 最高速度可达 300km/h 以上, 这对无砟轨道的要求极高, 毫米和厘米级的脱空对高速行驶的列车来说, 就有可能导致安全事故的发生. 目前, 高铁无砟轨道结构 CA 砂浆层的脱空问题已引起了学术界和工程界的广泛重视. 在传统无损检测方法无法适用的情况下, 上海大学张海燕课题组 [7] 提出了一种利用空气耦合超声兰姆波非接触检测轨道结构脱空缺陷的新方法. 该课题组开发了一个符合高铁板式无砟轨道结构工程应用场景、速度达 10km/h、专用的脱空缺陷快速扫查系统, 该系统由空气耦合超声激励/接收模块、轨道检测小车机械结构以及运动控制模块三个主要部分组成. 采用一对中心频率为 28kHz 的空气耦合超声探头以 3.8° 倾斜入射板式无砟轨道结构和接收 A2 模式的兰姆波, 根据能量泄漏原理实现了脱空缺陷的检测并与缺陷实际位置相吻合. 研究结果表明可利用空气耦合超声兰姆波实现板式无砟轨道结构内部脱空缺陷的无损检测, 为高铁板式无砟轨道结构快速动态检测提供了一种新的无损检测方法 [8].

2. 非线性超声检测

先进核装备、航空发动机及燃气轮机、高端化工装备等国家重点领域和国防重大战略装备中均有大量核心部件在高温、重载荷、放射及腐蚀性等严苛工况下长周期服役. 蠕变、疲劳等损伤老化是危及上述装备及其承载部件服役安全、导致灾难性事故的主要因素, 具有难发现、难预测的特点, 也是长期困扰和影响上述领域装备服役结构完整性的 "顽疾". 对于设计良好的结构元件来说, 材料在损伤状态下的早期性能退化 (宏观裂纹形成之前) 占据了整个寿命的大部分时间. 已有研究表明, 材料早期性能退化阶段占据材料疲劳寿命的 80%～90%, 占整个蠕变寿命的 70% 以上. 然而, 现有的缺陷检测和评价方法主要集中在设备产生宏观裂纹 (如 0.5mm 以上) 的损伤后期. 由于裂纹所固有的易扩展、强破坏特征, 损伤的早发现、早预防成为避免破坏性事故的最有效手段, 并日渐成为重大战略装备安全服役领域的研究前沿和热点.

以线性超声检测为代表的传统声学检测方法及技术常被用于重大装备制造和工程建设质量控制、服役结构/材料损伤与缺陷的检测与评价等. 然而, 对占据了70%～80% 蠕变寿命的早期损伤形式, 线性超声范围内的声学参数响应一般都较为微小, 难以有效评价材料性能的演化和蜕化. 因此, 研究探索建立能够敏感响应、形成表征和检测材料微细观尺度下 (约 50～500μm) 损伤状态的新型无损检测方法和技术是保障核装备、航空、石油化工等领域重大装备服役安全急需解决的难题和实现质量强国的需求.

非线性超声理论及应用是以非线性声学效应为基础, 面向材料微损伤、微裂纹、材料可靠性等介质状态检测、评价及表征的理论方法和技术手段, 因其对服役结构微损伤较为敏感而受到国内外研究者的广泛关注. 传统的超声检测技术主要针对材料中宏观缺陷 (主要包括裂纹、孔洞、夹杂物等内部缺陷) 的存在和分布进行检测和评价. 现有的超声技术在线性范围内测量的声学参数对材料和结构的早期损伤变化响应十分微小, 而非线性超声信号可克服线性超声对材料或结构在早中期损伤变化不敏感的不足. 因此, 非线性超声技术在材料早中期损伤的检测与评价中得到了越来越广泛的关注.

一般而言, 描述声波在介质中传播的波动方程仅在一定条件下才可被近似为线性的. 当线性化的条件不能满足时 (如介质中传播的是有限振幅声波), 则波动方程是非线性的: 方程中存在非线性项, 其解非常复杂. 此外, 固体介质一般还具有固有的非线性特性 (如岩石具有显著的固有非线性特性). 因此, 在进行非线性弹性力学研究时, 一般需考虑两个非线性源: 一是运动非线性, 它与固体质点运动方程 (欧拉方程或者拉格朗日方程) 的描述相关; 二是介质非线性, 它与应力和应变的展开式描述相关. 当一列/多列有限振幅正弦超声波入射到固体介质中传播时, 将与固体介质之间产生非线性相互作用, 从而产生高频谐波或差 (和) 频信号. 这些信号的产生与固体介质的微观组织结构密切相关, 其来源包括两部分: 一是源于固体介质中晶格的非谐和特性; 二是源于晶体内部的缺陷, 如位错、析出相、微孔洞等微结构特征引起的非线性. 因此, 测量这些谐波信号的幅值或非线性参数可获得反映介质内部微组织变状况的信息, 从而可为超声无损检测和评价技术的发展提供新方法.

目前, 在非线性超声检测的国内外研究进展中, 主要包括三个方面.

(1) 材料损伤退化的非线性超声纵波/表面波评价. Nagy[9] 开展了利用非线性纵波对不同金属材料和非金属材料在循环疲劳载荷作用下和塑性变形作用下 (拉伸性能退化) 的损伤、裂纹扩展损伤状态等进行的检测和评估的研究工作. Cantrell 等 [10] 研究了超声纵波非线性谐波的产生与疲劳导致的位错偶极子之间的关系, 并以此模型计算了不同周期载荷作用下金属材料 (铝合金 AA2024-T4) 中超声纵波非线性参量值, 进行了材料剩余疲劳寿命预测, 其计算结果和实验数据吻合较好. Sagar 等 [11] 通过透射电子显微镜分析不同损伤状态下金属试样的微观结构, 如位错密度、析出相尺寸、位错环长度等, 将这些微观结构的变化和实验测量的超声非线性参量变化结合起来, 更好地解释了利用非线性参量定量评价材料疲劳损伤的可行性. 国内的一些研究者分别对超声切变波与位错非线性相互作用之间的关系、疲劳金属材料非线性声学特性的实验关系等方面进行了深入

研究 [12].

　　金属材料在高温载荷作用下会发生热损伤或蠕变损伤 (在应力载荷作用下), 导致材料的力学性能退化 (硬度、强度等变化). 在这个过程中, 材料微观尺度上表现出的主要特征是析出相、位错、微孔洞等产生. 针对这种微观结构的变化. Jhang [13] 通过实验研究了利用非线性纵波测量 CrMoV 钢的高温时效后的力学性能退化、强化镍基超合金的剩余蠕变寿命等. Kim 等 [14] 利用非线性超声纵波测量了 2.25Cr-1Mo 钢、镍基合金等材料在不同高温时效阶段二次谐波非线性参量的变化, 并通过分析晶格常数、X 射线衍射、透射电镜等微观结构的演化来解释非线性超声信号的变化结果. Valluri 等 [15] 对钛合金、纯铜等金属进行了不同程度的蠕变加载, 然后测量了损伤材料中的超声纵波非线性静态位移、二次谐波、三次谐波等参量, 并同样从材料微观结构演化出发来解释和分析非线性超声信号的变化结果. Doerr 等 [16] 采用非线性表面波对 304 奥氏体不锈钢焊缝热影响区的高温敏化效应进行了检测, 结果表明非线性超声信号对敏化区域微观组织演化非常敏感.

　　(2) 材料损伤的非线性超声导波评价. 因超声导波的频散及多模特性, 其非线性效应在理论上十分复杂且难以进行实验观察, 长期以来并未引起足够重视. 自 1996 年以来, 有关超声导波非线性问题的研究工作已取得很大进展; 重庆大学邓明晰 [17-19] 基于微扰近似理论及界面非线性声反射技术, 率先推导出共振条件下具有积累增长效应的兰姆波二次谐波声场的解析解; 随后, 邓明晰 [20] 和 Lima 等 [21] 各自分别采用导波激发的模式展开分析方法, 推导出更为一般的兰姆波二次谐波声场的解析解; 邓明晰 [22] 还率先实验证明了超声兰姆波的二次谐波可随传播距离积累增长. 在此基础上, 人们对非线性超声导波进行了更为系统深入的理论分析和实验研究 [23-26], 为开展材料/结构损伤的非线性超声导波评价研究奠定了理论和实验基础.

　　通过导波模式展开分析方法, 在二阶微扰近似条件下得到超声导波二次谐波声场解析解, 进而得到发生导波积累二次谐波的条件 [20]: 基频导波模式和二倍频导波模式两者之间的相速度匹配、非零能量流传递、群速度匹配等. Matsuda 和 Biwa [25] 基于群速度匹配的基础上, 提出了满足相速度匹配、非零能量流传递、群速度匹配这三个激发条件的多种导波模式类型. 邓明晰等 [24] 和华东理工大学项延训等 [28] 在群速度失配情况下开展了导波二次谐波激发和接收的仿真模拟及实验测量, 研究结果表明失配情况下导波二次谐波也表现出能随着传播距离的增加而增长的积累效应, 进一步拓展了导波激发条件和模式选择范围.

　　邓明晰等 [29] 率先将非线性超声导波用于评价铝板的疲劳损伤程度. 随后, Pruell 等 [27] 利用超声导波的非线性效应, 对铝合金材料疲劳损伤进行了非线性导波的实验评价研究. 项延训等 [30] 开展了材料蠕变损伤和微组织演化的非线性超声导波评价方法研究, 从理论上构建了非线性导波传播与蠕变损伤材料微观结构之间的函数关系, 通过对奥氏体 Cr-Ni 不锈钢的高温损伤、Ti60 钛合金的加速蠕变损伤的非线性导波测量, 研究表明导波积累二次谐波和材料高温损伤程度之间存在一个 "上升—平稳—下降" 的关系, 并从微观组织演化角度解释了这种关系. 印度国家无损检测中心 [31] 基于对微观组织解析的模型 [30] 开展了 P91 钢不同温度热处理后析出相与非线性超声导波信号变化的关系研究, 研究结果显示在 750℃ 下热处理后 P91 的强度最大, 此时对应的非线性导波参量也是最大的. Rauter 等 [32] 利用非线性超声导波对复合材料的疲劳损伤状态开展了评价研究, 他们的结果指出在复合材料早期疲劳损伤过程中非线性导波变化就非常明显, 并且随着疲劳的加载, 非线性导波参量会随着微裂纹尺寸的增大而增大. Hong 等 [33] 通过有限元仿真及压电片阵列测量验证指出非线性超声导波信号会随着铝合金材料内部微裂纹的变化而呈现规律变化, 这个结果可望通过内置式的压电片阵列监测材料内部微裂纹的萌生和扩展, 实现早期损伤的检测与表征.

现有的研究无论是非线性超声纵波还是非线性超声导波均是利用二次谐波信号来评价结构的蠕变、疲劳、塑性形变等损伤状态, 这项技术最大的缺点在于接收到的超声二次谐波信号是发射探头和接收探头之间声通道内的平均值, 即评价的是声通道内材料损伤的平均程度, 而并非某个点或小区域内的损伤量. 当然, 这对于均匀微损伤的材料是非常适用的, 但是却无法定位到结构中的早期微损伤.

(3) 早期微损伤的非线性超声定位及评价. Jone 和 Kobett[34] 最早建立了各向同性介质中弹性波相互作用的理论, 给出了两列有限振幅弹性波发生散射混频的激发条件. 直到最近几年, 国际上才开始将该理论运用到结构微损伤的检测与评价方面. 美国西北大学 Liu 等 [35] 基于纵波-横波的共线混频技术提出一个新的材料非线性参量用于评价结构的塑性形变程度或疲劳损伤状态, 数值仿真及实验结果均表明声波混频产生的声信号对结构塑性微损伤、结构疲劳损伤均非常敏感, 可用于定量的无损评价. 北京工业大学焦敬品等 [36] 利用共线混频声波信号对金属材料中的微裂纹等损伤行为进行了检测和定位评价, 他们利用信号处理双谱分析方法对共线混频声波信号进行处理, 实验结果表明共线声波混频结果对微裂纹以及晶界腐蚀均非常有效. 英国 Bristol 大学的 Croxford 等 [37] 采用非共线声波混频方法检测和评价了结构的塑性损伤和疲劳损伤, 验证了该方法在无损检测与评价上应用的可行性. 项延训课题组 [38] 对拉伸载荷作用下 Al7075 的塑性变形情况进行了非共线横波混频检测. 结果发现, 随着残余塑性变形量的增加, 声学非线性系数呈增长趋势, 通过改变混合区域的位置, 可实现对试件的 2D 损伤成像及 3D 损伤成像.

然而, 尽管非共线声波混频能够在构件外同侧进行测量, 但是它要求构件的厚度一般达到几十毫米以上, 以满足体波 (纵波或者横波) 的远场要求, 即不会存在盲区以及声波近场混沌状态. 因此, 对构件厚度小于一定程度的情况, 如小于 15mm, 该技术是难以胜任的. 非线性超声导波混频方法显然可以满足上述测量要求, 该方法可以弥补共线超声混频以及非共线超声混频检测的缺陷, 其优点是: 能够实现在构件表面单侧激发和接收信号; 适用于任意构件厚度; 对微损伤非常敏感且能够实现微损伤定位等.

邓明晰 [39] 基于微扰近似理论及界面非线性声反射技术, 研究了 SH 板波的混频效应并给出了积累混频谐波的解析解. Lima 等 [21] 基于超声导波同向混频给出有效共振发生的条件, 即相匹配和非零能量流准则. 李卫彬和邓明晰 [40] 将上述理论进一步推广到三阶谐波的同向混频中, 并设计实验进行验证. Hasanian 等 [41] 首次将矢量分析应用到任意方向的兰姆波混频中, 进一步解释了非线性导波混频的机理. Li 等 [42] 和 Ding 等 [43] 基于体波混频的理论, 发现同向传播的 S_0 模式与 A_0 模式混频产生反向传播的 A_0 模式, 并利用有限元仿真研究非线性参数与随机分布的微裂纹之间的关系. 项延训等 [44] 利用数值模拟和实验测量研究兰姆波的相向混频, 并利用时域分析方法探索混频信号生成的物理过程.

综上所述, 兰姆波的同向非线性混频在理论分析、数值模拟、实验验证和微损伤检测方面取得了一定的进展. 但是, 兰姆波的相向或非共线混频的研究目前主要集中在理论和模拟层面.

3. 光声非接触检测技术

随着 21 世纪生命科学和材料科学的迅速崛起, 激光超声检测 (即光声检测) 技术因其特性在这两个领域得到迅速发展, 并有可能发展成为医学光声技术和纳米材料光声技术两个新的学科分支.

(1) 医学光声成像. 医学光声技术是将光声学的理论、技术和方法, 与医学领域中的实际应用和理论相结合, 研究有生命的对象, 发展与医学相结合的光声诊疗技术, 实现生物医学研究从宏观走向微观, 从定性走向定量, 从细胞水平走向分子水平, 诊疗技术从手工的、机械的、接触诊疗走向自动的、智能的、非接触的诊疗方式.

国外多个课题组相继开展了高时间-空间分辨率光声成像技术的研究, 并尝试用于开展血管成像、肿瘤识别、脑结构成像、生理功能成像、骨质疏松等方面研究. 美国华盛顿大学、密歇根大学、佛罗里达大学、加拿大多伦多大学, 英国伦敦大学学院等光声研究课题组开展了光声断层成像、超高速光声显微镜、超声光声双模态实时成像、三维光声成像、可穿戴式光声成像系统、单脉冲全景光声计算机断层成像系统等技术和系统的研究与开发 [45], 并在活体小鼠上实现了脑创伤的清晰结构图像、外加刺激作用下脑功能图像、三维微血管网络结构等图像, 分辨率达到了 0.2mm, 成像帧率达到 6~400Hz, 表明其在生物成像诊断领域极具前景.

华盛顿大学光声课题组已加入美国脑计划等研究工作中, 计划为脑功能研究提供具有优势的成像解决方案. 美国得州农工大学的 Wang 等 [46] 进行了无创激光诱导光声断层成像研究, 并对活体大鼠脑结构进行了成像. 华盛顿大学圣路易斯分校的 Wang 等 [47] 利用光声断层成像进行了从细胞器到器官的活体成像研究. 佛罗里达大学的 Tang 等 [48] 进行了可穿戴三维光声断层成像研究, 并对大鼠脑功能进行了成像.

国内同济大学、南京大学、厦门大学、上海交通大学、中国科技大学、上海科技大学、北京大学等课题组也开展了光声多模态成像系统、光声谱分析技术、手持三维光声系统、光声断层成像等研究与开发 [49-54], 在小鼠和人体组织上开展了病灶的多模态光声分子成像、干细胞示踪、肿瘤的良恶性评估、肿瘤恶性程度分级、骨质疏松、心肌梗死、微血管网络功能评估、组织内部微结构定征、人工智能识别病灶等.

以上工作多侧重于复杂结构的定性检测与成像、简单结构的高空间分辨率成像以及简单化学成分的定量检测. 但是理论工作落后于实验工作, 其原因在于光声效应综合了光、热、力、声等物理过程, 复杂结构中不同化学成分、不同物性、不同尺度对信号的贡献非常复杂, 理论建立是工作难点. 因此, 如果要早日实现精准的医学诊断, 需要在理论工作方面深入研究, 建立系统的理论体系, 为精准医疗提供理论基石.

(2) 纳米光声技术. 新型纳米光声技术是利用光声技术探索、发现和研究介质在纳米尺度上的光学, 热学和力学特性的学科分支. 这项技术融合了光声效应与近场成像技术, 可以有效实现材料表面和亚表面的结构以及光、电、热、力等物性的纳米分辨率的原位检测和成像, 可以为纳米材料、半导体物性、新型二维材料、亚细胞大分子的研究提供更多物理和化学维度的信息.

英国卡文迪许实验室、美国 NASA 的无损检测中心、同济大学、中科院硅酸盐研究所、南京大学等国内外研究单位在微米和亚微米分辨率的扫描电子声显微镜方面开展了大量系统性研究工作, 掀起了微纳米光声显微镜的三维光声源激发和信号传播的理论研究和相应系统研发的高潮. 但是由于电子束束宽的限制, 分辨率突破到 100 纳米以下很困难, 各种物性对信号贡献的理论解释没有及时发展, 使这一项技术逐渐被束之高阁. 近年来, 同济大学在国家自然科学基金资助下陆续开展了基于原子力显微镜的光声光热显微镜和基于扫描近场光学显微镜的扫描近场光声显微镜的研发工作, 初步建立了近场光声成像理论体系, 在半导体器件的纳米结构定量检测和功能测试方面取得了关键性的进展, 有望实现纳米半导体器件的物性无损检测. 南京大学拥有高脉冲能量的纳秒和皮秒 YAG 脉冲激光、功率放大器以及闪频脉冲光源, 已建立了可用于扫描探测的激光二维探测系统, 能够检测和分析凝聚态物质 (包括固体和液体) 中传播的超声波, 从而研究各种物质的光学、热学、声学 (弹性)、几何结构和特性, 评价其有关物理和化学参量. 例如, 南京大学课题组 [55] 利用激光超声的高频特性检测材料的织构特性, 得到了单体晶粒的声各向异性分布和各向异性材料中的声传播特性, 通过分析各向异性色散特性, 构建并分析出材料内部的织构特性.

4. 复合材料的超声检测

超声检测因其独特的便捷性, 与 X 射线等其他无损检测手段相比, 具备独有优势, 而在复合材料的损伤检测中得到了广泛的应用 [56]. 国外在复合材料超声检测领域起步较国内早, 在超声波检测理论及模拟、超声检测仪器研制应用等方面均进行了深入的研究, 取得了许多重要的成果, 部分已经成功商业应用.

在复合材料超声检测理论、模拟及实验方面, 国外学者针对复合材料不同类型缺陷, 开展了大量的研究工作. 复合材料层合板中不同层间的铺层角度差异, 使得超声在斜入射时在不同层间的传播特性有差异. 因高频超声衰减较大, 因此在大多数情况下, 对大厚度 (高达 50mm) 工件的超声检测都是在低频 (如 0.5MHZ) 下进行的. 先进的相控阵功能 (全聚焦方法) 可用于改善 CFRP 材料中的声学反射特性, 增强信号的强度 [57]. 大多数常规超声检测需要耦合声学流体 (如水、凝胶或油) 进行超声波测量, 因而会受限于工件的尺寸且带来污染风险, 所以限制了超声在某些工业应用上的应用. 而空气耦合超声的出现可为该类应用提供解决方案, 但仅在低频 (通常从 50kHz 到 0.8MHz) 有效. Revel 等 [58] 采用空气耦合超声检测技术在 50mm 厚、含低密度泡沫芯层的薄皮夹层结构中进行了检测. 加拿大 Grondin 等 [59] 提出了基于自适应聚焦的阵列超声检测技术, 并将其应用于航空复杂复合材料缺陷的精确检测, 该方法能够轻松补偿和适应生产过程中零件几何形状的变化所引起的阵列超声聚集法则的变化, 可根据构件形貌校正合适的合成声束波阵面, 无须开发复杂的机械解决方案, 同时简化了校准和分析过程. 在空耦超声检测技术方面德国的 Hillger 等 [60] 介绍了空气耦合超声检测技术在航空航天中夹芯部件、复合材料等构件的检测成像难点与进展, 介绍了用于整流罩、空客直升机尾桁等大型航空航天构件空气耦合超声检测系统所涉及的关键技术, 所研制的单侧阵列式的空气耦合检测系统能在 4min 内实现 $1m^2$ 构件的检测.

在复合材料分层超声检测中, 超声 C 扫是一种较为成熟的技术. Habermehl 等 [61] 采用带有延迟块的线性阵列探头对飞机上碳纤维复合材料平板构件进行检测, 该方法相比于传统超声检测不仅检测速度快而且成像效果好. Buckley[62] 针对大面积航空复合材料构件检测发明了一种新颖的超声相控阵探头, 将晶片阵列安装在橡胶滚轮中该滚轮既可满足手动扫查又可实现自动控制扫查, 能有效检出复合材料构件中的分层未贴合等缺陷. 虽然超声 C 扫技术已经成熟, 但对比较薄的 CFRP 复合材料板 (1~15mm) 检测分层等平行于表面的缺陷时, 声束偏转特性不再适用, 同时聚焦特性的优越性也不再明显. 除了以上对超声相控阵系统的研究和应用, 一些商业化超声相控阵探伤仪已得到广泛应用, 如 Olympus 的 OmniScan 系列和 TomoScan 系列、英国 SONATEST 公司的 veo 相控阵超声波探伤仪、法国 M2M 公司生产的 Multi2000 系列等. 小型化、灵活性强、容易操作、适用性强、可实时成像、多聚焦法则是这些仪器的共同特点. 但是对于具有多处分布在不同深度的分层损伤, 因靠近发射阵元一侧的分层损伤严重削弱了超声波的传播, 从而产生所谓检测的 "阴影区域", 进而使得其他靠近该分层损伤的其他分层或者缺陷难以被检测 [63].

在复合材料基体裂纹超声损伤检测中, Aymerich 等 [64] 采用声速法、直入射 C 扫、背向散射 (即斜入射-反射回波方式)C 扫超声技术评估了复合材料冲击后产生的基体损伤及分层, 并指出常规直入射超声扫描方式仅能检测分层损伤而难以检测基体裂纹, 而背向散射 C 扫则可实现厚度方向基体裂纹的检测. Kinra 等 [65] 发展了超声背向散射技术, 在复合材料层合板的每一层中实现了基体裂纹的检测. Duchene 等 [66] 总结了不同无损检测方法在复合材料损伤检测/评估中的适用情况后指出, 基体裂纹属于复合材料的早期损伤形式, 超声检测方法在该方面的应用报道较少, 并认为超声检测技术不适用于基体裂纹的检测.

在复合材料孔隙超声检测方面, 传统的超声检测方法如声衰减法、声速法缺乏标准试块的拟合曲线以及具有无底波现象, 而新的超声检测方法如基于散射信号的检测方法、背散射法、Pitch-Catch 法和声阻抗法等已成为复合材料孔隙检测的重要手段. Gilbert 等 [67] 对复合材料超声衰减机理做了系列研究, 将超声波在复合材料中的衰减归因于四个方面, 即树脂、纤维、孔隙、缺陷对超声的衰减, 并提出了超声波衰减的理论模型. 基于声速法的孔隙率检测, Martin[68] 通过实验方法给出了超声波速与孔隙率之间的关系模型, Takatsubo 等 [69] 认为孔隙率的存在会影响声波穿越材料的时间和脉冲宽度, 通过对不同孔隙率声波回波波形延迟时间的测量, 验证了模型的可行性. Karabutov 和 Podymova[70] 在用激光超声研究复合材料孔隙率时, 推导了纵波波速与材料孔隙率关系模型; 对于背散射信号的孔隙率检测方法, 通常将超声 A 波信号中始波和底波之间的信号称为背散射信号, 反映了材料内部结构对超声波的散射和发射的作用, 并借助于频谱分析或时域分析技术对复合材料的孔隙率和其他缺陷特征进行分析, 同时, 由于背散射信号与底波衰减量无关, 因而可以在超声检测信号无底波的场合为复合材料孔隙率检测提供新的解决办法, Mienczakowski[71] 利用 MLM-Propmat 系统对超声信号进行数值仿真, 分析了背散射信号的形态特征以及树脂厚度、不同孔隙率对背散射信号的影响. 此外, 背散射法以及 Pitch-Catch 法可以应用于复合材料信号无底波的检测, 并且借助于信号处理技术, 可以对孔隙形态和分布进行分析, 对其他缺陷也可进行定性分析. 目前的复合材料孔隙率超声检测技术多是基于一些经验公式建立孔隙率和声波信号之间的关系, 且使用的局限性较多 (不能用于小空隙的检测)、检测的精度较低.

在复合材料超声检测设备研制方面, 国外技术成熟度较高, 相继研制出了较为成熟的商用复合材料超声检测系统. 例如, 波音与空中客车等世界民用飞机巨头均成立技术中心研究复合材料结构设计与无损检测技术, 保障复合材料装机量相当大的 B777、B787、A380、A350 等大型民机运行安全性与可靠性. 其中波音公司研究采用高效的超声相控阵技术检测 B787 飞机的复合材料分层与脱粘等缺陷; 空客公司针对 A380 的 GLARE 结构已使用空气耦合超声技术检测蜂窝夹芯构件, 检测过程中不再使用超声耦合剂; 日本奥林巴斯公司也在市场上推出了自己的超声相控阵系统. 美国 GE 公司也开发了 GE 工业超声 C 扫水浸检测系统.

国内超声检测相比国外起步较晚, 与国外相比有一定差距, 但近年来受国内巨大需求带动, 在复合材料超声检测方面理论和设备研制方面取得了巨大进步. 北京航空航天大学周正干课题组在航空复合材料超声检测方法、检测设备研制等方面做了大量的研究工作. 该课题组在优化采集成像算法的基础上, 研制了相控阵超声水浸 C 扫描自动检测系统、相控阵超声检测系统、空气耦合超声检测系统.

浙江大学周晓军课题组 [72] 对复合材料孔隙率的超声检测开展了深度的研究, 提出了基于非线性动力学分析的孔隙率评估方法, 实现了低孔隙率碳纤维复合材料局部孔隙的检测, 同时还对富树脂缺陷也进行了超声检测研究. 该课题组的研究主要集中在超声信号处理方面, 在超声信号去噪、超声信号分析与特征提取、超声成像方面进行了较为深入的研究. 大连理工大学林莉课题组 [73] 提出了 CFRP 二维随机孔隙率模型, 深入分析了影响孔隙预测的因素, 并建立了超声衰减系数和孔隙率间的定量关系; 此外, 该课题组通过对碳纤维复合材料孔隙率的金相图片分析, 提取形貌特征, 建立真实形貌的孔隙模型来研究孔隙率和超声衰减之间的对应函数模型关系, 得到了一定条件下超声衰减系数和孔隙率之间的对应关系. 王铮等 [74] 研究了超声检测参数和被检测材料本身对超声检测衰减系数的影响, 分别进行了入射信号频率、探头类型、检测水距、材料种类对复合材料声波衰减系数影响的试验研究. 刘松平等 [75] 利用入射声波在冲击损伤区形成的反射信号及其渡越时间确定了复合材料冲击损伤的深度和大小, 实现了冲击损伤的高分辨率超声成像.

北京理工大学徐春广课题组开发了超声相控阵单机械手无损检测系统、复合材料构件双机械手超声无损检测系统, 利用双机械手空间精度定位技术, 可实现对任意曲面形廓复合材料构件的超水耦合法检测, 既可以实现双机械手的同步透射法检测, 也可以实现单机械手的脉冲反射法检测.

5. 极端环境下的超声检测

目前国外对此的研究和技术应用大都处于严格保密中, 在文献和学术交流中极少提及. 日本 JP 推出了在 500℃ 工作的压电超声探头. 美国管道研究实验室、美国英斯派克公司、韩国标准科学研究院、日本东北大学、英国华威大学、美国布鲁内尔大学、乌克兰国立科技大学和日本的 FEF 钢铁研究院均已经开展高温构件在线电磁超声无损检测技术研究, 并在国家核心钢铁制造业推广和使用超高温电磁超声技术, 基本可以实现超高温 (1200℃ 以上) 金属构件缺陷检测和厚度测量, 但尚未能实现超高温 (1200℃ 以上) 环境下金属材料性能和失效特征在线监测[76].

国内方面, 南昌航空大学无损检测技术实验室研制了 600℃ 持续检测的螺旋线圈 EMAT 探头, 且已经应用于生产线. 目前, 国内仍缺乏超高温 (1200℃ 以上) 环境下金属材料性能和失效特征在线监测/检测的技术. 主要瓶颈是耐高温传感技术, 并导致超高温环境下的检测机理和检测技术实验研究仍是空白.

6. 超声阵列检测

与单个超声传感器相比, 阵列传感器在成像分辨率、扫查方式、数据处理以及成像方法上具有明显的优势. 传统的相控阵扫查方式有 A 扫、B 扫、C 扫、D 扫和 S 扫, 可以实现试块的实时扫查. 但由于聚焦点的数量和偏转角度的限制, 传统的相控阵扫查范围和检测缺陷的能力受到了焦点的影响. 对于非实时检测, 基于相控阵信号的后处理技术逐渐成熟, 所涉及的成像算法统一采用全矩阵数据进行表述. 全矩阵数据是阵列超声换能器以特殊的激发接收模式工作时, 从被测试件内部采集到的所有超声 A 型信号构成的集合. 基于全矩阵数据的阵列超声无损检测与评价方法采用特定算法后处理全矩阵数据, 实现被测试件内部缺陷的成像和定量, 是近十年发展起来的阵列超声检测新技术. 与基于相位控制的常规阵列超声检测技术相比, 基于全矩阵数据的阵列超声检测技术具有更高的成像及定量精度, 可针对具有复杂几何外形或者材料属性的被测试件定制检测与评价算法, 是近 10 年来阵列超声检测与评价技术的研究热点和发展方向, 尤其是航空、航天、船舶及核电等关系国计民生的重要领域, 被用于解决先进材料和复杂结构的检测与评价难题.

国外方面, Drinkwater 等[77] 利用异形楔块耦合线阵换能器实现了对 Clifton 大桥上的复杂型面结构的全聚焦检测成像, 与电子 B 扫、S 扫等常规阵列超声成像结果的对比表明, 全聚焦方法的检测结果缺陷信噪比最高 (高于其他方法的最大值 3.7dB), 并且背景噪声信噪比最低 (低出其他方法的最小值 2.1dB). Lane 等[78] 利用二维矩阵换能器及各向异性全聚焦方法针对航空发动机叶片上的冷却孔洞进行三维检测成像. Pain 等[79] 利用散射系数矩阵检测评价了航空碳纤维层压板内部的波纹度. 德国夫琅禾费无损检测研究所 [80] 开发了一套基于采样相控阵技术 (sampling phased array, SPA) 的厚壁铸造奥氏体不锈钢阵列超声检测系统, SPA 技术的实质就是全聚焦成像. Hunter 等 [81] 采用柔性阵列换能器以及模拟退火算法建立了一种无需耦合介质层的弯曲型面结构件自动检测方案, 并取得了良好的检测结果. McGilp 等 [82] 采用二维矩阵换能器, 研究了基于型面轮廓自动识别的核电领域的零部件三维全聚焦成像. Fan 等 [83] 利用一种称为 MINA 的模型对层状各向异性焊缝区域进行理论建模, 以全矩阵数据为原始资料, 通过模拟退火算法进行全局优化, 实现了焊缝内部晶粒大小、旋向等材料特征的反演成像, 同样实现了缺陷定位误差的校正.

国内方面, 上海大学的张海燕课题组 [84] 针对高铁无砟轨道混凝土层状离缝缺陷较难实现便捷、快速、高分辨率、高灵敏度表征的问题, 提出了干点接触式 (dry point contact, DPC) 低频阵列超声在无砟轨道内激发横波的检测方式, 研究了基于射线追踪原理和均方根近似原理的时域表征方法, 以及基于爆炸物反射模型的多层频率波数法, 解决了传统 TFM 方法不适用于无砟轨道层间离缝缺陷精确检测的问题. 国内研究起步较晚, 研究主要集中在复杂几何外形或者材料属性的被测试件的检测, 以及成像分辨率的提高等方面 [85], 对分层介质的超声相控阵成像技术及其重要的应用领域, 还未引起足够的重视.

7. 其他方面的超声检测

其他超声检测相关的研究, 如法国相关单位的研究人员 [86] 开发了利用超声尾波干涉的方法对材料微观结构进行表征. 中科院地震研究所 [87] 利用这种方法评估岩石层的变化. 复旦大学等课题组利用超声散射波评估骨的状况也取得了不错的效果 [88]. 中科院声学研究所等 [89] 单位开展超声驻波或倒退波的理论和实验研究, 建立起动态光弹声场显示系统, 在国际上第一次拍摄了玻璃中超声受平面表面、直角棱角、圆柱形孔、平面带状薄缝等等障碍物散射的连续过程; 并基于自研的新一代动态光弹观测系统, 进一步开展了后退波、TOFD 衍射信号、液电冲击波观测等信号的观测研究. 张海燕课题组 [90] 借鉴海洋、地球物理等领域中的格林函数恢复思想, 利用超声扩散场信息, 实现距离传感器较近缺陷的全聚焦成像. 这些工作进一步丰富了超声检测的研究内容.

三、我们的优势方向和薄弱之处

在某些超声检测的物理机理和基础理论方向上, 我们有一定的优势. 比如超声非线性效应、非线性超声导波、超声背散射以及医学光声技术和纳米光声技术等方面. 但是, 我们工作偏重于应用, 基础理论研究相对较薄弱, 且在超声检测装备与仪器的开发上处于明显的劣势.

1. 优势方向

非线性超声导波理论、方法与技术; 超声非线性效应机理; 超声导波理论和方法; 医学超声和光声检测方法; 超声背散射理论和实验; 超声阵列检测理论及数据后处理成像.

2. 薄弱之处

超声成像算法研究; 超声检测新方法和新技术手段的开发; 超声导波检测技术和检测装置的开发; 超声非线性效应的测量方法和装置开发; 医学光声技术和纳米光声检测相关设备开发; 复合材料和复杂结构的超声导波检测技术和装置开发; 多物理场耦合的检测基础理论和方法技术; 超声检测传感器及信号采集装置的开发; 材料–损伤–声学参数之间关系的物理机理研究; 基于超声检测的材料和结构全寿命监测与评估; 微/纳超声换能器的设计与开发; 材料损伤演化过程系统测试和分析; 复杂多层介质超声阵列成像技术和检测装置的开发.

四、基础领域今后 5~10 年重点研究方向

超声学是一个传统经典物理学科, 超声检测作为这一经典物理学的重要应用, 未来 5~10 年的重点研究方向包括:

(1) 早期损伤的非线性超声检测、监测与评价装备研发. 宏观缺陷和损伤形成之前, 通常需经历材料微观结构变化以及微损伤的起始、积累等过程. 在航空航天等关键工程设备构件 (如航空发动机叶片) 中, 考虑到其长期服役的特点和安全运行的重要性, 即使材料早期性能退化或微损伤也需要及时的检测和评估. 开发针对关键结构和材料微损伤 (微裂纹, 材料早期性能退化等) 的非线性超声检测研究是未来 5~10 年超声检测领域重点发展的方向, 其中重点关注以下几个方面: 服役早期损伤的非线性超声检测、监测与评价方法 (早期损伤导致的多元微观组织演化与一元非线性超声参量之间的解耦问题; 微损伤/微缺陷的精确定位与成像问题; 微损伤/微缺陷的非线性超声信号评价问题等); 微损伤的非线性超声相控阵检测理论与成像方法; 不同类型损伤诱发声学非线性. 非线性声学与激光超声和电磁超声等非接触超声检测技术相结合, 融合非线性超声的高灵敏度和非接触超声的优势, 也是未来重点研究的方向, 如非线性激光超声检测原理与技术研究、非线性激光超声微损伤成像的算法以及在线监测技术研究、非线性电磁超声检测技术的理论和技术研究等.

(2) 微损伤的非线性超声相控阵检测理论与成像方法. 蠕变、疲劳等损伤老化是危及重大装备及其承载部件服役安全、导致突发事故的主要因素, 具有难发现、难预测、难防控的特点, 被形象地称为危及重大装备安全运行的 "癌症". 然而, 这些损伤大多数呈现出早期性、微损伤、多缺陷等特征, 且表现出早期微损伤

时间跨度长 (~80%)、检测难、破坏快的特征, 这使得其核心部件安全服役保障面临了更大的挑战. 因此, 为了实现大型类板状、类管状核心部件早期微损伤/微缺陷 (如 0.5mm 及以下) 的多缺陷快速检测与监测预警, 迫切需要开展微损伤与多缺陷耦合状态的新的检测理论与表征方法, 促进结构服役损伤和安全性的早期预知与智能维护实现, 实现对国家高端装备质量工程的有效实施和重要保障.

非线性超声相控阵融合了非线性超声检测和超声相控阵成像的优点, 研究探索非线性超声相控阵检测原理与成像方法将有可能发展一种全新的类板状、类管状结构中早期损伤/微损伤区域内多目标成像定位的超声检测理论与评价技术, 为高端装备核心部件服役安全的早期预知与智能维护提供重要基础.

(3) 图像化的超声检测. 超声检测是将声信号与电信号相互转换, 并对信号的变化进行分析. 如何通过测量信号的变化更加直观地表示被检测试件的损伤程度、大小、位置等量化信息是未来超声检测的重要需求. 图像化的超声检测是实现这一需求的主要途径. 图像化的超声检测的研究中, 如何提高图像的分辨率, 实现对微小损伤的可视化又是一个重点发展方向. 结合声学非线性效应的超声检测成像方法已开始在医学超声检测中有一定的应用, 在工业领域也会是一个热点研究方向.

(4) 超声检测与机器学习的深度融合. 超声检测中对被测量信号的分析与处理是一项重要内容. 仅仅依靠人工分析和识别, 效率低并且容易出现误判, 考虑到超声检测未来发展的智能化需求, 开发超声检测与机器学习的深度融合是基础研究领域的一个重要方向. 鉴于目前基于大数据分析的机器学习相关技术和方法发展迅速, 尤其是我国目前超声检测的数据呈现几何量级的增长, 开展超声检测与机器学习、大数据融合的相关研究十分必要.

(5) 超声检测在复合材料 (新材料) 与复杂结构中的应用. 新 (设计) 材料不断出现, 复合材料在工业中得到更加广泛的应用. 比如, 复合材料在波音 787 客机上的使用量占其整机重量的比例已超过 50%. 研究超声波对复合材料和新材料上的传播特征及检测应用既有广泛的需求, 也具有重要科学意义. 此外, 工业需求越来越高, 新的制造工艺的不断发展 (如 3D 打印), 工业构件的结构越来越复杂, 研究超声波在复杂构件中的传播及其对复杂构件的检测也是未来重要的发展方向.

(6) 极端服役条件下的超声检测理论及方法. 工业领域一些关键结构的服役环境极其恶劣, 如在超高温、高载荷/交变载荷、超高压、腐蚀/辐射的服役环境. 因此, 极端服役条件下的超声检测的理论和检测技术研究也是未来需重点发展的研究领域. 如: 极端高温环境下燃烧室受迫振动状态的热-力-声/电磁多物理场耦合机制、超高温金属构件异常应力及疲劳损伤的声/电磁无损评价和材料退化/失效特征时空反演、超高温环境下金属构件寿命诊断和预测方法、航空/航天发动机的新一代金属材料在高温环境下的性能退化特性与失效机理无损评价与监测方法、高温铸锻件、高温连铸坯等钢铁制造业高温加工过程的无损检测方法.

(7) 金属增材制造/激光制造质量超声在线监测与评价关键技术. 新的制造工艺带来了新的组织结构特征及应力应变等检测难题, 高精度在线无损检测技术及手段的缺乏是现阶段制约增材制造发展的瓶颈之一. 对于增材制造件组织结构、内部缺陷、应力应变等冶金特征, 传统的无损检测技术在非接触性、系统集成性、在线实时性及安全性等方面不能满足增材制造装备的需求. 针对激光增材制造过程中零件的非破坏性、非接触式、高灵敏度在线监测技术及装备系统, 是未来五年国内外在金属增材制造领域必将取得的关键进展之一. 开展适用金属激光增材制造在线监测与实时评价的非接触式激光超声检测、电磁超声检测方法及技术, 可高灵敏度、高精度获取增材制造过程因产生微孔、微裂纹等冶金缺陷和局部高残余应力引发的声学信号, 实现增材制造零件的结构-性能一体化检测与监测; 结合声学信号、热场和视觉信息等多源数据的快速反馈与在线智能分析, 实现实时闭环工艺控制 (在线调整工艺数据降低缺陷率和残余应力水平) 提升零件质量及成品可靠性. 增材制造件冶金特征激光超声检测原理及技术未来侧重于以下几个方面: 高温高光及粉尘等复杂环境下的激光超声激发与探测原理及技术; 多种冶金特征作用下激光超声信号的解耦、提取和成像原理及技术等.

(8) 新的光声检测理论、成像方法及设备开发. 针对生物医学, 建立完善的光声理论体系, 详细探讨不同性质的生物组织的光声信号产生和传播机理, 使光声检测从定性走向定量. 随着纳米功能材料和器件的发展, 对纳米无损检测手段的量化能力的需求越来越高, 因此非常有必要针对纳米材料, 建立完善的光声理论体系, 详细探讨纳米尺度上近场光声信号产生和传播机理, 使光声检测从定性走向定量. 实际的生物组织具有非常复杂且非均匀的光学和声学特性分布. 例如, 生物组织中普遍存在骨骼、空穴等可引起光波和超声波传播的强烈散射, 从而导致信号的失真; 即使是同一种软组织内部, 微结构的变化使声学特性也存在着一定差异. 这些复杂的光学和声学环境会导致最终光声成像的图像畸变、位置偏差、对比度降低、甚至完全无法获得可辨识的影像, 从而严重制约光声成像的应用效果和应用范围. 因此, 开发复杂介质中的高质量光声成像技术十分迫切. 在光声仪器设开发方面, 需要开发两类设备: 一类是开发分别适用不同疾病的多模态、高分辨、实时、快速多模态光声成像诊疗仪, 包括体表和腔内早期肿瘤评估系统、可穿戴的脑成像系统等; 另一类是开发纳米材料和功能器件性能研究和检测定征的近场光声成像仪.

(9) 微纳米量级结构件的超声检测. 伴随微纳加工技术的逐步成熟, 各类尺度在微米、纳米尺度的微机电结构和光学器件等在军事、工业及日常生活中的应用日益增加. 这些微纳米尺度的结构与薄膜材料的性能关系到整套复杂仪器运行的稳定性及寿命. 器件的无损检测与评价是仪器设备运行安全的重要保障和基本前提, 也是未来 5 ~ 10 年国内外在微纳器件制造领域必须突破的关键技术之一. 可有效表征材料性质及缺陷的、非接触的、微纳米量级的皮秒激光超声检测技术是开展微纳结构检测的方向之一. 该技术在原本纳秒激光超声技术的基础上提高了激光脉冲的频率, 可通过飞秒激光脉冲激发和探测千兆赫兹-太赫兹频率的超声波. 皮秒激光超声检测原理及技术应该侧重于以下几个方面: 皮秒超声的激光激发与探测技术; 纳米尺度结构、材料性质的皮秒激光超声表征以及成像问题; 皮秒激光超声技术的在线应用研究等.

(10) 复杂多层/分层物体的阵列超声检测. 阵列超声采用具有多个压电阵元晶片的阵列超声换能器发射和接收超声波, 以实现工业结构件内部缺陷的无损检测与评价. 通过控制阵元晶片的激发/接收延时 (相位)、脉冲宽度以及增益, 超声波根据惠更斯原理在介质中发生干涉, 生成具有特定指向性 (偏转角度和聚焦深度) 的超声合成声束. 与采用单一压电晶片的常规超声技术相比, 无须移动换能器便可实现二维或三维区域的扫描, 具有更高的检测效率、检测精度以及更直观的缺陷判别能力. 近年来, 阵列超声无损检测与评价技术在工业领域的应用越来越广, 尤其是航空、航天、船舶及核电等关系国计民生的重要领域, 被用于解决先进材料和复杂结构的检测与评价难题. 现有常规超声阵列检测技术主要针对单层均匀介质, 实际检测时为减小换能器磨损并避开换能器近场影响, 常采用楔块或水浸方式 (若将耦合剂层视为被测物体的一部分, 则液浸法被测试样也可视为多层物体), 目前国内外尚缺少对多层/分层物体进行超声阵列成像的有效方法, 尤其对多层/分层物体的超声阵列成像技术的研究刚刚起步, 是未来 5~10 年阵列超声检测重点发展的方向.

五、国家需求和应用领域急需解决的科学问题

(1) 复杂耦合损伤与非线性超声特征参量的解耦难题. 严苛工况下服役的金属材料/构件会不可避免地发生疲劳、蠕变、塑性损伤、高温老化等损伤行为, 复杂耦合损伤引起的材料非线性源呈现多元化, 如微裂纹、微孔洞、晶粒粗化, 第二相析出等都会引起介质中传播的有限振幅超声非线性信号的产生. 因此, 如何确定微观组织演化与非线性超声信号之间的关系涉及复杂耦合损伤与非线性超声特征参量的解耦问题. 研究不同损伤阶段中微细观组织的演化与非线性超声作用的动力学关系将为非线性超声定量表征材料疲劳、蠕变、塑性损伤行为提供合理解释, 也可以为材料微损伤的非线性超声准确定位和精确定量表征、评价奠定理论基础.

(2) 材料损伤非线性超声损伤表征的精确可视化难题. 目前, 非线性超声导波二次谐波、混频等方法对微损伤/微缺陷的二维成像定位研究正引起国内外学者的广泛关注, 也取得了效果不错的研究进展. 但是, 该研究工作仍仅限于单一微损

伤/微缺陷的成像定位, 无法适用于实际服役核心构件中微损伤与多缺陷耦合状态的检测与成像定位表征. 考虑到超声导波相控阵技术在聚焦算法和图像成像重构方面的优点, 可以适用于构件中多源微损伤的定位成像优势, 研究者们正在研究通过引入相控聚焦的思路, 利用非线性超声检测方法, 期望实现非线性超声导波在缺陷处的聚焦及成像. 但是, 这项研究的难点在于如何实现非线性超声信号与超声相控阵算法的结合, 架构出非线性超声相控阵, 以实现多源微损伤的高精度定位成像及可视化.

(3) 微弱损伤非线性超声检测的智能化及系统集成. 近二十年来, 国际上研究的重点均侧重于非线性超声理论的研究和探索、新的激发模式和激发条件的确定, 以及新的成像定位算法的研究等. 鲜有工作报道服役结构中多源微弱损伤/微弱状态演化的非线性超声检测智能化及系统集成的研究, 即: 非线性超声检测信号如何定征损伤位置、如何定征损伤程度、如何建立损伤位置, 程度和损伤状态的关联, 研究难题就是如何确保检测信号和表征结果的普适性、鲁棒性以及稳定性, 这些工作均涉及到非线性超声检测与评价的智能化研究, 也是非线性超声检测理论与技术走向国家需求和应用领域的必经之路.

(4) 超声检测图像的智能识别与判断. 随着超声相控阵、超声衍射时差等超声成像检测技术的推广应用, 结合机械臂、自动扫查器等自动化的辅助装备, 自动化超声无损检测在铁路、钢铁、船舶、核电等领域得到了飞速发展, 极大地提升了工业超声检测的准确性和检测效率, 为工业生产提供了有力的支持. 但由于超声成像检测技术与自动化技术的结合, 在为检测人员提供丰富检测信息的同时, 也形成了海量的检测数据. 这些检测数据多以三维数据体的形式存储, 通过多角度视图方式显示. 在不同截面图像上存在干扰信号, 导致传统基于波幅信息的闸门自动判伤方法受到了极大的限制, 出现大量误报情况, 严重阻碍了超声成像技术在自动化检测中的应用. 随着信息技术与机器学习算法的快速发展, 研究基于超声检测图像、工件及扫查信息的深度学习方法, 对综合提取检测信息的多维特征, 避免单一依靠波幅导致的错误判断, 有效提升超声检测图像自动判断的正确率, 实现超声成像自动化检测具有重要意义.

(5) 基于声学仿真的超声图像智能识别样本生成技术. 基于深度学习的智能识别技术能够为超声相控阵、衍射时差等超声成像检测技术提供有力的支持, 将有效促进自动化超声检测系统的发展, 进一步扩大超声成像检测技术的应用领域. 由深度学习的训练方式所决定, 为了获得较高准确度的识别效果, 需要准备大量的典型样本. 但根据无损检测的行业特点, 检测对象出现缺陷的概率不会太高, 因此, 对于大部分超声检测应用单位, 能够取得的检测数据量很难达到深度学习所需的几万甚至几十万样本数量要求, 导致基于深度学习的智能识别方法无法应用. 针对该问题, 可依托声学仿真技术, 按照实际检测对象构建声场模型, 模拟超声在固体中的传播情况. 通过声场计算和缺陷模拟, 仿真得到超声检测回波信号, 进而按照超声成像算法合成模拟检测图像, 作为样本的补充提供给深度学习模拟进行训练, 解决超声图像样本不足的问题.

(6) 晶圆超声检测方法. 晶圆检测是提高产线良率、降低生产成本的重要手段. 良率不达标会显著影响厂商的成本与收益, 据估计产品良率每降低一个百分点, 晶圆代工厂商将损失 100 万 ~800 万美元. 因此, 晶圆厂商会在制造流程中通过检测设备监控加工工艺, 确保工艺过程符合既定的要求, 并通过定位生产中问题的根源, 及时采取修正措施, 从而达到减少缺陷、提升产线良率的目的. 目前, 晶圆检测以光学方法和电子束方法为主, 但光学方法无法呈现出缺陷的具体形貌, 电子束方法具有破坏性. 发展晶圆超声检测方法作为辅助检测技术, 将对半导体产业起到推动作用.

(7) 复杂环境下钢轨的长距离声学监测问题. 近年来, 高速铁路在我国的发展十分迅速. 随着铁路里程的快速增加, 钢轨的实时监测问题也日益突出. 尽管目前可利用铁路闲暇时段对钢轨进行超声无损探伤在一定程度上确保了钢轨的安全, 但是对高速列车运行时段内的突发安全问题难以做到实时监测, 这实际上在高铁安全保障最重要的时间段内留下了安全保障空白. 所以对钢轨健康状况进行实时监测是迫在眉睫的实际需求. 另外, 由于我国幅员辽阔, 很多铁路途经大山、严寒、沙漠等环境极其恶劣的无人区, 这些地区对于钢轨的长距离实时监测有着更加迫切的实际需求. 钢轨是一个良好的声波导, 声导波可以在钢轨中传播几公里甚至几十公里. 因此, 应用声导波对钢轨健康状况进行长距离监测是切实可行的. 导波在复杂环境下钢轨中的传播规律、导波参数与传播距离、钢轨完整性之间的关系、导波的激励和接收方式等问题都需结合实际工程应用进行深入的研究.

(8) 先进复合材料的高频超声无损检测与评价问题. 先进复合材料由于其优越的性能广泛应用在航空航天、国防等现代工业的高端制造中. 而我国的复合材料的生产制造水平与国际先进水平仍有一定差距, 高端制造所需的高性能复合材料仍需大量进口, 这给高端制造业带来较高成本, 同时会成为高端制造业的"卡脖子"问题, 存在较高的风险. 因此通过深入研究发现其缺陷源头, 进而找出复合材料在设计、生产、制造及服役过程中存在的问题, 提高复合材料的制造水平, 逐步满足高端制造业对高性能复合材料的迫切需求已成为当务之急. 高频超声波入射到复合材料内部, 可实现对复合材料内部的分层精细扫描检测. 高频声波在各向异性复合材料中的传播规律, 高频声波在复合材料中的强衰减问题, 快速实时成像所需阵列高频探头的研制问题等都需进行深入的研究.

(9) 超声成像算法研究. 超声成像是声学探测由定性到定量化和可视化的手段, 是声学领域极为重要的发展方向. 但是超声成像的分辨率受到声波衍射的限制, 为了提高成像分辨率, 需使用更高频率的超声波, 然而实际检测中超声波的频率越高, 其衰减就越厉害, 影响探测深度和信噪比. 基于超声散射理论系统分析超声检测系统的物理极限以及各种阵列成像算法对缺陷检出率、定性和定量评价的影响, 在超声波工作频率不变的前提下, 如何提高超声成像的分辨率, 突破声波衍射极限形成超分辨率成像, 对超声定量成像检测具有非常重要的意义.

(10) 极端高温环境下金属材料退化/失效特征的多物理场交互机理、耐高温传感器技术、表征方法、寿命诊断与预测方法. 航空航天热端金属构件在高温载荷、静态/交变机械载荷、高温高压气体冲蚀的作用下, 会发生局部减薄、热损伤、蠕变损伤和疲劳损伤, 导致材料力学性能的退化, 并加快析出相、位错、微孔洞和微裂纹的产生, 致使裂纹的快速扩展, 严重影响金属构件在超高温作业环境中的可靠性. 例如, 航空航天发动机的燃烧室和高温涡流叶片长期工作在 1200℃ 以上超高温环境中, 并且承受来自外部环境和自身的复杂机械应力环境, 极易产生材料性能的退化, 甚至破裂和断裂, 这也是发动机服役周期短和安全系数低的重要原因之一. 利用超高温环境下金属材料失效检测方法及其超高温传感技术, 可以用于检测超高温金属构件的局部异常应力和检测超高温金属材料中的微裂纹, 获取超高温环境下金属构件失效特征, 并据此评价材料的加工工艺及其力学性能, 具有重要的工程应用价值和理论研究价值. 开展高温环境工业超声检测工作研究, 预计所形成的研究成果可以用于解决超高温服役环境下关键金属构件的材料性能监测与安全保障问题, 可以应用于航空发动机燃烧室局部异常应力监测及其材料性能评估、发动机叶片超高温环境下的疲劳寿命分析、叶片制造工艺和冶金工艺参数评价、发动机高温高压管道腐蚀减薄/管接头裂纹在线监测等关键核心领域. 由此可见, 研究超高温金属材料/构件失效特征在线检测技术具有重大的工程应用价值和理论研究价值, 可以解决航天航空领域以及其他民用工业关键设施中超高温金属构件服役过程中的安全性和可靠性问题.

此外, 超声检测领域急需解决的科学问题还包括: 航空航天关键结构件损伤的进行超声早期检测与评估; 极端工作环境下材料性能退化及材料损伤的超声检测与评估; 航空用单晶叶片材料成型工艺的超声在线评估; 航空复合材料低速/低能冲击, 以及热疲劳/水侵入的超声早期检测与评估; 高端装备核心部件服役过程的全周期/全寿命超声无损检测、检测、评价难题; 国防工业领域核心复杂形状/结构的超声质量评估及损伤检测技术; 航空航天结构健康监测及状态评估方法; 国防工业领域高端装备多层结构粘接强度与状态超声无损快速检测与评价; 复杂曲面结构表面及内部残余应力超声无损检测方法; 超声检测图像的智能识别与判断及高频小型化阵列智能传感理论与检测方法; 微纳尺度结构、器件的皮秒激光超声无损检测原理及技术; 增材制造件冶金特征的高精度在线检测原理及技术; 分层/多层介质阵列超声检测快速成像; 轻量化新材料 (复合材料) 的全生命周期超声评价; 复杂生物组织的光声信号激励和传播机理; 纳米功能材料和器件的光声信号激励和传播机理; 材料及结构的健康服役状态评价; 极端条件 (高温、极寒等) 下声传播及超声检测问题; 高频小型化阵列智能传感理论与检测方法; 微纳尺度结构、器件的皮秒激光超声无损检测原理及技术; 关键部件早期微缺陷的高精度非接触超声在线无损检测问题; 增材制造件冶金特征的高精度超声在线检测原理及技术.

六、发展目标与各领域研究队伍状况

1. 发展目标

超声物理通过结合应用需求和各学科交叉融合, 不但能解决自身的经典问题, 还能积极与生物学、材料科学、能源科学、电子科学等领域交叉研究, 解决国家需求和应用领域急需解决的重要工程问题.

2. 研究队伍

中国科学院声学研究所是国内开展检测声学研究最早的单位之一, 在应崇福院士、李明轩和王小民研究员的带领下, 在固体中超声传播与散射问题、压电换能器瞬态响应、黏接界面超声评价、超声检测仪器、信号处理与成像等方面开展了一系列系统的研究工作.

此外, 国内的主要研究团队还包括: ①重庆大学邓明晰、华东理工大学项延训和厦门大学李卫彬等对非线性超声理论和检测方法开展了较为系统的研究, 并将相关的非线性超声检测技术用于评价金属材料/结构的疲劳、蠕变、热损伤和复合材料的冲击损伤等. ②复旦大学他得安等开展了基于超声散射波和导波的长骨检测, 取得了良好的效果; 陕西师范大学郭建中等开展了系列医学超声检测的信号处理及成像方法研究. ③在复合材料超声检测方面, 有北京航空航天大学周正干课题组、北京理工大学徐春广课题组、北京工业大学何存富课题组、大连理工大学林莉、南昌航空航天大学卢超课题组、浙江大学周晓军课题组等. ④南京大学刘晓峻和陶超等、同济大学程茜等开展了光声成像及在医学检测中的应用等相关技术; 国内在激光超声研究领域中主要的研究机构包括南京大学、南京理工大学、北京工业大学、北京航空航天大学、同济大学、南昌大学等, 主要的研究方向是脉冲激光的超声激发机制、复杂结构的超声波模式识别以及激光测振系统的性能提升等. ⑤哈尔滨工业大学王淑娟与英国华威大学合作, 创办了以电磁超声技术为主的零声科技公司; 南昌航空大学卢超等开展了电磁超声换能器的设计与开发, 部分产品已可以商用; 中国特种设备检测研究院郑阳与中北大学周进节合作开展高温电磁超声检测技术研究. ⑥上海大学张海燕课题组开展了高速铁路轨下多层混凝土结构阵列检测的理论和实验研究.

七、基金资助政策措施和建议

超声检测是声学学科的一个应用, 因此除了注重物理机理的原创研究, 还要重视将声学的物理原理应用在具体工业领域中.

建议: 重点支持在明确的工程需求背景下, 开展的基础理论和检测机理的研究. 建议在一定基础上设立重点项目或结合工程需求给予国家重大科研仪器研制项目资助; 基金资助向人才项目基金倾斜, 尤其向该领域已经取得较为突出的成绩、有望在未来 5~10 年成长为学术带头人、学科带头人的青年人才倾斜.

建议基金资助重点关注几个方面: ① 学科交叉融合; ② 应用背景驱动; ③ 创新性的超声测量方法; ④ 在复杂/微纳结构中的应用以及智能检测技术的开发.

八、学科的关键词

超声成像 (ultrasonic imaging); 超声导波 (ultrasonic guided waves); 超声目标探测 (ultrasonic target detection); 超声无损评价 (ultrasonic non-destructive evaluation); 超声相控阵 (ultrasonic phased array); 超声阵列 (ultrasonic array); 电磁超声 (electromagnetic ultrasonics) 电磁超声换能器 (EMAT); 非线性导波 (nonlinear guided waves); 光声成像 (photoacoustic imaging); 光声光热检测技术 (photoacoustic and photothermal detection technique); 光声检测 (photoacoustic detection); 光声效应 (photoacoustic effect/optoacoustic effect); 激光超声 (laser ultrasound); 空耦超声 (air-coupled ultrasound); 逆散射 (inverse scattering); 皮秒激光超声 (picosecond laser ultrasonics); 热弹效应 (thermoelastic effect); 拓扑成像 (topological imaging); 衍射层析成像 (diffraction tomography); 智能超声 (intelligent ultrasound).

参考文献

[1] Achenbach J D. The winding road from QNDE to SHM and beyond. WCU Program Lecture, 2009.

[2] Alleyne D N, Cawley P. The interaction of Lamb waves with defects. IEEE Trans UFFC, 1992, 39: 381-397.

[3] 他得安, 刘镇清, 贺鹏飞. 复合管状结构中超声导波的位移分布. 复合材料学报, 2003, 20(6): 130-136.

[4] 张海燕, 于建波, 陈先华. 管道结构中的类兰姆波层析成像. 声学学报, 2012, 37(1): 81-90.

[5] Rodriguez S, Deschamps M, Castaings M, et al. Guided wave topological imaging of isotropic plates. Ultrasonics, 2014, 54: 1880-1890.

[6] 张海燕, 刘凡杰, 范国鹏, 等. 各向同性板中盲孔缺陷的兰姆波拓扑成像. 声学学报, 43(6): 968-976.

[7] 吴刚, 李再帏, 朱文发, 等. 基于空耦超声导波的无砟轨道 CA 砂浆脱空检测方法. 铁道科学与工程学报, 2019, 16(6): 1375-1383.

[8] 朱文发. 混凝土粘接结构中脱空缺陷的超声导波检测方法研究. 上海: 上海大学, 2018.

[9] Nagy P B. Fatigue damage assessment by nonlinear ultrasonic materials characterization. Ultrasonics, 1998, 36: 375-381.

[10] Cantrell J H, Yost W T. Nonlinear ultrasonic characterization of fatigue micro-structures. Inter J Fatigue, 2001, 23: 487-490.

[11] Sagar S P, Das S, Parida N, Bhattacharya D K. Non-linear ultrasonic technique to assess fatigue damage in structural steel. Scripta Mater, 2006, 55: 199-202.

[12] 李卫彬, 秦晓旭. 优化镍基高温合金 X-750 热处理工艺参数的非线性超声无损评估方法. 航空学报, 2015, 36(11): 3742-3750.

[13] Jhang K Y. Applications of nonlinear ultrasonics to the NDE of material degradation. IEEE Trans UFFC, 2000, 47(3): 540-548.

[14] Kim C S, Park I K. Microstructural degradation assessment in pressure vessel steel by harmonic generation technique. J Nuclear Sci and Tech, 2008, 45(10): 1036-1040.

[15] Valluri J S, Balasubramaniam K, Prakash R V. Creep damage characterization using nonlinear ultrasonic techniques. Acta Mater, 2010, 58: 2079-2090.

[16] Doerr C, Lakocy A, Kim J Y, et al. Evaluation of the heat-affected zone (HAZ) of a weld joint using nonlinear Rayleigh waves. Materials Letters, 2017, 190: 221-224.

[17] 邓明晰. 兰姆波的非线性研究. 声学学报, 1996, 21(4S): 429-438.

[18] 邓明晰. 兰姆波的非线性研究 (II). 声学学报, 1997, 22(2): 182-187.

[19] Deng M. Cumulative second-harmonic generation of Lamb mode propagation in a solid plate. J Appl Phys, 1999, 85(6): 3051-3058.

[20] Deng M. Analysis of second-harmonic generation of Lamb modes using a modal analysis approach. J Appl Phys, 2003, 94(6): 4152-4159.

[21] de Lima W J N, Hamilton M F. Finite-amplitude waves in isotropic elastic plates. J Sound and Vibration, 2003, 265(4): 819-839.

[22] Deng M, Wang P, Lv X. Experimental verification of cumulative growth effect of second harmonics of Lamb wave propagation in an elastic plate. Appl Phys Lett, 2005, 86(12): 124104.1-124104.3.

[23] Srivastava A, Bartoli I, Salamone S, et al. Higher harmonic generation in nonlinear waveguides of arbitrary cross-section. J Acoust Soc Am, 2010, 127(5): 2790-2796.

[24] Deng M, Xiang Y, Liu L. Time-domain analysis and experimental examination of cumulative second-harmonic generation by primary Lamb wave propagation. J Appl Phys, 2011, 109(11): 113525.1.

[25] Matsuda N, Biwa S. Phase and group velocity matching for cumulative harmonic generation in Lamb waves. J Appl Phys, 2011, 109(9): 094903.

[26] Chillara V K, Lissenden C J. Review of nonlinear ultrasonic guided wave nondestructive evaluation: theory, numerics, and experiments. Optical Engineering, 2016, 55(1): 011002.

[27] Pruell C, Kim J Y, Qu J, et al. Evaluation of plasticity driven material damage using Lamb waves. Appl Phys Lett, 2007, 91(23): 231911.

[28] Xiang Y, Zhu W, Deng M, et al. Generation of cumulative second-harmonic ultrasonic guided waves with group velocity mismatching: Numerical analysis and experimental validation. Europhys Lett, 2016, 116: 34001.

[29] Deng M, Pei J. Assessment of accumulated fatigue damage in solid plates using nonlinear Lamb wave approach. Appl Phys Lett, 2007, 90(12): 121902.

[30] Xiang Y, Deng M, Xuan F. Creep damage characterization using nonlinear ultrasonic guided wave method: a mesoscale model. J Appl Phys, 2014, 115: 044914.

[31] Metya A, Ghosh M, Parida N, et al. Effect of tempering temperatures on nonlinear Lamb wave signal of modified 9Cr-1Mo steel. Materials Characterization, 2015, 107: 14-22.

[32] Rauter N, Lammering R, Kühnrich T. On the detection of fatigue damage in composites by use of second harmonic guided waves. Composite Structures, 2016, 152: 247-258.

[33] Hong M, Su Z, Wang Q, et al. Modeling nonlinearities of ultrasonic waves for fatigue damage characterization Theory simulation and experimental validation. Ultrasonics, 2014, 54: 770-778.

[34] Jone G L, Kobett D R. Interaction of elastic waves in an isotropic solid. J Acoust Soc Am, 1963, 35: 5-10.

[35] Liu M, Tang G, Jacobs L J, et al. Measuring acoustic nonlinearity parameter using collinear wave mixing. J Appl Phys, 2012, 112: 024908.

[36] Jiao J, Sun J, Li N, et al. Micro-crack detection using a collinear wave mixing technique. NDT&E Inter, 2014, 62: 122-129.

[37] Croxford A J, Wilcox P D, Drinkwater B W, et al. The use of non-collinear mixing for nonlinear ultrasonic detection of plasticity and fatigue. J Acoust Soc Am, 2009, 126: EL117-EL122.

[38] Sun M, Xiang Y, Deng M, et al. Scanning non-collinear wave mixing for nonlinear ultrasonic detection and localization of plasticity. NDT&E Inter, 2018, 93: 1-6.

[39] Deng M, Liu Z. Generation of cumulative sum frequency acoustic waves of shear horizontal modes in a solid plate. Wave Motion, 2003, 37(2): 157-172.

[40] Li W, Deng M, Hu N, et al. Theoretical analysis and experimental observation of frequency mixing response of ultrasonic Lamb waves. J Appl Phys, 2018, 124(4): 044901.

[41] Hasanian M, Lissenden C J. Second order ultrasonic guided wave mutual interactions in plate: arbitrary angles, internal resonance, and finite interaction region. J Appl Phys, 2018, 124(16): 164904.

[42] Li F, Zhao Y, Cao P, et al. Mixing of ultrasonic Lamb waves in thin plates with quadratic nonlinearity. Ultrasonics, 2018, 87: 33-43.

[43] Ding X, Zhao Y, Deng M, et al. One-way Lamb mixing method in thin plates with randomly distributed micro-cracks. Inter J Mechan Sci, 2020, 171: 105371.

[44] Sun M, Xiang Y, Deng M, et al. Experimental and numerical investigations of nonlinear interaction of counter-propagating Lamb waves. Appl Phys Lett, 2019, 114(1): 011902.

[45] Wang L, Hu S. Photoacoustic tomography: in vivo imaging from organelles to organs.

Science, 2012, 335(6075): 1458-1462.

[46] Wang X, Pang Y, Ku G, et al. Noninvasive laser-induced photoacoustic tomography for structural and functional in vivo imaging of the brain. Nature Biotechnology, 2003, 21(7): 803-806.

[47] Wang L, Hu S. Photoacoustic tomography: in vivo imaging from organelles to organs. Science, 2012, 335(6075): 1458-1462.

[48] Tang J, Coleman J E, et al. Wearable 3-D photoacoustic tomography for functional brain imaging in behaving rats. Scientific Reports, 2016, 6: 25470.

[49] Liu Y, Bhattarai P, Dai Z, et al. Photothermal therapy and photoacoustic imaging via nanotheranostics in fighting cancer. Chem Soc Rev, 2019, 48: 2053.

[50] 陶超, 殷杰, 刘晓峻. 生物组织光声成像技术综述. 数据采集与处理, 2015, 30(2): 289-298.

[51] Wang X, Pang Y, Ku G, et al. Noninvasive laser-induced photoacoustic tomography for structural and functional in vivo imaging of the brain. Nature Biotechnology, 2003, 21(7): 803-806.

[52] Li C, Wang L. Photoacoustic tomography and sensing in biomedicine. Phys in Med and Biol, 2009, 54(19): R59.

[53] Chao T, Pei M, Shen K, et al. Impact of system factors on the performance of photoacoustic tomography scanners. Phys Rev Appl, 2020, 13(1): 014001.

[54] Lv J, Peng Y, Li S, et al. Hemispherical photoacoustic imaging of myocardial infarction: in vivo detection and monitoring. European Radiology, 2017, 28(5): 2176-2183.

[55] Yin A, Xu X, Zhang S, et al. Characterization of texture evolution during recrystallization by laser-induced transient thermal grating method. Metals Open Access Metallurgy J, 2019, 9(3): 288.

[56] Duchene P, Chaki S, Ayadi A, et al. A review of non-destructive techniques used for mechanical damage assessment in polymer composites. J Materials Science, 2018, 53(11): 7915-7938.

[57] Li C, Pain D, Wilcox P D, et al. Imaging composite material using ultrasonic arrays. NDT & E Inter, 2013: 8-17.

[58] Revel G M, Pandarese G, Cavuto A, et al. Advanced ultrasonic non-destructive testing for damage detection on thick and curved composite elements for constructions. J Sandwich Structures and Materials, 2013, 15(1): 5-24.

[59] Grondin E. Adaptive focusing technology for the inspection of variable geometry composite material. Proceedings of the 12th European Conference on Nondestructive Testing. Gothenburg, 2018.

[60] Hillger W, Szewieczeka, Ilse D, et al. Challenges and new developments for air coupled ultrasonic imaging. Proceedings of the 12th European Conference on Non-destructive Testing, Gothenburg, 2018.

[61] Habermehl J, Lamarre A, Roach D. Ultrasonic phased array tools for large area composite inspection during maintenance and manufacturing. British J Cancer, 2009, 1096(1): 832-839.

[62] Buckley J M. A comparison of techniques for ultrasonic inspection of composite materials. APCNDT2006, Auckland, New Zealand, 2006.

[63] Ellison A, Kim H. Shadowed delamination area estimation in ultrasonic C-scans of impacted composites validated by X-ray CT. J Composite Materials, 2020: 54(4): 549-561.

[64] Aymerich F, Meili S. Ultrasonic evaluation of matrix damage in impacted composite laminates. Composites Part B: Engineering, 2000, 31(1): 1-6.

[65] Kinra V K, Ganpatye A S, Maslov K. Ultrasonic ply-by-ply detection of matrix cracks in laminated composites. J Nondestructive Evaluation, 2006, 25(1): 37-49.

[66] Duchene P, Chaki S, Ayadi A, et al. A review of non-destructive techniques used for mechanical damage assessment in polymer composites. J Materials Science, 2018, 53(11): 7915-7938.

[67] Gilbert R P, Guyenne P, Li J. Numerical investigation of ultrasonic attenuation through 2D trabecular bone structures reconstructed from CT scans and random realizations. Computers in Biology and Medicine, 2014, 45: 143-156.

[68] Martin B G. Ultrasonic wave propagation in fiber reinforced solids containing voids. J Appl Phys, 1977, 48(8): 3368-3373.

[69] Takatsubo J, Urabe K, Tsuda H, et al. Experimental and theoretical investigation of ultrasound propagation in materials containing void inclusions. Rev Prog Quant Nondestru Eval, 2004, 23: 1083-1090.

[70] Karabutov A A, Podymova N B. Nondestructive porosity assessment of CFRP composites with spectral analysis of backscattered laser-induced ultrasonic pulses. J Nondestructive Evaluation, 2013, 32(3): 315-324.

[71] Mienczakowski M J. Advanced ultrasonic NDE of composite airframe components: physics, modeling and technology. The University of Nottingham, 2010.

[72] Chen Y, Zhou X, Yang C, et al. The ultrasonic evaluation method for the porosity of variable-thickness curved CFRP workpiece: using a numerical wavelet transform. Nondestructive Testing and Evaluation, 2014, 29(3): 195-207.

[73] Lin L, Chen J, Zhang X, et al. A novel 2-D random void model and its application in ultrasonically determined void content for composite materials. NDT&E Inter, 2011, 44(3): 254-260.

[74] 王铮, 何方成. 复合材料孔隙率的超声检测衰减系数影响因素. 无损检测, 2018, 40(11): 42-44.

[75] 刘松平, 刘菲菲, 史俊伟, 等. 复合材料冲击损伤高分辨率超声成像检测与损伤行为分析. 机械工程学报, 2013, 49(22): 16-23.

[76] Hirao M, Ogi H. Electromagnetic Acoustic Transducers: Noncontacting Ultrasonic Measurements Using EMATs. 2nd ed. New York: Springer, 2017.

[77] Drinkwater B W, Bowler A I. Ultrasonic array inspection of the Clifton suspension bridge chain-links. Insight, 2009, 51(9): 491-498.

[78] Lane C J, Dunhill T K, Drinkwater B W. 3D ultrasonic inspection of anisotropic

aerospace components. Insight, 2013, 55(9): 477-481.

[79] Pain D, Drinkwater B W. Detection of fibre waviness using ultrasonic array scattering data. J Nondestructive Evaluation, 2013, 32: 215-227.

[80] Bernus L, Bulavinov A, Dalichow M, et al. Sampling phased array: A new technique for signal processing and ultrasonic imaging. Insight, 2006, 48(9): 545-549.

[81] Hunter A J, Drinkwater B W, Wilcox P D. Least-squares estimation of imaging parameters for an ultrasonic array using known geometric image features. IEEE Trans UFFC, 2011, 58(2): 414-426.

[82] McGilp A, Dziewierz J, Lardner T. Inspection of complex components using 2D arrays and TFM. 53rd Annual Conference of the British Institute of Non-Destructive Testing, 2014.

[83] Fan Z, Mark A F, Lowe M J S, et al. Nonintrusive estimation of anisotropic stiffness maps of heterogeneous steel welds for the improvement of ultrasonic array inspection. IEEE Trans UFFC, 2015, 62(8): 1530-1543.

[84] 范国鹏. 高铁无砟轨道层间离缝缺陷的阵列超声检测方法研究. 上海: 上海大学, 2019.

[85] Li Y, Zhou G, Wang J. Analysis of linear non-destructive testing and evaluation methods for thin-walled structure inspection using ultrasonic array. Coatings, 2019, 9(2): 146.

[86] Gret A, Snieder R, Scales J. Time-lapse monitoring of rock properties with coda wave interferometry. Geophys Phys Rev, 2006, 111: B03305.

[87] 肖震, 郑勇, 熊熊. 尾波干涉法在汶川地震余震定位中的应用. 地震, 2014, 34: 1-11.

[88] 黄凯. 超声背散射法评价松质骨状况的参数估计及其成像研究. 上海: 复旦大学, 2009.

[89] Cui H, Lin W, Zhang H, et al. Characteristics of group velocities of backward waves in a hollow cylinder. J Acoust Soc Am, 2014, 135: 3398.

[90] 张海燕, 徐梦云, 张辉, 等. 利用扩散场信息的超声兰姆波全聚焦成像. 物理学报, 2018, 67(22): 224301.

6.2　储层声学研究现状以及未来发展趋势

王秀明

中国科学院声学研究所, 北京 100190

一、学科内涵、学科特点和研究范畴

我们所说的储层是指能够储存油气和矿产资源的地下介质. 储层声学是一门与地球物理学、地质学、地理学等高度交叉和融合的学科. 一般而言, 储层声学主要通过研究声波在地下介质或地下储层介质中激发、传播、接收的过程, 以及声波与地下介质或储层介质之间相互作用的规律, 实现识别地球的地质构造和地质属性, 认识地球运动特性, 探查资源和能源的空间分布等的工程应用, 具有极强的应用背景和重大的学术价值.

储层声学的核心是研究声波与地下储层介质传播和作用的物理过程. 人们可以利用不同频段的声波在多尺度上实现对储层特性的探测和评价. 在储层勘查的广度和深度方面, 人们对地下储层的认知由陆地转向深海, 由地壳延伸到地幔. 其中, 研究声波在大尺度的地壳或海洋的内部结构中的物理过程, 可以实现从宏观上对储层的构造和能源分布进行勘查的目的, 不规则的近地表自由界面 (空气和地层界面) 的声传播问题, 陆地和深海随机非均质储层中的声传播问题, 微地震监测中涉及的井间声波问题等, 都属于该尺度上储层声学要解决的典型问题.

储层声学除了可用于大范围的资源和能源的勘查, 通过应用声波在储层介质中的传播规律, 还可实现对地下储层岩性、物性和流体特性的定量评价, 涉及的研究工作主要包括: 利用声学方法对油气和矿产储层岩性和物性进行精细描述, 研究声波在非均匀多相孔隙储层介质中的传播机理, 深入探讨储层矿物组分和岩石物性对声波的影响因素, 并建立岩石物性与声学特性的关系, 对于设计和开发新的声波油气探测系统, 提高储层裂缝的探测精度, 精确预测地层超压, 定量估算储层孔隙度和渗透率, 有效检测油气开采过程中的局部油气运移, 以及温室效应研究中的地层二氧化碳注入监测等, 也都具有极其重要的意义. 此外, 在非常规储层的评价中, 利用数字岩芯和计算声学的理论与方法, 分析岩石微观特性对宏观特性的影响, 对于丰富和发展多尺度的储层参数数据库, 建立多层次的储层地质解释的物理模型可发挥重要作用. 这方面的工作属于岩石声学物理的研究内容, 也是储层声学研究的重要组成部分.

储层声学是随着人们在寻找能源和资源过程中应用的勘探和开发技术产生, 并在声学理论不断应用于固体地球的科学以及岩石物理领域而不断延伸和发展壮大的. 储层声学的发展方向和研究内涵取决于实际需求, 其总体目标是开辟和拓展储层声学的相关研究领域, 完善其理论和方法, 促进其应用.

二、学科国外、国内发展现状

储层声学起源于储层描述的需求. 在实际的资源勘探实践中, 人们发现多数储层都具有非均质的特性, 为从储集空间和储量评价上达到不同层次的探测和开发需求, 既需要人们从宏观上把握储层的宏观结构特征, 还需要掌握储层物性在小尺度上的空间变化. 地震勘探与储层声学同属固体声学的范畴, 前者发展起来的储层预测理论为储层声学的发展奠定了重要的基础. 储层声学包括但不限于地震储层预测理论, 是从储层预测技术发展起来的一个新的学科分支, 如超出地震波范围的储层声学探测和监测, 超声与储层介质的相互作用研究等. 储层声学这一概念自提出以来 [1,2], 相关领域吸引了国内外学者的广泛兴趣. 在近十年来的全国储层声学与深部钻测技术前沿研讨会、中国声学大会、美国声学会议、国际理论与计算声学大会, 以及国际超声大会上, 均有关于储层声学的最新成果以大会报告或分会邀请报告形式进行报道. 下面从两个方面具体阐述储层声学发展现状.

1. 孔隙介质声学

储层岩石属于孔隙介质, 孔隙中可充填水、气或油等流体. 流体的存在会影响岩石的声学参数特性, 使波场特征随着孔隙度、孔隙流体性质与流体饱和度的变化而发生变化. 因此, 储层声学涉及的一个重要的基础性问题便是孔隙介质中的声学问题.

双相或多相孔隙介质声学理论已经被广泛应用于地球物理勘探、声波测井、地震灾害预报、水文环境、地震工程、储层动态监测和食品监测等领域. 这一领域的开拓者是 Biot, 他于 1956 年和随后几年里发表了一系列论文 [3-5], 建立了流体饱和双相孔隙介质弹性波动力学理论, 后人称之为 Biot 理论. 在此基础上, 后人不断对该理论展开了修正和完善. 比如 Mavko 和 Nur[6] 提出了部分饱和孔隙介质模型及分析了弹性波的衰减机制、Berryman[7] 表征了部分固结孔隙介质模型及弹性波传播特征、Johnson[8] 引入了孔隙介质的动态渗透率和动态弯曲度概念、Thomsen[9] 建立了孔隙介质内部定向裂缝与弹性各向异性之间的关联等. 近年来, 国内的唐晓明 [10] 分析了孔隙与裂隙之间的挤喷流效应, 并将这种效应与裂隙密度和裂隙纵横比联系起来, 把孔隙弹性波动力学和裂隙弹性波动力学结合, 希望得到可描述孔、裂隙并存介质的弹性波动统一理论. 宋永佳等 [11] 分析了孔隙介质任意平面入射波的散射特征, 并建立了含定向裂缝流体饱和地层的各向异性有效介质动力学理论. 基于孔隙地层中的相关理论, 应用声波测井中的斯通利波或者弯曲波的传播特征, 还可反演评价地层的渗透率及其各向异性 [12-14].

在复杂的含烃类储集层中, 油、气、水常存在于孔隙不同的区域, 形成两种或三种成分的部分饱和、多种成分 (油、气、水或水合物) 共存的孔隙介质. 因此在很多情况下, 必须建立饱和多种流体的孔隙介质声学模型才更加符合实际状况, 相关研究是目前储层声学的难点和热点. 为了研究声波在两种流体饱和孔隙介质中的传播机制, Pride 等 [15] 认为可以通过采用双重孔隙介质模型描述多种复杂岩石结构中的传播和衰减现象, 并得到了与前人认识有较好一致性的数值预测结果. 之后很多学者针对不同的非均匀性建立了一些描述方法和理论. 其中, 对于孔隙流体分布的不均匀性, Müller 等 [16] 提出和发展了孔隙和流体任意分布的斑块饱和模型; 对于非均匀、非饱和的多孔介质, 巴晶等 [17] 基于 Biot 理论框架, 导出了双重孔隙介质中的 Biot-Rayleigh 方程, 将一种流体、两类骨架的双孔介质波动理论推广到两种流体、一类骨架的特殊情况.

基于以上这些理论, 人们开展了声波在多相孔隙介质的声波传播规律的基础研究. 其中, Bedford 和 Stern[18] 基于混合物理论思想, 提出了含气泡的液体饱和孔隙介质理论, 除了加入气泡振动引起的惯性影响外, 该理论与 Biot 理论基本一致. Tuncay 和 Corapcioglu[19] 采用体积平均理论考察了弹性波在两种不相混的牛顿流体饱和孔隙弹性介质中的传播特性. Santos 等 [20] 考虑毛细管压力作用及各相之间的惯性耦合, 利用补偿虚功原理和 Lagrangian 变分建立了两种黏性不相混的流体饱和空隙介质波动理论, 建立了 Santos 理论, 预测了此多相孔隙介质中存在三类纵波和一类横波. Carcione 等 [21] 在均匀气泡分布模型基础上, 利用 Biot 理论数值研究了弹性波在部分饱和孔隙介质中的传播, 认为弹性波的衰减和频散主要产生于不同模式波之间的能量传递. Leclaire 等 [22] 还进一步研究了孔隙中含有一种固体和一种流体的冻土层模型, 研究了声波在该介质中的传播特征; 在该模型中预期共有三类纵波和两类横波. 在国内, 蔡袁强等 [23] 从孔隙介质多相渗流力学观点考虑, 当孔隙中同时存在两种不混溶流体时, 通过三个运动方程、两个渗流连续方程以及相应的物性方程来描述孔隙介质动力特性, 推导并求解了全频域波动方程. Wang 和 Seriani[24] 从数值算法的角度, 发展了高阶交错网格有限差分算法, 模拟了天然气水合物储层中的声场传播, 清晰地计算了 Leclaire 模型中预测的五类体波, 随后赵海波和王秀明 [25] 深入研究了 Santos 多相理论, 发展了此时方程呈现刚性时的时间分裂的高阶交错差分法, 比较圆满地解决了方程呈刚性时的数值计算方法. 总体而言, 与单一一种流体饱和的孔隙介质相比, 对多种流体饱和的孔隙介质中声学问题的研究尤为复杂, 国内在此领域的前沿基础研究相对较少, 相关理论和实验还有待进一步的发展和完善.

总之, 研究双 (多) 相介质声学模型理论, 不仅是岩石储层声学的基本问题, 而且对储层声学的应用有极强的现实应用针对性, 因此是当前该领域的研究热点.

2. 井孔声学

油气储层声波测井是储层声学的另一个重要应用领域, 其核心基础研究对象是井孔中声波的传播规律问题, 即井孔声学理论. Biot[26] 在 1952 年最先推导出无限大理想弹性体中柱状充液井孔内的声场频散方程, 并由方程的解得到了斯通利波和伪瑞利波的频散曲线, 开创了井孔声场理论研究的先河. 对井孔声学理论做出开拓性贡献的还有 White 和 Zechman[27], 他们在 1968 年采用了沿波数实轴的数值积分首次模拟出准弹性地层中声测井的时域全波曲线. Cheng 等 [28,29] 详细考察了井孔几何尺寸、测井仪的特征、地层衰减系数以及泊松比等因素对井孔声场的影响, 并定义了能量分配系数以衡量井孔声场对井内外各因素的灵敏度大小. 以上的工作都以轴对称声源 (即单极源) 激发的声场为研究对象. 在轴对称井孔声场全波中, 人们可根据临界折射横波的波至测量地层横波速度. 然而这种方法在横波速度小于井内声速的软地层中失效, 原因是在此类地层中临界折射横波信号通常很微弱从而难以被识别. 为了解决这一问题, 人们设计了偶 (多) 极源测井仪, 其初衷是在地层中直接激发横波. Kurkjian 和 Chang[30] 及 Chen[31] 先后都计算了多极源激发的井孔全波, 从理论上确认了多极源在各向同性地层中进行直接横波测井的可行性. Schmitt[32] 对准弹性地层中由多极源激发的井孔声场进行了细致的分析, 指出偶极源弯曲波和四极源螺旋波在零频率的速度和衰减都总是趋近于地层中的横波, 因而可用低频多极源激发的导波测量包括速度和品质因子在内的地层横波特征. Sinha 等 [33] 和 Cheng 等 [34] 则分别基于摄动理论和三维时域有限差分算法, 数值模拟并深入研究了任意各向异性地层中的多极源井孔声场. 上述这些研究成为多极源声波测井技术的理论基础, 并且推动了声波测井新方法和新技术的发展. 比如人们根据对各向异性储层非对称声场特征的研究, 发展了当前广泛使用的正交偶极声波测井技术: 通过对不同偏振方向的横波速度测量, 从而评价地层的环向各向异性并反演井周地层裂缝的分布情况 [35].

国内在井孔声学领域的研究起步较早, 余寿绵等在 20 世纪 70 年代以前就开始了井孔声学方面的相关研究, 王克协等 [36] 在 1979 年最先开展了声波测井数值模拟方面的研究, 他们采用了离散波数法和快速傅里叶变换算法得到了单极源激发的声测井全波列, 时域曲线中清晰显示了纵波、横波、斯通莱波和伪瑞利波等波群. 张金钟和郑传汉 [37] 计算了弯曲波频散曲线以及偶极子激发的时域全波, 指出地层横波信号由临界折射横波与低频弯曲波共同携带. 王秀明等 [38] 指出了建立在割线积分理论基础上的首波表述理论的不足, 张海澜和王秀明等 [39] 针对弹性地层计算了声场函数的全部极点分布, 并讨论了复极点对应的泄漏模式对全波的贡献, 给出了纵波头波表述的方法. 张碧星等 [40,41] 则讨论了轴对称的各向异性弹性介质和各向异性孔隙介质中临界折射波的激发和传播机制以及地层参数对临界折射波的影响. 2000 年以后, 在国内地球物理装备研制需求的推动下, 国内开展了大量的相关研究, 井孔声学理论和应用的研究成果逐渐领先国际前沿. 胡恒山 [42] 在国际上最早研究了流体饱和孔隙介质井孔中的动电效应理论研究, 随后也进行了动电测井的理论和实验研究 [43,44]. 崔志文 [45] 深入研究了弹性地层和孔隙地层的多极源随钻声波测井的波场, 分析了钻铤对井孔声场的影响. 张秀梅等 [46,47] 完善了多极子声源激发的首波表述方法. 在随钻声波测井领域, 王秀明等 [48,49] 在提出了 "广义钻铤波" 的概念, 阐明了钻铤和井孔地层之间的耦合作用以及钻铤波的传播机制, 并提出了阻止钻铤波传播的隔声体设计思路. 胡恒山和郑晓波 [50] 计算了随钻声波测井的复模式波, 并探讨了钻铤和隔声体对井中模式波的影响. 乔文孝课题组 [51,52] 则先后提出了应用于随钻声波测井的线型和圆弧形相控阵换能器的设计, 可提高地层信号发射和接收的效率. 随着换能器技术和信号处理技术的日益发展, 声波测井不再局限于对地层声速的测量, 还可以通过拾取井外反射声波, 对井周地层进行成像. 唐晓明等 [53-55] 提出了井中横波远探测方法和资料处理技术, 将声波测井的径向探测深度提高到了井外数十米的范围. 在这些理论和方法的推动下, 国内科研机构和企业也成功自主研制了多极子横波远探

测仪器 [52].

三、我们的优势方向和薄弱之处

在储层声学理论研究方面, 在复杂介质声波传播模拟, 尤其是井孔中的声波导理论和探测方法等前沿应用基础研究等方面, 国内的研究起步较早, 并且早期的发展基本与国外同步. 而进入 2000 年以来, 在国家项目资助以及石油企业持续投入的背景下, 国内学者在这些方面的成果近年来已领先国际前沿. 然而, 在部分基础研究领域, 还有待加强. 比如在多相孔隙的声波传播和衰减机制、岩石的非线性声弹性特征等方面, 成果发表较少, 发展较为缓慢. 尤其是在这些薄弱环节中, 大多数发表成果都集中在理论和数值模拟, 而相关的实验和应用研究较为欠缺.

在井中声波探测的理论和方法研究方面, 国内的科研单位的项目和人员投入一直保持较明显的优势. 但在装备研制方面, 虽然近几年来有了长足进步, 仍显著落后于国外先进水平. 其中, 一些核心器件的研制面临很多困难, 制约着仪器自主研发的进程. 例如, 适应极端环境 (高温高压) 下的声学换能器属于储层声波探测装备中的核心器件, 但因国内目前在制作换能器的材料、工艺等方面存在欠缺, 而国外的相关材料和技术又存在禁运和封锁的限制, 亟须我们在相关的研究方向有所突破.

四、基础领域今后 5~10 年重点研究方向

储层声学是一门交叉学科, 其涉及的基础研究方向来源于实际应用. 因此, 以下将结合现阶段储层介质中资源和能源的勘探与开发涉及的主要科学问题, 预测未来 5~10 年的重点研究方向.

(1) 非线性岩石声学和各向异性测量. 目前勘探已向复杂岩性、复杂构造和隐蔽性等非常规油气藏方向发展, 随之而来的针对非常规油气的储层声学也面临新问题和新挑战. 有必要在已有的声弹性研究工作的基础上, 开展孔隙介质的非线性声弹性理论研究, 完善岩石的非线性本构关系与非线性位移场方程及有限静 (预) 应力作用下一般形式的双相介质声场方程. 这些是研究地应力作用下分层介质地震波和井孔声弹问题的共同基础. 同时建立实验装置, 通过实验研究观察单轴应力作用下干岩石样品、饱和部分饱和岩石样品声速的变化, 分析不同类型的孔隙岩石非线性的影响因素及其与不同岩石非线性特征的差异. 在不同温度和压力下, 动态测量小岩芯或全直径岩芯在不同油气饱和下的声学参数的变化规律, 为岩石的线性与非线性声学模型研究提供参数; 研究横向各向同性干岩石和湿岩石的各向异性参数的实验测量方法; 研究基于声弹性理论或非线性声学理论测量干岩石的三阶弹性常数方法与装置; 测量不同参考状态下各向同性干岩石的非线性参数; 尝试测量横向各向同性岩石的三阶弹性常数.

(2) 多相孔隙介质声学. 天然气水合物是未来潜在的非常规油气资源, 利用声波对天然气水合物储层在开发过程中实施动态监测, 是确保安全高效开采的必要保障. 声波在天然气水合物储层中的传播, 本质上可以归为多相孔隙介质声学问题. 但由于多相孔隙储层介质的复杂性, 基于宏观物理方程建立的 Biot 理论及在此基础上发展的多种孔隙介质声学理论在分析孔隙介质中的声波传播问题方面发挥了重要作用, 然而, 由于实际介质的复杂性, 已有的模型和理论未能全面建立微观尺度上的参数与宏观物理量的联系, 制约了孔隙介质声学在储层评价中的应用. 因此, 结合岩石物理声学理论和观测, 完善已有的或者建立新的多相孔隙介质理论, 使之能够更准确地刻画不同的微观参数 (如孔隙结构、多相流体与骨架间的赋存关系、孔隙度与饱和度等) 变化对储层声学参数的影响, 精确地解释油气水或者天然气水合物含量对不同频率的声波速度和幅度衰减的影响, 这对油气或者天然气水合物勘探和开发而言, 是十分重要的研究课题. 需要开展的相关研究包括: 深入研究含气饱和度变化时的储层的声学特性的变化规律、多相孔隙储层的声波速度和幅度随油气水天然气水合物含量的变化规律. 在实验研究的基础上, 深入研究多相孔隙储层中声波的本构关系, 完善和建立更加适合实际的声学模型; 开展声场可视化算法的研究, 从数值模拟的角度研究声波在多相孔隙储层和井孔中的演化规律等, 同时将理论的结果应用于实际.

(3) 超声固井质量检测. 良好的固井质量是保护油气储层和保证油气井正常生产的前提和基础. 声波固井质量检测, 特别是对水泥环与地层之间的第二界面胶结质量检测, 长期以来一直是学术上和工程上的难题. 理论研究和现场数据表明, 现有的声波测井检测方法无法全面评价套管后第二界面的胶结质量. 借鉴于超声导波对层状介质中的声学参数和胶结特性敏感, 可将工业无损检测领域中探测介质不连续性的方法应用于套管井中. 近几年国内学者的数值模拟结果已经表明, 在适当频率下使用泄漏兰姆波可以评价水泥环两侧界面的胶结状况, 已体现出这种检测方法的潜力. 但这项技术离工业化应用还有很长的一段距离, 主要问题包括: 泄漏兰姆波幅度对第二界面的间隙敏感, 但目前只能做到初步定性评价, 并且评价结果准确度严重受水泥属性制约; 如何通过泄漏兰姆波在套管井中的到时, 实现对套管和井孔的成像; 如何提高超声导波的探测深度, 实现多层套管的固井质量评价; 如何根据超声导波的传播特征, 识别套管后介质的特性并反演其物理参数; 对于仪器偏心和套管偏心等复杂情况, 如何对接收响应进行处理和补偿. 上述这些工程应用问题, 从本质上都可以归结为柱状多层非轴对称模型中的超声导波传播规律问题. 重点开展这些研究工作, 可以丰富和发展固体声学理论和分层介质声波导理论, 并为今后新型泄漏弯曲波固井质量测井仪器的设计研制提供必要的理论基础和实验依据.

(4) 多尺度储层声波成像. 由于近年来对非常规储层勘探开发的力度不断增

大, 对裂隙和溶洞型非常规油气资源储层 (如页岩气、页岩油和煤层气等) 的声波探测需求也日益增长. 为研究地震波 (包括地面地震、井间地震、VSP 以及单井声波远探测等) 在这类复杂小型化结构中的散射响应, 寻求这类非常规储层的勘探方法, 多尺度储层声波成像预期将是声学研究热点方向之一, 也是计算声学未来的发展趋势. 地震波的长距离传播与构造体的小型化之间具有数量级的差距, 需要结合多种数值仿真手段的混合计算技术和并行计算技术, 探索适用于描述声波在大范围、多尺度、复杂介质中传播的模拟算法, 从而实现对深部资源探测中多种复杂地质结构下的声波传播模拟. 同时, 以此为基础开展声波成像方法研究, 其中包括着力于开展声波成像过程中的信号处理方法、克服成像结果中的多解性和不确定性问题, 以及提高三维成像的计算效率等, 这些工作都将为我国的非常规油气资源探测和开采提供助力.

(5) 随钻声波测井及声波导通信. 随钻测井技术是近年来在电缆测井技术和钻井工程基础上迅速发展和成熟起来的先进测井技术. 相对于电缆声波测井, 从随钻声波测井的测量数据中获取地层的真实信息要困难得多, 关键学术难题在于沿钻铤传播的导波以及钻头切割地层噪声对来自地层有用信号的强烈干扰, 给储层评价反演带来极大的阻碍. 近年来, 随着国内已逐步开展随钻声波测井仪器的研制工作, 随钻声波测井理论和方法已成为储层声学领域的研究热点之一. 其中主要研究方向包括: 揭示弹性波在钻铤–井孔模型中的传播规律, 包括基于该模型的声场数值模拟, 这是随钻声波测井技术发展的基础理论; 基于声子晶体理论的物理隔声和优化设计, 通过研究寻求最大化压制钻铤波和钻头噪声的方法, 从而提高地层响应信号的信噪比; 随钻声波远程探测, 这是将反射声波成像推广到随钻测井的新应用领域, 其中如何通过信号处理手段拾取到微弱的反射信息是关键的技术难题. 另外, 目前国内外有关随钻声波测井的技术应用, 由于缺乏电缆, 都只能将数据暂存在井下、并在钻后再进行处理分析, 无法起到实时指导钻井方案的作用. 管波通信是解决这一技术难题的可行方案之一, 研究声波导在长直充液圆管中的传播特性, 以及提出适用的信号调制解调方法, 从而可将井下地层信息实时、如实传输到地面, 将是未来实现声波智能导钻的关键所在.

(6) 极端环境下的储层声学换能器. 目前, 声波换能器技术是国内储层声学领域研究落后于国外发达国家的领域之一. 声波换能器是激励和接收声信号的核心部件, 在井下, 尤其是在万米深地井孔环境下, 探测仪器需要在 250 °C 高温以及 200 MPa 的极端环境下连续稳定工作, 这将对声波换能器的材料性能以及黏接工艺提出极大的考验. 与此相关的声学基础和应用基础研究包括新型压电材料的研发、黏接质量的超声定量检测、热噪声的信号处理等. 为了更高效地激励和接收井外的声信号、提高井外探测深度和分辨率, 需要设计具有大功率、高灵敏度, 以及宽频带的换能器, 由此还有必要着重开展换能器的机械结构优化、数值仿真和实验测量研究. 另外, 指向性换能器 (如偶极源)、相控阵、多分量换能器、三维声波换能器、声波换能器的阵列混合采集, 以及相应的数据传输技术等也都属于储层声学换能器领域的研究热点内容.

(7) 海洋资源的声波钻测. 目前我国资源勘探正在由陆地向海洋发展, 由近海向远海、由浅海向深海延伸, 深海油气和矿产资源开发利用技术研究对于我国社会和经济发展具有重大意义, 与此相关的储层声学研究及声波钻测技术也必将在未来从陆地向海洋拓展. 通过加强海洋资源储声波钻测研究、进一步丰富和发展储层声学理论, 是提升海洋深部钻测关键技术的研发水平和系统集成能力、研制具有自主知识产权的深海钻测仪器装备的基础, 对于提升我国资源能源领域的国际竞争力和保障我国资源能源的战略安全具有长远的现实意义. 预期需要重点研究的问题包括: 在声学基础和储层评价方面, 完成符合海洋深部钻测模型的复杂井孔声场研究, 揭示和明晰海底与深部储层中声传播规律, 为储层资料评价奠定理论基础; 针对海底深部复杂非常规油气藏的勘探需求, 进一步完善低孔隙度、低渗透率、低电阻率油气储层高精度评价方法和信号处理技术研究; 基于地震波在海底的传播规律, 完善地震波勘探和海底表面波资料处理技术, 建立海底表面波及体波勘探方法等.

五、国家需求和应用领域急需解决的科学问题

海洋深部蕴藏着丰富的能源和矿物资源, 发展深水声学勘探及大洋深部声学探测有着重要的意义; 浅海水合物勘探开发中的声学探测及应用, 对保障国家对清洁能源的安全有十分重大的作用; 随机非均匀介质中的声传播特性和表征方法, 随机非均匀介质中声传播的研究是极不成熟的领域, 其声传播特性的定量表征方法也值得研究, 针对具体的储层结构, 存在大量的物理问题; 面向储层的定量声学探测与评价, 包括声成像、逆散射和缺陷反演、信号处理和目标识别. 面向科学钻探与深部储层勘探开发的声学换能器及其阵列.

六、发展目标和各领域研究队伍现状

1. 发展目标

以国家能源和资源重大战略需求为牵引, 围绕实际应用涉及的关键科学和技术问题, 研究声波在储层介质中的传播、检测和作用. 主要目标包括: 通过开展声波在多相孔隙介质、随机非均匀介质和非轴对称储层介质中的传播规律研究, 发展高性能的声信号处理和反演方法, 为不同复杂储层环境下的物理参数的探测和评价提供新的方法与步骤; 针对深海、深地储层探测和评价的需求, 开展极端环境下的传感器、声解耦装置等核心部件的研制, 开展实验和试验, 实现传感器和解耦装置的调控与优化, 为深海、深地资源探测和评价提供核心技术. 力争在储层声学

基础研究和应用基础研究等方面取得突破性进展, 满足国家安全和国民经济发展的需求.

2. 各领域研究队伍状况

我国在储层声学领域的起步较早, 自 20 世纪 80 年代以来先后发展了多支研究团队, 并培养了大量的科研人员. 在 21 世纪初, 由于世界各国在油气资源上的竞争日益增大, 越来越多的科研院所、高校和企业加大了人员和经费投入力度, 使得国内储层声学的队伍不断发展壮大. 在这当中, 中国科学院声学研究所、中国科学院地质与地球物理研究所、中国石油大学、吉林大学、北京大学、哈尔滨工业大学、中国地质大学、中国科学技术大学、长江大学等科研单位紧跟国外相关领域的发展趋势, 特别是近年来在非常规油气资源勘探开发的背景下, 不断开拓创新, 涌现出大量高水平的原创前沿成果, 在声场理论和仿真研究等领域已基本达到国际先进水平; 而在岩石声学实验、储层声学换能器, 以及高端仪器装备研制方面, 由于起步较慢且涉及 "卡脖子" 技术, 研究实力相对薄弱, 但随着国家近几年来在这些关键领域的加大投入, 与国外一流机构的学术技术差距正在不断缩小.

七、基金资助政策措施和建议

建议加大围绕储层声学领域的基础科学问题的资助力度, 尤其是对涉及 "卡脖子" 技术相关基础研究领域的资助, 力争使得我国在储层声波探测方法和装备研制实力早日达到国际领先水平.

八、学科的关键词

储层声学 (reservoir acoustics); 孔隙介质声学 (acoustics in porous media); 地震勘探 (seismic prospecting); 声波测井 (acoustic logging); 随钻声波测井 (acoustic logging while drilling); 声波反射成像 (acoustic reflection imaging); 声波层析成像 (acoustic tomography); 井间地震 (cross-well seismics); 垂直地震剖面 (vertical seismic profiles); 声弹效应 (acoustoelastic effects); 声传感器 (acoustic transducers); 声波监测 (acoustic monitoring).

参考文献

[1] 王秀明. 多相孔隙储层声学研究进展. 应用声学, 2009, 28: 1-9.

[2] Wang X. Reservoir Acoustics and Its Applications. The 163rd Meeting of the Acoust Soc Am, Hongkong, 2012.

[3] Biot M A. Theory of propagation of elastic waves in a fluid-saturated porous solid. I. low-frequency range. J Acoust Soc Am, 1956, 28: 168-178.

[4] Biot M A. Theory of propagation of elastic waves in a fluid-saturated porous Solid. II. higher frequency range. J Acoust Soc Am, 1956, 28: 179-191.

[5] Biot M A. Mechanics of deformation and acoustic propagation in porous media. J Appl Phys, 1962, 33: 1482-1498.

[6] Mavko G, Nur A. Wave attenuation in partially saturated rocks. Geophysics, 1979, 44: 161-178.

[7] Berryman J. Elastic wave propagation in fluid-saturated porous media. J Acoust Soc Am, 1981, 69: 416-424.

[8] Johnson D L, Koplik J, Dashen R. Theory of dynamic permeability and tortuosity in fluid-saturated porous media. J Fluid Mechanics, 1987, 176: 379-402.

[9] Thomsen L. Elastic anisotropy due to aligned cracks in porous rock. Geophys Prospecting, 1995, 43: 805-829.

[10] Tang X. A unified theory for elastic wave propagation through porous media containing cracks-An extension of Biot's poroelastic wave theory. Science China: Earth Sciences, 2011, 54: 1441-1452.

[11] Song Y, Rudnicki J W, Hu H, Han B. Dynamics anisotropy in a porous solid with aligned slit fractures. J Mechanics and Physics of Solids, 2020, 137: 103865.

[12] Norris A N. Stoneley-wave attenuation and dispersion in permeable formations. Geophysics, 1989, 54: 330-341.

[13] 伍先运, 王克协, 郭立, 等. 利用声全波测井资料求取储层渗透率的方法与应用研究. 地球物理学报, 1995, 38: 224-231.

[14] He X, Hu H, Wang X. Finite difference modelling of dipole acoustic logs in a poroelastic formation with anisotropic permeability. Geophys J Inter, 2013, 192: 359-374.

[15] Pride S R, Berryman J G, Harris J M. Seismic attenuation due to wave induced flow. J Geophys Research, 2004, 109: B01201.

[16] Müller T M, Toms-Stewart J, Wenzlau F. Velocity saturation relation for partially saturated rocks with fractal pore fluid distribution. Geophys Research Lett, 2008, 35: L09306.

[17] 巴晶, Carcione J M, 曹宏, 等. 非饱和岩石中的纵波频散与衰减: 双重孔隙介质波传播方程. 地球物理学报, 2012, 55(1): 219-231.

[18] Bedford A, Stern M. A model for wave propagation in gassy sediments. J Acoust Soc Am, 1982, 73: 409-417.

[19] Tuncay K, Corapcioglu M Y. Wave propagation in poroelastic media saturated by two fluids. J Appl Mechanics, 1997, 64: 313-320.

[20] Santos J E, Corberó J M, Douglas J, Jr. Static and dynamic behavior of a porous solid saturated by a two-phase fluid. J Acoust Soc Am, 1990, 87: 1428-1438.

[21] Carcione J M, Helle H B, Pham N H. White's model for wave propagation in partially saturated rocks: Comparison with poroelastic numerical experiments. Geophysics, 2003, 68: 1389-1398.

[22] Leclaire P, Cohen-Tenoudji F, Aguirre-Puente J. Extension of Biot's theory of wave propagation to frozen porous media. J Acoust Soc Am, 1994, 96: 3753-3768.

[23] 蔡袁强, 李保忠, 徐长节. 两种不混溶流体饱和岩石中弹性波的传播. 岩石力学与工程学报, 2006, 25(10): 2009-2016.

[24] Wang X, Seriani G. Acoustic wave propagation in layered gas-hydrate bearing sediments: a rotated higher-order staggered grid method. 7th International Conference on Theoretical and Computational Acoustics, Hangzhou, 2005.

[25] Zhao H, Wang X. Acoustic wave propagation simulation in a poroelastic medium saturated by two immiscible fluids using a staggered finite-difference with a time partition method. Science China: Physics, Mechanics & Astronomy, 2008, 52: 723-744.

[26] Biot M A. Propagation of elastic waves in a cylindrical bore containing a fluid. J Appl Phys, 1952, 23: 997-1005.

[27] White J E, Zechman R E. Computed response of an acoustic logging tool. Geophysics, 1968, 33: 302-310.

[28] Cheng C H, Toksöz M N. Elastic wave propagation in a fluid-filled borehole and synthetic acoustic logs. Geophysics, 1981, 46: 1042-1053.

[29] Cheng C H, Toksöz M N, Willis M E. Determination of in situ attenuation from full waveform acoustic logs. J Geophys Research, 1982, 87: 5477-5484.

[30] Kurkjian A L, Chang S. Acoustic multipole sources in fluid-filled boreholes. Geophysics, 1986, 51: 148-163.

[31] Chen S T. Shear-wave logging with dipole sources. Geophysics, 1988, 53: 659-667.

[32] Schmitt D P. Shear wave logging in elastic formations. J Acoust Soc Am, 1988, 84: 2215-2229.

[33] Sinha B K, Norris A N, Chang S. Borehole flexural modes in anisotropic formations. Geophysics, 1994, 59: 1037-1052.

[34] Cheng N, Cheng C H, Toksöz M N. Borehole wave propagation in three dimensions. J Acoust Soc Am, 1995, 97: 3483-3493.

[35] 唐晓明, 郑传汉. 定量测井声学. 赵晓敏, 译. 北京: 石油工业出版社, 2004.

[36] 王克协, 董庆德, 王爱莲, 等. 柱状双层准弹性介质中声辐射场的理论分析: 声法测井理论研究 (I). 吉林大学自然科学学报, 1979, 17(2): 47-56.

[37] 张金钟, 郑传汉. 裸眼井中弹性波传播的非对称模式的数值研究. 地球物理学报, 1988, 31: 464-470.

[38] Wang X M, Zhang H L, Ying C. Representation and isolation of head waves in a borehole. SEG Technical Program Expanded Abstract, Borehole Geophysics, 1994, 1: 1-3.

[39] 张海澜, 王秀明, 应崇福. 弹性介质中充液井孔的漏模和井孔声场中的分波计算. 中国科学 A 辑, 1995, 25: 742-752.

[40] Zhang B X, Dong H F, Wang K X. Multipole sources in a fluid-filled borehole surrounded by a transversely isotropic elastic solid. J Acoust Soc Am, 1994, 96(4): 2546-2555.

[41] Zhang B X, Wang K X, Dong Q D. Acoustic multipole logging in transversely isotropic two-phase medium. J Acoust Soc Am, 1995, 97(6): 3462-3472.

[42] 胡恒山. 声电效应测井的理论、数值与实验研究. 长春: 吉林大学, 2000.

[43] Hu H, Guan W, Harris J M. Theoretical simulation of electroacoustic borehole logging in a fluid-saturated porous formation. J Acoust Soc Am, 2007, 122(1): 135-145.

[44] Wang J, Hu H S, Guan W. Experimental measurements of seismo-electric signals in borehole models. Geophys J Inter, 2015, 203(3): 1937-1945.

[45] 崔志文. 多孔介质声学模型与多极源声电效应测井和多极随钻声测井的理论与数值研究. 长春: 吉林大学, 2003.

[46] Zhang X M, Zhang H L, Wang X M. Leaky modes and their contributions to the compressional head wave in a borehole excited by a dipole source. Science in China Series G: Physics, Mechanics & Astronomy, 2009, 52(5): 676-684.

[47] Zhang X M, Zhang H L, Wang X M. Acoustic mode waves and individual arrivals excited by a dipole source in fluid-filled boreholes. Science in China Series G: Physics, Mechanics & Astronomy, 2009, 52(6): 822-831.

[48] Wang X M, He X, Zhang X M. Generalized collar waves in acoustic logging while drilling. Chinese Physics B, 2016, 25(12): 124316.

[49] He X, Wang X M, Chen H. Theoretical simulations of wave field variation excited by a monopole within collar for acoustic logging while drilling. Wave Motion, 2017, 72: 287-302.

[50] Zheng X B, Hu H S. A theoretical investigation of acoustic monopole logging-while-drilling individual waves with emphasis on the collar wave and its dependence on formation. Geophysics, 2017, 82(1): D1-D11.

[51] Yang S B, Qiao W X, Che X H. Numerical simulation of acoustic field in logging-while-drilling borehole generated by linear phased array acoustic transmitter. Geophys J Inter, 2019, 217(2): 1080-1088.

[52] Yang S B, Qiao W X, Che X H, et al. Numerical simulation of acoustic reflection logging while drilling based on a cylindrical phased array acoustic receiver station. J Petroleum Sci and Eng, 2019, 183: 106467.

[53] Tang X M. Imaging near-borehole structure using directional acoustic-wave measurement. Geophysics, 2004, 69(6): 1378-1386.

[54] Tang X M, Zheng Y, Patterson D J. Processing array acoustic-logging data to image near-borehole geologic structures. Geophysics, 2007, 72(2): E87-E97.

[55] Tang X M, Patterson D J. Single-well S-wave imaging using multicomponent dipole acoustic-log data. Geophysics, 2009, 74(6): WCA211-WCA223.

第 7 章 生物医学超声

生物医学超声研究现状以及未来发展趋势

郑海荣[1], 郭建中[2], 孟龙[1], 章东[3], 屠娟[3], 程茜[4], 他得安[5]

[1] 深圳先进技术研究院, 深圳 518055
[2] 陕西师范大学应用声学研究所, 西安 710062
[3] 南京大学声学研究所, 南京 210093
[4] 同济大学声学研究所, 上海 200092
[5] 复旦大学信息科学与工程学院, 上海 200433

一、学科内涵、学科特点和研究范畴

生物医学超声是研究超声在医学与生物工程中应用的一门新兴学科, 是结合当代物理声学、生物医学、电子学与计算机技术的综合性工程应用交叉学科. 超声波在复杂生物介质中的传播特性、复杂生命体中的特殊声场调控及其超声生物效应等, 是现代生物医学超声学科发展中密切关注的科学问题.

生物医学超声交叉融合声学、医学、光学及电子学等学科, 具有理、工、医相结合的特点. 现代生物医学超声的发展, 急需超声传播新规律的认识、超声调控新理论、超声生物效应的新理论体系, 例如对大脑神经信号传导规律的研究, 对神经网络结构与微血供循环的研究、对超声生物效应的研究等. 相关研究领域的发展不断给生物医学超声学注入了新的活力, 提出了新的需求、目标和科学与技术问题.

生物医学超声的研究范畴主要围绕着在生物组织中激励、控制超声波, 以及超声信号的接收与处理展开, 涉及理解介质中超声传播速度、声衰减、声阻抗、声散射等基本特性, 多层介质组织中各界面声反射与透射的性质, 声场强度控制与相关力学效应, 以及声学信号处理等研究内容. 长期以来, 生物医学超声学科发展所依赖的物理基础源自从生物医学应用的实际需要出发所凝练的相关物理声学基本问题, 所开拓的相关物理声学研究方法. 例如, 研究超声在生物软硬组织中的传播、衰减、散射及吸收等特性, 研究非均匀介质超声传输理论与声场调控方法, 发展超声诊断、成像与治疗新方法等.

二、学科国外、国内发展现状 [1-15]

1. 超声诊断与评价

(1) 软组织的超声诊断. 与其他医学诊疗方式, 如 X 射线、磁共振成像 (MRI) 和计算机断层成像 (CT) 相比, 超声成像具有安全无损、非电离辐射、便携性和快速便捷等优点. 在目前的临床实践中, 医学超声成像已广泛应用于人体肌肉、血管及脏器等软组织病变检测.

传统的 B 超成像可以提供关于肌肉、肌腱及韧带等结构或质量信息. 1980 年, 第一次发现病理肌肉相比较于正常肌肉有不同的超声表现. 肌肉的超声图像可以显示肌肉与其周围的皮下脂肪、神经和血管等结构, 区分神经肌肉病变或由肌萎缩等疾病引起的肌肉结构变化, 在测量肌肉的动态收缩方面 (肌肉厚度、肌束长度及羽状角度等) 具有独特的优势. 超声对人体下肢肌肉的检测与功能评估目前正处于研究发展阶段, 主要检测评估肌肉的生理特性、生物力学特性及运动能力等. 此外, 超声也可以用来监测肌肉的动态变化, 比如废用肌肉的康复, 不同阻力训练肌肉治疗, 促合成代谢药物肌肉治疗, 研究青年和老年人身体中肌力和身体能力之间的关系.

超声弹性成像是超声影像技术的重大革新, 被国际上誉为 "第四代超声成像新技术". 不同于传统超声利用组织声阻抗差异的声波散射信号进行形态和结构成像, 超声弹性成像利用超声波实现对人体组织生物力学参数的定量测量. 医学研究发现, 病变过程中的人体软组织的硬度等力学参数变化非常明显. 超声弹性成像能为肝硬化和乳腺癌等重大疾病的临床早期诊断提供关键依据, 在乳腺癌筛查、肝硬化分期、动脉粥状斑块诊断、肌肉疾病检测等临床领域都具有广阔的应用前景. 超声弹性成像技术在最近十几年中得到了长足发展, 新技术层出不穷, 主要分为定性的准静态成像技术 (准静态压缩技术、血管弹性成像、心肌弹性成像) 和定量剪切波成像技术 (如声振动成像、瞬时弹性成像、剪切波弹性成像、声辐射力脉冲成像、超声剪切成像和简谐运动成像等).

光声成像 (photoacoustic imaging) 是 21 世纪初兴起的一种基于光声效应的新型生物医学成像技术. 使用激光脉冲照射生物体, 组织深处的内源性光吸收体 (例如血红蛋白) 吸收电磁波能量而转换为热能, 进而由于热胀冷缩引起应力变化、激发并向周围介质辐射声波. 光声效应产生的声信号称为光声信号, 利用布置在生物体周围的多单元超声换能器阵列探测生物体深处传出的光声信号, 并通过求解光声传播逆问题来重构光声图像. 光学成像的对比度很高, 但空间分辨率比较低, 成像深度受到光传播深度的限制; 超声成像能获得生物组织一定深度的高分辨率图像, 但图像的对比度比较低. 光声成像结合了光学成像和超声成像的优点, 实现了高分辨率和高对比度的生物组织成像. 因为采用光学信号激发, 光声成像具有光学成像的高对比度、低成本的优点, 能进行功能成像和分子成像.

国外多个研究团队相继进行了高时间-空间分辨率光声成像技术的研究, 并探索其在脑结构和功能成像以及其他生物医学领域的应用. 美国华盛顿大学的光声研究团队将光声断层成像应用于小鼠脑成像, 成功地获得了小鼠脑创伤的清晰结构图像, 还根据脑部血流变化, 获得了外加刺激作用下脑的功能图像. 利用该系统, 研究者成功地实现了活体小鼠实时动态成像, 并获取了小鼠脑的血管结构和功能连接影像. 美国密歇根大学课题组开发了基于商用超声机的光声实时成像系统, 该系统可以提供动态光声影像. 佛罗里达大学的团队则利用自主研制的多通道光声信号同步采集系统, 实现了实时三维光声成像, 并利用该系统实时监控了药物注射过程等. 国内光声成像的相关研究工作也取得了较大的进展.

(2) 硬组织的超声评价. 目前, 临床上主要采用双能 X 射线技术 (DXA) 评价人体骨质状况. 该技术可用于测量骨矿化密度和骨几何形态, 而无法直接反映骨的力学性能. 此外, DXA 技术还有许多其他的缺点, 如设备昂贵、体积笨重、有较强的电离辐射等, 难以用于社区普查以及基层医疗. 介质中材料的弹性系数决定了声波的传播速度. 超声是一种弹性波, 因而可用于骨质弹性评价. 另外, 超声设备体积小、价格低廉, 也不涉及电离辐射, 非常适于社区普查与基层医疗, 具有很大的应用潜力. 超声透射法, 作为一种传统的骨超声技术, 早在 20 世纪 90 年代就被应用于骨质疏松症的临床诊断. 然而, 受限于测量原理, 超声透射法 (测量超声声速和宽带超声衰减) 仅反映骨骼组织的平均值, 不能提供丰富的骨微结构信息. 第一到达波法是另一较为成熟的骨超声技术, 测量长骨中的超声纵波声速, 主要用于评估长骨骨质状况. 超声透射法和第一到达波法测量过程易受软组织和皮质骨的干扰, 骨质评价效果不令人满意.

近年来, 一些更具潜力的骨超声评价新技术逐渐获得学者关注. 超声背散射法工作于脉冲回波模式, 采用单一探头收发超声信号, 测量过程简便, 更适宜于检测髋骨、椎骨等骨折多发部位, 超声背散射能全面反映松质骨的 "骨质状况"(如骨矿密度、弹性模量等) 和 "微结构信息". 基于长骨超声轴向传播原理的超声导波法可反映皮质骨几何结构及材料特性, 在骨质疏松、长骨骨折与愈合评价方面具有应用潜力. 脊柱超声成像方法基于超声在骨骼和肌肉中的传播特性, 运用超声信号处理和分析方法, 结合图像的分割、还原和快速重建等图像处理理论和技术, 同时融合深度学习和最新的计算机图形处理技术, 构建二维和三维的超声建模及成像方法, 可实现对脊柱的三维超声快速成像和检测, 提供更加直观精准的脊柱三维超声图像, 为各种脊柱病变的早期预防和治疗提供安全、便捷、准确的诊断手段和方法. 光声方法采用发射激光照射骨组织, 通过热膨胀原理产生超声信号, 光声信号对骨组织的化学成分更为敏感, 可以用于检测骨矿成分及胶原蛋白转化情况. 光声骨检测及成像是一门新兴的技术, 在骨质评价方面仍处于动物实验、离体测试等基础研究阶段, 未见人体研究报道.

近十年来, 国内复旦大学对骨骼系统定量超声评价进行了系统深入的研究. 从理论上揭示了松质骨及皮质骨等骨组织中的超声传播规律, 提出了骨质评价的新方法与技术. 研制了国际首台基于超声背散射法的骨质诊断仪, 并用于测量成人、孕妇、新生儿及航天员骨质状况, 推动了骨质超声评价的研究进展与临床应用.

2. 超声调控与治疗

(1) 低强度超声调控. 超声靶向给药治疗是利用超声技术使药物定点递送入病灶部位, 在肿瘤等局部病灶保存相对高的药物浓度, 延长药物作用的时间, 提高药物的疗效, 减少对正常组织细胞的毒副作用. 其特点是借助于超声的空化效应、热效应或超声辐射力等效应促进药物在病灶部位的聚集、渗透及递送, 属于物理主动靶向的范畴. 具体研究内容通常包括微泡或载药微泡的设计与制备、超声声场控制、微泡空化的产生与效应机制, 以及超声靶向给药疗效评价及应用.

超声靶向微泡爆破技术是一种新型给药技术, 其原理是利用微泡的空化效应, 导致细胞产生声致穿孔, 药物可借助这些空隙进入细胞, 从而提高药物的疗效. 目前, 超声靶向微泡爆破技术已广泛应用于基因、小分子化学药物以及大分子纳米药物的递送.

超声开放血脑屏障进行颅内药物的递送是超声靶向微泡爆破技术另一具有重要应用前景的领域. 血脑屏障是由微血管内皮细胞、基质膜、周细胞以及星形胶质细胞足突共同组成的位于血液与脑组织之间的屏障结构. 这一屏障限制了药物进入大脑, 跨血脑屏障的药物递送是实现脑肿瘤以及神经退行性疾病药物治疗的关键. 采用特定频率的超声可以无创、选择性地开放血脑屏障. 临床试验表明, 利用磁共振引导的聚焦超声可快速、可逆开放阿尔茨海默病患者的血脑屏障, 并且展现了良好的安全性. 进一步的研究揭示, 超声开启血脑屏障的机制主要是增强了间质对流运输, 降低血管障碍, 从而提高了化疗药物和抗体药物在大脑组织的渗透性.

超声微流控是指利用超声波在微尺度流体环境中进行目标处理和检测的一种技术, 其目标是发展用于个体化精确诊断的超声芯片器件, 具有快速、便携、高效、易操作和低价等优势. 此技术适用对象可具有一定程度的黏性, 被操控目标为生物样品或微生物. 其主要特点是与生命科学、基础临床医学紧密结合, 以研发具备实际应用功能的超声微流控芯片为导向. 超声微流控技术通过声辐射力、声流等非线性物理效应及各类传统声学效应, 使超声波作用于微尺度固体、似流体和流体物质, 对其进行灵活的时间和空间操控. 根据声波的作用方式, 器件可分为体波型和声表面波型芯片两类, 但两者的研究内容具有共通性. 一方面, 需从声学和流体力学的基本理论进行创新, 特别是根据不同的目标操控模式, 研究声场非线性物理效应的时-空分布, 提出具有广泛适用性的理论框架. 另一方面, 需根据具体应用需求进行声学设计, 特别是针对目标的不同性质以及声场的不同环境, 研究将不同声学手段与其适配的具体方法. 因此, 该方向研究主要涵盖理论和工程两个方面的创新.

(2) 高强度超声治疗. 高强度聚焦超声 (HIFU) 已在肿瘤治疗和新兴医疗设备研制方面形成了蓬勃的发展态势和激烈的竞争格局. 但针对 HIFU 治疗设备的声场特性检测、生物学效应评价的标准、方法、技术仍然欠缺, HIFU 治疗技术领域的标准建设还不甚完备. 其中涉及的科学问题包含高声压检测的理论和方法、HIFU 在多层复杂组织中的声传播和生物传热、HIFU 诱导生物学效应及应用、高效的治疗监控方式等急需解决.

在设备研发方面, 国际知名的医疗器械公司 (如飞利浦、GE、Insightec 等) 都争相研发了功率超声治疗设备并将其推向临床应用. 而国内的设备研发, 尽管起步略晚于国外, 但从 20 世纪 90 年代起, 已经得到了长足的进步, 逐步赶上甚至达到了国际先进的水平. 重庆医科大学是我国开展功率超声治疗研究最早的单位之一, 其研发的聚焦超声肿瘤治疗系统不但在国内被广泛应用, 甚至出口到牛津大学丘吉尔医院等国外单位使用, 获得了良好的效果. 中科院深圳先进技术研究院、南京大学、复旦大学、上海交通大学、北京大学、西安交通大学和陕西师范大学等诸多研究机构也在聚焦换能器设计、声空化剂量监控、声空化治疗恶性肿瘤、糖尿病、脑胶质瘤、肌骨疾病和帕金森病等疾病的作用机理研究领域做出了大量的创新性工作.

(3) 超声神经调控. 帕金森病、癫痫和抑郁症等神经和精神性脑功能疾病的有效干预和治疗是重大医学难题, 其源于深部脑核团和神经环路的障碍. 神经核团刺激与环路调控是理解脑疾病发病机制和对其干预和治疗的基本途径, 也是目前脑科学研究的重大前沿问题. 利用无创的超声技术实现对神经元的刺激和调控最近引起了神经科学界和脑疾病临床的极大兴趣. 但是, 该新技术还处于起步阶段, 尤其目前国际上还未有报道神经科学家和超声技术专家团队紧密合作来开拓该技术的潜力和加速应用.

超声作为一种新型、无创的神经调控方式, 相比现有的神经刺激与调控技术具有独特的优势, 在脑疾病干预和治疗方面展示出特殊的优势和巨大的应用前景. 但是, 目前的超声神经刺激相关研究的工具都是基于传统利用超声成像的设备, 因此无法产生足够优化高效的超声辐射力, 尤其是无法穿透大脑颅骨进入深部脑核团, 无法广泛用于神经刺激与调控的基础研究和临床应用研究.

脑深部的神经核团刺激与环路调控是理解功能性脑疾病发病机制并对其进行干预和治疗的重要途径, 也是目前脑科学研究的重大前沿问题. 研究表明, 功能性脑疾病的发病与神经环路功能障碍有关, 刺激相应的靶点可对其所在环路的皮质、核团和其他节点进行调控, 从而减轻或缓解症状, 这为深入研究功能性脑疾病的发生机制和深部脑刺激等神经调控与干预手段提供了科学依据. 目前神经调控技术利用了光、电、磁等多种物理手段来实现对脑疾病的物理干预, 超声神经调控技术因其具有无创、穿透力强、可聚焦、多点动态刺激等特点和优势, 为脑疾病治疗和神经科学研究提供了革新性的工具.

　　超声是一种机械波, 声场中的物体和生物组织接收到声波 (机械波) 动量而产生受力作用, 在声学中被定义为声辐射力. 近年来对于超声力学效应特别是超声辐射力的研究和理解, 发展了超声弹性成像、声操控和定点给药等重要技术. 最新的研究显示超声力学效应在神经调控和神经科学及脑科学方面也具有显著的作用、独特优势和重大应用潜力. 研究发现超声瞬态刺激在分子、细胞、动物和人脑水平均可以控制神经元的活动. 超声还可以通过不同的强度、频率、脉冲重复频率、脉冲宽度、持续时间等参数使刺激部位的中枢神经产生兴奋或抑制效应, 从而对神经功能产生双向调节的可逆性变化. 这些超声神经调控技术研究成果证实超声对神经环路的调控机制和脑疾病的发病机理等基础科学问题的研究具有重大潜力, 超声作为一种新型无创的神经刺激与调控技术在脑科学研究和脑疾病干预方面展示了重大的应用前景.

　　(4) 超声生物效应. 超声治疗应用相关的生物效应大多依赖于超声热效应或机械效应. ①超声热效应: 生物组织可以有效吸收超声波能量并将其转化为热量, 即所谓的超声热效应. 这种热效应引起的组织温升取决于几个因素, 包括组织特性 (例如, 吸收系数、密度、灌注等), 超声暴露参数 (例如, 频率、压力幅度、脉冲持续时间、脉冲重复频率 (PRF) 等). 因此, 通常可以通过适当的超声辐照策略设计来控制组织中热量的产生. ②超声机械效应: 超声生物效应也会通过非热机制 (即机械效应) 发生, 如声辐射力、声微流和声空化等. 声空化是最典型, 也是研究最广泛的非热机制之一, 体外和体内的多种生物学效应都可以归因于与声空化相关的活动. 由于液体介质中通常含有很多肉眼不可见的微小气核或空穴, 当超声波在含液体的介质中传播时, 当声压超过一定阈值时, 在声波的负声压相, 这些气核会发生膨胀生成空化泡, 其大小与超声本征频率相关; 这些空化泡在超声波作用下将随之发生振荡、生长、收缩、崩溃等一系列动力学过程, 这就是所谓的超声空化. 理论与实验研究已证实, 在超声场作用下, 随着驱动振幅的逐渐增加, 空化泡会产生诸如以下的动力学行为: 线性振荡、非线性振荡、稳态空化、瞬态空化、分裂、融合、喷射等. 尤其在空化微泡的非线性瞬态空化过程中, 声场能量可以被高度集中 (聚焦), 伴随空化泡崩溃瞬间, 在液体中的极小空间内将其高度集中的能量释放出来, 形成异乎寻常的高温 (>5000K)、高压 ($>5 \times 10^7$Pa)、强冲击波、射流等极端物理条件. 研究显示, 当超声造影剂微泡被作为空化气核加入声场后, 可以显著降低超声空化阈值, 并大幅度提高超声空化强度. 在剧烈的惯性空化微泡坍塌过程中高温和高压的产生还会导致自由基的形成, 由此引发特殊的声化学反应和生物效应. 同时, 在气泡壁在快速塌陷期间可能会变得超声速, 并在气泡周围的液体介质中产生球形发散的冲击波和高速微射流. 由此产生的生物效应包括: 细胞膜穿孔 (声孔效应)、细胞骨架和细胞核形变、组织通透性增加、软骨细胞增殖、肺中红细胞外渗、毛细血管破裂、心肌细胞收缩、刺激神经突触响应等.

利用超声波的机械效应暂时破坏细胞膜或者生物组织内壁的完整性, 有效促进靶向药物递送/基因转染, 这一过程通常被称为 "声致穿孔" 或 "声孔效应", 是一种在生物体内实现时空可控的无创精准诊疗的先进方法. 借助微泡声空化引发的声孔效应, 可改变肿瘤组织对放化疗药物的通透性、破坏肿瘤新生血管结构阻断养料供应、引起肿瘤细胞膜完整性缺失、诱发细胞内 Ca^{2+} 超载及改变肿瘤组织的免疫应答情况, 在靶向性药物输运、恶性肿瘤治疗、开放血脑屏障以及神经系统疾病 (如帕金森病等) 的临床治疗方面展现出巨大的应用前景.

诸多国际知名科研机构和企业都在声空化治疗理论、技术和设备的研究开发领域投入大量精力. 如牛津大学工程学院生物医学工程研究所基于微泡机械效应和生物效应开展了大量的造影剂微泡设计、靶向药物控释、空化成像、超声消融治疗、超声冲击波治疗等研究工作, 该研究所的两位领导教授基于相关工作于 2017 年分别获得英国皇家工程学院银质奖章或入选为英国皇家工程学院院士. 英国国家物理实验室、牛津大学皇家马斯登医院等在功率超声的生理作用和剂量学研究方面做了大量工作. 美国华盛顿大学、荷兰伊拉斯姆斯医学中心等在声空化动力学理论和功率超声治疗肿瘤的作用机理等领域的奠定了理论和实验基础. 哈佛大学和哥伦比亚大学等通过实验证实了聚焦超声可以有效地开放血脑屏障, 促进颅内药物递送. 加利福尼亚大学和斯坦福大学的研究者发现, 超声空化可以激活细胞的免疫反应, 显著提高临床治疗效率. 密西根大学基于膜电钳系统研究了微泡声致穿孔与细胞膜内外离子通道等生化反应之间的相关性, 并利用强超声作用下微泡瞬态空化产生的强烈冲击波开发了无创组织毁损术, 成功由体外作用实现了体内组织穿孔, 有望在左心室闭锁等重大心脏疾病的治疗中得到应用.

另外, 研究也表明低强度脉冲超声 (LIPUS) 能够抑制 MSTN 及其受体 ActRIIB, 激活蛋白合成通路, 抑制蛋白降解通路, 进而有效地促进了运动性骨骼肌肥大.

三、我们的优势方向和薄弱之处

1. 超声诊断与评价

(1) 肌肉超声检测. 肌肉组织病变的超声检测目前已快速发展, 采用超声成像显示骨骼肌结构和肌肉尺寸等重要信息. B 超可以定量评估肌肉的厚度、肌束的长度和羽状角等. 扩展视野超声成像可以评估肌肉横截面积和回声强度.

当前, 非均匀各向异性肌肉组织的超声检测仍然有许多问题, 如肌腱的功能评估、断裂或损伤阈值评估等. 骨骼肌系统的新型超声成像技术 (如超声弹性成像、光声成像等) 也是亟待进一步发展.

(2) 超声弹性成像. 通过科研机构十余年的努力, 国内已经初步建立起了具有自主知识产权的, 较为完备的超声剪切波弹性成像关键技术及应用体系. 同时, 我国还拥有大量优秀的本土超声医学影像设备制造企业, 以及拥有丰富病例数据的优秀医疗机构. 通过科研机构、设备制造企业以及医院的深入合作和联合攻关, 目前已经形成了具有一定国际竞争力的国产弹性彩超设备和超声肝硬化检测仪等系列产品, 初步建立了面向中国人特征的肝硬化早期诊断标准和量化分级体系, 以及结合病变组织和其浸润边界硬度信息的乳腺癌判别体系, 为这两种重大疾病的早期筛查和诊断开辟了经济便捷的新途径.

当前, 对于在人体非线性、各向异性等复杂的声学、力学环境下, 超声波、剪切波传播过程中的受到的各种影响因素的作用机制, 以及其速度、衰减等特征参数与组织黏弹性等力学参数之间的量化关系等基础科学问题的研究, 与国际先进水平还有差距. 此外, 虽然目前我国超声医学影像设备制造企业在电子电路、信号处理、换能器加工等方面的已经获得了重要积累, 但总体技术水平与国际领先水平还存在明显差距, 体现在高端机型数量少且高级功能不足, 这也在一定程度上影响了国产设备上超声弹性测量的稳定性和精确程度.

(3) 骨超声评价. 松质骨的超声背散射评价及皮质骨的超声导波评价方面, 国内学者的超声理论研究、数值仿真、关键评价方法与技术都已达到国际前沿水平, 特别是国内骨超声诊断仪器研制及临床应用方面均处于国际领先水平. 骨质的超声-光声检测与成像方面, 正在研究跨尺度高分辨率的多模态超声-光声骨成像方法, 该项研究将开拓光声骨评价与成像的新领域.

当前, 骨超声领域研究的薄弱之处体现在颅骨及脊柱等神经骨骼系统方面, 近年来, 脑科学渐成热门研究领域, 颅骨属于脑科学研究的重要 "门户", 颅骨及脊柱等神经骨骼系统的超声评价与刺激研究具有重要的科学意义, 也是国内需要重视的研究内容.

2. 超声调控与治疗

(1) 超声微流控. 国内研究者的优势方向主要集中在声学微流控器件的物理场定征、高频声流操控器件的研发、声子晶体型声操控器件的机理及应用等. 此外, 国内存在数个专门的声学研究机构, 其在基本声学原理方向的研究力量相比于国外研究机构更为集中.

当前的薄弱之处主要包括: ①关于基本声操控原理的创新不足; ②声学微流

控技术与生命科学的交叉研究严重滞后; ③新型器件在生物医学中的应用导向不明显.

(2) 高强度超声治疗. 相关研究已在医学中展示出广泛的应用前景, 引起了国际上许多国家政府、高校、科研机构和医疗器械企业巨头的关注, 并不断加大科研投入. 我国在高强度超声治疗方面的研究起步较早, 目前在设备研制和临床应用方面较有优势. 特别是临床治疗方面, 我国已经积累了大量的治疗数据, 为高强度超声治疗临床大数据研究的开展奠定了坚实的基础. 尽管如此, 针对高强度超声治疗的机制问题、如何建立个性化的计划系统等关键性科学问题, 仍有诸多理论和方法亟须突破.

(3) 超声神经调控. 在国家重大仪器专项支持下, 中国科学院深圳先进技术研究院已经针对灵长类动物开展了 MRI 引导下的超声神经技术研发, 已经初步实现了大规模阵元的超声神经调控. 拟下一步重点推进针对脑功能性疾病患者的超声神经调控技术.

(4) 超声靶向给药治疗. 国内超声给药治疗具有以下几方面的优势: ①超声微泡在较低声压作用下产生空化效应, 可以使临近的内皮细胞产生瞬间可修复的微小孔隙或增大内皮细胞的间隙, 血液中或微泡释放的药物可以趁机进入细胞或顺利透过血管, 从而增加药物的细胞摄取; ②超声微泡可以将药物携载于微泡的表面、壳层或内部, 一方面可以较好地保护药物的活性, 另一方面在较高声压作用下载药微泡能被击碎, 从而释放所携载的药物, 达到超声控释药物的目的; ③微泡在超声辐照过程中, 产生的微声流、声化学、冲击波和液体微射流等效应, 可增加药物向靶细胞的传递.

当前, 对超声微泡介导的基因转染涉及心脏、血管、肝脏、肾脏、神经系统等众多领域, 特别是肿瘤和心血管疾病的治疗. 尽管微泡诱导的声孔效应可有效地将药物或基因传递进细胞, 但声孔效应过于剧烈, 会导致细胞膜上产生不可逆孔道, 对细胞造成损伤, 导致细胞凋亡或裂解. 利用声孔效应达到安全高效的药物或基因传递, 迫切需要实时检测声孔效应, 以进一步理解声孔效应的机制. 控制因素, 以及声孔效应引起的细胞生物效应. 同时改进超声微泡的制作工艺及微泡与基因或药物结合的方式亦显得十分重要.

四、基础领域今后 5~10 年重点研究方向

1. 超声诊断与评价

(1) 新型超声诊断方法. 各向异性肌肉组织的新型超声诊断方法 (如高频超声、弹性成像及光声检测等) 研究; 复杂声学环境中的光声传播理论, 以及光声图像重构方法研究; 新型光声成像参数的提取与多模态成像.

(2) 超声弹性成像. 超声弹性成像技术的发展趋势将是专科化、精准化和多样

化: 针对特殊器官结构或力学特征 (如动脉壁薄壁管状结构、骨骼肌的各向异性和自主收缩特征), 需要建立更复杂的物理模型, 更准确地量化剪切波速度与组织力学参数之间的关系; 针对组织炎症反应等病理过程对测量结果的干扰, 需要实现对组织黏性系数等其他力学参数的测量, 辅助完成疾病诊断; 针对胰腺等被其他器官环绕且位于体内深部的特殊器官, 需要开发特别的内镜超声探头和成像算法, 实现内窥剪切波弹性成像; 针对医生希望更大视野、更直观地观察病变组织的需求, 需要解决海量数据采集和快速处理难题, 研制实时三维超声弹性成像系统. 可以预见, 超声弹性成像技术未来将在多种疾病的临床诊疗中发挥更重要的作用.

(3) 骨超声评价. 领域的重点研究方向包括: 骨骼运动系统的超声评价与成像方法研究、光声检测与成像方法研究、颅骨及脊柱等神经骨骼系统的超声评价与成像研究、骨骼运动系统的超声治疗与调控研究, 脊椎完整结构的超声建模及三维超声精准成像技术.

2. 超声调控与治疗

(1) 超声神经调控. 进一步发展需要结合基础研究和临床应用的需求, 这就需要首先在两个方面发展超声刺激技术和仪器: 在基础研究方面, 发展超声敏感、具有选择性的细胞水平的无创神经调控技术; 在动物模型和临床工具层面, 发展无创超声深脑刺激技术和仪器.

(2) 超声微流控. 为推进声微流控技术在医学超声领域的进一步应用, 需要在以下几个方面进一步研究: ①基于物理场调控的超声微尺度操控新机理, 为使器件具备更灵活、新颖、完备的功能, 应支持将当前处于研究前沿的无衍射声束、声学人工材料等引入超声微流控研究. 还应针对表面波型器件发展基底为各向同性的基底材料和结构;② 构建高效、高通量超声微流控器件的物理机制, 应开展基础理论研究, 为器件设计提供依据, 特别是此类系统中的声学、力学、电学及其他环节的共振及耦合问题;③针对不同目标发展多种操控模式. 在操控目标方面, 当前声操控的基础理论主要针对球形 Rayleigh 粒子, 但若使用 50MHz 以上频率进行精密操控, 则需进一步发展对于 Mie 粒子的操控理论; 同时, 应考虑实际应用场景, 针对非球形粒子, 特别是振动的微气泡的操控开展研究; ④进行超声微流控平台上的生物效应研究. 超声微流控平台的工作频率涵盖了当前诊断超声和治疗超声的主流频率范围, 但具备与显微平台进行集成的天然优势. 可借助超声微流控技术, 以细胞、组织、微生物活体等为研究对象, 深入理解超声作用于生物体的短期及长期机制.

(3) 超声靶向给药治疗. 应特别注重以下几个研究方向的布局和深入研究: ①加快新型超声造影剂的开发和研究, 特别是纳米级超声造影剂以及生物合成纳泡, 发展各种形式的微泡载药技术和方法, 突破传统微泡载药量低的局限;②加快发展超声给药治疗系统的研制, 充分发挥多学科交叉的优势, 结合物理声学、电子学、材料学等学科, 设计多阵元、声场更稳定、更安全且易于临床转化的超声给药治疗系统; ③加快超声空化与生物学效应的机制研究, 特别是超声空化的物理机制和生物学效应机制的研究, 实现超声空化的实时监控、安全应用; ④加快推动超声给药技术的临床转化研究, 切实实现超声给药技术在疾病的治疗方面的临床应用.

(4) 高强度聚焦超声治疗. 为实现安全、高效、有效的高强度聚焦超声治疗, 应在以下几个方向开展深入研究: ①高强度聚焦超声在复杂人体组织上的非线性声传播特性研究, 特别是空化气泡及沸腾气泡对声传播的影响; ②超声剂量学的理论研究, 加强声热转化的理论建模; ③发展更高效的高强度聚焦超声换能器, 基于相控阵或其他新型结构形式的换能器实现任意路径的治疗; ④加快推动新技术的产业转化研究.

五、国家需求和应用领域急需解决的科学问题

1. 科学问题与核心技术

超声波在生物组织中传输, 介质的声传播速度、声衰减、声阻抗、声散射等特性, 组织介质界面反射、透射等性质, 以及声场强度梯度所形成的力学效应、超声聚焦特点等等是生物医学超声学科发展的物理基础. 研究超声波在复杂生物介质的传播特性、复杂生命体中的特殊声场调控及其超声生物效应等, 是现代生物医学超声学科发展中密切关注的科学问题. 新的超声调控机理、非均匀介质超声传输特性、超声生物效应的理论基础等是生物医学超声发展的关键基础理论.

现代生物医学超声的发展, 急需要新超声传播规律的认识、新的超声调控理论、新超声生物效应的理论体系, 例如对大脑意识与信号传导规律的研究, 对神经网络结构与系统连接的研究, 不断提高的临床精准诊疗技术的需求, 等等, 为生物医学超声学科在人体健康、疾病诊疗、康养等方面的发展不断提出了新的需求、新的目标与新的科学和技术问题.

将声信号转换为电信号的超声换能器是生物医学超声发展的核心技术, 换能器的灵敏度、带宽、稳定度等关键性能受制于电声转换材料的质量与性能, 而换能器与电子控制系统的电阻抗匹配度决定了信号的转换与传递质量. 显然, 即使仅考虑换能器的研制, 也无法割断其与材料科学、电子技术的关系. 高质量的超声换能器材料是生物医学超声发展的关键核心技术.

2. 超声诊断和评价

(1) 硬组织超声评价. 重点研究方向包括: ①骨骼系统的超声传播规律. 人体骨骼系统是渐变的错层结构 (肌肉—韧带—滑囊与积液—软骨—皮质骨—松质骨) 和复杂的各向异性介质 (皮质骨及深处松质骨), 此前研究侧重于关注超声与特定

软组织、松质骨或皮质骨的作用机制, 没有从整体上研究超声在运动系统中的传播规律, 相关研究成果亦未形成系统性的有机结合. 从整体上研究骨骼运动系统的超声传播规律, 有助于全面推动和促进骨超声领域研究工作 (运动系统及颅脑神经骨骼系统), 丰富和发展复杂介质中的超声理论; ②骨骼组织的光声超声传播理论及多模态成像技术. 光声信号在骨骼组织中激发、产生、传播及模式转化等规律急需明确. 超声主要反映骨结构、密度、弹性与孔隙度等信息, 光声对骨骼生化信息更为敏感. 光声超声多模态成像技术可以充分结合光学与超声的优势, 全面反映骨组织结构及生化信息, 更全面与准确地诊断骨骼病变; ③脊柱类病变如脊柱侧弯、腰椎颈椎病变等, 在我国的发病率呈逐年上升的态势, 且发病年龄日益年轻化、扩大化, 成为社会医疗保障的巨大负担. 脊柱三维超声成像技术可以为各种脊柱病变提供早期诊断、预防和治疗的依据, 对于病情的改善和预后十分重要, 可以很大程度提高病患生活质量、极大减轻社会和家庭医疗负担. 在应用领域, 脊柱三维超声成像技术应基于超声设备成本低、体积小、使用方便的特点, 面向精准化、远程化、便携化方向发展, 使之能够适用于更广泛的医疗场景, 以满足对病情早预防、早诊断、早治疗的需要; ④骨骼运动系统的超声/光声评价与成像研究; 颅骨及脊柱等神经骨骼系统的超声评价与成像研究; 特殊人群 (孕妇、婴幼儿及航天员等) 骨骼病变的超声诊断研究; 骨骼运动系统的超声调控与治疗研究.

(2) 超声弹性成像. 重点研究方向包括: ①需要进一步加强与弹性成像原理有关的基础研究, 针对例如动脉壁特殊的薄壁管状结构、骨骼肌特殊的力学各向异性特征、生物组织黏弹性共存条件对剪切波频率速度的影响等复杂问题, 尝试建立更完善的物理模型, 以更准确地量化反映剪切波速度与组织力学参数之间的定量关系; ②进一步深入研究心跳、呼吸以及外部运动等干扰因素对超声弹性成像测量结果的影响, 以及提高测量可靠性的解决方案; ③针对内窥小孔径环形阵列换能器、大孔径二维平面/弧面阵列换能器等特种超声换能器, 建立内镜超声剪切波弹性成像和实时三维超声弹性成像等新技术和新系统, 进一步拓展其在多种疾病的临床诊疗中的作用.

3. 超声调控与治疗

(1) 超声微流控. 重点研究方向包括: ①高通量超声筛选包括循环肿瘤细胞和外泌体的微流控技术. 发展包括将相关细胞从活体中进行原位富集以及在体外器件的提纯等; ②基于超声微流控平台的三维生物打印研究. 超声微流控具备将生物细胞图案化的能力, 因此结合水凝胶和组织工程支架技术, 也就可能实时地实现组织显微、血管等的三维生长. 通过物理效应的控制和器件的工程化设计, 有可能实现高精度的三维生物打印, 并精确调节所获组织的力学性能、各向异性结构等; ③超声微流控芯片的计量和标准化技术. 当前超声微流控芯片的原型器件很多, 但大多无法进入产业化, 其主要原因是难以对微尺度物理场进行准确定征, 难以对器件的性能进行定量, 从而也很难实现器件的标准化. 应开发相应的声学技术, 对微流控器件的电声转换效率、三维物理场分布等进行准确的测定; ④便携式超声微流控通用平台的研发. 声学微流控技术旨在发展基于超声技术的 "芯片实验室", 但目前绝大多数研究仅实现了 "实验室中的芯片", 即此类器件的工作还依赖于大量实验室设备. 为了将此类器件有效地推广到市场, 当前该领域面临的一个重要挑战是实现器件的集成化和便携化. 因此, 必须开展应用研究, 将信号、功率、检测、分析等模块与已有芯片原型进行集成, 建立可实现多种功能的通用平台.

(2) 高强度超声治疗. 聚焦超声已在肿瘤治疗和新兴医疗设备研制方面形成了蓬勃的发展态势和激烈的竞争格局. 但针对 HIFU 治疗设备的声场特性检测、生物学效应评价的标准、方法、技术仍然欠缺, 高强度聚焦超声 (HIFU) 治疗技术领域的标准建设还不甚完备. 其中涉及的科学问题包含高声压检测的理论和方法、HIFU 在多层复杂组织中的声传播和生物传热、HIFU 诱导生物学效应及应用、高效的治疗监控方式等急需解决.

(3) 超声神经调控. 功能性脑疾病的无创治疗. 现阶段功能性脑疾病的治疗方法包括药物、手术、康复、心理引导、家庭护理等综合治疗. 但是, 这些治疗手段对超过半数的患者没有明显的疗效, 而且长期接受药物治疗的患者, 经药物治疗无效或者长期治疗产生耐受、成瘾、副作用或者毒性. 功能性脑疾病的发病机制与大脑深部特定神经核团和大脑环路功能障碍有关. 物理治疗手段为功能性脑疾病治疗提供了新途径. 脑神经调控疗法具有高度的靶向性和持久性, 与其他的疗法相比, 部分患者早期应用神经调控技术治疗获得了更大的效益. 然而, 现有的物理治疗方法, 如深脑电刺激、经颅磁刺激、经颅电刺激均存在一定的局限性. 功能性脑疾病治疗急需一种无创、大深度、可聚焦、可多点动态调控的方法. 超声无创治疗技术成为最具有应用前景的手段.

(4) 超声靶向给药治疗. 超声给药治疗涉及的关键科学问题主要在于两个方面: ①深入理解超声空化的生物物理学机制; ②微泡对药物的大容量携载与递送.

(5) 声孔效应. 因此, 为了更安全有效地利用声空化进行肿瘤和其他恶性疾病治疗, 减少其毒副作用, 亟须在以下关键科学问题上加以突破: 深入拓展对声孔效应科学机理的理解: 研究微泡声空化引发声孔效应的响应机制、影响因素、相关生化效应, 及可逆声孔效应的修复机制等, 以促进更为精准、安全、高效的声空化临床诊疗应用开发的进展.

开发多模态精准诊疗技术: 在动力学理论研究指导下, 设计适用于超声/光声/核磁/CT 系统的协同精准诊疗的多模态靶向探针, 将多物理场环境下的诊疗技术优势融为一体, 实现多模态靶向分子造影引导下的特异性精准治疗.

构建可精确量化声空化效应的实时监控系统: 研究声空化诊疗与相关生物效应及临床疗效之间量效关系, 建立新型监控评估技术和测试标准, 为准确评价声空化行为与生物学效应之间的量–效关系提供重要手段.

(6) 超声生物效应. 尽管前人的实验结果已经显示了超声空化效应在临床诊断和治疗方面的重要作用, 然而不当应用也可能造成细胞破坏、组织烧伤, 或者血栓. 为了在得到最优化的临床效果的同时避免对正常的生物组织造成伤害, 必须在以下关键科学问题上加以突破:

复杂生物系统中的超声生物效应的作用机理和调控机制研究: 在不同的超声参数驱动下, 微泡会表现出不同的振动模式并因此激发不同的声微流场结构 (如涡旋或偶极子形状), 从而产生不同的作用效果. 为了更有效地控制和优化微泡声微流在治疗超声领域的应用, 还需要进一步从理论和实验两方面对其进行研究.

影像引导下的超声生物效应实时量化监控系统研发: 为了更安全有效精准地利用超声生物效应进行临床疾病的治疗, 减少其副作用, 急需研发可实时监控和精确量化超声生物效应的新型评估技术, 建立相关的测试评估体系, 为精准评估和调控超声热效应/机械效应与生物学效应之间的量–效关系提供重要手段.

六、发展目标与各领域研究队伍状况

1. 超声诊断与评价

(1) 超声弹性成像. 超声弹性成像技术在国内也获得了蓬勃发展. 例如, 中国科学院深圳先进技术研究院的郑海荣科研团队, 创建了基于时域有限差分法结合动量张量理论的生物组织声辐射力精准计算方法, 实现了对声辐射力诱导剪切波的精准控制, 提出了高灵敏度的组织微小位移估计算法和高可靠性的剪切波速度测量方法, 突破了 "声辐射力-成像" 双模探头等剪切波超声弹性成像专用核心部件, 研制成功基于外源式和内源式剪切波的超声弹性成像系统, 在我国创建了具有完全自主知识产权的 "超声剪切波弹性成像关键技术及应用体系", 并获得 2017 年度国家技术发明奖二等奖.

超声弹性成像技术的发展目标, 是进一步完善现有的通用型成像技术和设备, 提高弹性测量的抗干扰能力和准确性, 增加生物对组织黏性评估的能力; 同时大力发展针对某种疾病或某个器官的专用型成像技术和设备, 例如针对心血管疾病的动脉壁弹性测量技术和设备、针对肌骨及运动神经疾病的骨骼肌主动/被动弹性测量技术和设备、针对胰腺病变的内窥超声弹性成像技术和设备等.

(2) 光声成像. 国内多个研究团队相继进行了光声成像技术的研究. 代表性的团队包括北京大学任秋实教授、南京大学刘晓峻教授、华南师范大学邢达教授、天津大学姚建铨院士及同济大学程茜教授等研究团队. 这些团队分别在光声成像的原理、重建算法、扫描阵列设计以及乳腺癌等生物病变组织的活体成像方面做了大量研究工作.

(3) 肌骨超声评价. 陕西师范大学的郭建中教授团队在肌肉组织中超声传输规律、超声对肌肉疲劳的评估、超声聚焦声场调控等的相关理论、算法, 超声检测的编码激励与脉冲压缩技术、图像模式识别、关键技术和相关硬件、软件研发方面均具有良好的研究基础.

复旦大学他得安教授团队系统地研究了骨骼系统的超声检测与评价理论; 依据理论研究结果, 提出了从超声的编码激发 → 频散补偿 → 时频分离 → 提取和识别 → 反演 → 获取骨参数的系统性方法, 系统提出并解决了超声在骨骼中接收信号弱、信噪比低及传播距离和穿透深度小的问题, 以及时频重叠多模式超声检测中的关键方法和技术问题; 提出了软组织对信号的影响及补偿方法, 建立了声信号的选取标准. 以上为实际解决骨超声检测问题提供了有力的技术支撑. 研制出了国际上首台采用超声背散射法的骨超声诊断仪, 在上海中山医院、华山医院等 6 年医院建立了相关超声参量的临床数据库 (6000 多例), 并已研制出骨超声测试分析仪及骨超声治疗平台, 在 9 家单位试用.

由上海科技大学郑锐研究员负责的生物医学超声课题组, 已在脊柱超声成像取得了系统性的重要成果. 其课题组的研究方向主要为, 建立骨骼运动系统的超声/光声评价与成像方法; 建立颅骨及脊柱等神经骨骼系统的超声评价与成像方法; 建立特殊人群 (孕妇、婴幼儿及航天员等) 特殊骨病的专用超声诊断方法; 以脊柱三维超声成像技术为基础, 实现超声对脊柱形态的快速精准成像, 为进一步开展对脊柱畸形病变的智能化诊断分析提供基础.

2. 超声调控与治疗

(1) 超声微流控. 在物理机理方面, 南京大学章东课题组主要从事相关理论基础和新型操控机理研究; 南京航空航天大学胡俊辉教授主要开展体声波微流控器件的应用原型研发; 天津大学段学欣教授针对高频超声微流控器件进行研究, 主要应用声流操控原理; 中国科学院深圳先进技术研究院郑海荣研究员团队主要从事基于声子晶体的超声操控及声表面波微流控器件研究; 此外, 国内中国科学院声学研究所、广东工业大学、陕西师范大学、中国科学院苏州医工所、华中科技大学、西安交通大学等单位均有从事该方向研究的课题组.

超声微流控方向的发展目标是: ①对复杂声场、复杂环境、复杂目标的超声微尺度操控, 使我国在基础研究领域保持国际领先水平; ②开发一系列高性能、具备实用价值的个体诊断型超声微流控芯片, 形成一系列自主知识产权; ③实现一批重要产品的市场化, 使我国在个性化医疗、便携式诊断器件的医疗市场上占据国际领先位置.

(2) 高强度超声治疗. 为了保持我国在高强度聚焦超声领域的国际前沿地位.

在基础研究上, 包括上海交通大学、中国科学院声学研究所、西安交通大学、南京大学声学研究所、中国科学院深圳先进技术研究院、重庆医科大学及超声医疗国家工程研究中心等多个高校和研究机构正在开展 HIFU 相关的理论和实验研究; 在产业上, 包括重庆海扶、北京源德、上海爱申、上海交大新地、上海尚德实业、绵阳索尼克、深圳希复康、深圳普罗惠仁、深圳慧康、无锡海鹰、沈阳长江源科技等多家公司正在进行相关技术研究.

(3) 超声神经调控. 解释清楚超声神经调控的机理, 针对脑功能疾病开展无创超声神经调控治疗.

(4) 超声靶向给药治疗. 期望通过 5~10 年的发展, 超声靶向给药治疗领域能在几个方面取得突破: ①研究一批新型超声微米或纳米造影剂; ②开发出声场可调、能量可控的超声给药系统; ③发展超声空化实时监测的反馈技术或系统; ④设计和发展一批声学性能好、载药量高的载药微泡; ⑤推动超声给药技术的临床转化应用, 力争在 1~2 种疾病模型上获得应用示范; ⑥培养一批高水平的超声给药治疗领域的人才队伍.

七、基金资助政策措施和建议

国家自然科学基金委有关学部 (数理、信息、材料、医学) 携手组织有关专家, 凝聚其中的科学问题、提炼发展中的关键技术, 确立一个交叉重大研究计划, 以集中力量研究超声诊疗新原理、新材料、新系统. 同时推进科技部在每年的重大研发项目的立项中, 每年确立 3~5 个相关项目.

对于建立完整结构的超声数据模型、多频率超声信号分析、超声成像临床标准等基础学科相关的研究, 应给予重点支持, 以完成该技术在基础科学领域的重要突破. 建议每个五年计划期间资助 2 个及以上重点项目.

对于相关超声检测设备也应给予专项支持, 使该项研究适应于 5G 和人工智能技术下的精准医疗、远程医疗的需要. 建议每个五年计划期间资助 2 个设备专项.

除纯基础研究外, 其他项目应具有明确的生物医学应用导向; 建立国家层面的国际科技合作基地以及基础数据库, 包括人才库、项目库、合作网等.

重点支持若干项具有一定优势和特色的超声给药治疗方面的项目, 如国家重点研发计划、国家自然科学基金国际合作项目、重点研发项目和面上项目; 重点支持在我国建立的 2~3 个联合实验室或中心.

八、学科的关键词

骨质评价 (bone evaluation); 超声成像 (ultrasonic imaging); 骨骼系统 (skeleton system); 超声脊柱成像 (ultrasound spine imaging); 声微流控 (acoustofluidics); 声微流 (acoustical microstreaming); 声泳 (acoustophoresis); 声辐射力

(acoustic radiation force); 声流 (acoustic streaming); 声操控 (acoustic manipulation); 声镊 (acoustic tweezer); 高强度聚焦超声 (high intensity focused ultrasound, HIFU); 聚焦超声 (focused ultrasound); 高声压检测 (high sound pressure detection); 超声/MRI 测温 (ultrasonic/MRI thermometry); 非傅里叶生物传热 (non-Fourier bioheat transfer); 声孔效应 (sonoporation); 声致穿孔 (acoustical sonoporation); 超声治疗 (ultrasound therapy); 声空化治疗 (acoustic cavitation therapy); 超声造影剂 (ultrasound contrast agents); 超声造影剂微泡 (ultrasound contrast agent microbubbles); 包膜微气泡 (encapsulatting microbubbles); 声空化 (acoustic cavitation); 微泡声空化 (microbubble cavitation); 惯性空化 (inertial cavitation); 声剪切应力 (acoustic shear stress); 细胞膜穿孔 (membrane permeabilization); 血脑屏障打开 (blood-brain barrier opening); 靶向药物输运 (targeted drug delivery); 靶向基因转染 (targeted gene transfection); 超声热效应 (ultrasound thermal effect); 超声机械效应 (ultrasound mechanical effect); 超声生物效应 (ultrasound bioeffect); 超声弹性成像 (ultrasonic elastography); 剪切波弹性成像 (shear wave elastography); 超声神经调控 (ultrasonic neuroregulation); 磁共振引导 (magnetic resonance guidance); 超声靶向给药治疗 (ultrasound targeted drug therapy); 载药微泡 (drug-loaded microvesicle); 超声靶向爆破技术 (ultrasonic targeted blasting technique); 超声给药治疗 (ultrasound treatment).

参考文献

[1] Rabut C, Correia M, Finel V, et al. 4D functional ultrasound imaging of whole- brain activity in rodents. Nature Methods, 2019, 16(10): 994-997.

[2] Couture O, Hingot V, Heiles B, et al. Ultrasound localization microscopy and super-resolution: a state of the art. IEEE Trans UFFC, 2018, 65(8): 1304-1320.

[3] Walker F O, Cartwright M S, Wiesler E R, et al. Ultrasound of nerve and muscle. Clin Neurophysiol, 2004, 115: 495-507.

[4] Zhang M, Nigwekar P, Castaneda B, et al. Quantitative characterization of viscoelastic properties of human prostate correlated with histology. Ultrasound Med Biol, 2008, 34: 1033-1042.

[5] Creze M, Nordez A, Soubeyrand M, et al. Shear wave sonoelastography of skeletal muscle: basic principles, biomechanical concepts, clinical applications, and future perspectives. Skeletal Radiology, 2018, 47(4): 457-471.

[6] Uddin S M Z, Komatsu D E. Therapeutic potential low-intensity pulsed ultrasound for osteoarthritis: Pre-clinical and clinical perspectives. Ultrasound Med & Biol, 2020, 46(4): 909-920.

[7] Sigrist R M S, Liau J, Kaffas A E, et al. Ultrasound elastography: Review of Techniques and Clinical Applications. Theranostics, 2017, 7(5): 1303-1329.

[8] Moore C, Jokerst J V. Strategies for image-guided therapy, surgery, and drug delivery using photoacoustic imaging. Theranostics, 2019, 9(6): 1550-1571.

[9] Wang C, Li X, Hu H J, et al. Monitoring of the central blood pressure waveform via a conformal ultrasonic device. Nature Biomed Eng, 2018, 2: 687-695.

[10] Dollet B, Marmottant P, Garbin V. Bubble dynamics in soft and biological matter. Annual Rev of Fluid Mechanics, 2018, 51: 331-355.

[11] Lipsman L, Meng Y, Bethune A J, et al. Blood–brain barrier opening in Alzheimer's disease using MR-guided focused ultrasound. Nature Communications, 2018, 9: 2336.

[12] Li Y, Li B Y, Li Y F, et al. The ability of ultrasonic backscatter parametric imaging to characterize bovine trabecular bone. Ultrasonic Imaging, 2019, 41(5): 271-289.

[13] Ta D, Wang W Q, Huang K, et al. Analysis of frequency dependence of ultrasonic backscatter coefficient in cancellous bone. J Acoust Soc Amer, 2008, 124(6): 4083-4090.

[14] Liu C C, Li B Y, Li Y, et al. Ultrasonic backscatter difference measurement of bone health in preterm and term newborns. Ultrasound Med & Biol, 2020, 46(2): 305-314.

[15] Sun S, Sun L, Kang Y, et al. Therapeutic effects of low-intensity pulsed ultrasound on osteoporosis in ovariectomized rats: Intensity-dependent study. Ultrasound Med & Biol, 2020, 46(1): 108-121.

第 8 章 微 声 学

微声学研究现状以及未来发展趋势

韩韬[1], 王文[2], 何世堂[2]

[1] 上海交通大学电子信息与电气工程学院, 上海 200240

[2] 中国科学院声学研究所, 北京 100190

一、学科内涵、学科特点和研究范畴

微声学是研究特征尺度在微米至纳米之间声学现象的学科分支, 研究对象主要包括: 声表面波、薄膜体声波以及声学微机电系统 (MEMS); 研究内容包括声波的激发、传播、与相关物质的相互作用、各种声学微机械结构的振动以及相关器件设计、加工工艺和应用. 微声学科是近代声学中的超声学、压电材料学、微电子技术和纳米技术有机结合的产物, 涉及与电子学、晶体物理学、先进工艺制造并可能与生物医学/化学等学科的交叉融合.

微声学是一门以应用为导向的声学分支, 与声学其他分支采用电信号来处理声信号不同, SAW 和 BAW 器件用声信号来处理电信号. 在过去五十年中, 微声学器件获得迅猛发展. 各具特色的声表面波、体声波谐振器 (BAR) 以及声学微机电系统等变革性微声器件应运而生, 为通信和电子技术中的信号处理、物联网和移动通信设备的声学传感器及其阵列提供了重要技术支撑, 无可替代.

由于微声学器件通常采用各向异性压电材料作为基底材料, 微声学的基础理论在声学各分支中是最复杂的. 描述传播特性的波动方程采用更复杂的张量, 特有的力电耦合以及复杂的边界条件, 方程的解涉及瑞利 (Rayleigh) 波、漏表面波、纵漏表面波、乐甫波、西沙瓦及各类体波, 且存在不同声波模式的相互作用及模式转换. 日益苛刻的性能提升需求迫使微声器件必须在选取适合波速、提高特定模式换能效率、降低损耗、抑制杂散模式、低温度系数、承受大功率、对加工工艺和材料依赖性等方面寻求创新和突破, 微声学理论在激发/检测、传播、色散、反射、散射和衍射等经典理论框架下也不断拥有全新研究内容.

综合具有物性型、高精度、抗恶劣环境和抗干扰性高等特点的压电微声传感迅速成为继陶瓷、半导体和光纤等传感器之后的物理、化学和生物传感平台技术, 受到传感和声学两个领域学者的共同关注. 压电微声还是仅有的能耐受高低温、

强冲击、射线辐照等极端环境的传感技术, 有望解决国防、航空航天、能源等国家战略需求中的关键难题. SAW 器件本质无源和信息无线传输的特点受到工业物联网等领域应用的格外青睐. 压电微声器件用于传感器敏感/换能部件时的敏感机理主要涉及具有初始偏载场时的多场耦合分析, 需要将理论深化到非线性范围. 化学/生物传感器则还要涉及界面效应等问题.

声学 MEMS 器件是包含利用微加工技术制造的传声器、扬声器、超声换能器、水听器等的另一类微声传感器, 具有功耗低、一致性好、成本低、易集成等优点, 其涉及工作频率从 10Hz 到数 GHz, 在移动通信、物联网、超声传感与检测、水声等领域具有重要应用. 声学 MEMS 对微尺度下的机械结构振动特性、声—力—电作用过程进行建模和理论分析, 制造技术方面关注压电薄膜生长和掺杂机理、各种界面和微尺度效应、微加工技术的兼容性等问题.

最初的微声学主要基于实验研究声子和电子、热声子、磁子、电子自旋量子、核自旋量子等相互作用的规律. 但利用声波探究物质结构, 需要激发波长与原子间距相当的微声波 (高达百 GHz), 实现非常困难. 因此, 这方面的研究一度偃旗息鼓. 学术界有较长一段时间认为微声学研究已经成熟, 发展已经偏向微电子器件 (传感器和滤波器) 等工程化应用. 近年来, 人们利用微声波所引起的各种物理/物理化学效应如声辐射力、微涡流场、电场、液体等效黏性改变以及气体分子驱动效应, 对微/纳尺度物体和气体分子等进行操纵与控制. 尤其是 SAW 已被证明是探测介观系统和量子物理的有效工具, 被用于为半导体准粒子提供移动势阱; 作为准一维单电子量子通道的途径, 并能保持输运中电子自旋方向; 类比量子光学的发展, 用声子替换光子, 用人造原子和准粒子代替自然原子, 这种基于 SAW 的量子声学为未来的量子计算等基础研究提供新的方向.

二、学科国外、国内发展现状

英国物理学家瑞利于 1885 年在研究地震波的过程中偶尔发现一种能量集中于地表面并沿表面传播的一种新的波模式, 其中既有纵波成分又有横波成分, 运动轨迹是一个椭圆, SAW 概念首次面世. 地震中对建筑物破坏最厉害的就是这种所谓面波模式. 但由于缺乏有效激发声表面波的手段, 声表面波并未受到科学家的关注. 直至人造单晶和光刻技术的出现, 美国加利福尼亚大学的怀特 (White) 和沃尔特默 (Voltmer) 于 1965 年发表题为 *Direct piezoelectric coupling to surface elastic waves* 的论文 [1], 在压电晶体表面用金属叉指换能器来直接激发声表面波, 标志着声表面波作为一门新兴的、声学和电子学相结合的边缘学科的诞生.

声表面波技术的最早应用主要是对电信号进行处理, 在叉指换能器两端加交流电信号, 就可以在压电晶体表面激发出声表面波, 这时每对叉指相当于一个激发源, 对于某一固定点, 每个源以某个幅度分别延迟不同的时间到达此点, 并相加起来, 构成一个横向滤波器. 声表面波器件具有以下特点 [2]: ① 体积小、重量轻-速度比电磁波小五个数量级, 如 1km 长的电缆所获得的延迟, 用 1cm 长的声表面波延迟线即可实现; ② 横向滤波器, 可实现任意幅频和相频响应; ③ 平面工艺制造, 易实现大规模生产; ④ 无源器件, 这点对航天应用特别有优势. 由于声表面波器件的这些突出优势, 很快获得飞速发展, 到 20 世纪 70 年代每年 IEEE Ultrasonics Symposium 国际会议五个主题中声表面波方面的论文占到一半左右, 研制出的器件在雷达、通信、电视中获得快速应用.

早期声表面波技术获得飞速发展的主要原因是应用的迫切需求, 特别是脉冲压缩雷达的迫切需求. 脉冲雷达作用距离和分辨力是一对矛盾, 脉冲压缩雷达在发射端发射大时宽、带宽信号, 以获得大的作用距离, 而在接收端, 将宽脉冲信号压缩为窄脉冲, 以提高雷达对目标的距离分辨力. 要完成脉冲压缩, 必须对脉冲信号进行相关调制、解调, 分为调频和调相. 这就需要用到横向滤波器的模型. 今天用数字信号处理技术很容易实现. 但在当时只有模拟技术才能满足运算速度的要求. 理论上用电子分立元件可以实现横向滤波器, 但体积太过庞大而无法实用. 声表面波脉冲压缩滤波器等为脉冲压缩雷达的发展做出了重要贡献 [3].

早期 SAW 的理论模型, 只考虑了一阶效应, 忽略了所有二阶效应. 这些二阶效应包括指边缘反射效应、声电再生效应、体波效应、衍射和束偏离、近邻效应、末端效应等. 叉指电极除了激发声波以外, 它还要从两个方面对声波的传播产生影响: 一是声电再生, 二是指边缘反射. 指边缘反射是由于金属叉指引起晶体表面切向电场短路, 同时引入质量负载和应力负载 (统称为力学负载), 二者都可视为声阻抗的变化, 这样就导致了声表面波的反射. 反射效应带来的严重后果是导致叉指换能器的频率响应偏离横向滤波器模型给出的结果. 为了解决指边缘反射问题, 1972 年 Bristol 等 [4] 提出了分裂指结构, 将四分之一波长的叉指变成两根宽度八分之一波长的叉指来代替, 电周期不变, 利用相邻叉指反射波的声程差为半波长, 相位相差 180° 互相抵消. 但分裂指结构提高了对光刻分辨率的要求. 为克服这一缺点, 有人利用力学负载效应与压电短路效应反射相位相反的现象, 提出单指无内反射叉指换能器结构 [5].

20 世纪 90 年代, 声表面波技术出现第二个研究高潮, 原因是飞速发展的移动通信的需求. 声表面波器件因为体积小、重量轻, 适应了移动通信微型化的发展方向而成为首选滤波器. 研究热点是低损耗滤波器. 早期声表面波滤波器的缺点是插入损耗大, 一般 15dB 以上. 对于早期以中频为主的应用不是问题, 用放大器很容易补偿. 但对于射频端的应用是不可接受的. 对于接收端, 因为信号微弱, 经过滤波器后衰减 15dB 以上意味着信号淹没在噪声中而无法提取. 在发射端, 15dB 的损耗意味着功率衰减约 97%. 声表面波器件插入损耗大的原因主要是双向损耗, 输入换能器向两个方向辐射声波, 而输出换能器只接收了一个方向的声波, 能量只利用了四分之一. 降低插入损耗比较成功结构有两种类型, 一是单相单向换能器, 在换能器内部放着一个反射栅阵, 反射声波与发射声波在一个方向同相相加, 在另一个方向反相相消, 相当于声波只往一个方向发射; 二是谐振类型, 在换能器的两侧放置反射栅阵, 形成谐振腔. 单相单向换能器保持了横向滤波器的特点, 主要用于中频滤波器. 谐振式又分为镜像阻抗耦合滤波器、横向耦合谐振滤波器、纵向耦合谐振滤波器和梯形谐振滤波器. 前三种完全利用不同声波模式或阻抗之间的耦合来实现滤波器功能, 梯形滤波器则是用声表面波谐振器来代替传统的 LC 谐振滤波网络中的电感和电容, 利用了 LC 网络损耗低声表面波谐振器频率选择性好的优点, 实现低损耗、低矩形系数滤波器. 前两种更适合中频滤波器, 后两种更适合射频滤波器. 对于发射端的滤波器来说, 由于承受大的功率, 达到数瓦量级, 除了降低损耗以外, 还带来另外两个问题, 一是非线性, 二是功率承受能力.

叉指换能器由厚度和宽度均为亚微米的金属条组成, 由于器件损耗变成热量造成温度升高而导致电极损坏. 通过采用多种金属组成三明治结构和镀膜工艺来提高功率承受能力. 随着运算速度遵照摩尔定律快速增长, 中频滤波器已逐渐被数字滤波器取代, 如早期占声表面波器件应用主体 (58%) 的电视中频滤波器已全部被 DSP 取代; 随着软件无线电技术的推广, 手机中的中频滤波器也已被 DSP 取代. 那么自然有人会问, 声表面波是否会全部被 DSP 取代呢? 答案是否定的, 这是因为 DSP 要先采样将模拟信号数字化, 经过运算才能实现滤波功能. 这只有在系统不饱和的情况下才行. 如果干扰信号强, 出现饱和, 出现交调, 干扰信号落在通带内就没法处理了. 对这种情况只有在前端加模拟滤波器去掉干扰信号.

进入 21 世纪以来, 随着第三代 (3G) 和第四代 (4G) 移动通信, 特别是 4G 的面世, 对滤波器提出了一系列新的挑战. 由于新一代标准出来以后, 老的标准除 1G 以外并没有废除, 因此需求同时运行多个标准, 导致更宽的频谱资源, 留给不同频段之间的过渡带或保护带必然压缩. 因此, 要求滤波器有更好的矩形系数和更低的温度系数. 因为滤波器的温度系数意味着中心频率随温度变化, 导致有效通带变窄, 有效阻带宽度变宽, 相当于矩形系数变差. 因此降低滤波器的温度系数成为迫切需要解决的问题, 这就是温度补偿型声表面波滤波器 (简称 TC-SAW) 提出的原因. 此外, 频率越来越高, 导致引线和封装结构分布参数的影响增大. 加之滤波器数量增加, 不同滤波器之间可能通过电路板分布参数互相耦合, 需要统筹考虑芯片、引线、封装和电路板走线等因素, 因此模块化的设计应运而生.

声表面波器件的工作频率取决于叉指电极的宽度, 最高工作频率受光刻工艺的影响, 采用最先进的 5nm 工艺, 理论上声表面波器件的工作频率可以做到约 200GHz. 但当波长达到纳米量级后, 一是对晶体材料表面的加工精度提出了更高的要求, 小的缺陷会导致声表面波传播损耗急剧增加; 二是功率承受能力会进一步下降. 因此寻找高声速材料是解决这些问题的有效手段.

针对声表面波滤波器在射频前端应用面临的这些问题, 薄膜体声波滤波器应运而生. 因声波在材料里面传播, 对表面的缺陷不敏感; 频率取决于材料即薄膜的厚度; 电极材料是一个面, 功率承受能力有明显优势; 材料的温度系数也明显比声表面波单晶材料小. 但薄膜体声波最大的难点是薄膜材料生长过程中的一致性控制, 这是导致它的批生产能力和成本与声表面波滤波器相比明显处于劣势. 另外, 它只能替代声表面波滤波器中的梯形滤波器.

对于微声学在智能感知领域的研究, 与 SAW 技术的发展基本同步. 自在 20世纪 70 年代末期 Wohltjen 等 [6] 率先开展质量型 SAW 气敏技术研究以来, 国内外诸多学者开展了多参数声表面波传感效应、原理及器件技术研究. SAW 传感器以其物性型、高精度、微纳体积、轻质化、抗恶劣环境和抗干扰性能力强, 迅速成为继陶瓷、半导体和光纤等传感器之后的物理、化学和生物传感平台新技术. 传感效应、机理及多场耦合及声电转换过程是国内外学者针对微声传感技术研究的聚焦点. 经过 40 多年的研究, 已经初步建立了微声传感理论体系, 研制出系列力、温、磁及气敏器件, 部分传感器件已实现了产业化应用 [7-11].

支持声表面波技术发展的理论基础是晶体声学, 在声学各分支中是最复杂的. 一是它涉及多个波的模式: 纵波、横波及表面波, 表面波又因为材料和边界条件的不同而分不同的类型, 如瑞利波、乐甫波、表面横波、漏波等. 二是涉及声电耦合. 三是所用材料一定是各向异性; 涉及多层介质的传播; 涉及不同声波模式的相互作用. 其发展经历了由简单到复杂的过程. 早期器件的仿真仅考虑一阶效应, 忽略所有二阶效应, 即有所谓的 δ 函数模型. 后来借用体声波 Mason 等效电路模型. 再后来考虑两个方向传播声波的耦合模模型, 到目前采用有效元和边界元及考虑多物理场的 COMSOL 软件. 20 世纪八九十年代汪承灏院士发展了格林函数理论, 可考虑所有因素进行严格计算. 但由于计算量太多, 无法用于指条数成百上千的声表面波器件的实际仿真.

下面, 将首先根据微声器件的应用方向, 从信号处理、传感应用领域及其他前沿研究方面对其发展及应用现状进行具体阐述; 然后综述微声器件分析与设计理论的研究进展.

1. 在信号处理领域的现状

声表面波技术的最早应用主要是对电信号进行处理. 基于 SAW 的非色散和色散延迟线、抽头延迟线等模拟器件广泛应用于雷达、电子对抗等军事信号处理是 SAW 最早期研究的主要应用. 基于 SAW 技术的横向滤波器, 可实现任意幅频和相频响应, 几乎具有中频和射频的电子设备均无例外地采用基于 SAW 中频滤波器, 典型应用是电视机中频滤波. 随着 SAW 反射、散射等二阶效应被利用, 发明了单相单向换能器, SAW 谐振器、振荡器、频率合成器等在该时期也获得广泛应用, 使 SAW 研究达到第二个高潮. 横向结构 SAW 滤波器的缺点是插入损耗过大, 无法用于射频前端. 2000 年以后, 随着软件无线电技术的推广, 中频滤波器逐渐被数字滤波所取代.

20 世纪 90 年代末, 在 $36° \sim 48°$ YX-LiTaO$_3$ 设计出了零传播损耗的漏表面波谐振器, 其机电耦合系数和频率温度特性均优于常用的瑞利模式, 极大地推动了基于 SAW 谐振器作为基本单元的低损耗滤波器在移动通信对射频前端的应用. 与此同时, 1998 年 Agilent 公司首次研发出用于 PCS-1900 MHz 频段的 FBAR 双工器产品并量产, 薄膜体声波谐振器 (FBAR) 和固态装配谐振器 (SMR) 两类体波谐振器成为在 2GHz 以上频段实现射频前端滤波/双工器的重要技术手段. 至此, 压电微声技术的滤波器/双工器成为智能手机射频前端不可或缺、无可替代的核心元器件.

我国的中低端手机被要求支持五种模式、十种频带, 而高端手机则要求达到五种模式、十三种频带, 单部手机中的微声滤波器需求将达到 $30 \sim 40$ 只. 随着未来 5G 通信的普及, 新技术的引入, 包括: 多天线构成的多输入输出 (MIMO)、载波聚合, 对滤波器的性能 (如矩形度、带外抑制、体积和温度稳定性) 的要求不断提高. 按照目前的 MIMO 架构, 每根天线后都要加上滤波器, 这意味着未来手机中同一频段的滤波器也可能存在多颗, 这可能会使得滤波器的需求成几何数的增长. 有观点认为: 在 6GHz 以下使用的所有滤波器都将使用压电微声技术或集成无源器件. FBAR 等技术已经实现了高达 10GHz 的滤波器, 为满足新无线电时代的需求抢占了先机. 据国际知名的调研机构 Yole 预测, 到 2022 年, 压电微声滤波器的全球市场需求量有望突破 600 亿只, 产值将超过 130 亿美金. 目前全球 SAW 滤波器市场几乎被 Murata、Qualcomm(SAW 部门的前身是 RF360、EPCOS)、太阳诱电、Skyworks(SAW 部门收购的是日本松下 SAW 事业部) 和 Qorvo(SAW 部门的前身是 SAWTEK) 这五家国外厂商所垄断. 对于 BAW 滤波器, FBAR 结构由 Broadcom 公司垄断, SMR 结构主要被 Qorvo 公司所使用.

当前广泛应用的 SAW 滤波器的基本构成主要包括: 双模 (DMS) 滤波器和梯形滤波器. 这些滤波器都是由谐振器基本单元构成的. 滤波器的性能在很大程度上取决于谐振器的性能. 为满足移动通信对带宽、带外抑制的苛刻要求, 需要谐振器具有较高的机电耦合系数和品质因数; 滤波器插入损耗会严重影响电池寿命及散热问题, 谐振器还应具有尽可能低的插入损耗. 选取适合波速、提高机电耦合系数、谐振器品质因数、功率耐受性和降低插损和频率温度系数是目前微声器件的主要研究焦点. 近年来在信号处理应用领域取得的重要进展包括以下七个方面.

(1) 温度补偿型声表面波器件 (TC-SAW). 日益紧张的频率资源要求滤波器

有更好的矩形系数和更低的温度系数, TC-SAW 采用压电基片上覆盖具有正温度系数的 SiO_2 介电薄膜, 与负温度系数的基片互补, 如 $LiTaO_3$, 温度特性虽有改善, 但其他 SAW 性能如机电耦合系数恶化. 对宽带滤波器的迫切需求, 使低温度系数, 高 Q 值, 高机电耦合系数器件受到额外关注. 2006 年日本村田提出在特定切型 $LiNbO_3$ 上覆盖 SiO_2 薄膜可以有效地降低 SAW 的频率温度系数至数 ppm/℃. 而且, 通过调控 SiO_2 薄膜的形貌 (例如: Skyworks 提出在叉指区域有选择性地移除 SiO_2 薄膜 [12]), 在谐振器上可形成 Piston 模式, 从而同时抑制横向模式和声波能量向汇流条外传播, 从而极大提高 SAW 谐振器的 Q 值, 例如: Qorvo 制造的 Band13 TC-SAW 中谐振器 Bode Q 值可以达到 3500. 将 $LiTaO_3$ 和 $LiNbO_3$ 单晶薄膜键合到特定切型石英 (通常具有高声速) 衬底上, 也是近年来进行温度补偿同时降低器件损耗的重要方法. 2019 年 Qorvo 提出了一种 TC-SAW 结构谐振器, 特定切型的石英具有正温度系数, 但谐振器整体的频率温度系数低于 10ppm/℃, 其制备的 1GHz 频率的谐振器品质因数高达 5000, 机电耦合系数达到 8.8% [13].

(2) IHP-SAW. 2015 年, 村田制作所提出了所谓 IHP-SAW 器件结构, 其利用 42° YX-$LiTaO_3$/SiO_2/Si 通过在薄膜底部沉积高声速层以在厚度方向上形成闭路波导, 从而限制了能量在厚度方向上的辐射. 该方法大大提高了器件反谐振处的 Q 值, 在 1.9GHz 频率处 Q 值可达 4000 以上, 是传统器件的 4 倍 [14]. 如何采用键合工艺制备这种层状衬底是关键技术之一; 该层状结构上激发的杂模很多, 优化设计高 Q 值谐振器也并非易事. 2020 年 Qualcomm 宣称其 ultraSAW 滤波器技术在 600MHz 至 2.7GHz 频率范围内品质因数高达 5000. 目前业界公认在 2GHz 以下的频段, SAW 器件比 BAW 更有优势. 上述 IHP-SAW 器件成为与 BAW 滤波器在更高频段 2.5GHz, 甚至 3GHz 进行竞争的重要技术手段.

2018 年日本村田 (Murata) 公司将上述技术进一步推广到纵漏表面波 (LL-SAW) 谐振器上, 即利用可以激发 LLSAW 的特定切型 $LiNbO_3$ 单晶薄膜 (例如: YZ-$LiNbO_3$) 与 Si 衬底间添加由低声阻抗材料 (SiO_2) 和高声阻抗材料 (Pt) 交替构成的反射层. 通过在 $LiNbO_3$ 单晶薄膜与 Si 衬底间添加五层的由 SiO_2/Pt 构成的声反射层, 所制作的 LLSAW 谐振器在 3.5GHz 和 5GHz 时的 Q 值分别达到了 664 和 565, 器件的频率温度系数也降到了 21ppm/℃ [15].

(3) 新型 MEMS 结构. 美国 Resonant 公司提出一种在 Si 衬底上制备 SiO_2 温补层及单晶 ZY 切铌酸锂薄膜的 XBAR 结构 [16]. 该结构侧向激发 S1 模态 Lamb 波, 激发的频率既与压电薄膜厚度有关, 又受激发叉指的周期控制. 示例测试数据表明: 在 4800MHz 的谐振频率下拥有 25% 的机电耦合系数和接近 500 的品质因数. 新加坡微电子研究所也提出一些类似的结构 [17]. 该技术获得 Murata 的投资, 说明基于 MEMS 技术的新型结构谐振器是压电微声技术的重要发展方向.

(4) 新型掺杂压电薄膜结构. 氮化铝压电薄膜声速高, 传播损耗小, 是研发更高频微声学器件的重要材料. 然而, 纯氮化铝薄膜的 SAW 机电耦合系数无法满足射频滤波器带宽的设计要求, 直到 2009 年 Yanagitani 等 [18] 提出掺钪氮化铝 (ScAlN) 薄膜, 其压电系数会随 Sc 掺杂浓度的增加而变大, 当掺杂摩尔浓度为 43% 时, 压电系数 d33 为纯 AlN 薄膜的 4 倍. 2012 年 Zhang 等 [19] 首先制备了基于钪浓度为 43% 的 ScAlN/单晶金刚石层状结构 SAW 器件. 利用西沙瓦 (Sezawa) 波模式, 当指条宽度为 0.5μm 时, SAW 器件工作频率在 3.75GHz 附近, 机电耦合系数高达 6.1%, 对应声波波速 V=7260m/s, 谐振品质因数达 520. 掺杂也被体声波谐振器所采用, 以获得更大的机电耦合系数. 日本太阳诱电 Yokoyama 等 [20] 报道了在 AlN 薄膜中掺杂 13% 的 Mg-Hf 使 FBAR 的机电耦合系数从原来的 6.8% 提高到 10% 左右. 若掺杂 13% 的 MgZr 则机电耦合系数提高到 8.5%[21]. 美国东北大学 Cassella 等 [22] 发现掺 Sc 40% 时机电耦合系数可提高到 28%.

(5) 单晶 FBAR 结构. Akoustis 技术公司通过使用单晶 AlN 开发了高性能单晶薄膜体声波 (XBAW) 技术, 可生产 1GHz 至 7GHz 的高功率性能 RF 滤波器. 传统的 FBAR 谐振器和 SMR BAW 谐振器都采用多晶 AlN 薄膜. 用金属有机化学气相沉积 (MOCVD) 在 Si 或 SiC 基底上外延生长的单晶 AlN 薄膜具有更高的固有晶体质量, 晶体质量的提升改善了声波速度和机电耦合系数. 此外, 单晶 AlN 薄膜的导热率比多晶 AlN 薄膜高 2 倍. 这有助于进一步提升 FBAR 谐振器的功率耐受性. 公开的数据显示: XBAW 谐振器在 3.8GHz 频率下, 具有 6.3% 的机电耦合系数, Q 值最高可达 2589. 在 5.2GHz 频率下, 具有 6.26% 的机电耦合系数, Q 值最高可达 2136[23−25]. 目前该技术难以短时间工程化的原因是 MOCVD 工艺在基底上外延生长单晶薄膜时需要 400℃ 以上的高温.

(6) 高功率耐受和器件非线性. 国内外学者对于提升 SAW 器件的功率耐受性大都从叉指电极材料或滤波器结构的角度开展的. 在 Al 电极中添加 Ti 等金属以获得高频段 SAW 器件的高功率耐受性, 4 层电极的器件在 50℃ 的环境温度和 29dBm 的输入功率下寿命可超过 50000 小时 [26]. Nakagawara 等 [27] 在低切角 Y-X LiTaO₃ 上外延生长 Al/Ti 结构的电极, 该电极具有极小晶界, 将击穿功率提高到 6W. Fu 等 [28] 研究表明功率耐受性与 Al-Cu 电极质量成正相关, 2nm 厚度的 Ti 缓冲层可将 2.6GHz 的 SAW 滤波器功率耐久性由 29dBm 提高到 35dBm. Nakagawa 等 [29] 认为 SAW 谐振器/双工器中二阶非线性信号来源于基底晶体的不对称性, 并提出了 PDRC 结构的叉指换能器消除不对称性, 将二阶非线性信号显著抑制 10~25dBm. Mayer 等 [30,31] 讨论了几何、材料和其他非线性因素对于三阶非线性信号的影响, 并使用 FEM 模型描述非线性信号, 与测量结果具有良好的一致性. Solal 等 [32] 发现谐波信号取决于基底厚度和底部粗糙度, 认为该信号由 BAW 模式非线性引起. Gawasawa 等 [33] 使用跨域分析仪 (XDA) 同时测量 SAW/BAW 器件中非线性信号的幅值和相位, 并与仿真信号对比验证该测量方法的有效性. Chauhan 等 [34] 采用 FEM 结合微扰理论的方法仿真 TC-SAW 设备中的三阶交调失真信号 (IMD3), 通过与 P 矩阵仿真结果的对比得到所用材料的比例因子, 从而获得不同材料对非线性行为的贡献. Pang 等 [35] 结合傅里叶级数和谐波平衡思想推导了非线性频域耦合压电方程组, 利用 COMSOL 软件仿真 33.3MHz 超高频 AT 切石英谐振器的非线性频率响应, 以及 840MHz 128°YX-LiNbO₃ 谐振器的非线性谐波, 模拟了基底厚度、底部表面状况以及不同电路连接对非线性信号的影响.

(7) 器件封装工艺发展迅速. 微声器件的小型片式化是移动通信和其他便携式产品提出的基本要求. 随着功能集成度的增加和体积的减小的需求, 推动了微声器件封装技术的改进. 20 世纪 90 年代前广泛采用有引脚的金属外壳封装. 为降低成本, 后来大量采用塑封方式, 但这两种封装均需要引脚孔. 为满足元器件自动贴片要求, 无引脚的陶瓷表贴 (SMD) 开始得到大量使用, 同时体积也大为减小. 先前的 SMD 器件需要电焊线, 后来出现所谓倒装封技术, 为进一步实现芯片级封装 (CSP) 打下基础. 随着新一代移动通信技术发展, 由于频段增加, 单台终端微声器件数量大量增加, 另一方面, 注入 MIMO 及载波聚合等新技术引入, 对滤波器性能指标要求不断提高, 滤波器与功放、开关等射频器件被整合成为射频前端模块, 以节约手机主板空间. 受限于 RF 前端模组的体积要求, 滤波器封装尺寸空间被急剧压缩, 传统封装 (CSP) 已不能满足需求, 各种新兴封装技术不断涌现. 村田公司的晶圆级封装 (WLCSP) 及 Qualcomm 的芯片级封装方法 (CSSP) 成为目前 SAW 器件封装的主流设计方法. 当然, SAW 器件频率提升, 封装尺寸的降低, 随之而来的问题是封装管壳的电磁馈通及封装过程中电磁耦合的问题, 相关设计理论、方法仍有待进一步研究.

国内能批量供货手机用 SAW 滤波器的单位主要包括: 无锡好达电子, 中国电子科技集团第 26 研究所、第 55 研究所, 深圳麦捷和台湾嘉硕, 国产化的滤波器占比不足全球市场的 1%. 所有 SAW 企业尚在补齐上述新型结构器件设计、制造关键环节短板的阶段, 但衬底材料、微声理论等基础研究的支撑不足.

浙江大学、中国科学院声学研究所、中国电子科技集团第 13 研究所等单位均开展了 FBAR 技术研究, 仅中国电子科技集团第 26 研究所和诺思 (天津) 微系统公司具有完整的工艺线进行 FBAR 器件研制. 工艺链条中任一环节都会对产品性能指标和成品率造成严重影响, 目前国内与世界先进水平相比差距明显. 在复杂的工艺环节中, 低应力优质 C 轴取向 AlN 薄膜制备、牺牲层的有效释放是关键中的关键.

2. 在传感器和执行器领域应用现状

除了通信应用之外, 传感器和执行器是压电微声技术第二类可能取得重大突破的应用领域. 因对温度、力、电场、质量加载及边界条件改变均敏感, 综合具有物性型、高精度、抗恶劣环境高等特点的压电微声传感迅速成为继陶瓷、半导体和光纤等传感器之后的物理、化学和生物传感平台技术. 在过去的三十年里, 美国、英国、德国等国都注意到其潜在应用价值, 围绕传感效应、传感机制、传感器件设计制备等方面开展了大量基础研究和产品研发工作, 体波压力传感器、SAW化学毒剂传感器等获得了商品化.

(1) SAW 气体传感器. 将 SAW 技术应用于气体检测, 大致源于 20 世纪 70 年代, 其基本思想与出发点在于 SAW 传输过程中对气体吸附所产生的物理响应. 相对于其他气敏技术而言, 具有微型化、快速响应与高灵敏的优势, 因而引起人们广泛研究兴趣. 截至目前, 国内外仍有大量科研机构与企业开展相关技术研究及产品研发, 是 SAW 传感技术中的主流研究方向. SAW 气体传感方法大致采用两种, 其一是将 SAW 器件与气敏材料相结合, 利用气敏材料对目标气体分析的物理吸附所产生的机械或者电学效应与 SAW 传播之间的耦合, 实现其气敏过程. 这种传感方式可解决痕量毒害气体监测预警应用中所需的小体积、快响应与低功耗等性能要求. 但是由于检测准确性依赖于气敏材料的选择吸附能力, 因而存在准确度较低, 检测对象范围受限, 仅用于特征对象的监测预警. 目前美国 MSA 公司相继推出了诸如 SAWMiniCAD 及 HAZMATCAD 等系列报警器装备 [36], 在公共安全监控、单兵化学防护等方面有着较好应用. 另外, 为解决准确度的问题, 美国 Difiant 公司将 SAW 气敏阵列与微型 MEMS 色谱联用, 通过时间域的色谱分离来提升气敏过程的准确性, 取得了良好的应用效果 [37]. 其二则是利用物理的冷凝效应, 即高温气流在相对低温 SAW 器件表面的冷凝所产生的质量负载效应, 其机械负载引起 SAW 传播速度的变化来完成气体传感过程 [38]. 这种方式本身不具备选择性, 主要是通过与气相色谱联用, 用保留时间定性. 该方法可以解决单一SAW 气敏技术在准确度与检测范围方面所面临的难题, 也可以解决传统色谱仪在分析效率及灵敏度方面的瓶颈, 可用于挥发性和半挥发性气体的现场分析. 美国电子传感器技术公司 (EST) 相继推出系列基于该项技术的所谓声表面波气相色谱仪, 国内中国科学院声学研究所也已经推出具有自主知识产权的产品, 应用于国家重点工程, 在公共安全、毒品/毒物检测、中药质量评价及环境污染监测等领域有较大的应用前景 [39,40]. 针对环境污染物 PM2.5 监测的迫切需求, 中国科学院声学研究所率先开展了声表面波 PM2.5 监测器的研究 [41].

对基于气敏薄膜吸附效应的声表面波传感器, 其传感效应取决于所采用的选择性气敏材料, 主要包括有机分析薄膜气体吸附所产生的质量负载效应、金属氧化物或者金属薄膜材料所产生的声电耦合效应以及聚合物材料所产生的除质量负载之外的黏弹性效应. 基于上述传感效应, 国内外学者相继给出了相应传感机制的分析理论与方法. Wohltjen [42] 给出了基于微扰理论的质量负载的响应公式, 传感过程中的主要贡献源于气体吸附产生的质量负载, 忽略传感过程中的声阻尼导致的声衰减过程, 且传感响应与气体吸附量为线性; Ricco 等 [43] 则给出了声电耦合效应的气敏机制分析理论, 认为气体吸附过程中在质量负载之外, 更多的是引起导电气敏薄膜材料内部电导率的变化, 这种电性能的变化与声表面波的电势场耦合, 由此产生声表面波传播速度的迅速改变, 并获得了系列的实验验证; 对于聚合物黏弹效应, 主要是 Martin 等 [44] 从波动力学、微扰理论及声阻抗方法出发, 给出了考虑黏弹效应的气敏机理分析方法, 很好地解释了传感过程声衰减的产生原因及非线性响应, 给出了频率、膜厚等传感参数对传感响应的影响规律, 对传感器的性能优化给予了准确的理论指导. 王文等 [45] 在此基础上将其扩展至新型成膜方式下的聚合物黏弹效应的传感机理分析. 对于给予冷凝效应的气敏机理分析, Watson 等最早给出了相关机理研究, 在 SAW 传播界面冷凝液层假设前提下, 从声波动力学出发, 给出相应传感效应的理论解释. 根据边界层理论, 在冷凝液层相对较薄时其黏滞作用并不能忽略, 为此, 刘久玲等 [46-49] 从气体在固相表面的吸附理论出发, 给出了考虑液相黏滞作用的分析方法, 较为准确地解释了冷凝效应的气敏过程.

作为传感器信号转换手段的物理结构, 其稳定性直接影响到传感器性能. 一般结构多采用振荡器, 其频率稳定度与声表面波气敏元件自身特性密切相关. 与移动通信体系应用要求一样, 要求声表面波气敏元件具备低损耗和高品质因子及良好的温度补偿能力, 此外, 还需具备单一选频能力以更好地保障振荡器结构的稳定运行. 随着声表面波分析理论与仿真技术的发展, 为高性能传感器件的设计与制备创造了条件. 如将单相单向换能器与梳状结构用于延迟线传感器件结构的设计, 以降低器件损耗并实现单一振荡频率的选频能力等. 另外, 通过改善多模式谐振器结构来提高传感器件品质因子和降低器件损耗 [50-52].

在传感结构设计之中, 已从最初的单一振荡器结构发展到差分振荡结构以及多阵列结构, 用以解决传感过程中的环境参数 (温度、振动等) 的补偿问题, 此外, 还可以结合模式识别算法技术, 通过建立数据库图谱, 降低因环境气体组分之间的交叉干扰导致的检测过程中的误报率. 目前可实用的声表面波气体检测设备基本上采用多通道的阵列式结构, 研究焦点在于模式识别的准确算法以提升传感器的识别准确度. 然而, 实际应用环境的复杂性、传感阵列与模式识别算法的自身局限性, 成为研发高灵敏、高准确度的 SAW 气体传感器的重要内容.

(2) SAW 无线无源传感器. 声表面波利用的是压电材料而非半导体材料, 且本身工作在射频频段, 因此其具有两个显著的特点, 一是 SAW 器件本质无源和信息无线传输; 二是器件能在超高低温、强冲击、射线辐照等极端环境下工作 (非仅耐受). 随着工业物联网、智能电网、生物医疗对无线、无源传感器需求的日益增加, 研发出了种类繁多的 SAW 无线无源传感器.

1987 年, 美国宾夕法尼亚州立大学 Bao 等 [53] 首次提出了无线查询原理的传感方案, 巧妙利用 SAW 反射效应以及本身工作在射频频段的特点, 实现了传感无源化 (即传感器侧无须供电), 是所有无源传感器中作用距离最远的. 世界上成功研发了 SAW 射频标签 (RFID)、温度、压力、扭矩、电流等物理量传感器. 在推动 SAW 无线无源传感器方面, 涌现出一批小型企业. 英国 Transens 公司曾将三谐振器结构应用于轮胎压力和转动轴的转矩和温度的测量, 温度分辨率为 ±1℃, 压力和转矩测量误差小于满量程的 ±1%[54]. 美国 Sengenuity 公司设计的 SAW 温度传感器温度灵敏度在 7kHz/℃, 能实现在 −20~120℃ 内温度测量 [55]. 法国 SENSeOR 公司研制的 SAW 温度传感器通过了欧洲 IEC 62271 标准 545kV、5kA 条件下的测试, 测量精度可以达到满量程的 ±1%[56]. 奥地利 CTR 研制出基于铌酸锂基片的延迟线型 SAW 温度-压力传感器, 其压力灵敏度为 3.7rad/bar, 温度漂移为 0.013rad/℃[57]. 法国洛林大学 Omar 等设计了多层结构的 CoFeB 磁敏感薄膜 SAW 器件, 灵敏度可以达到 −20ppm/mT [58]. 近年来, SAW 器件本质无源和信息无线传输的特点受到工业物联网领域应用的格外青睐, 上海交通大学和中国科学院声学研究所等单位推出了性能指标具有国际竞争力的产品, 推动了我国 SAW 无线无源传感器的发展与应用. 同时也发现了一系列问题, 包括: 抵抗环境因素干扰, 多种类、高性价比, 这是关系到未来能否真正实用化的关键.

在生物医疗领域, 无源体温测量、植入体内的压力测量 (例如: 颅内压、血管瘤支架侧漏压力等)、呼吸状态传感器等也非常具有应用前景.

(3) 耐高温 SAW 传感器. 高温 (>1000℃) 环境下的信息获取一直是困扰发动机、汽轮机及工业流程控制自动化的难题. 耐高温传感器发展过程中遭遇到以下三方面的瓶颈: ① 研制的传感器类型不够多元化, 远不能满足各类测试的需求; ② 传感器敏感材料的极限工作温度不够高, 使其在高温条件下性能严重退化; ③ 宽温差条件产生严重的温度交叉敏感效应 (对非温度传感器而言), 使传感器的精度和可靠性均显著下降. 欧盟在 2009 年底第七轮框架下启动了包括德国、法国、俄罗斯、奥地利等国参与的 SAWHOT 项目, 研制可在 900℃ 下稳定工作的声表面波无线传感器 [59−61]. 美国国防部高级研究计划局 (DARPA) 和国家宇航局 (NASA) 也资助了相关的研究. 美国 ENVIRONETIX 公司研制高温 SAW 温度传感器 (EVHT-100), 已经成功应用于涡轮发动机的温度测试. 测量温度可达 900℃, 全量程精度优于 10℃, 寿命可达 500 小时[62−64]. 上海交通大学、电子科技大学、中国科学院声学所等单位在国家自然科学基金与重点研发计划资助下开展了耐高温 SAW 传感器的研究, 已成功研制能够在 650℃ 时正常工作 30 分钟以上的无线无源 SAW 高温传感器 [65-70].

虽然 LGS 单晶和 AlN 压电薄膜为利用压电微声技术研制耐受温度超过 1000℃ 的传感器解决敏感材料提供了可能的解决方案, 限制传感器工作温度上限的主要原因是金属薄膜电极在高温环境中存在退化现象. 由于塔曼温度效应, 在温度超过薄膜电极熔点一半的条件下就会产生去湿、团聚等现象, 造成薄膜金属不连续. 为了改善高温对金属电极的不利影响, 主要从改善电极材料性质以及对电极进行保护两个角度展开研究. 法国萨瓦大学在 LGS 基底上溅射 Ir、Rh 两种高熔点金属的合金, 从而制作出声表面波谐振器, 同时研究了合金配比所带来的影响, 所研制出的器件在经过 100 小时的 800℃ 退火后仍能够读取到信号 [71]. 法国洛林大学采用了一种 AlN/Pt/AlN/Sapphire 层状声表面波谐振器结构, 其中最顶层的 AlN 能够对电极进行保护, 基于该结构制作的声表面波谐振器在 800℃ 表现稳定, 但器件性能会随着顶层 AlN 的逐渐氧化而下降 [68]. 美国缅因大学将 Pt-Rh 复合金属与 ZrO_2 等陶瓷相材料以共沉积的方式制作声表面波谐振器的电极, 同时采用 Al_2O_3 薄层对电极进行保护, 以提高电极对高温的耐受性, 实验表明采用这种层状复合电极在 1150℃ 退火后仍具有导电性 [72].

目前的传感器平面制备工艺、引线形式以及封装结构也严重制约传感器耐受温度、性能以及可靠性, 迫切需要在压电基底材料上开展微纳米级三维体加工工艺研究 (包括体材料的湿法腐蚀、干法刻蚀、研磨抛光、直接键合等), 实现新型敏感结构、封装和引线等结构. 在 SAW 传感器的设计过程中, 基于 LGS 基底的 SAW 换能元件也面临一系列的问题: ① 很多优化切型上声表面波的传播具有自然单向性效应; ② 部分切型上多个声表面波模式可以同时被激发并传播, 且二者相互耦合. 这两方面的问题均会导致杂峰, 影响换能元件品质因数 Q 值; ③ 声表面波在 LGS 上传播时可能存在明显的波束偏向现象, 尤其是周期栅格的边界条件严重影响波速偏向角的精确分析.

传统的声表面波传感器通常采用双通道差动结构进行传感器零点漂移补偿. 但差动结构中的两个谐振器动、静特性不可能完全一致, 并存在温度梯度, 严重影响差动温度补偿的准确性和同步性. 更糟糕的是, 应力和温度通常存在非线性耦合, 并随温度范围和外界应力的增加而加剧 [73,74], 导致传感器热灵敏度漂移无法实现全量程范围内补偿. 超过 350℃ 后, 即使三个欧拉角均有旋转, LGS 晶体上不再存在频率温度系数 (TCF) 为 0 的切型 [75]. 如何在宽温度范围进行温度补偿也是耐高温 SAW 传感器迫切需要解决的问题.

(4) 声学 MEMS 传感器. 声学 MEMS 从 20 世纪 80 年代开始研究以来, 主要集中于各种声学 MEMS 传感器的研制. 包括基于微加工技术的水听器、传声器、扬声器、超声换能器及其阵列等. 国内声学 MEMS 的研究起步较晚, 1999 年中科院声学研究所成立了国内首家专门的声学 MEMS 实验室, 研究方向几乎涵盖了所有种类的声学 MEMS 器件. 国内声学 MEMS 的研究单位还有清华大学、哈尔滨工程大学、浙江大学、中北大学等.

MEMS 传声器包含电容式和压电式两种, 电容式具有灵敏度高的优点, 目前已经被广泛应用于手机等移动通信设备. 但其工作时需要偏置电压, 增加了电路的复杂性和功耗, 且存在微小的气隙, 造成其防尘防水功能较差[76]. 压电式灵敏度较低, 但其具有低功耗、优良的防尘、防水功能等优点. 提高压电式 MEMS 传声器性能的主要途径包括设计低应力结构的传声器以及研制低损耗、优良压电性能的薄膜. 结构方面, 各种新型的振动膜结构被提出和研究, 包括压应力振动膜[77]、圆形振动膜[78,79]、悬臂梁结构振动膜[80]、球形振动膜[81]、波纹振动膜[82] 等, 但大部分结构的传声器灵敏度一直处于 1mV/Pa 以下. 中科院声学研究所设计了一种具有对称复合振动膜结构的 MEMS 压电传声器, 灵敏度达到 1mV/Pa 以上, 且器件的成品率得到明显提高[83]. 近年来, 随着压电薄膜性能和振动膜制备技术的提高以及各种新型振动结构的提出和理论仿真的进步, MEMS 压电传声器受到相关研究机构和企业的关注, 处于产业化的前沿.

微机械超声换能器在医学超声和指纹识别等方面有重要应用. 与 MEMS 传声器一样, 微机械超声换能器也分为电容式和压电式两种. 电容式同样有需要偏置电压、存在微小气隙等问题. 同时, 电容式超声换能器还有储能差、内阻高等固有缺点. 电容式超声换能器由于灵敏度高[84], 所以研究进展较快, 一度接近于应用. 但其固有的缺点, 导致其应用研究进展缓慢. 压电微超声换能器的主要缺点是灵敏度低, 为了提高灵敏度, 各种振动结构和换能模式的微压电超声换能器被提出[85-92]. 目前, 压电微超声换能器的研究取得较大进展, 灵敏度也得到明显提高, 已经被小批量应用到手机的指纹识别系统中.

MEMS 水听器和矢量水听器主要分为压电式和压阻式两种. 压阻式存在压阻材料换能效率差、噪声大等缺点. 压电式具有材料的换能效率高, 且噪声低、功耗低等优点. Choi 等[93] 提出一种基于 PZT 膜的 MEMS 水听器, 但其灵敏度低. 声学研究所研制的基于氧化锌膜的 MEMS 水听器, 在 1kHz 灵敏度达到 -192dB(ref. 1V/μPa), 最近又通过改进, 初步测试灵敏度达到 -180dB(ref. 1V/μPa), 基本满足了实用要求. 在 MEMS 矢量水听器方面, 中科院声学研究所、哈尔滨工程大学、中北大学都开展了相关研究. 中科院声学研究所[94] 提出一种 MEMS 压电矢量水听器, 相对于同类型压阻式矢量水听器, 灵敏度提高了 17dB. 为了提高压阻式 MEMS 矢量水听器的灵敏度, 中北大学研究团队[95] 提出了一种仿生结构的矢量水听器. 虽然灵敏度得到提高, 但依然存在噪声大、功耗高等压阻式固有的缺点.

3. 在声微流控系统应用现状

利用叉指换能器在压电晶体上激发出的声表面波与液体接触时, 引起声致微流. 声场流在微流体两侧产生有限的声压差首先使液滴变形, 当该压差大于克服固–液间摩擦力、表面张力等作用的临界力后, 液滴将沿着声表面波传播方向移动. SAW 形成的声场易于调控成驻波场或行波场, 可以用于微米尺度物体操控、微泵、微型搅拌器和微型加热器等场合, 成为化学、生物和制药领域中的重要平台, 在医学诊断和药物输送应用中产生了新的实际应用, 同时为生物学家提供了基于细胞操作和分类的生命科学研究的新工具. 操控对象已扩展到纳米物体和气体分子, 其中的超声分子操控方法已成功应用到在高灵敏度气体传感器和单传感器电子鼻等器件和仪器中.

基于 SAW 技术的微流体装置结构简单、易于制造、适于批量生产、生物相容性良好、能够快速驱动流体且驱动力较大以及易于芯片中集成, 主要应用于细胞筛选, 筛选血小板、分离 DNA、分选循环肿瘤细胞等. 国内外在 SAW 技术声流控领域取得了卓有成效的研究成果: 2005 年, 德国的 Guttenberg 等[96] 研制了一套全部基于 SAW 的集成聚合酶链反应 (PCR) 芯片. 2007 年, Li 等[97] 利用声流效应在开放空间实现了液滴内微纳米颗粒的聚集, 并且研究了声流对细胞的影响. 2009 年 Shi 等[98,99] 利用两列相向传播、频率相同的 SAW 相互叠加形成声表面波驻波 (SSAW), 在液体中形成压力场, 俘获微纳米颗粒及细胞, 并使其具有周期性的排列. 2011 年新加坡 Luong 等[100] 利用 13MHz SAW 在微流体内的声流效应研制出高通量微混合器. 2012 年美国 Friend 等[101] 在医学检测试纸上构造出 SAW 声场对细胞进行微流体操作, 实现快速医学诊断. 2018 年英国 Simon 等[102] 研发可编程 SAW 微流控器件实现颗粒分离. 美国杜克大学 Huang 团队[103−107] 在声流控、声镊子、微泡声流控、可编程声超表面、微流体纳米材料等多个领域进行了深入研究, 用 SAW 成功对单细胞进行了三维操控, 利用波数螺旋声镊对粒子和细胞进行动态可重构操控, 其团队利用细胞的密度和力学特性, 研制出声流控细胞分离芯片, 具有良好的生物相容性, 可以用来区分红细胞和白细胞. 课题组对 SAW 微流控的边界驱动流动进行了三维数值模拟与实验研究, 并利用数字声流控实现非接触式和可编程流体处理; 利用声流控技术实现细胞成像、肿瘤细胞分析; 利用圆形 SAW 换能器实现声镊子对微粒进行动态可重构操作.

中国科学院深圳先进技术研究院、武汉大学、南京航空航天大学、广东工业大学等都在微声流控方面取得了重要进展. 研究了基于声子晶体调控声场的微流体系统及微纳颗粒操控方法, 研制了对特异性细胞进行筛选的微流控芯片, 并实现细胞筛选; 研究了基于微泡共振的快速微流体声学混合方法, 利用相位偏移效应实现大范围连续操控, 研制了利用 SAW 操控微泡造影剂的微流控芯片, 并在微纳米药物颗粒定点聚集、超声神经调控技术等方面取得成果; 研制了基于声学微涡流场的纳米超声钳、纳米聚集和纳米马达等技术, 为纳米样品操纵以及纳米加工技术提供了一批有效的作动手段 [108-112].

4. 压电微声新兴领域及前景

SAW 在压电晶体薄膜的传播除了可以看作机械能的传播, 也可以将其视为一个移动电场的传播. 同时 SAW 与微波之间的相互作用也让 SAW 在传播的同时具有了携带信息的能力, 这对许多基础物理学科的研究提供了帮助. 越来越多的量子实验开始引入 SAW 作为实验中的一环, 也让压电微声成为量子声学中相当关键的一门学科.

(1) SAW 与超导量子比特的耦合. 瑞典的 Per Delsing [113] 和芝加哥大学的 Andrew N Cleland 及其所属实验室等 [114] 提出了使用 SAW 作为媒介的量子实验. 他们用超导电路构成十字形巨大的人造原子, 引导 SAW 波束传播到人造原子上改变人造原子的状态, 同时携带人造原子的能级信息返回换能器. 人造原子是具有天然原子特性的一种新型量子元器件, 可以表现出天然原子的能级分裂特性, 同时性能比天然原子稳定, 可作为未来量子计算中的基础比特单位. 目前该实验已经完成了对人造原子多能级分裂的验证性实验, 但如何在提高耦合强度的同时提高试验系统的非谐性从而提高实验精度, 仍需要对 SAW 的传播特性以及单量子点的发射接收源进行研究改进.

(2) SAW 进行单电子操控. 英国卡文迪许实验室 [115] 成功完成了利用 SAW 对单电子或电子簇进行操纵的实验. 研究者利用两组各五根电极构成了两个量子点, 量子点中间使用电极构成了一个电子通道, 利用 SAW 的传播驱动两个量子点中的电子沿轨道运动. 这个实验利用了 SAW 传播时展现移动电场特性. 最初这个装置是希望获得量子化的电流, 他们希望 SAW 运输电子的数目能够和 SAW 的频率形成明确的关系, 但 SAW 不稳定的特性令电子数目的方差过大. 接着他们发现 SAW 在驱动一大组电子的时候并不能很好地表现, 但是对于单个电子的驱动有很高的成功率. 后续的实验发现 SAW 在运输同一自旋方向的电子时具有 70% 的保真率, 目前该研究存在的问题是还没有成功建立多个电子源, 目前仅能完成在单通道中的多次传输, 同时电子自旋方向的丢失还没有明确的原因.

(3) SAW 与固体中的缺陷中心之间的相干相互作用. 美国 Oregon 大学的 Golter 等 [116] 通过实验表明, SAW 与金刚石中的氮空位缺陷存在较强的相干相互作用. 而声波在固体中更容易被操纵, 因此他们致力于研究如何使用 SAW 来调解和控制各个缺陷中心与相应的自旋量子位之间的相干相互作用. 他们的实验显示了两个光场和 SAW 通过共振拉曼过程驱动氮空位中心的过程. 随着他们使用

SAW 与固体中缺陷中心之间相干耦合的实验成功, 下一个里程碑是使用 SAW 来调解和控制各个缺陷中心与相应的自旋量子位之间的相干相互作用.

(4) SAW 与光机械系统的结合. 美国国家标准技术研究院 [117] 利用 SAW 与腔光机械相结合, 其目的是利用光机械将声波和光波相联系. 他们利用 SAW 提供一个高频振动源, 去驱动腔光机器器件, SAW 振动激光的反射面, 可以达到调谐激光频率的作用, 将 SAW 装置与腔体光力学集成在一起. 实验在一个通用平台中成功实现 RF 电波、声波和光波的相干相互作用. 试验的成功为搭建量子实验中微波与高频激光之间的信息交互提供了可能性.

(5) SAW 与二维材料的结合. 目前 SAW 与二维材料的研究主要围绕在石墨烯上, 由于声表面波与石墨烯之间的相互作用会产生一系列丰富的物理现象, 并且石墨烯作为一种超响应传感材料的潜力也正在被广泛用于开发各种声表面波传感器. 石墨烯独特的是, 同一器件中的声电电流可以通过施加的栅极电压反转并关闭, 例如 Liang 和 Liu 等 [118] 设计了基于铌酸锂薄膜的单片声石墨烯晶体管, 他们将石墨烯薄膜放置在了两组 IDT 中的金电极上, 利用 SAW 产生声电流调整栅极电压. 除此之外, 研究者在其他 2D 材料中也探索了 SAW 的使用可能. Liou Y T 等 [119] 将 SAW 用于调制二硫化钼和磷中的载流子. 这些具有固有带隙的材料与 SAW 的集成具有改善设备性能和提供新设备功能的潜力.

(6) SAW 驱动的应变电子学. 在 20 世纪 50 年代后期, 有研究者提出了通过磁弹性与声波和磁激励的相互作用, 证明了在等频率和波矢量的条件下它们的共振耦合会导致混合的磁振子–声子模式. 巴黎纳米科学研究院的 Thevenard 等认为近十年 SAW 驱动的应变电子学已经重新成为研究重点 [120]. 研究方向主要放在磁数据存储, 自旋电子学或磁子学领域的潜在应用. 他们指出, 由于 SAW 的低衰减, 典型的电磁进动频率和限制在表面的功率流这些特性, 使用 SAW 驱动的开关提供了高效率的方案. 可以使用波导和聚焦来利用 SAW 远程控制磁位, 或者使用干涉图样进行可重新配置寻址, 而无需本地金属触点. Kuszewski 等 [120] 进行了共振磁声切换中瑞利波频率和波矢的影响实验. 他们在 (Ga, Mn)As 的磁性薄膜上发送两个反向传播的 SAW. 在磁声共振中, 磁光对比显示了 SAW 驱动磁化过程的翻转. 创建 SAW 波长一半宽的磁畴, 并调整激发脉冲的相对相位来精确定位.

5. 微声激励与传播精确分析研究进展

实现高性能微声器件的前提是精准的微声激励与传播分析理论, 这些理论的发展主要是围绕着压电微声器件在信号处理应用开展的, 传感器的发展也促进了微声在多场耦合条件下的精确分析. 压电微声器件精确分析的理论框架是从基本波动方程和实际边界条件出发求系统场的精确解, 这是建立多维 SAW 传播特性的精确仿真工具的基础. 最具代表性的是 Milsom 等 [121] 的一维格林函数理论及汪承灏等 [122,123] 将其推广至二维结构下任务表面源分布激发的广义格林函数理论, 可以将金属电极指条的质量负载考虑其中. Ventura 等 [124], 中国科学院声学研究所 [125] 采用有限元 (FEM) 和边界元 (BEM) 结合的方法, 利用切比雪夫多项式作为电荷分布和应力分布展开的基函数, 使得精确理论能够真正应用于实际器件分析.

近年来, 各种新型复杂层状结构器件不断涌现, 压电微声器件的边界条件变得更加多样、复杂化. 有限元结合格林函数的分析方法在精确求解格林函数积分时变得极其困难. 原本一个完整的射频/微波频段压电微声器件的长、宽与电极厚度在尺度上差异巨大, 器件完整的有限元仿真模型动辄具有千万级的自由度, 纯有限元方法看似难以工程应用. 随着完美匹配层 (PML) 技术的引入, 把半无界域问题转化为有界域问题, 纯有限元近年来成为精确分析压电微声器件的主要方法. 通过引入弗洛凯周期边界条件, 可以方便地计算周期边界条件下的谐波导纳. Koskela 等 [126] 引入 Shur 补运算将一个基本单元的内部自由度消去, 仅保留左边界相关、右边界相关、电自由度相关的自由度, 然后将周期性的基本单元级联起来, 降低总体计算资源, 提高计算效率. 日本千叶大学的李昕熠博士利用图形处理单元 GPU 提高算法的并行度, 进一步提高计算速度. 目前, 计算具有 1000 根金属电极的 SAW 谐振器响应的单个频率点已经达到分钟量级. 目前的有限元精确分析方法仍在孔径方向上具有无限长的假设, 尚不能实现全三维分析.

三、我们的优势方向和薄弱之处

1. 各领域优势方向状况

在 SAW 的理论框架方面, 汪承灏等于 20 世纪 80 年代中期就将一维格林函数扩展成把电极的质量加载效应考虑在内, 可处理任意表面电源和声源激发的广义格林函数, 被国际上公认是分析 SAW 激发和传播的最严格的方法. 国际上从事压电微声领域的从业人员中, 有很长一段时间内中国人占据相当高的比例, 与我国原来南京大学、中国科学院声学研究所等单位的人才培养有重要关系. 由于物联网技术在我国应用的广泛性, 使得我们在微声学领域的无线无源传感器方向具有推广应用优势. 我国学者最早将微声技术应用于纳米操控领域, 在微声学纳米操控功能的多样性研究方面国际领先.

2. 薄弱之处

(1) 多场耦合条件下的新型器件结构的分析理论与仿真模型有待提高. 面向小体积、低损耗、大带宽、高功率耐受性、高稳定性等日益苛刻的应用需求, 各种新型复杂层状结构微声器件的不断涌现, 制造工艺不再是传统的平面工艺, 逆向工程变得非常困难, 国外公司公开的专利和论文存在很多误导, 如果缺乏精确微声器件理论分析与仿真的支撑, 连重复别人的工作都非常困难, 更谈不上任何创新. 我们必须在选取合适波速、提高特定模式换能效率、降低损耗、抑制杂散模式、低温度系数、承受大功率、对加工工艺和材料依赖性等方面寻求创新和突破, 这方面的研究是我们最为薄弱的环节.

微声学在激发/检测、传播、色散、反射、散射和衍射等经典理论框架下不断拥有全新研究内容, 压电微声器件的全三维精确、快速分析势在必行. 目前的有限元精确分析方法尚不能实现全三维分析. 一个完整的射频/微波频段压电微声器件的长、宽与电极厚度在尺寸上差异巨大, 使得器件完整的有限元 (FEM) 仿真模型具有上亿的自由度, 需要的海量计算资源使这类仿真模型很难工程使用; 而分析环境因素以及封装、老化、耐冲击等对压电声波谐振器稳定性的影响, 将涉及具有初始偏载场时的振动精确分析, 需要将理论深化到非线性范围; 微声器件用于射频发射端时耐受大功率而出现的二阶、三阶交调等非线性; 声流与声辐射力均为声波的非线性效应. 现有的压电微声器件仿真模型只能处理线性问题, 而且割裂了多物理场间的相互耦合.

缺少普适的 SAW 传感器分析设计模型, 严重制约了新敏感机理探索和新型传感器结构设计. 虽然可借鉴各种 SAW 滤波器的设计理论, 但毕竟二者分析和仿真的对象差距很大. SAW 反射型延迟线或谐振器仅是其中的换能元件部分. 传感器的基片类型、电极拓扑结构形状、封装等边界条件或换能结构比滤波器更复杂, 且更多地涉及多场耦合. SAW 传感器精确分析模型应该是一个综合考虑封装结构、导力弹性体、层状复合压电衬底、SAW 换能元件等所有输入因素, 在温度、预应力、电磁场等多场非线性耦合情况下, 精确地描述三维连续介质中 SAW 传感器多输入-多输出的物理级模型, 输出量一方面要包括换能元件的电学性能参数, 同时还应该包括传感器的灵敏度、量程范围和交叉敏感效应等性能指标, 以便对传感器进行整体结构协同优化或设计新颖的敏感结构.

(2) 科研与产业未形成紧密合作关系, 各唱各的调. 要想在滤波器方面获得长期稳定发展, 还需突破 TC-SAW, FBAR, WLCSP 等关键技术, 同时重视与国内其他射频器件, 特别是与功率放大器件的厂商合作, 加快射频模组产品开发. 此外, 在配套上下游产业能力, 包括压电衬底材料、电极材料、介质覆盖材料、核心工艺技术、工艺装备、测试技术等关键技术上存在明显短板; 精通工艺设备和制造工艺的人才储备严重不足, 即使购买了先进的设备, 在使用、操作方面也达不到国外公司的水平. 随着国际上知名压电微声企业与半导体企业的不断整合, 我国相关企业的研发部门的人员数量、专业程度等方面就显得相形见绌. 日本整个国家围绕压电微声整个链条 (包括: 需要用的各种材料制备及性能表征、器件加工工艺、工艺装备、封装、测试等) 而开展研究的人员面面俱到, 然而, 我国的研究人员喜欢一窝蜂地涌到所谓的主流上, 人员研究领域分布不够全面.

(3) 其他. 微声学缺乏与物理声学、凝聚态物理以及量子物理的交叉融合, 缺乏在前沿领域的研究布局也是我们的薄弱之处.

四、基础领域今后 5~10 年重点研究方向

(1) 多物理场耦合情况下, 三维连续介质和复杂边界条件压电微声器件的精确物理级模型及器件 (滤波器、传感器、微声流控等) 仿真分析及应用, 以期在选取适合波速、提高特定模式换能效率、降低损耗、抑制杂散模式、低温度系数、承受大功率、对加工工艺和材料依赖性等方面寻求创新和突破.

(2) 微米尺度波长弹性波与其他物理场及微观结构的相互作用. 这是微声领域经典又常新的科学问题. 利用微波超声在不同条件下于不同晶体中的传播特性, 研究固体中声子–声子、声子–电子、声子–磁子、声子–电子自旋、声子–核自旋的互作用以及声光作用, 是微声学对于凝聚态物理发展的贡献. 随着频率不断提升, 基于传统压电晶体激发的微声衰减已经接近物理规律和工艺技术极限, 故激发的微声波波长也难以达到原子间距的水平, 如何进一步突破物理规律和波长限制, 基于传统材料的压电微声器件频率的突破以探究物质结构或者提高微声操控的空间分辨率也是基础领域需要重点研究的方向. 声表面波和半导体材料的发展相辅相成, 这种跨学科结合也将为微/纳米尺度物体的研究提供新的帮助.

(3) 基于微声波器件的量子调控与测量. 类比量子光学, 微声波可以解决很多基于激光的量子实验中不足之处, 从而发展量子声学独有的特点. 例如：SAW 与人造原子的成功耦合为量子声学这门新兴学科提供了很多新的思路. 但如何在提高 SAW 与量子之间耦合强度的同时提高试验系统的非谐性, 从而提高实验精度, 仍需要对 SAW 的传播特性以及单量子点的发射接收源进行研究改进.

五、国家需求和应用领域急需解决的科学问题

多物理场耦合情况下, 三维连续介质和复杂边界条件压电微声器件的精确物理级模型是急需解决的科学问题. 具体到不同类型器件, 涉及的科学问题略有不同, 例如：针对微流控器件中的声流与声辐射力时, 涉及在复杂流体条件下微声场与纳米尺度级物理相互作用的非线性理论. 如何不单纯依赖频率提升而实现微声操控的空间分辨率的突破也是迫切需要解决的科学问题.

随着频率不断提升, 基于传统压电晶体激发微声已经接近工艺技术极限, 声子热效应导致的衰减也已经达到物理规律限制. 如何进一步突破物理规律和波长限制, 使压电微声面向更高频率器件应用是需要突破的关键瓶颈. 同时, 高效激发和检测纳米尺度波长的微声波也是确保物质结构探究或者提高微声操控的空间分辨率的关键科学问题.

六、发展目标与各领域研究队伍状况

通过对该领域基础科学问题与关键技术问题的研究, 使我国在压电微声滤波器、双工器、多工器及高密度集成射频前端的研发和工艺制造水平达到国际先进水平. 国内在该领域的研究队伍主要包括: 中国科学院声学研究所, 南京大学, 中国电子科技集团第 26 研究所、第 55 研究所, 上海交通大学, 清华大学, 天津大学, 浙江大学等高校和科研单位; 此外, 还包括无锡好达电子、深圳麦杰、航天微电、中科飞鸿、中讯四方、天通瑞虹、三安光电、汉天下等公司.

在传感器研究方面, 大力推动面向物联网、智能电网、智能诊疗、航空航天发动机等应用的多种类、新敏感机理、高性能的压电微声传感器的研发和应用推广, 部分实现产业化. 国内在该领域的研究队伍较多, 其中从事这方面研究时间长的单位包括: 中国科学院声学研究所、上海交通大学、浙江大学和电子科技大学等.

推动微声学操控技术在纳米器件加工、高端传感器构成与加工和/或生物医学仪器等新兴领域与产业中的应用. 国内研究队伍: 中科院深圳先进技术研究院、南京大学、南京航空航天大学和广东工业大学等.

希望能尽快与凝聚态物理和量子物理专业充分交叉, 在前沿领域有选择性地开展创新性研究. 获得一批自主知识产权和前沿性成果, 造就一支具有国际水平的研究队伍, 营造不断创新的环境, 为使我国在微声学领域进入国际先进和领先水平、为我国信息技术的长远发展奠定坚实的基础.

七、基金资助政策措施和建议

针对 "卡脖子" 技术, 面向通信或传感领域的重大需求, 凝练提出战略性关键核心技术背后的基础科学问题, 通过联合基金的形式, 分阶段重点支持一批 "需求牵引、突破瓶颈" 科学属性的项目. 鼓励研究机构及高校与企业联合开展新结构、新工艺方面的研究.

将微声与其他物理场及微观结构的相互作用, 基于微声器件的量子调控与测量列入国家自然科学基金重点项目指南中.

八、学科的关键词

微声学 (microacoustics); 声表面波 (surface acoustic wave, SAW); 薄膜体声波谐振器 (film bulk acoustic wave resonator, FBAR); 高次谐波谐振器 (HBAR); 单晶体声波谐振器 (XBAW); 叉指换能器 (interdigital transducer, IDT); 波束偏向 (beam steering); 单相单向换能器 (SPUDT); 机电耦合系数 (electromechanical coupling coefficient); 瑞利波模式 (Rayleigh wave mode); 西沙瓦波模式 (Sezawa wave mode); 漏表面波 (leaky SAW); 纵漏表面波 (longitudinal leaky SAW, LL-

SAW); 表面横波 (surface transverse wave); 乐甫波 (Love wave); 横向模式 (transverse mode); 锤头或活塞模态 (hammer or piston mode); 多物理场耦合 (coupling of multiphysical fields); 耦合模 (coupling-of-modes COM); MEMS 传声器 (MEMS microphone); 微机械超声换能器 (micromachined ultrasound transducer); MEMS 扬声器 (MEMS speaker); MEMS 水听器 (MEMS hydrophone); MEMS 矢量水听器 (MEMS vector hydrophone); 频率温度系数 (temperature coefficient of frequency, TCF); 压电薄膜 (piezoelectric film); 绝缘衬底上的压电薄膜 (piezoelectric film on insulator materials); 温度补偿型声表面波器件 (TC-SAW); 高性能薄膜声表面波器件 (IHP-SAW); 损耗机制 (loss mechanism); 质量负载 (mass loading); 声波泄漏 (acoustic leakage); 声表面波传感器 (SAW Sensors); 无线无源声表面波传感器 (wireless and passive SAW sensor); 声微流控 (acoustic microfluidics).

参考文献

[1] White R M, Voltmer F W. Direct piezoelectric coupling to surface elastic waves. Appl Phys Lett , 1965, 7: 314-316.

[2] 武以立, 邓盛刚, 王永德. 声表面波原理及其在电子技术中的应用. 北京: 国防工业出版社, 1983.

[3] 汪承灏, 周献文, 解述, 等. 换能器加权的均匀槽深沟槽反射栅脉冲压缩滤波器. 声学学报, 1986, 11(3): 154-159.

[4] Bristol T W, Jones W R, Snow P B, et al. Applications of double electrodes in acoustic surface wave device design. 1972 IEEE Inter Ultrasonics Symposium, 1972: 343-345.

[5] He S T, Chen D P, Wang C H. The IDT with high internal reflection suppression. Chin J Acoust, 1989, 8(4): 305-314.

[6] Wohltjen H, Ressy R. Surface Wave Probe for Chemical Analysis: Part I-Instruction and Instrument Description, part II-gas chromatography detector. Anal Chem, 1979, 51: 1458-1470.

[7] https://www. transense.co.uk.com/.

[8] Wang W, Liu X L, Mei S C, et al. Development of A Pd/Cu Nanowires Coated SAW Hydrogen Gas Sensor with Fast Response and Recovery. Sensors and Actuator B, 2019, 287: 157-164.

[9] https://www. intellisaw. com/.

[10] Jungwirth M, Scherr H, Weigel R. Micromechanical precision pressure sensor incorporating SAW delay lines. Acta Mechanica, 2002, 158: 227-252.

[11] Polh A. A review of wireless SAW sensors. IEEE Trans UFFC, 2000, 47(2): 317-332.

[12] Nakamura H, Nakanishi H, Goto R, et al. Suppression of transverse-mode spurious responses for SAW resonators on SiO_2/Al/$LiNbO_3$ structure by selective removal of SiO_2. IEEE Trans UFFC, 2011, 58(10): 2188-2193.

[13] Inoue S, Solal M. Layered SAW resonators with near-zero TCF at both resonance and anti-resonance. 2019 IEEE Inter Ultrasonics Symposium, 2019: 2079-2082.

[14] Takai T, Iwamoto H, Takamine Y, et al. Incredible high performance SAW resonator on novel multi-layered substrate. 2016 IEEE Inter Ultrasonics Symposium. IEEE, 2016: 1-4.

[15] Gomi M, Kataoka T, Hayashi J, et al. High-coupling leaky surface acoustic waves on LiNbO$_3$ or LiTaO$_3$ thin plate bonded to high-velocity substrate. Jap J Appl Phys, 2017, 56(7S1): 07JD13.

[16] Yandrapalli S, Plessky V, Koskela J, et al. Analysis of XBAR resonance and higher order spurious modes. 2019 IEEE Inter Ultrasonics Symposium, 2019: 185-188.

[17] Yao Z, Nan W, Geng L C, et al. AlN based dual LCAT filters on a single chip for duplexing application. 2018 IEEE Inter Ultrasonics Symposium, 2018: 1-4.

[18] Yanagitani T, Arakawa K, Kano K, et al. Giant shear mode electromechanical coupling coefficient k15 in c-axis tilted ScAlN films. 2010 IEEE Inter Ultrasonics Symposium, 2010: 2095-2098.

[19] Zhang Q, Han T, Wang W, et al. Surface acoustic wave propagation characteristics of ScAlN/diamond structure with buried electrode. Proc 2014 Symposium on Piezoelectricity, Acoustic Waves, and Device Applications. IEEE, 2014: 271-274.

[20] Yokoyama T, Iwazaki Y, Nishihara T, et al. Dopant concentration dependence of electromechanical coupling coefficients of co-doped AlN thin films for BAW devices. 2016 IEEE Inter Ultrasonics Symposium, 2016: 1-4.

[21] Yokoyama T, Iwazaki Y, Onda Y, et al. Effect of Mg and Zr co-doping on piezoelectric AlN thin films for bulk acoustic wave resonators. IEEE Trans UFFC, 2014, 61(8): 1322-1328.

[22] Zhao X, Cassella C. On the Coupling Coefficient of ScyAl1-yN-based Piezoelectric Acoustic Resonators. 2019 Joint Conference of the IEEE Inter Frequency Control Symposium and European Frequency and Time Forum (EFTF/IFC). IEEE, 2019: 1-4.

[23] Shealy J B, Vetury R, Gibb S R, et al. Low loss, 3.7GHz wideband BAW filters, using high power single crystal AlN-on-SiC resonators. 2017 IEEE MTT-S Inter Microwave Symposium, 2017: 1476-1479.

[24] Shen Y, Patel P, Vetury R, et al. 452MHz Bandwidth, High rejection 5.6GHz XBAW coexistence filters using doped AlN-on-Silicon. IEEE Inter Electron Devices Meeting (IEDM), 2019: 17.6.1-17.6.4.

[25] Shealy J B, Hodge M D, Patel P, et al. Single crystal AlGaN bulk acoustic wave resonators on silicon substrates with high electromechanical coupling. IEEE Radio Frequency Integrated Circuits Symposium, 2016: 103-106.

[26] Takayama R, Nakanishi H, Sakuragawa T, et al. High power durable electrodes for GHz band SAW duplexers. 2000 IEEE Ultrasonics Symposium.

[27] Nakagawara O, Suzuki H, Yamato S, et al. Epitaxial aluminum electrodes on theta rotated Y-X LiTaO$_3$ piezoelectric substrate for high power durable SAW duplexers.

MRS Proceedings, 2004, 833, G3.2.

[28] Fu S, Wang W, Xiao L, et al. Texture-enhanced Al-Cu electrodes on ultrathin Ti buffer layers for high-power durable 2.6GHz SAW filters. AIP Advances, 2018, 8(4): 045212.

[29] Nakagawa R, Kyoya H, Shimizu H, et al. Study on generation mechanisms of second-order nonlinear signals in surface acoustic wave devices and their suppression. Jap J Appl Phys, 2015, 54(7S1): 07HD12.

[30] Mayer A, Mayer E, Mayer M, et al. Effective nonlinear constants for SAW devices from FEM calculations. 2015 IEEE Inter Ultrasonics Symposium, 2015: 1-4.

[31] Chauhan V, Mayer M, Mayer E, et al. Investigation on third-order intermodulation distortions due to material nonlinearities in TC-SAW devices. IEEE Trans UFFC, 2018: 1914-1924.

[32] Solal M, Kokkonen K, Inoue S, et al. Observation for nonlinear harmonic generation of bulk modes in SAW devices. Ultrasonics Symposium. IEEE, 2016.

[33] Gawasawa M, Nakagawa R, Kyouya H, et al. Vector measurement of nonlinear signals generated in RF SAW/BAW devices. 2017 IEEE Inter Ultrasonics Symposium.

[34] Chauhan V, Mayer M, Mayer E, et al. Role of metal electrodes in the generation of third order nonlinearities in TC-SAW devices. 2017 IEEE Inter Ultrasonics Symposium.

[35] Pang X N, Yong Y K. Simulation of nonlinear resonance, amplitude-frequency, and harmonic generation effects in SAW and BAW devices. IEEE Trans UFFC, 2020, 67(2): 422-430.

[36] Sferopoulos R. A review of chemical warfare agent (CWA) detector technologies and commercial-off-the-shelf items. DSTO-GD-0570, 2009.

[37] Defiant Technologies Inc. Canary-ThreeTM GC/SAW System for SVOCs in Air or Liquids Smart Sampling for Speed and Precision Syringe Injection Port for analysis of Solvent Extracts and System Calibration. http://www.defiant-tech.com.

[38] Watson G. Gas chromatography utilizing SAW sensors. Proc IEEE Ultras Sym, Orlando: IEEE, 1991: 305-309.

[39] 何世堂, 刘久玲, 刘明华, 等. 声表面波气相色谱仪及其应用. 应用声学, 2018(1): 1-7.

[40] 何世堂, 刘久玲, 朱宏伟, 等. 声表面波气相色谱仪在禁毒工作中的应用初探. 应用声学, 2018(5): 738-742.

[41] Hao W C, Liu J L, Liu M H. Development of a new surface acoustic wave based PM2.5 monitor. Proc 2014 Symposium on Piezoelectricity. Acoustic Waves, and Device Applications, 2014, 52-55.

[42] Wohltjen H. Mechanism of operation and design considerations for surface acoustic wave device vapor sensors. Sensors and Actuators, 1984, 5: 307-325.

[43] Ricco A J, Martin S J, Zipperian T E. Surface acoustic wave gas sensor based on film conductivity changes. Sensors and Actuators, 1985, 8: 319-333.

[44] Martin S J, Frye G C, Senturia S D. Dynamics and response of polymer-coated surface acoustic wave devices: Effect of viscoelastic properties and film resonance. Anal Chem. 1994, 66: 2201-2219.

[45] Wang W, He S T, Pan Y. Viscoelastic analysis of a surface acoustic wave gas sensor coated by a new deposition technique. Chin J Chem Phys, 2006, 19(1): 47-53.

[46] Liu J L, Wang W, Li S Z, et al. Advances in SAW gas sensors based on condensate-adsorption effect. Sensors, 2011, 11: 11871-11884.

[47] Hao W C, Liu J L, Liu M H, et al. Mass sensitivity optimization of a surface acoustic wave sensor incorporating a resonator configuration. Sensors, 2016, 16(4): 562.

[48] 刘久玲, 郝文昌, 刘明华, 等. 谐振式检测器谐振腔对声表面波气相色谱仪灵敏度的影响. 声学学报 (中文版), 2018, 43(5): 803-809.

[49] 郝文昌, 王藉秋, 刘久玲, 等. 谐振式检测器指条厚度对质量型声表面波传感器灵敏度的影响. 声学学报 (中文版), 2019, 44(3): 385-392.

[50] Wang W, He S T, Li S Z. High frequency stability oscillator for surface acoustic wave-based gas sensor. Smart Mater Struct, 2006, 15: 1525-1530.

[51] Wang W, He S T, Li S Z, et al. Enhanced sensitivity of SAW gas sensor coated molecularly imprinted polymer incorporating high frequency stability oscillator. Sensors Actuators B-Chem, 2007, 125: 422-427.

[52] 刘久玲, 何世堂, 李顺洲, 等. 一种单模式突出的双端对谐振式声表面波检测器. 中国专利 ZL201010211433.3.

[53] Bao X, Burkhard W, Varadan V V, et al. SAW temperature sensor and remote reading system. IEEE Ultrasonics Symposium, 1987: 583-586.

[54] Kalinin V, Leigh A. Contactless torque and temperature sensor based on SAW resonators. IEEE Ultrasonics Symposium, 2006: 1490-1493.

[55] Pohl A, Steindl R, Reindl L. Measurements of vibration and acceleration utilizing SAW sensors. Sensors, 1999, 99(2): 53-58.

[56] Heider G. An introduction to achieving industrial applications of wireless passive SAW sensors for advanced monitoring. European Telemetry and Test Conference, 2014, 2: 14-17.

[57] Binder A, Bruckner G, Schobernig N, et al. Wireless surface acoustic wave pressure and temperature sensor with unique identification based on LiNbO$_3$. IEEE Sensors J, 2013, 13(5): 1801-1805.

[58] Mishra H, Streque J, Hehn M, et al. Temperature compensated magnetic field sensor based on love waves. Smart Materials and Structures, 2020, 29: 045036.

[59] Surface acoustic wave wireless sensors for high operating temperature environments. SAWHOT Project Final Report, 2013.

[60] Zheng P. High temperature langasite surface acoustic wave sensors. Carnegie Mellon University, 2011.

[61] Francois B, Richter D, Fritze H, et al. Wireless and passive sensors for high temperature measurements. The Third Inter Conference on Sensor Device Technol and Appl, 2012: 46-51.

[62] Cunha M P D, Moonlight T, Lad R, et al. High temperature sensing technology for applications up to 1000°C. IEEE Sensors, 2008: 752-755.

[63] Lin C M, Yen T T, Felmetsger V V, et al. Thermally compensated aluminum nitride Lamb wave resonators for high temperature applications. Appl Phys Lett, 2010, 97(8): 299.

[64] http://www.environetix.com/, Environetix.

[65] Ji X, Han T, Shi W, et al. Investigation on SAW properties of LGS and optimal cuts for high-temperature applications. IEEE Trans UFFC, 2005, 52(11): 2075-2080.

[66] 赵一宇, 李红浪, 程利娜, 等. 硅酸镓镧声表面波传感器的压力温度多参数解耦分析. 声学学报, 2018, 5: 810-816.

[67] Shu L, Peng B, Cui Y, et al. Effects of AlN coating layer on high temperature characteristics of langasite SAW sensors. Sensors, 2016, 16(9): 1436.

[68] Ke H, Shan Q, Qin P, et al. SAW resonator with grooves for high temperature sensing application. 2019 IEEE Inter Ultrasonics Symposium, 2019: 2549-2552.

[69] Li X L, Wang W, Fan S Y, et al. Optimization of SAW devices with Pt/LGS structure for sensing temperature. Sensors, 2020, 20(9): 2441.

[70] Fan S Y, Wang W, Li X L, et al. Optimization of SAW devices based AlN composite structure for sensing at extremely high temperature. Sensors, 2020, 20(15): 4160.

[71] Taguett A, Aubert T, Lomello M, et al. Ir-Rh thin films as high-temperature electrodes for surface acoustic wave sensor applications. Sensors and Actuators A: Physical, 2016, 243: 35-42.

[72] Legrani O, Aubert T, Elmazria O, et al. AlN/IDT/AlN/Sapphire SAW heterostructure for high-temperature applications. IEEE Trans UFFC, 2016, 63(6): 898-906.

[73] Moulzolf S C, Frankel D J, da Cunha M P, et al. Electrically conductive Pt-Rh/ZrO$_2$ and Pt-Rh/HfO$_2$ nanocomposite electrodes for high temperature harsh environment sensors. Smart Sensors, Actuators, and MEMS VI. Inter Soc Optics and Photonics, 2013, 8763: 87630F.

[74] Alzuaga S, Michoulier E, et al. Characterization of the thermal dependence of saw stress sensitivity. 10ème Congrès Français Dacoustique, 2010: 1-4.

[75] 吉小军. 高温偏载条件下的声表面波压力传感器理论研究. 上海交通大学, 2004.

[76] Wu C Y, Chen J M, Kuo C F. Low polarization voltage and high sensitivity CMOS condenser microphone using stress relaxation design. Proc Chem, 2009, 9(1): 859-862.

[77] Yi S H, Kim E S. Piezoelectric microspeaker with compressive nitride diaphragm. Proc IEEE Micro Electro Mechanical Systems, 2002: 260-263.

[78] ChuWei Y, Junhong Li, Xin H, et al. Silicon based ZnO piezoelectric microphone with circular vibrating film. Appl Acoust, 2006, 25: 197-200.

[79] Lee W S, Lee S S. Piezoelectric microphone built on circular diaphragm. Sensors Actuators A, 2008, 144: 367-373.

[80] Lee S S, Ried R P, White R M. Piezoelectric cantilever microphone and microspeaker. J Microelectromech Syst, 1996, 5: 238-242.

[81] Han C H, Kim E S. Fabrication of dome-shaped diaphragm with circular clamped boundary on silicon substrate. Proc IEEE MEMS, 1999: 505-510.

[82] Yan H, Kim E S. Corrugated diaphragm for piezoelectric microphone. Proc ETFA, 1996, 2: 503-506.

[83] Li J H, Wang C H, Ren W, et al. ZnO thin film piezoelectric micromachined microphone with symmetric composite vibrating diaphragm. Smart Mater Struct, 2016, 26: 055033.

[84] Buigas M, de Espinosa F M, Schmitz G, et al. Electro-acoustical characterization procedure for cMUTs. Ultrasonics, 2005, 43: 383-390.

[85] Zhu B P, Wu D W, Zhang Y, et al. Sol-gel derived PMN-PT thick films for high frequency ultrasound linear array applications. Ceram Inter, 2013, 39: 8709-8714.

[86] Wang C, Wang Z Y, Ren T L, et al. A micromachined piezoelectric ultrasonic transducer operating in d33 mode using square interdigital electrodes. IEEE Sens J, 2007, 7: 967-976.

[87] Yaacob M I H, Arshad M R, Manaf A A. Modeling and theoretical characterization of circular pMUT for immersion applications. Proc IEEE OCEANS, Sydney, Australia, 2010, 1-4.

[88] Wang Z, Miao J, Zhu W. Micromachined ultrasonic transducers and arrays based on piezoelectric thick film. Appl Phys A, 2008, 91: 107-117.

[89] Bathurst S P, Kim S G. Printing of uniform PZT thin films for MEMS applications. CIRP Ann Manuf Technol, 2013, 62: 227-230.

[90] Lu Y, Horsley D A. Modeling, fabrication, and characterization of piezoelectric micromachined ultrasonic transducer arrays based on cavity SOI wafers. J Microelectromech Syst, 2015, 24: 1142-1149.

[91] Hedegaard T, Pedersen T, Thomsen E V, et al. Screen printed thick film based pMUT arrays. Proc IEEE Ultrasonics Symposium, Beijing, China, 2008: 2126-2129.

[92] Li J H, Ren W, Fan G X, et al. Design and fabrication of piezoelectric micromachined ultrasound transducer (pMUT) with partially-etched ZnO film. Sensors, 2017, 17: 1381.

[93] Choi S J, Lee H, Moon W. A micro-machined piezoelectric hydrophone with hydrostatically balanced air backing. Sensors and Actuators A, 2010, 158: 60-71.

[94] 李俊红, 魏建辉, 马军, 等. ZnO 薄膜硅微压电矢量水听器. 声学学报, 2016, 41(3): 273-280.

[95] Guan L G, Zhang G J, Xu J, et al. Design of T-shape vector hydrophone based on MEMS. Sensors and Actuators, A, 2012, 188(1): 35-40.

[96] Guttenberg Z, Müller H, Habermüller H, et al. Planar chip device for PCR and hybridization with surface acoustic wave pump. Lab on a Chip, 2005, 5(3): 308-317.

[97] Li H, Friend J R, Yeo L Y. Surface acoustic wave concentration of particle and bioparticle suspensions. Biomedical Microdevices, 2007, 9(5): 647-656.

[98] Shi J, Mao X, Ahmed D, et al. Focusing microparticles in a microfluidic channel with standing surface acoustic waves (SSAW). Lab on a Chip, 2008, 8(2): 221.

[99] Shi J, Ahmed D, Mao X, et al. Acoustic tweezers: Patterning cells and microparticles using standing surface acoustic waves (SSAW). Lab on a Chip, 2009, 9(20): 2890.

[100] Luong T D, Phan V N, Nguyen N T. High-throughput micromixers based on acoustic

streaming induced by surface acoustic wave. Microfluidics and nanofluidics, 2011, 10(3): 619-625.

[101] Yeo L Y, Friend J Y. Surface acoustic wave microfluidics. Ann Rev Fluid Mech, 2014, 46: 379-406.

[102] Simon G, Pailhas Y, Andrade M A B, et al. Particle separation in surface acoustic wave microfluidic devices using reprogrammable, pseudo-standing waves. Appl Phys Lett, 2018, 113(4): 044101.

[103] Guo F, Mao Z, Y. Chen, et al. Three-dimensional manipulation of single cells using surface acoustic waves. PNAS, 2016, 113(6): 1522-1527.

[104] Chen C, Zhang S P, Mao Z, et al. Three-dimensional numerical simulation and experimental investigation of boundary-driven streaming in surface acoustic wave microfluidics. Lab on a Chip, 2018, 18(23): 3645-3654.

[105] Zhang S P, Lata J, Chen C Y, et al. Digital acoustofluidics enables contactless and programmable liquid handling. Nature Communications, 2018, 9(1): 2928.

[106] Xie Y, Mao Z, Bachman H, et al. Acoustic cell separation based on density and mechanical properties. J Biomechanical Engineering, 2020, 142(3): 031005.

[107] Tian Z, Shen C, Li J, et al. Dispersion tuning and route reconfiguration of acoustic waves in valley topological phononic crystals. Nature Communications, 2020, 11(1): 762.

[108] 蔡飞燕, 孟龙, 李飞, 等. 声操控微粒研究进展. 应用声学, 2018(5): 655-663.

[109] Meng L, Cai F Y, Chen J, et al. Precise and programmable manipulation of microbubbles by two-dimensional standing surface acoustic waves. Appl Phys Lett, 2012, 100 (17): 173701.

[110] Meng L, Cai F Y, Jin Q F, et al. Acoustic aligning and trapping of microbubbles in an enclosed PDMS microfluidic device. Sensors and Actuators B-Chemical, 2011, 160: 1599-1605.

[111] Li N, Hu J, Li H, et al. Mobile acoustic streaming based trapping and 3-dimensional transfer of a single nanowire. Appl Phys Lett, 2012, 101: 093113.

[112] Qi X, Tang Q, Liu P, et al. Controlled concentration and transportation of nanoparticles at the interface between a plain substrate and droplet. Sensors and Actuators B: Chemical, 2018, 274: 381-392.

[113] Delsing P, Cleland A N, Schuetz M J A , et al. The 2019 surface acoustic waves roadmap. J Phys D Appl Phys, 2019, 52(35): 353001.

[114] Gustafsson M V, Aref T, Kockum A F, et al. Propagating phonons coupled to an artificial atom. Science, 2014, 346(6206): 207-211.

[115] Ford C J B. Transporting and manipulating single electrons in surface-acoustic-wave minima. Phys Status Solidi(b), 2017, 254: 1600658.

[116] Golter D A, Oo T, Amezcua M, et al. Optomechanical quantum control of a nitrogen-vacancy center in diamond. Phys Rev Lett, 2016, 116(14): 143602.

[117] Aspelmeyer M, Kippenberg T J, Marquardt F. Cavity Optomechanics. Rev Mod Phys,

2013, 86(4): 1391-1452.

[118] Liang J, Liu B H, Zhang H X, et al. Monolithic acoustic graphene transistors based on lithium niobate thin film. J Phys D, Appl Phys, 2018, 51: 204001.

[119] Hernández-Mínguez A, Liou Y T, Santos P V. Interaction of surface acoustic waves with electronic excitations in graphene. J Phys D, Appl Phys, 2018, 51: 383001.

[120] Kuszewski P, Camara I S, Biarrotte N, et al. Resonant magneto-acoustic switching: Influence of Rayleigh wave frequency and wavevector. J Phys Condensed Matter, 2018, 30(24): 244003.

[121] Milsom R F, Reilly N H C, Redwood M. Analysis of generation and detection of surface and bulk acoustic waves by interdigital transducers. IEEE Trans Sonics and Ultrasonics, 1977, 24: 147-166.

[122] Wang C H, Chen D P. Analysis of surface excitation of elastic wave field in a half space of piezoelectric crystal-general formulae of surface excitation of elastic field. Chin J Acoust, 1985, 4: 232-243.

[123] Wang C H, Chen D P. Generalized Green's functions at surface excitation of elastic wave fields in a piezoelectric half-space. Chin J Acoust 1985, 4: 297-313.

[124] Ventura P, Hodé J M, Lopes B. Rigorous analysis of finite SAW devices with arbitrary electrode geometries. Proc IEEE Ultra Symp, 1995: 257-262.

[125] 柯亚兵, 李红浪, 何世堂, 等. 声表面波射频标签的快速有限元/边界元分析. 压电与声光, 2013, 35(1): 16-18.

[126] Koskela J, Plessky V, Willemsen B, et al. Hierarchical cascading algorithm for 2-D FEM simulation of finite SAW devices. IEEE Trans UFFC, 2018, 65(10): 1933-1942.

第 9 章 功 率 超 声

功率超声研究现状以及未来发展趋势

林书玉 [1], 徐德龙 [2], 吴鹏飞 [2]

[1] 陕西师范大学应用声学研究所, 西安 710119
[2] 中国科学院声学研究所, 北京 100190

一、学科内涵、学科特点和研究范畴

功率超声是利用超声振动形式的能量使物质的一些物理、化学和生物特性或状态发生改变, 或者使这种改变的过程加快的一门技术. 与检测超声不同, 功率超声是利用超声能来对物质进行处理、加工. 最常用的频率范围是从几千赫到几十千赫, 而功率由几瓦到几万瓦.

功率超声研究的主要内容包括大功率或高声强超声的产生系统, 声能对物质的作用机理和各种超声处理技术及应用. 大功率或高声强的产生、传播和接收是功率超声领域的基本和核心问题, 随着功率超声应用领域的不断扩大, 要求提供功率更大、声强更高的超声源, 所以除了提高单个超声换能器的功率容量外, 还应发展功率合成的各种振动系统和空间分布优化系统. 声能对物质的作用机制则是功率超声较为独特的问题, 也是一个比较复杂的问题, 到目前仍然没有得到较好的解决. 功率超声处理技术是否有其他技术所不能取代的优点, 能否比其他技术更为经济方便, 往往是决定某种超声处理是否有发展前途的因素, 为此必须了解和研究各种应用中的作用机理.

强超声在介质中传播时, 会产生一系列的力学、热学、化学和生物效应等. 因此, 功率超声技术常能大幅度提高处理速度和效率, 提高处理质量和完成一般技术不能完成的处理工作. 目前已在工业、农业、国防、医药卫生、环境保护等领域得到越来越广泛的应用, 主要包括: 超声清洗, 超声加工, 超声节能, 超声化学 (降黏、防蜡防垢等诸多方面), 超声焊接, 超声乳化、粉碎、分散、雾化、提取和除气, 超声马达, 超声悬浮, 超声处理种子, 超声治疗和外科手术, 等等 [1-4].

二、学科国外、国内发展现状

ICU(国际超声大会), IEEE-IUS(电气和电子工程师协会国际超声论坛), CAV-ITATION(国际空化会议), ESS(欧洲声化学学会会议), ICSV(国际声与振动大会)

等国际会议上, 每届均有功率超声的专题, 而且该专题是业内最活跃的专题之一. 在国内, 功率超声也是中国声学学会下属的传统的专业委员会之一, 在国内工业、农业、国防、医药卫生、环境保护等诸多行业均有活跃的应用. 近年来, 随着经济的发展, 能源、医药、环境、国防安全等行业对功率超声技术有重大急需. 电子技术、医药治疗与材料行业的进步, 不仅促进了功率超声的进步, 反过来对功率超声有新的需求, 比如在微电子器件清洗、医疗治疗、超声加工等领域的需求. 随着经济的发展, 人们对石油等能源的需求越来越大, 功率超声在稠油和高凝油等非常规油气资源的开发利用方面也得到了越来越多的关注.

功率超声是一门应用性的基础学科, 国内外从事该领域的研究人员主要集中在高等院校、科研院所以及大中型研发公司等部门. 国际上, 在功率超声以及功率超声器件的研究方面, 日本东京工业大学和美国宾夕法尼亚州立大学及俄亥俄州立大学的研究工作处于国际前列. 一些发达国家, 如美国、英国、日本、德国以及韩国等, 在功率超声设备方面的研究及开发中处于绝对的领先地位, 但在功率超声技术的基础理论研究以及机理研究等方面, 国内的工作与他们不相上下, 有的甚至处于领先地位. 我们与美国俄亥俄州立大学以及日本东京工业大学建立了长期的合作关系, 经过长期的潜心研究, 我们的许多研究工作, 如径向振动夹心式功率超声换能器、功率超声换能器的三维耦合振动分析、复合模式及复频超声换能器的研究以及高频及径向复合功率超声换能器的研究工作, 目前也处于国际先进水平. 在压电和压磁复合材料研究方面, 我们的研究成果也多次发表于物理学的国际权威刊物 (例如 *Appl. Phys. Lett.*) 上, 得到了国际学术界的承认.

1. 高效大功率超声的产生问题

在功率超声领域, 超声功率以及强度是两个至关重要的性能参数, 它们与功率超声技术的处理效果、经济性以及业界对功率超声技术的可接受程度密切相关. 功率超声换能器振动系统是所有功率超声技术的关键部分, 为了产生一定功率和强度的功率超声, 必须对功率超声换能器进行严格的解析分析、数值模拟以及工程设计. 目前, 在功率超声领域, 纵向夹心式压电陶瓷复合超声换能器 (又称之为朗之万换能器) 获得了广泛的应用, 原因在于此类换能器的结构简单、机械强度高、机电转换效率较高、辐射超声功率及声波强度可以调节, 且易于优化设计等. 然而, 随着功率超声技术在金属冶炼、生物燃料制备、废水处理、油气田开发、中草药提取、食品工业以及机械加工等领域中的广泛应用, 对超声功率以及超声强度提出了更高的要求, 因而对传统的纵向夹心式换能器提出了更苛刻的要求, 也暴露了其所存在的一些需要克服的问题.

纵观目前功率超声换能器的研究及发展现状, 为了满足大功率超声处理技术中对于超声功率和超声强度的要求, 传统的纵向夹心式压电陶瓷超声换能器存在如下不足之处: 第一, 由于换能器压电材料的机械脆性和居里温度以及换能器组成材料的机械强度等限制, 传统的单一纵向夹心式压电陶瓷超声换能器的长期稳定工作的功率容量难以做得很大. 尽管可以通过增大换能器中压电陶瓷材料的体积来适当增大换能器的功率容量, 例如增加换能器中压电陶瓷元件的数目以及横向尺寸. 但理论及实验都表明, 过多的压电陶瓷元件会影响换能器的整体散热, 从而降低换能器的效率. 另外, 由于功率超声换能器的设计理论要求换能器的横向尺寸不能超过换能器所辐射的声波波长的四分之一, 因此换能器中压电陶瓷元件的横向尺寸不能太大, 因而限制了此类换能器的声波辐射功率. 第二, 为了解决单一换能器的功率限制问题, 人们采用了换能器阵列来提高功率超声振动系统的功率容量. 例如超声清洗以及液体处理等设备中采用成百上千个相同的纵向夹心式超声换能器组成换能器阵列, 提高了系统的整体输出功率. 然而, 由于传统的换能器阵列中换能器在电端采用并联的形式, 此类换能器阵列只能增大系统的电功率, 而不能提高声波辐射的超声强度. 因此, 对于一些要求高强度声波辐射的超声应用技术中, 如超声采油、超声机械加工及处理等等, 利用换能器组合阵列的思路是不适应的.

为了提高大功率压电陶瓷超声换能器的性能, 国内外学者从声学换能材料及换能器的组成结构等方面进行了大量的研究. 在换能材料方面, 先后研制成功了稀土超磁致伸缩材料、铌镁酸铅-钛酸铅和铌锌酸铅-钛酸铅压电单晶材料以及不同组合形式的压电陶瓷复合材料等等 [5-17], 并将其应用于水声和超声技术中. 但由于此类压电陶瓷材料的高频弛豫吸收以及加工工艺等方面的限制, 此类压电陶瓷材料未能在大功率超声领域获得广泛的应用. 除了压电陶瓷材料的研究以外, 研究人员在大功率超声换能器的组合结构及优化设计方面也做了大量的研究性工作 [18-34]. 国内外学者曾利用功率合成技术以及振动能量方向转换技术来实现换能器振动系统的大功率输出, 但利用的超声振动系统仍是传统的纵向夹心式换能器, 只是在声波的辐射方向以及超声处理设备的结构和形状等方面进行了一些改变, 而未能在超声的产生, 即声源本身的研究方面有所突破.

另外, 为了提高现有的夹心式压电陶瓷功率超声换能器的辐射功率, 国内外学者提出了一种棒式及管式超声换能器 [35-43], 并将其应用到了超声清洗处理以及超声中草药提取中. 但从此类换能器的几何设计尺寸和声波辐射特性来看, 现有的管式或棒式超声换能器仍然是传统的复合超声振动系统的形式, 即由传统的半波长压电换能器和半波长整数倍的棒式或管式辐射器组成, 其振动模式基本上仍然属于传统的纵向振动, 尽管可以在一定的程度上提高系统的辐射功率, 但辐射超声的强度难以提高.

针对上述的一系列问题, 为了提高传统的功率超声换能器的功率容量和声波辐射强度, 我们提出一种新型的级联式高强度大功率压电陶瓷复合超声换能器.

该换能器由两个或两个以上的半波长夹心式压电陶瓷换能器在电端并联、机械端串联组合而成. 换能器的电端并联可以提高复合换能器的输入电功率, 而换能器的机械端串联则可以提高换能器振动系统的辐射声波强度, 因此, 级联式换能器振动系统可以同时提高换能器的辐射功率及辐射声强度, 对于一些同时要求辐射声功率及声波强度的超声应用技术, 如超声金属成型、超声采油以及超声加工等具有重要的理论指导和实际应用价值. 相对于传统的纵向夹心式压电陶瓷超声换能器是一种新型的大功率超声振动系统. 其研究成果相对于传统的超声换能器设计理论是一种改进和创新, 对于发展新型的大功率高强度超声换能器、改善现有超声应用技术的作用效果、开发新的超声技术应用领域具有理论指导意义和实际应用价值. 级联式高强度大功率超声换能器可作为超声技术中的大功率发射器, 在超声化学、超声提取、超声生物降解、超声加工以及超声石油开采等超声处理技术中获得广泛应用.

功率超声的另一项紧迫而重要的工作是增大声学设备的作用范围 (即空间区域). 我们提出了一种新型的径向夹心式功率超声压电陶瓷复合换能器, 该换能器是由径向极化的压电陶瓷圆管、内部金属圆管以及外部金属圆管在径向方向复合而成的. 在此类换能器中, 其声波辐射是通过换能器的内表面或外表面在换能器的径向方向来实现的. 由于换能器的圆柱形声波辐射面积可以做得很大, 因而可以辐射较大的声功率. 同时, 径向夹心式换能器的声波辐射方向是二维的, 因而可以大大地增加声波的作用范围, 对大规模大容量的超声处理技术具有重要的实际意义. 另外, 通过合理设计此类径向夹心式压电陶瓷复合超声换能器内外金属圆柱的材料, 可以实现径向夹心式压电陶瓷复合超声换能器的两种不同功能的声波辐射. 第一, 换能器的外金属圆管选用轻金属, 而内金属圆管选用重金属. 此时, 借助于换能器几何形状和尺寸的优化设计, 可以实现换能器声波能量的外向辐射. 这种组合形式换能器的声波辐射是发散的, 可以提高声波的作用范围, 适用于低强度大作用范围的超声应用技术. 第二, 换能器的外金属圆管选用重金属, 而内金属圆管选用轻金属. 同样借助于换能器几何形状和尺寸的优化设计, 可以实现换能器声波能量的内向辐射. 这种组合形式换能器的声波辐射是会聚的, 可以提高处理区域的声波强度, 适用于小范围高强度的超声处理技术.

2. 功率超声空化问题的机理研究

目前无论国内还是国外, 对于功率超声的研究都缺乏深入系统的工作, 尤其在基础理论和机理等方面. 例如超声清洗是超声技术的最主要应用之一, 其历史已有六十年之久, 但其机理至今尚未研究清楚.

目前, 声空化基础研究中存在两个困难问题. 空化通常指当液体中压强下降到足够低时气泡或者气泡群的产生及其演变现象. 超声空化是一种由于高强度超声在液体中引起的空化. 超声空化微观上表现为一个个剧烈膨胀和塌缩着的微气泡, 称其为超声空化泡, 简称空化泡. 超声空化时空化泡通常不是孤立存在的, 而是以大量空化泡组成的泡群形式存在, 但是泡群中的泡并不是简单的均匀分布, 而是会发生相互吸引或排斥、合并或分裂等现象, 最终呈现出有序的空化结构. 这些空化结构不断演化又保持一定的稳定性, 因此, 空化泡群是一个典型的复杂系统. 目前关于空化泡群研究中有两大难题至今未能解决. 其一是对空化泡群动力学行为的模拟; 其二是泡群空化剧烈程度即空化强度的定量表征.

虽然单个空化泡的振动及空化泡间相互作用已经比较清楚, 但模拟和预测空化泡群的行为仍然是个挑战. 这主要是因为空化泡群系统的强非线性、随机性、多自由度及多尺度特性. 因此, 泡群动力学演化是一个复杂的多重尺度、多体相互作用问题. 现有的空化泡群动力学模型采用所谓的 "粒子方法" 或 "连续介质方法". "粒子方法" 对少数几个空化泡动力学行为的模拟适用, 但是很难对超声空化场中成千上万的空化泡表现出复杂而有一定秩序的行为进行模拟. "连续介质方法" 着重考虑含空泡流的弱非线性动力学特性, 没有考虑不同空化泡间的差别和相互作用. 因此, 不能解释强超声场中空化泡群表现出的复杂而有序的组织特性.

"空化强度" 在文献中出现已久, 然而时至今日, 这个名词仍然没有明确的物理定义, 只是用来泛泛地表示空化的剧烈程度. 目前, 人们用来评价空化强弱主要通过化学反应法、声致发光谱法、水听器测空化噪声法和空蚀法. 这几种方法都只是利用空化的化学效应、光辐射、声辐射或力学效应中的某一种来间接反映空化的强弱, 测量缺乏统一标准, 其结果往往不具可比性, 不能全面客观地反映空化场的强弱特性. 目前对 "空化强度" 的认知不足以及相关标准的缺乏不但制约了学科的发展, 也是制约相关产业 (譬如空化清洗、液体声处理等声空化工程应用) 发展的 "卡脖子" 难题.

综上, 对空化泡群动力学行为的模拟和泡群空化剧烈程度即空化强度的定量表征的深入研究将带动空泡动力学乃至复杂性科学的发展, 推动空化清洗、液体声处理等声空化工程应用的发展.

3. 功率超声技术的产业化问题

功率超声技术在各个领域有广泛的应用: ① 在机械制造方面, 包括超声精密加工、超声材料处理、超声焊接等; ② 在化学工业中, 包括超声化学、超声制备纳米材料、超声催化技术等; ③ 在农业生产中, 包括超声处理农作物种子增产增效、超声绿色农业技术等; ④ 在医学治疗中, 包括超声消融肿瘤技术、功率超声血栓消融技术等; ⑤ 在石油工业中, 包括超稠油的降黏和高凝油的降凝处理等技术.

以石油工业的应用为例, 超声技术自 20 世纪 60 年代开始在石油开发领域中应用以来, 主要集中在原油开采中用于油井解堵、管道防蜡以及原油处理中脱水、脱硫等方面. 到目前为止, 在原油开采和处理中大规模应用超声技术还存在一些技术、经济方面的问题, 许多关于超声应用成果的报道大多处于实验室或中试阶段, 还未形成产业化规模. 已发表的研究结果大多针对的是低黏度原油, 对超稠油、高凝油, 超声降黏、降凝相近的文献较少, 可借鉴的资料不多.

在超声应用于超稠油降黏和高凝油降凝时除了被处理液体本身物理化学性质等因素影响以外, 超声的频率、作用时间、功率和声强的大小、声源的摆列方式等均对处理效果有影响. 在上述因素中, 一般存在一个处理需要的最佳参数值. 在实际的应用中, 需结合实际情况进行综合考虑选择. 对于其中的原因, 迄今未见明确报道. 其根源是对超声用于超稠油降黏和高凝油降凝的机理尚不清楚.

三、我们的优势方向和薄弱之处

我国的功率超声技术研究一直得到比较广泛的重视. 在中国声学学会成立之初, 就同时成立了功率超声专业委员会. 国内从事功率超声研究的单位也很多, 包括陕西师范大学应用声学研究所、中国科学院声学研究所以及杭州应用声学研究所等都专门下设功率超声研究室. 除此以外, 国内从事技术研究以及设备开发的大中小企业达到上百家. 这些企业主要集中在长三角以及珠三角一些沿海发达地区, 近十几年, 在内陆一些地区, 功率超声企业也出现一些上升的发展势头. 在产业研发方面, 我国已经形成了从压电陶瓷材料研发、功率超声换能器研发、大功率超声电源研制以及成套功率超声设备开发的完整产业开发链. 针对 2020 年流行的新冠肺炎疫情, 我国的功率超声工作者加班加点工作生产, 为各种口罩的生产和制造提供高性能的超声口罩焊接机, 为抗疫工作做出了应有的贡献.

我国在功率超声方面的研究, 主要以基础研究以及应用开发为主. 在机理研究方面, 我国科技工作者的研究水平是比较领先的. 这一点可以通过每年发表在国际声学杂志的研究论文明显看出. 在空化机理研究方面, 南京大学声学研究所、清华大学物理系以及中科院声学研究所的研究工作在国际上处于领先地位. 在功率超声换能器振动系统的研究方面, 陕西师范大学应用声学研究所的研究工作得到了学术界的普遍认可及关注. 例如, 有关功率超声换能器的耦合振动研究、复频换能器的研究、大功率气介超声换能器的研究、复合振动模态换能器的研究、径向夹心式换能器的研究、级联式大功率高强度功率超声换能器以及全方位辐射大功率超声换能器的研究工作, 都处于国内外领先水平.

除了机理研究, 功率超声的实际应用以及功率超声设备的开发和生产至关重要, 这涉及多方面的因素. 例如, 各种换能材料 (主要是压电陶瓷材料以及磁致伸缩材料) 的性能、机械加工的工艺水平、大功率功率放大管的性能以及功率超声电路设备的性能及稳定性等等, 所有这些都对功率超声的技术发展以及广泛应用具有重要的影响. 目前, 我国在传统的功率超声设备的研发及生产方面和国际上发达国家的水平不相上下, 但在一些高精尖的功率超声设备研发方面, 如超声微电子器件焊接设备、大功率功率超声换能器的长期稳定工作等方面还存在一定的差距.

四、基础领域今后 5~10 年重点研究方向

在高效大功率超声的产生方面, 重点研究方向包括：

(1) 大功率超声换能器材料的研究;

(2) 大功率超声振动系统的多模式耦合振动研究及其优化设计;

(3) 大功率聚焦超声换能器及换能器阵的研究;

(4) 全方位辐射功率超声换能器的研究;

(5) 复频、多频以及宽频带超声换能器的研究;

(6) 高性能大功率超声电源的研制 (包括频率自动跟踪以及输出功率恒定等新技术问题、新型电子器件的应用);

(7) 超声场的测试及评价等问题, 尤其是功率超声场、空化声场、聚焦超声场、瞬态强声场以及生物组织中的声场等问题.

在功率超声技术的机理方面, 重点研究方向包括：

(1) 功率超声空化问题的机理研究;

(2) 超声辐射提高农作物产量、育种、物种变异以及超声的生物效应等研究;

(3) 超声溶血栓的机理及实验研究;

(4) 超声降解污水及废水等的研究;

(5) 超声采油的物理效应机理与功率超声换能器的研究;

(6) 基于功率超声技术的无线能量传输研究;

(7) 基于压电陶瓷器件的能量收集研究.

五、国家需求和应用领域急需解决的科学问题

作为国家需求和应用领域急需解决的科学问题之一的大功率超声提高原油采收率问题, 其关键技术包括超声采油的物理效应机理与功率超声换能器的研究与开发. 面向当今对能源和资源的需求, 在基础研究方面, 结合理论分析和实验研究, 开展声能对地层和稠油、页岩油等非常规油藏提高采收率作用机理的研究, 揭示大功率超声所激励的声学效应的作用机理, 进而结合声场与声空化场空间分布的优化调控技术, 掌握空化场、非线性效应和声场的分布与作用规律, 提升大功率声波作用效率, 在井下空间实现对大功率超声物理效应有效作用区域的调控与分布控制.

在应用基础研究方面, 重点探究超声及其产生的声空化等物理效应在稠油、页岩油、天然气水合物等深部非常规资源以及污泥、污水处理等绿色能源环保领域

的应用基础技术, 突破大功率超声效应作用的核心技术, 研制中试规模的关键 "卡脖子" 核心部件, 研发适用于深地资源和能源领域以及环保领域的大功率声能系统样机, 并进行初步现场应用实验.

急需解决的科学问题包括:

(1) 超声提高原油采收率的地层作用机理. 结合理论分析和实验研究, 针对不同性质的多孔介质地层, 开展声场对地层孔隙结构、孔隙形变、渗透率、蠕动运输、毛细管作用、流体剪切黏度以及流体流动特性的作用机理及效果分析.

(2) 超声提高稠油、页岩油等非常规油藏采收率的物理效应机理. 选取典型稠油样品、非常规页岩油样品, 进行物性分析, 研究超声频率、功率、时间等因素对样品作用效果的影响, 优化处理参数, 形成 2—3 项非常规油藏提高采收率技术. 在此基础上分析声波提高采收率现场工艺技术的适用条件.

(3) 声场和声空化场井下空间分布的优化与调控. 按照理论模拟仿真与实验测试结合的方式, 进行核心换能器的设计和优化, 对换能器激励的声场和空化场进行分析和优化, 确定可用于井下空间的大功率换能器阵参数、空间参数和地层参数, 实现对井下空间声场的调控与优化, 为设计井下作用的工艺方案和设备研发提供基础.

(4) 适用井下提高采收率的大功率声能样机系统的研制. 在大功率声能核心换能器的基础上, 结合井下提高采收率的具体需求和作业工况, 研发具有输出能量大, 适合不同井况且穿透和抗干扰能力强的大功率声能设备系统; 研究样机的系统参数、地层参数、非常规能源参数和井参数对提高采收率的影响, 探寻适合不同地层、不同资源矿藏的适用条件, 给出样机实验室与现场的性能测试评价, 进行初步的现场试验应用.

六、发展目标与各领域研究队伍状况

1. 发展目标

功率超声是一门应用性很强的高科技技术, 根据实际的应用要求, 需要在以下几个方面加大研究力度. 第一, 研发新的换能材料, 包括无铅压电陶瓷、高能量密度压电陶瓷材料、各种超磁致伸缩换能器材料、基于声子晶体结构的压电复合材料以及新型的高效能量转换材料. 第二, 利用有限元数值仿真技术, 优化传统的功率超声换能器的结构, 改善传统换能器的性能, 提高单元功率超声振子的功率及效率. 第三, 研发新结构及新型功率超声换能器, 设计应用于不同领域的各种类型的换能器, 如聚焦超声换能器、全方位辐射功率超声换能器、复频、多频以及宽频带超声换能器、级联式大功率高强度功率超声换能器、基于声子晶体周期结构的宽带功率超声换能器、径向夹心式功率超声换能器以及基于耦合振动以及振动模态转换的大功率超声换能器. 第四, 加大力度, 研究功率超声换能器的非线性特性, 力争建立一套较为完整的换能器非线性设计及分析理论, 提高功率超声换能器的大功率工作稳定性以及电声转换效率. 第五, 力争形成系统的大功率超声场的测试及评价系统, 并形成国家标准. 第六, 加大功率超声技术的机理研究, 例如超声空化及其各种效应研究, 以解决功率超声的作用机理研究滞后这个制约学科的发展, 也制约相关产业 (譬如空化清洗、液体声处理等声空化工程应用) 发展的 "卡脖子" 难题.

2. 各领域研究队伍状况

国内主要研究单位有: 中国科学院声学研究所, 陕西师范大学应用声学研究所, 南京大学声学研究所, 同济大学声学研究所, 中国船舶重工集团公司 715 和 726 研究所等. 中国声学学会功率超声分会每两年举办一次学术会议, 参会人数近 200 人.

七、基金资助政策措施和建议

(1) 针对国内相关的声学研究单位的特点和研究基础, 对于每一个确定的研究领域和方向, 国家尤其是国家自然科学基金委员会应有意识有重点地培育并扶持一至两个长期固定的研究单位, 并给予长期的基金支持.

(2) 应结合国内相关单位的研究现状和研究基础, 采用连续资助的方式, 以期取得更大的成果.

(3) 加强对新型材料型和磁致伸缩型大功率换能器及合成系统和空间分布优化系统研制的资助与引导.

(4) 加强声能对物质的作用机制的研究资助与引导.

(5) 声学是一个应用性学科, 其理论基础研究比较薄弱, 应重点加强相关高校在这一方面的研究工作, 充分发挥其特长.

八、学科的关键词

功率超声 (power ultrasound); 高强度超声 (high intensity ultrasound); 功率超声换能器 (power ultrasonic transducer); 纵向振动换能器 (longitudinal vibration transducer); 弯曲振动换能器 (flexural vibration transducer); 扭转振动换能器 (torsional vibration transducer); 复合模态换能器 (composite mode transducer); 纵向夹心式压电陶瓷换能器 (longitudinally sandwiched piezoelectric ceramics transducer); 径向夹心式压电陶瓷换能器 (radially sandwiched piezoelectric ceramics transducer); 超声空化 (ultrasonic cavitation); 空化强度 (cavitation intensity); 空化阈值 (cavitation threshold); 超声辐射力 (ultrasonic radiation force); 超声绿色加工 (ultrasonic green machining), 超声焊接 (ultrasonic welding or ultrasonic soldering); 超声提取 (ultrasonic extraction), 超声采油 (ultrasonic oil recovery), 超声治疗 (ultrasonic therapy), 超声溶血栓 (ultrasonic thromboysis), 超声外科手术 (ultrasonic surgery).

参考文献

[1] Gallego-Juárez J A, Graff K F. Power Ultrasonics: Applications of High-intensity Ultrasound. Amsterdam: Woodhead Publishing, 2015.

[2] Abramov O V. High-Intensity Ultrasonics: Theory and Industrial Applications. Amsterdam: Gorden and Breach Science Publishers, 1998, 416-445.

[3] Wang Z J, Xu Y M. Review on application of the recent new high-power ultrasonic transducers in enhanced oil recovery field in China. Energy, 2015, 89: 259-267.

[4] Bejaoui M A, Beltran G, et al. Continuous conditioning of olive paste by high power ultrasounds: Response surface methodology to predict temperature and its effect on oil yield and virgin olive oil characteristics. LWT-Food Science and Technology, 2016, 69: 175-184.

[5] Park S E E, Hackenberger W. High performance single crystal piezoelectrics: Applications and issues. Current Opinion in Solid State and Materials Science, 2002, 6(1): 11-18.

[6] 李宁, 陈建峰, 黄建国, 等. 各种水下声源的发声机理及其特性. 应用声学, 2009, 28(4): 241-248.

[7] 曾海泉, 曾庚鑫, 曾建斌, 等. 超磁致伸缩功率超声换能器热分析. 中国电机工程学报, 2011, 31(6): 116-120.

[8] 柴勇, 莫喜平, 刘永平, 等. 磁致伸缩-压电联合激励凹筒型发射换能器. 声学学报, 2006, 31(6): 523-526.

[9] 曾庚鑫, 曹彪, 曾海泉. 超磁致伸缩功率超声换能器的振动分析. 振动、测试与诊断, 2011, 31(5): 614-617.

[10] 陈思, 蓝宇, 顾郑强. 压电单晶弯张换能器研究. 哈尔滨工程大学学报, 2010, 31(9): 1167-1171.

[11] 尹义龙, 李俊宝, 莫喜平. 弛豫铁电单晶压差水听器有限元设计. 声学与电子工程, 2012(3): 32-34.

[12] Nakamura K. Ultrasonic Transducers: Materials and Design for Sensors, Actuators and Medical Applications. Cambridge: Woodhead Publishing, 2012.

[13] DeAngelis D A, Schulze G W. Performance of PIN-PMN-PT single crystal piezoelectric versus PZT8 piezoceramic materials in ultrasonic transducers. Physics Procedia, 2015, 63: 21-27.

[14] Sangawar S R, Praveenkumar B, et al. Fe doped hard PZT ceramics for high power SONAR transducers. Materials Today: Proceedings, 2015, 2: 2789-2794.

[15] 刘文静, 周利生, 夏铁坚, 等. 稀土超声换能器特性研究. 声学与电子工程, 2005, 4: 28-31.

[16] 徐家跃. 弛豫铁电晶体 PZNT 生长的几个关键问题. 硅酸盐学报, 2004, 32(3): 378-383.

[17] 宋昭海, 束理. 稀土超磁致伸缩材料及其在换能器上的应用. 水雷战与舰船防护, 2007, 15(2): 16-19.

[18] Lin S Y. Radiation impedance and equivalent circuit for piezoelectric ultrasonic composite transducers of vibrational mode-conversion. IEEE Trans. UFFC, 2012, 59(1):139-149.

[19] Asakura Y, Yasuda K, et al. Development of a large sonochemical reactor at a high frequency. Chem. Eng. J., 2008, 139: 339-343.

[20] Peshkovsky S L, Peshkovsky A S. Matching a transducer to water at cavitation: Acoustic horn design principles. Ultrasonics Sonochemistry, 2007, 14: 314-322.

[21] Heikkola E, Miettinen K, Nieminen P. Multiobjective optimization of an ultrasonic transducer using NIMBUS. Ultrasonics, 2006, 44: 368-380.

[22] Heikkola E, Laitinen M. Model-based optimization of ultrasonic transducers. Ultrasonics Sonochemistry, 2005, 12: 53-57.

[23] Decastro E A, Johnson B R, et al. High power ultrasonic transducer with broadband frequency characteristics at all overtones and harmonics. United States Patent, 2006, 7019439, B2.

[24] Gachagan A, McNab A, et al. A high power ultrasonic array based test cell. Ultrasonics, 2004, 42:57-68.

[25] Lin S Y. Optimization of the performance of the sandwich piezoelectric ultrasonic transducer. J. Acoust. Soc. Am., 2004, 115(1): 182-186.

[26] Lin S Y. Analysis of the sandwich piezoelectric ultrasonic transducer in coupled vibration. J. Acoust. Soc. Am., 2005, 117(2): 653-661.

[27] Tsujino J, Ueoka T. Characteristics of large capacity ultrasonic complex vibration sources with stepped complex transverse vibration rods. Ultrasonics, 2004, 42: 93-97.

[28] Gachagan A, Speirs D, McNab A. The design of a high power ultrasonic test cell using finite element modelling techniques. Ultrasonics, 2003, 41: 283-288.

[29] Asakura Y, Yasuda K, et al. Development of a large sonochemical reactor at a high frequency. Chem. Eng. J., 2008, 139: 339-343.

[30] Chacón D, Rodríguez-Corral G, et al. A procedure for the efficient selection of piezoelectric ceramics constituting high-power ultrasonic transducers. Ultrasonics, 2006, 44: e517-e521.

[31] Kuang Y, Jin Y, et al. Resonance tracking and vibration stablilization for high power ultrasonic transducers. Ultrasonics, 2014, 54: 187-194.

[32] Liu Y Y, Ozaki R, Morita T. Investigation of nonlinearity in piezoelectric transducers. Sensors and Actuators A: Physical, 2015, 227: 31-38.

[33] DeAngelis D A, Schulze G W, Wong K S. Optimizing piezoelectric stack preload bolts in ultrasonic transducers. Physics Procedia, 2015, 63: 11-20.

[34] Parrini L. New technology for the design of advanced ultrasonic transducers for high-power applications. Ultrasonics, 2003, 41: 261-269.

[35] 周光平, 梁召峰, 李正中, 等. 超声管形聚焦式声化学反应器. 科学通报, 2007, 52(6): 626-628.

[36] 陈鑫宏, 俞宏沛, 严伟. 径向复合型大功率超声换能器的设计. 声学与电子工程, 2009(2): 13-16.

[37] 俞宏沛, 仲林建, 孙好广, 等. 圆柱大功率换能器的应用与发展. 声学与电子工程, 2007(4): 1-4.

[38] 尹文波, 王平, 董怀荣, 等. 大功率超声波采油成套装备的研制及应用. 石油机械, 2007, 35(5): 1-4, 69.

[39] Fu Z Q, Xian X J, Lin S Y, et al. Investigations of the barbell ultrasonic transducer operated in the full-wave vibrational mode. Ultrasonics, 2012, 52(5):578-586.

[40] 周光平, 梁召峰, 李正中. 棒形超声辐射器的特性. 声学技术, 2008, 27(1): 138-140.

[41] Lin S Y, Fu Z Q, et al. Radially sandwiched cylindrical piezoelectric transducer. Smart Mater. Struct., 2013, 22(1): 015005.

[42] Zhang X L, Lin S Y, et al. Coupled vibration analysis for a composite cylindrical piezoelectric ultrasonic transducer. Acta Acustica United with Acustica, 2013, 99(2): 201-207.

[43] Lin S Y, Fu Z Q, et al. Radial vibration and ultrasonic field of a long tubular ultrasonic radiator. Ultrasonics Sonochemistry, 2013, 20(5): 1161-1167.

第 10 章 环境声学

10.1 噪声控制研究现状以及未来发展趋势

Xiao-Jun Qiu (邱小军)

Centre for Audio, Acoustics and Vibration, Faculty of Engineering and IT
University of Technology Sydney, NSW 2007, Australia

一、学科内涵、学科特点和研究范畴

1. 学科内涵

噪声控制指获得适当噪声环境的科学和技术, 其目标是采用吸声、隔声、隔振、减振等方法使指定区域噪声低于有关噪声限值. 噪声控制通过现场噪声调查, 测量现场噪声级和频谱, 根据相关环境标准确定容许噪声级, 并根据实测数值和容许噪声级之差确定降噪量, 制定技术上可行、经济上合理的控制方案. 噪声控制策略包括声源控制、传声途径控制和接收者防护. 声源控制指通过改进声源结构, 提高其中部件的加工精度和装配质量, 采用合理的操作方法等以降低声源噪声发射功率, 或者利用声的吸收、反射、干涉等特性, 采用吸声、隔声、减振、隔振以及安装消声器等技术控制声源的噪声辐射. 传声途径上的控制包括通过声屏障、吸声材料和降噪结构将传播中的噪声能量消耗掉或者反射到非敏感方向. 接收者防护包括佩戴护耳器、减少噪声环境中的暴露时间等. 合理控制噪声的措施是根据噪声控制费用、噪声容许标准、劳动生产效率等有关因素进行综合分析确定的.

2. 学科特点

噪声污染与空气污染、水污染并列为人类环境的三大污染, 噪声控制相关研究是解决环境噪声问题的基础. 噪声控制相关研究和国防密切相关, 如潜艇和飞行器的噪声是衡量它们总体性能的重要指标. 噪声控制是声学的一个分支, 具有较强的交叉性与延伸性. 涉及的领域包括物理学、环境科学、力学、机械学、电子学、计算机科学、建筑学、信息学和材料科学等, 充分体现了多学科交叉的特点. 噪声控制技术在很多方面已经比较成熟. 若不考虑成本的话, 几乎任何噪声问题用现有原理和技术都可解决. 但由于其在环境、军事、工业生产和日常生活中的重要性, 世界各国都在进行大量研究, 噪声控制的科学和技术还在快速发展, 加深对噪声源和噪声产生机理的理解, 细化噪声传播途径模型, 量化噪声对人心理和生理的影响和作用, 研制出更有效的检测、控制和评估方法.

3. 研究范畴

噪声控制的研究范畴包括: ① 噪声的效应, 包括噪声对人、生物和社会的影响等; ② 噪声评价方法和标准, 包括环境噪声测量、分析和统计特征, 社区噪声区划、规章和立法等; ③ 噪声测量和分析的仪器和技术, 包括声功率的测定、噪声地图等; ④ 噪声源、噪声产生机理和过程, 包括空气动力和喷气噪声等; ⑤ 声传播, 包括噪声传播中的地形和气象因素等; ⑥ 噪声控制方法, 包括吸声、隔声、声障、消声器、振动控制、耳处的噪声控制、有源噪声控制、噪声掩蔽等; ⑦ 噪声控制工程, 包括建筑和机器噪声控制、交通工具噪声控制、脉冲和冲击噪声控制, 以及低噪声机器和厂房的设计等. 噪声控制和声学的其他领域, 如环境声学、建筑声学、结构声与振动、气动声学和心理声学等, 有交叠. 图 1 给出了噪声控制研究范畴示意图.

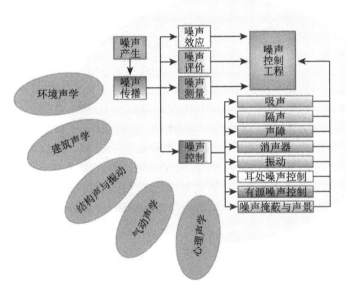

图 1 噪声控制研究范畴示意图

二、学科国外、国内发展现状 [1-21]

噪声控制涉及的研究方向比较多, 本节从噪声效应、噪声评价、噪声测量、噪声产生、噪声传播、噪声控制和噪声控制工程七个不同方向分别介绍国内外发展现状.

1. 噪声效应

噪声效应指噪声对人心理生理产生的影响、噪声对动植物的影响以及噪声对生态和社会环境的影响. 噪声对人的心理生理效应主要为引起烦恼、干扰言语通信、影响工作效率、降低听力甚至引起疾病. 噪声引起烦恼的程度与其物理特性有关. 不同强度、频谱和空间分布的噪声对人的影响不同, 且与人的情绪、需要、态度、健康状况、生活习惯、年龄、工作性质等因素有关. 噪声影响人们的言语通信, 如某些频段的噪声对声音言语干扰效应较大, 较大的噪声强度下人们无法交流. 非稳态噪声对工作效率的影响较大.

噪声在 90dB 以下, 对人的生理和病理性作用不明显. 但长期暴露在较强噪声下, 可引起人体一系列生理和病理性变化, 如头痛、头晕、失眠等神经衰弱症状, 脉搏和心律改变、血压升高、心律异常等心血管系统疾病, 消化功能减退、胃功能紊乱、食欲不振等消化系统疾病, 以及甲状腺功能亢进、肾上腺皮质功能增强等内分泌系统疾病. 长期在较强噪声环境中工作和生活, 内耳会发生器质性病变, 引起噪声性耳聋. 突发的高强度噪声会使听觉器官发生急性外伤, 如引起鼓膜破裂出血.

国内这方面的研究有一些, 但相关研究人员不多, 缺少系统和持续的研究. 内容涉及强声下听觉功能及耳蜗毛细胞损伤的实验与临床研究、强声对豚鼠和家兔损伤的实验研究、低频和有调噪声的烦恼度心理声学模型、变电站低频噪声人体感受研究和海洋环境噪声对海洋动物的影响等. 国外的相关研究则比较系统深入. 美国声学学会期刊 (*J. Acoust. Soc. Amer.*) 在 2020 年出版一期特刊 "噪声对水生生物的影响" (*The Effect of Noise on Aguatic Life*), 发表了有关水下声源和特征、水生生物产生的声音和使用的声音、水生动物听力受损、水生动物对声音的行为反应、噪声对生态系统的影响以及噪声规范和管理等方面的 45 篇论文.

国外近几年关注比较多的是: 噪声对海洋生物 (如海豹、海豚和鲸) 和水下生态的影响, 噪声对鸟类 (如猫头鹰) 和环境生态的影响, 风力发电噪声和各类交通噪声对人 (尤其是人类睡眠) 和环境生态的影响, 环境噪声对学生、正常听觉和听力障碍的听众的语言理解能力的影响, 噪声对不同行业具体工作和执行效率 (如开放办公空间的工作效率、飞行员的工作状态) 的影响. 本方向的难点是如何客观地测量噪声对人、动植物和环境生态的效应. 由于噪声种类很多, 同样的噪声对不同人和动物主客观影响不同, 故需要大量的数据以获得有统计意义和实际应用价值的模型.

2. 噪声评价

噪声评价指对各种环境条件下, 噪声对接收者的影响进行评价, 并用可测量计算的评价指标来表示影响的程度. 噪声评价涉及的因素较多, 与噪声强度、频谱、持续时间、随时间的起伏变化等特性有关. 噪声评价参数有多种, 如 NR、NC、RC、A 声级和 C 声级等. 针对拟建项目的噪声评价指根据该项目多个方案的噪声预测结果和环境噪声标准, 评述各个方案在施工、运行阶段产生噪声的影响程度、影响范围和超标状况; 对建设前和预测得到的建设后的状况进行分析比较, 判断其影响, 分析受噪声影响的人口分布, 并提供推荐方案.

噪声评价内容可分析拟建项目的噪声源和引起超标的主要噪声源或主要原因, 分析项目的选址、设备布置和设备选型的合理性, 同时分析项目设计中已有的噪声防治对策的适应性和防治效果; 为了使拟建项目噪声达标, 提出需要增加的、适用于该项目的噪声防治对策, 并分析其经济、技术的可行性; 提出针对该项目的有关噪声污染管理、噪声监测和城市规划方面的建议. 噪声评价依据项目投资额、建设前后噪声级变化程度、噪声影响范围的环境噪声目标和人口分布分为三个级别. 一级评价要求最高, 需要用实测数据对全部敏感目标预测、绘制等声级曲线图, 并编制噪声防治对策方案, 而三级评价可以仅通过资料分析提出防治对策建议.

环境噪声标准是为保护人群健康和生存环境, 对噪声容许范围所做的规定. 各国大都参照国际标准化组织推荐的基数根据本国和地方的具体情况而制定, 包括不同地区的户外噪声标准和不同使用要求的室内噪声标准. 制定这类标准的目的是控制噪声对人的影响, 为合理采用噪声控制技术和实施噪声控制立法提供依据. 城市环境噪声按区域的不同类别有不同的限值. 如以居住、文教机关为主的区域适用于 1 类标准, 昼间噪声标准值是 55dB, 夜间是 45dB; 而城市中的道路交通干线道路两侧区域适用于 4 类标准, 昼间噪声限值是 70dB, 夜间是 55dB. 住宅室内噪声标准一般不应高于所在区域的环境噪声标准 20dB.

国内外的研究主要在以下几方面展开: 用新方法 (如非度量多维尺度分析、平均有效信息量、深度学习和人工智能等) 进行环境噪声评价, 对某些特定场合 (如机场、风力发电厂、迪斯科舞厅) 建立更合理的噪声评价量, 对某些高噪声设备和设施 (如民用直升机、螺旋桨飞机、高铁) 建立专门的噪声评价量和开发评价工具, 对特殊噪声 (如低频噪声、周期性调幅宽带噪声、变压器噪声) 建立专门的噪声评价量, 结合气候变化和长期积累的大数据, 对环境噪声进行大时间尺度评价. 所采用的方法多为调查和统计分析. 噪声评价是环境噪声政策和管理的基础, 对提高噪声管理水平, 加大噪声治理力度和推进噪声控制技术进步有关键作用.

现有噪声评价量需要的测量时间比较长, 测量成本较高且和人们的主观感觉有时不完全相符合. 本方向的挑战在于建立大家都认可的合理噪声评价方法和评价量. 这些评价方法和评价量要能够在实际应用中通过对现有设施和环境进行测量和对拟建设施进行预测快速得到, 且相关测量和预测要高效准确, 成本可控.

3. 噪声测量

噪声测量方向包括对噪声进行测量的方法、参数、仪器和流程等的研究. 噪声测量的主要参数包括声压级和噪声的频谱等, 所使用的仪器有声级计、频率分析仪、声强分析仪、噪声级分析仪、噪声剂量计等. 声级计是噪声测量中最基本的一种声学仪器, 它不仅具有不随频率变化的平直频率响应, 可用来测量客观量的声压级, 还有模拟人耳频响特性的计权网络 (如 A, B 和 C 计权), 进行主观声级测量. 声级计按测量精度和稳定性分为不同类型, 按用途分为一般声级计、脉冲声级计和积分声级计. 为保证测量准确度, 声级计在使用前后必须采用声学校准器进行校准和检查.

噪声测量是噪声控制研究和应用的基础. 现有成熟的测量方法、参数、仪器和流程已经被制定成各类标准, 在各种场合广泛应用. 但新的测量方法、技术和仪器也在不断研发中, 是推动噪声控制技术进步的关键因素之一. 噪声测量在研的新方法、新技术和新仪器很多, 如声强测量、传声器阵列、噪声地图、室外环境低频噪声测量、声能量密度测量、新型传声器和非接触遥测.

声强是单位时间内通过垂直声波传播方向上的单位面积的声能, 是描述声能流动大小和方向的量. 声强测量有离散点法和扫描法. 离散点法是将测量面均匀划分为若干单元, 通过测量每个单元中心点的声强, 获得噪声源的总声功率. 扫描法则是将声强探头在适当长的时间内, 在正交两个方向上, 以规定路线型, 在测量面元上进行匀速往复扫描得到该测量面的平均声强. 声强测量可在现场对机器设备等噪声源进行声功率测量, 也可对非移动设备进行噪声源定位和分析. 声强计可用双传声器法实现, 即利用空间两点声压的差分来估计其中点的质点速度, 也可直接用一个传声器和一个质点速度传感器实现. 目前在声强计的校准方法、测量数据的处理、具体噪声源测量和新型声强传感器研发方面仍有进展.

传声器阵列由一定数目传声器按照一定空间布局组成, 对声场的空间特性进行采样并滤波的系统. 按布局形状分为线性阵列、平面阵列和立体阵列等. 传声器阵列可用于声源定位 (包括角度和距离的测量), 抑制背景噪声、干扰、混响和回声, 进行信号提取和分离等. 传声器阵列已有成熟的商用仪器设备, 在各种场合获得广泛应用, 也是近些年的研究热点. 阵列研发的挑战在于用小尺度阵列实现较好的宽带和低频性能、如何在有风噪声的情况下保证阵列性能、在无人机等特殊体积形状上如何用有限个数的传声器获得较好的阵列性能, 尤其是不同阵列 (特别是球形阵列) 在各种场合的特殊应用方法和算法 (如测量材料声学参数、房间声学参数、声源定位、双耳录音). 图 2 显示用球形传声器阵列可以较准确地测量气流中的噪声.

室外环境低频噪声 (特别是风力发电场、台风和龙卷风产生的次声频段的噪声) 的测量是个挑战. 其主要原因是周边环境噪声中低频噪声比较大, 特别是测量时气流流动产生的风噪声有时大于拟测的低频噪声. 目前国际标准中建议采用直径不小于 1m 的防风罩进行测试. 如何设计具有更好效果的紧凑防风结构, 如何采用阵列技术和信号处理方法来提高低频噪声的测量准确度是目前研究的热点.

图 2 用球形传声器阵列测量气流中的噪声

声能量密度指声场中单位体积介质所含有的声能量, 它同时包含声场中声压和质点速度信息. 声能量密度信息在研究声场的形成、预测和控制以及声能量采集中有重要作用. 声能量密度的测量比较复杂, 尽管一些实验室研制出了样机, 但市场上还没有成熟的仪器. 传统电容传声器是通过测量振动引起振膜位移和器件电容变化的原理测量声压, 目前有研究探索通过测量声音引起的空气温度变化或者用激光直接测量空气振动进行声压测量. 后者不需要把探头布放在拟测场点, 可实现远距离非接触遥测声压.

4. 噪声产生

噪声产生的机理有多种, 不同噪声源产生噪声的机理不同. 常见噪声源包括机械噪声源 (如振动、齿轮、轴承、电磁、液压泵)、空气动力性噪声源 (如喷射、涡流、旋转、排气、燃烧、激波)、交通运输工具噪声源 (如汽车、铁路、地铁、飞机) 和社会活动噪声源 (如家用电器、生活噪声、社会噪声). 基于不同产生媒体, 可分空气声、结构声和液体声; 按照不同辐射特点可分为单极子声源、偶极子声源、四极子声源、线声源和面声源等.

机械噪声来源于机械部件之间的交变力, 这些力的传递和作用一般分为撞击力、周期性作用力和摩擦力, 还有其他振动带来的噪声. 撞击噪声是利用冲击力做功的机械 (如冲床、锻锤和凿岩机等) 工作时, 每个工作循环产生的脉冲噪声. 周期作用力激发的噪声一般发生在旋转机械上. 转动轴、飞轮等转动系统不平衡引起系统振动, 并将振动力传递到与其相连的其他机械部分, 激励机械振动和噪声.

摩擦噪声绝大部分是摩擦引起摩擦物体的张弛振动所激发的噪声, 如车床切削工件产生 "辄辄" 声、齿轮干啮合时的啸叫声、卡车的刹车声等. 其他噪声源包括齿轮噪声、轴承噪声、电机噪声、变压器噪声、液压泵、阀门噪声与管路系统噪声等.

空气动力性噪声包括喷射噪声、涡流噪声、旋转噪声、燃烧噪声和基波噪声等. 喷射噪声是气流从管口高速喷射出来产生的噪声, 如喷气发动机排气噪声、高压容器排气噪声等. 气体与物体以较高的速度相对运动会产生湍流噪声, 而旋转的空气动力机械在旋转时与空气相互作用产生压力脉冲辐射旋转噪声. 可燃混合气体燃烧时产生的噪声成为燃烧吼声, 燃烧吼声的频带较宽, 在低频范围具有明显的峰值成分; 当燃烧气体强烈振动时, 会产生燃烧激励脉冲噪声.

交通噪声源不仅和交通运输工具 (如汽车、火车、地铁、飞机) 有关, 还和其行驶环境 (如轮轨和道路) 有关. 汽车是一个包括各种不同性质噪声的综合噪声源. 汽车行驶时轮胎与路面之间的摩擦碰撞、汽车自身零部件的运转 (如发动机、排气管等) 以及偶发的驾驶员行为 (如鸣笛、刹车等) 都是产生噪声的原因. 火车噪声振动的主要来源包括轮轨噪声、列车运行车体噪声、牵引动力系统噪声、制动噪声和空气动力学噪声等. 另外可从行驶环境 (如高速公路、高架公路、普通铁路、高速铁路、城市轻轨、地铁) 来研究噪声特点.

社会活动噪声来自社会生活中的各种生活设备和社会活动. 居民住宅区噪声主要包括居民社会活动噪声, 如社会交际, 出行时车辆的启动与停车产生的噪声; 家庭生活噪声, 如家用电器产生的噪声, 室内娱乐产生的噪声. 文教区噪声主要是指学校以及其他文教区域中的各种活动产生的对周围环境造成影响的噪声. 以学校噪声为例, 其主要包括: 教学活动噪声, 如老师授课、学生朗读活动产生的噪声等; 室外活动噪声, 如室外体育课、课后活动产生的噪声等. 医院噪声主要来自医院中的各类诊治、人们间的交流、住院患者生活产生的噪声, 人流来往产生的噪声, 以及仪器使用产生的噪声等.

娱乐休闲噪声是指人们在特定场所 (比如歌舞厅、音乐厅) 或者一般场所 (如空旷的场地) 进行娱乐休闲活动产生的对周围环境有影响的噪声. 按娱乐场所不同, 将娱乐休闲噪声分为固定场所 (歌舞厅、酒吧、音乐厅等场所) 娱乐噪声和一般娱乐场所噪声. 商业噪声主要是指在商业区或者商业混合区进行各种交易活动等产生的对周边环境以及其区域内人员造成不良影响的噪声. 商业噪声主要来源于商店、超市等各种交易市场中的各种商业活动产生的噪声, 各种促销活动引起的噪声, 以及人流来往产生的噪声.

目前对结构振动产生的噪声机理比较清楚, 相应的预测模型已经建立, 但对空气动力性噪声源的了解还有待深入. 很多场合的噪声产生于多种噪声源的共同作用, 如何描述这类复杂的噪声源并针对之进行准确建模是研究的难点. 对噪声产生机理的深入了解和对噪声源的精确建模对噪声控制和预测具有重要的意义. 一般说来, 了解噪声产生机理后, 从而从源头进行噪声控制的效果较好且成本较低.

5. 噪声传播

噪声在室外和室内有不同的传播规律. 声波在户外传播时, 它的强度会随传播距离的增加而衰减, 其主要原因有波阵面的扩大而导致的能量发散、大气对声波的吸收、传播途径中地面、屏障或绿化带对声波产生的衰减以及风速、温度等气象条件对声传播的影响. 不同声源, 如点声源、线声源和面声源的扩散衰减规律不同. 空气吸收由空气的黏滞性、热传导、空气分子转动、弛豫和吸收等因素引起; 声波在空气传播途径中遇到声屏障、建筑物及大型机器设备等障碍时由于衍射或者反射会产生衰减; 屏障引起的衰减与声源及接受点相对屏障的位置、屏障的高度及结构, 以及声波的频率有关; 树林引起的衰减与树木的种类及树林的规模有关. 地面引起的衰减量由地面吸收和地面反射效应产生; 而气象因素 (主要是风速及温度的垂直梯度) 引起的声速梯度导致声波发生折射效应, 从而影响空气中的声传播.

声波在室内, 如房间、车间、办公室、厅堂传播时, 会被边界反射和室内物体散射. 室内声传播可用几何声学、统计声学或波动声学方法研究. 当房间几何尺寸比声波波长大很多时, 可把声波传播看作沿声线方向传播的声能, 从而用几何学的方法分析声音能量的传播、反射和扩散, 常见方法包括虚源法、声线/声束追踪法以及混合法. 统计声学基于扩散场假设, 忽略声的波动特性, 从能量观点出发用统计数学手段来描述声场平均状态. 一个连续发声的声源在室内发声, 随时间逐步增长而达到稳定状态; 声源停止发声后, 声场随时间逐渐衰减. 统计声学方法从能量角度研究在连续声源激发下声能密度的增长、稳定和衰减过程, 并给混响时间以确切定义. 当室内几何尺寸与声波波长可比时, 无法忽略声的波动特性, 可用波动方程研究室内声模态分布和特点.

在环境噪声传播预测方面, 目前有两个发展趋势: 宏观的环境噪声预估主要针对城市范围内的噪声传播和评价, 与地理信息系统结合使用, 对整个城市或其一部分进行噪声地图绘制. 微观层次的环境噪声预测往往针对某一具体的路段或某一区域, 可以建立较为精确的模型, 得到详细准确的噪声分布, 以进行声环境设计. 已有多种商业化噪声预测软件, 有的适合工业企业的噪声分析, 有的适用于城市大范围的噪声评估, 有的适合较小范围内的噪声分布预测, 如一条或几条街道或一个城市广场. 发展的趋势是针对航空、铁路、公路、各种工厂开发不同的专用噪声预测软件并整合成完整的环境声学预测工具.

噪声地图是将噪声源的数据、地理数据、建筑的分布状况、道路状况、公路、铁路和机场等信息综合、分析和计算后生成的反映城市噪声水平状况的数据地图. 噪声地图一般利用声学仿真模拟软件绘制、通过噪声实际测量数据检验校正, 生成的地理平面和建筑立面上用不同颜色的噪声等高线、网格和色带来表示噪声值分布. 噪声地图展示了城市区域环境噪声污染普查和交通噪声污染模拟与预测的成果, 可为城市总体规划、交通发展与规划、噪声污染控制措施提供决策依据. 城市规划、交通主管、环境保护等政府部门和普通民众均可使用. 目前很多城市已经绘制了初步的噪声地图, 但其准确性由于空间采样数目的不足存在较大误差. 目前研究课题包括如何更有效率地建立更准确的噪声地图 (如采用手机和低成本的传声器装置), 特别是实测数据和仿真数据的融合; 如何利用噪声地图监测噪声状况、检测噪声异常、评估噪声影响和进行噪声控制管理等.

噪声传播一直是噪声控制研究的重点. 近年来, 针对不同对象的研究有风力电场产生的低频声波传播、台风和海啸等自然现象产生的次声传播、城市里各种噪声传播、具有移动边界和物体的声场中的噪声传播、有气流和不同温度梯度的室外声传播、火车站等半开半闭空间的声传播、不同形状闭空间 (如长空间、扁空间和开放式办公空间) 里的声传播. 另外, 还有针对噪声传播建模和预测方法研究, 如抛物线法、统计法、传输矩阵法、时域有限差分法, 以及对不同噪声传播模型误差和适用性的分析.

6. 噪声控制

噪声控制指通过各种降噪措施使目标环境中的噪声低于有关噪声限值. 噪声控制的目标并不是要将噪声降低到听不到, 而是根据现场实测噪声级和容许噪声级之差来确定目标降噪量, 制定经济上合理的控制方案. 控制策略包括声源控制、传声途径的控制和接收者的防护. 首先选择降低声源的噪声发射功率, 或者利用声的吸收、反射、干涉等特性, 采用吸声、隔声、减振、隔振以及安装消声器等技术控制声源的噪声辐射, 其次在传声途径上通过隔声屏障、吸声材料和吸声结构消耗传播中的声能量, 最后针对接收者, 采用隔声间和护耳器等降低噪声影响.

1) 吸声

吸声指当声波通过介质或入射到介质表面上时声能减少的过程. 吸声系数是被分界面 (表面) 或介质吸收的声功率加上经过分界面透射的声功率所得的和数与入射声功率之比, 其大小与声波频率及入射方向有关. 吸声材料包括多孔材料等, 而吸声结构包括板共振和微穿孔吸声结构等.

多孔吸声材料是通过内部大量微孔和通道对气体或液体流过给予阻尼的材料, 包括纤维状、颗粒状和泡沫状. 其机理是入射进多孔材料的声波传播时引起孔隙中空气振动, 由于摩擦和空气的黏滞阻力, 使一部分声能转变成热能; 此外, 孔隙中的空气与孔壁、纤维之间的热传导, 也会引起热损失, 使声能衰减. 多孔材料的吸声系数一般随频率增高而增大, 吸声频谱曲线由低频向高频逐步升高, 并出现不同程度的起伏, 随着频率的升高, 起伏幅度逐步缩小, 趋向一个缓慢变化的数值. 影响多孔材料吸声性能的参数主要有流阻、孔隙率和结构因数.

板共振吸声器由悬挂在空间中的柔性板组成, 板必须与声场耦合并被声场驱动以通过面板的弯曲振动而消耗声能量. 最大吸声量一般发生在板声场耦合系统的共振频率处. 对由不透气的薄板背后设置空气层并固定在刚性壁上的板共振吸声结构, 其共振频率取决于板尺寸、重量、弹性系数以及板后空气层厚度, 并受框架构造及薄板安装方法影响. 常用的薄板材料有胶合板、纤维板、石膏板和水泥板等. 板共振吸声的频率范围一般较窄, 仅在共振频率频段有效, 且一般用于低频.

在薄金属板、胶木板、塑料板上穿上大量的小于 1mm 的微孔, 把这种板固定在硬墙壁前, 板后留适当空腔, 就形成微穿孔板吸声结构. 其原理是把孔径缩小到毫米以下后, 可增加孔本身的声阻, 从而不必外加多孔材料就能得到满意的吸声系数. 为展宽频率范围和提高吸声效果, 还可采用不同穿孔率和孔径的多层结构. 微穿孔板吸声结构由于不含有多孔吸声材料, 可用于有气流、高温、潮湿以及有严格卫生要求等场合.

复合吸声指综合使用多孔吸声材料、板共振吸声结构和其他吸声材料和结构扩大吸声范围, 提高吸声系数. 如为弥补多孔性吸声材料低频吸声系数小的特点, 可用多种共振吸声结构来平衡不同频段所需吸声量. 共振吸声结构可以是薄板共振、薄膜共振.

获得良好吸声的条件有两个. 首先, 材料或者结构的表面特性声阻抗要和入射介质的特征声阻抗相近, 从而入射声波不被反射回去; 其次, 材料或者结构中有良好的能量耗散机制, 把声波能量转化成其他能量 (如热能、电能和磁能) 消耗掉. 由于其广阔的应用背景, 吸声材料和结构这个方向的研究一直比较活跃, 难点是低频吸声材料和结构一般体积比较大, 目标是获得结构紧凑的宽频带吸声器.

目前热点之一是采用各种巧妙设计的声学结构 (如周期性结构和折叠结构) 制成所谓的声学超构材料. 声学超构材料中并没有新的吸声机理和声学原理, 但是由于 3D 打印和微加工技术的发展和设计优化能力的提高, 人们可更加准确和巧妙地利用声学原理来实现吸声功能. 如 1/4 波长管是传统的吸声器, 但通过折叠则可以把原来的吸声结构变得紧凑. 另一类方法是利用电子器件 (如分流扬声器), 其原理是利用机械结构和电子元器件来耗散声能量. 由于电子器件的能量密度大, 故有可能用较小的体积实现大波长 (低频) 声波的吸收. 图 3 是采用分流扬声器阵列做成的低频吸声结构, 其特点是相对波长较薄, 且能灵活调整吸声频率.

2) 隔声

隔声是选用传声损失足够大的材料或结构封闭噪声源来控制噪声的方法. 传声损失是声波入射到隔声结构时, 入射声强度级与透射声强度级之差. 建筑隔层传声损失与其面密度和频率乘积的以 10 为底的对数成正比, 即面密度增加 1 倍, 传声损失增大 6dB; 频率提高 1 倍, 传声损失增大 6dB. 当声波以某入射角从媒体向弹性隔层传播时, 会激发隔层内弯曲波的传播. 在某一特定频率, 弯曲波的振动达到极大值, 即发生吻合效应, 这时传声损失显著降低. 无限大隔层隔声的主要机理是反射; 而隔声罩的降噪机理是利用隔声罩中的吸声材料进行吸声.

图 3   分流扬声器阵列吸声结构

多层墙隔声指通过引入一定厚度不同阻抗的中间层, 使同等质量的多层墙在某中频段的隔声量比单层墙有所提高. 其代价是在低频段产生了由 "墙体—腔体—墙体" 系统共振引起的隔声低谷, 而在高频段也引入了一系列与中间腔体共振频率有关的隔声低谷. 使多层墙的隔声性能较等重单层板墙改善的条件是合理选择各层材料、配置各层厚度, 使更多能量被反射回去, 同时利用夹层的阻尼和吸声减弱共振和吻合效应, 使用厚度和材质不同的多层结构, 错开共振与吻合频率, 减少共振区与吻合频率区的隔声低谷.

组合结构隔声指通过把具有不同隔声量的隔声单元组合成一个构件进行隔声. 如建筑上包含门窗的隔声墙和含有通气口的隔声罩等. 组合结构的总隔声量和各部分的隔声量及其面积大小均有关系. 若某一部分的透声量和面积远大于其他部分的透声量, 则总透声量基本由该部分的透声量决定. 总隔声量一般取决于隔声量小的部分的隔声量和其占整个结构面积的面积比, 因此, 在设计时要注意平衡配置, 避免对其他部分隔声量的过度要求.

隔声罩是为了减少噪声源的噪声辐射, 采用具有一定隔声量的隔板将噪声源部分或者全部封闭起来, 并在隔板内表面附加吸声材料的降噪装置. 隔声罩的降噪机理是利用隔板的高阻抗将噪声束缚在隔声罩中, 然后利用其中的吸声材料进行吸声. 隔声罩的隔声量随着内衬吸声材料的吸声性能的增大, 逐渐接近隔板的传声损失. 由于通风散热要求, 在隔声罩罩壁上常需要开孔, 在孔洞上需要安装消声器, 其降噪量要和隔声罩罩壁的隔声量相当.

隔声间是在噪声强烈的局部环境空间内建造隔声性能良好的小室, 对工作人员的听力进行保护. 类似于隔声罩, 它由具有一定隔声量的隔板并在隔板内表面附加吸声材料构成. 隔声间的降噪机理是首先利用隔声罩的高阻抗将噪声反射到原噪声场中, 然后对部分进入隔声间的噪声利用其中的吸声材料进行吸声. 隔声间的降噪量和隔声间壁面本身的隔声量、隔声间内的吸声量以及隔声间受声面积有关.

隔声材料和结构的相关研究一直比较活跃, 目前的主要挑战是低频隔声对大质量的材料和结构的要求. 实际应用中, 希望获得轻薄坚固且低频性能良好的隔声结构. 已有研究发现采用周期性结构和巧妙的设计能使小试件获得较好的隔声性能, 但仍缺乏建筑和噪声控制工程中所需要大尺度的测试结果和设计.

目前另一个得到广泛关注的是通风隔声窗的研究. 外墙设窗后总的隔声效果会下降, 尤其在需要开窗通风的季节, 隔声效果大受影响. 窗扇隔声量取决于玻璃厚度、层数及窗的密闭程度. 开窗通风是健康型绿色建筑的必需, 但要兼顾隔声和通风的矛盾. 由于节能和舒适的原因, 人们希望能够提供自然通风但又有较好隔声效果的窗户. 交错式自然通风隔声窗就是这么一种设计, 但其低频隔声性能相对较差. 因此有源噪声控制技术被应用在其中以提高其整体隔声性能.

图 4 给出了带有源控制的交错式自然通风隔声窗的照片. 该窗户由内外 2 层玻璃构成, 窗户分成左中右 3 个部分, 其中左边和右边部分都是普通的双面可开合的双层玻璃窗户, 而中间部分是自然通风部分. 中间部分被分成上下 2 个通道, 每个通道都可以作为一个自然通风通道. 自然通风是通过交替打开左右部分的内外窗, 从而迫使空气通过中间通道进行流通. 由于中间部分前后窗的交错, 中高频噪声得到一定的降低. 通过在窗户中间部分上下各个通道分别安装一套有源噪声控制系统, 自然通风状态时整个窗户的低频隔声性能得到显著提高. 带有有源控制的交错式自然通风隔声窗的隔声性能不差于闭合单层窗的性能.

图 4　有源控制交错式自然通风隔声窗

3) 声屏障

在噪声源与接收者之间, 可用声屏障使声源辐射噪声经过屏障绕射传播到接收者, 减弱接收者所在区域的噪声大小. 因屏障使受声点声压级降低的分贝数称为声屏障的插入损失, 其大小和声屏障衍射导致的声程差有关. 该声程差定义为有屏障时绕射传播的最短距离和无声屏障时的直线传播距离的差值, 其和半波长的比值称为菲涅耳数. 屏障高度一般在 1m 和 5m 间, 覆盖有效区域 (在声影区) 平均降噪达 10dB 到 15dB. 声屏障的降噪量与噪声频谱、屏障高度以及声源与接收者之间的距离等因素有关. 一般情况下, 高频效果较好; 屏障高度越高, 降噪效果越好.

声屏障的最新研究可以划分成两类: 一类是无源声屏障, 相关研究包括风和温度梯度的影响、屏障表面的吸声性能、屏障顶部的几何结构、地面和沥青的声学特性、周围的建筑、地形等环境特征对于声屏障的影响; 另一类是有源声屏障, 它通过在噪声屏障附近放置传声器和次级声源阵列, 利用有源噪声控制技术, 以达到提高现有无源声屏障低频性能的目的. 目前有很多研究, 如超构材料提高屏障对低频声衍射的衰减能力, 使声屏障在不增加高度的前提下, 性能得到较大改善. 有源声屏障的相关研究包括控制屏障顶部的声学阻抗 (如形成软边界)、用虚拟传感技术取消使用远场误差传感器、误差传感器布放位置、采用声强作为误差信号, 以及用单指向性次级源提高系统性能.

虚拟声屏障由若干声源和传感器构成, 使用有源控制方法在噪声环境中产生局部安静区域, 阻挡噪声但不影响空气和光线的传播, 像一个无形的屏障对噪声起作用. 虚拟声屏障的理论基础是惠更斯原理, 即若某一空间内部没有声源, 则该空间内的声场完全由该空间边界上的声压及其梯度决定. 因此, 若能通过在该区域外部或者边界上放置次级声源, 通过控制次级声源产生的声场调整上述边界的声压及其梯度, 使其减小或者为零, 则可整体降低边界内的声压. 虚拟声屏障可采用针对稳定初级声场的展开法和适合时变初级声场和自适应系统的最小均方优化法进行设计. 图 5 给出了一个虚拟声屏障系统示意图.

大型电力变压器的噪声以低频线谱为主, 传统降噪方法如隔声、吸声等对低频噪声效果较差或成本较高, 且一般要求全封闭, 影响设备的通风散热和维护. 为方便维护和通风散热, 有些变压器安装于一面或两面开口的空间内. 空间其他墙壁的隔声量足够高, 变压器噪声主要通过开口辐射到环境中. 故可在开口面上安装扬声器阵列构成平面型虚拟声屏障系统控制向外辐射的噪声. 图 6 给出了安装于桂林的用于变压器噪声控制的 44 通道虚拟声屏障系统照片.

4) 消声器

消声器是具有吸声衬里或特殊形状的气流管道, 可有效地降低气流中的噪声. 消声器的性能包括声学性能、空气动力学性能和结构性能. 声学性能包括消声大小和消声频带, 可用传声损失、插入损失、末端降噪量或声衰减量等表示. 插入损失定义为通过管道传播的声功率相对于无消声器时所传播声功率的衰减量, 而传输损失定义为消声器入口处入射的声功率与消声器所发射的声功率的差值. 空气动力性能指压力损失, 包括摩擦阻损和局部阻损; 结构性能包括外形、体积、重量、维修、寿命和系列化设计等.

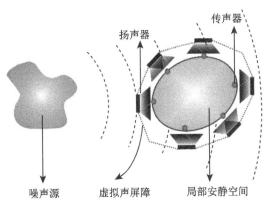

图 5　虚拟声屏障系统示意图

图 6　安装于桂林的用于变压器噪声控制的 44 通道
虚拟声屏障系统照片

　　基于耗散原理的 (如用附有吸声衬里的管道使管道内噪声得到衰减) 消声装置称为阻性消声器, 基于反射或声功率输出抑制的消声装置 (如用弯头或截面积突然改变使管道内噪声反射回去) 称为抗性消声器. 由于抗性消声器有时会影响到声源处的噪声产生, 且抗性消声器消声性能和声源与末端阻抗有关, 故其传输损失和插入损失可能不相同. 然而对阻性消声器, 由于其性能不受声源和末端阻抗影响, 故其插入损失和传输损失一般是相近的.

阻性消声器采用的吸声衬里包括多孔吸声材料和共振吸声结构等, 降噪机理是利用声波在这些材料和结构传播的摩擦将声能转化为热能而散发掉. 阻性消声器的管道越长, 吸声衬里的吸声系数越大, 管道截面积越小, 则其消声性能越大. 由于吸声衬里吸声系数的频率依赖性, 阻性消声器一般对中高频噪声有效, 适用于宽带噪声. 但由于高频时声波传播的指向性较大, 消声器存在高频失效频率. 阻性消声器使用范围较广, 在中频或高频段噪声衰减和对气流阻力小的情况下均可采用, 但不适合高温、高湿、多尘的条件.

抗性消声器是具有特殊形状的气流管道. 特殊形状包括共振腔体、扩张室和消声弯头等. 其机理是利用弯头或截面积突然改变及其他声阻抗不连续的管道等降噪器件, 使管道内噪声反射回去. 抗性消声器一般具有频率选择性, 适用于窄带噪声. 对于扩张室式消声器, 膨胀比决定消声量的大小, 扩张室长度和插管长度决定消声频率特性; 而对于共振腔消声器, 传导率、共振腔体积、截面积决定消声量的大小, 共振腔体积、截面积和板厚决定共振频率大小. 抗性消声器的压力损失主要来自局部阻损.

为达到更好的消声器效果, 阻性和抗性消声器通常结合在一起构成复合消声器使用. 复合消声器有多种形式, 如阻性—扩张复合式、阻性—共振复合式、阻性—扩张—共振复合式和利用微穿孔板构成的复合消声器. 复合消声器的设计比较复杂, 通常通过计算机软件辅助设计和实验测试进行. 设计需要综合考虑降噪带宽、降噪量、压力损失和消声器的体积. 小孔消声器是利用小孔喷注的频移作用来改变和降低高压气体排放时的噪声的消声器. 有源降噪技术可应用于管道消声, 它在管道中的低频噪声抑制方面有较好的应用前景. 消声器的研究依然比较多. 难点是如何在有限压力损失的前提下实现小体积和宽带有效的高性能消声器.

5) 振动控制

针对降噪的振动控制包括采用隔振技术来降低振动的传递率, 用振动阻尼减弱物体振动强度并减低向空间的声辐射, 用动态吸振器将机械的振动能量转移并消耗在附加的振动系统上等方法. 振动指标是振动加速度级, 是振动加速度与基准加速度之比的以 10 为底的对数乘以 20, 单位为 dB. 振动级是根据等振曲线计算的加权振动加速度级, 分为垂直振动级和水平振动级, 和人的舒适性和工作效率有关.

隔振是在振动源与基础或者基础与需要防震的仪器设备之间, 加入具有一定弹性的装置以减少振动能量的传递. 隔振分为积极隔振和消极隔振, 前者是减少设备传入基础的扰动力, 后者是减少来自基础的扰动位移. 隔振的主要方法是通过使用弹簧或者橡胶等软物体降低整个系统的共振频率, 使其远低于设备或者地面的激励频率. 频率低的振动传递较难控制. 隔振设计时, 首先确定系统质量和拟控制振动频率、振动大小、振动方向和振动位置, 其次根据隔振目标确定隔振系统的隔振频率, 从而确定隔振器的劲度和对系统质量的修正, 然后根据具体情况, 选择隔振器的类型和安装方式, 计算隔振器尺寸并进行结构设计, 最后由隔振效率和机器的启动和停机过程, 决定隔振系统的阻尼. 常见隔振器材包括橡胶、软木等隔振垫, 钢弹簧、橡胶、空气弹簧和全金属钢丝绳等隔振器. 另外还包括橡胶接头和金属波纹管等柔性接管.

当机器设备仅在某一或若干个很窄的频带振动或受力时, 可采用动力吸振器降低振动幅度. 动力吸振器仅适用于控制设备在稳定窄带扰动下引起的振动, 且这一激励频率就在原设备的共振频率附近; 若吸振器质量不够大, 新构成系统的共振频率和原设备的共振频率将相差不大, 则该共振系统很容易产生新的共振. 为了避免在其他频率的共振和拓宽吸振频带, 需要引入阻尼, 使用有阻尼的动力吸振器. 为进一步拓宽吸振频带可将多个阻尼动力吸振器进行组合形成复合动力吸振器. 实际应用中, 针对大振幅和多模态吸振问题, 非线性吸振器和多自由度动力吸振器有待进一步研究.

结构表面振动可推动周围流体运动从而辐射声波, 即产生结构声辐射. 一般情况下, 与结构声辐射密切相关的是结构的弯曲振动. 具有共振特性的结构在受到各频率幅度相等的激励后, 共振频率处振动幅度较大, 此时某一阶振动模态的幅度远大于其他模态, 辐射声功率往往相应地出现极大值. 当激励位置位于对应振动模态的节点时, 振动和声辐射都会较小. 相对于结构振动模态, 声辐射模态仅由结构的几何形状决定, 而与结构的物理性质及边界条件无关, 且低频时辐射效率随模态阶数降低, 可用于低频声功率估计及结构声辐射控制.

降低结构振动引起声辐射的方法包括降低结构振动幅度和改变结构振动时空分布, 使其产生的声场不能有效辐射出去. 由于结构振动引起噪声辐射问题的广泛性, 目前的相关研究比较多, 如采用振动控制的方式降低噪声辐射, 采用优化方法设计结构质量和刚度等的空间分布, 降低结构对激励的响应和辐射效率等.

6) 耳处的噪声控制

若在声源处降低噪声辐射和在传声途径中控制声传播的措施都采用后, 依然有较大的噪声, 影响人们的工作生活, 则可以针对接收者, 采用隔声间和护耳器等进一步降低噪声影响. 隔声间类似于隔声罩, 它采用具有一定隔声量的隔板并在隔板内表面附加吸声材料, 在噪声强烈的局部环境空间内建造隔声性能良好的小室, 对工作人员的听力进行保护. 隔声间有通风照明等要求且占用空间较大.

保护人听觉免受噪声损伤的个人防护用品是护耳器. 护耳器可分为耳塞、耳罩和防噪声头盔三类. 耳塞可插入外耳道内或插在外耳道的入口, 适用于噪声不很大的环境. 耳罩适用于噪声较高的环境. 耳塞和耳罩可结合使用进一步提高噪声衰减量. 防噪声头盔可把头部大部分保护起来, 如再加上耳罩, 进一步提高防噪效果.

有源抗噪声耳罩可提高一般传统耳罩的降噪效果, 尤其是低频噪声的降噪量. 有源抗噪声耳罩从结构上可分为前馈式、反馈式和混合式. 前馈式有源抗噪声耳罩的优点是电路简单、没有其他频段噪声被放大的水床效应, 且容易和现有高保真放音电路集成, 缺点是对噪声传播方向和耳机佩戴松紧较为敏感; 反馈式模拟电路有源抗噪声耳罩的优点是电路简单, 对噪声传播方向和耳机佩戴松紧不敏感, 但缺点是存在水床效应. 采用前反馈混合自适应控制算法的数字式有源抗噪声耳罩性能最好, 但成本较高.

由于护耳器相对于耳朵是密封的, 会导致耳内空气不流通, 容易在耳内产生相对的温度提升. 另外护耳器佩戴有时给人耳带来不适或压迫感, 因此有很多研究探讨用有源降噪方法在人耳附近空间产生静区. 目前采用有源控制技术在人耳附近空间产生静区的方法主要有两类. 一类为有源降噪头靠, 仅在人耳附近形成静区; 另一类为虚拟声屏障, 用控制声源阵列与传声器阵列围成封闭几何形状包围目标区域, 在整个目标区域内形成静区.

有源降噪头靠系统如图 7 所示, 扬声器作为控制声源, 通过控制器调节扬声器输出和初级声场相互干涉, 从而在人耳旁的误差传声器附近产生静区. 系统所需控制源数少, 物理系统简单, 但静区范围较小, 误差传声器需靠近人耳才有较好的降噪效果. 虚拟传声器与远程传声器技术可解决误差传声器与人头冲突的问题, 但并没有解决静区范围小的问题. 此外, 人头移动还引起声场传递函数变化, 虚拟传声器或近端传声器的估计误差增大也导致性能下降. 使用头部定位系统跟踪人头移动位置, 降低估计误差可提升效果. 已有研究采用激光测振仪直接从远处测量耳朵内的声压以解决误差传感问题.

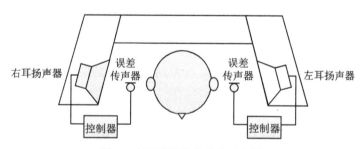

图 7 有源降噪头靠系统示意图

虚拟声屏障产生的静区范围较大, 但控制源个数较多, 系统复杂和成本高, 可通过代价函数和控制源优化, 以及主、被动混合控制技术来提高有效频率范围和减少控制源个数. 目前研究表明在噪声来自多个方向的复杂噪声场中, 在低频段产生一定大小的静区是可行的. 有源降噪头靠和虚拟声屏障方法各有优缺点, 目前距实际应用均有一定距离. 由于在汽车、高铁、飞机机舱中的广泛应用前景, 目

前用各种方法在人耳附近空间产生静区的相关研究和探索比较多. 未来最有可能
实用的方法是针对具体应用场景, 将这两种方法综合应用, 结合虚拟传声器和声
场预测技术, 采用主被动混合结构实现复杂声学环境中人耳附近空间的有效降噪.

7) 有源噪声控制

有源噪声控制技术是指通过人为引入可控次级声源和原始初级噪声源的噪声
产生、辐射、传播和感知过程相互作用来降低噪声的技术. 和传统噪声控制方法
相比, 有源噪声控制技术在解决有重量和体积约束的低频噪声控制问题时有一定
优势. 另外, 该技术还可用在由于通风和美观等原因无法使用传统噪声控制方法
的场合. 图 8 显示了有源噪声控制原理和主要应用场合.

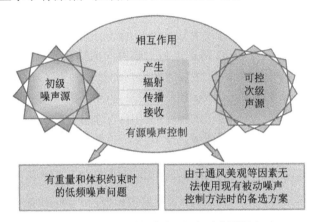

图 8　有源噪声控制原理和主要应用场合

从结构上分, 有源噪声控制系统可分为前馈控制和反馈控制. 有源噪声控制
的机理复杂多样, 包括降低原有噪声源的辐射阻抗、吸收原噪声能量和反射原噪
声能量等. 有源噪声控制的设计一般分为两部分, 即物理系统的设计和电子控制
系统的设计. 物理系统的设计包括选择恰当的控制源和传感器的类型和数量, 并
确定它们的安装位置, 而电子系统的设计则包括驱动控制源和获得传感信号的各
种电路和控制器等. 控制器可以是数字电路的, 也可以是模拟电路的. 经常使用的
控制器由数字信号处理芯片实现, 配以各种自适应控制算法. 最常用的有源控制
自适应算法是滤波最小均方算法. 有源控制系统的性能上限由物理系统决定, 电
子系统的设计和算法的开发则尽可能逼近这个上限.

有源噪声控制已在有源护耳器、管道消声器、汽车和飞机舱内噪声降噪场合
成功商用, 目前正在拓展在若干其他场合的应用. 有源噪声控制技术的基本原理
和方法都已经建立, 相关的教科书已经出版, 但更广泛的应用目前刚刚开始. 有源
噪声控制未来的发展方向分为两个方面: 一方面是特定的应用以及和特定应用相
关的传感器、控制器、控制算法和系统的研发; 另一方面是针对更一般的系统的

研究, 即对超大规模多通道控制系统及其算法进行研究以提高有源噪声控制的频率和空间范围.

8) 噪声掩蔽与声景

掩蔽效应是由听觉的非线性引起的一个声音的听觉阈值因另一个掩蔽声音的存在而上升的现象. 掩蔽声一般不同于被掩蔽声音, 可用不同声音作为掩蔽声, 如纯音、复音、噪声等. 非同时掩蔽是指当掩蔽声和被掩蔽声不同时到达时发生的掩蔽现象. 掩蔽声作用在被掩蔽声之前的, 称为前掩蔽; 掩蔽声作用在被掩蔽声之后的, 称为后掩蔽. 一个纯音信号引起的掩蔽, 大体上决定于它的强度和频率, 低频声能有效地掩蔽高频声, 但高频声对低频声的掩蔽作用不大. 窄带噪声在其频率附近的掩蔽效果大于该频率处的一个纯单频声音. 在有些较难采用噪声控制措施或者采用了降噪措施后还有较大残余噪声的场合, 如开放办公场所, 可以采用在背景声中人为地加入掩蔽声, 降低人们对噪声的感知和烦恼.

声景指个体、群体或社区所感知的在给定场景下的声环境. 不同于一般的噪声控制措施, 声景研究从整体上考虑人们对声音的感受, 研究声环境如何使人放松、愉悦, 并通过针对性的规划与设计, 使人们心理感受舒适, 从而感受优质的声音生态环境. 声景的研究使得环境声学和噪声控制逐渐走出了 "先污染后治理" 的阶段, 开始转向积极主动地创建舒适的声环境. 目前声景观的研究主要集中在几个方面进行: 视觉和听觉交感作用研究; 声景观在声环境设计中的应用研究; 不同区域、不同人群的特征声音和特征景观研究以及声景观图的研究.

9) 噪声控制工程

噪声控制工程是指将噪声控制的各种方法应用到实际中实现降噪的过程, 包括现场噪声调查, 测量现场噪声级和噪声频谱, 根据相关环境标准确定现场容许噪声级, 并根据现场实测数值和容许噪声级之差确定降噪量, 进而制定技术上可行、经济上合理的控制方案, 并组织实施、施工管理和验收. 噪声控制工程包括建筑和机器噪声控制、交通工具噪声控制、脉冲和冲击噪声控制, 也包括低噪声机器和工厂设计.

针对交通噪声, 已经在发动机 (进气和排气)、轮胎/路面、变速箱、车体结构、流体动力学、车厢内等方面的噪声控制中开展了一系列的工作. 随着主要噪声振动源的性能改善, 原来的一些次要噪声振动源突出出来, 降低系统和零部件的噪声振动变得越来越重要. 混合动力、燃料电池、变气缸发动机等新型动力系统的噪声振动特点与传统发动机相差很大, 给汽车的减振降噪带来了新的挑战.

铁路噪声可分为滚动噪声、牵引和辅助设备噪声, 以及空气动力噪声. 其中, 滚动噪声占主导地位. 降低滚动噪声的首要措施是使轮轨之间运动表面平坦. 车辆和轨道的定期维护对保持车辆运行造成的强磨损条件下的轮轨之间的表面质量和降噪有效状态非常重要. 除了表面粗糙度的控制以外, 减振和屏障措施也是可以考虑的补充办法. 由于轨道车辆的长寿命, 对于新生产的车辆, 需要有严格的噪声和振动控制措施.

针对飞机噪声控制, 在计算方法和计算工具方面, 飞机制造者在设计阶段就可以充分评估结构的动力学特性, 评估飞机舱内和舱外的噪声水平. 以结构声为例, 中频段的噪声预估技术有望在近年出现标准计算方法. 其次是实验的手段和理论取得的长足的进步. 海量存储、超大规模计算和实时处理变成可能, 复杂噪声源识别、声衬的参数优化和测试技术取得了重要进步. 新的噪声控制技术在飞机上得到了应用, 如有源噪声控制系统已经安装在飞机上. 未来拟采用发动机置顶、机身与机翼一体化、超大功率发动机和特殊机翼等四大降噪技术, 降低起飞和降落时的噪声, 使其达到相当于普通洗衣机运转时的噪声水平.

低噪声机器设计指参照相关国际标准系统地进行低噪声机器设计的方法和过程. 设计过程可以分为四个逐步深入的阶段, 即明确任务 (将所有要求列表, 形成设计控制文件), 概念设计 (如何达到所希望的目标), 设计和细节 (随着个别元件的设计和选择的进展, 可以通过设计项选择来定量估计噪声性能), 原型样机 (样机上的测量可获得主要噪声源和声传递途径的量化数据). 在各个阶段, 可重复采用以下步骤: 确定机器的主要噪声源, 并按优先级排序; 在确定主要噪声源后, 分析相应的噪声机理; 分析和描述从声源到接收位置的直接噪声辐射, 以及通过结构到辐射面的传递; 分析来自这些表面的噪声辐射, 确定这些辐射面对接收位置声压级的各自贡献, 从而评估各种噪声控制措施组合的最佳者.

低噪声工厂设计指参照相关国际标准系统地进行低噪声工厂设计的方法和过程, 包括开放式工厂的噪声控制设计和低噪声车间设计. 开放式工厂的噪声控制设计流程包括: 确定工作内容和责任方, 调研适用法规, 确定噪声要求; 通过数据库、供应商和声源分布获得设备噪声限值; 完成噪声控制报告; 结合施工和测试进行调整和补救, 完成噪声验证报告. 低噪声车间的设计规程包括: 确定指标和标准; 通过鉴别得出噪声评价, 如涉及的区域、工作位置处的照射量、各个噪声源对工作位置处照射量的影响、人的暴露量和声源发射并对它们排序; 调研可采取的噪声控制措施, 制定噪声控制方案, 实施相应的噪声控制措施; 最后检验所达到的噪声降低量. 其中噪声控制设计的关键是确定机器的噪声发射值, 预估房间的声传播特性和噪声照射级, 选定噪声控制措施.

大空间敞开式办公室的声环境控制的目标是: 通过降低噪声提高工作效率, 但又提供良好私密性. 其主要传声途径是通过室内隔断直接透射, 隔断顶端的衍射、房顶的反射, 以及室内混响语声. 已有研究结果表明最大干扰源是讲话声, 它最易引起分心而影响工作效率. 提高各工段小空间内语言私密性可能比降低噪声还要重要. 除建筑措施外, 掩蔽噪声的设计也起重要作用. 掩蔽噪声可以来自空调系统、办公设备和其他人工掩蔽噪声系统.

噪声控制工程的挑战在如何优化控制流程和成本以及如何选择和实现可靠有效降噪技术和设施. 噪声控制工程实施过程中可检验现有的噪声控制技术和方法, 并促进新的预测、控制、测量和评估方法的发展.

三、我们的优势方向和薄弱之处

1. 优势方向

在噪声控制领域的噪声效应、噪声评价、噪声测量、噪声产生、噪声传播、噪声控制和噪声控制工程这七个方向中, 中国在各个方向都有涉及, 尤其是在噪声控制工程中的若干方面做得有特色, 如传声器阵列、噪声地图和阵列消声器的研发与应用等. 但在国际上有研究优势的方向不多, 仅列举几个 (不全面) 如下:

(1) 微穿孔吸声结构的研究和应用;

(2) 有源噪声控制的研究和应用;

(3) 用于吸声和隔声的超构材料的研究和应用.

2. 薄弱之处

在噪声控制领域的薄弱之处主要体现在基础研究上不够重视和投入不够. 例如在噪声的心理和生理效应, 噪声对环境和生态的影响等方面, 需要较长时间的积累和投入, 且短期看不到成果 (如论文发表) , 因此, 这些年研究相对较少.

四、基础领域今后 5~10 年重点研究方向

随着社会进步和技术发展, 工业生产中更大功率的动力设施会引入更强的噪声; 人们日常生活中电器的小型化, 如笔记本电脑和空调通风冷却的要求会导致较大的风扇和气流噪声; 路上越来越多的交通工具 (如轿车) 和家用电器 (如家用按摩器) 导致较大的室内外噪声. 而另一方面, 随着人们生活质量的提高, 政策法规会进一步提高噪声控制的要求, 降低噪声的限值. 因此, 未来噪声控制研究将有更多的挑战, 尤其是在水、大气这些有形污染治理逐步完善后, 噪声污染的控制将变得更加突出. 下面列出今后 5~10 年的研究方向. 这些方向的选择参考了 2020 年第 49 届国际噪声控制工程大会暨展览会的若干专题方向.

(1) 降噪材料, 包括多孔材料、声学超构材料、微孔板、吸声器和扩散器、轻薄隔声材料和声学应用的增材制造等.

(2) 有源噪声与振动控制, 包括有源控制算法, 软件、硬件、系统、有源结构声控制、智能材料和结构等.

(3) 流动引起的噪声和振动, 包括风扇和涡轮机械噪声、喷射噪声、流动引起的噪声和振动的计算方法和实验方法等.

(4) 噪声测量和建模, 包括声全息、传声器列、声学矢量传感器、计算声学、建模与数值模拟、信号识别与分离、测量与标准、空间音频、高频声音的信号处理、噪声测量新技术等.

(5) 音质和产品噪声, 包括消费品噪声、信息技术设备噪声、产品音质、噪声评估中的心理声学、心理声学多感觉感知与交互、空间听觉等.

(6) 噪声与健康, 包括世卫组织准则和政策影响、职业噪声听力保护、生理声学/听觉机制、医院和医疗机构中的声音和噪声、儿童的噪声与健康、噪声和健康研究 (暴露, 无声和健康) 的标准化和国际化、规划和建设生活质量等.

(7) 声景, 包括应用程序、社交媒体和虚拟现实作为声景评估, 安静地区、公园和娱乐场所的噪声控制措施, 建筑、城市规划和景观中的声景、声景保护, 评估和指标、室内声景, 感知和设计等.

(8) 水下和海洋声学, 包括船舶和近海建筑噪声、水下施工噪声、振动声学和海洋应用、水下和海上结构声的预测方法、水下噪声控制、水下流动引起的噪声、建模, 测量和缓解、水下声通信、水下生物声学等.

(9) 建筑与房间声学, 包括新建、既有和翻新建筑物的声学法规/实施和分类, 建筑物的撞击和结构传播噪声, 用于建筑应用的可通风的降噪设备, 轻型建筑的声学和振动, 表演厅和礼堂声学, 室内空间的声学, 学校声学, 绿色建筑声学, 开放式办公室中的声音掩蔽, 多层建筑声学等.

(10) 环境噪声, 包括环境噪声立法和政策、与社区沟通、隔声屏障、娱乐活动产生的噪声、城市噪声规划、环境噪声感知中的视听交互、户外和城市声传播、通过监测进行环境管理、绿色和自然的噪声控制手段、风力发电机噪声感知、施工噪声等.

(11) 工业噪声, 包括工业噪声案例研究与创新、工业噪声建模、机械制造和采矿噪声、发电设施及设备、大型消音器、风力发电机等.

(12) 交通噪声, 包括交通噪声的进展、道路交通噪声、传递噪声模拟与环境影响、车架等.

(13) 车辆噪声与振动, 包括电动汽车的声学、空气动力学和流量引起的车辆噪声、车身结构噪声与振动、车辆外部噪声、车内噪声、轮胎路面噪声、主被动噪声控制、电动汽车和下一代车辆的声音设计等.

(14) 铁路噪声, 包括轮轨噪声、固体声、尖叫声、地面传播的噪声、高速火车噪声、内部噪声、声屏障、铁路噪声的预测, 测量, 监控等.

(15) 飞机噪声, 包括航空发动机噪声、飞机内部噪声、机身噪声、机场社区噪声、飞机噪声音质等.

以上所列方向是相互关联的. 在分析和归纳后, 在基础领域可以适当关注的重点研究方向可以是:

(1) 建立符合主观感受的环境噪声客观评价量和方法. 这包括声品质研究和室内音质研究, 涉及心理声学、人耳、人脑和传统的客观测量、信号处理等领域. 国内外这方面的研究目前还不成熟, 研究目标、研究手段、研究结果的表达形式都不完善和统一. 研究的目标也许可以是: 建立人对噪声的感受模型, 这个模型可能非常复杂, 从人耳的信号处理模型一直到大脑的认知模型, 得到一个客观模型或者方法能够完全反映人对声音, 包括音乐和噪声等的感受.

(2) 噪声计算仿真和声学反向仿真. 目前声学数值计算与仿真技术已经广泛用于各种复杂的声学计算问题, 如复杂消声器中的声传播、消声器的传声损失计算、车辆/船舶/飞机噪声与振动分析、结构振动与声辐射分析计算、流固耦合问题中的声波产生与传播等. 发展的方向是寻找噪声振动分析软件和其他性能分析软件之间的桥梁及通用性, 探讨计算与实验之间的数据以及各种软件之间的数据的融合. 现有的声学仿真技术已经部分解决声学领域的正向仿真计算问题, 即在边界条件及物性参数已确定的情况下, 推知研究对象的声学特性, 对解决低噪声设计及环境声学特性预估问题提供了基本的技术保障. 未来发展趋势是给定声学设计目标, 寻找最优的边界条件和物性参数的声学反向仿真技术. 需要研究声学反向仿真算法和数据库结构. 针对各种家用电器、工业产品、机器设备和交通工具等建立专门的噪声优化设计、仿真、测试系统.

(3) 噪声控制新材料. 声学材料的多样化给建筑声学和噪声控制设计带来更多的选择和可能. 当前研究较多的是微穿孔板吸声材料、声学超构材料和声学智能材料. 新的方向包括发现和探索能够用于吸声和隔声的新物理机制 (关注声能、机械能和电磁等能量的转化), 基于新的加工和制作方法与工艺, 采用先进的优化设计工具, 将传播介质和材料、结构结合起来, 开发声学智能材料, 满足声学材料薄 (材料厚度)、轻 (材料质量)、宽 (声学频带)、强 (结构强度) 的要求.

(4) 噪声控制新方法. 在了解噪声产生机理的基础上, 从噪声源处降低噪声或者设计低噪声机器和设备. 在声学传播途径上探讨更加经济可靠、性能好的新方法, 如新型声屏障和隔声窗等, 结合绿色建筑需要, 提供节能健康的噪声控制方法. 有源控制进一步向主被动控制混合控制发展, 提出经济合理的解决方案. 将主动系统和周围声振环境、传统控制方法做整体考虑研究; 和虚拟声环境、环绕立体声重放的研究相结合, 不仅仅降低环境噪声, 而且争取实现对声环境的完全控制.

(5) 发展噪声测量和分析新方法和开发新的测试仪器设备. 这包括对低频噪声和吸声系数的测量、存在气流和各种干扰情况下准确噪声测量、材料散射系数的测量、传声器阵列的小型化、近场声全息测量等.

(6) 室内外声环境设计. 结合声景研究, 建立室外声环境设计的系统方法, 涉及传统的噪声预报、规划、噪声地图、人对声音的感受、室外声传播等; 针对大空间敞开式办公室、工厂厂房车间、商场或者居家的声环境进行综合设计, 除了控制噪声外, 还考虑保证有良好私密性、播放音乐的音质、安全报警和疏散时的声系统等. 涉及房间声学、噪声控制和心理声学等. 难点在于建立相应的声学模型等, 整合现有的宏观和微观预测方法, 得到统一的方法和工具.

五、国家需求和应用领域急需解决的科学问题

噪声控制在国防、工业和人们日常生活中有广阔的应用前景, 目前急需解决的科学问题包括:

(1) 噪声使人感到烦恼的机理. 现有心理和生理声学研究已经取得了很大的进展, 但噪声使人感到烦恼的机理还不完全清楚. 如人们还不完全清楚为什么人对频谱特性相近的噪声和音乐的感受完全不同. 目前已经知道了人耳的构造并初步建立了人类听觉系统信息处理模型, 发现了人类听觉的掩蔽效应并建立了掩蔽效应模型, 得到了人耳的听阈和能感知到的相位和幅度最小变化并建立了相应模型, 得到了等响度曲线并建立了相应模型, 还对尖锐度、粗糙度和空间感等进行了研究. 但噪声使人感到烦恼的心理和生理机理还不完全清楚, 目前还没有一个准确的模型来描述它.

(2) 低频声波的吸收和阻隔. 在噪声控制领域, 经常采用的方法包括对已传入的噪声进行吸收和对噪声传播途径进行阻隔. 常用吸声材料包括玻璃纤维和矿渣棉等多孔吸声材料等; 常用吸声结构包括穿孔共振吸收结构和板膜振动吸声结构等; 常用隔声材料主要为有一定质量和厚度的砖、木板和金属板等. 由于低频声波的波长较大, 这些常用吸声隔声材料和结果的低频效果不好, 需要较大的体积和质量. 虽然已有大量研究采用有源噪声控制和超构材料方法解决这个问题, 但仍然存在很多挑战: 在同等体积和质量的条件下, 能否提出新的机理、制造新的材料、设计新的结构, 或者采用新的方法提高对低频声波的吸收和阻隔效果?

(3) 流动噪声计算和测量. 流动噪声的产生与飞行器周围的流动分离、湍流运动等复杂介质流动现象紧密相关. 其应用背景包括机翼噪声、螺旋桨噪声、涡扇发动机风扇噪声、高铁气动噪声、燃烧噪声、风扇宽频噪声等场合. 虽然已有大量针对流动噪声产生机理、传播规律、预测和测试方法的研究, 但仍然存在很多挑战. 这些问题的解决对发展流动噪声抑制技术、降低飞行器的噪声水平、减小对环境及飞行器自身的危害具有重要意义. 需要发展有效的流动声学计算方法 (如基于量子计算)、准确的测试技术 (如高速传声器阵列成像技术), 并能够融合计算和测试数据进行准确建模和仿真.

六、发展目标与各领域研究队伍状况

1. 发展目标

虽然目前在中国有数百位噪声控制领域的研究者, 做了大量的科研和开发工作, 但能够在世界上有特色和优势的研究成果还很少. 迄今为止, 真正在世界上有

较大影响的似乎仅有马大猷的微穿孔板的相关工作. 因此, 噪声控制学科的发展目标建议为:

(1) 培养一批世界水平的研究者;

(2) 获得若干世界水平的基础研究成果和能够真正创造社会价值和经济价值的新方法和技术.

2. 各领域研究队伍状况

在噪声控制研究领域, 中国有多层次的科研和工程技术人员, 在各个方向都有研究队伍. 其中在微穿孔板、有源噪声控制和超构材料等方向的研究在国际上有一定优势. 下面列举基于公开发表资料 (如中国的《声学学报》和《应用声学》、美国《声学学报》、欧洲的《声与振动》和《应用声学》杂志) 进行统计分析后的部分中国内地研究队伍状况.

(1) 噪声效应和评价. 北京大学言语听觉研究中心: 心理声学; 中国科学院深海科学与工程研究所: 水下噪声对海洋生物的影响.

(2) 噪声测量、建模和预测 (包括噪声产生和传播). 上海交通大学振动、冲击、噪声研究所: 近场声全息; 合肥工业大学噪声振动工程研究所: 声源识别和近场声全息; 北京大学航空航天动力学与控制实验室: 流动噪声; 北京航空航天大学能源与动力工程学院: 气动声学; 华南理工大学物理与光电学院: 室内噪声; 哈尔滨工程大学水声工程学院: 水下噪声辐射和测量; 华中科技大学船舶与海洋工程学院: 噪声产生; 中国船舶科学研究中心: 水下声辐射; 重庆大学机械传动国家重点实验室: 传声器阵列.

(3) 噪声控制. 中国科学院声学研究所: 微穿孔吸声结构、有源噪声控制; 南京大学声学研究所: 有源噪声控制、超构材料; 同济大学声学研究所: 声屏障、超构材料; 西北工业大学航海学院: 噪声评价、有源噪声控制; 哈尔滨工程大学动力与能源工程学院: 消声器; 西安交通大学机械结构强度与振动国家重点实验室: 吸声材料与结构; 南京航空航天大学材料科学与技术学院: 智能材料与结构、吸声和隔声材料; 青岛理工大学机械与汽车工程学院: 机械噪声; 天津大学建筑学院: 声景; 西北有色金属研究院金属多孔材料国家重点实验室: 吸声材料.

(4) 噪声控制工程. 北京市劳动保护科学研究所: 微穿孔吸声结构、交通噪声监控; 上海市环境科学研究院上海城市环境噪声控制工程技术研究中心: 噪声地图; 交通运输部公路科学研究院道路交通噪声控制工程技术中心: 路面降噪与测试; 吉林大学汽车仿真与控制国家重点实验室: 声学材料、汽车降噪; 西南交通大学牵引动力国家重点实验室: 轮轨噪声.

七、基金资助政策措施和建议

噪声控制学科涉及的方向比较多, 既有相对偏科学的较为学术的基础研究, 也有偏技术工程的和应用紧密结合的应用基础研究. 因此, 建议在申请和资助时分类, 即若项目申请属于基础, 则以国际顶尖论文和创新性为指标, 对申请者的研究基础和能力要通过已发表论文成果严格审查, 重点关注创新性; 而对属于应用基础的项目, 则可降低对申请者的论文发表水平的要求, 重点看项目所研究的内容是否有实际应用价值. 基础和应用基础项目的资助比例建议是 3:7.

应用基础项目申请者必须和企业同时申请, 且要求合作申请企业投入 1:1 现金配套. 这样的好处是把应用基础研究项目的基金资助力度放大了一倍, 同时促进和引导研究人员和企业结合, 从而更有机会产生有应用价值的成果. 另外, 应用基础项目最好是要求至少 3 个单位一起申请, 即要求一家高校、一家研究所和一家企业申请, 促进基础和应用的合作, 加速基础创新成果的应用转化.

八、学科的关键词

环境噪声 (environmental noise); 环境噪声评价 (evaluation of environmental noise); 噪声效应 (noise effects); 噪声评价 (noise assessment); 噪声测量 (noise measurement); 噪声地图 (noise mapping); 噪声源 (noise source); 噪声传播 (noise propagation); 噪声控制 (noise control); 吸声 (sound absorption); 隔声 (sound insulation); 声屏障 (sound barrier); 消声器 (muffler); 振动控制 (vibration control); 有源噪声控制 (active noise control); 护耳器 (ear protector); 噪声掩蔽 (noise masking); 声景 (soundscape).

参考文献

[1] Basner M, Babisch W, Davis A, et al. Auditory and non-auditory effects of noise on health. The Lancet, 2014, 383(9925): 1325-1332.

[2] Passchier-Vermeer W, Passchier W F. Noise exposure and public health. Environmental Health Perspectives, 2000, 108(SUPPL 1): 123-131.

[3] Kephalopoulos S, Paviotti M, Anfosso-Lédée F, et al. Advances in the development of common noise assessment methods in Europe: The CNOSSOS-EU framework for strategic environmental noise mapping. Science of the Total Environment, 2014, 482/483(1): 400-410.

[4] Brown A L, Kang J, Gjestland T. Towards standardization in soundscape preference assessment. Appl. Acoust., 2011, 72(6): 387-392.

[5] Qiu X. Acoustic testing and evaluation of textiles for buildings and office environments// Wang L. Performance Testing of Textiles: Methods, Technology and Applications. Amsterdam: Woodhead Publishing, 2016: 103-128.

[6] Thompson D J, Jones C J C. A review of the modelling of wheel/rail noise generation. J. Sound and Vibration, 2000, 231(3): 519-536.

[7] Marburg S, Nolte B. Computational Acoustics of Noise Propagation in Fluids-Finite and Boundary Element Methods. Berlin, Heidelberg: Springer, 2008.

[8] Bies D A, Hansen C H, Howard C. Engineering Noise Control. 5th ed. Boca Raton: CRC Press, 2017.

[9] Qiu X. Principles of sound absorbers// Rajiv P, Rajkishore N. Acoustic Textiles. Singapore: Springer, 2016: 43-72.

[10] Allard J F, Atalla N. Propagation of Sound in Porous Media: Modelling Sound Absorbing Materials. UK: John Wiley and Sons, 2019.

[11] Maa D Y. Microperforated-panel wideband absorbers. Noise Control Engineering J., 1987, 29(3): 77-84.

[12] Fleury R, Sounas D L, Sieck C F, et al. Sound isolation and giant linear nonreciprocity in a compact acoustic circulator. Science, 2014, 343(6170): 516-519

[13] Dühring M B, Jensen J S, Sigmund O. Acoustic design by topology optimization. J. Sound and Vibration, 2008, 317(3/4/5): 557-575.

[14] Qiu X J. An Introduction to Virtual Sound Barriers. New York: CRC Press, 2019.

[15] Munjal M L. Acoustics of Ducts and Mufflers with Application to Exhaust and Ventilation System Design. Chichester: John Wiley & Sons Inc., 1987.

[16] Marburg S, Lösche E, Peters H, et al. Surface contributions to radiated sound power. J. Acoust. Soc. Am., 2013,133(6): 3700-3705

[17] Voix J, Laville F. The objective measurement of individual earplug field performance. J. Acoust. Soc. Am., 2009, 125(6): 3722-3732.

[18] Hansen C, Snyder S, Qiu X J, et al. Active Control of Noise and Vibration. 2nd ed. Boca Raton: CRC Press, 2013.

[19] Hongisto V, Oliva D, Rekola L. Subjective and objective rating of spectrally different pseudorandom noises: Implications for speech masking design. J. Acoust. Soc. Am., 2015, 137(3): 1344-1355.

[20] Yang W, Kang J. Acoustic comfort evaluation in urban open public spaces. Appl. Acoust., 2005, 66(2): 211-229.

[21] Pijanowski B C, Villanueva-Rivera L J, Dumyahn S L, et al. Soundscape ecology: The science of sound in the landscape. BioScience, 2011, 61(3): 203-216.

10.2 环境声的效应、机理及运用研究进展

陈克安

西北工业大学航海学院, 西安 710072

一、学科内涵、学科特点和研究范畴

环境声是指以人为中心的环境中存在的声音, 主要指其中的可听声或音频声. 从另一个角度看, 按声音中蕴含的信息及发声方式, 现实环境中的可听声分为语

音声、音乐声和环境声三种, 前两种是指人类为了信息交流和审美而有意识地发出的声音, 第三种是现实世界中天然存在或人工无意识产生的声音, 分为自然声、噪声、信息音、警示音等等.

环境声的效应分为对人的影响、对生物的影响, 以及对非生物的影响三大类, 环境声对人的影响是人们关注和研究的主要对象; 对生物的影响是指声音对生物体自身及其生物体之间的影响, 主要包括对信息交流的干扰、增强, 以及对生物生理的损伤, 等等; 对非生物的影响主要是指强声 (大于 120dB) 对物体、结构或设备等产生的声疲劳.

环境声对人的影响分为声音的听觉效应和非听觉效应. 环境声的听觉效应进一步分为强烈的声音 (强声, 大于 90dB 的声音) 对人听觉器官和听觉系统带来的损伤和长时间作用带来的听觉功能退化, 而非听觉效应主要是指人长期暴露于高强度声音环境下引起的生理或心理疾病, 同时特别关注噪声污染对语言交流和语音通信的干扰、对听觉注意力和工作效率的干扰和降低, 以及带给人烦恼、不舒适、不愉悦等心理感受.

研究环境声效应的机理是深入探索人的听觉机制、建立听觉模型、降低环境声的不利影响、开发新的听觉仿生技术等的基础. 总体而言, 研究环境声效应机理的方法有心理声学和生理声学两大类, 前者将环境声作为一种刺激, 研究人的听觉反应与声刺激之间关系, 后者研究在环境声刺激下听觉器官或听觉系统中各部分的生理反应.

环境声效应的应用主要有声品质、声景观两大研究分支, 以及主动声音设计、听觉警示音设计、基于音频注入的噪声烦恼度相消等专项技术. 从人的听觉感知出发, 研究特定声源或环境中声事件的特性、形成机理及工程应用, 对特定声源称为声品质方法, 而对环境中声事件归类于声景观方法. 在深入了解环境声听觉效应基础上, 设计特定声音达到特殊感受 (审美、报警等) 的方法有主动声音设计及听觉警示音设计, 此外, 通过在令人烦恼的环境声 (目标声) 中加入人为设计的声音 (调控声), 在一定条件下可以降低目标声烦恼度的方法称为音频注入法, 它属于 "加法" 降噪范畴, 有别于传统的以降低噪声能量为目标的 "减法" 降噪.

二、学科国外、国内发展现状 [1-22]

长期以来, 评价环境声的客观参量以 A 计权声级 (A-weighted sound pressure level, 简称 A 声级) 为主, 偶尔也采用 C 声级, 同时也应用基于 A 声级的其他客观参量, 如等效连续 A 声级, 昼夜等效 A 声级, 累计百分声级, 噪度、噪声污染级, 等等. 然而, 现实中的各种环境声, 尤其是噪声, 其时频特性千差万别, 因此传统的以反映声音响度为主的计权声级不能完全表征人对噪声的主观感觉, 为此国内外均开展了以烦恼度等为度量指标的噪声对人影响的研究. 在 20 世纪 70 年代期间, 人们研究的重点是以现场调查数据为主, 确定不同环境噪声作用下的公众烦恼率, 典型成果就是被广泛引用的 "Schultz 曲线", 之后, 噪声效应研究转入针对典型声音的实验室研究, 开启了基于心理声学的噪声感知定量评估及建模研究, 同时上述关于烦恼度研究的部分成果被纳入各国的噪声政策、标准和规范中.

声品质研究始于 20 世纪 80 年代中后期, 最初源于德国慕尼黑技术大学的 Aures 等对 17 种钟声及 17 种日常声的声品质研究. 1994 年, Blauert 给出了完整的声品质定义: "声品质是在特定的技术目标或任务内涵中声音的适宜性. 声品质定义中的 '声' 并不是指声波这样一个物理事件, 而是指人耳的听觉感知, '品质' 是指由人耳对声音事件经过听觉感知过程后最终做出的主观判断." 从那时起至今, 声品质研究逐渐成为相关学科的研究热点.

声音的评价研究是声品质研究的首要问题, 分为主观评价和客观评价研究. 主观评价研究主要致力于主观评价实验方法的研究, 通过不断改进主观评价实验获得更准确的声品质评价. 客观评价方法研究又分为两类: 一是对声品质量化方法的研究, 通过提取声品质评价参量来客观描述声音的声品质; 二是对声品质预测模型的研究, 利用数学模型, 建立描述声音信号的某种特征与主观评价之间的关系, 实现对声品质的预测, 以此减少主观评价实验工作量, 提高声品质评价效率. 声品质预测就是用声品质的客观评价参数来代替人的主观感受, 对人的主观感受与客观评价参数进行相关性的拟合, 建立声品质预测模型.

声品质主观评价方法种类很多, 主要包括排序法、评分法、成对比较法和语义细分法, 这些方法各有利弊, 适用于不同的实验条件. 虽然主观评价方法比较准确, 但其会受被试个体差异的影响, 且需花费大量的时间和人力, 有时还需要专家进行判定, 因此, 实际中需要使用客观评价方法研究声品质, 它包括对评价参量的研究和声品质预测方法的研究. 声品质评价参量是能对声品质进行衡量和描述的可测量的、客观的物理量, 通常使用心理声学参量值作为客观评价参量, 主要包括心理声学参量及音色参量, 前者以响度、尖锐度、粗糙度、波动强度、语义清晰度为主, 后者可以从时域、频域、谐波参量、时频域等 4 个方面给予展开. 对于声品质的预测研究, 最常用的是多元线性回归模型. 近年来, 许多学者探索将新的数学分析方法引入到声品质的预测建模当中, 例如, 神经网络方法和支持向量机方法等.

国际上, 以著名心理声学专家 Zwicher 为首的德国研究团队为声品质的基础研究做出了巨大贡献, 英国剑桥大学 Lyon 教授领导的团队在产品声品质的设计与应用方面做了大量工作. 在国内, 同济大学、西北工业大学、吉林大学等单位对汉语语境下声品质的特性研究取得了进展.

汽车产品是最先运用声品质研究成果的产品, 也是声品质应用的主要对象, 目前公开发表的声品质文献中, 超过 90% 是针对汽车的, 此外, 声品质的研究已扩展到高速列车、家电产品以及航空等领域. 目前国内外对飞机噪声的声品质研究主要集中在飞机起落噪声方面, 近年来针对直升机、固定翼飞机舱室噪声声品质研究已经开展. 目前, 越来越多的机电产品生产商将声品质作为产品设计和测试的必要环节, 一些公司还推出了专业化的声品质评价与测试系统, 如 Head Acoustics 公司的 ArtemiS、B&K 公司的 Pulse 声品质模块等.

声景观被定义为 "特定场景下, 一个人或一群人所感知、体验或理解的声环境", 在感知、体验以及理解声环境的过程, 它强调了场景、声源、声环境、听觉感受、对听觉感受的解释、响应, 以及效果这 7 个一般性的概念以及它们之间的关系. 因此, 声景观这一概念的引入, 给环境声学领域带来了革命性的变化, 它打破了传统的基于声能量描述的 "噪声污染", 以及基于能量降低的 "噪声控制" 基本模式, 它不仅描述了声源及其在时空上的分布, 考虑到环境对声传播的影响, 而且将重点放在听觉感受以及对听觉感受的解释上, 将短期的反应、情绪和行为与整体的、长期的结果统筹考虑, 因此, 声景观对声环境的理解更加全面、丰富, 更加接近于真实感受. 声景观研究已成为近年国内外声环境研究热点, 在多个重要国际会议和学术期刊上均有专题或专刊.

声景观研究最早可追溯到加拿大作曲家 Schafer 的研究, 他建立了人耳、使用者、声环境和社会之间的关系, 尝试从另一个角度理解和认识声环境的重要性, 并成立了全球声景观研究学会, 开始了 "让人们感知环境的变迁, 并积极主动的改善地球声景观" 的历程. 声景观研究涉及包括声学、建筑学、工程学、心理学、景观学在内的一系列学科, 站在环境声学的视角, 声景观研究的主要关注点集中在声景观效应的描述、评价、定量表达及实际应用的各个方面, 其中将声景观给予定量表达是重点, 声景观指标可以是单一的数值指标, 也可以是一个模糊指标集, 用于反映声景观的多个属性, 如响度、愉悦度、活跃度等. 利用声景观指标可以在城乡规划及环境评估中对声环境进行分类, 进而以反映舒适度水平的方式对声环境质量进行评估, 最终创造更宜居的环境. 声景观研究的主要方法包括问卷调查、声漫步、实验室实验等, 主要通过在特定区域, 以案例的形式收集声景观素材. 已有的研究成果, 包括大型声景观数据库、基于主观评价方法的声景观因子系统、声景观地图技术、基于多元统计及智能算法的声景观模型、特定空间 (公共建筑空间、历史及文化遗迹等) 的声景观设计与应用等. 在国内外学者多年的努力下, 声景观研究已建立了较为成熟的理论体系、研究方法与研究手段, 取得了一系列成果并在实际运用中发挥效益和影响, 国际上许多城市正积极推动声景观示范项目, 在我国, 在多个城市也开展了一系列声景观保护项目.

三、我们的优势方向和薄弱之处

在我国, 早在 21 世纪初, 同济大学、西北工业大学、中国科学院声学研究所等单位即开展了噪声主观评价研究, 它们主要围绕噪声声品质基本含义、评价方法、烦恼感建模及产品声品质优化等开展研究. 在噪声主观评价方法方面, 先后研究了中国人响度感知曲线、汉语语境下的噪声评价描述词、基于音色的噪声评价参量提取, 为噪声主观评价的定量表达及声品质技术的实际应用打下了良好的理论基础, 这些研究密切结合中国国情, 充分体现了声音主观评价的地域性与文化特色, 充实了噪声主观评价研究成果的适用范围, 得到了国际同行的广泛好评和认可. 在工程应用方面, 与国际流行趋势一样, 国内学者主要进行了汽车车内噪声的主观评价、特征提取及声品质优化设计与实施, 为提高国产汽车水平发挥了重要作用. 此外, 国内在飞行器 (涡桨飞机、直升机) 舱室、家用电器噪声评价及声品质技术应用方面的研究独具特色. 尤其可喜的是, 我国于 2019 年发布了国际首部针对家用电器 (吸油烟机) 的声品质测试行业标准, 目前西北工业大学、中国家用电器研究院等单位正在开展系列家用电器声品质评价、测试与应用方面的标准编制研究, 将有力推动声品质技术的工程应用. 然而, 我国在该研究方向的规模太小, 研究成果不够系统, 具有国际影响力的成果不多.

声音的听觉感知, 既与被评价的声音特性有关, 又与评价人员的个体特征有关. 在我国, 得益于我国产业规模巨大及部分行业的快速发展, 我国在新型环境噪声评价与运用方面有独特优势, 如高速 (轮轨和磁悬浮) 列车噪声评价、载人航天器舱内声环境设计、新能源汽车及无人驾驶车辆声音主动设计及警示音设计等, 另外, 针对东方人尤其是中国人民族、文化背景的相关研究成果将是我国在该研究方向取得突破的切入点之一.

四、基础领域今后 5~10 年重点研究方向

(1) 环境声感知效应、建模及在标准规范制定中的应用. 开展多种类型环境声对人影响的规模化和系统化测量, 提出感知建模新方法与新算法, 实现环境声对人影响的精确计算与预测, 建立不同场合下基于人感知的声学设计方法, 将对产品声品质、特定公共空间声景观等方面的研究成果应用于国家、行业及地方标准中.

(2) 基于听觉感知的产品声学设计及声环境控制方法. 面向高端智能设备、新型载人交通工具、公共建筑空间等对象, 开展基于听觉感知的声环境评价、量化表达, 基于感知特征的声学设计方法, 基于舒适性的声环境控制策略与方法.

五、国家需求和应用领域急需解决的科学问题

(1) 多学科交叉下的环境声感知机理研究. 综合运用心理声学、生理声学、听觉科学、医学、信息技术等多学科知识与手段, 开展环境声听觉感知机理研究, 深入理解和阐述各类环境声的感受、加工、辨识与识别机理, 发展基于听觉感知的一系列听觉仿生技术.

(2) 特殊任务与异常环境下的舱内声环境评价与控制. 针对狭小密闭空间中执行特种任务条件, 开展听觉–视觉–触觉多模式感知环境评价, 探索多模式感知机理, 建立定量评价模型, 发展基于感知的声环境控制新方法.

六、发展目标与各领域研究队伍状况

在环境声感知基础科学问题研究方面处于国际先进水平, 针对智能设备、新型载人航行器 (高铁、载人航天、无人驾驶车辆)、智慧城市等领域广泛应用环境声感知研究新成果, 助推我国制造业走上强国之路.

我国现有一大批高校和研究院所正在开展相关研究, 在声学、建筑学、交通运输科学、环境科学与工程等学科招收本领域研究生, 为我国实现上述目标奠定了基础.

七、基金资助政策措施和建议

见 10.1 节.

八、学科的关键词

环境声效应 (environmental sound effect); 环境声的听觉感知 (auditory perception for environmental sound); 心理声学 (psychoacoustics); 生理声学 (physiological acoustics); 声品质 (sound quality); 声景观 (soundscape).

参考文献

[1] Fidell S. The Schultz curve 25 years later: A research perspective. J Acoust Soc Am, 2003, 114(6): 3007-3015.

[2] Crocker M J. Psychoacoustics and product sound quality// Handbook of Noise and Vibration Control, New Jersey: John Wiley & Sons, 2007: 805-828.

[3] Lyon R H. Product sound quality: From perception to design. J Acoust Soc Am, 2000, 108(5): 18-23.

[4] Zwicker E, Fastl H. Psychoacoustics: Facts and Models. Berlin: Springer Verlag, 1999.

[5] Alayraca M, Marquis-Favre C, Viollon S. Total annoyance from an industrial noise source with a main spectral component combined with a background noise. J Acoust Soc Am, 2011, 130(1): 189-199.

[6] Leung T M, Chau C K, Tang S K, et al. Developing a multivariate model for predicting the noise annoyance responses due to combined water sound and road traffic noise exposure. Appl Acoust, 2017, 127: 284-291.

[7] Kim J, Hong J, Lee S. Synergistic and dominant source effect of two simultaneous combined traffic sounds in outdoor settings. Appl Acoust, 2019, 153: 53-59.

[8] Hao Y Y, Kang J, Wörtche H. Assessment of the masking effects of birdsong on the road traffic noise environment. J Acoust Soc Am, 2016, 140: 978-987.

[9] Bolin K, Nilsson M E, Khan S. The potential of natural sounds to mask wind turbine noise. Acta Acustica United with Acustica, 2010, 96: 131-137.

[10] Hongisto H, Oliva D, Rekola L. Subjective and objective rating of spectrally different pseudorandom noises: Implications for speech masking design. J Acoust Soc Am, 2015, 137(3): 1344-1355.

[11] Lugten M, Karacaoglu M, White K, et al. Improving the soundscape quality of urban areas exposed to aircraft noise by adding moving water and vegetation. J Acoust Soc Am, 2018, 144(5): 2906-2917.

[12] Rådsten-Ekman M, Axelsson Ö, Nilsson M E. Effects of sounds from water on perception of acoustic environments dominated by road-traffic noise. Acta Acustica united with Acustica, 2013, 99: 218-225.

[13] Töpken S, Verhey J L, Weber R. Perceptual space, pleasantness and periodicity of multi-tone sounds. J Acoust Soc Am, 2015, 138(1): 288-298.

[14] Virjonen P, Hongisto V, Radun J. Annoyance penalty of periodically amplitude-modulated wide-band sound. J Acoust Soc Am, 2019, 146(6): 4159-4170.

[15] Suhara Y, Ikefuji D, Makayama M, et al. A design of control signal in reducing discomfort of the dental treatment sound based on auditory masking. Proceedings of Meetings on Acoustics, 2013, 19: 040091, 1-5.

[16] 陈克安. 环境声的听觉感知与自动识别. 北京: 科学出版社, 2014.

[17] 舒歌群, 刘宁. 车辆及发动机噪声声音品质的研究与发展. 汽车工程, 2002, 24(5): 403-407.

[18] 毛东兴. 声品质主观评价的分组成对比较法研究. 声学学报, 2005, 30(6): 515-520.

[19] 陈克安, 马苗, 张燕妮, 等. 汉语语境下的车辆噪声听觉属性评价与分析. 声学学报, 2008, 33(4): 348-353.

[20] 闫靓, 陈克安, Stoop R. 多噪声源共同作用下的总烦恼度评价与预测. 物理学报, 2012, 61(16): 1643.

[21] 中国标准化协会团体标准. 吸油烟机噪声声品质测试方法 (T/CAS341—2019), 2019.

[22] 康健, 马蕙, 谢辉, 等. 健康建筑声环境研究进展. 2020, 65(4): 288-299.

10.3 声场的主动控制研究进展

陈克安

西北工业大学航海学院, 西安 710072

一、学科内涵、学科特点和研究范畴

声场的主动控制是指利用人为产生的声波控制已有可听声的一种技术. 根据控制目标的不同, 声场的主动控制分为有源噪声控制或有源降噪 (active noise reduction)、声场主动控制 (active sound field control) 和声场重构 (sound field reconstruction) 等三种形式, 它们具有相似的基本和系统实现方法. 其中, 有源降噪是指通过引入次级声场与不需要的噪声场 (初级声场) 产生相消性干涉从而降低或抵消初级声场声能量或辐射声功率; 声场主动控制的要求则多种多样, 它通过人工控制次级声源阵列中各声源的幅度和相位, 实现声场空间及时间的分布特性, 从而优化和改善听者感受到的初级声场音质; 声场重构则是通过引入重构声源 (或次级声源), 使其辐射声场与预先设定的声场在时间和空间上的分布尽可能地一致.

有源降噪分为全空间降噪和局部空间降噪两种形式, 其降噪效果源于次级声波与初级声波的相消性干涉, 降噪系统的功能在于降噪区域中人工控制的次级声场与初级声场达到空间分布上的幅度匹配和相位反匹配, 以及时间特性匹配. 有源降噪系统包括电声器件和控制器两部分. 电声器件部分实现传感–作动功能, 其中传感器获取参考信号 (对前馈系统而言) 和误差信号, 参考传感器通常有传声器、振动传感器、转速计等, 误差信号用于构造有源控制目标函数. 控制器包括硬件和软件, 其中软件以实现有源控制算法为目的, 而硬件为软件提供物理平台. 与传统的噪声控制技术相比, 有源降噪技术的优点在于低频降噪效果好、降噪频率可随初级噪声频率灵活变化; 降噪系统体积小、重量轻; 系统安装方便等. 有源降噪技术的上述优点使得它在一些特殊场合 (如狭小空间中的低频宽带降噪、大空间中的低频纯音控制、航空航天领域中的舱室低频降噪) 成为无法替代的技术选项.

在不同领域, 声场主动控制的含义有所不同. 在室内声学中, 声场主动控制是指对一座已经建成的厅堂, 如果其音质达不到预期效果, 或需要改变厅堂的作用 (如将会议室改为音乐厅), 则通过增加扬声器阵列, 利用人工控制的方式改变室内声场特性. 在电声学中, 声场主动控制是指通过人工控制使电声器件达到需要的特性, 如立体声耳机可以通过控制耳机特性人为制造出输入信号中并不存在的声音的立体感, 增强人对声音的环绕、混响、丰满度等的感觉. 在室内, 声场主动控制包括声场合成、声场支援和声场效果主动控制三方面. 声场合成指的是在消声室或经过高吸声处理的房间内创造任意分布的声场, 它是声场重构的一个特例; 声场支援指根据已有的室内音响进行声音的力度、混响度和空间感的控制; 声场效果主要是要求在剧场厅堂内获得一定的演出效果.

声场重构比声场合成的含义更加宽泛. 从物理原理上讲, 声场重构属于声辐射逆问题, 它是通过次级源的辐射在不同环境中产生特定目标场的一种技术, 基本原理最早可追溯到惠更斯原理. 声场重构技术不仅广泛应用于音频领域, 在实验声学和心理声学中也有主要作用. 波场合成技术作为一种典型的声场重构方法, 由于能够精确重构物理声场的时间、频率和空间特征, 因而可应用于噪声源识别与定位、噪声与振动控制, 以及在实验室条件下进行声品质等主观评价的研究.

二、学科国外、国内发展现状 [1-22]

　　有源降噪最初的概念源于德国发明家保罗 · 洛伊 (Paul Leug) 于 1935 年提交的美国专利 "消除声音振荡的过程"(Process of Silencing Sound Oscillations). 在这项专利中, 洛伊提出了基于两列同频、等幅、反相声波叠加后的相消性干涉实现降噪或消声的目的, 然而, 鉴于 20 世纪 30 年代的电子技术水平, 即使对于简单的一维平面波控制也难以实现. 之后, 在 20 世纪 50 年代至 70 年代初期, 人们只进行电子吸声器、变压器有源降噪等零星的研究. 随着模拟电子技术的发展, 在 20 世纪 70 年代至 80 年代中期, 人们重新将注意力转向狭小空间和管道噪声有源控制, 其实质已演变为对单个空间点声波或均匀平面波的有源控制, 重点研究面向平面波声场产生的次级声源构造及声场分析、次级声反馈效应及其解决方案、有源反馈系统及其系统实现等问题, 推动了有源控制理论的深入发展, 开发的部分控制系统在管道有源消声器及有源降噪耳机中获得了应用.

　　20 世纪 80 年代初期, 在信号处理领域, 自适应滤波理论及其应用臻于成熟, 在通用电气公司工作的 Morgan 和在贝尔实验室工作的 Burgress 几乎同时独立地将该理论应用于有源降噪, 提出了著名的滤波-x LMS(filtered-x, FxLMS) 算法. FxLMS 算法因物理机理明晰、运算量小、实现简单成为有源控制中的 "基准" 算法而被广泛运用, 推动了自适应有源控制算法的广泛和快速发展, 其研究内容主要包括：① 控制方式 (前馈控制和反馈控制) 的选择; ② 次级声反馈的影响及其解决办法; ③ 次级通路 (次级源到误差传感器之间的传递通路) 传递函数对系统性能的影响; ④ 次级通路传递函数的离线与在线建模; ⑤ 单通道自适应有源控制算法瞬态和稳态性能分析; ⑥ 多通道自适应算法性能分析及快速实现; ⑦ 大规模多通道系统的简化实现 (分散式控制、集群式控制); ⑧ 特定条件及特定问题下的自适应算法 (如初级噪声为线谱噪声、非线性噪声、脉冲噪声; 次级声反馈问题); ⑨ 自适应控制器的硬件实现及工程化.

　　伴随有源降噪控制器硬件平台和算法的发展, 有源控制涉及的范围被大大扩展了, 人们先后进行了管道声场、大空间自由声场、封闭空间声场中有源降噪研究, 分别按声场建模与计算、降噪性能预测、有源降噪机理分析、有源控制系统构建及实验研究、有源降噪的实验室及现场试验研究. 上述研究在 20 世纪 80 年代中期至 90 年代中期达到高潮, 其中以英国南安普敦大学声与振动研究所 (ISVR) 的 Nelson 和 Elliott 等的研究最为出色. 随着研究的深入, 人们发现相当一部分噪声是由于结构振动辐射引起的, 美国弗吉尼亚理工学院暨州立大学的 Fuller 等开展了用次级力源控制结构声辐射或声透射的研究, 这种方法被称为结构声有源控制 (active structural acoustic control, ASAC), 也被称为有源力控制, 成为有源噪声控制的重要分支方向. 先后进行了有源力控制中的声辐射与声场理论、误差信号的检测与误差传感器的布放, 以及次级力源的选型与研制. 此外, 有源力控制物理机理的研究对控制器的设计和优化有直接帮助, 因此从不同角度研究有源力控制物理机理一直受到人们的关注.

21 世纪初期, 由于有源声控制及有源力控制在基础理论、系统实现及工程应用方面的进展, 同时由于主动振动控制 (active vibration control)、智能材料、人工智能等研究的发展, 人们提出有源声学结构 (active acoustic structure, AAS) 的概念并进行了大量研究. 有源声学结构中包括了如下要素: 产生次级声场的作动材料或元件、检测振动与声场信息的传感材料 (误差传感器) 和嵌入式的微控制器. 有源控制目标可以是总的辐射声功率, 也可以是反射声功率, 由此构成的有源声学结构前者为有源隔声结构, 后者为有源吸声结构. 与传统的有源噪声控制系统相比, 有源声学结构的优点有: ① 需要独立控制的次级源个数少了许多, 使得控制器结构和自适应算法大为简化; ② 由于采用近场误差传感策略和误差信号的虚拟映射, 这种结构的声学性能较少依赖外部声学环境 (初级结构形状、辐射特性及声空间类型等), 可以制成通用模块, 给实际安装、调试和维护带来方便; ③ 与传统的声学结构或声学材料有机结合, 可大大拓展作用频段.

在我国, 早在 20 世纪 80 年代中期, 以南京大学、中国科学院声学研究所、西北工业大学为代表的一批研究单位与国外几乎同期开展了有源降噪研究. 各个研究单位的研究各有特色, 如南京大学偏重物理概念的探索, 不断开拓新的研究和应用领域, 在有源控制物理机制、多通道有源控制系统构建与算法研究、虚拟声屏障理论与实验研究方面特色明显; 中国科学院声学研究所则在提出新方法的同时, 较注意算法和应用方面的问题, 在有源耳罩、管道噪声有源控制方面取得的成就尤为突出; 西北工业大学在提出有源声学结构、基于声品质的有源控制算法与系统的同时更注重应用, 他们针对不同的应用背景, 如舰船噪声、飞机噪声、汽车噪声、家用电器噪声等, 从传感器和作动器的布放到算法的实施细节到系统的实现都进行了深入研究, 开发的涡桨飞机舱室有源降噪系统已完成飞行试验及鉴定, 具备了批量化生产的条件. 在基础理论方面, 马大猷院士、沙家正教授等著名学者在本研究方向做出的开创性成果具有国际影响力, 我国研究人员近 40 年时间内进行了不间断努力, 取得的不少研究成果具有国际同期先进水平, 同时在产品开发及商业应用方面也亮点频出, 可以说, 我国在有源降噪领域的研究水平及影响力一直处于国际前列.

三、我们的优势方向和薄弱之处

我们的优势在于: ① 研究历史长、研究基础好, 形成了一支较为稳定的高水平研究队伍, 研究成果有国际影响力; ② 受我国经济快速发展、国家科技创新政策, 以及军事民用领域对该技术迫切需求的推动, 我国发展该领域研究的内部及外部条件都很好, 各方面对该方向基础研究及技术推广的重视程度高、资金投入强度较大. 然而, 我们的薄弱之处在于: 对该研究方向缺乏国家层面和学科层面的长远规划, 研究重点不明确, 国内研究力量整合力度不足.

四、基础领域今后 5~10 年重点研究方向

(1) 面向水下目标声隐身的声场主动控制. 针对水下航行器主动探测与被动探测, 研究基于声场主动控制原理的主动声吸收、主动隔声、主动声散射控制、反射声场的主被动复合控制等一系列技术, 突破系统构建、机理分析、分布式次级源构造及布放优化、误差传感策略及嵌入式传感器优化配置等问题中的关键科学问题, 为声场主动控制研究拓展新方向.

(2) 多物理场中的主动控制基础与系统实现. 基于声场主动控制基本原理, 研究主动控制技术在复杂结构或空间中的声波、振动、流动中的应用, 突破多物理场的产生、传播及互作用机理与分析、多物理场人工调控技术、多物理场主动控制模式、控制规律及实现中的科学问题, 为声场主动控制技术的多领域推广奠定理论基础.

(3) 智能声学结构基础理论及应用研究. 面向复杂声场的主动隔离、主动吸收、主动调控等要求, 研究满足上述功能的智能声学结构组成、多物理场建模、计算与分析、智能声学材料制备与测试、智能声学结构集成、试验及测试, 为智能声学结构的实际应用提供理论和技术支持.

五、国家需求和应用领域急需解决的科学问题

(1) 大尺度空间复杂弹性体诱发声的主动控制. 针对复杂弹性结构在大尺度复杂空间中的声辐射、声散射, 基于主动开展原理, 研究次级声波产生和系统构建的新原理、新方法.

(2) 智能声学结构中的多物理场及其主动控制. 针对主被动复合隔声、吸声及声调控, 开展针对智能声学结构的力学、振动、声波等物理场的产生、传播、互作用效应及运用.

六、发展目标与各领域研究队伍状况

1. 发展目标

突破在水下航行器声隐身、飞行器主动流动控制、新型载人航行器 (高铁、载人航天、无人驾驶车辆) 舱室舒适性控制、智能电声产品声品质控制等方面的关键科学问题, 实现机电产品与设备在声隐身、声舒适性、声品质方面的功能与需求.

2. 各领域研究队伍状况

我国现有一大批高校和研究院所正在开展相关研究, 在声学、建筑学、交通运输工程、环境科学与工程等学科招收本领域研究生, 为我国实现上述目标奠定了基础.

七、基金资助政策措施和建议

见 10.1 节.

八、学科的关键词

声场主动控制 (active sound field control); 声场重构 (sound field reconstruction); 有源噪声控制 (active noise control); 主被动复合控制 (hybrid active-passive control); 智能声学结构 (smart acoustic structure); 主动振动控制 (active vibration control); 有源声学结构 (active acoustic structure, AAS); 有源降噪 (active noise reduction).

参考文献

[1] Lueg P. Process of silencing sound oscillations. German Patent: DRP No. 655508, 1933.

[2] Nelson P A, Elliott S J. Active Control of Sound. London: Academic Press, 1992.

[3] 陈克安, 马远良. 自适应有源噪声控制——原理、算法及实现. 西安: 西北工业大学出版社, 1993.

[4] Elliott S J. Signal Processing for Active Control. London: Academic Press, 2001.

[5] 陈克安. 有源噪声控制. 2 版. 西安: 国防工业出版社, 2014.

[6] Rafaely B. Active noise reducing headset—An overview. Proceedings of Inter-Noise 001, 2001.

[7] Nelson P A, Curtis A R D, Elliott S J, et al. The active minimization of harmonic enclosed sound fields, part I: Theory. J Sound and Vibration, 1987, 117(1): 1-13,

[8] Qiu X J, Hansen C H. Secondary acoustic source types for active noise control in free field: Monopoles or multipoles. J Sound and Vibration, 2000, 232(5): 1005-1009.

[9] Tsahalis D, Katsikas S, Manolas D. A genetic algorithm for optimal positioning of actuators in active noise control: Results from the ASANCA project. Aircraft Engineering and Aerospace Technology, 2000, 72(3): 252-257.

[10] Morgan D R. History, applications, and subsequent development of the FXLMS algorithm. IEEE Signal Processing Magazine, 2013: 172-176.

[11] 马大猷. 混响声场的有源控制. 声学学报, 1981, 16(5): 321-329.

[12] 沙家正. 管道有源消声器. 声学学报, 1982, 7(3): 137-147.

[13] 田静. 关于单极子次级声源管道降噪能量机制的理论分析. 声学学报, 1992, 17(5): 369-374.

[14] 尹雪飞, 陈克安. 有源声学结构: 概念、实现及应用. 振动工程学报, 2003, 16(3): 261-268.

[15] Sano H, Inoue T, Takahashi A, et al. Active control system for low-frequency road noise combined with an audio system. IEEE Trans Speech and Audio Processing, 2001, 9(7): 755-763.

[16] Kletschkowski T. Active noise control and audio entertainment// Adaptive Feed-Forward Control of Low Frequency Interior Noise. Dordrecht: Springer Science + Business Media B V, 2012.

[17] Elliott S J. Active control of vibration in aircraft and inside the ear. Proceedings of Active'09, 2009, Paper No. ac09-034: 1-25.

[18] Zou H S, Qiu X J. Performance analysis of the virtual sound barrier system with a diffracting sphere. Appl Acoust, 2008, 69(10): 875-883.

[19] Song W, Ellermeier W, Hald J. Psychoacoustic evaluation of multichannel reproduced sounds using binaural synthesis and spherical beamforming. J Acoust Soc Am, 2011, 130(4): 2063-2075.

[20] Elliott S J, Boucher C C. Interaction between multiple feedforward active control systems. IEEE Trans Speech and Audio Processing, 1994, 2(4): 521-530.

[21] Frampton K D, Baumann O N, Gardonio P. A comparison of decentralized, distributed, and centralized vibro-acoustic control. J Acoust Soc Am, 2010, 128(5): 2798-2806.

[22] Wang Y, Chen K A. Low frequency sound spatial encoding within an enclosure using spherical microphone arrays. J Acoust Soc Am, 2016, 140(1): 384-392.

10.4 声频技术——基于物理声场、听觉感知与智能信息处理的声信息技术

卢晶 [1], 谢菠荪 [2], 杨军 [3], 饶丹 [2], 孟庆林 [2], 余光正 [2]

[1] 南京大学声学研究所, 南京 210093
[2] 华南理工大学物理与光电学院, 广州 510641
[3] 中国科学院声学研究所, 北京 100190

一、学科内涵、学科特点和研究范畴

声频技术 (audio) 是声学领域一个既传统但又具有广泛发展前景的分支. 传统上, 声频技术主要用于公众 (影院)、家用声重放等文化娱乐领域. 近年来, 随着通信、计算机与互联网、多媒体与虚拟现实以及人工智能技术的发展, 声频技术的研究范畴已大大拓展, 包含听觉基础科学研究、声音虚拟现实、人工听觉、声场调控和声信息抽取等. 现代声频技术主要研究可听声频段 (20Hz 至 20kHz) 声音的物理与感知机理, 探索其应用. 现代信息处理和人工智能技术的发展, 为声频技术的发展提供了有效的工具, 而声频技术本身也成为信息与人工智能领域不可或缺的研究方向. 现代声频技术综合了声学、智能信息处理与听觉生理心理感知等多

个学科, 声学 (物理学)、听觉心理与生理感知是其基础, 信息处理是其实现手段. 从应用角度看, 声频技术的目标是通过科学的方法实现声音信息的准确捡拾、模拟、传输与重现, 也可从微软研究院给出的定义去理解, 即 "Exploring the realm of sound to advance technologies that can better hear and understand people and environments".[1]

　　顺着声音信息产生到人类听觉感知的完整链路, 声频技术主要涉及可听声的产生、传播、调控、接收、处理与感知的新机制与新方法. 主要包括但不限于如下内容: ① 声源的建模、分析与改进; ② 声场信息的捡拾与重放; ③ 声场分区控制; ④ 有源噪声控制; ⑤ 声源定位与跟踪; ⑥ 语音增强和分离; ⑦ 特殊人群 (听觉障碍患者) 的人工听觉恢复.

　　必须强调的是, 上述研究内容并不是独立的, 而是紧密关联的, 经常需要同时对多项内容进行系统、综合的研究. 从美国物理学会公布的 PACS 分类表中 [2], 声频技术研究至少涵盖 30 多个学科分支, 其中不仅包括传统的声学领域 (例如电声换能器、声信号处理、心理声学等), 还涉及人工智能 (artificial intelligence)、神经网络 (neural networks)、神经科学和应用神经科学 (neuroscience, applied neuroscience)、光学, 以及计算机科学等一系列学科.

二、学科国外、国内发展现状 [1-57]

　　声频技术的研究内容普遍源自实际应用场景的需求, 通信 (声场建模与重构, 语音增强)、汽车 (声品质改善, 人车语音交互, 声场分区控制, 全车噪声控制)、军事 (目标探测识别, 声隐身)、电力 (无损检测, 噪声预测治理)、机器人 (智能人机交互, 定位跟踪)、虚拟现实和增强现实 (双耳声重放, 空间声) 等领域有众多与声频技术高度关联的热点问题. 值得注意的是, 声频处理算法在声频技术领域扮演着重要角色, 而声频算法的发展则与机器学习 (人工智能) 领域的发展高度相关. 在声频领域广泛使用的自适应滤波, 其最早的提出者——斯坦福大学的 Bernard Widrow 教授, 也是人工智能领域公认的先驱者之一. 他在 20 世纪 50 年代末提出的 "Adaptive linear neuron (ADALINE)" 就是最早的神经网络 (neural network) 雏形之一 [3]. 自适应处理经典的 LMS 算法与机器学习领域广为使用的 SGD 算法 [4], 在设计出发点上完全一致. 阵列优化处理频繁使用的矩阵优化工具 [5], 也是机器学习领域关注的重点内容 [7]. 近十年来机器学习领域深度学习 (deep learning) 技术 [8] 在图像、视频处理和语音识别等领域大获成功, 也给声学阵列优化提供了新的处理手段.

　　有别于典型的机器学习优化问题, 声频技术的处理仅靠堆积数据、算法优化和提升算力是远远不够的. 有效的声场调控和声信息抽取不仅依赖算法的不断升级, 也同样依赖声学传感、听觉模型以及心理声学等领域的不断发展. 现阶段声场调控领域值得关注的热点包括声学换能器的分析改进、声场信息的捡拾、重放与听觉感知、声场分区控制、有源噪声控制、声源定位与跟踪、语音增强和分离以及特殊人群 (听觉障碍患者) 的人工听觉恢复.

1. 声源的建模、分析与改进

传统换能器包括扬声器与耳机. 基于电力声类比以及有限元、边界元仿真计算的理论与技术已比较成熟, 目前在器件层面技术瓶颈主要集中在材料与工艺方面. 单体声学换能器性能受制于声学器件本身的物理特性, 无法满足大多数应用场景的需求. 由多个声学换能器构成的声学阵列, 从信号分析和处理的角度看, 增加了一个空间维度, 大大拓展了声场调控和声信息抽取的可操作空间, 是目前声频技术领域备受关注的热点.

扬声器、超声换能器 [9] 乃至光学换能器 [10] 都可用于实现声场调控, 但综合考虑器件声学性能以及构成阵列以后的调控能力, 传统的电动扬声器仍然是构建声学阵列最常用的换能器. 扬声器的微型化是目前应用领域的大趋势, 这一方面是海量便携设备 (手机、平板电脑、笔记本电脑和便携音箱) 的必然需求, 另一方面也是构建大规模复杂声学阵列的必要先决条件——受制于尺度限制, 大体积的扬声器单元在构成阵列时, 摆放位置和单元间距往往无法满足应用场景的需求. 微型扬声器面临的显著问题是: 由于等效辐射面积很小, 必须提升振膜振速以辐射出足够的低频声功率, 这会明显拉高非线性失真. 非线性失真一方面会带来音质损伤, 另一方面还会显著影响声场调控的性能 [11,12]. 基于电力声类比的扬声器分析理论 [13] 虽然非常成熟, 但仅用常规的电路分析手段无法准确描述和改善非线性失真问题. 应对非线性失真的方法主要有两类: ① 减小扬声器低频辐射功率, 结合心理声学模型 [15] 分析设计 "虚拟" 低音算法 [16], 补偿低频辐射的损失, 让人耳获得更多的低频感知; ② 建立尽可能精确的非线性模型, 并在此基础上设计可靠的补偿算法, 通过合理的信号预处理降低非线性失真 [18].

2. 声场信息的捡拾与重放

有效的空间声重放既包含采集端有效的声场建模与分析, 也包括重放端扬声器阵列系统的优化处理, 整体框架见参考文献 [22]. 声场建模和分析最基本的目标是对目标声场的有效分解和估计 [23], 这部分工作一方面有助于声场可视化处理, 另一方面与声场调控的一系列研究方向有紧密关联. 基于声学阵列的双耳声重放、声场分区控制以及多通道有源噪声控制, 如果希望调控目标符合预期, 一个重要前提就是对目标声场足够准确的建模. 考虑到在大部分应用场景下, 声源分布都具备稀疏特性, 因此基于压缩传感的稀疏声场分解策略越来越受关注 [28]. 声场建模和分析的另一个目标是抽取隐含在声场中的可感知信息, 这部分研究与心理声学领域的听觉场景分析 (auditory scene analysis, ASA)[32] 密不可分. 事实上, 人类听觉系统可被视为一个包含双传感器的阵列系统, 传声器阵列的很多算法设计都受到听觉场景分析研究成果的启发. 前述语音分离的研究, 如果把分离对象泛化为一般的声源信息, 相应的声信号分离就是听觉场景分析最为关注的研究内容之一, 分离算法设计中常用的掩膜 (mask) 即来自听觉场景分析. 除了信号分离之外, 可感知的信息还包括声源计数 (source counting)[35]、说话人分割聚类 (speaker diarization, 解决 "who spoke when" 的问题)[37] 和声学事件探测 (sound event detection)[40].

根据重放的原理, 空间声重放技术 [42] 分为以下三大类.

第一类是基于物理声场精确重构的声重放, 其原理是在一定的空间区域内重构目标声场. 目前的声场重构技术包括波场合成 (WFS) 和高阶 Ambisonics (HOA). WFS 是根据声场的 Kirchhoff-Helmholtz 积分方程, 通过控制边界表面的声压及速度而重构边界内部的声场. 而 HOA 则是利用本征函数 (如球谐函数) 对目标声场实现逐级逼近. 这类方法的特点是可以在物理上准确地重构声场的空间信息, 但受限于空间采样理论. 为了在较宽的区域重构整个可听声频率范围内的声场, 需要非常多的重放通路和扬声器, 系统的结构非常复杂. 扬声器的离散化布置带来的空间混叠效应是声场重构研究所要面对的第一个重要问题. 对于 WFS 方式, 有研究提出利用聚焦声源实现局部重构的方法来提高空间混叠频率, 这实际是通过减少重构区域面积来换取更高的空间混叠频率. 也有研究通过心理声学方法来处理混叠频率以上的声音成分. 在实际应用中, 扬声器的布置方式受客观物理条件的限制, 出现非均匀布置、区域缺失布置 (如聆听者下方无法布置扬声器), 这给常规的信号馈给方式带来困难. 在这种非理想的扬声器布置条件下, 设计高鲁棒性的信号馈给算法也是重要的研究方向.

第二类是基于物理声场和心理声学近似的声重放, 其目的并不是要在物理上精确重构目标声场, 而是在声重放中产生期望的空间听觉事件. 这类技术是基于空间听觉的心理声学原理, 着重重现期望空间听觉事件所对应的声音空间信息 (如 ITD、ILD、IACC). 传统的两通路立体声和多通路环绕声都是属于这一类. 当前这类多通路声重放研究的核心问题是根据实际应用的要求和给定的系统资源 (通路数), 以空间听觉的心理声学原理为基础, 求解优化的扬声器布置和信号馈给. 平面环绕声的听觉心理学原理和信号馈给算法的研究相对比较成熟, 而三维空间环绕声由于增加了高度维度, 增加了重放技术的难度. 特别在垂直高度声像合成定位方面, 相关的心理声学原理和信号馈给算法的研究都尚未成熟, 是当前多通路声重放研究的重点方向.

第三类是基于双耳信号的声重放, 其原理是通过重构目标声场的双耳信号, 从而产生期望的主观听觉事件, 获得尽量真实的 "沉浸式" 体验 [43]. 完整的听觉体验, 源信息、传输介质和听觉感知三要素缺一不可 [44], 值得注意的是, 源信息的建模和处理, 与基于声学阵列的声场建模和盲信号分离密切相关. 由于声重放的终极目标是服务于人的听觉系统, 因此人耳在声场中相对于源的头相关传递函数 (head related transfer function, HRTF) 和双耳房间冲激响应 (binaural room impulse responses, BRIR) 扮演着至关重要的角色 [46], 心理声学 [47] 领域的研究进展也同样值得关注. 双耳重放技术可以采用耳机和扬声器进行重放. 耳机重放的设备、方法简单, 缺点是容易产生头中定位、声像畸变. 尽管有学者尝试通过精细化的调整改善耳机回放效果 [49], 但主流的观点都认可定制化头相关传递函数的重要性 [50]. 在定制化头相关传递函数的优化建模研究中, 机器学习的相关算法扮演着十分重要的角色 [51]. 采用头部跟踪设备的动态重放技术也是现在双耳重放的研究热点. 扬声器重放由于存在串扰 [53,54], 因此需要在重放阶段进行串扰消除的信号处理. 串扰消除对聆听者的位置非常敏感, 导致这种方法的听音区较窄. 现有的研究一般关注如何结合听音者位置跟踪提升系统可靠性 [55], 或者在系统优化时平衡串扰抑制量和优化区间大小 [56,57]. 结合头部位置跟踪的动态串扰消除算法以及采用位置优化的多扬声器阵列重放方法被认为是解决 (改善) 听音区域窄的重要研究方向.

采用哪一类的重放技术取决于具体的应用需求. 第一类技术通常用于科学研究和大区域的声场模拟, 第二类技术主要用于家庭和影院声重放系统, 第三类技术主要用于个人消费电子产品、游戏、VR 等. 实际上, 第一类和第二类声重放技术在某些场景下会混合使用, 比如, 在一定的扬声器布置方式下, 空间混叠频率以下的声音成分采用第一类物理重构技术, 而空间混叠频率以上的声音成分采用第二类基于心理声学原理的重放技术.

3. 声场分区控制

声场分区控制的目的为声场内每个听音者提供定制化的声重放效果, 并尽量弱化声重放对其他区域的干扰 [6,58], 属于典型的声场调控问题. 这个研究领域的应用场景非常广泛, 因此近年来得到学术界和工业界的广泛关注. 实现有效的分区控制显然离不开扬声器阵列的使用. 值得注意的是: 理论上传声器阵列的大部分固定波束优化方案都可应用于声场分区控制, 但相比而言, 扬声器阵列由于在声辐射后, 总体性能完全受制于声场物理特性, 波束设计的一些关键先验条件不成立, 因此能满足实际应用需求的可选策略受限. 现有的控制方法总体上可归为两类: 声对比度控制 [59,60] 和声场匹配, 匹配目标既可以是直观的声压 [61,62], 也可以是声场的模态 [63]. 声对比度法理论上可以获得最佳的声功率泄露控制, 但其无法保证在有效区域获得准确的期望声场, 而声场匹配及其修正方案理论上可以平衡声功率泄露和期望声场还原性能. 考虑到实际应用场景的复杂性, 控制系统的鲁棒性是目前最受关注的研究点 [64]. 鲁棒性控制一方面需要提升分区控制在不同声场景下的适应性, 另一方面还要关注扩声系统的总功率限制. 在分区控制中结合听觉掩蔽效应提升听音者主观感受, 同时进一步实现隐私保护, 则是综合性能更为有效的策略 [69].

4. 有源噪声控制

有源噪声控制 [70] 结合噪声特性分析、声场模型分析、控制源和传感器位置优化、超低延时的控制系统以及合理的控制算法, 可以通过以 "声" 消 "声" 的方式有效降低噪声的影响. 耳机 [71] 的有源噪声控制, 实施控制的区域仅限于人耳, 技术上已经非常成熟, 目前已进入大规模商用阶段. 要实现更大范围的声场控制, 则需要借助声学阵列. 汽车 [72] 领域已广泛使用的发动机有源噪声控制就是声场控制的典型案例, 但其控制的噪声有很大的局限性——发动机在低频带有明显谐波特性的噪声. 伴随着电动汽车的快速发展, 汽车整车噪声的有效控制逐步成为目前的研究热点 [73].

如果把车内封闭环境视为一个可控静音区域, 则有源噪声控制系统所起的作用可从虚拟声屏障 (virtual sound barrier, VSB) [78] 的角度理解. 理论上虚拟声屏障既可以阻止外界噪声向封闭或半封闭区域内传播, 也可以阻止封闭或半封闭区域内噪声向外辐射. 借助基于阵列的有源噪声控制系统进一步有效控制反射和散射声, 则可以完成声隐身的功能 [79]. 控制频带受限是有源噪声控制的一个难点问题, 尤其是在传感器和控制源数量受限的条件下. 近期有研究者关注通过图像和视频处理的方法跟踪人耳的位置 [82], 或是直接使用光学传感技术拾取声信息 [84], 这两种处理方式都为拓展控制频带提供了新的思路. 分流扬声器通过调整控制源参数达到阻抗匹配的目的, 有效控制反射声 [85], 这可被视为一类特殊的有源噪声控制. 这类系统由于只需要控制源, 不再需要传感器采集信号实施控制, 因此在声隐身领域是很有前景的研究内容.

自适应算法在有源噪声控制系统中扮演着不可或缺的角色, 控制源到误差传感器的传递函数 (次级路径) 给自适应算法的稳定性和收敛速度带来极大挑战, 常规的次级路径建模方式不能满足复杂场景的有源控制需求. 控制系统芯片算力的不断提升给实施新算法提供了有效先决条件, 无次级通道建模的控制算法是最有前景的新算法之一 [88]. 由于其在理论上完全回避次级通道的建模问题, 因此可有效应对传递函数时变的复杂场景. 最新的研究还表明: 有源噪声控制和语音增强领域经典的立体声回声抵消, 在系统架构上是同质化的, 两者可在同一个框架下分析 [92].

5. 声源定位与跟踪

传声器阵列采集信号的相位和幅度差异隐含了声源的位置信息, 如何有效抽取出位置信息则是声学阵列最常见的应用之一 [93]. 与声源定位紧密关联的波达

方向 (direction of arrival) 估计在通信和雷达领域也有广泛应用. 相比而言, 音频领域声源定位和波达方向估计的显著难点在于极高的等效带宽、房间混响和无处不在的噪声干扰. 如何在复杂环境下实现有效的声源定位和跟踪一直是声学阵列处理的热点, 2019 年声学领域顶级期刊 *J Acoust Soc Am* 和信号处理领域顶级期刊 *IEEE J Selected Topics in Signal Processing* 各自出了一期特刊讨论该方向的最新进展 [96].

常规的定位算法, 包括基于时延估计、波束扫描和空间谱的方法, 一般都建立在声源是理想点源或平面波模型、噪声具备特定理想分布的前提下. 这些先验信息在实际应用场景很难被满足, 因此复杂场景下的定位精度常常与预期目标相去甚远. 很多研究者注意到: 如果能有效提取出来自声源的直达声进行波达方向判决, 可以显著提升定位精度. 提取直达声的常用准则包括相干性 (coherence test) [98]、直达声优势 (direct-path dominance test) [99] 和直达声–混响声能量比值 (direct-to-reverberant energy ratio) [102] 等.

从机器学习角度来看, 声源定位是一类典型的隐参数估计问题, 采用贝叶斯估计方法实现声源定位是很自然的选择 [103], 进一步利用信号的稀疏特性, 借助压缩传感算法策略, 理论上可以获得更好的定位准确度 [105]. 近十年来机器学习领域的深度学习 (deep learning) 技术在图像和视频处理、语音识别、语义理解和语音合成等领域取得压倒性的成功, 有很多研究者也开始关注将深度学习技术引入声源定位 [108]. 事实上, 大多数定位算法作用在信号的时频空间, 而从时频空间理解音频信号, 本质上和图像别无二致, 因此引入深度学习是很自然的想法.

声源定位领域另一个值得关注的方向是基于分布式阵列的定位与跟踪 [110]. 物联网时代传感器无处不在, 但从常规的阵列处理角度看, 这些传感器并不是依照阵列处理的思路组网的. 因此大部分基于规则阵列的算法无法直接应用于分布式阵列, 探索适合分布式阵列的处理机制是极具前景的研究方向. 声源跟踪常用的卡尔曼滤波 (包括 Kalman filter、extended Kalman filter、unscented Kalman filter) 和粒子滤波 (particle filter) 属于机器学习典型算法, 在机器人同步定位与建图 (simultaneous localization and mapping, SLAM) 中应用广泛. 决定定位和跟踪特性的声学传递函数理论上有很高的参数维度, 但在实际应用场景中, 声源和传感器的相对位置起着主导作用, 因此从低维流形角度理解传递函数并构建跟踪算法也是值得关注的研究内容 [117].

6. 语音增强和分离

语音增强是音频处理领域的经典问题 [118], 最初的目标是解决语音通信易受噪声干扰的问题. 近年来随着智能语音交互系统的飞速发展, 语音增强的有了一个新目标: 作为语音交互系统的前端, 提供高信噪比的语音, 提升噪声环境下自动

语音识别 (automatic speech recognition, ASR) 系统的识别率. 目前, 业界已经普遍认识到现有的语音识别系统在复杂环境中的识别率相比于人类听觉系统尚有较大差距, 且对语音畸变比较敏感, 因此针对语音通信目标而研究的语音增强算法并不能直接扩展到针对语音识别的应用场景, 针对语音识别的语音增强需要更好地控制语音畸变.

干扰语音的常见噪声种类包括背景噪声、混响和回声. 对背景噪声, 单通道算法如果仅靠信号处理, 在原理上就无法有效追踪并抑制非稳态噪声. 现阶段基于深度学习的方案得到广泛关注 [120], 但完全端到端的深度学习方案面临如何有效泛化的问题以及低信噪比时性能不佳的难题. 基于传声器阵列的处理方法, 在信号时频分析的基础上增加了一个空间维度, 算法的设计和优化有更加充分的空间 [5]. 基于阵列的增强算法, 波束 (beamform) 扮演着非常重要的角色. 常规的波束设计, 无论是固定波束还是自适应波束, 对期望声源和声场的假定往往过于理想. 实际应用场景中, 有效的波束优化依赖于信号和噪声空间相关矩阵的准确估计和跟踪, 引入机器学习机制完成这一任务是现阶段受到普遍关注的处理方法. 借助机器学习常用的混合高斯模型优化 MVDR 波束是一类行之有效的策略 [124], 基于该策略的整体方案在 CHiME-3 竞赛获得第一名的成绩, 在学术界和工业界得到广泛关注. 2019 年 CHiME-5 竞赛排名前两位的方案 [125], 在前端处理上都沿用了这一处理策略. 混响对语音的干扰, 相比于背景噪声, 其显著特点在于期望信号和噪声不再满足独立性条件, 这显然加大了语音增强的难度 [127]. 常用于背景噪声抑制的谱增强策略虽然可用于去混响, 但很难平衡混响抑制效果和期望语音的音质损失. 基于语音线性预测模型估计晚期混响的处理方案 [128], 对信号模型的先验假定较为合理, 可以在抑制混响时较好地还原期望语音. 声回声抵消是音频声学领域的经典问题 [132], 但到目前为止, 没有任何一种处理策略可以保证在任意复杂环境下完全抑制回声, 同时有效保留期望语音. 由于远端参考信号的存在, 声回声抵消是自适应滤波最典型的应用场景. 考虑到回声路径中不可避免地存在非线性效应, 线性处理的自适应滤波不可能完全抑制回声, 因此研究非线性回声抵消技术和必要的后处理算法对提高回声抵消非常关键 [133].

在多人说话的场景, 如果只有其中一个人的语音是有效语音, 则其他语音也是"噪声", 这类"噪声"由于和期望语音特征一致, 是最难应对的一类"噪声". 这类语音增强本质上等效于语音分离 [135], 语音分离的一个重要目标是要拟合人类听觉系统特有的鸡尾酒会效应 (cocktail party effect), 即在复杂场景中关注特定说话人的能力. 与去混响面临的问题类似, 由于信号和"噪声"的同质性, 单通道语音分离仅靠时频域信号处理的方法很难在干扰语音抑制和期望语音还原之间有效平衡. 现有的研究重点是如何借助深度学习的方法提升语音分离的性能 [136]. 比较直观的训练目标是每个时频点对应的二元掩码 (binary mask) 或比值掩码 (ratio mask)，进一步还可以把相位特性也加入训练目标．如果用流形 (manifold) 的概念理解说话人时频特征的分布特性，还可以借助深度神经网络的方法学习说话人时频特征参数在高维空间的嵌入 [137]．进一步，还可以把实现时频分析的短时傅里叶变换也用神经网络替换，构建纯时域端到端的解决方案 [138]，这种方法在特定测试集能取得比理想掩码更好的分离效果．再进一步，如果把说话人的图像和时频信息也引入深度神经网络，可以借助多模 (multi-modal) 训练的机制获得更为有效的分离效果 [139]．当然，这类处理方式需要的传感器必须同时包含传声器和摄像头．基于阵列的语音分离，既可以用波束或自适应波束的方式在空间上解构各个声源信息，也可以充分利用声源的独立性，结合适当的信号统计模型构造有效的盲源分离 (blind source separation) 算法．盲源分离算法，无论是基于独立分量 (矢量) 分析的算法 (independent component analysis, independent vector analysis)、基于非负矩阵分解的算法 (non-negative matrix factorization, multi-channel non-negative matrix factorization) [141]，还是基于张量分解的算法 [142]，其本质都是要充分挖掘阵列采集信号在时间–频率–空间三个维度的有效信息．大部分算法都可以统一在三阶张量分析的框架下．盲源分离面临的一个难点问题是：即使源信号被充分解构，但在实际应用场景很难建立分离结果与期望语音的映射关系，如何在有效分离基础上完成期望语音的抽取 [143]，同样是值得关注的研究内容．

7. 特殊人群 (听觉障碍患者) 的人工听觉恢复

听力障碍是一种常见疾病，不仅影响言语交流，更进一步影响着人的社交活动和大脑认知．随着社会老龄化加重，以上声频技术的研究方向均可以转化到听力健康领域，结合神经科学、听力医学、心理学等方向可以开发出更好的听觉恢复技术，同时加深对听觉机制的理解，兼具临床应用和基础研究价值．按照应用领域分为以下方向．

(1) 声音的声学放大和压缩——声学助听器．主要针对传导性耳聋和感音神经性耳聋进行声学放大压缩．

(2) 新型人工听觉恢复——中耳植入、其他物理刺激模式 (如光学等)．针对临床常见的助听器、电子耳蜗、听觉脑干植入等以外的其他人工听觉恢复．

(3) 听觉障碍程度和致病部位的检测——纯音测听、鼓室图、耳声发射、听觉诱发电位、脑成像、言语测听等．服务于正常听力者的听力健康保健和人工听觉干预前的诊断．

人工听觉恢复是声频技术与听力医学、神经科学、心理学等方向的交叉领域，欧美的工业界和学术界在市场占有率和学术引领程度方面都处于领先，而中国在这些方面都处于起步阶段．由于本领域涉及健康问题，且中国的听力残疾人数估计在 2000 万人以上, 声频技术在该领域的应用研究具有重要价值.

该领域目前的热点问题包括: 声频信号处理技术与听觉神经生理机制的有机结合, 解决听力障碍者在音乐感知[144]、噪声中的言语感知[145]、双耳空间听觉[146] 等方面遇到的困难; 汉语语音的人工听觉编码方法的特殊性研究[147]; 针对不同年龄段 (尤其是婴幼儿) 的新型的人工听觉恢复技术和听力检测方法[148]. 声频处理算法在人工耳蜗和助听器中的应用[149] 也是值得关注的热点问题.

在人工听觉学术界方面, 国际同行认可的同行评议学术期刊包括: *J Acoust Soc Am, Ear and Hearing, Hearing Research, Trends in Hearing* 以及其他若干听力学 (audiology) 相关的学术刊物. 中国研究机构在这些期刊上的发表非常少 (占比 <10%) , 并且中国发表的论文大多数为偏临床研究, 而非声频技术研究. 面对人工听觉恢复这样复杂的多学科交叉研究, 这样的学术发表现状是很难以支撑产业发展的, 而且需要指出的是, 该领域的研究必须是长期的和持续的.

三、我们的优势方向和薄弱之处

基于声学阵列的声场调控和声信息抽取融合声信号处理、声学传感、心理声学和机器学习等多个方向的研究内容, 应用前景非常广泛. 我国是制造业大国, 正处于向制造业强国转换的关键时期, 国内企业对先进技术的需求与日俱增. 南京大学、中国科学院声学研究所、华南理工大学、西北工业大学等国内声频技术领域顶尖研究机构, 与企业深入合作, 在声场调控和声信息抽取的应用研究和应用基础研究水准上达到或接近国际先进水平, 在通信、汽车和人工智能领域有不少研究成果已实现大规模商用.

尽管在应用和应用基础研究上成绩斐然, 我们也应清楚地认识到: 一些关键技术的基础研究仍然是我们的薄弱环节. 声学换能和传感新器件、关键声频处理算法的基础数学理论和心理声学研究的前沿拓展, 执牛耳者仍然是国外研究机构. 我们需要迎头赶上的研究内容主要包括: 声学换能和传感新器件的探索、复杂声场的模型优化、大规模多通道声场调控系统的优化、面向目标的空间声模式、房间均衡技术、声信号增强和分离的基础数学理论、声信息抽取的融合策略、与声学感知算法有关的心理声学和生理声学新机理的探索、人工听觉技术, 以及听觉、视觉甚至生理信息联动的多模交互系统.

四、基础领域今后 5~10 年重点研究方向

1. 声学换能和传感新器件的探索

大部分声场调控基础研究都会假定声源是理想点源模型, 但受制于基本的声辐射物理限制和可听声的高带宽特性, 现有的声学换能器与理想点源相去甚远. 为提升调控鲁棒性, 调控系统优化时往往需要把声源的非理想特性转换为约束项

计入代价函数, 这会导致优化结果偏离理想预期. 基于碳纳米管的发声器件以及平板辐射结构的探索有助于构建轻薄辐射结构, 但这类声源仅适用对声源厚度有约束的特殊应用场合, 与理想声场调控所需声源存在较大差距. 探索新的声学换能器, 使之更接近点源特性, 或者更适用于特定声场调控目标, 是非常重要的基础研究课题. 相应地, 声学换能器结合声场调控目标的校准和优化机制同样值得探索.

另一方面, 用于声信息抽取的声学阵列, 最常用的传感器仍然是传声器. MEMS 传声器由于体积小、一致性高, 在声学传感领域已获得广泛应用. 就传感器而言, 信噪比也是影响声学阵列性能的关键指标, 尽管 MEMS 传声器工艺不断提升, 现有商用器件信噪比可达到 70dB, 但在很多微弱信号采集和处理场景下, 这个噪声指标仍然偏高. 如何进一步提升声学传感器的信噪比, 仍然是值得关注的研究内容.

2. 复杂声场的模型优化

声场调控面临的一个关键问题是声场的不确定性和时变性. 对特定声场的优化结果不能直接作用到另一个声场, 时变性也会导致调控效果偏离预期目标. 鲁棒性的调控策略可以部分补偿声场不确定性和时变性的影响, 但其负面效果有显著弱化调控性能的风险. 在目标声场布放传感器阵列可以在很大程度上保证建模精度, 但这属于 "侵入" 式检测, 在很多应用领域无法实施. 即便允许实施, 也面临实时建模与调控如何同步的问题. 复杂声场的建模与优化一方面需要基础声学理论的突破, 一方面也可借鉴机器学习领域的研究成果. 已有学者开始关注在声源定位领域引入流形学习的思想, 这在声场建模领域同样是值得探索的方向.

3. 大规模多通道声场调控系统的优化

声场调控的性能在很大程度上取决于可调参数的维度, 换言之, 声学阵列换能器和传感器数量的增加一般会提升调控效果. 另一方面, 双耳声重放、声场分区控制以及有源噪声控制需要的调控器件具有明显的同质化特性. 如何有效优化多通道控制系统, 使之能根据应用场景的需求, 完成一个或多个调控任务, 是极富挑战性的研究内容. 从底层硬件角度看, 5G 通信的低延时特性有利于无线传感在大规模声场调控系统中的使用, 但多通道换能器和传感器的同步和协同依然是个难点; 从算法设计角度看, 多入多出 (MIMO) 系统的稳定性和快速收敛特性有充分的提升空间; 从系统集成角度看, 值得探索的方向包括: 优化阵列分布时充分考虑声学器件和应用场景的约束, 保证系统鲁棒性的前提下兼顾多个调控目标.

4. 面向目标的空间声模式

完整的空间声应用通常包括声信号的制作 (捡拾)、传输、重放等三个环节. 处理这三个环节的传统模式是面向通路的, 即根据具体的重放手段、重放通路数以及扬声器布置方式来制作出多通路的声信号, 然后每个通路信号进行独立传输并最终馈给对应通路的重放设备进行重放. 这种模式造成了特定条件下制作的声信号只能用于对应条件下的声重放, 缺乏灵活性.

面向目标 (object-based) 的声信号制作、传输和重放模式正是为了解决声重放的灵活性而在近年发展起来的新一代空间声模式. 该模式将具有不同空间特性 (如空间位置) 的声音看成独立的声音目标 (audio objects) 并独立传输, 同时传输用于描述各声音目标参数 (如空间位置) 的元数据 (metadata). 重放时根据元数据提供的声音目标空间信息和实际的重放设备信息 (如扬声器数目和布置方式), 按约定的声重放技术生成各通路的重放信号. 面向目标的模式与面向通路的模式最大不同是重放信号的生成放在重放阶段而不是制作阶段, 因此具有非常高的灵活性, 适用于不同的声重放技术以及不同的重放扬声器数量和布置方式. 由于具有传统模式无法比拟的优势, 很多空间声标准, 如新一代的三维空间声传输标准MPEG-H、超高清电视节目的三维空间声标准等, 都采用了面向目标的模式, 一些商业声频系统如 "Dolby Atmos" 也采用了面向目标的模式. 面向目标模式一经提出就在学术界和工业界受到了极大的关注, 是声频技术现在和未来几年的研究热点.

现有的面向目标模式国际标准对制作和重放两个环节是开放的, 也就是说, 只要能够在重放环节解释制作环节的声音信息, 任何形式的制作和重放技术都可以纳入面向目标模式的技术框架中. 这一方面给研究带来非常大的便利性, 更重要的是给我们发展自有知识产权技术带来可能. 相关的研究热点是结合上面提到的声信息捡拾和提取技术, 在复杂场景中提取声音目标和声音目标空间信息.

5. 房间均衡技术

房间均衡技术是声场调控的一个重要研究方向. 在封闭空间内 (如房间或车厢), 声音在重放时不可避免地受到环境反射声的影响, 导致音色、空间感等声重放质量下降. 房间均衡技术就是在声信号经扬声器重放前对其进行滤波处理, 以此来消除 (减弱) 环境反射声造成的影响. 由于在家用声重放领域的应用广泛, 这个方向受到了广泛的关注.

房间均衡技术的核心是根据测量 (计算) 的房间脉冲响应 (RIR) 来设计相关的均衡滤波器, 但由于 RIR 的非最小相位特性以及长度较长等问题, 房间均衡滤波器的设计是非常具有挑战性的. 现在的主要研究关注点包括提高均衡滤波器对RIR 测量误差的鲁棒性以及扩大均衡的区域. 多点均衡、部分均衡、子带均衡等技术手段都对均衡技术的鲁棒性有帮助. 结合人的听觉系统特性的一系列处理, 如基于时域掩蔽曲线的 RIR 重整形、分数倍频带复数平滑、频率弯折 (frequency wraping), 也是提高均衡算法性能的有效方法. 此外, 由于多通路声重放系统需求的日益增长, 多扬声器的均衡方法也引起了广泛的研究兴趣. 相对于单扬声器均衡, 这种方法的优势是多扬声器提供了额外的自由度, 理论上可以获得更宽的有效均衡区域.

6. 声信号增强和分离的基础数学理论

声信号增强和分离领域, 常用的基于二阶统计量的维纳滤波和自适应滤波, 理论上已非常成熟, 信号分离中常用的矩阵群和黎曼流形优化方法也已有了较多研究, 但阵列处理中使用的张量算法仍然有较多的探索空间. 另一方面, 在训练数据充足的前提下, 深度学习在很多场景下确实体现出一定的优势, 但其面临的泛化问题不可忽视, 且现阶段在泛化面临困境时往往只能求助于训练数据集的扩充, 缺乏更有效的优化改进方式. 进一步提升深度学习的综合性能有赖于基础数学理论在深度学习可解释性上的突破. 此外, 如何将规则驱动的信号处理算法和数据驱动的深度学习有效融合, 针对特定应用场景提升算法性能, 也是值得关注的研究方向.

7. 声信息抽取的融合策略

信息抽取的多个目标, 包括声源定位、语音 (声信号) 增强和分离, 以及声场建模分析, 有很强的联动关系. 仅语音增强就包含了背景噪声抑制、去混响和声回声抵消等多个子课题, 进一步还可以把语音分离也视为特殊噪声 (干扰话者语音) 的抑制. 这一系列子课题的共性目标都是在复杂场景下抽取期望话者的有效语音, 但处理方法上存在显著区别. 已有不少学者开始探讨如何在处理机制和策略上融合这些语音增强任务. 声源定位与语音 (声信号) 抽取都可视为阵列采集信号的隐参数估计问题, 两者同样有相互借鉴之处. 基于盲信号分离的定位算法已经得到不少研究者的关注. 从声场建模的角度来看, 声信号分离事实上也是一类典型的建模问题, 只不过建模的对象侧重于声源. 如何融合这一系列声信息抽取任务, 甚至把它们放在同一个算法框架下进行处理, 是很有意义的研究内容.

8. 与声学感知算法有关的心理声学和生理声学新机理的探索

声场调控和声信息增强的一个显著特点是强调 "以人为本", 毕竟在大部分应用场景下, 可听声的服务对象都是人. 心理声学和生理声学领域围绕人类听觉系统的前沿研究能否取得突破, 对声场调控和声信息增强尤为重要. 事实上, 双耳声重放、声场分区控制和语音增强等领域很多算法的设计与优化都借鉴了心理声学的研究成果, 听觉场景分析的相关算法与心理声学的关联则更加密切. 伴随着机器学习 (人工智能) 技术的快速发展, 现有的智能语音交互系统已有长足的进步, 但在复杂场景下, 其上限性能离人类听觉系统仍有较大差距. 人类在噪声环境下的听觉感知机理始终是重要的研究内容, 近期也不断有新的研究成果涌现 [152].

探索心理声学和生理声学新机理非常重要, 对声学感知算法而言, 如何把这些机理转换为数学语言指导算法设计与优化同样重要. 生理声学、心理声学研究成果以及声频处理新技术在人工听觉领域的应用, 也是值得长期关注的研究内容.

9. 听觉、视觉甚至生理信息联动的多模交互系统

在声场调控和声信息抽取的应用中, 有效融合视觉信息是非常值得关注的方向. 语音增强和分离中现阶段比较热门的多模 (multi-modal) 处理将声频和视频信息统合作为深度神经网络的训练数据, 是这个方向的有益尝试. 在声场调控领域, 也有很多研究者尝试引入摄像头或光学传感器件提供辅助传感信息, 以提升调控性能. 事实上, 人类听觉系统和视觉系统的作用机制有很强的相通之处, 在雪貂上的动物实验证实听觉中枢可以发展出视觉功能 [155], 而阵对盲人回声定位能力的测试则表明盲人通过回声探测障碍物的能力很可能用到了人脑视觉皮层的信息 [156]. 除了听觉和视觉信息, 其他生理信息与声频处理同样关联. 已有学者尝试直接从脑电信号中提取有效语音信息, 并构建了初步的演示系统 [157]. 如何更好地融合听觉、视觉甚至生理信息, 使得阵列处理真正实现以 "人" 为本的目标, 有赖于学术界的长期投入.

10. 声学事件检测和场景分类

声学事件检测和场景分类是声学感知算法的重要研究方向, 包含声学事件的检测、分类、分离、定位与声学场景分析等多个子课题 [40]. 声学事件是指由特定事件产生的声音, 有单一的来源, 通常有一个明确定义的、短暂的持续时间, 而声学场景一般是指由真实场景中不同来源的声音混合而来的整体. 基于声学信号进行事件检测的方法克服了视频监控领域中对光照、遮挡物与计算存储性能要求较高的局限, 且部分特殊声事件如警报器报警等只能通过声学手段进行检测, 因而具有独特的应用优势.

随着深度学习技术的迅速发展, 深度神经网络逐步成为目前的主流解决方案, 但目前也面临着诸多挑战. 一方面, 理想训练数据标注代价高昂的问题直接限制了当前强标签数据集的规模, 另一方面, 实际应用环境中, 多个声学事件同时发生的情况非常普遍. 与之相应的, 针对数据标注困难的弱标签学习方法或可兼顾无标签数据的半监督方法在声学事件领域的应用是值得关注的研究方向, 而基于时频掩蔽或直接采用端到端方法训练的深度神经网络分离方法也同样值得探索.

此外, 由于声学事件分类的准确性与标签质量和该类样本数的关系并不绝对, 如何进一步探究声学特性对分类性能的影响也是很有意义的研究内容. 而带噪标签处理、与视频检测相结合的多模态检测、在线学习、对抗学习在声学事件检测领域也是值得关注的研究方向.

五、国家需求和应用领域急需解决的科学问题

针对通信、汽车、军事、电力、机器人、虚拟现实和增强现实等国际民生重要领域的实际需求, 基于声学阵列的声场调控和声信息抽取有广阔的应用前景. 现阶段急需解决的科学问题包括以下若干点.

(1) 高性能声频技术换能器和传感器. 探索声学器件的新机制、新材料和新工艺, 同时借助声学测量、建模和补偿的新方法, 研制符合声学阵列应用需求的低失真微型声学换能器和高信噪比微型声学传感器.

(2) 复杂声场的模型优化. 对 "侵入" 式建模, 针对声场建模和声信息抽取的不同应用场景, 优化传感器阵列建模策略; 对非 "侵入" 式建模, 模型的优化则有赖于声学基础理论和机器学习技术的不断突破.

(3) 大规模多通道声场调控系统的优化. 针对应用场景的约束, 有效优化阵列单元位置, 平衡声场调控的效果与鲁棒性; 大规模阵列系统的多任务优化, 解决多个声场调控问题.

(4) 声信号增强和分离的基础数学理论. 围绕声信号增强和分离, 深入探讨流形优化处理方法的机理; 基于张量处理框架, 统一盲分离处理算法模型, 并在此基础上优化算法性能; 结合声频感知应用场景, 建立并完善规则驱动和数据驱动混合算法的数学模型.

(5) 声信息抽取的融合策略. 统一基于传声器阵列的语音增强算法框架, 协同背景噪声抑制、去混响、声回声抵消和语音分离等多个目标, 实现精准的期望语音信息抽取; 融合声源定位和语音增强的算法框架, 在复杂场景下更准确地追踪期望说话人位置并抽取其语音信息; 融合声信息抽取与声场建模的处理算法, 结合声场调控, 完善面向特定对象的声信息交互.

(6) 心理声学和生理声学新机理. 探索心理声学和生理声学新机理, 并把这些机理转换为数学语言指导声频感知算法的设计与优化.

(7) 人工听觉技术的发展与应用. 尤其关注声频技术新进展在人工听觉领域的应用.

(8) 多模交互系统. 探索听觉、视觉甚至生理信息联动的机理, 完善多模信息协同机制, 设计并优化多模交互系统, 针对特定应用场景提升声场调控和声信息抽取的性能.

六、发展目标与各领域研究队伍状况

1. 发展目标

一方面以国家重大需求为牵引, 联合国内多个研究机构, 围绕声场调控和声信息增强的共性基础科学问题集中公关, 争取早日补齐国内在基础研究上的短板; 另一方面, 结合我国由制造大国向制造强国转换的契机, 相关研究机构与国内一

线高技术企业紧密合作, 优势互补, 深入挖掘应用需求, 将最新原创性研究成果脚踏实地推进到产品中, 推动中国制造向中国智造的升级.

2. 各领域研究队伍状况

声场调控和声信息增强由于有非常强的应用背景, 国际上从事相关研究的机构既有 Imperial College London, University of Erlangen-Nuremberg, RWTH Aachen University, Technische Universität Berlin, University of Oldenburg, The Entrepreneurial University, Southampton University 和 Columbia University 等高等院校, 也有 Microsoft、Google、Amazon、NTT 等知名企业的研究院. 国内有特色的高水平研究机构包括南京大学、中国科学院声学研究所、华南理工大学、西北工业大学和清华大学等.

七、基金资助政策措施和建议

建议围绕高性能微型声频技术换能器和传感器、复杂声场的模型优化、大规模多通道声场调控系统优化、声信号增强和分离的基础数学理论、声信息抽取的融合策略、心理声学和生理声学新机理、多模交互系统等方向增加基础科学问题的资助力度, 并鼓励研究机构与高技术企业联合申报相关基金课题.

八、学科的关键词

微型声学换能器 (miniature acoustic transducer); 微型声学传感器 (miniature acoustic sensor); 声学阵列 (acoustic array); 球阵列 (spherical array); 扬声器阵列 (loudspeaker array); 传声器阵列 (microphone array); 声信号处理 (acoustic signal processing); 声场调控 (sound field manipulation); 双耳声重放 (binaural reproduction); 空间声 (spatial audio); 声场分区控制 (acoustic multi-zone control); 个人声频系统 (personal audio system); 有源噪声控制 (active noise control); 虚拟声屏障 (virtual sound barrier); 声源定位 (sound source localization); 波达方向估计 (direction-of-arrival estimation); 语音增强 (speech enhancement); 盲源分离 (blind source separation); 声场建模 (sound field modeling); 机器学习 (machine learning); 流形学习 (manifold learning); 张量分解 (tensor decomposition); 深度神经网络 (deep neural network); 声学事件检测和场景分类 (acoustic event detection and scene classification); 听觉心理与生理 (psychology and physiology of hearing); 人工听觉 (artificial hearing).

参考文献

[1] https://www.microsoft.com/en-us/research/research-area/audio-acoustics/

[2] https://publishing.aip.org/wp-content/uploads/2019/01/PACS_2010_Alpha.pdf

[3] Widrow B. Thinking about thinking: The discovery of the LMS algorithm. IEEE Signal Processing Magazine, 2005, 22(1): 100-106.

[4] Murphy K P. Machine Learning: A Probabilistic Perspective. Cambridge: MIT Press, 2012.

[5] Benesty J, Chen J, Huang Y. Microphone Array Signal Processing (Vol. 1). Berlin: Springer Science & Business Media, 2008.

[6] Kim Y H, Choi J W. Sound Visualization and Manipulation. NJ: John Wiley & Sons, 2013.

[7] Absil P A, Mahony R, Sepulchre R. Optimization Algorithms on Matrix Manifolds. NJ: Princeton University Press, 2009.

[8] Goodfellow I, Bengio Y, Courville A. Deep Learning. Cambridge: MIT Press, 2016.

[9] Gan W S, Yang J, Kamakura T. A review of parametric acoustic array in air. Appl Acoust, 2012, 73(12): 1211-1219.

[10] Sullenberger R M, Kaushik S, Wynn C M. Photoacoustic communications: Delivering audible signals via absorption of light by atmospheric H_2O. Optics Lett, 2019, 44(3): 622-625.

[11] Ma X, Hegarty P J, Pedersen J A, et al. Impact of loudspeaker nonlinear distortion on personal sound zones. J Acoust Soc Am, 2018, 143(1): 51-59.

[12] Ma X, Hegarty P J, Jørgensen K F, et al. Nonlinear distortion reduction in Sound Zones by constraining individual loudspeaker control effort. J Audio Eng Soc, 2019, 67(9): 641-654.

[13] Leach W M. Introduction to Electroacoustics and Audio Amplifier Design. Georgia: Kendall/Hunt Publishing Company, 2003.

[14] Kleiner M. Electroacoustics. Boca Raton: CRC Press, 2013.

[15] Larsen E, Aarts R M. Audio Bandwidth Extension: Application of Psychoacoustics, Signal Processing and Loudspeaker Design. Chinchester: John Wiley & Sons, 2005.

[16] Gan W S, Kuo S M, Toh C W. Virtual bass for home entertainment, multimedia PC, game station and portable audio systems. IEEE Trans Consumer Electronics, 2001, 47(4): 787-796.

[17] Mu H, Gan W S, Tan E L. An objective analysis method for perceptual quality of a virtual bass system. IEEE/ACM Trans Audio, Speech, and Language Processing, 2015, 23(5): 840-850.

[18] Button D, Lambert R, Brunet P, et al. Characterization of nonlinear port parameters in loudspeaker modeling. In Audio Engineering Society Convention 145. Audio Engineering Society, 2018.

[19] Klippel W. Loudspeaker nonlinearities–causes, parameters, symptoms. In Audio Engineering Society Convention 119. Audio Engineering Society, 2005.

[20] Chang C, Pawar S J, Weng S, et al. Effect of nonlinear stiffness on the total harmonic distortion and sound pressure level of a circular miniature loudspeaker-experiments and simulations. IEEE Trans Consumer Electronics, 2012, 58(2): 212-220.

[21] Hu Y, Wang M, Lu J, et al. Compensating the distortion of micro-speakers in a closed box with consideration of nonlinear mechanical resistance. J Acoust Soc Am, 2017, 141(2): 1144-1149.

[22] Spors S, Wierstorf H, Raake A,et al. Spatial sound with loudspeakers and its perception: A review of the current state. Proc IEEE, 2013, 101(9): 1920-1938.

[23] Williams E G. Fourier Acoustics: Sound Radiation and Nearfield Acoustical Holography. London: Academic Press, 1999.

[24] Rafaely B. Fundamentals of Spherical Array Processing. Berlin: Springer, 2015.

[25] Fernandez-Grande E. Sound field reconstruction using a spherical microphone array. J Acoust Soc Am, 2016, 139(3): 1168-1178.

[26] Samarasinghe P, Abhayapala T, Poletti M. Wavefield analysis over large areas using distributed higher order microphones. IEEE/ACM Trans Audio, Speech, and Language Processing, 2014, 22(3): 647-658.

[27] Ueno N, Koyama S, Saruwatari H. Sound field recording using distributed microphones based on harmonic analysis of infinite order. IEEE Signal Processing Letters,2017, 25(1): 135-139.

[28] Chardon G, Daudet L, Peillot A, et al. Near-field acoustic holography using sparse regularization and compressive sampling principles. J Acoust Soc Am, 2012, 132(3): 1521-1534.

[29] Mignot R, Daudet L, Ollivier F. Room reverberation reconstruction: Interpolation of the early part using compressed sensing. IEEE Trans Audio, Speech, and Language Processing, 2013, 21(11): 2301-2312.

[30] Murata N, Koyama S, Takaune N, et al. Sparse representation using multidimensional mixed-norm penalty with application to sound field decomposition. IEEE Trans Signal Processing, 2018, 66(12): 3327-3338.

[31] Koyama S, Daudet L. Sparse representation of a spatial sound field in a reverberant environment. IEEE J Selected Topics in Signal Processing, 2019, 13(1): 172-184.

[32] Bregman A S. Auditory Scene Analysis: The Perceptual Organization of sound. Cambridge: MIT Press, 1994.

[33] Bregman A S. Auditory scene analysis. The Senses: A Comprehensive Reference, 2008, 3: 861-870.

[34] Schnupp J, Nelken I, King A. Auditory Neuroscience: Making Sense of Sound. Cambridge: MIT Press, 2011.

[35] Wang L, Hon T K, Reiss J, et al. An iterative approach to source counting and localization using two distant microphones. IEEE/ACM Trans Audio, Speech, and Language Processing, 2016, 24(6): 1079-1093.

[36] Stöter F R, Chakrabarty S, Edler B, et al. CountNet: Estimating the number of concurrent speakers using supervised learning. IEEE/ACM Trans Audio, Speech, and Language Processing, 2018, 27(2): 268-282.

[37] Tranter S E, Reynolds D A. An overview of automatic speaker diarization systems. IEEE

Trans Audio, Speech, and Language Processing, 2006, 14(5): 1557-1565.

[38] Anguera X, Bozonnet S, Evans N, et al. Speaker diarization: A review of recent research. IEEE Trans Audio, Speech, and Language Processing, 2012, 20(2): 356-370.

[39] Sell G, Snyder D, McCree A, et al. Diarization is hard: Some experiences and lessons learned for the JHU team in the inaugural DIHARD challenge. interspeech, 2018: 2808-2812.

[40] Adavanne S, Politis A, Nikunen J, et al. Sound event localization and detection of overlapping sources using convolutional recurrent neural networks. IEEE J Selected Topics in Signal Processing, 2018, 13(1): 34-48.

[41] Kong Q, Xu Y, Sobieraj I, et al. Sound event detection and time–frequency segmentation from weakly labelled data. IEEE/ACM Trans Audio, Speech, and Language Processing, 2019, 27(4): 777-787.

[42] 谢菠荪. 空间声原理. 北京, 科学出版社, 2019.

[43] Vorländer M. Auralization: Fundamentals of Acoustics, Modelling, Simulation, Algorithms and Acoustic Virtual Reality. Berlin: Springer Science & Business Media, 2008.

[44] Begault D R. 3-D Sound for Virtual Reality and Multimedia. Cambridge, MA: AP Professional, 2000.

[45] Sunder K, He J J, Tan E L, Gan W S. Natural sound rendering for headphones: Integration of signal processing techniques. IEEE Signal Processing Magazine, 2015, 32(2): 100-113.

[46] Xie B. Head-related transfer function and virtual auditory display. J Ross Publishing, 2013.

[47] Zwicker E, Fastl H. Psychoacoustics: Facts and Models (Vol. 22). New York: Springer Science & Business Media, 2013.

[48] Blauert J. Spatial hearing: The psychophysics of human sound localization. Revised edition. Cambridge, MA: MIT Press, 2017.

[49] Rajendran V G, Gamper H. Spectral manipulation improves elevation perception with non-individualized head-related transfer functions. J Acoust Soc Am, 2019, 145(3): EL222-EL228.

[50] Xie B S. Recovery of individual head-related transfer functions from a small set of measurements. J Acoust Soc Am, 2012, 132(1): 282-294.

[51] Grijalva F, Martini L, Florencio D, et al. A manifold learning approach for personalizing HRTFs from anthropometric features. IEEE/ACM Trans Audio, Speech, and Language Processing, 2016, 24(3): 559-570.

[52] Zhang M, Ge Z, Liu T, et al. Modeling of Individual HRTFs based on Spatial Principal Component Analysis. IEEE/ACM Trans Audio, Speech, and Language Processing, 2020, 28: 785-797.

[53] Kuttruff H. Room Acoustics. Boca Raton: CRC Press, 2016.

[54] Song M S, Zhang C, Florencio D, et al. An interactive 3-D audio system with loudspeakers. IEEE Trans Multimedia, 2011, 13(5): 844-855.

[55] Simón Gálvez M F, Takeuchi T, Fazi F M. Low-complexity, listener's position-adaptive binaural reproduction over a loudspeaker array. Acta Acustica United with Acustica, 2017, 103(5): 847-857.

[56] Bai M R, Chen Y W, Hsu Y C, et al. Robust binaural rendering with the time-domain underdetermined multichannel inverse prefilters. J Acoust Soc Am, 2019, 146(2): 302-1313.

[57] Zheng J, Zhu T, Lu J, et al. A linear robust binaural sound reproduction system with optimal source distribution strategy. J Audio Eng Soc, 2015, 63(9): 725-735.

[58] Betlehem T, Zhang W, Poletti M A, et al. Personal sound zones: Delivering interface-free audio to multiple listeners. IEEE Signal Processing Magazine, 2015, 32(2): 81-91.

[59] Choi J W, Kim Y H. Generation of an acoustically bright zone with an illuminated region using multiple sources. J Acoust Soc Am, 2002, 111(4): 1695-1700.

[60] Shin M, Lee S Q, Fazi F M, et al. Maximization of acoustic energy difference between two spaces. J Acoust Soc Am, 2010, 128(1): 121-131.

[61] Betlehem T, Teal P D. A constrained optimization approach for multi-zone surround sound. IEEE Inter Conference on Acoustics, Speech and Signal Processing (ICASSP), 2010: 437-440.

[62] Poletti M. An investigation of 2-d multizone surround sound systems. Audio Engineering Society, 2008.

[63] Wu Y J, Abhayapala T D. Spatial multizone soundfield reproduction: Theory and design. IEEE Trans Audio, Speech, and Language Processing, 2010, 19(6): 1711-1720.

[64] Zhu Q, Coleman P, Qiu X, et al. Robust personal audio geometry optimization in the svd-based modal domain. IEEE/ACM Trans Audio, Speech, and Language Processing, 2018, 27(3): 610-620.

[65] Zhu Q, Coleman P, Wu M, et al. Robust acoustic contrast control with reduced *in-situ* measurement by acoustic modeling. J Audio Eng Soc, 2017, 65(6): 460-473.

[66] Tu Z, Lu J, Qiu X. Robustness of a compact endfire personal audio system against scattering effects (L). J Acoust Soc Am, 2016, 140(4): 2720-2724.

[67] Elliott S J, Cheer J, Choi J W, et al. Robustness and regularization of personal audio systems. IEEE Trans Audio, Speech, and Language Processing, 2012, 20(7): 2123-2133.

[68] Okamoto T, Sakaguchi A. Experimental validation of spatial Fourier transform-based multiple sound zone generation with a linear loudspeaker array. J Acoust Soc Am, 2017, 141(3): 1769-1780.

[69] Donley J, Ritz C, Kleijn W B. Multizone soundfield reproduction with privacy-and quality-based speech masking filters. IEEE/ACM Trans Audio, Speech, and Language Processing, 2018, 26(6): 1041-1055.

[70] Hansen C, Snyder S, Qiu X, et al. Active Control of Noise and Vibration. Boca Raton: CRC Press, 2012.

[71] Zou H S, Qiu X J. A review of research on active noise control near human ear in complex sound field. Acta Physica Sinica, 2019, 68(5): 054301.

[72] Elliott S. Signal Processing for Active Control. London: Academic Press, 2001.

[73] Sano H, Inoue T, Takahashi A, et al. Active control system for low-frequency road noise combined with an audio system. IEEE Trans on Speech and Audio Processing, 2001, 9(7): 755-763.

[74] Belgacem W, Berry A, Masson P. Active vibration control on a quarter-car for cancellation of road noise disturbance. J Sound and Vibration, 2012, 14(2): 3240-3254.

[75] Samarasinghe P N, Zhang W, Abhayapala T D. Recent advances in active noise control inside automobile cabins: Toward quieter cars. IEEE Signal Processing Magazine, 2016, 33(6): 61-73.

[76] Loiseaua P, Chevrela P, Yagoubia M, et al. Robust active noise control in a car cabin: Evaluation of achievable performances with a feedback control scheme. Control Engineering Practice, 2018, 81: 172-182.

[77] Shibatani N, Ishimitsu S, Yamamoto M. Command filted-X LMS algorithm and its application to car interior noise for sound quality control. Inter J Innovative Computing, Information and Control, 2018, 12(2): 647-656.

[78] Qiu X. An Introduction to Virtual Sound Barriers. Boca Raton: CRC Press, 2019.

[79] Norris A N. Acoustic cloaking. Acoust. Today, 2015, 11(1): 38-46.

[80] Cheer J. Active control of scattered acoustic fields: Cancellation, reproduction and cloaking. J Acoust Soc Am, 2016, 140(3): 1502-1512.

[81] Eggler D, Chung H, Montiel F, et al. Active noise cloaking of 2D cylindrical shells. Wave Motion, 2019, 87: 106-122.

[82] Elliott S J, Jung W, Cheer J. Head tracking extends local active control of broadband sound to higher frequencies. Scientific Reports, 2018, 8(1): 1-7.

[83] Han R, Wu M, Gong C, et al. Combination of robust algorithm and head-tracking for a feedforward active headrest. Appl Sciences, 2019, 9(9): 1760.

[84] Xiao T, Qiu X, Halkon B. Ultra-broadband active noise cancellation at the ears via optical microphones. Scientific Reports, 2020.

[85] Lissek H, Boulandet R, Fleury R. Electroacoustic absorbers: Bridging the gap between shunt loudspeakers and active sound absorption. J Acoust Soc Am, 2011, 129(5): 2968-2978.

[86] Tao J, Jing R, Qiu X. Sound absorption of a finite micro-perforated panel backed by a shunted loudspeaker. J Acoust Soc Am, 2014, 135(1): 231-238.

[87] Cong C, Tao J, Qiu X. A multi-tone sound absorber based on an array of shunted loudspeakers. Appl Sciences, 2018, 8(12): 2484.

[88] Zhou D, DeBrunner V. A new active noise control algorithm that requires no secondary path identification based on the SPR property. IEEE Trans Signal Processing, 2007, 55(5): 1719-1729.

[89] Wu M, Chen G, Qiu X. An improved active noise control algorithm without secondary path identification based on the frequency-domain subband architecture. IEEE Trans Audio, Speech, and Language Processing, 2008, 16(8): 1409-1419.

[90] Gao M, Lu J, Qiu X. A simplified subband ANC algorithm without secondary path modeling. IEEE/ACM Trans Audio, Speech, and Language Processing, 2016, 24(7): 1164-1174.

[91] Chen K, Xue J, Lu J, et al. Improving active noise control without secondary path modeling using subband phase estimation. J Acoust Soc Am, 2020. 147(2): 1275-1283.

[92] Hu M, Wang J, Xue J, et al. Inspection of the secondary path modeling in active noise control from the viewpoint of channel identification in stereo acoustic echo cancellation. J Acoust Soc Am, 2019, 145(5): 3024-3030.

[93] Tashev I J. Sound Capture and Processing: Practical Approaches. Chichester: John Wiley & Sons, 2009.

[94] Jarrett D P, Habets E A, Naylor P A. Theory and Applications of Spherical Microphone Array Processing (Vol. 9). New York: Springer, 2017.

[95] Argentieri S, Danes P, Souères P. A survey on sound source localization in robotics: From binaural to array processing methods. Computer Speech & Language, 2015, 34(1): 87-112.

[96] Ferguson B, Gendron P J, Michalopoulou Z H E, et al. Introduction to the special issue on acoustic source Localization. J Acoust Soc Am, 2019, 146(6): 4647-4649.

[97] Gannot S, Haardt M, Kellermann W, et al. Introduction to the issue on acoustic source localization and tracking in dynamic real-life scenes. IEEE J Selected Topics in Signal Processing, 2019, 13(1): 3-7.

[98] Mohan S, Lockwood M E, Kramer M L, et al. Localization of multiple acoustic sources with small arrays using a coherence test. J Acoust Soc Am, 2008, 123: 2136-2147.

[99] Nadiri O, Rafaely B. Localization of multiple speakers under high reverberation using a spherical microphone array and the direct-path dominance test. IEEE/ACM Trans Audio, Speech and Language Process, 2014, 22(10): 1494-1505.

[100] Rafaely B, Schymura C, Kolossa D. Speaker localization in a reverberant environment using spherical statistical modeling. J Acoust Soc Am, 2017, 141(5): 3523-3523.

[101] Madmoni L, Rafaely B. Direction of arrival estimation for reverberant speech based on enhanced decomposition of the direct sound. IEEE J Selected Topics in Signal Processing, 2018, 13(1): 131-142.

[102] Samarasinghe P N, Abhayapala T D, Chen H. Estimating the direct-to-reverberant energy ratio using a spherical harmonics-based spatial correlation model. IEEE/ACM Trans Audio, Speech, and Language Processing, 2017, 25(2): 310-319.

[103] Landschoot C R, Xiang N. Model-based Bayesian direction of arrival analysis for sound sources using a spherical microphone array. J Acoust Soc Am, 2019, 146(6): 4936-4946.

[104] Antoni J, Vanwynsberghe C, Maguerese T L, et al. Mapping uncertainties involved in sound source reconstruction with a cross-spectral-matrix-based Gibbs sampler. J Acoust Soc Am, 2019, 146(6): 4947-4961.

[105] Malioutov D, Cetin M, Willsky A. A sparse signal reconstruction perspective for source localization with sensor arrays. IEEE Trans Signal Process, 2005, 53(8): 3010-3022.

[106] Yang Z, Xi, L, Zhang C. Off-grid direction of arrival estimation using sparse Bayesian inference. IEEE Trans Signal Processing, 2012, 61(1): 38-43.

[107] Gemba K L, Nannuru S, Gerstoft P. Robust ocean acoustic localization with sparse Bayesian learning. IEEE J Selected Topics in Signal Processing, 2019, 13(1): 49-60.

[108] Chakrabarty S, Habets E A. Multi-speaker DOA estimation using deep convolutional networks trained with noise signals. IEEE J Selected Topics in Signal Processing, 2019, 13(1): 8-21.

[109] Perotin L, Serizel R, Vincent E, et al. CRNN-based multiple DoA estimation using acoustic intensity features for Ambisonics recordings. IEEE J Selected Topics in Signal Processing, 2019, 13(1): 22-33.

[110] Aarabi P. The fusion of distributed microphone arrays for sound localization. EURASIP J Advances in Signal Processing, 2003(4): 860465.

[111] Valin J M, Michaud F, Rouat J. Robust localization and tracking of simultaneous moving sound sources using beamforming and particle filtering. Robotics and Autonomous Systems, 2007, 55(3): 216-228.

[112] Fallon M F, Godsill S J. Acoustic source localization and tracking of a time-varying number of speakers. IEEE Trans Audio, Speech, and Language Processing, 2011, 20(4): 1409-1415.

[113] Brendel A, Kellermann W. Distributed source localization in acoustic sensor networks using the coherent-to-diffuse power ratio. IEEE J Selected Topics in Signal Processing, 2019, 13(1): 61-75.

[114] Wang R, Chen Z, Yin F. Speaker tracking based on distributed particle filter and iterative covariance intersection in distributed microphone networks. IEEE J Selected Topics in Signal Processing, 2019, 13(1): 76-87.

[115] Li X, Ban Y, Girin L, et al. Online localization and tracking of multiple moving speakers in reverberant environments. IEEE J Selected Topics in Signal Processing, 2019, 13(1): 88-103.

[116] Madhu N, Gergen S, Martin R. A robust sequential hypothesis testing method for brake squeal localization. J Acoust Soc Am, 2019, 146(6): 4898-4912.

[117] Laufer-Goldshtein B, Talmon R, Gannot S. A hybrid approach for speaker tracking based on TDOA and data-driven models. IEEE/ACM Trans Audio, Speech, and Language Processing, 2018, 26(4): 725-735.

[118] Loizou P C. Speech Enhancement: Theory and Practice. Boca Raton: CRC Press, 2013.

[119] Benesty J, Sondhi M M, Huang Y. Springer Handbook of Speech Processing. Berlin: Springer, 2007.

[120] Pandey A, Wang D. A new framework for CNN-based speech enhancement in the time domain. IEEE/ACM Trans Audio, Speech, and Language Processing, 2019, 27(7): 1179-1188.

[121] Kolbæk M, Tan Z H, Jensen S H, et al. On loss functions for supervised monaural

time-domain speech enhancement. IEEE/ACM Trans Audio, Speech, and Language Processing, 2020, 28: 825-838.

[122] Benesty J, Cohen I, Chen J. Fundamentals of signal Enhancement and Array Signal Processing. Singapore: John Wiley & Sons, 2018.

[123] Gannot S, Vincent E, Markovich-Golan S, et al. A consolidated perspective on multimicrophone speech enhancement and source separation. IEEE/ACM Trans Audio, Speech, and Language Processing, 2017, 25(4): 692-730.

[124] Higuchi T, Ito N, Yoshioka T, et al. Robust MVDR beamforming using time-frequency masks for online/offline ASR in noise. IEEE Inter Conference on Acoustics, Speech and Signal Processing (ICASSP), 2016: 5210-5214.

[125] Du J, Gao T, Sun L, et al. The USTC-iFlytek system for CHiME-5 challenge. Proc. CHiME-5, 2018: 11-15.

[126] Kanda N, Ikeshita R, Horiguchi S, et al. The Hitachi/JHU CHiME-5 system: Advances in speech recognition for everyday home environments using multiple microphone arrays. The 5th Inter Workshop on Speech Processing in Everyday Environments (CHiME 2018), 2018.

[127] Naylor P A, Gaubitch N D. Speech Dereverberation. London: Springer Science & Business Media, 2010.

[128] Nakatani T, Juang B H, Yoshioka T, et al. Speech dereverberation based on maximum-likelihood estimation with time-varying Gaussian source model. IEEE Transactions on Audio, Speech, and Language Processing, 2008, 16(8): 1512-1527.

[129] Jukić A, van Waterschoot T, Gerkmann T, et al. Multi-channel linear prediction-based speech dereverberation with sparse priors. IEEE/ACM Transactions on Audio, Speech, and Language Processing, 2015, 23(9): 1509-1520.

[130] Jukić A, van Waterschoot T, Doclo S. Adaptive speech dereverberation using constrained sparse multichannel linear prediction. IEEE Signal Processing Letters, 2016, 24(1): 101-105.

[131] Braun S, Habets E A P. Online dereverberation for dynamic scenarios using a Kalman filter with an autoregressive model. IEEE Signal Processing Letters, 2016, 23(12): 1741-1745.

[132] Huang Y A, Benesty J. Audio signal processing for next-generation multimedia communication systems. Springer Science & Business Media, 2007.

[133] Desiraju N K, Doclo S, Buck M, et al. Online estimation of reverberation parameters for late residual echo suppression. IEEE/ACM Trans Audio, Speech, and Language Processing, 2019, 28: 77-91.

[134] Lee C M, Shin J W, Kim N S. DNN-based residual echo suppression. Sixteenth Annual Conference of the Inter Speech Communication Association, 2015.

[135] Makino S, Lee T W, Sawada H. Blind Speech Separation (Vol. 615). Dordrecht: Springer, 2007.

[136] Wang D, Chen J. Supervised speech separation based on deep learning: An overview.

IEEE/ACM Trans Audio, Speech, and Language Processing, 2018, 26(10): 1702-1726.

[137] Hershey J R, Chen Z, Roux J L, et al. Deep clustering: Discriminative embeddings for segmentation and separation. IEEE Inter Conference on Acoustics, Speech and Signal Processing (ICASSP), 2016: 31-35.

[138] Luo Y, Mesgarani N. Conv-tasnet: Surpassing ideal time-frequency magnitude masking for speech separation. IEEE/ACM Trans Audio, Speech, and Language Processing, 2019, 27(8): 1256-1266.

[139] Ephrat A, Mosseri I, Lang O, et al. Looking to listen at the cocktail party: A speaker-independent audio-visual model for speech separation. arXiv preprint arXiv: 1804.03619.

[140] Gu R, Zhang S X, Xu Y, et al. Multi-modal multi-channel target speech separation. IEEE J Selected Topics in Signal Processing, 2020.

[141] Sawada H, Ono N, Kameoka H, et al. A review of blind source separation methods: Two converging routes to ILRMA originating from ICA and NMF. APSIPA Trans Signal and Information Processing, 10.1017/ATSIP. 2019.5.

[142] Sidiropoulos N D, de Lathauwer L, Fu X, et al. Tensor decomposition for signal processing and machine learning. IEEE Trans Signal Processing, 2017, 65(13): 3551-3582.

[143] Koldovský Z, Tichavský P. Gradient algorithms for complex non-gaussian independent component/vector extraction, question of convergence. IEEE Trans Signal Processing, 2018, 67(4): 1050-1064.

[144] Limb C J, Roy A T. Technological, biological, and acoustical constraints to music perception in cochlear implant users. Hearing Research, 2014, 308: 13-26.

[145] Reinhart P, Zahorik P, Souza P. The interaction between reverberation and digital noise reduction in hearing aids: Acoustic and behavioral effects. J Acoust Soc Am, 2017, 141(5): 3971.

[146] Laback B, Egger K, Majdak P. Perception and coding of interaural time differences with bilateral cochlear implants. Hearing Research, 2015, 322: 138-150.

[147] Meng Q, Zheng N, Li X. Loudness contour can influence mandarin tone recognition: Vocoder simulation and cochlear implants. IEEE Trans Neural Systems and Rehabilitation Engineering, 2017, 25(6): 641-649.

[148] Holland B T, Salorio-Corbetto M, Gray R, et al. Using a bone-conduction headset to improve speech discrimination in children with otitis media with effusion. Trends in Hearing, 2019, 23: 2331216519858303.

[149] Zeng F G, Rebscher S J, Fu Q, et al. Development and evaluation of the Nurotron 26-electrode cochlear implant system. Hearing Research, 2015, 322: 188-199.

[150] Sabin A T, van Tasell D J, Rabinowit Z B, et al. Validation of a self-fitting method for over-the-counter hearing aids. Trends in Hearing, 2020, 24: 233121651990058.

[151] Wang D. Deep learning reinvents the hearing aid. IEEE Spectrum, 2017, 54(3): 32-37.

[152] McWalter R, McDermott J H. Illusory sound texture reveals multi-second statistical completion in auditory scene analysis. Nature Communications, 2019. 10(1): 1-18.

[153] Khalighinejad B, Herrero J L, Mehta A D, et al. Adaptation of the human auditory cortex to changing background noise. Nature Communications, 2019, 10(1): 1-11.

[154] Han C, O'Sullivan J, Luo Y, et al. Speaker-independent auditory attention decoding without access to clean speech sources. Science Advances, 2019, 5(5): eaav6134.

[155] Sharma J, Angelucci A, Sur M. Induction of visual orientation modules in auditory cortex. Nature, 2000, 404(6780): 841-847.

[156] Thaler L, Milne J L, Arnott S R, et al. Neural correlates of motion processing through echolocation, source hearing, and vision in blind echolocation experts and sighted echolocation novices. J Neurophysiology, 2014, 111(1): 112-127.

[157] Schultz T, Wand M, Hueber T, et al. Biosignal-based spoken communication: A survey. IEEE/ACM Trans Audio, Speech, and Language Processing, 2017, 25(12): 2257-2271.

第 11 章　语言声学、生物声学以及心理和生理声学

11.1　语言声学研究现状以及未来发展趋势

颜永红

中国科学院声学研究所, 北京 100190

一、学科内涵、学科特点和研究范畴

语言声学是用声学方法研究与人类语言相关的声音的产生、传递、感知和处理的一门科学, 是声学研究的一个重要分支. 主要研究人类和计算机如何对言语和语音信号进行处理和分析, 具体包括人类言语产生、分析、感知以及计算机语音感知、识别、理解和合成等. 由于语音这一现象本身所具有的复杂性, 相关的研究不可避免地呈现出跨学科的特点, 对语音开展研究的学科包括声学、语言学、生理学、心理学、认知科学、计算科学和信息科学等. 由于它的复杂性 (很多未知的科学问题) 和巨大应用前景, 语言声学一直是声学领域最为重要和活跃的学科之一.

二、学科国外、国内发展现状

在人类言语交际过程中, 说话人首先通过驱动发声器官运动产生语音, 然后经过介质的传播, 到达听者的耳朵进行感知, 从而形成了 "言语链". 对言语链中各个环节的研究是语言声学的一个重要研究内容. 在此基础上, 通过利用信号处理、机器学习理论和方法等, 如何实现机器对语音的感知、识别、理解和合成都是语言声学研究的重要课题. 近年来, 随着计算机、人工智能、数字信号处理等技术的飞速发展, 与语言声学相关的语音分析、处理和应用技术也在不断进步, 并逐步走向成熟和商业应用.

1. 人类言语的产生、声学分析与感知

1) 言语产生

言语产生是大脑控制发声器官协调运动的, 肺部气流通过时变的声门和声道形成了承载着说话人所表达信息的声波, 由唇、鼻辐射到空气中, 即言语声信号. 到目前为止, 来自语言学、声学、神经科学等领域的学者分别或合作开展了这方面的深入研究, 提出了一系列具有代表性的理论和模型. 近年来, 随着技术的进步, 科研人员开始利用更先进的观测手段和设备 (如核磁共振成像 (MRI)、电磁

发声记录仪 (EMA) 等) 对言语产生过程进行了更加深入和细致的观测, 对此过程有了更加深入的认识. 此外, 从应用的角度出发, 言语工程技术领域通常采用基于源–滤波器模型的声学理论来解释言语产生机理. 该模型把具有周期性或噪声性质的声门气流作为激励源, 把由咽和口鼻腔组成的声道看成滤波器对激励源进行调制. 这一模型已经广泛应用于言语声学分析、合成和编码等领域.

2) 言语声学分析

语谱图是进行语音信号分析的常用手段, 它可以理解为二维的 "能量密度". 窄带的语谱图可以得到较好的频域分辨率, 即以较窄的频率间隔观察频率上的正弦波成分, 分析长度通常至少为两个基音周期的 "长窗"; 而宽带的语谱图可以给出较好的时域分辨率, 即以较窄的时间间隔观察时域的波动, 分析长度为小于一个基音周期的 "短窗". 另一个重要的语音分析对象是声门波, 它反映了声带的振动模式, 与嗓音的感知相联系. 通常嗓音分析的对象主要是长元音, 如/a:/音. 研究较多的声学参数包括反映声带振动稳定性的参数, 如基频微扰 (jitter), 振幅微扰 (shimmer) 以及反映声门噪声的谐噪比 (harmonics-to-noise ratio, HNR). 近期的研究表明: 单纯采用扰动参数不足以区分嗓音障碍的程度.

基于线性预测 (linear prediction) 残差得到的参数, 如谱平坦比 (spectrum flat ratio) 等, 由于能够直接表达声门处的气流状态特性, 所以表现出更高的区分性. 传统上, 这一过程由逆滤波技术来实现. 但是, 这种建立在线性时不变语音产生模型上的逆滤波技术存在很多问题. 首先, 这种方法不能区分一个基音周期内声门开相和闭相的不同声道共振模式, 从而无法刻画源–声道互扰 (source-tract interaction) 等较复杂而重要的声学现象. 在实际应用中, 由于不同人的声带和声道特性的差异, 为获得精确的声门波形, 还需要人为地调整参数. 鉴于逆滤波方法中存在的理论制约, 一类基于时变语音源–声道模型分离的声门源估计方法逐渐受到研究人员的重视. 其优点在于能够从输出语音中更完全地分离声门和声道共振作用, 并能够反映声门和声道在一个基音周期内的动态变化, 对声门源的估计也会更加接近真实.

3) 言语感知

言语感知主要研究人耳的听觉系统处理语音信息的机理, 属于听觉科学和认知科学的一个重要组成部分. 对语音听觉感知的研究包括很多课题, 如听觉外周计算模型、中枢神经感知机理、影响人耳感知的声学特征、听觉场景分析、高层次的成句和成章语音感知等. 半个世纪以来, 言语感知领域的研究者一直致力于寻找语音的声学属性和语言要素之间的一种映射关系, 围绕这一映射关系, 学者针对言语感知的三种理论框架展开了讨论: 动力理论 (motor theory)、DRT 理论 (direct realist theory, 直接现实主义理论) 以及 GA 方法 (general auditory learning approaches). 不同的理论对声学信号与语言表征之间的映射机理做出了不同的解释, 都可以解释一定的言语感知现象.

最初人们比较重视频域特征对言语可懂度或语音理解产生的影响, 如共振峰、基频等对元音感知的影响; 时域特征主要考察时长、幅度等对言语可懂度的作用. 随着多通道电子耳蜗的发展, 更多时域特征逐渐引起了人们的注意, 美国 House Ear Institute 研究中心的 Shannon 等[1] 采用人工耳蜗模拟方法进行实验, 发现单纯依靠 4 个频带的时域包络, 在安静条件下可以获得几乎完美的英语言语可懂度; 这项工作启发了人们采用人工耳蜗模拟模型来研究时域特征和频域特征对言语可懂度的影响. 人们对时域包络和精细结构对言语可懂度的影响进行了系统性的研究, Dorman 等[2] 从 20 世纪 90 年代中后期开始一直致力于研究人工耳蜗的声学模拟、耳聋患者的言语可懂度以及如何改进人工耳蜗语音处理策略等问题, 并提出了基于听觉感知的语音增强算法等. Smith 等[3] 提出了一种 "听觉嵌合体" 合成方法, 实验结果证明包络对语音理解比较重要, 而精细结构对音乐感知和声音定位更重要. 基于上述人工耳蜗模拟模型和 "听觉嵌合体" 方法, 很多学者针对汉语语言的特殊性开展了关于汉语语音感知的研究. Hour Ear Institute 研究中心的 Fu 等[4] 采用 Shannon 的实验方法研究了声调对汉语言语可懂度的影响; 美国加利福尼亚大学的 Zeng 等[5] 证明了精细结构对言语可懂度的重要作用. 对语音听觉感知进行研究的最直接目的就是服务于人工耳蜗语音处理算法的研究与开发. 很多学者已经将语音感知研究的结论应用于人工耳蜗语音处理策略的改进算法中, 尤其是在噪声环境下为人工耳蜗植入者提高言语可懂度.

2. 机器语音感知与增强、识别、理解与合成

1) 语音感知与增强

在语音通信和自然人机语音交互中, 语音从声源到被接收的过程中不可避免地受到背景噪声、房间混响以及潜在非目标语音的干扰, 因此感知得到的语音质量和言语可懂度会受到损害, 进而影响了后继语音处理系统的性能. 如何通过语音感知与增强技术提升语音信号的质量一直是语音研究领域的一个重要研究内容. 语音增强技术的研究可以追溯到 20 世纪 60 年代, 在过去的四十多年中, 出现了各种各样的语音增强算法. 根据使用麦克风个数的不同, 语音增强大致可以分为单通道技术和多通道技术.

单通道语音增强技术利用目标语音信号与噪声信号在时频域分布的不同, 进行噪声消除和语音增强. 单通道技术可以分为参数类方法和非参数类方法两类. 参数类方法的主要思想是以某种数学模型 (如 AR 模型) 描述语音和噪声信号, 再根据带噪信号对模型中的参数予以估计, 最后构建算法 (如 Kelman、Particle 滤波器) 对带噪信号进行处理. 而非参数类方法致力于估计噪声的统计特性, 借以恢复目标信号. 目前在单通道语音增强领域, 非参数类方法占主导地位, 大多数相关

研究与应用都围绕这一类算法展开. 在非参数类方法领域, 以下几类算法的关注度比较高.

(1) 谱减类方法. 原始的谱减算法以及所有延伸算法都基于加性噪声的假设, 通过估计噪声的频谱, 将其从带噪语音的幅度谱中减去.

(2) 维纳滤波类方法. 该类方法在估计出噪声的频谱后, 利用均方误差最小准则设计增益函数, 并计算出结果的频谱. 此类算法存在和谱减类算法相似的 "音乐噪声" 问题.

(3) 基于统计模型的方法. 该类方法对语音和噪声分别以统计模型描述, 再根据输入信号估计模型参数, 最后通过优化目标函数来计算增益函数. 常用的目标函数包括最小均方误差估计 (minimun mean square error, MMSE)、log-MMSE 估计、最大似然估计和最大后验估计.

(4) 子空间类方法. 该类方法首先利用正交分解法 (如奇异值分解) 将带噪信号向量分解为信号子空间和噪声子空间, 再在 "子空间域" 中对噪声成分予以抑制. 由于在正交分解中会较多地用到矩阵运算, 所以子空间类方法通常计算量较大.

与单通道技术相比, 多通道技术的优点在于除了时、频域信息外, 还能提供空间上的区分度. 在大多数情况下, 目标语音和干扰噪声源位于不同的空间位置. 通过使用麦克风阵列技术, 可以在空间上形成带有区分性的接收函数. 主要的多通道语音增强技术可归纳为波束形成和盲源分离两大类算法.

波束形成技术 (beamforming) 又被称为空间滤波 (spatial filtering). 这种技术大致可分为两类: 固定波束形成 (fixed beamforming) 和自适应波束形成 (adaptive beamforming). 固定波束形成使用一组经优化的滤波器以增强处于某特定方向的声源, 而同时尽可能地抵制来自其他方向的声源, 从而达到提高信噪比的效果. 固定波束形成的滤波器系数需要在使用前进行设定, 且不随时间或输入信号的变化而变化, 因此当声学环境复杂而多变时, 它往往难以达到理想的效果.

与固定波束形成法相比, 自适应波束形成的滤波器系数随输入数据的变化而发生改变, 从而能适应时变的声学环境, 得到更好的结果. Frost[6] 提出的 LCMV 算法 (linearly constrained minimum variance) 是最早的自适应波束形成算法之一, Griffiths 和 Jim[7] 提出的著名的广义旁瓣抵消算法 (generalized sidelobe canceller, GSC) 现已得到了深入的研究和广泛的应用. 自适应滤波的一种方法是基于信号最小均方误差估计的多通道维纳滤波 (multichannel wiener filter, MWF). 通过在估计准则中引入拉格朗日因子, 语音失真加权的 (speech distortion weighted-, SDW-)MWF 可以在语音失真和噪声抑制性能之间做出权衡. 根据语音信号协方差矩阵的特点, SDW-MWF 同时具有多种变化形式. 在单目标约束条件下, MWF 可以分解为最小方差无失真响应 (minimum variance distortionless response, MVDR) 波束形成与单通道后滤波两个部分. 这个结论导致了许多关于后滤波算法的研究. 自适应滤波的另一种方法是以最大化输出信噪比为准则, 其解定义为广义特征值 (generalized eigenvalue, GEV) 波束形成.

上述滤波器一般在信号频域中进行定义, 依赖的是阵列各通道信号的空间相关性, 同时也有一些研究是在时域对线性滤波器展开的. 现有结论表明, 已知的线性滤波器是线性等价关系, 在满足一定条件下可以互相线性转换. 特别的, 频域子带滤波器可以看作信号空间中的一个向量, 分为投影方向和频带增益两个部分. 子带滤波器还可以扩展为不同大小信号子空间. 在干扰噪声源的数目大于所用麦克风的数目的情况下, 自适应波束形成算法性能大幅度下降, 尤其是在具有混响的环境中.

盲源分离技术 (blind source separation) 算法是基于不同的假设或约束条件, 并且一般没有解析解. 一类源分离算法的目的是最小化分离信号间的相关性或者最大化其独立性. 典型算法包括独立成分分析 (independent component analysis, ICA)、TRINICON(triple-N ICA for convolutive mixtures) 和独立向量分析 (independent vector analysis, IVA) 等. 频域的 ICA 算法在信号的各个子带分别进行分离, 没有考虑信号频带间的一致性, 面临严重的声源排序混淆问题. 而 IVA 对全频带频谱向量建模, 避免了这一问题并获得了普遍应用. 另一类源分离算法则是依赖信号频谱的稀疏性假设, 即每个时频点只有一个信号源占主导作用. 此外有研究指出不同声源的信号经过时频变换后, 其系数一般满足近似离散正交 (W-disjoint orthogonality), 所以存在时频掩蔽, 可以重构出不同声源, 并在无混响假设下提出了 DUET(degenerate unmixing estimation technique, 简并非混合估计技术) 分离方法. 因此, 后续研究相继提出了利用不同的概率模型或聚类方法来实现时频聚类, 如广泛采用的复数高斯混合模型、复数沃森混合模型等. 特别的, 近期利用时频掩蔽计算信号协方差矩阵并结合波束形成的方法获得了很好的识别效果, 引起了研究者的广泛关注. 源分离方法的研究趋势是引入更多的声学先验信息, 从而可以实现有指导的源分离.

基于深度学习的语音增强与分离技术也是一个被广泛研究的方向. 通过利用各种特征信息, 即使在极其嘈杂的环境中, 人们能够专注并理解所感兴趣的目标语音信号, 忽略或抑制其他干扰噪声信号. 这个过程被称作听觉场景分析 (auditory scene analysis, ASA). 对听觉场景分析过程进行建模, 导致了一系列的计算听觉场景分析 (computational auditory scene analysis, CASA) 系统的出现与蓬勃发展. 从信息处理的角度来讲, CASA 系统的计算目标可以表达为一个理想时频二元掩模 (ideal time-frequency binary mask, IBM). 这个 IBM 是在分别已知目标信号和干扰信号的情况下计算得到的. 具体来讲, 在目标语音信号的能量比干扰信号的能量强的情况下, 时频掩模将被设置为 1 ; 否则时频掩模被设置为 0 . 如果将

IBM 作为计算目标, 语音增强与分离就构造成了有监督学习的基本形式——二值分类. 在这种情况下, IBM 在训练阶段被用作期望信号或目标函数. 在测试阶段, 机器学习的目标是估计 IBM. 自 IBM 首次被提出作为训练目标以来, 基于深度学习的语音增强与分离技术被广泛研究. 语音增强与分离任务根据干扰信号的类型和目标的不同可以分为以下三类: 去除语音信号中的环境噪声、分离多个说话人的语音信号、从混合语音中提取目标说话人的语音信号.

在去除语音信号中的环境噪声的语音增强研究中, Wang 和 Wang[8] 在 2012 年首次提出了将基于受限玻尔兹曼机预训练的深度神经网络 (deep neural network, DNN) 用于子带分类估计 IBM. 在具体的处理中, 输入信号通过 gammatone 滤波器组来获得子带信号, 并从每个时频单元中提取声学特征. 这些特征构成了子带 DNN 的输入, 用于学习更多的鉴别特征. DNN 最顶层的隐层输出特征与原始声学特征并联在一起作为线性支持向量机 (support vector machine, SVM) 的输入特征, 用以估计子带 IBM.

2013 年, Lu 等[9] 提出使用预训练的降噪编码器预训练 DNN 学习从含噪语音的梅尔谱到纯净语音的梅尔谱的频谱映射. Xu 等[10] 提出使用受限玻尔兹曼机预训练的 DNN 学习从含噪语音的对数功率谱 (log power spectrum, LPS) 到纯净语音的对数功率谱的频谱映射. 在随后的相关工作中, 不同的输入特征、不同的网络模型、不同的训练目标和不同的优化准则都被应用到了基于深度学习的语音增强中. 在输入特征的研究中, 相关研究对各种特征进行了详细的比较分析, 提出了以 AMS、RASTA-PLP、MFCC 和 PITCH 为互补的特征组合; 在低信噪比情形下提出了 MRCG 特征, 利用不同分辨率捕捉信号局部与上下文信息. 在网络模型方面, 考虑到语音信号频谱的时序性和频谱结构等特点, 卷积神经网络 (CNN) 和循环神经网络 (RNN) 也被用在语音增强中, 为了更好地利用长时信息, 带有门控结构的长短时记忆网络 (LSTM) 被广泛使用. 除 IBM 外, 理想比值掩模 (IRM)、相位敏感掩模 (PSM) 和复数域浮值掩模 (cIRM) 也被提出. 神经网络训练一般使用均方误差, 为了得到更好的训练效果, 提出了基于信号近似的误差以及特征评价指标的误差. 除了基于掩模和映射的方法之外, 最近也提出了基于端到端的深度学习时域语音增强, 它的潜在好处在于避免了在重建增强后的语音时使用含噪语音的相位谱, 其中一个典型工作是基于 GAN 的完全卷积网络用于语音增强.

在干扰信号为不同说话人语音信号的情况下, 由于干扰语音相比于环境噪声有着更大的混淆性, 采用上述语音增强方法已经不能获得理想的效果, 所以在以多个说话人的语音信号为目标的分离任务中, 一些新的框架和算法被提出. 国内外学者提出了深度聚类网络 (DPCL)、深度引子网络 (DAnet) 等, 用于与说话人无关的分离任务. 在深度聚类网络方法中, 首先将时频点信号映射为高维空间嵌入向量, 然后对嵌入向量进行聚类实现声源分离. 在高维空间中, 采用 DNN 来估计不同说话人时频点的嵌入向量, 通过拉近同一说话人时频点的距离同时拉远不同说话人时频点的距离来训练分离网络. 在深度引子网络方法中, 通过在高维空间中建立嵌入向量的中心锚点, 获得更好的聚类效果. 近年来, 基于排列不变训练方法 (PIT) 的多说话人分离模型被提出, 用来解决模型训练过程中的标签排序问题. 这一方法在训练过程中, 对网络输出和训练目标进行全排列后计算误差, 然后选取最小的误差作为损失用于网络参数调整, 从而在句子层级解决了输出声源排序混淆的问题. PIT 方法虽然还面临着需要预知声源个数、解决实时分离的说话人跟踪等问题, 但是它因为结构灵活并易于训练而得到了广泛关注, 也在一定程度上提升了语音分离的效果. 为了缓解需要预知声源个数的问题, 基于循环式提取说话人的方法被提出, 即每次只分离一个目标说话人直至分离结束.

在从混合语音中提取目标说话人的语音信号的任务中, 不需要区分干扰信号的类型, 只关注提取特定目标说话人的语音信号. 相关的一些研究包括深度提取网络 (DEnet)、Speakerbeam、Voicefilter、TEnet 等, 这些方法的基本思路是从一句事先提供的注册语音中提取出目标说话人的特征信息, 将这一信息作为语音提取的注意力触发点, 从而提升网络对目标说话人语音提取的能力. 学者从各个角度出发, 探究了不同的说话人特征提取, 不同的模型框架, 注册人信息的不同使用方法对提取性能的影响. 这一方法的优势在于不需要考虑混合语音中说话人的数量, 并且可以较好地泛化到复杂噪声环境场景下.

总的来讲, 伴随着近年来深度学习技术的发展与应用, 基于深度学习的语音分离与增强研究已经取得了很大的进步. 如何有效结合深度学习与人耳的感知机理, 实现在复杂声学环境下的语音增强与分离是一个重要方向和研究热点.

2) 语音识别

主流语音识别系统主要有混合式语音识别系统与端对端语音识别系统两种. 传统的混合式语音识别系统主要由 DNN 与 HMM 组成, 常用的输入语音特征为基于人工设计的 FBANK(log mel-filter-bank) 或 PLP(perceptual linear prediction) 等, 声学模型建模单元通常选择帧级别的三音字建模单元. DNN/HMM 混合语音识别系统以结合听觉感知设计的人工特征为输入, 通过 DNN 挖掘语音序列的上下文信息, 取得了极大的成功.

端到端语音识别技术是语音识别领域近年来兴起并逐渐成为主流的一种语音识别技术框架. 端到端系统的输入为语音特征甚至原始音频, 直接输出字或者词级别预测目标. 不同于 DNN/HMM, 端到端语音识别系统可以实现字或词级别的直接高精度预测输出, 实现整体语音识别系统的联合优化.

在端到端语音识别技术领域, 自动学习语音特征表征、CTC(connectionist temporal classification) 以及基于注意力机理的序列到序列预测技术是研究关注度较高的几个领域.

(1) 自动学习语音特征表征. 从复杂多变的声场环境、不同说话人的语音中提取稳定不变的语音特征表征, 对于保证语音识别正确率至关重要. DNN 具有抽取输入信息高层抽象特征的能力, 是一种理想的基于数据驱动的语音特征表征提取工具. Sainath 等[11] 将时间卷积神经网络直接作用于原始音频特征并将时间卷积神经网络的输出作为后端语音识别系统的输入, 实现了对音频特征的端到端提取, 实验显示这种利用神经网络直接从原始音频中提取特征的方法是可行的. 更多研究工作致力于将 DNN 应用在更多特征提取场合, 例如, Xiao 等[12] 尝试利用 DNN 进行波束形成.

(2) CTC. 端到端语音识别系统的音频输入与目标输出在长度上不存在对齐关系, 且通常长度不等. CTC 技术通过引入 blank 建模, 强制输出预测与输入音频有相同长度, 实现了输入-输出帧同步的端到端语音识别系统. CTC 引人入胜之处在于, 其实现了对于预测目标的直接优化训练, 而不需要像 DNN/HMM 框架一样通过中间建模单元对系统进行优化训练, 同时其在训练过程中可以通过数据驱动的方式学习如何应对文字的多发音以及口音等干扰, 所以基于 CTC 训练的端到端系统对口音等干扰有更强的鲁棒性. CTC 技术的缺陷在于, 首先, 其假设预测目标是相互独立的, 无法充分利用预测目标之间的关联关系, 其次, CTC 技术通常需要较大的数据量才能得到充分训练.

(3) 基于注意力机理的序列到序列预测技术. 启发于注意力机理在机器翻译领域的成功, 将注意力机理应用于端到端系统在语音识别领域的受关注程度与日俱增. 基于注意力机理的序列到序列预测技术能够挖掘预测目标之间的时序依赖关系, 所以理论上比 CTC 有更好的建模能力. 但是基于注意力机理的缺陷在于没有单调的对齐机理且收敛速度较慢. Kim 等[13] 将 CTC 与注意力机理联合应用, 弥补了 CTC 与注意力机理双方的缺陷.

3) 多语言语音识别

多语言语音识别旨在使用统一的全局多语言语音识别系统对未知语言信息的语音流进行定向精准识别. 从实际应用场景的角度进行分类, 多语言语音识别大致可以分为以下几方面内容: 已知语种信息情况下的多语言联合建模; 未知语种信息情况下的多语言语音内容定向识别; 不依赖语种信息的端到端多语言语音识别. 从多语言语音流的组成结构来看, 多语言语音识别又可以大致分为以下三类: 未知语种信息的单语言语音识别; 句间语种切换混合多语言语音识别; 词间语种切换 (code-switch) 混合多语言语音识别. 其中, 前两种多语言语音识别场景均可以借助语种分类器对语音流信息进行语种分类然后根据特定的语音识别器对语音内容进行识别. 对于词间切换的混合多语言语音识别场景来说, 需要考虑到词语间的上下文依赖关系, 同时语种判断需要长时的声学统计信息. 因此对于词间语种切换混合多语言语音识别问题, 无法使用借助语种识别器判断语种信息的方法进行语音内容定向识别.

对于已知语种信息的情况下, 多语言联合建模的研究已经有较长的研究历史. 常用的研究方法为基于国际音标 (IPA) 全局建模单元的多语言联合建模、基于共享隐含层多任务框架的多语言联合建模以及基于多语言瓶颈特征的低资源语言声学模型建模等. 多语言联合建模方式通过多种语言共享声学模型参数以及共享音素集等方式可以有效地进行多语言间信息共享并提升各个语言声学模型的性能. 将多种语言在统一框架下进行声学模型构建虽然可以进行语言间的信息共享, 但是针对特定语言的建模来说还需要提升语种的特定性. 因此在多语言联合建模框架下应用多语言语种的自适应训练显得尤为重要.

对于未知语种信息情况下的多语言语音识别, 较为常用的方式是首先进行语种信息判定然后根据特定语言的识别器进行语音内容识别. 这种串行的识别框架存在两个问题: 语种判定和语音内容分为两阶段进行会增加识别系统的整体时间消耗, 降低识别效率; 后端的语音内容识别的准确率极大地依赖前端语种判定的准确率, 一旦语种判定错误则相应的语音内容识别也完全错误. 基于以上问题, 可以并行地进行语音内容识别和语种判定, 这种并行的识别框架除了可以减少识别系统的时间消耗还还可以使两个模块进行信息互补. 如图 1 所示, 首先可以使用多语言识别器代替单语言识别器, 有效利用语言间的互补信息, 同时可以借助语言种类信息提升多语言识别器的语种区分性. 其次可以借助多语言识别器的解码置信度信息与语种分类器相结合进一步提升语种分类的准确性.

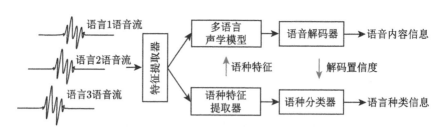

图 1　基于语音识别和语种分类的多语言语音识别并行框架

目前, 对于多语言语音识别的研究更多地关注语音流中只有一种语言的情况下的语音识别. 但是随着国际的交流日益广泛, 同时掌握两种甚至多种语言的人越来越多. 句间切换混合多语言语音识别以及词间切换混合多语言语音识别的研究具有更多的研究价值. 对于句间切换的多语言语音识别需要在长时的多语言语音流中动态地判断语种信息的切换时间点. 然而传统的语种分类器都是基于语句级别进行语种信息判定, 无法对长时的语音流信息进行动态切分. 由于基于深度神经网络的语种分类方法可以基于短时的声学信息进行语种判定, 因此可以借助基于深度神经网络的语种分类器对语音流信息进行短时判定. 在此基础上可以融合维特比检索等方式对短时的语种分类结果进行纠错和平滑. 根据语种判定的时间点将特定语言的语音流信息从长时语音流中切分出来再使用相应的语音识别器进行内容识别.

对于词间切换的多语言语音识别也是多语言语音识别的一个研究热点. 通常使用双语交流的人会不可避免地在使用某一种语言的过程中穿插使用另一个语言的一些词语替换当前语言的词语. 一般来说这种语言内的词语替换是具有相同语义关系的多语言词汇. 这种情况下多语言的词语之间具有语义上的上下文依赖关系. 因此, 如果使用前端语种分类加后端语音内容识别的方式进行多语言语音内容识别会在一定程度上损失语言间的语义连贯性, 从而影响语音内容识别的准确率. 较常用的方式是将两种或者多种语言看作是同一种语言进行多语言建模, 其中多语言的发音字典包含多种语言的词汇, 同时多种语言使用统一的音素集. 在此基础上使用相应的词间混合语料进行语言模型建模和声学模型建模. 通过这种方式可以忽略多语言的语种信息, 将多种语言进行统一语音识别系统构建. 但是这种全局多语言语音识别系统的构建方式也存在一定的缺陷, 例如, 多语言词表一般只是多个语言词表的简单合并, 并没有考虑到一些常用的混合多语言词汇的发音以词表构建. 因此多语言词表缺乏一些语言混合的多样性. 针对这个问题可以通过统计的方式对多语言词表进行扩增补充, 增加多语言词表的多样性.

随着端到端框架在语音识别领域的应用, 基于端到端框架的多语言语音识别问题也成为多语言语音识别研究的研究热点. 对于多语言语音识别来说, 端到端框架存在以下几个优势: 端到端多语言语音识别直接基于声学特征序列和建模单元序列进行建模而不依赖于发音词典, 极大地节省了多语言语音识别系统构建对于专家知识的依赖, 同时增加了多语言语音识别系统构建的灵活性; 端到端多语言语音识别系统直接对多种语言进行统一建模节省了对语种分类器的依赖; 端到端的多语言建模方式可以有效地进行多语言信息共享. 为构建相应的多语言语音识别系统, 还需要解决以下几方面的问题: 首先是关于多语言建模单元的构建, 由于端到端建模框架直接基于文本内容进行建模, 而不同语言的文本表示差异较大同时不同语言文本建模单元的规模也不同. 如何有效对多种语言的建模单元进行统一表示同时保证多语言建模单元的均衡性是端到端多语言语音识别需要解决的首要问题. 其次, 不同语言的发音机理和语法规则存在较大差别, 端到端是基于序列的建模方式, 可以直接对语言的语法信息进行建模, 因此在端到端建模的基础上提升语种的区分性, 降低不同语言联合建模带来的语法混淆问题是端到端多语言语音识别需要解决的另一个重要问题.

4) 语音理解

语音理解 (speech understanding) 是指利用知识表达和组织等人工智能技术

进行语句自动识别和语意理解, 相较于语音识别, 更强调深度利用语法和语义知识. 如何通过语言和对话内容中蕴含的广泛人类先验知识, 让人工智能拥有和人类一样的语音感知和分析能力并使交互对话有一定的预见性, 这一直是语音研究领域的一个重要研究内容. 语音理解的目标利用知识提高计算机理解语言的能力, 当前主要研究内容包含自然语言处理技术、基于图神经网络的语义理解技术.

自然语言处理 (natural language processing, NLP) 的技术核心是语义理解, 语义理解主要包括意图识别和槽位填充. 意图识别可以看作一个分类任务, 就是对当前输入的句子进行分类, 得到其具体意图, 然后完成后续的处理. 意图识别技术发展分为以下三个阶段.

(1) 第一个阶段采用基于符号规则模板的方法搭建. Ramanand 等[14] 针对消费领域的意图识别, 基于规则和图的方法获取意图模板, 根据模板对意图进行分类, 取得了较好的效果. 这种技术依赖于专家人工制定的语法规则和本体设计来判断用户意图, 其优点是规则很容易理解、可解释性比较强、不需要大量训练数据, 缺点是依赖于制定规则的专家、灵活性差、耗时耗力.

(2) 第二个阶段主要是基于机器学习算法, 通过特征工程来提取文本特征, 再将特征输入到分类器中得到意图分类标签. 常用的方法有朴素贝叶斯、Adaboost、支持向量机 (SVM) 和逻辑回归等. 这种机器学习的意图分类方法需要人工提取特征, 成本高, 而且特征的准确性没有保障.

(3) 最后一个阶段, 目前的研究热点集中在基于大量数据的深度学习方法, 这种方法利用神经网络得到文本的语义表示, 再利用深层神经对用户意图进行识别, 取得了很好的研究成果. Kim[15] 利用 CNN 进行了句子分类的研究, 该方法在几个文本分类公开数据集均有较高的性能. 基于此, Hashemi 等[16] 采用 CNN 提取文本向量表示作为分类特征来识别用户搜索查询的意图, 与传统的人工特征提取方法相比, 不仅减少了大量的特征工程, 而且可以得到更深层次的特征表示. 由于 CNN 只能获取局部语义特征, 不能保持语义的连贯性, 而且输入特征维度必须固定, 所以有研究人员利用 RNN 进行文本分类的相关研究. 例如, Nguyen 和 Shirai[17] 利用 RNN 进行投诉意图分类. 不仅如此, 神经网络的模型结构也有很多的变种及改进. Lai 等[18] 将 RNN 和 CNN 相结合构造了一个新的 RCNN 网络来进行文本分类的研究. Ravuri 等[19] 提出用 RNN 和 LSTM 两种模型, 实验表明 LSTM 模型的意图识别错误率比 RNN 低 1.48%. Ravuri 后来又使用加门递归单元 (GRU) 和 LSTM 模型进行意图分类任务, 实验表明 GRU 和 LSTM 模型意图识别错误率几乎一样. 注意力机理是一种模仿人类选择性关注信息的技术, Lin 等[20] 提出了一种通过引入自注意力机理 (self-attention) 提取句子表示的模型, 加在 BLSTM 模型之上, 通过对 BLSTM 层的输出加权求和得到句子向量表示, 再通过 CRF 等模型进行标注, 从而实现意图分类.

槽位填充则是一个序列标注问题, 是在得到意图之后, 再对句子的每一个词进行标注, 标注的格式为 BIO 格式, 将每个元素标注为 "B-X"、"I-X" 或者 "O". 其中, "B-X" 表示此元素所在的片段属于 X 类型并且此元素在此片段的开头, "I-X" 表示此元素所在的片段属于 X 类型并且此元素在此片段的中间位置, "O" 表示不属于任何类型. 槽值填充的方法主要分为以下两个阶段:

(1) 第一个阶段的槽值填充主要采用传统的序列标注方法, 包括隐马尔可夫模型 (hidden Markov model, HMM)、条件随机场 (conditional random field, CRF) 等.

(2) 现阶段, 随着深度学习的飞速发展, 越来越多的研究人员通过深度神经网络对序列进行建模, 从而完成序列标注的任务. Mesnil 等[21] 首次将 RNN 用于口语理解中的槽值填充任务, 在 ATIS 数据集上 F_1 达到了 93.98. Yao 等[22] 提出了一个 RNN 和条件随机场的混合模型, 该方法结合 RNN 对文本序列进行表示的优点和条件随机场能得到一个全局最优的标注序列. Vu[23] 在原始 CNN 的基础上, 改进并提出了一个双向的序列 CNN, 该方法能有效利用 CNN 的并行计算特点同时也能很好地对文本序列建模.

意图识别和槽位填充可以作为两个任务独立进行, 即分别训练意图识别和槽填充的两个模型, 也可以联合处理, 即利用一个模型对两个任务同时建模. 由于两个任务之间存在较大的相关性 (意图和槽值之间有相关性), 因此联合建模的效果一般会更好. 目前意图识别和槽位填充多采用联合训练的方法. 例如, 基于注意力的编解码器神经网络 (attention-based encoder-decoder neural network), 在编码部分, 利用一个双向 RNN 对输入句子进行表示, 对于意图识别, 采用最后时刻携带了整个句子信息的隐状态进行意图分类; 对于槽值填充, 采用单向 RNN 作为解码器, 初始状态为编码器最后时刻的隐状态.

基于图神经网络的语义理解技术是语言声学领域的重点研究内容之一. 在许多实际应用场景中的数据是从非欧氏空间生成的, 近年来, 图数据的研究得到了广泛关注. 图神经网络是利用深度学习分析图数据的建模方法, 即通过借鉴卷积网络、循环网络和深度自动编码器的思想, 定义和设计了用于处理图数据的神经网络结构. 语音理解研究领域中存在丰富的图结构数据, 如知识图谱、句法依赖图和抽象含义表达图、词共现图以及其他方式构建的图. 因此, 基于图神经网络的语义理解将是语言声学领域的重点研究内容之一. 当前基于图神经网络的语义理解技术包含 3 个主要方面: 抽象含义表达、共现网络数据挖掘、句法知识图表示.

抽象含义表达 (abstract meaning representation) 是一种将一个句子的含义编码为有根有向图. Bastings 等[24] 将图卷积神经网络作用于依存句法树上, 应用在英语和德语、英语和捷克语的机器翻译任务中. Beck 等[25] 在抽象含义图上使用门限图神经网络, 用于基于语法的机器翻译.

句法知识图谱, 节点是单词, 连边是语义关系. Liu 等[26] 和 Nguyen 等[27] 使用图卷积神经网络应用于事件提取, 这里使用的图是依存句法树. Song 等[28] 将图卷积神经网络作用于阅读理解、抽象含义图到文本的生成任务和关系提取等任务上. 语义角色标注 (semantic role labeling, SRL) 的任务是给定一个句子, 识别出句子中的谓语和对应的对象. Marcheggiani 等[29] 提出使用图卷积神经网络作用于句法依赖图, 并且和长短时记忆网络叠加使用, 应用于语义角色标注上.

词共现网络主要常见于文本理解场景, 其中节点是非停用词, 连边是在给定窗口下的词共现关系. Defferrard 等[30] 提出了一个在图谱理论上定义的卷积神经网络, 它提供了必要的数学背景和有效的数值方案来设计图上的快速局部卷积滤波器. Henaff 等[31] 使用图卷积神经网络在 Reuters 数据集上完成了文本分类任务. Yao 等[32] 通过构建共词网络和文档关系网络, 将图卷积神经网络应用到文本分类任务上, 在不使用外部知识和单词表达的情况下, 取得了最好的结果. Peng 等[33] 从原始文本基于词共现网络和一个给定的窗口大小, 构建了一个图, 然后使用图卷积操作进而实现对于文本的分类任务.

图卷积神经网络能够显著提升各类语义理解任务的表现. 从关系归纳偏置理论的角度看, 图结构信息包含数据本身各对象之间复杂的语义关系, 图神经网络能够有效挖掘这些依赖信息为语义理解任务提供数据特性先验信息. 相比传统的对于语义理解的序列化建模, 使用图卷积神经网络能够挖掘出非线性的复杂语义关系.

5) 语音合成

语音合成是使用计算机生成自然语音. 语音合成已有二百多年的历史, 从早期的机械式语音合成, 例如, 1846 年在伦敦展示的 "声学-机械式说话机器", 发展到电子式语音合成, 例如, 1939 年在纽约的世界博览会上展示的模拟电路语音合成器, 再进一步发展到先进的基于计算机的语音合成. 语音合成技术大致经历了以下几个发展阶段.

(1) 滤波器语音合成. 源–滤波器模型是将声音信号视为由激励和相应的滤波器组合而成的, 激励相当于人类发声结构的声带, 滤波器则相当于声道和共振腔. 声源激励由两部分组成: 周期性的脉冲序列生成浊音信号以及白噪声激励生成静音信号. 源–滤波器模型合成语音的两种最常用方法是共振峰合成法和线性预测编码 (linear predictive coding, LPC) 合成法, 两种方法分别使用不同的声道模型. 在实际应用中, 如果需要合成不同特性的语音, 可以通过选择不同的声源激励来实现.

(2) 基于波形拼接的语音合成. 波形拼接的基本原理就是预先录制好选定语音单元的波形文件, 在合成阶段通过选取合适的单元拼接成完整的句子. 基于波形拼接合成技术的最大优势是合成语音质量高, 并保持了原说话人的音质, 语音更加自然. 随之而来的缺点也很明显. 首先, 构建一个完整的语音合成系统需要采集本人的大量语音和转写文本. 其次, 由于合成的语音单元取自不同语音, 所以在语音单元的连接处会出现不一致. 最后难以控制合成语音的韵律和情感. 但是通过基于大语料库的单元选择方法合成出的语音, 语音质量有了较明显的改善.

(3) 统计参数语音合成. 统计参数语音合成需要声码器来将语音信号转化为代表语音特性的短时频域特征, 然后使用统计模型来学习文本输入与语音特征之间的关系. 其中最具有代表性的方法是日本名古屋工业大学的 Tokuda 等[34] 提出的基于隐马尔可夫模型 (HMM) 的语音合成, 该工作使用语音的倒谱以及其一阶差分, 二阶差分拼接起来作为特征, 在合成过程中, 差分信息的提供使得最终合成的语音相对平滑、质量稳定. 此合成方法所需的存储空间小, 不需要大量的计算, 参数的调节也十分灵活.

(4) 端到端语音合成. 目前, 主流的端到端语音合成系统, 将语言学特征直接映射成声码器所需要的特征, 同时将传统声码器升级为神经声码器. 谷歌先后发布了 Tacotron 和 Tacotron2 来将语言学特征直接映射成声码器所需要的特征. 但由于 Tacotron 中使用的 Griffen-Lim 算法限制了其合成的音质, 所以随后谷歌又推出了神经声码器 WaveNet, WaveNet 也可以作为单独的语音合成系统, 主要作用是将文本处理的数据转化为语音波形; 目前主要的作用是作为 Tacotron 的声码器部分, 用来直接将语谱图合成为波形信号. 但由于利自回归采样信号点, 所以推理时间过长. 随后的大量工作主要是如何对声码器进行加速. Parallel WaveNet 通过使用神经网络提炼技术, 将已训练好的 WaveNet 中的知识提炼到一个完全可并行推理的逆自回归流 (inverse autoregressive flow, IAF) 模型中, 最后所得 IAF 模型可完全实现实时合成, 而且保证了近乎自然语音的音质. 但是, 训练过程很不稳定, 外界极难重现 DeepMind 的实验结果. 随后推出的 WaveRNN, 相比 WaveNet, 更加简化, 为了让模型能够在嵌入式端部署, DeepMind 进一步提出了 WaveRNN, WaveRNN 使用 GRU 的变种结构, 以及结构稀疏化和亚尺度 (subscale) 生成机理等方法, 保证模型不仅在移动端能高效地推理, 而且音质几乎接近 WaveNet. 随后又推出了 LPCNET, 其将语音信号处理和深度学习完美结合, 合成速度大幅度提升, 合成音质更加稳定.

当前语音合成研究主要围绕以下几点.

(1) 基频独立建模. 主要包含基频表示方法的改进以及模型的优化. 基于 DCT 的时序建模方法可以提取长时的基频特征, 同时也可以保证不同时长的建模单元具有同样长度的长时特征. 基频模型的改进包括自回归的基频预测模型和多尺度基频建模. 自回归的基频模型是使用上一时刻的基频值作为下一时刻的模型的输入, 保证了相邻帧的基频数值不会有明显的跳变. 此外, 也提出了多层基频建模的单元, 分别从音素级、字级、词级对于基频进行预测, 下一层的输入使用上一层的输出, 之后通过一个残差网络, 多层建模提升了基频的长时性, 使得语音的基频更具有起伏性. 研究人员也对基频预测的损失函数进行改进, 采用余弦损失函数和 L1 损失函数复用的方法, 同时提升基频预测的数值准确度和基频的相关性准确度.

(2) 重音建模. 主要解决语音的重音预测问题. 由于重音的划分没有明确的界限, 因此重音的建模通常采用无监督的方法. 一种方法是提取与重音相关的数值特征, 如时长、能量、基频等特征, 之后采用 K-means 聚类的方法给出重音的标签. 此外, 也可以使用 cycle-VAE 对于重音特征进行学习, 对比于传统的 VAE, cycle-VAE 会将预测的特征重新输入到 VAE 的 Encoder 中, 且 Encoder 的参数共享, 提升了预测特征的准确度, 避免特征出现明显的失真.

(3) 多风格、情感语音. 基于无监督的多风格情感合成时, 训练过程中并不能指定风格类型, 情感风格是在对已训练好的模型的进一步分析确定. GMM-VAE 方法, 这是一个基于变分自编码器 (VAE) 的条件生成模型, 拥有两个层级浅变量, 第一层时类别变量, 代表不同的语音属性, 如干净、带噪, 并提供可解释性, 第二层, 基于上一层, 是一个多维高斯分布, 其刻画了具体的属性配置, 如噪声等级、说话速率, 使得模型能够细致地控制这些属性, 这些都归功于使用 GMM 来限制浅空间的分布.

(4) 高效并行的语音合成框架. 语音合成的实时性在诸多应用场景中都是至关重要的指标, 它能流畅地衔接数据传输过程、语义理解和反馈等人机交互中的各个过程. 自回归结构的神经网络具有高效的分布拟合能力, 随之诞生了 Tacotron、DeepVoice、WaveNet 和 WaveRnn 模型, 但是其自回归结构也是导致推理速度慢的重要原因. 由于研究人员更为关注端到端的参数合成, 其结构由声学参数预测网络和声码器两部分构成.

三、我们的优势方向和薄弱之处

语言声学是语音学、声学和信息科学等的交叉学科. 随着信息技术 (尤其是人工智能技术) 的快速发展, 语言声学研究也取得了重要进展. 近年来, 深度学习在语言声学领域的应用极大地推动了语言声学的发展, 基于大数据技术的部分语言声学研究逐步走向了商业应用, 主要包括: 语音识别、说话人识别和语音合成等. 鉴于我国在数据、人才等方面的积累和优势, 数据驱动的语音技术达到了国际领先水平.

目前, 我国在语言声学领域的研究主要集中在应用研究和应用基础的研究上; 基础研究较为薄弱, 主要包括: 语音信号在复杂介质中的传播规律、语音的多层次系统性分析研究、人类言语生成与听觉感知相互作用、脑中语音认知与理解的机理、复杂声学场景的感知、分析与重建、复杂声学环境中鲁棒性语音识别、人类语音理解与认知的物理和生物机理等.

四、基础领域今后 5∼10 年重点研究方向

(1) 复杂声学环境下基于类人听觉的语音信号感知与认知. 从复杂声学环境中感知和提取目标语音信号仍是语言声学领域的一个有待解决的关键问题, 极大地影响着语音识别等后继处理的性能. 近年来, 随着深度学习、脑科学等相关学科的发展, 借鉴这些领域的最新研究成果, 有可能对复杂声学环境中语音信号感知与认知这一世纪难题带来突破性进展.

(2) 声学环境感知及其在语音处理中的应用. 语音的产生总是发生在某种环境中, 语音处理系统应该随着所处声学环境的变化而自适应地变化. 借鉴人类言语生成与听觉感知相互作用的机理, 对声学场景进行实时感知、分析并将其结果应用于后继语音处理 (如语音识别、语音感知提取等) 中, 是实现声学环境智能的关键.

(3) 声学场景的分析与重建. 随着 5G 时代的到来, 能够同时传输多类型声学信号和复杂声学场景的超临场感声通信是未来的一个发展方向. 声学场景的感知、分析与重建是实现超临场感声通信的重要技术, 是值得重点研究的方向.

(4) 多语种混合语音识别. 随着社会的发展, 多语种混合 (如中英文混合、普通话和方言混合) 已经成为一种常用的语音交流方式. 如何对这种多语种混合发音进行识别, 仍然具有很大困难, 是未来值得研究的方向之一.

(5) 具有高表现力的语音合成. 随着社会的进步, 社会服务呈现出很强的个性化需求, 合成极具个性化和表现力的语音已经成为众多应用的迫切需求. 如何在对个性化语音进行声学分析的基础上, 充分利用人工智能新技术, 实现高表现力语音合成是未来值得研究的方向.

五、国家需求和应用领域急需解决的科学问题

面向国家安全和国民经济发展需要, 语言声学领域亟待解决的科学问题包括如下.

(1) 语音信号在复杂介质中的传播规律. 传声器接收到的语音信号往往经过了空气、液体、固体等介质的传播, 这些传播介质都对语音信号产生了很大的影响. 目前语音信号在复杂介质中的传播规律还未充分研究, 传播介质对语音信号的复杂影响有待进一步研究.

(2) 语音的多层次系统性分析研究. 传统的语言声学研究分别从不同角度对语音信号进行了较为独立的研究, 尚缺乏从发声器官的物理运动、声学信号分析、听觉感知、大脑认知等多个层次对语音信号的系统性研究.

(3) 脑中语音认知与理解的机理. 语音信号中蕴含着丰富信息 (语义、说话人、情感等), 大脑是如何对语音中的这些信息进行感知与理解的, 大脑对语音信息的

加工处理机理仍是一个极具挑战的研究课题.

(4) 复杂声学场景的感知、分析与重建. 声学事件的发生形成声场, 并与所处环境产生相互作用, 形成复杂声学场景. 对复杂声场进行完整感知、有效分析和逼真重建是声学领域的重要研究内容, 有待深入研究.

(5) 复杂声学环境中鲁棒语音识别与多语种语音识别. 随着通信网、互联网和移动互联网的飞速发展, 以电话录音和互联网语音为主的音频数据急剧增长. 复杂声学环境下海量音频信息的智能化处理已经成为国家安全中亟待解决的问题. 随着 "一带一路" 国家倡议的提出, 突破语言隔阂、消除交流障碍是实现这一战略的重要步骤, 多语言语音处理技术在满足国家和国际化市场需求中具有举足轻重的战略地位.

(6) 高表现力语音合成. 随着智能语音应用在新闻播报、智能硬件等各个行业的应用, 合成具有个性化的高表现力语音在国民经济中具有极其广泛的应用, 能够为多个行业提供技术支撑.

六、发展目标与各领域研究队伍状况

1. 发展目标

以国家重大需求为牵引, 重点围绕语音信号在复杂介质中的传播规律、语音的多层次系统性分析、脑中语音认知与理解的机理和复杂声学场景的感知分析与重建等关键科学问题进行深入研究, 力争在语言声学基础研究和应用基础研究等方面取得突破性进展, 满足国家安全和国民经济发展的需求.

2. 各领域研究队伍状况

经过几十年的发展, 我国在语言声学领域培养了大量的科研人员. 国际上, 随着近年来语音技术的快速进步和大规模落地应用, 这一古老而又崭新的行业吸引了大批科研人员的进入. 在国内, 中国科学院声学研究所、中国科学院自动化研究所、清华大学、北京大学、中国科技大学等科研单位紧跟国际语言声学的发展趋势, 多项语音技术的研究在快速推进. 总的来讲, 国内部分语音技术已基本达到与国外主流技术并驾齐驱的水平. 在多年核心技术研发的过程中, 锻炼了一批语言声学领域的骨干科研人员.

七、基金资助政策措施和建议

建议加大围绕语言声学领域的基础科学问题的资助力度, 力争我国在相关领域走在国际前列.

八、学科的关键词

语言声学 (speech acoustics); 语音信号处理 (speech signal processing); 语音感知 (speech perception); 语音增强 (speech enhancement); 语音识别与理解

(speech recognition and understanding); 语音合成 (speech synthesis); 声信号处理 (acoustic signal processing); 声场处理 (sound field processing); 机器学习算法 (machine learning algorithms); 言语可懂度 (speech intelligibility); 盲源分离技术 (blind source separation); 波束形成 (beamforming).

参考文献

[1] Shannon R V, Zeng F G, Kamath V, et al. Speech recognition with primarily temporal cues. Science, 1995, 270(5234): 303, 304.

[2] Dorman M F, Loizou P C, Rainey D. Simulating the effect of cochlear-implant electrode insertion depth on speech understanding. J Acoust Soc Am, 1997,102(5): 2993.

[3] Smith Z M, Delgutte B, Oxenham A J. Chimaeric sound reveal dichotomies in auditory perception. Nature, 2020, 416(6876):87-90.

[4] Fu Q J, Zeng F G, Shannon R V, et al. Importance of tonal envelope cues in Chinese speech recognition. J Acoust Soc Am, 1998, 104(1):505-510.

[5] Zeng F G. Role of temporal fine structure in speech perception. J Acoust Soc Am, 2008, 123(5):3710.

[6] Frost O L. An algorithm for linearly constrained adaptive array processing. Proc IEEE, 1972, 60(8): 926-935.

[7] Griffiths L, Jim C. An alternative approach to linearly constrained adaptive beamforming. IEEE Trans Antennas and Propagation, 1982, 30(1):27-34.

[8] Wang Y, Wang D L. Cocktail party processing via structured prediction. Advances in Neural Information Processing Systems, 2012: 224-232.

[9] Lu X, Tsao Y, Matsuda S, et al. Speech enhancement based on deep denoising autoencoder. Interspeech, 2013: 436-440.

[10] Xu Y, Du J, Dai L R, et al. A regression approach to speech enhancement based on deep neural networks. IEEE/ACM Trans Audio, Speech, and Language Processing, 2014, 23(1): 7-19.

[11] Sainath T N, Weiss R J, Senior A, et al. Learning the speech front-end with raw waveform CLDNNs. Interspeech, 2015: 1-5.

[12] Xiao X, Watanabe S, Erdogan H, et al. Deep beamforming networks for multi-channel speech recognition. ICASSP, 2016: 5745-5749.

[13] Kim S, Hori T, Watanabe S. Joint CTC-attention based end-to-end speech recognition using multi-task learning. ICASSP, 2017: 4835-4839.

[14] Ramanand J, Bhavsar K, Pedanekar N. Wishful thinking: finding suggestions and'buy' wishes from product reviews. the NAACL HLT 2010 Workshop on Computational Approaches to Analysis and Generation of Emotion in Text, 2010: 54-61.

[15] Kim Y. Convolutional neural networks for sentence classification. Proc of the 2014 Conference on Empirical Methods in Natural Language Processing, 2014: 1746-1751.

[16] Hashemi H B, Asiaee A, Kraft R. Query intent detection using convolutional neural networks. Inter Conference on Web Search and Data Mining, Workshop on Query

Understanding, 2016.

[17] Nguyen T H, Shirai K. Phrasernn: Phrase recursive neural network for aspect-based sentiment analysis. Proc of the Conference on Empirical Methods in Natural Language Processing, 2015: 2509-2514.

[18] Lai S, Xu L, Liu K, et al. Recurrent convolutional neural networks for text classification. Twenty-ninth AAAI Conference on Artificial Intelligence, 2015:2267-2273.

[19] Ravuri S, Stolcke A. Recurrent neural network and LSTM models for lexical utterance classification. Interspeech, 2015: 135-139.

[20] Lin Z, Feng M, Santos C N, et al. A structured self-attentive sentence embedding. ICLR, 2017:1-15.

[21] Mesnil G, He X D, Deng L, et al. Investigation of recurrent-neural-network architectures and learning methods for spoken language understanding. Interspeech, 2013: 3771-3775.

[22] Yao K S, Peng B L, Zweig G, et al. Recurrent conditional random field for language understanding. ICASSP, 2014:4077-4081.

[23] Vu N T. Sequential convolutional neural networks for slot filling in spoken language understanding. Interspeech, 2016: 3250-3254.

[24] Bastings J, Titov I, Aziz W, et al. Graph convolutional encoders for syntax-aware neural machine translation. Proc of the 2017 Conference on Empirical Methods in Natural Language Processing, 2017:1957-1967.

[25] Beck D, Haffari G, Cohn T. Graph-to-sequence learning using gated graph neural networks. Proc of the 56th Annual Meeting of the Association for Computational Linguistics, 2018:273-283.

[26] Liu Y, Wei F, Li S, et al. A dependency-based neural network for relation classification. Proc of the 53rd Annual Meeting of the Association for Computational Linguistics and the 7th Inter Joint Conference on Natural Language Processing, 2015: 285-290.

[27] Nguyen T V T, Moschitti A, Riccardi G. Convolution kernels on constituent, dependency and sequential structures for relation extraction. Proc of the 2009 Conference on Empirical Methods in Natural Language Processing, 2009:1378-1387.

[28] Song L, Zhang Y, Wang Z, et al. A graph-to-sequence model for amr-to-text generation. Proc of the 56th Annual Meeting of the Association for Computational Linguistics, 2018:1616-1626.

[29] Marcheggiani D, Titov I. Encoding sentences with graph convolutional networks for semantic role labeling. Proc of the 2017 Conference on Empirical Methods in Natural Language Processing, 2017:1506-1515.

[30] Defferrard M, Bresson X, Vandergheynst P. Convolutional neural networks on graphs with fast localized spectral filtering. Advances in Neural Information Processing Systems, 2016: 3844-3852.

[31] Henaff M, Bruna J, Lecun Y. Deep convolutional networks on graph-structured data. 2015, arXiv preprint, arXiv:1506.05163.

[32] Yao L, Mao C, Luo Y. Graph convolutional networks for text classification. In Proc of

the AAAI Conference on Artificial Intelligence, 2019: 7370-7377.

[33] Peng H, Li J X, He Y, et al. Large-scale hierarchical text classification with recursively regularized deep graph-cnn. Proc of the 2018 World Wide Web Conference, 2018:1063-1072.

[34] Tokuda K, Yoshimura T, Masuko T, et al. Speech parameter generation algorithms for HMM-based speech synthesis. ICASSP, 2000:1315-1318.

11.2　生物声学研究现状以及未来发展趋势

张宇 [1], 陶超 [2], 庄桥 [3], 王克雄 [4]

[1] 厦门大学海洋与地球学院, 厦门 361005
[2] 南京大学物理学院声学研究所, 南京 210093
[3] 山东建筑大学理学院, 济南 250101
[4] 中国科学院水生生物研究所, 武汉 430072

一、学科内涵、学科特点和研究范畴

1. 学科内涵

人类对动物声学 (animal acoustics) 的研究可以追溯到几个世纪前的欧洲[1]. 1773 年, 意大利科学家 Lazzaro Spallanzani 发现蝙蝠可以在黑暗房间里自由飞行、躲避障碍. 1778 年, 瑞士科学家 Charles Jurine 发现如果把蝙蝠的耳朵用蜡堵住之后, 蝙蝠立即失去方向性, 飞行中不断和障碍物发生碰撞. 1938 年, Robert Galambos 和 Donald Griffin 利用超声探测器首次展示了蝙蝠回声定位信号的发射和接收过程. 而海豚回声定位 (echolocation) 的研究开始于 1947 年, Arthur McBride 观测到在漆黑且浑浊的水中, 海豚可以轻易地躲避捕鱼网, 甚至找到视觉范围以外的捕鱼网出口. 1960 年, Kenneth Norris 用橡胶吸盘遮挡海豚的眼部, 记录到海豚可以在人工设置的迷宫中运用回声定位信号躲避障碍物. 经过大半个世纪的研究, 生物声学研究者揭示了海豚和蝙蝠都能在噪声环境下运用具有指向性 (directivity) 的生物声呐 (biosonar) 系统进行探测、识别和追捕猎物, 拥有目前人工系统所不具备的自适应性能 (图 1(a)). 因此, 基于生物声学原理的仿生应用 (如潜艇、水下自主航行器和水下机器人等) 引起了世界上声学研究者的广泛兴趣, 在水下工程检测、地质勘探、军事需求、科学考察和环境监测等方面有广泛的应用前景 (图 1(b)). 海豚声学 (dolphin acoustics) 和蝙蝠声学 (bat acoustics) 已成为国际生物声学研究领域的两大热门课题.

不仅如此, 从陆地到海洋再到天空、从微观到宏观, 生物声学 (bioacoustics) 学科涵盖的研究范围具有极强的深度和广度. 声音是动物进行信息交流的重要手段, 经过自然界的长期演化和优胜劣汰, 生物的声学功能已高度优化. 鲸豚类动物因其终生生活在海洋或淡水环境中, 其感觉和行为能力已经完全适应了水下环境, 比如视觉退化、发声和听觉能力发达等. 海豚等齿鲸类利用声肌振动发声, 效率高且具有很强的声波束定向能力, 能够准确地定位百米处几厘米大小的物体, 并对不同物理属性的目标做出辨别, 其生物声呐性能远远优于传统声呐. 蝙蝠进化出的优异的回声定位系统, 能够在黑暗环境中导航、发现障碍、测定目标距离及运动速度. 陆生哺乳动物可以利用声带 (vocal folds) 振动发声 (sound production), 通过声道传播, 进而由唇端产生声辐射 (sound radiation), 在整个生物声呐环节中还包括声传播损失 (transmission loss)、噪声干扰 (其噪声级为 noise level)、声接收 (sound reception) 和信号探测 (signal detection), 从而完成动物声通信 (animal communication), 实现识别同类、躲避敌害、寻找食物、求偶等功能. 蟋蟀等昆虫利用摩擦发声、石首鱼科利用鱼鳔振动发声、枪虾产生的空化噪声、雨蛙等两栖动物的鸣叫声、鸟类变化多端的鸣声等进一步体现了生物声学研究对象的广泛性及有关物理机理的多样性.

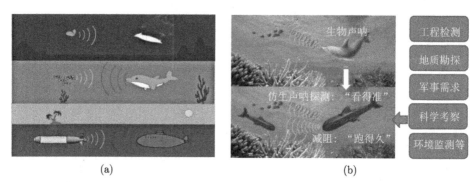

图 1　蝙蝠、海豚和人工潜器的声呐探测 (a) 以及应用场景 (b) 示意图

特别是, 研究生物声学原理对于仿生声学 (biomimetic acoustics) 技术创新有重要意义. 硅橡胶、树脂玻璃等人工材料可作为声带替代材料用于合成稳定性和可控性强的人造气动声源. 仿生声学材料 (biomimetic acoustic material) 有望重构海豚复杂的声学结构, 实现对小尺寸声源的指向性控制, 对于发展水下小尺寸、高精度、智能声学成像技术均有重要价值. 蝙蝠鼻叶和外耳复杂的外形结构具有的自适应功能, 有助于蝙蝠在自然环境中无约束地实现完整的自主性. 可见, 生物声学研究在生物学、物理学和工程学等领域都是一项很有意义的基础性工作, 其研究结果将对目前的科学技术设计提供借鉴和灵感, 可广泛应用于声学发射和接收的智能系统设计以及提高目前声信号处理技术的探测与评价性能, 对于发展新型的智能探测技术有重要实用价值.

2. 学科特点

生物声学介于生物学和声学之间, 其特点在于多学科交叉, 是一个跨学科的研究领域, 除具有生物学的一般特点, 比如形态学、解剖学、组织学的特点, 还具有物理学的普遍特点, 比如声场波动性、介质复杂性等, 涉及生物学、声学、信息学、计算机科学、仿生学、数学、海洋学等众多学科. 近年来, 在生物声学研究领域中, 由于其较为全面的研究成果和系统的实验–建模–声信号分析研究工作, 所以海豚声学与仿生、蝙蝠声学、哺乳动物发声引起了全世界生物声学研究者的密切关注, 成为生物声学的重要研究方向.

3. 学科范畴

生物声学的研究范畴包括研究生物组织的声学特性、生物介质的声传播理论、生物的声产生与接收、声信号处理、动物通信与生物声呐、生物的声学效应以及声对生物的作用等. 而研究生物声呐优异能力的物理机理, 并利用这些原理来开展仿生优化, 也是近年来国际上生物声学发展的热点和前沿课题. 例如, 海豚声学主要研究海豚声产生、声传播、声接收的过程及机理、声呐探测机理及目标识别机理、声通信的过程及机理、水下噪声对声呐功能的影响以及动物适应机理、鲸豚声仿生、动物声学保护原理和技术等.

二、学科国外、国内发展现状

1. 生物声学国外发展状况

当前国外研究者对动物声通信开展了深入的研究. 动物发声 (vocalization) 对于物种生存至关重要. 在发声阶段, 动物根据不同发声结构产生具有种群及个体特性的声信号. 动物声信号的分析和对相关的生物行为的理解能够为被动声学监听 (passive acoustic monitoring) 和声学保护提供关键信息, 并有助于开发基于声信号分析的动物分类、定位、跟踪和密度估计的算法. Ishizaka 和 Flanagan 提出了模拟嗓音产生的双质量模型[2]. Tokuda 等研究了声带麻痹导致非对称双质量声带模型的不同步振动[3]. 临床观察上, Titze 等的研究表明了声带疾病通常导致发声紊乱 (voice disorder)[4]. Drechsel 和 Thomson 等利用与人声带力学特性相近的橡胶合成声带, 实现了发声的物理模型, 并研究了在声带小振幅条件下声道和假声带对声门喷射气流的影响[5]. Becker 等利用小振幅振动的声带物理模型研究了周期发声过程中的流体–结构–声相互作用[6]. 此外, 研究结果揭示了环境对动物声通信的影响, 发现噪声可以掩盖动物的声通信、改变行为、诱发压力、损伤组织, 从而破坏关键的生命功能. 在声接收阶段, 对动物声接收、解剖学和神经生理学的研究表明, 猫、猫头鹰等动物具有听觉 (hearing) 敏锐性, 而昆虫尽管耳朵彼此紧邻却能够准确地定位声源. 针对小型、实时的动物被动声学监听仪器的硬件和软件的研制促进了声学测量、存储技术和存储工艺的发展.

目前, 海豚生物声学研究正朝着三个方向发展, 一是研究动物的声产生和传播机理; 二是研究动物的声信号特征 (acoustic characteristics of animals)、动物的听觉能力和声学通道 (acoustical path), 甚至动物的目标识别 (target detection) 机理等; 三是研究人类活动对动物发声和听觉的影响及减缓影响的技术及措施等. 国际鲸豚声学权威、夏威夷大学 Whitlow Au 的实验测量发现, 尽管宽吻海豚的声源很小 (毫米量级), 但是它能够在百米内通过产生指向性声波束来探测厘米级的物体, 并对毫米级厚度的金属目标做出准确辨别, 这揭示了海豚具有迄今为止最强大的水声声呐 (sonar) 系统. Au 在实验上固定海豚头部, 同时在目标探测物和海豚之间设置水听器阵列, 对海豚远场的声场分布进行测量, 从而得到海豚的声波束指向性参数[7]. 类似的方法也被 Koblitz 应用到鼠海豚的声场测量, 以及被其他研究者用于不同海豚 (不同种类、体型大小) 的声波束指向性测量与比较研究[8]. Au 和 Simmons 的研究揭示了海豚的回声定位信号能量比蝙蝠大好几个数量级, 且其波束比蝙蝠要窄很多, 从而使海豚声呐系统所探测的有效距离远大于蝙蝠[9]. Aroyan 运用有限差分方法计算了真海豚 (delphinus delphis) 的二维远场声传播, 研究发现气囊和头骨在海豚的声波束形成中起重要作用[10]. Cranford 通过对海豚头部的解剖研究确定了声呐发声系统的位置[11]. 随着计算机断层 (CT) 扫描技术的应用, 研究表明齿鲸类动物都具有类似的发声声源结构[12]. 在声信号分析方面, 海豚声信号的线性时频特性已得到广泛的研究[13]. 虎鲸能产生复杂的非线性发声行为, 如分叉、频率跳变和混沌[14]. 现有研究表明海豚声信号可分成三大类[15]：回声定位信号 (echolocation click)、通信信号 (whistle) 和应急突发信号 (burst pulse). 海豚的回声定位信号是由多个窄脉冲组成的脉冲串序列, 性能与调频脉冲的声呐相似. 海豚的通信信号, 也称哨叫声、口哨声、Whistle 声等, 是一种调幅和调频脉冲信号, 用于海豚群体之间的社交行为, 如个体识别、信息传达, 情感表达等. 通信信号的频带相对较窄且能量集中, 持续时间从几百毫秒到几秒长短不一. 海豚的应急突发信号, 也叫做 Burst pulse 声, 这种声信号发声概率比较小, 相对比较难采集. 因此, 目前国内外对海豚声信号特性的研究主要集中在回声定位和通信声信号上.

在蝙蝠生物声呐的研究方向[16-22], Chiu 和 Moss 通过摄像机观察自由飞行的大棕蝠 (Eptesicus fuscus) 的耳屏在垂直方向上的声音定位功能[16]. Obrist 和 Fenton 等通过内置于耳郭的接收器, 用 47 种蝙蝠的外耳测量外部可移动喇叭的声信号, 得到了蝙蝠耳郭的接收方向性波瓣图[17]. Moss 等通过测量多只大棕蝠头部结构的头传输函数, 研究了双耳听觉在空间的定位特性. Müller 引入了微型 CT 扫描和三维重建技术, 并建立了以有限单元法为基础的数值方法研究流程, 研究了大棕蝠外耳耳屏的旋转 (非实时图像采集, 通过数字方法实现, 并结合信息理论), 研究了菊头蝠鼻叶形变对方向探测精度的改善特性, 表明了菊头蝠高效的动态感知调控作用[18,19]. 安特卫普大学的 Peremans 等应用边界元法研究了苍白矛吻蝠 (phyllostomus discolor) 的头传输函数、美洲普通大耳蝠 (micronycteris microtis) 和鲁氏菊头蝠 (rhinolophus rouxi) 外耳在信息传递上的作用[20-22].

2. 生物声学国内发展状况

我国生物声学学科发展起步较晚, 但近年来在声带振动发声机理、海豚声呐机理与仿生, 以及蝙蝠声呐机理研究方向上取得一系列重要进展, 形成一定优势.

陶超等提出了模拟声带碰撞应力的有限元模型[23]. 张宇等对声带振动发声模型和离体动物发声实验的研究揭示了异常的力学参数能够使发声系统产生分叉 (bifurcation) 和混沌 (chaos)[24]. 万明习等针对声带模型、活体犬的动物实验和发声声门图测量等对流体诱发声带振动及其空气动力学进行研究[25]. 程启明根据语音的质量块声带模型, 对实际语音的时序信号进行预测分析[26]. 郑义等提出了基于非对称四质量块的声带振动模型及声门波分析合成的嗓音研究方法[27]. 李盛等利用非振动树脂玻璃合成声带模型, 对声门流场分布进行了测量, 并研究了声带几何参数对声门流场的影响[28].

中国科学院水生生物研究所和中国科学院深海科学与工程研究所课题组开展了对江豚回声定位信号的研究[29-31], 包括江豚回声定位过程中对增益的控制、对江豚回声定位信号脉冲结构的分析、自由放养的江豚声源级的计算、分布于近海和分布于河岸口不同种类江豚回声定位信号特性的比较分析、幼年长江江豚回声定位信号的特征以及与成年长江江豚回声定位信号的比较等. 此外, 还通过行为学方法、电生理学方法和影像方法, 测量了这些物种的听觉通道、听觉能力, 以及听觉时间分辨力等, 建立了水下环境噪声对这些物种听力影响的基本判断标准.

海洋三所课题组对瓶鼻海豚 click 声信号特性进行了研究[32]. 哈尔滨工程大学课题组利用海豚声信号作为编码方式, 研究仿海豚叫声的隐蔽水声通信[33]. 通过海豚、江豚等声信号测量实验, 厦门大学课题组提出了基于句法模式识别的机器学习方法, 研究表明机器学习、卷积神经网络等人工智能算法可以有效地分析和分类海豚定位信号[34].

厦门大学课题组建立了海豚超声波束形成 (beamforming) 的物理模型[35-37], 对声波在声速分布不均匀的额隆组织以及复杂形状的头骨中的传播进行了研究. 此外, 还研究了上颌骨和额隆的流固耦合导致的界面波、纵波与横波, 揭示了白鳍豚上颌骨除了广为所知的反射作用外, 还起着产生界面波的作用. 为了提高建模精度, 应用计算机断层扫描技术对小抹香鲸和长江江豚头部的三维声速、密度和声特性阻抗分布特性进行了重建. 特别是, 结合 Au 的实测海豚数据, 对海豚发声机理开展深入合作研究, 定量分析了额隆、头骨和气囊的作用. 不同于以往研究对额隆声功能的推测, 研究发现, 额隆仅对波束宽度有一定调控作用, 而气囊和头骨在波束形成中起更为重要的作用, 气囊、头骨以及额隆的协同作用是形成定向波束的主要原因.

经典声学理论表明, 由于衍射限制, 常规换能器指向性与声源尺寸和频率存在基本的依赖关系. 为了获得高指向性声源, 需要增大声源尺寸或提高频率. 这为实际声学换能器应用带来了限制, 例如, 低频体积庞大、高功耗、高频、高衰减等. 因此, 突破传统声呐的限制, 依据生物启发原理, 研制带宽、小尺寸的仿生声呐, 成为仿生声学的重要研究方向. 厦门大学课题组在这个方向做出了重要工作. 基于海豚声呐原理, 提出仿生换能器, 研制了气腔–梯度材料–固体的仿生结构[38]. 这一新颖的仿生设计使亚波长声源产生了指向性的声波束. 数值计算和实验测量结果表明, 该仿生换能器系统主瓣集中, 等效声源长度为物理长度的数十倍, 特别是具有宽带特性. 此外, 提出海豚声呐的多相仿生人工结构设计方法[39]. 利用多相人工结构模拟海豚气囊–额隆–头骨的复杂结构. 根据小抹香鲸额隆调节功能, 利用声速梯度材料设计仿生额隆, 通过声速梯度变化调控其声波的传播方向. 因此, 海豚复杂多相结构的声耦合与辐射提供了一种全新的实现方法, 代表着下一代仿生声学技术的新方向.

进一步, 基于江豚的计算机断层扫描成像和梯度声速测量, 提出用超材料复合结构来重构江豚物理模型[40]. 计算机断层扫描成像揭示了江豚的复杂三维结构, 而组织声速测量则表明了江豚的不同组织 (额隆、肌肉和结缔组织等) 具有不同的声速特性, 为这种生物材料的人工结构重构提供了基础数据. 研究表明, 这种江豚物理模型能够实现与生物声呐类似的指向性瞬态声发射和目标探测功能. 该人工结构通过气囊、头骨和变声速额隆等多相复杂介质来调控声波束, 表明其内在的物理机理: 气囊的声散射与反射、头骨–软组织的声固耦合与模式转化、声梯度组织材料的相位与幅度控制等. 这种指向性瞬态声信号与目标的相互作用激发的镜像回波、弹性回波等能够提高探测目标的精度并抑制非探测目标的干扰. 不同之处在于江豚物理模型的声脉冲宽度更长、散射回波稍弱, 这表明模型优化及有关机理仍需进一步深入研究. 声场模拟和实验测量表明, 江豚物理模型能够在宽频范围内实现指向特性和主轴能量增强效应. 江豚通常采用窄带声呐, 这表明该物理模型有望进一步扩展声呐性能. 此外, 该声学人工结构在指向性水下目标探测和抑制假目标干扰方面显示出了良好的效果, 能够提高声探测的信噪比, 并区分静态目标和动态干扰物. 该研究表明人工材料能够为重构江豚复杂的回声定位系统提供重要手段. 江豚复杂多相介质的声波调控机理具有普遍性, 有望在水声传感、无损检测和医学超声等领域具有广泛的应用前景.

山东大学课题组在蝙蝠声呐结构的仿生研究工作取得了重要发展.Müller 等

研究了鲁氏菊头蝠 (*Rhinolophus rouxii*) 鼻叶沟槽声学谐振腔的功能[41]、大耳蝠 (*Plecotus auritus*) 外耳皮瓣的频扫功能[42]、马来假吸血蝠 (*Megaderma spasma*) 外耳边缘扩展部分在波束形成中的作用[43]、高鞍菊头蝠 (*Rhinolophus paradoxolophus*) 奇异结构合理性的物理机理[44]、马铁菊头蝠 (*Rhinolophus ferrumequinum*) 单耳变形对波束方向性的功能性改变[45]. 庄桥开发了数值计算方法, 研究了埃及裂颜蝠鼻叶凹坑并论述了其双弯曲反射面的物理机理[46]. 马昕等研究了马铁菊头蝠声道的声传输特性[47].

三、我们的优势方向和薄弱之处

1. 海豚声学

我国的薄弱之处在于海豚声学行为调查与声波束实验测量方面与美国相比差距较大, 鲸豚声信号数据库积累不够, 生物声学研究的仪器研发也比较落后, 从事有关研究的研究单位与团队数量需要进一步扩大.

优势方向是海豚声呐机理、淡水鲸豚的声信号特征及听觉能力方面. 对白鳍豚、江豚、宽吻海豚、抹香鲸等多种鲸豚的三维声学结构进行高精度重建. 随着医学影像技术的应用, 以及军民融合工作的激励, 鲸豚声学研究的对象有一定的扩展, 研究的精细程度也有一定的深入, 建立了多种鲸豚的声波束形成物理模型, 与知名鲸豚专家开展良好的国际合作. 此外, 我国鲸豚生物声学研究早在 20 世纪 70 年代就开始了, 开展的工作包括声信号记录、分析, 听觉能力测量, 穿戴式声学设备应用, 噪声监测及其对长江豚类的影响等. 对中华白海豚及其他海洋鲸豚的声学研究工作也得到了一定程度的发展. 特别是, 相比于国际上为数不多的公开报道, 我国学者在仿生机理研究上取得了一些创新成果. 相对于利用橡胶环套压橡胶管的简单仿生结构, 厦门大学课题组基于海豚声呐原理, 提出仿生换能器系统, 结合气囊、变声速额隆、复杂头骨, 采用多相人工结构设计仿生系统, 其研究对于发展可控制的、小尺寸、高精度的扫描水下成像探测技术有重要价值. 因此, 如何利用海豚声呐原理, 设计仿生人工结构来实现仿生声呐是突出我国研究特色的重要发展方向之一, 能够突显仿生技术的优势.

2. 蝙蝠声学

我国研究的薄弱之处在于起步较晚, 早期的研究内容较为单一, 主要集中于蝙蝠生态学和形态学方面的研究, 对蝙蝠声呐方面的研究基本上是采集蝙蝠的声音信号, 相关研究人员贫乏.

有关优势在于我国蝙蝠的种类繁多, 共计 8 科 33 属 130 种, 占现有种类的 11.6%, 地理分布广, 生态环境的不同决定了种间和种内蝙蝠动物行为的差异, 这为不同时间不同地域捕获样品提供了丰富的物种资源. 此外, 在蝙蝠结构的数值研究方面, Rolf Müller 和南丹麦大学的有关计算主要采用有限单元法和边界元法, 我国有关科研人员自己独立开发的声场计算程序, 与 Rolf Müller 目前使用的有限单元法相比, 具有更好的收敛效果和可靠性.

四、基础领域今后 5～10 年重点研究方向

今后 5～10 年, 生物声学领域将聚焦符合民生和国家需求的若干优势方向进行研究, 包括以下重点方向.

1. 在海豚声学与仿生声呐的新理论和关键技术上形成突破

在理论层面, 围绕声产生与接收、声波束控制、目标探测开展机理研究. 在技术层面, 发展鲸豚被动声学监听和基于人工智能的声信号分类技术, 设计基于生物声呐原理的仿生技术. 研究海豚回声定位和通信声信号特性, 探讨鲸豚通过声探测、声通信实现捕食、交流、抚幼等行为的过程及机理, 探讨在人类活动扰动下其认知过程的适应性. 建立海豚声产生和接收的流体–结构–声场相互作用模型和目标探测模型, 通过解剖学、组织学、微型影像、医学影像技术等观察动物发声器官、通道等的结构和形态特征, 了解发声过程中相关器官和组织的关联性和互动特征. 在揭示生物声呐物理机理的基础上, 构建基于生物组织的仿生材料和仿生声发射和接收系统, 建立优化算法, 实现物理特性接近生物声呐原型的仿生系统, 研制仿生系统, 实现宽带声激发和声波束指向性控制.

2. 在蝙蝠回声定位模型的建立和物理机理上取得重要进展

研究蝙蝠外在结构 (鼻叶和耳郭等) 对声音信号的响应, 并研究波束形成作用的物理机理. 研究蝙蝠神经系统在抗干扰特性的机理, 并建立有关模型. 开展蝙蝠声学系统的工程和技术应用, 发展仿生天线技术.

3. 在动物发声新机理和组织特性的新测量技术上开展深入研究

发展新型的生物力学、声学、成像技术测量动物发声组织特性的关键参量, 如杨氏模量、切变模量、泊松系数、含水率、渗透率、孔隙度等. 在离体测量技术的基础上, 发展新型组织测量技术, 实现对发声器官组织特性的活体测量. 研究噪声对动物的声通信和声呐特性的影响, 研发动物声学被动监听和非线性声信号分析技术. 此外, 研究动物发声组织特性与声信号特性之间的内在关系. 基于发声器官的组织特性, 建立生物发声的数学模型和物理模型, 揭示组织力学特性与声带振动、声门波激发之间的定量关系, 进而揭示病理组织特性与发声异常之间的关系.

五、国家需求和应用领域急需解决的科学问题

1. "海豚声呐探测的原理是什么以及如何进行水下声呐仿生" 是发展海豚声学探测原理与技术急需解决的关键科学问题

海豚声呐超越了常规声呐分辨率的瑞利准则限制, 能在水下精准探测与识别目标. 此外, 海豚能自适应地调节发声增益, 甚至在结构缺陷下实现声呐功能. 尤其是, 海豚组织的声阻抗和海水接近, 能高效地传输声能, 甚至可以通过变形来调控声束和扫描声视野. 海豚声学研究首先是深入了解鲸豚生物声学的基础性规律, 形成具有一定仿生应用价值的技术, 包括水下探测、水下通信、水下目标辨识等. 其次是基于声学原理, 研究和开发声学测量仪器和设备, 开展鲸豚活体原位观察, 推进相关的研究和技术创新. 最后是深入分析海洋及淡水环境的各类人类活动及其所产生的水下噪声对鲸豚的影响及保护技术和措施. 因此, 研究海豚声学原理, 揭示海豚指向性声发射、接收和目标探测机理, 并为宽频小尺寸仿生声呐研制提供新思路. 其水下声呐仿生技术可用于潜水器定位与导航、水下精准探测和水中兵器精确制导等, 有重要的民用和军事应用价值, 满足《国家中长期科学和技术发展规划纲要 (2006—2020 年)》的国家重大战略需求.

2. "如何开展基于蝙蝠生物结构的智能天线结构设计与应用？" 是蝙蝠声学研究拟解决的关键科学问题

需要研究蝙蝠生命活动 (亲子关系、种内种间交流、导航探测、捕食) 与发声特点的相关性. 通过设定的人工环境来观察蝙蝠声学结构经人为改变前后动物捕食行为和探测能力的对比, 可以得出较为真实的外形结构变化与其行为改变之间的相关性. 研究蝙蝠声信号产生的模型建立和物理机理, 包括喉部、声带及发声道对声音信号的滤波作用. 应用微型 CT 机对蝙蝠样品扫描并对其进行三维重建, 借助计算机进行声学特性的数值分析, 样品数字结构和数据结果显示, 采用可视化技术, 通过对声场的数值计算, 可以得到其近场声场, 并可方便地得到具有高角度分辨率的远场波瓣图. 研究外在结构 (鼻叶和耳郭等) 对声音信号的响应、波束形成的物理机理、在导航探测和捕食方面的声学功能等. 通过人工声源测量蝙蝠罹体双耳或单独外耳的接收声场, 从而得到其方向性波瓣图, 如果改变外耳的部分结构, 还可以得到声场改变与结构改变之间的对应关系. 研究蝙蝠神经系统对声信号的响应、抗干扰特性的物理机理和物理模型的建立. 在工程应用方面, 加强蝙蝠声学系统的仿生研制与物理模型的对比与校正, 研发基于生物仿生的高灵敏度、高抗干扰能力的声呐系统.

3. "影响生物声信号特性的发声要素和机理是什么？如何应用到声学评估和智能声信号分析？" 是陆生哺乳动物声学研究拟解决的关键科学问题

建立声带的离散质量理论研究声带不规则振动和混沌语音、发声过程的空气动力学、发声的神经动力学、病理声带 (麻痹、小结、水肿等) 的发声障碍、发声压力阈值等发声现象，并应用于自然声信号分析和医学嗓音声学评估. 此外，声带的空气动力学–黏弹振动理论研究发声系统的黏膜波、时空特性、黏弹性等，并结合人工材料 (如橡皮、硅胶等) 构造的仿生模型，揭示动物发声机理、病理声带的发声机理等. 因此，发声器官组织是生物发声现象的生理基础，对于这些发声要素以及以此为基础对声带振动的研究是人们认识动物发声与动物声通信现象的重要课题.

六、发展目标与各领域研究队伍状况

鉴于目前的研究状况，生物声学领域建议发展目标如下.

(1) 海豚声学的发展目标是研究海豚定位和通信声信号、声呐探测特性和组织梯度特征，阐明海豚声发射、接收和目标探测机理，在声学机理方面取得国际水平的研究成果.

在基础理论、应用技术、仿生技术、生态保护等方面形成完整的体系、重点方向和核心技术. 海豚声学基础研究需要建立海洋生物学与声学研究团队的密切合作、协同攻关. 目前，国内的科研机构主要分布在湖北武汉、福建厦门、海南三亚以及广东、广西、台湾等地. 这些机构均具有一定规模的团队，但研究的侧重点有一定的差异. 该方向已组成较为完善的研发团队，由厦门大学、中国科学院水生生物研究所、中国科学院声学研究所、中国船舶第七一五研究所、哈尔滨工程大学、自然资源部第三海洋研究所、中国科学院深海科学与工程研究所等单位开展合作攻关，将基础研究与仿生设备研发密切结合，有望在海豚声学基础研究、声信号分析、仿生技术等方面取得学科交叉、跨领域的重要研究成果.

(2) 蝙蝠声学发展目标是推动蝙蝠声呐研究，促进我国生物声呐系统、目标识别方式及敏感器件等相关领域的发展，争取在人才培养方面取得较大进展，成果能达到应用层面.

目前的状况是合作单位尚未取得实质性进展，可能与以下因素有关：首先，这方面的研究需要研究者有多学科丰富的理论基础和较综合的知识背景，还要应对野外复杂的工作环境，目前国内外尚缺乏实验验证的研究成果，这也是以后相关研究方面需要加强的内容；其次，该领域的研究需要大量的前期工作，松散的合作很难有成效；最后，研究需要有一个相对和谐稳定的团队，这一点所在单位的支持也是至关重要的.

(3) 动物发声发展目标是把声信号特性、动物发声实验和发声建模相结合，研究动物发声过程的空气动力学、黏弹性结构振动、声辐射和神经动力学行为, 阐明发声机理、黏弹特性、发声病变机理. 针对传统线性方法存在的不足, 发展短时、多维、非线性的信号分析和建模方法.

目前国内在这个方向的研究队伍较为分散, 主要侧重于声信号分析, 对发声的物理机理研究不多, 在结合生物学、声学机理、信号处理等学科交叉研究方面需要进一步提升.

七、基金资助政策措施和建议

海豚、蝙蝠等生物通过自然选择进化出小巧但高效的生物声呐, 具有人工系统难以企及的优越性能. 结合动物活体原位以及野外声学测量, 研究动物声学传感机理可以为现有人工技术提供新原理和新技术, 符合国家重大需求, 有广阔的应用前景. 因而, 生物声学是声学领域极为重要的学科.

然而, 生物声学方面获得基金资助的项目申请并不多, 急需鼓励发展这一学科, 建议在基金资助方面给予优先加持, 鼓励更多的项目申请, 并促进有关重点项目申请.

(1) 生物复杂介质的声产生、传播及接收物理机理与仿生技术;

(2) 生物声仿生生物学基础、材料研制与传感技术;

(3) 生物声特征、声生态位及其声学监测技术.

此外, 生物声学探索性强、多学科交叉的特点不同于传统声学学科. 建议充分考虑其学科特色, 重视该学科专家对基金项目的专业评审意见, 兼顾参考其他声学学科的专家评审意见.

八、学科的关键词

生物声学 (bioacoustics); 生物声呐 (biosonar); 海豚声学 (dolphin acoustics); 海豚声呐 (dolphin sonar); 仿生学 (bionics); 仿生声学 (biomimetic acoustics); 仿生声呐 (biomimetic sonar); 哺乳动物生物声学 (bioacoustics of mammals); 鸟类生物声学 (bioacoustics of bird); 鱼类生物声学 (bioacoustics of fish); 动物通信 (animal communication); 动物回声定位 (animal echolocation); 蝙蝠回声定位 (echolocating bats); 回声定位 (echolocation); 动物声产生 (sound production by animal); 动物声接收 (sound reception by animal); 发声 (vocalization); 声带 (vocal folds); 声学通道 (acoustical path); 动物声学特性 (acoustic characteristics of animal); 波束形成 (beamforming); 被动声学监测 (passive acoustic monitoring); 动物声信号探测 (bioacoustics signal detection); 生物声信号处理 (bioacoustics signal processing); 生物声学结构重建 (bioacoustics structure reconstruction); 生物声学建模 (bioacoustics modeling); 生物介质的声学特性 (acoustical characteristics of biological media); 生物材料声学 (biomaterial acoustics); 柔性生物材料声

学 (soft biomaterial acoustics); 仿生声学器件 (biomimetic acoustic device); 仿生声信号处理 (biomimetic signal processing); 仿生声学材料 (biomimetic acoustic material); 仿生波束控制 (biomimetic beam control).

参考文献

[1] Au W L. The Sonar of Dolphins. New York: Springer, 1993: 216-241.

[2] Ishizaka K, Flanagan J L. Synthesis of voiced sounds from a two-mass model of the vocal cords. Bell Sys Tech J, 1972, 51(6):1233-1268.

[3] Tokuda I T, Horáček J, Švec J G, et al. Comparison of biomechanical modeling of register transitions and voice instabilities with excised larynx experiments. J Acoust Soc Am, 2007, 122(1): 519-531.

[4] Titze I R, Baken R, Herzel H. Evidence of chaos in vocal fold vibration. //Titze I R. Vocal Fold Physiology: New Frontiers in Basic Science. San Diego: Sigular, 1993: 143-188.

[5] Drechsel J S, Thomson S. Influence of supraglottal structures on the glottal jet exiting a two-layer synthetic, self-oscillating vocal fold model. J Acoust Soc Am, 2008, 123(6): 4434-4445.

[6] Becker S, Kniesburges S, Müller S, et al. Flow-structure-acoustic interaction in a human voice model. J Acoust Soc Am, 2009, 125(3): 1351-1361.

[7] Au W W L, Houser D S, Finneran J J, et al. The acoustic field on the forehead of echolocating Atlantic bottlenose dolphins (Tursiopstruncatus). J Acoust Soc Am, 2010, 128(3):1426.

[8] Koblitz J C, Wahlberg M, Stilz P, et al. Asymmetry and dynamics of a narrow sonar beam in an echolocating harbor porpoise. J Acoust Soc Am, 2012, 131(3):2315.

[9] Au W W L, Simmons J A. Echolocation in dolphins and bats. Physics Today, 2007, 60(9): 40-45.

[10] Aroyan J L, Cranford T W, Kent J, et al. Computer modeling of acoustic beam formation in Delphinus delphis. J Acoust Soc Am, 1992, 92(5): 2539-2545.

[11] Cranford T W. The anatomy of acoustic structures in the spinner dolphin forehead as shown by X-ray computed tomography and computer graphics. Animal Sonar, 1988.

[12] Ketten D R. Cetacean Ears// Au W W, Fay R R, Popper A N, Hearing by Whales and Dolphins, New York: Springer, 2000: 43-108.

[13] May-Collado L J, Wartzok D. A characterization of Guyana dolphin (*Sotalia guianensis*) whistles from Costa Rica: The importance of broadband recording systems. J Acoust Soc Am, 2009, 125(2): 1202-1213.

[14] Tyson R B, Nowacek D P, Miller P J. Nonlinear phenomena in the vocalizations of North Atlantic right whales (*Eubalaena glacialis*) and killer whales (*Orcinus orca*). J Acoust Soc Am, 2007, 122(3): 1365-1373.

[15] Lilly J C, Miller A M. Sounds emitted by the bottlenose dolphin. Science, 1961, 133(3465):1689-1693.

[16] Chiu C, Moss C F. The role of the external ear in vertical sound localization in the free flying bat, Eptesicus fuscus. J Acoust Soc Am, 2007, 121(4): 2227-2235.

[17] Obrist M K, Fenton M B, Eger J T, et al. What ears do for bats: a comparative study of pinna sound pressure transformation in Chiroptera. J Exp Biol, 1993, 180:119-152.

[18] Müller R, Gupta A K, Zhu H X, et al. Dynamic substrate for the physical encoding of sensory information in bat *Biosonar*. Phys Rev Lett, 2017, 118(15): 158102.

[19] Gupta A K, Webster D, Müller R. Encoding of Sensory Information in bat *Biosonar*. Phys Rev E, 2018, 97(6): 062402.

[20] de Mey F, Reijniers J, Peremans H, et al. Simulated head related transfer function of the phyllostomid bat *Phyllostomus* discolor. J Acoust Soc Am, 2008,124(4): 2123-2132.

[21] Reijniers J, Vanderelst D, Peremans H. Morphology-induced information transfer in bat sonar. Phys Rev Lett, 2010, 105(4): 148701.

[22] Aytekin M, Grassi E, Sahota M, et al. The bat head-related transfer function reveals binaural cues for sound localization in azimuth and elevation. J Acoust Soc Am, 2004, 116(6): 3594-3605.

[23] Tao C, Jiang J J, Zhang Y. Studying the vocal-fold impact using a self-oscillation finite-element model. J Acoust Soc Am, 2006, 119: 3987.

[24] Zhang Y, Jiang J J. Chaotic vibrations of a vocal-fold model with a unilateral polyp. J Acoust Soc Am, 2004, 115(3):1266-1269.

[25] 万明习, 程敬之, 张全忠, 等. 发声空气动力学问题比较研究. 第四军医大学学报, 1990, 11(6): 415-418.

[26] 程启明. 嘶哑语音声带质量块模型特征拟合的研究. 声学学报,1998, 23(1): 67-73.

[27] 郑义, 蒋刚毅, 张礼和, 等. 基于声带振动模型和声门波的嘶音研究. 声学学报, 1996, 21(6): 884-892.

[28] 李盛, 万明习, 王素品, 等. 不同直径下声门腔内准稳态流场分布及其在发声参量的关系. 自然科学进展, 2004, 14(3): 325-332.

[29] Li S, Wang D, Wang K. Sonar gain control in echolocating finless porpoises (Neophocaena phocaenoides) in an open water. J Acoust Soc Am, 2006, 120(4): 1803-1806.

[30] Li S, Wang K, Wang D. Origin of the double- and multi-pulse structure of echolocation signals in Yangtze finless porpoise (Neophocaena phocaenoides asiaeorientialis). J Acoust Soc Am, 2005, 118(6): 3934-3940.

[31] Li S, Wang D, Wang K. The ontogeny of echolocation in a Yangtze finless porpoise (Neophocaena phocaenoides asiaeorientalis). J Acoust Soc Am, 2007, 122(2):715-718.

[32] 牛富强, 杨燕明, 文洪涛, 等. 瓶鼻海豚的 click 声信号特性. 声学技术, 2011, 30(2): 148-152.

[33] Liu S, Qiao G, Ismail A. Convert underwater acoustic communication using dolphin sounds. J Acoust Soc Am, 2013, 133: EL300.

[34] Luo W, Yang W, Zhang Y. Convolutional neural network for detecting odontocete echolocation clicks. J Acoust Soc Am, 2019, 145(1): EL7-EL12.

[35] Wei C, Zhang Y, Au W W. Simulation of ultrasound beam formation of baiji(*Lipotes vexillifer*) with a finite element model. J Acoust Soc Am, 2014, 136(1): 423-429.

[36] Song Z, Zhang Y, Wei C, et al. Inducing rostrum interfacial waves by fluid-solid coupling in a Chineseriver dolphin (*Lipotes vexillifer*). Phys Rev E, 2016, 93(1): 012411.

[37] Wei C, Au W W, Song Z, et al. The role of various structures in the head on the formation of the biosonar beam of the baiji (*Lipotes vexillifer*). J Acoust Soc Am, 2016, 139(2): 875-880.

[38] Zhang Y, Gao X W, Zhang S, et al. A biomimetic projector with high subwavelength directivity based on dolphin biosonar. Appl Phys Lett, 2014, 105(12): 123502.

[39] Gao X W, Zhang Y, Cao W W, et al. Acoustic beam control in biomimetic projector via velocity gradient. Appl Phys Lett, 2016, 109(1): 013505.

[40] Dong E Q, Zhang Y, Song Z C, et al. Physical modeling and validation of porpoises' directional emission via hybrid metamaterials. National Science Review, 2019, 6(5): 921-928.

[41] Zhuang Q, Müller R. Noseleaf furrows in a horseshoe bat act as resonance cavities shaping the biosonar beam. Phys Rev Lett, 2006, 97(21): 218701.

[42] Müller R, Lu H, Buck J R. Sound-diffracting flap in the ear of a bat generates spatial information. Phys Rev Lett, 2008, 100(10): 108701.

[43] Wang X B, Müller R. Pinna-rim skin folds narrow the sonar beam in the lesser false vampire bat (*Megaderma spasma*). J Acoust Soc Am, 2009, 126(6): 3311.

[44] Zhang Z W, Truon g, S N, Müller R. J. Acoustic effects accurately predict an extreme case of biological morphology. Phys Rev Lett, 2009, 103(3): 038701.

[45] Gao L, Balakrishnan S, He W K, et al. Ear deformations give bats a physical mechanism for fast adaptation of ultrasonic beam patterns. Phys Rev Lett, 2011, 107(21): 214301.

[46] Zhuang Q, Wang X M, Li M X, et al. Noseleaf pit in Egyptian slit-faced bat as a doubly curved reflector. Europhys Lett, 2012, 97(4): 44001.

[47] Ma X, Li T, Lu H W. The acoustical role of vocal tract in the horseshoe bat, *Rhinolophus pusillus*. J Acoust Soc Am, 2016, 139(3): 1264-1271.

11.3　心理和生理声学研究现状以及未来发展趋势

陈婧, 吴玺宏

北京大学智能科学系言语听觉研究中心, 北京 100871

一、学科内涵、学科特点和研究范畴

　　心理与生理声学是研究声学的物理世界与听觉的感知世界之间关系的声学分支, 是关于物理学与生理学如何相互作用以产生声音知觉的一门重要的交叉学科. 心理与生理声学的研究对象是人和动物对声音刺激的生理与心理反应. 它与声音产生、传输和接收的物理 (如振动, 波动理论)、生理 (如耳朵的构造) 和感知 (如

听觉) 都有一定的联系. 具体而言, 它试图通过建立物理、生理和知觉之间的关系来研究物理和生理如何相互作用以产生知觉.

该领域研究的基本问题包括: ① 听觉敏感性, 包括人耳觉察声音的绝对阈限, 以及对声音强度和频率的差异灵敏度. 研究这些问题不仅对通信系统的设计者很重要, 而且对描述听众的能力以及对听力损失或听力障碍程度的评估也很重要; ② 听觉掩蔽. 掩蔽是指一个声音由于另一个声音的存在而变得不可听的听知觉现象. 近年来, 研究者对掩蔽有了新的认识, 基于听觉临界带理解掩蔽的传统理论被用于解释能量掩蔽, 主要发生在听觉外周; 而由于目标与掩蔽在声音成分或模式上的相似性, 或者掩蔽信号的不确定性所造成的掩蔽称为信息掩蔽. 研究信息掩蔽是理解人的听觉系统在复杂场景下仍具备较高鲁棒性的重要方面; ③ 声音的心理属性. 大多数听众可以使用通用的说法来描述响度的大小或音调的高低. 心理物理学的早期目标是在主观维度的心理方面与物理刺激 (声音) 相关方面之间建立联系. 关于听众对声音响度的分级与匹配的研究已进行了数十年, 这些研究在响度与强度、音高和频率, 以及诸如 "感知的嘈杂度" 之类的应用之间建立了确定的关系. 在研究上述基本问题中产生的主要方法与理论包括信号检测、听觉加工、时序加工、听感知、空间听感知、言语感知、音乐感知等.

二、学科国外、国内发展现状

心理、生理声学方面的研究在欧美国家已有上百年的历史, 在现代声学研究中占据重要的位置. 美国声学学会 (Acoustical Society of America, ASA) 的心理、生理学会分会 (Psychology and Physiology, PP) 一直是该学会中非常活跃的一个分会, 每年 ASA 年会 PP 分会的参与者都有 200~300 人的规模. 该学科突出的特色是多学科交叉, 研究者往往任职于各大高校的不同院系, 包括物理、电子、心理、生理医学、言语听觉、生物医学工程、计算机等. 随着老龄化社会的到来, 听力损失和听觉老龄化是这个研究群体越来越关注的话题, 一部分研究经费来自各国政府, 包括美国的 NIH(National Institutes of Health, 美国国家卫生研究院)、英国的 MRC (Medical Research Council, 英国医学研究理事会) 等, 另一部分来自工业界 (助听器、人工耳蜗公司等). 该领域里程碑式的研究成果包括: ① 1961年, 匈牙利科学家贝克西 (Georg von Békésy) 因为发现了耳蜗基底膜的振动特性获得诺贝尔生理医学奖; ② 2013 年, 三位现代人工耳蜗的研发者 (分别来自奥地利、澳大利亚、美国) 获得美国拉斯克医学奖.

中国在心理、生理声学方面的研究起步较晚. 国内第一个系统地开展听觉研究的单位是北京大学言语听觉研究中心, 成立于 2002 年. 近二十年来, 越来越多的海外归国人才在国内建立了听觉相关的研究团队, 但与欧美发达国家相比, 整体规模偏小, 仍处于起步阶段. 国内的研究主要面向应用, 聚焦于言语通信中的若干机理问题, 特别是针对汉语语音特点开展的言语感知机理.

言语通信是人类社会信息交互的主要方式, 然而真实的言语交流环境存在各种干扰, 目标声源、干扰声源、混响等多个声源形成了复杂的听觉场景, 且不同场景的声场特性差异明显. 尽管与听感知相关的智能应用近二十年来取得了巨大的进展, 包括自动声源定位、自动语音识别、助听器与人工耳蜗等听力补偿技术, 但是这些技术的应用场景一般局限于相对安静和固定的环境, 在自然声学场景中的计算性能与人的实际表现存在较大差异. 针对这方面的应用研究需求, 结合当前国际主流的研究, 下文将总结几个具体方向的研究进展.

1. 复杂场景中的言语感知机理

复杂场景中的言语可懂度主要受能量掩蔽与信息掩蔽的影响. 人们对能量掩蔽的理论认识和计算模型都取得了比较成熟的研究成果, 但是对信息掩蔽的研究还停留在现象观察的阶段[1-3]. 语音干扰是日常生活中常见的干扰源, 被认为主要产生信息掩蔽, 主要发生在听觉中枢及更高的认知加工层次. 研究结果表明: 当说话人数较少时, 干扰语音信号的稀疏性导致信息掩蔽作用明显, 而随着说话人数目的增加, 总体效果则接近于能量掩蔽; 掩蔽语音的语速缓慢时主要表现为能量掩蔽, 掩蔽语音的语速加快导致基频和谐波的变化增大, 使得信息掩蔽效果更为明显; 目标和掩蔽语音的语种相匹配时产生的信息掩蔽量最大, 而跨语种的比较实验表明, 汉语的信息掩蔽成分显著地高于英语[4,5]. 研究者进一步研究了信息掩蔽中调频成分相似性的影响. 他们以语音生成的方式定量地操控掩蔽信号与目标语音在调频模式上的相似性. 研究结果表明, 非言语信号的类语音信号作掩蔽仍能产生信息掩蔽效果; 基频动态特性一致的类语音信号能引起大量的信息掩蔽; 在频域或时域上对基频动态特性做适当调整不影响其掩蔽效果[3,6].

就听觉加工机理而言, 不应该存在人种的差别; 但是汉语与英语在语音信号的时间模式上存在差异, 例如, 汉语的基频随时间变化较快; 汉语的音节以辅音-元音 (consonant-vowel, CV) 结构为主, 而英语存在较多的辅音群, 辅音能量一般比元音小, 时长短[7]. 这些时间模式的差异决定了说汉语的中国人与说英语的西方人在基于语言经历的先验知识上存在不同, 而先验知识对听感知能起到自上而下的调节作用. 因此, 针对汉语语音特点开展言语感知机理的研究是非常重要的. 汉语是带调语音, 这是汉语与英语的显著差别之一. 声调的感知与听觉功能及先验知识密切相关. 例如, 已有研究表明频率分辨能力的下降会使听者不能很好地分辨并跟随基频包络的变化, 从而导致声调感知的变差. 研究者针对汉语的声调特性开展了大量的研究, 例如, 基频与谐波是否都携带声调信息[8]; 去掉声调信息对汉语言语识别会造成哪些影响[6,9]. 研究者也研究了汉语音节中元音、辅音对言语识别的影响[10,11]. 这些研究加深了人们对汉语语音感知的理解, 但是我们并不知道频率分辨能力以及调频探测能力等听觉功能与言语识别表现之间定量的函数关系. 现有的可懂度模型也不能准确刻画这部分影响.

综上, 尽管研究者近些年针对复杂场景中的言语感知机理做了大量的研究, 揭示了很多现象, 例如, 信息掩蔽的提出、基频动态变化的影响, 但是, 迄今为止, 人们对复杂场景下的言语感知过程仍然缺乏全貌性的理解和模型解释.

2. 复杂场景中的听觉定位机理

人类在复杂场景下仍具备良好的言语识别能力, 一个重要的原因是他们能够利用双耳加工的线索对目标声源进行定位, 使目标语音在后续的认知加工中能够得到增强[12]. 在自由场中, 听者能够准确地判断声源的水平角和仰角, 听觉系统所依赖的定位线索包括双耳时间差、双耳强度差以及频谱线索. 日常听觉场景通常包含混响, 即听者接收到的信号由直达声和反射声共同组成, 并且反射声和直达声的方位信息通常不一致. 反射声的存在会干扰定位线索, 但听者依然能够较为准确地定位声源[13].

听觉系统定位的鲁棒性与优先效应以及线索加权的决策机理有关. Rakerd 和 Hartmann[14] 分析了不同混响条件下的定位结果, 认为听觉系统感知到的声音位置是由各定位线索加权得到的, 权重则由线索的可靠度以及合理性确定. Shinn-Cunningham 等[15] 将听者感知的声音位置表示为直达声和反射声对应位置的线性加权, 实验结果表明直达声的权重系数在 80%~90%, 反射声的权重相应的在 10%~20%. 在直混比较小的混响环境中, 双耳接收信号的一致性很低, 此时双耳时间差变得不可靠, 听觉系统可以提高双耳强度差的权重以提高定位的精度[16]. 尽管研究者普遍认为人类通过声音感知空间方位的主要线索包括双耳时间差、双耳强度差和频谱特征, 但是这些线索在动态场景中是如何优化组合以获得精确的空间定位, 仍然是未解的科学问题[17].

听觉系统中存在应对反射声的感知补偿机理, 以降低反射声的干扰. 例如, 双耳聆听可以降低言语感知中的重叠掩蔽和自掩蔽[18], 因为基于双耳聆听的优先效应能够抵抗一部分反射声对空间信息的干扰. 在时间上连续的语音似乎也能影响优先效应, 实验发现优先效应会随着先前声音的播放而得到加强. Clifton 等[19] 指出听者会根据已经呈现的声音得到反射声的双耳特性, 听觉系统会利用这些双耳特性消除反射声对声源定位的影响. 有证据表明, 听觉系统能够抵抗反射声对声音时域包络的影响[20]. Zahorick 等[21] 研究了不同混响及上下文环境对言语可懂度的影响. 实验结果表明, 当测试词的上下文变长且混响条件与测试词一致时, 混响对测试词的干扰消失了. 这种感知补偿机理称为先验聆听效应 (prior listening effect). 先验聆听效应被认为是一种来自听觉中枢的补偿机理, 其加工机理还处于探索阶段, 目前也没有计算模型可以刻画这种效应.

对于存在多个目标说话人和干扰噪声源且其空间位置未知的复杂声学场景,目前的听觉计算模型尚不能同时定位以及识别目标声源[22]. 由此可见, 当前的双耳计算模型在性能上与人类听觉系统在复杂场景中的定位及抗噪表现尚存在不小的差距.

3. 言语可懂度模型

言语可懂度模型是一种客观评估或预测言语可懂度的计算模型. 多年来, 研究者提出了多种言语可懂度模型. 这些模型基于的思想各有不同, 适用的场景也不尽相同. SII (speech intelligibility index, 言语可懂度指数) 模型是基于美国贝尔实验室提出的清晰度指数计算发展出来的用于计算言语可懂度的国际标准 (ANSI S3.5, 1997)[23]. 其基本思想是：语音信号各个频带对于可懂度的贡献是相互独立的, 一个语音信号的可懂度是各个频带的贡献之和. 计算方法是分频带计算信噪比, 将信噪比转化成可懂度指数, 再将各频带可懂度指数加权求和, 得到最终的可懂度指数. 信噪比与可懂度指数之间的映射关系以及频带权重函数都是通过统计并拟合大量的心理物理实验数据来获得的. 研究表明 SII 可以预测出加性噪声和频带削减等失真条件下的言语可懂度. 但是, SII 的计算是基于语音的长时频谱计算的, 不能反映语音的动态特性对言语可懂度的影响, 其应用存在局限性. 随后, 研究者提出了其他的计算模型, 其中具有代表性的是美国马里兰大学的听觉与声学研究中心提出的谱–时间调制指数 (spectro-temporal modulation index, STMI)[24]. 该方法采用人的听觉计算模型, 针对噪声、混响等情况对语音信号带来的频域和时域调制指数的影响进行联合分析, 通过频谱–时域调制指数的变化反映语音失真后的可懂度. 研究表明 STMI 方法能够预测出噪声干扰、房间混响、非线性失真、相位抖动以及频率搬移等失真条件下的言语可懂度.

STOI(短时客观可懂度) 是目前应用最广泛的言语可懂度模型[25], 该方法通过比较干净语音和含噪语音之间的时域包络估计言语可懂度. 不同于其他模型计算干净语音和含噪语音整个句子之间的相关系数, STOI 基于更短的时间段计算相关系数. 研究表明 STOI 能够预测出噪声干扰、去噪算法等失真条件下的言语可懂度, 因而它在语音增强领域已经成为一个常规评价指标. 但是, STOI 算法仅能预测一般正常听力者的言语可懂度, 不能预测听力损失对言语可懂度的影响.

2014 年, Kates 等[26] 提出了一种考虑听力损失引起的听觉外周变化的言语可懂度模型——助听语音感知指数 (hearing-aid speech perception index, HASPI). 研究发现该模型能够预测出噪声干扰、频率压缩、非线性失真、去噪算法等失真条件下的言语可懂度. 该模型分别比较干净语音和含噪语音之间的时域包络和精细结构以估计言语可懂度. 利用听觉计算模型模拟听觉外周的信号处理, 并量化听觉外周处理对言语可懂度的影响. HASPI 中的听觉计算模型对听力损失包括阈上功能损失进行了详细的刻画, 但代表听损状态的模型输入仅有听阈. 其基本假设为相同听阈的听者, 其言语可懂度是没有差别的, 这与听损患者的临床事实存在一定差异. 如何将听损患者的阈上功能指标纳入言语可懂度模型中, 使计算结果与主观测试保持一致, 仍然是值得探索的科学问题.

4. 语音音质评价

语音作为人类信息交换的重要载体, 与其相关的通信、编码、存储、识别、合成和增强系统等已经广泛应用于社会的各个领域, 而评价这些系统的关键指标在于系统输出语音质量的好坏. 语音音质评价可以对语音通信系统的实现方案进行可行性分析, 也能用于评价语音通信设备生产和使用环节中的实际性能指标, 因此如何建立有效的语音音质评价机理具有重要的意义[27].

语音同时具备的自然和社会属性导致了人对语音质量的感知不仅涉及语音的物理参量、听觉加工对语音信号的生理表征, 还关系到听觉心理层面, 因此很难全面、精准地定义语音质量的概念. 语音质量评估按照评价主体可分为两大类: 主观评估和客观评估. 主观评估方法是在特定测听环境中以人为主体, 凭借经验知识, 根据实验规定的尺度对语音质量作出等级划分. 主观评估是人对语音质量准确有效的真实反映, 符合人对语音质量的感觉. 但是费时、费力、成本高、测试条件苛刻, 易受到人的主观影响. 客观评估基于信号特征对参考语音和失真语音进行数学对比, 用数值距离来量化语音质量. 这些客观评估计算指标的有效性取决于它们与主观质量评分是否具有统计学意义上的高度相关性及小的误差.

目前, 主观和客观两类音质方法均存在各自的缺点, 欲从根源上避免和解决语音质量评估的认知偏差, 需要深入研究人类听觉信息感知和认知加工的内在规律. 现阶段的研究人员使用一种新的客观准确的评估方法, 即利用脑电 (electroencephalography, EEG) 对语音质量进行听觉感知的评估, 有助于提高人类对语音质量影响主观体验方式的理解, 是一种有前途的、可以补充主观评分的、直接的综合性非侵入测量手段[28-31]. 客观音质评估的计算模型, 通过对听觉感知的过程进行建模得到一个定量的指数, 以此作为对音质的客观量化描述, 譬如主观语音质量评估 (perceptual evaluation of speech quality, PESQ)[32] 等. 现有的客观音质评估模型多数属于侵入式的计算模型, 其计算过程需要使用原始的、干净的语音信号作为参考信号, 来计算音质指数; 但是, 在多数的应用场合下, 只有待评估的语音信号是存在的, 干净的参考语音信号并不存在, 故而, 传统的侵入式音质评估方法在应用上有较大的局限性. 近期的国内外研究旨在设计非侵入式 (或者 reference-free, 不需要干净参考信号) 的音质评估指数, 譬如语音混响调制能量比 (speech-to-reverberation modulation energy ratio, SRMR)[33] 等, 但是, 其客观音质评估的性能有较大的不足, 尤其是对携带非线性失真的语音信号 (譬如降噪算法处理后) 进行音质评估时, 音质评估的准确率偏差较大, 目前仍是一项有待解决的技术难点.

语音音质受个体差异、周围环境、背景噪声、网络状态、人的动机、经验和情感的影响, 所以语音质量评估不但要求语音学、语言学、信号处理等学科背景, 而且还与生理学、心理学等学科紧密联系, 是一个复杂度很高的研究方向, 其研究成果将有力促进相关学科的进步.

5. 听力补偿

发生于耳蜗或蜗后神经病变的听力损伤统称为感音神经性听力损伤. 强噪声、耳毒性用药、病毒感染、老化等多种因素可损伤耳蜗. 这些耳蜗损伤会明显改变从耳蜗输出到中枢神经系统的神经编码, 从而导致听力下降, 言语感知能力变差. 临床检测中逾 85% 的病例是感音神经性听力损伤, 但是这种损伤又不可逆, 无法治愈. 助听器和人工耳蜗是目前最有效的针对感音神经性听力损伤的听力补偿方式, 如何根据人的听觉机制开发合适的听力辅助设备, 无疑是心理声学研究领域一个重要的应用方向.

助听器是一种能够有效改善听力患者听力水平的医疗器械, 传统助听器主要采用模拟方法处理, 对言语可懂度的提升不理想. 近年来, 随着语音信号处理方法与深度学习的快速发展, 数字助听器中的响度补偿和语音增强算法得到了广泛的关注. 动态范围压缩算法可以对信号的时域包络进行压缩, 减小时域包络的调制深度, 使听损患者恢复正常的响度感知. 研究者主要从不同的角度对动态压缩算法进行了研究与评估, 其中主要包括引入前向掩蔽阈值[34], 基于言语可懂度优化[35-37], 提高混响环境下空间感知[38,39] 以及利用双耳强度差线索[40] 等. 这些尝试与改进在实验室的特定条件下能使助听算法的性能得到一定程度的提升, 但是, 普遍存在推广性不够的问题. 如何能使助听器适用于复杂场景, 使佩戴者能具备听力正常者的感知效果仍然是助听器研究的核心问题.

听觉假体是一种人工电子装置, 它们需要通过手术植入人体内, 使得感音神经性耳聋、传导性耳聋以及混合性耳聋的患者恢复听力. 听觉假体主要包括振动声桥、骨锚式助听器、听觉脑干植入和人工耳蜗等. 目前使用最广泛的是人工耳蜗. 人工耳蜗植入则适用于重度与极重度感音神经性听力损伤的患者, 它是根据耳蜗生理原理及听感知机理开发的一种电子仿生装置, 可以代替病变受损的听觉器官, 将声音转换成编码的电信号传入人体, 直接刺激听神经纤维, 使患者恢复听力. 截止到 2016 年, 全球共计约有 60 万患者通过植入耳蜗重获听力[41]. 2013年, 有小诺贝尔奖之称的美国医学最高奖拉斯克-德贝基临床医学奖授予了三位在现代人工耳蜗研发领域中做出突出贡献的学者. 2015 年, 几位获奖者在 *Hearing Research* 发表研究综述对人工耳蜗领域的发展趋势进行了评述与展望[42,43], 他们认为提高耳蜗植入者在复杂场景下的言语可懂度及音乐感知是未来技术要解决的主要问题. 近年来, 研究者主要从人工耳蜗的改进和基于声电双模态的刺激模式两方面着力提升耳蜗植入者在复杂场景下的听觉感知.

基于声电双模态的刺激模式则是提升人工耳蜗植入者在复杂场景下听觉感知的一项关键技术. 随着人工耳蜗设计工艺与适应症标准的放宽, 耳蜗植入者在植入耳或对侧耳仍具备残留听力, 如果佩戴合适的助听器, 听力情况可以得到进一步的改善. 这说明耳蜗植入者的听感知不仅来自电刺激, 同时还有声刺激. 而这种结合声信号与电信号的刺激方式也成为一个新的补偿方案. 根据声信号与电信号的相对位置的不同, 声电联合刺激主要分为声电混合刺激与声电双模态刺激. 其中在声电混合刺激中, 声信号与电信号在同侧耳; 而在声电双模态刺激中, 声信号与电信号则在不同侧.

研究结果表明, 使用声电双模态刺激能够提高听力损伤患者的言语可懂度. 在非音调语言下, 低频部分的残余听力已经能够显著提高耳蜗植入者在噪声条件下的言语可懂度[44-47]. 研究表明, 相对于电刺激, 声电双模态刺激明显提升了噪声干扰下的声调识别[48]. 声电双模态刺激除了可以提升言语可懂度外, 也可以提高言语识别的速度[49]. 但是, 也有一些临床报告声电双模态刺激未能使用户获得言语识别方面的增益[48,50]. 因此, 目前的研究只是通过声电联合感知的效果来猜测其影响因素, 并未从机理上阐释双模态刺激下的言语加工机理. 如何针对个体差异配置声电双模态刺激的参数仍然是个灰箱问题, 需要研究者深入探索.

6. 心理声学在声场回放中的应用

声源振动引起介质中压强变化从而在空间中形成声场. 处于声场中的人可以根据声场的特点感知到声源的特性, 如距离和方向等. 声场包含着声源的空间三维信息. 广义的声场回放 (sound field reproduction) 即通过各种技术手段, 在人的听觉感知中再现声场所包含的信息. 狭义的声场回放是一种通过扬声器阵列在一定区域内复现与目标声场具有相同或相似感知效果的技术. 声场回放技术在电声设备、虚拟现实、视听娱乐等方面有广泛应用. 基于心理声学感知理论的声场回放主要研究如何通过扬声器阵列产生和目标声场具有相近心理感知特性的声场.

我们将声事件的感知作为声场感知的基本要素, 则声场回放即是对声场中包含的若干声事件的特性进行再现. 2006 年, Toole[51] 将人对声事件感知的心理量归纳为以下几个主要的方面: 声源距离、声源方向、声像宽度、听者包围感和音色等. 其中前四个心理量都和声源的空间特性有关, 即能够体现出声场的特性. 声场回放技术在近十几年才逐渐发展成熟, 对于心理声学在声场回放领域的应用还停留在比较基础的探索阶段, 心理声学领域的大量研究成果还没有在声场回放领域得到广泛的应用. 目前基于心理声学发展的声场回放理论主要将双耳时间差、双耳强度差和双耳互相关系数这些较为基础的概念应用于声场的回放. 以心理声学为基础的经典声场回放方法有 VBAP (vector based amplitude panning) 方法和 DirAC (directional audio coding) 方法[52,53]. 其中 VBAP 方法的基本原理即通过控制扬声器阵列中各个扬声器的增益, 来实现特定的双耳时间差、双耳强度差和双耳互相关系数. 对于声场中的混响等更加复杂的声场特性, VBAP 方法还没有成熟的处理方案. DirAC 方法是针对声场的回放给出的心理声学解决方案, 在这一方法中, 包括了声场的分析和参数化表示、信号的传输、方向确定的声源的回放和弥散声场的回放几个部分. 随着声场回放领域的研究越来越受到关注, 现在的研究者也在尝试着将心理声学的研究成果更好地融入声场回放系统中. 例如, 2020 年, Ziemer 在他们的研究中明确地提出了一个心理声学音乐声场合成 (psychoacoustic music sound field synthesis) 系统[54].

相比于心理声学在声场回放领域中尚处于初步的应用, 其在声场回放的评价中发挥的作用更加广泛. 这一方面得益于发展了近百年的音质评价理论和方法. 另一方面, 在人对声场的感知中存在一些难以用物理量描述的特性, 如声像的宽度, 声场的包围感和临场感等. 在对回放声场的这些特点进行评价时, 需要借助心理声学的研究方法, 对声场的回放质量进行主观感知上的评价. 关于声场评价领域的研究可以统合在虚拟声学环境 (virtual acoustic environment, VAE) , 或者称为虚拟听觉环境 (virtual auditory environment, VAE) 的评价框架下[55]. 声场回放是一种创建 VAE 的技术, 从而 VAE 的评价方案均可用于评价声场回放方法的优劣. VAE 的评价分为物理评价和感知评价两个方面. 其中, 在感知方面的评价主要依据的是心理声学的理论, 其指标除了上述 Toole 所提出的几个心理量之外, 还包括更为宽泛的指标, 如听觉沉浸感、感知自然度和真实度等. 随着声场回放技术的不断发展, 声场回放技术的评价方法也在不断发展.

三、我们的优势方向和薄弱之处

近些年来, 中国的人工智能产业得到了极大的发展, 相关智能技术的发展也跻身世界前沿, 将传统心理声学与现代智能技术相结合, 研发新一代具备人类听觉的智能技术和产品, 成为我们的一大优势. 此外, 助听器等听力辅助设备的研发越来越重视汉语人群, 如针对汉语感知特点开发合适的产品与技术. 显然, 作为母语为汉语的中国人, 我们在这方面的研究具备天然优势.

薄弱之处: 因为起步晚, 在心理、生理声学方面的理论基础较为薄弱; 此外, 也是由于发展时间短, 缺乏大项目的支持, 领域各研究团队的关注点较为分散, 缺乏体系, 未能形成合力以创造更有影响力的研究成果.

四、基础领域今后 5~10 年重点研究方向

1. 复杂场景中的言语感知机理

近 20 年来, 研究者开展了大量关于人在复杂场景中的言语感知机理研究, 揭示了很多重要的感知机理, 包括时间精细结构、信息掩蔽、基频轨迹等语音特征和听觉现象, 但是, 对于复杂场景中的言语加工仍缺乏全貌性的认识和理论模型. 如何使机器像人的言语加工一样, 能快速适应不同的声学环境, 在各种干扰下仍具备很强的鲁棒性, 仍然是语音技术中的关键难题. 我们需要在机理上深入研究, 以取得理论上的突破.

2. 复杂场景中的听觉定位机理

构建听觉双耳定位的心理声学模型及合理的 "优先效应" 心理声学模型. 通过心理声学的研究方法对复杂场景进行量化操控, 如混响时间、声源位置等, 系统性刻画听者的双耳定位模式, 并以此为基础构建基于心理声学的定位模型. 对先验聆听效应做更深入的研究, 以揭示人的听觉系统适应动态场景的加工机理.

3. 汉语言语可懂度计算模型

可懂度计算模型在不同的领域已经得到了广泛的应用, 例如成为国际标准的 SII 和 STI, 这些方法主要是用客观计算得分来代替正常听力者的言语感知评分. 但是针对特殊人群, 例如听损患者、老年聋患者等, 尚不能准确预测他们的言语可懂度, 因此, 如何建立一个准确且具有推广性的可懂度模型依然是一个重要的研究问题. 此外, 目前的很多可懂度计算模型与语音材料有关, 如何针对汉语感知特点建立适用于汉语人群的可懂度计算模型也非常重要.

4. 智能助听技术

数字助听器经过近三十年的发展, 获得了成功的商业应用. 但其发展瓶颈也显而易见, 例如在干扰环境中性能有限, 验配过程耗时繁复. 针对我国在智能技术上的快速发展, 以及智能终端的普及性, 我们可以将传统听觉理论与现代智能技术结合, 发展出新一代的智能助听设备; 打破该领域技术由西方发达国家垄断的局面, 研发有自主知识产权的新技术和新产品, 从而惠及数以千万计听损人群.

5. 听觉假体新技术

听觉假体的技术和产品主要由西方发达国家垄断. 尽管十年来, 我国在人工耳蜗的技术上取得了一定的突破, 但是与其他欧美国家的产品相比仍存在较大差距. 结合我国当前智能技术的蓬勃发展, 有望在听觉假体的新技术研发上提出创新性的新思路与新方法, 大幅提高技术水平与产品性能.

6. 音质与声场的主客观评价

随着智能技术的广泛应用, 电声设备输出的声音质量以及各种电声系统的声场评价问题日益重要. 开展音质与声场的主客观评价方面的研究, 将为电声行业的设备生产提供理论依据, 为建立相关行业标准奠定必要的研究基础.

五、国家需求和应用领域急需解决的科学问题

从应用需求分析, 很多产业的发展是需要心理声学专业人才的. 近年来, 音频编码、声场回放等技术在国内得到了快速的发展和产业应用, 但是相关技术的听感知效果评价一直是其中的难题, 这种主客观评价方法依赖于心理声学的专业知识. 此外, 数字助听器和人工耳蜗等听力辅助设备在国内的应用需求越来越大, 但是这些产品和技术全部来自欧美国家. 这些技术的研发针对的用户是以说英语为主的西方人, 以及适用于他们的生活场景, 并不适用于说汉语的中国人及其使用场景. 因此, 研究发展适用于中国人的, 并具备我国自主知识产权的技术与产品势在必行.

六、发展目标与各领域研究队伍状况

1. 发展目标

加强心理声学的基础理论研究, 在听感知机理, 特别是汉语语音感知机理方面做出有世界级影响的研究成果; 在声场回放、听力辅助设备等应用领域将传统心理声学理论与现代人工智能技术相结合, 研制开发出创新性的技术与产品, 填补我国在相关领域的技术空白.

2. 研究队伍

国内开展相关研究的研究队伍包括: 北京大学言语听觉研究中心, 中国科学院声学研究所, 中国科学院心理研究所, 中国科学院深圳先进技术研究院, 华南理工大学物理与光电学院声学研究所, 南方科技大学电子与电气工程系, 华中科技大学物理学院.

七、基金资助政策措施和建议

目前该领域的基金项目都集中在青年基金、面上项目, 项目规模小, 资助额度低, 影响力不够. 建议增加重点项目、重大项目, 以及优青、杰青等人才项目的支持, 鼓励该领域的青年学者立足学科优势, 结合国家需求和社会需求, 在基础研究领域攻克领域难点问题, 扩大国际影响; 在应用领域, 特别是听力康复领域研究开发出一批国有知识产权的技术和产品.

八、学科的关键词

心理声学 (psychoacoustics); 听知觉 (auditory perception); 响度 (loudness); 音高 (pitch); 临界带 (critical band); 辨别阈限 (just noticeable differences); 掩蔽 (masking); 能量掩蔽 (energetic masking); 信息掩蔽 (informational masking); 言语知觉 (speech perception); 音乐知觉 (music perception); 双耳听觉 (binaural hearing); 双耳掩蔽 (binaural masking); 空间听觉 (spatial hearing); 双耳时间差 (interaural time difference); 双耳相位差 (interaural phase difference); 双耳强度差 (interaural intensity difference); 虚拟听觉 (virtual hearing); 声音定位 (sound localization); 优先效应 (precedence effect); 听力损失 (hearing loss); 听力补偿 (hearing compensation); 助听器 (hearing aids); 人工耳蜗 (cochlear implants); 言语可懂度 (speech intelligibility); 听觉计算模型 (auditory computational model); 语音增强 (speech enhancement); 降噪 (denoise); 响度重振 (loudness recruitment); 时频调制 (temporal-spectral modulation).

参考文献

[1] Freyman R L, Balakrishnan U, Helfer K S. Spatial release from informational masking in speech recognition. J Acoust Soc Am, 2001, 109(5): 2112-2122.

[2] Wu X, Wang C, Chen J, et al. The effect of perceived spatial separation on informational masking of Chinese speech. Hearing Research, 2005, 199(1-2): 1-10.

[3] Chen J, Li H H, Li L, et al. Informational masking of speech produced by speech-like sounds without linguistic content. J Acoust Soc Am, 2012, 131(4): 2914-2926.

[4] Wu X, Chen J, Yang Z, et al. Effect of number of masking talkers on speech-on-speech masking in Chinese. INTERSPEECH 2007, 8th Annual Conference of the International Speech Communication Association, Antwerp, Belgium, 2007, 8: 27-31.

[5] Wu X, Yang Z, Huang Y, et al. Cross-language differences in informational masking of speech by speech: english versus Mandarin chinese. J Speech Language Hearing Research, 2011, 54(6): 1506.

[6] Chen J, Yang H, Wu X, et al. The effect of F0 contour on the intelligibility of speech in the presence of interfering sounds for Mandarin Chinese. J Acoust Soc Am, 2018, 143(2): 864-877.

[7] Lin T, Wang L. Yu Yin Xue Jiao Cheng (语音学教程). Beijing: Peking University Press, 1992: 123-143.

[8] Liu C, Azimi B, Bhandary M, et al. Contribution of low-frequency harmonics to Mandarin Chinese tone identification in quiet and six-talker babble background. J Acoust Soc Am, 2014, 135(1): 428-438.

[9] Wang J, Shu H, Zhang L J, et al. The roles of fundamental frequency contours and sentence context in mandarin chinese speech intelligibility. J Acoust Soc Am, 2013, 134(1): EL91-EL97.

[10] Chen F, Wong M L, Zhu S, et al. Relative contributions of vowels and consonants in recognizing isolated Mandarin words. J Phonetics, 2015, 52: 26-34.

[11] Chen F, Chen J. Perceptual contributions of vowels and consonant-vowel transitions in simulated electric-acoustic hearing. J Acoust Soc Am, 2019, 145(3): EL197-EL202.

[12] Litovsky R Y. Development of binaural and spatial hearing. In Human auditory development (163-195). New York: Springer, 2012.

[13] Blauert J. Spatial Hearing: The Psychophysics of Human Sound Localization. Cambridge: Cambridge MIT Press, 1997.

[14] Rakerd B, Hartmann W M. Localization of sound in rooms, II: The effects of a single reflecting surface. J Acoust Soc Am, 1985, 78(2): 524-533.

[15] Shinn-Cunningham B G, Durlach N I, Held R M. Adapting to supernormal auditory localization cues. I. Bias and resolution. J Acoust Soc Am, 1998, 103(6): 3656-3666.

[16] Faller C, Merimaa J. Source localization in complex listening situations: selection of binaural cues based on interaural coherence. J Acoust Soc Am, 2004, 116(5): 3075-3089.

[17] Dietz M, Ewert S D, Hohmann V. Auditory model based direction estimation of concurrent speakers from binaural signals. Speech Communication, 2011, 53(5): 592-605.

[18] Nábělek A K, Robinson P K. Monaural and binaural speech perception in reverberation for listeners of various ages. J Acoust Soc Am, 1982, 71(5): 1242-1248.

[19] Clifton R K, Freyman R L, Litovsky R Y, et al. Listeners' expectations about echoes can raise or lower echo threshold. J Acoust Soc Am, 1994, 95(3): 1525-1533.

[20] Zahorik P, Anderson P W. Amplitude modulation detection by human listeners in reverberant sound fields: effects of prior listening exposure. J Acoust Soc Am, 2013, 133(5): 3510.

[21] Zahorik P, Brandewie E J. Speech intelligibility in rooms: effect of prior listening exposure interacts with room acoustics. J Acoust Soc Am, 2016, 140(1): 74-86.

[22] May T. Binaural scene analysis localization, detection and recognition of speakers in complex acoustic scenes. PhD dissertation, Technische Universiteit Eindhoven, Eindhoven, Netherlands, 2012.

[23] ANSI S3.5-1997. American National Standard: Methods for the Calculation of the Speech Intelligibility Index. American National Standards Institute, New York, 1997.

[24] Elhilali M, Chi T, Shamma S A. A spectro-temporal modulation index (STMI) for assessment of speech intelligibility. Speech Communication, 2003, 41(2-3): 331-348.

[25] Taal C H, Hendriks R C, Heusdens R, et al. An algorithm for intelligibility prediction of time-frequency weighted noisy speech. IEEE Trans Audio, Speech, and Language Processing, 2011, 19(7): 2125-2136.

[26] Kates J M, Arehart K H. The hearing-aid speech perception index (HASPI). Speech Communication, 2014, 65: 75-93.

[27] Jekosch U. Voice and speech quality perception: assessment and evaluation. Springer Science &Business Media, 2006.

[28] Antons J N, Porbadingk A, Schleicher R, et al. Subjective listening tests and neu-

ral correlates of speech degradation in case of signal-correlated noise. Audio Eng Soc Convention 129, 2010.

[29] Porbadnigk A K, Antons J N, Treder M S, et al. Erp assessment of word processing under broadcast bit rate limitations. Neuroscience Letters, 2011, 500(Suppl): e26-e27.

[30] Arndt S, Antons J N, Schleicher R, et al. A physiological approach to determine video quality. IEEE Inter Symp Multimedia, 2011: 518-523.

[31] Scholler S, Bosse S, Treder M S, et al. Toward a direct measure of video quality perception using EEG. IEEE Trans Image Processing, 2012, 21(5): 2619-2629.

[32] Rix A W, Beerends J G, Hollier M P, et al. Perceptual evaluation of speech quality (PESQ)-a new method for speech quality assessment of telephone networks and codecs. IEEE Inter Conference on Acoustics, Speech, and Signal Processing. Proceedings (Cat. No. 01CH37221), 2001, 2: 749-752.

[33] Falk T H, Zheng C X, Chan W Y. A non-intrusive quality and intelligibility measure of reverberant and dereverberated speech. IEEE Trans Audio. Speech, and Language Processing, 2010, 18(7): 1766-1774.

[34] Brennan M A, McCreery R W, Jesteadt W. The influence of hearing-aid compression on forward-masked thresholds for adults with hearing loss. J Acoust Soc Am, 2015, 138(4): 2589-2597.

[35] Schlueter A, Brand T, Lemke U, et al. Speech perception at positive signal-to-noise ratios using adaptive adjustment of time compression. J Acoust Soc Am, 2015, 138(5): 3320-3331.

[36] Alexander J M, Rallapalli V. Acoustic and perceptual effects of amplitude and frequency compression on high-frequency speech. J Acoust Soc Am, 2017, 142(2): 908-923.

[37] Yang J, Qian J Y, Chen X Q, et al. Effects of nonlinear frequency compression on the acoustic properties and recognition of speech sounds in Mandarin Chinese. J Acoust Soc Am, 2018, 143(3): 1578-1590.

[38] Hassager H G, May T, Wiinberg A, et al. Preserving spatial perception in rooms using direct-sound driven dynamic range compression. J Acoust Soc Am, 2017, 141(6): 4556-4566.

[39] Hassager H G, Wiinberg A, Dau T. Effects of hearing-aid dynamic range compression on spatial perception in a reverberant environment. J Acoust Soc Am, 2017,141(4): 2556-2568.

[40] Moore B C J, Kolarik A, Stone M A, et al. Evaluation of a method for enhancing interaural level differences at low frequencies. J Acoust Soc Am, 2016, 140(4): 2817-2828.

[41] The Ear Foundation. "Cochlear Implant Information Sheet" [online] Available at: https://www.earfoundation.org.uk/hearing-technologies/cochlear-implants/cochlear-implant-information-sheet [Accessed 11 Apr. 2020].

[42] Clark G M. The multi-channel cochlear implant: multi-disciplinary development of electrical stimulation of the cochlea and the resulting clinical benefit. Hearing research, 2015,

322: 4-13.

[43] Wilson B S. Getting a decent (but sparse) signal to the brain for users of cochlear implants. Hearing research, 2015, 322: 24-38.

[44] Vonllberg C, Kiefer J, Tillein J, et al. Electric-acoustic stimulation of the auditory system. New technology for severe hearing loss. ORL J Otorhinolaryngol Relat Spec, 1999, 161: 334-340.

[45] Turner C W, Gantz B J, et al. Speech recognition in noise for cochlear implant listeners: Benefits of residual acoustic hearing. J Acoust Soc Am, 2004, 115(4): 1729-1735.

[46] Kong Y Y, Stickney G S, Zeng F G. Speech and melody recognition in binaurally combined acoustic and electric hearing. J Acoust Soc Am, 2005, 117(3): 1351-1361.

[47] Cullington H E, Zeng F G. Comparison of bimodal and bilateral cochlear implant users on speech recognition with competing talker, music perception, affective prosody discrimination and talker identification. Ear and Hearing, 2011, 32(1): 16-30.

[48] Li Y, Zhang G, Galvin J J, et al. Mandarin speech perception in combined electric and acoustic stimulation. PLoS One, 2014, 9(11): e112471.

[49] Kong Y Y, Jesse A. Low-frequency fine-structure cues allow for the online use of lexical stress during spoken-word recognition in spectrally degraded speech. J Acoust Soc Am, 2017, 141(1): 373-382.

[50] Yuen K C, Cao K L, Wei C G, et al. Lexical tone and word recognition in noise of Mandarin speaking children who use cochlear implants and hearing aids in opposite ears. Cochlear implants international, 2009, 10(S1): 120-129.

[51] Toole F E. Loudspeakers and rooms for sound reproduction—A scientific review. J the Audio Eng Soc, 2006, 54(6): 451-476.

[52] Pulkki V. Virtual sound source positioning using vector base amplitude panning. J Audio Eng Soc, 1997, 45(6): 456-465.

[53] Pulkki V. Spatial sound reproduction with directional audio coding. J Audio Eng Soc, 2007, 55(6): 503-516.

[54] Ziemer T. Wave field synthesis. In Psychoacoustic Music Sound Field Synthesis, Springer, Cham, 2020: 203-243.

[55] Pellegrini R S. A virtual reference listening room as an application of auditory virtual environments. PhD dissertation, Ruhr-University Bochum, Bochum, Germany, 2001.

第 12 章　音 乐 声 学

12.1　音乐声学现状以及未来发展趋势

李子晋, 韩宝强

中国音乐学院音乐科技系, 北京 100101

一、学科内涵、学科特点和研究范畴

音乐声学是古典科学中较为发达的学科之一, 在声学还没正式出现之前, 中国周代和古希腊的音乐家已用数理方法研究音律问题. 至 18 世纪, 法国科学家索维尔 (J. Sauveur) 首先提出建立一门不依赖音乐而存在的声音科学, 并将其命名为 "acoustigue" (法语声学). 由此而言, 音乐声学的历史实际上早于声学.

音乐声学早期研究集中在乐器方面, 如乐器的发声原理、音准、音质改良等, 研究范畴随着世界科学水平的提高而不断扩展. 德国著名生理学家和物理学家亥姆霍兹 (H. Helmholtz) 的经典著作《论音的感觉——音乐心理学基础》是音乐声学发展史上的一座里程碑, 该书初版于 1863 年, 至今仍在销售. 人们由此开始采用科学严谨的手段对乐器和乐音展开精细的研究. 随着世界上第一座音乐厅的出现 (英国牛津霍利韦尔音乐厅 (Holywell Music Room) 建于 1748 年, 是世界上已知最早专用于演出音乐会的场所. 著名作曲家海顿的交响曲曾在此上演. 此前欧洲的音乐演出均在私家客厅、贵族宫廷或教堂内演出), 厅堂声学开始纳入音乐声学的研究范畴. 美国建筑声学家赛宾 (W. C. Sabine) 于 1900 年提出的混响时间计算公式, 标志着厅堂声学走向成熟. 电声学和数字电路的发展使音乐声学研究从模拟时代迅速进入数字时代, 电乐器, 电子音源, 虚拟空间音效, 数码播放器, 智能录、扩声系统等一系列新的研究项目应运而生. 进入 21 世纪, 生物音乐学、生态音乐学及人工智能 (artificial intelligence, AI) 技术为音乐声学又增添了全新的研究内容.

总体讲, 音乐声学具有如下特点.

第一, 学科的交叉性和复杂性较为突出. 众所周知, 音乐属于艺术范畴, 声学分在物理领域, 学科之间跨度大, 且各自包含丰富的内容, 因而导致两个学科交叉后又衍生出很多新的学科, 对此后续文字会有进一步详述.

第二, 理论与实践并重. 音乐和声学本身都属于理论与实践并重的学科, 作为学科交叉的产物, 音乐声学必然携带学科原有底色. 只不过随着音乐声学基础理论体系的逐步建立和完善, 当代音乐声学研究更偏向实践.

第三, 与实际应用和市场联系紧密. 音乐具有艺术消费品属性, 这决定了音乐声学项目从研究立项到成果推广都必须与市场紧密联系. 当代音乐声学研究与市场的联系更为紧密, 与市场脱节的科研项目越来越难找到经费支持.

二、学科国外、国内发展现状[1-45]

1. 基础理论

秉承亥姆霍兹开创的对乐器和乐音进行精细化研究的方法, 后续研究者逐步完善了音乐声学基础理论中两个最重要的规律: 其一, 发现了与人的乐音感觉量相对应的客观物理量; 其二, 找到了主观感觉量与客观物理量之间的数理关系. 这些规律对后来所有的音乐声学研究起到了奠基性作用. 表 1 是人耳对乐音的基本感觉与相关物理量的关系.

表 1 乐音感觉与物理量的相关性

主观量	客观量			
	音高 (pitch)	音量 (intensity)	音色 (timbre)	音长 (duration)
频率 (frequency)	△△△	△	△△	△
声压 (sound pressure)	△	△△△	△	△
频谱 (spectrum)	△	△	△△△	△
包络 (envelope)	△	△	△△	△
时间 (time)	△	△	△	△△△
△: 相关性小		△△: 相关性中		△△△: 相关性大

律学作为探讨音高、音程与数学关系的学科, 对音乐声学的乐器定律和电子乐器音高标准的制定起到了极为重要的基础理论支撑作用. 当今世界最常使用的十二平均律的数学计算方法是由我国明代科学家和音乐家朱载堉首先提出的, 这是中国对世界音乐声学理论的建设做出的最重要的贡献 [1].

2. 乐器声学 (含歌唱嗓音声学)

为方便行文, 本节按弦乐器、管乐器、打击乐器和电声乐器加以陈述.

最先被音乐声学研究者注意的弦乐器是小提琴. 16 世纪意大利的 Salo 与 Amati 两个家族开始对古小提琴进行改革. 至 18 世纪, 经过著名的意大利制琴大师 A. Stradivari, N. Amati 和 G. Guarneri 等的改良, 小提琴的声音有了显著进步, 他们确立的小提琴制作工艺和音质标准沿用至今. F. Savart, 亥姆霍兹, L. Rayleigh, C. V. Raman, F. Saunders 和 L. Cremer 等最早从声学角度研究小提琴发声问题. 当代 C. Hutchins 教授领导的弦乐器声学学会利用计算机、全息干涉仪和快速傅里叶分析仪等设备对提琴的声音进行更为精细的研究.

1709 年由意大利人 B. Cristofori 完善的现代钢琴是目前世界上功能最为强大的模拟击弦乐器. 最早开始钢琴研究的学者是 H. Conklin, 他曾就钢琴声学问题在 *J Acoust Soc Am* 上发表了 3 篇论文. G. Weinreich 解释了在钢琴琴弦上发生的耦合现象及耦合后的声音特质. 对钢琴声学做出杰出贡献的还有 A. Askenfelt, E. Jansson, J. Meyer, K. Wogram, I. Bork, D. Hall, I. Nakamura, H. Suzuki 和 N. Giordano, 等等.

致力于管乐器声学研究的学者有 A. Benade, J. Backus 和 J. Coltman 等. 特别值得一提的是 J. Backus, 作为物理学家, 他专注铜管和木管乐器研究, 对木管乐器簧片的非线性气流控制特性问题进行了深入研究, 改进了测量空气柱输入阻抗表面张力的方法, 并开发出合成材料制作簧片. A. Benade 的工作聚焦于铜管乐器喇叭口的声学模态转换、基于木管乐器管身音孔截止频率的声学模型, 以及铜管和木管乐器的声辐射等. 他的著作 *Horns, Strings, and Harmony* 和 *Fundamentals of Musical Acoustics* 被出版社一版再版 [2,3]. 近年来, 由他领导的澳大利亚新南威尔士大学团队完成了许多与长笛、管风琴管和其他管乐器相关的声学研究.

作为人类与生俱来的古老乐器, 嗓音也是音乐声学的主要研究对象. 人类发声器官与其他乐器的主要不同之处是零部件皆为柔软的肌肉韧带, 在控制上往往不是很随意自由. 嗓音声学与生理声学有一定交叉, 但嗓音声学更注重研究发声过程中的问题. 目前, 嗓音声学仍在起始阶段, 研究内容多与不同发声方法 (即唱法) 的声学特性和音质相关, 包括音域的伸展、真假声的选择、换声区平顺过渡、气息的控制、音量强弱调节、音色变化、吐字清晰准确、音准节奏的掌握等. 最引人瞩目的嗓音声学研究成果当属瑞典的 J. Sundberg 博士 (现为英国伦敦大学访问教授) 的研究成果. 中国也有不少学者从事民歌唱法和京剧嗓音的研究, 填补了中国民族嗓音研究的空白.

近年来, 随着计算机合成语音技术的发展, 模拟人声歌唱技术得到了长足发展, 相关内容可参见 12.2 节音乐人工智能研究现状以及未来发展趋势部分.

在打击乐器声学研究方面, 美国著名音乐声学教授 T. Rossing 出版了专著 *Science of Percussion Instruments* 并且发表了一系列学术论文, 他对打击乐器声学研究做出了卓越贡献 [4]. 中国科学院声学研究所的陈通、郑大瑞、蔡秀兰等研究员对我国古代双音编钟的发声原理进行了科学阐释, 其成果对中国古代乐器发展史的一系列乐律问题研究起到了重大推动作用. 中国一些年轻学者对中国民族打击乐器的声学研究填补了该领域的空白.

20 世纪初电子管的发明使电声乐器的出现成为可能. 在 1919 年俄国电气工程师 L. Theremin 发明了一种电乐器, 是用演奏者的手接近两根天线, 用电感原理控制电子管振荡器发声. 后用其本人名字命名该乐器为 "特雷门琴", 沿用至今. 1928 年 M. Martenot 发明了 Ondes Martenot 琴. 1935 年 L. Hammond 利用磁力音轮发生器研制出电子管风琴, 并成了一种特别流行的乐器. 模拟音乐合成器在 20 世纪中叶开始流行, 在 20 世纪 60 年代 R. Moog 和 D. Buchla 成功制造了电压控制的音乐合成器, 使得作曲家可以更容易地合成新的音色. 随着数字技术问世, 模拟合成器逐渐被数字计算机所取代. 美国电气工程师 M. Mathews 被称为计算机音乐之父, 他在贝尔实验室工作时最早开发了 MUSIC I 程序, 开发了很多成功的音乐合成程序, 并逐渐成为电子音乐创作的重要资源.

3. 音乐电声学

随着模拟技术向数字技术的发展, 音乐声学的内涵也在不断扩大. 音乐声学的发展分两方面: 一方面, 乐器声学的研究逐渐转向声音建模和计算, 继续向更深更精细的声学分析与计算方向发展, 最具代表性的是斯坦福大学的 J. Smith 和 McGill 的 G. Scavone, 他们在乐器声音的建模方面做出了诸多贡献, 发表了一系列与之相关的论文和著作; 另一方面, 随着计算机听觉的发展, 利用计算机技术解决音乐声学问题的部分也被列入现代音乐声学的研究范畴, 这为音乐的实践活动提供了许多可能. 音乐声学与音频信号处理 (audio signal processing)、机器学习 (machine learning)、人机交互 (human-machine interaction)、作曲 (composition)、音乐制作 (music creation)、声音设计 (sound design) 等学科相互交叉, 在数字乐器、音乐制作与编辑、音乐信息检索、数字音乐图书馆、交互式多媒体、音频接口、辅助医学治疗等领域有较广泛的应用. 这一领域又被称为声音与音乐计算 (sound and music computing, SMC), 在 20 世纪 90 年代中期被定义为国际计算机学会 (Association for Computing Machinery, ACM) 的标准术语. 早在 20 世纪 50 年代, 一些不同国家的作曲家、工程师和科学家已经开始探索利用新的数字技术来处理音乐, 并逐渐形成了音乐科技/计算机音乐 (music technology/computer music) 这一交叉学科.

20 世纪 70 年代之后, 欧美各国相继建立了多个大型计算机音乐研究机构, 如 1975 年在美国斯坦福大学建立的音乐和声学计算机研究中心 (Center for Computer Research in Music and Acoustics, CCRMA), 1977 年在法国巴黎建立的音乐声学研究与协调研究所 (Institute for Research and Coordination in Acoustics/Music, IRCAM), 1990 年在西班牙巴塞罗那庞培法布拉大学 (Universitat Pompeu Fabra, UPF) 成立的音乐科技研究组 (Music Technology Group, MTG), 以及 2001 年在英国伦敦女王大学成立的数字音乐研究中心 (Center for Digital Music, C4DM) 等. 随后音乐科技在世界各地都逐渐发展起来, 欧洲由于其浓厚的人文和艺术气息成为该领域的世界中心.

国际上已有多个侧重点不同的国际会议和期刊, 如 1972 年创刊的 *JNMR* (*Journal of New Music Research*), 1974 年建立的 *ICMC* (*International Conference Music Computer*), 1977 年创刊的 *CMJ* (*Computer Music Journal*), 2000 年建立的 *ISMIR* (*International Society for Music Information Retrieval Conference*) 等. 在这些期刊和会议中有许多基于音乐声学研究基础的计算机应用研究, 如音高是音乐的最重要属性. 音高检测 (pitch detection) 也称为基频估计 (fundamental frequency/f_0 estimation), 是根据音乐声学基础应用计算机进行音乐信息处理中的关键技术之一. 该学科在中国大陆发展较晚, 20 世纪 90 年代中期才开始有零散的研究, 由于各方面的限制, 至今仍处于起步阶段. 2013 年以来由复旦大学和清华大学倡导举办的声音与音乐技术会议 (CSMT) 汇集了全国致力于音乐技术研究的学者, 大多数从事 AI 音乐声学研究.

4. 空间音乐声学

人们常常把有关环境声学的知识称为 "室内声学"(room acoustics) 或 "厅堂声学"(hall acoustics) 或 "建筑声学"(architecture acoustics). 但笔者认为, 上述名词都不足以涵盖空间环境与音乐声学的关系, 因为音乐除了在室内或音乐厅里演奏外, 也会在完全开放的广场、半开放的体育场和各种不同类型的封闭空间 (如小型多功能厅和录音棚) 中演奏, 还有更多的人则是利用家庭环境来欣赏音乐 CD, 观看具有多声道音响效果的 DVD 节目. 要将上述问题包含在音乐声学研究范围之内, 用 "空间音乐声学"(musical acoustics of space) 较为合适, 利于人们从多种空间角度思考音乐声学问题.

空间音乐声学主要研究并关注下列问题:

(1) 不同空间声响的基本组成及其建立问题, 主要包括直达声、各种形式反射声和混响声的特性, 以及声的衰减, 不同空间声场分布问题等;

(2) 影响室内声场的因素分析, 包括房间的大小、形状, 声源位置和强度, 吸声, 室外、室内噪声和隔声等;

(3) 不同声场环境与最佳音乐音响效果的关系, 主要研究各种音乐表演形式 (如管弦乐、军乐、室内乐、独奏、协奏、独唱、合唱等) 和不同音乐风格对声场条件的需求;

(4) 不同空间声场的研究方法和手段, 包括分析法、统计 (能量) 法、几何 (声线) 法、计算机模拟法等;

(5) 不同用途音乐空间的特点及其设计上的要求, 如音乐厅、歌剧院、录音棚和小型家庭听音环境等;

(6) 与空间声场环境有关的建筑、装饰材料的吸声特性、施工技术的研究;

(7) 对应于不同空间声场物理量的主观听感心理量研究, 如响度、音色、空间

感、清晰度、可懂度的测量等;

(8) 人工模拟空间声场环境的方法和技术, 如各种典型声场效果的测量分析与数字模拟、杜比环绕声的概念与系统设计等.

近年随着音乐演出向多媒体、多模态的发展, 给空间音乐声学研究提出了很多新问题. 譬如, 许多音乐厅不仅上演交响乐, 还要承接大合唱、室内乐、独奏独唱、音乐剧等演出. 不同音乐形式需要匹配不同混响时间, 否则无法获得最佳的音质和清晰度. 如何在一个固定空间随意改变混响时间以适应不同演出? 早期的做法是用改变硬件吸音装置的方法, 但这种方法的缺点是: 对施工要求高, 改变起来程序复杂, 混响时间变化区间较窄. 当前新的方法是采用可变混响时间电声技术来解决上述问题, 即通过电声声场控制技术来控制室内的混响时间特性. 其原理是在厅堂墙、顶等界面处设置若干传声器及扬声器, 由电子系统控制将传声器获得的声音信号经过特殊运算处理后再回放, 房间的混响时间增长. 因为可变室内声学系统的目的 (改变室内音质) 与单纯扩声系统提高声能级的目的不同, 故通常要采用完全独立的两个系统 [5].

当代大型户外音乐演出, 演唱者必须使用手持传声器 (话筒) 通过扩声系统来演出才能满足听众的声能需求. 凡使用传统扩声设备总会存在一个缺陷: 演员在台上走动演唱时 (流行音乐歌手的惯常行为), 由扩音扬声器发出的音乐声像无法随着演员移动而动. 在大型自然场景歌剧演出中, 这种问题更为突出. 随着计算机声学算法技术的进步, 目前这个难题已被科学家解决, 德国 Müller-BBM 公司的音乐声学专家通过特定算法, 将不同空间每个位置的声场特性叠加到表演者的声音信号中, 通过卷积算法将音乐信号通过扬声器送到不同位置听众的耳朵中, 声像会随着演员的移动而动, 就像自然声场一样 [6].

5. 音乐声学研究新课题

随着各种新的声音艺术形式和新的音乐理论出现, 音乐声学研究领域又出现很多新课题, 譬如音乐声景、音乐装置、生物音乐声学等.

音乐声景 (musical soundscape) 是声景 (soundscape) 艺术的拓展形式. 最早提出声景概念的是加拿大作曲家谢菲 (R. M. Schafer), 2014 年国际标准化组织 (ISO) 将其界定为 "在特定环境下, 个人或者群体所经历、体验或理解的声学环境". 由此而言, 声景强调的是听者感知与评价, 没有人聆听的场景不属于声景研究范畴.

谢菲的声景理论主要包含三个要素: 听者、声音和环境. 听者是声景三要素之一, 它由不可变因素和可变因素组成, 也是三要素中最为复杂的一个要素. 这其中包括: 一个正常成年人类的听觉系统在短时间内是固定不变的, 所以可以看作不可变因素; 而听者的心理因素、生活经历、地域风情、民族特点、语言环境是可变因素.

声音要素主要涵盖了背景音、信号音和标志音, 这三种声音是声景的主要来源. 这些声音在如今都可以通过声音自发装置、声音互动装置来完成. 背景音大多数来源于自然界所带来的声音, 如雷声、水声等. 信号音可理解为给以听者提示注意的声音, 如汽车的鸣笛声、车站的广播声音. 标志音是声景中包含涉及内容最广和可以大幅度改变的声音要素, 如音乐广场中的乐队可以改变它的排列、乐器、曲目等. 音乐声景主要通过扩大标志音中的音乐成分来实现. 音乐声景的研究方法主要源自声景, 涉及声学部分的内容主要包括声音主观评价, 声环境测量, 声音信号客观测量、分析、统计等.

音乐装置是由 "声音装置" 延伸的新概念, 可视为能发出音乐的声音装置. 声音装置 (sound installation) 已在公共艺术生活中常见, 大到威尼斯双年展、上海双年展, 小到各种机构的艺术个展, 必有声音装置作品出现. 声音装置之所以受大众欢迎, 有很多原因. 就艺术形式而言, 声音装置有各种各样的呈现形式, 或是静态, 或是动态; 就艺术体验而言, 声音装置可以是观演性的, 也可以是互动性的; 就艺术表现力而言, 作为装置艺术的一个门类, 丰富的媒材为其提供了广阔的艺术可塑性, 它可以是声、光组合, 也可以是声音和虚拟影像的组合, 甚至还可以是声音与液体、声音与气体的组合等. 综上所述, 声音装置艺术的表现手段非常丰富, 这是传统艺术无法企及之处, 也是这门艺术的迷人之处.

音乐装置必须有音乐性, 但这里的音乐性无关乎是噪声还是乐音, 甚至不一定与传统音乐理论中的音高、节奏、音色等要素相关联, 只要具备 "有组织的声音" 特点即可. 音乐装置可以由自然力驱动实时随机发声, 也可由预置程序控制.

以自然界动力驱动音乐装置发声最为常见, 多置于户外公共场所. 如道格拉斯 · 霍利斯的 《一个声音花园》、列克斯的公共艺术项目 《谐音场》、塞巴斯蒂安 · 列昂的 《卡里隆》、戈登 · 莫纳汉 《风弦琴的音乐》 等, 都是利用风力或水力驱动音乐装置 [7].

生物音乐声学 (bio-musicology of music) 是随着生物音乐学 (bio-musicology) 的出现衍生出来的领域, 主要是用声学技术研究生物界的音乐现象. 生物音乐声学家认为, 音乐并非人类所独有, 自然界其他生物也有音乐存在. 美国学者用先进的声学采录设备对鲸鱼、鸟类等进行现场声音采录, 再通过音频分析仪器对信号做认真分析, 结果得出非常惊人的结论: 这些生物中都存在音乐现象. 譬如, 座头鲸可以唱出类似于我们那种有节奏的音乐, 它们的乐句与我们乐句长度相似, 都是几秒钟的时间, 并且用几段乐句组成一段主旋律后再唱下一个旋律. 这些海洋哺乳动物也像人类作曲家一样喜欢重复它们的创作. 一些鲸鱼的歌曲结构与人类的曲式结构类似: 先一个主题呈示, 然后其中一节作展开, 再回到原来主题, 即 ABA 形式.

鸟会歌唱更早被人类认知, 但通过生物音乐声学家的研究发现, 鸟儿的歌唱像人类一样使用同样的音程关系和节奏变化. 譬如, 峡谷鹪鹩用颤音 (vibrato) 自上而下唱出的音阶很像肖邦《革命练习曲》的前奏. 一份对鸟类歌曲的研究报告揭示出, 它们所采用每种创作模式都可在人类音乐中找到, 譬如音程转位、和声关系、旋律移调等, 很多鸟类甚至有规律地将音乐转调. 科学家还发现画眉鸟唱的音与我们人类音阶中的音高几乎一致, 红冠戴菊鸟经常在歌曲的第一部分与第二部分的间隔处唱一个全音阶, 而峡谷鹪鹩唱的是半音阶, 喜欢隐居的鸫则使用五声音阶 [8].

三、我们的优势方向和薄弱之处

我们的优势在于:

(1) 国家对民族乐器声学研究、民族唱法研究在科研项目批准以及政策方面给予一定倾斜支持;

(2) 国内对音乐产品有较大市场需求;

(3) 由于学音乐的大学生总体基数较大, 对音乐声学专业感兴趣的学生越来越多.

我们的薄弱之处在于:

(1) 科研条件差, 研究能力不足. 与噪声、水声、电声和语言声学等学科相比, 音乐声学在科研条件和研究能力方面显得十分薄弱, 这与学科本身带有艺术科学属性有关, 虽然属于交叉学科, 但并非国家急需发展对象.

(2) 人才培养机制落后. 目前中国大学教育基本维持文、理分家状态, 导致音乐声学专业无论在音乐学院还是普通高校, 在培养方式上都处于较为尴尬的边缘位置, 教师队伍严重不足, 生源质量参差不齐, 质量不稳定, 由此导致培养出来的学生专业水平普遍不高.

(3) 缺乏技术创新的基础. 发达国家音乐声学研究由于起步早, 综合实力强, 学科发展水平远高于我国. 我们即便全力追赶也仅能做到密切跟踪, 无法实现技术创新. 譬如前面提到的美国在生物音乐声学领域的研究, 除了要音乐学、生物学、水声学和海洋学诸学科之间通力合作外, 还要有雄厚的资金和技术设备条件支撑, 只有具备这些基础条件才有可能做出世界领先的科研成果, 目前我们实难达到.

四、基础领域今后 5~10 年重点研究方向

(1) 乐器声学: 中国 56 个民族 300 件重要乐器的发声机理及创新研究. 乐器声学中对于中国民族乐器的研究将成为未来重点研究方向, 中国 56 个民族 300 件重要乐器尽管包括了世界上几乎所有乐器的发声机理, 但还存在许多可创新的

机会. 例如对于民族乐器与西洋乐器对比的声学、感知上的研究可成为未来发展的重点方向.

(2) 音乐电声学: 民族乐器电子音源系统化、市场化研究; 智能乐器扩声音箱 (自动适配不同种类乐器对频响的需求). 民族乐器电子音乐的系统化、市场化是补充民族文化的重要部分. 民族乐器的音色采集及音源制作具有很广泛的应用空间.

(3) 空间音乐声学: 乐器及歌唱声源在不同空间的声场精准定位研究; 乐器及歌唱声源在不同虚拟空间的声场精准表达研究 (应用于新媒体虚拟空间的表达).

(4) AI 音乐声学: AI 辅助音乐表演教育研究 (用 AI 声音及图形识别技术发现乐器和歌唱表演初学者存在的各种问题并给出纠正方案); AI 多声部自动作曲技术; AI 虚拟歌唱技术; AI 音乐相似度研究 (解决音乐版权纠纷).

(5) 音乐表演及教育的分析研究在音乐实践中非常重要, 利用 AI 音频识别技术以及声音可视化, 可提高表演学习的效率并给出纠正方案.

(6) 歌声合成涉及音乐声学、信号处理、语言学 (linguistics)、AI、音乐感知和认知 (music perception and cognition)、音乐信息检索、表演 (performance) 等学科. 在虚拟歌手、玩具、练唱软件、歌唱的模拟组合、音色转换、作词谱曲、唱片制作、个人娱乐、音乐机器人等领域都有很多应用. 合成具有个性化的高表现力的音乐, 可以为多个行业提供经济上和技术上的支撑.

(7) 对于自动作曲 (automated composition) 也称算法作曲 (algorithmic composition) 或人工智能作曲 (AI composition), 就是在音乐创作时部分或全部使用计算机技术, 减轻人 (或作曲家) 的介入程度, 用编程的方式来生成音乐. 研究算法作曲一方面可以让我们了解和模拟作曲家在音乐创作中的思维方式, 另一方面创作的音乐作品同样可以供人欣赏. AI 和艺术领域差距巨大, 尤其在中国被文理分割得更为厉害. 两个领域的研究者说着不同甚至非常不同的语言, 使用不同的方法, 目标也各不相同, 在合作和思想交换上产生巨大困难. 解决自动作曲研究中关于音乐的知识表达问题、创造性和人机交互性问题, 音乐创作风格问题, 以及系统生成作品的质量评估问题, 是提高作曲效率及艺术性的重点研究方向.

(8) 数字音频作品 (通常指音乐) 的版权保护主要采用鲁棒音频水印 (robust audio watermarking) 技术. 除了版权保护, 鲁棒音频水印还可用于广播监控 (broadcast monitoring)、盗版追踪 (piracy tracing)、拷贝控制 (copy control)、内容标注 (content labeling) 等. 它要求嵌入的水印能够经受各种时频域的音频信号失真. 鲁棒音频水印技术按照作用域可分为时间域和频率域算法两类. 时域算法鲁棒性一般较差. 频域算法充分利用人类听觉特性, 主要思路是在听觉重要的中低频带上嵌入水印, 从而获得对常规信号失真的鲁棒性. 此外, 音频指纹技术也可以用于版权保护, 因其不需要往信号里加入额外信息, 也称为被动水印 (passive

watermarking) 技术. 如何利用这些技术解决音乐版权纠纷是未来研究的重点之一.

五、国家需求和应用领域急需解决的科学问题

根据我国音乐声学的发展情况, 目前急需解决以下问题.

首先是大力发展民族乐器声学基本理论与应用研究. 音乐声学, 尤其是乐器声学在国内的乐器企业及音乐产业得到了快速的发展和应用, 但是如何将音乐声学的客观指标与主观评价指标相结合, 使其对音乐产业综合应用的发展起到实际作用, 一直是其中的难题. 同时, 我国民族乐器声学具有与西方乐器声学不同的个体差异, 如何针对中国民族乐器声学特征以及中国音乐工作者的审美目标进行结合研究是亟待解决的科学问题.

其次需要加强和完善目前普通大学和专业音乐学院音乐声学学科教育和科研体系. 随着计算机和 AI 技术领域的发展, 国外发达国家音乐声学教育领域大量借鉴吸收了新学科的教学和研究方法. 我们应积极探索如何将古老的音乐声学学科与新学科迅速融合的新途径, 开拓新课程, 并与音乐产业机构密切联系, 打通产学研屏障, 以此加快音乐声学发展速度.

六、发展目标与各领域研究队伍状况

根据我国目前的实际情况, 建议将音乐声学的发展目标确定为:

(1) 加强音乐声学基础理论研究, 补齐在民族乐器和歌唱声学研究的短板;

(2) 利用 AI 技术快速发展 AI 辅助音乐教育, 提升全民族的音乐素养和音乐产品质量.

国内开展相关研究的研究队伍包括: 中国科学院声学研究所, 北京大学言语听觉研究中心/王选计算机研究所, 中国音乐学院音乐科技系, 上海音乐学院音乐工程系, 中央音乐学院音乐人工智能与音乐信息技术系, 以及复旦大学计算机科学技术学院.

七、基金资助政策措施和建议

目前该领域的基金项目多为跨学科跨领域申报, 音乐声学在物理基础领域的申报少于音乐信息学的申报. 项目规模小, 资助额度低, 影响力不够. 建议立足学科优势, 结合国家需求, 给予跨学科及跨国合作的机会; 强调乐器声学以及 AI 音乐声学领域研究的重要性并开发相应具有知识产权的新的产品及应用.

八、学科的关键词

音乐声学 (music acoustics); 音乐信息处理 (music information processing); 音乐感知 (music perception); 音乐计算 (music computing); 音乐信息检索 (music information retrieval); 音乐生成 (music generation); 音乐情感识别 (music emotion recognition); 音乐结构分析 (music structure analysis).

参考文献

[1] 戴念祖. 朱载堉: 明代的科学和艺术巨星. 北京: 人民出版社出版, 2011.

[2] Benade A H. Horns, Strings and Harmony. New edition. New York: Douer, 1992.

[3] Benade A H. Fundamentals of Musical Acoustics. 2nd ed. Dover Pubns, 2015.

[4] Rossing T D. Science of Percussion Instruments. Singapore: World Scientific, 2000.

[5] 顾丁. 实现多功能剧场观众厅可变混响时间的建声方法与电声方法. 音响技术, 2013, (3): 22-25.

[6] Müller K. VIVACE - Artistry and technology in a multi-talented acoustic marvel. https://www.muellerbbm-aso.com.

[7] 刘志晟, 韩宝强. 另类的音乐呈现形式与音乐装置艺术. 演艺科技, 2019, (9): 55-59.

[8] Gray P, Krause B, Atema J, et al. The music of nature and the nature of music. Science, 2001.

[9] Baofu P. The Future of Post-human Acoustics: a Preface to a New Theory of Sound and Silence. Cambridge: Cambridge International Science Pub, 2011.

[10] Gough C. Musical Acoustics// Rossing T D. Handbook of Acoustics. New York: Springer, 2007.

[11] Levenson T. Measure for Measure: How Music and Science Together Have Explored the Universe. Oxford: Oxford University Press, 1997.

[12] Hawkins S. On the Shoulders of Giants. Philadelphia: Running, 2002.

[13] Rayleigh L. The Theory of Sound: I and II. 2nd ed. New York: Dover, 1945.

[14] Hawkins S. The Universe in a Nutshell. London: Bantam, 2001.

[15] Fletcher N H, Rossing T D. The Physics of Musical Instruments: 2nd ed. New York: Springer, 1998.

[16] Conklin A C J. Design and tone in the mechanoacoustic piano, Parts I, II, and III. J Acoust Soc Am, 1996, 99:3286-3296; 1996, 100: 695-708; 196, 100:1286-1298.

[17] Rossing T D. The Science of Percussion Instruments. Singapore: World Scientific, 2000.

[18] Rossing T D, Moore F R, Wheeler P A. Science of Sound. 3rd ed. San Francisco: Addison-Wesley, 2002.

[19] Wang Y, Kan M Y, Nwe T L, et al. Lyric Ally: automatic synchronization of acoustic musical signals and textual lyrics. ACM Inter Conference on Multimedia (ACM MM), New York, 2004: 212-219.

[20] Kan M Y, Wang Y, Iskandar D, et al. Lyric Ally: automatic synchronization of textual lyrics to acoustic music signals. IEEE Trans ASLP, 2008, 16(2): 338-349.

[21] Iskandar D, Wang Y, Kan M Y, et al. Syllabic level automatic synchronization of music signals and text lyrics. ACM Inter Conference on Multimedia, Santa Barbara, USA, 2006: 659-662.

[22] Fujihara H, Goto M, Ogata J. Automatic synchronization between lyrics and music CD recordings based on viterbi alignment of segregated vocal signals. IEEE Inter Symposium on Multimedia, San Diego, USA, 2006: 257-264.

[23] Fujihara H, Goto M, Ogata J. Lyric synchronizer: automatic synchronization system between musical audio signals and lyrics. IEEE J Selected Topics in Signal Processing, 2011, 5(6):1252-1261.

[24] Fujihara H, Goto M.Three techniques for improving automatic synchronization between music and lyrics: fricative detection, filler model, and novel feature vectors for vocal activity detection. IEEE Inter Conference on Acoustics, Speech and Signal Processing, Las Vegas, USA, 2008: 69-72.

[25] Maddage N C, Sim K C, Li H. Word level automatic alignment of music and lyrics using vocal synthesis. ACM Trans on Multimedia Computing Communications and Applications, 2010, 6(3): 1-16.

[26] 申涛. 算法作曲中对节奏控制的若干方式. 武汉: 武汉音乐学院, 2009.

[27] Fernandez J D, Vico F. AI methods in algorithmic composition: a comprehensive survey. J Artificial Intelligence Research, 2013, 48(1):513-582.

[28] 冯寅, 周昌乐. 算法作曲的研究进展. 软件学报, 2006, 17(2): 209-215.

[29] Moroni A, Manzolli J, Zuben F V, et al. Evolutionary computation applied to algorithmic composition. Congress on Evolutionary Computation, Washington, USA, IEEE, 1999: 807-811.

[30] Sievers J, Wagenius R. Algorithmic composition from text: how well can a computer generated song express emotion.2014.http://www.diva-portal.org/smash/get/diva2: 723667 /FULLTEXT01. [2017-05-29].

[31] Colombo F, Muscinelli S P, Seeholzer A, et al. Algorithmic composition of melodies with deep recurrent neural networks. Conference on Computer Simulation of Musical Creativity, Huddersfield, England, 2016: 1-12.

[32] Ternstrom S, Sundberg J. Formant-based synthesis of singing. Conference of the Inter Speech Communication Association, Antwerp, Belgium: InterSpeech, 2007: 4013-4014.

[33] Degottex G, Ardaillon L, Roebel A. Multi-frame amplitude envelope estimation for modification of singing voice. IEEE Trans on ASLP, 2016, 24(7):1242-1254.

[34] Chan P Y, Dong M, Lim Y Q, et al. Formant excursion in singing synthesis. IEEE Inter Conference on Digital Signal Processing, Singapore: IEEE, 2015: 168-172.

[35] Kenmochi H, Ohshita H. Vocaloid-commercial singing synthesizer based on sample concatenation. Conference of the Inter Speech Communication Association, Antwerp, Belgium: InterSpeech, 2007: 4009-4010.

[36] 李娟. 基于语料库的歌声合成技术. 北京: 北京师范大学, 2011.

[37] Shirota K, Nakamura K, Hashimoto K, et al. Integration of speaker and pitch adaptive training for HMM-based singing voice synthesis. IEEE Inter Conference on Acoustics, Speech and Signal Processing, Florence, Italy, 2014: 2578-2582.

[38] Nishimura M, Hashimoto K, Oura K, et al. Singing voice synthesis based on deep neural networks. Conference of the Inter Speech Communication Association, San Francisco: InterSpeech, 2016: 2478-2482.

[39] Hongo K, Nose T, Ito A. Spectral and pitch modeling with hybrid approach to singing

voice synthesis using hidden semi-Markov model and deep neural network. J Acoust Soc Am, 2016, 140(40): 2962.

[40] Özer S. f_0 modeling for Singing Voice Synthesizers with LSTM Recurrent Neural Networks. Barcelona: Universitat Pompeu Fabra, 2015.

[41] Ardaillon L, Chabot-Canet C, Roebel A. Expressive control of singing voice synthesis using musical contexts and a parametric f_0 model. Conference of the Inter Speech Communication Association. San Francisco, InterSpeech, 2016: 1250-1254.

[42] Sun J, Ling Z, Jiang Y, et al. Method and device for converting speaking voice into singing: WIPO Patent Application, CN2012/08799. 2014.

[43] 张智星, 徐志浩, 李宏儒, 等. 歌声合成系统、方法以及装置: CN102024453A 2012.

[44] Saitou T, Goto M, Unoki M, et al. SingBySpeaking: singing voice conversion system from speaking voice by controlling acoustic features affecting singing voice perception. Information Processing Society of Japan (IPSJ) SIG Notes, 2008: 25-32.

[45] Nguyen H Q, Lee S W, Tian X. High quality voice conversion using prosodic and high-resolution spectral features. Multimedia Tools and Applications, 2016, 75(9): 5265-5285.

12.2　音乐人工智能研究现状以及未来发展趋势

邵曦 [1], 李子晋 [2], 李伟 [3]

[1] 南京邮电大学通信与信息工程学院, 南京 210023
[2] 中国音乐学院音乐科技系, 北京 100031
[3] 复旦大学计算机科学技术学院, 上海 200433

一、学科内涵、学科特点和研究范畴

1. 学科内涵

音乐人工智能是音乐与科学技术的交叉学科, 包含艺术与科技两大领域的内容. 在艺术领域, 包括任何具有科技含量的音乐创作、表演、教育、理论研究等. 在科技领域, 包括任何与音乐相关的科技工具和方法, 如音乐声学、音乐信息检索、音乐生成、音频信号处理、人工智能、机器学习、音频数字水印、音乐治疗、音乐机器人、音视频结合的跨媒体应用等. 音乐人工智能是典型的多学科交叉领域, 覆盖整个音乐产业和对音乐感兴趣的科技人员, 是社会发展到一定阶段的产物.

2. 学科特点

1) 交叉性

音乐人工智能以数字音乐为研究对象, 覆盖几乎一切与数字音乐内容分析理解相关的研究课题, 是多媒体、信号处理、人工智能、音乐学相结合的重要学科分支.

2) 与市场紧密联系

现阶段的音乐发展正面临着两大窘迫局面: 其一是音乐创作专业性太高, 不是人人都能够搞创作的, 不是人人搞出来的创作都是好作品, 能够令人满意, 因此时常会出现音乐抄袭、音乐烂作等现象; 其二是消费音乐的个性化越来越低, 由于音乐市场被某一种风格作品所占领, 模仿之风便瞬间刮起, 音乐的个性化逐渐受到了压迫和限制. 在这样的背景下, 音乐人工智能能带来全新的解决办法. 一旦人工智能通过学习和训练对如何写音乐有了更多了解, 这种能力就可以赋予到更多人手中, 让每个人都能成为音乐创作者. 与此同时, 人工智能可以根据训练内容进行个性化的音乐创作, 极大地丰富了音乐的类型和风格.

3. 研究范畴

音乐人工智能是音乐与科技的交叉学科, 包含众多的研究和应用领域. 在音乐方面, 包括电子音乐创作与制作、计算机辅助音乐教育、音乐表演的量化分析、录音混音、声音设计等. 在科技方面, 核心问题包括音乐生成、音乐信息检索 (含数十项应用), 以及所有其他涉及人工智能的与音乐相关的应用, 例如智能音乐分析、智能音乐教育、乐谱跟随、智能混音、音乐机器人、基于智能推荐的音乐治疗、图片视频配乐等应用.

二、学科国外、国内发展现状

音乐与科技的融合具有悠久的历史. 早在 20 世纪 50 年代, 一些不同国家的作曲家、工程师和科学家已开始探索利用新的数字技术来处理音乐, 并逐渐形成了音乐科技/计算机音乐这一交叉学科. 20 世纪 70 年代之后, 欧美各国相继建立了多个大型计算机音乐研究机构, 如 1975 年建立的美国斯坦福大学音乐和声学计算机研究中心 (CCRMA)、1977 年建立的法国巴黎音乐声学研究与协调研究所 (IRCAM)、1994 年成立的西班牙巴塞罗那庞培法布拉大学 (UPF) 的音乐科技研究组 (MTG), 以及 2001 年成立的英国伦敦女王大学数字音乐研究中心 (C4DM) 等. 在欧美之后, 音乐科技在世界各地如澳大利亚、日本、新加坡等地都逐渐发展起来, 欧洲由于其浓厚的人文和艺术气息成为该领域的世界中心. 音乐科技在中国发展较晚, 20 世纪 90 年代中期开始零散地研究, 由于各方面的限制, 至今仍处于起步阶段 [1].

音乐人工智能分为两个子领域: 一是基于科技的音乐创作; 二是数字音频与音乐技术的科学技术研究. 本节仅限于后一领域. 音乐科技具有众多应用, 例如数字乐器、音乐制作与编辑、音乐信息检索、数字音乐图书馆、交互式多媒体、音频接口、辅助医学治疗等. 这些应用背后的科学研究通常称为声音与音乐计算 (SMC), 在 20 世纪 90 年代中期被定义为国际计算机学会 (ACM) 的标准术语[2]. SMC 是一个多学科交叉的研究领域. 在科技方面涉及声学 (acoustics)、音频信号处理 (audio signal processing)、机器学习 (machine learning)、人机交互 (human-machine interaction) 等学科; 在音乐方面涉及作曲 (composition)、音乐制作 (music creation)、声音设计 (sound design) 等学科. 国际上已有多个侧重点不同的国际会议和期刊, 如 1972 年创刊的 *JNMR*、1974 年建立的 *ICMC*、1977 年创刊的 *CMJ*、2000 年建立的 *ISMIR* 等.

SMC 是一个庞大的研究领域, 可细化为以下 4 个学科分支.

(1) 声音与音乐信号处理: 用于声音和音乐的信号分析、变换及合成, 例如频谱分析 (spectral analysis)、调幅 (magnitude modulation)、调频 (frequency modulation)、低通/高通/带通/带阻滤波 (low-pass/high-pass/band-pass/band-stop filtering)、转码 (transcoding)、无损/有损压缩 (lossless/lossy compression)、重采样 (resampling)、回声 (echo)、混音 (remixing)、去噪 (denoising)、变调 (pitch shifting, PS)、保持音高不变的时间伸缩 (time-scale modification/time stretching, TSM)、时间缩放 (time scaling) 等. 该分支相对比较成熟, 已有多款商业软件, 如 Gold Wave、Adobe Audition/Cool Edit、Cubase、Sonar/Cakewalk、EarMaster 等.

(2) 声音与音乐的理解分析: 使用计算方法对数字化声音与音乐的内容进行理解和分析, 例如音乐识谱、旋律提取、节奏分析、和弦识别、音频检索、流派分类、情感分析、歌手识别、歌唱评价、歌声分离等. 该分支在 20 世纪 90 年代末随着互联网上数字音频和音乐的急剧增加而发展起来, 研究难度大, 多项研究内容至今仍在持续进行中. 与计算机视觉 (computer vision, CV) 对应, 该分支也可称为计算机听觉 (computer audition, CA) 或机器听觉 (machine listening, ML)[3]. 必须注意的是, 计算机听觉是用来理解分析的而不是处理音频和音乐的 [4], 且不包括语音. 语音信息处理的历史要早数十年, 发展相对成熟, 已独立成为一门学科, 包含语音识别、说话人识别、语种识别、语音分离、计算语言学等多个研究领域. CA 若剔除一般声音而局限于音乐, 则可称为音乐信息检索 (music information retrieval, MIR).

(3) 音乐与计算机的接口设计: 包括音响及多声道声音系统的开发与设计、声音装置等. 该分支偏向音频工程应用.

(4) 计算机辅助音乐创作: 包括算法作曲、计算机音乐制作、音效及声音设计等, 该分支偏向艺术创作.

　　受社会发展、科研环境和科技评价等各方面的限制, 音乐人工智能和基于一般音频的计算机听觉技术在国内起步较晚, 发展较慢. 虽然一些学者、大学和公司在 20 世纪 90 年代中后期即开始了零散的研究, 但整体未形成一个独立的学科. 直到 2013 年 12 月, 由复旦大学和清华大学相关教授创办了全国声音与音乐计算研讨会 (China Sound and Music Computing Workshop, CSMCW), 才为国内来自学术界和产业界从事音频音乐技术方面的同行搭建了一个交流的平台. CSMCW 经过 2013 年的复旦大学会议、2014 年的清华大学会议、2015 年的上海音乐学院会议, 逐渐产生了一定的社会知名度和影响力. 在 2016 年的南京邮电大学会议上, 会议更名为音频音乐技术会议 (Conference on Sound and Music Technology, CSMT). 2017 年和 2018 年在苏州大学和厦门理工学院分别召开了第五、第六届 CSMT. 会议规模迅速扩大, 从最初的 30 余人扩大到将近 200 人, 为音频音乐技术在国内的发展起到了很大的推动作用.

三、我们的优势方向和薄弱之处

　　近些年来, 中国的人工智能产业得到了极大的发展, 相关人工智能技术的发展也跻身世界前沿, 将传统音乐学与现代智能技术相结合, 研发新一代具备人类听觉的音乐智能技术和产品, 能成为我们的一大优势. 此外, 随着国内音乐人工智能从业者的增多, 国内音乐人工智能领域发展迅速. 已从五六年前的一盘散沙初步进入有组织状态, 从业人员已近千人, 在国内外具有一定的影响力.

　　薄弱之处: 与自然语言处理、计算机视觉、语音信息处理等相关领域相比, 音乐人工智能在国内发展比较缓慢. 包括如下几个可能的原因.

　　(1) 数字音乐涉及版权问题无法公开, 各种音频数据都源自特定场合和物体, 难以搜集和标注. 近 20 年来, 音乐人工智能跟其他学科一样, 绝大多数方法都是基于机器学习框架. 数据的获取及公开困难严重影响了算法的研究及比较.

　　(2) 音乐和音频信号几乎都是多种声音混合在一起, 很少有单独存在的情况. 音乐中的各种乐器和歌声在音高上形成和声, 在时间上形成节奏, 耦合成多层次的复杂音频流, 难以甚至无法分离处理.

　　(3) 音乐人工智能涉及的领域几乎都是交叉学科, 进行音乐信息检索研究需要了解最基本的音乐理论知识, 进行音频信息处理则需要了解相关各领域的专业知识和经验.

　　(4) 作为新兴学科, 还存在社会发展水平、科研环境、科技评价、人员储备等各种非技术类原因, 阻碍音乐人工智能的发展.

　　此外, 也是由于发展时间短, 缺乏大项目的支持, 领域各研究团队的关注点较为分散, 缺乏体系, 未能形成合力以创造更有影响力的研究成果.

四、基础领域今后 5~10 年重点研究方向

1. 自动/算法作曲

世界上的音乐, 无论东方的还是西方的, 均可以进行一定程度的形式化表示 [5], 这为引入计算机技术参与创作提供了理论基础. 自动作曲 (automated composition) 也称算法作曲 (algorithmic composition) 或人工智能作曲, 就是在音乐创作时部分或全部使用计算机技术, 减轻人 (或作曲家) 的介入程度, 用编程的方式来生成音乐. 研究算法作曲一方面可以让我们了解和模拟作曲家在音乐创作中的思维方式, 另一方面创作的音乐作品同样可以供人欣赏.

人工智能和艺术领域差距巨大, 尤其在中国被文理分割得更为厉害. 两个领域的研究者说着不同甚至非常不同的语言, 使用不同的方法, 目标也各不相同, 在合作和思想交换上产生巨大困难 [6]. 自动作曲研究中存在的主要问题有: 音乐的知识表达问题, 创造性和人机交互性问题, 音乐创作风格问题, 以及系统生成作品的质量评估问题.

自从 20 世纪 50 年代, 人工智能领域的不同技术已经被用来进行算法作曲. 这些技术包括语法表示 (grammatical representations)、概率方法 (probability method)、人工神经网络、基于符号规则的系统 (symbolic rule-based systems)、约束规划 (constraint programming) 和进化算法 (evolutionary algorithms)、马尔可夫链 (Markov chains)、随机过程 (random process)、基于音乐规则的知识库系统 (music-rule based knowledge system) 等 [7]. 算法作曲系统将受益于多种方法融合的混合型系统 (hybrid system), 而且应在音乐创作的各个层面提供灵活的人机交互, 以提高系统的实用性和有效性.

下边举一些有趣的例子. 文献 [8] 提供一个交互式终端用户接口环境, 可以实时对声音进行参数控制, 从而使用进化计算 (evolutionary computation) 进行算法作曲, 用遗传算法 (genetic algorithms) 来产生和评价 MIDI 演奏的一系列和弦. 文献 [9] 从一段文本或诗歌出发, 给每个句子分配一个表示高兴或悲伤的情绪 (mood), 使用基于马尔可夫链的算法作曲技术来产生具有感情的旋律线, 然后采用某些歌声合成软件如 Vocaloid 进行输出. 马尔可夫链的当前状态只与前一个状态有关, 而旋律预测有较长的历史时间依赖性, 因此该方法具有先天不足. 如何设计一个既容易训练又能产生长期时域相关性的算法作曲模型成为一个大的挑战. 文献 [10] 利用最新的深度学习技术, 即深度递归神经网络 (RNN) 的加门递归单元 (gated recurrent unit, GRU) 网络模型, 在一个大的旋律数据集上训练, 并自动产生新的符合训练旋律风格的旋律. GRU 尤其善于学习具有任意时间延迟的复杂时序关系的时间域序列, 该模型能并行处理旋律和节奏, 同时模拟它们之间的关系. 该模型能产生有趣的完整的旋律, 或预测一个符合当前旋律片段特性的

可能的后续片段.

2. 歌声合成

歌声本质上也是语音, 所以歌声合成技术 (singing voice synthesis, SVS) 的研究基本沿着语音合成 (speech synthesis) 的框架进行. 语音合成的主要形式为文本到语音的转换. 歌声则更加复杂, 需要将文本形式的歌词按照乐谱有感情、有技巧地歌唱出来. 因此, 歌声合成的主要形式为歌词 + 乐谱到歌声转换 (lyrics+score to singing, LSTS). 歌声和语音在发音机理、应用场景上有重大区别, 歌声合成不仅需要满足语音合成的清晰性 (clarity)、自然性 (naturalness)、连续性等要求, 而且要具备艺术性.

歌声合成涉及音乐声学、信号处理、语言学 (linguistics)、人工智能、音乐感知和认知 (music perception and cognition)、音乐信息检索、表演 (performance) 等学科, 在虚拟歌手、玩具、练唱软件、歌唱的模拟组合、音色转换、作词谱曲、唱片制作、个人娱乐、音乐机器人等领域都有很多应用.

跟语音合成类似, 歌声合成早期以共振峰参数合成法为主. 共振峰 (formant) 是声道 (vocal tract) 的传输特性即频率响应 (frequency response) 上的极点 (pole), 歌唱共振峰通常表现为在 3 kHz 左右的频谱包络线上的显著峰值. 共振峰频率的分布决定语音/歌声的音色. 以具有明确物理意义的共振峰频率及其带宽为参数, 可以构成共振峰滤波器组, 比较准确地模拟声道的传输特性. 精心调整参数, 能合成出自然度较高的语音/歌声. 共振峰模型的缺点是, 虽然能描述语音/歌声中最重要的元音, 但不能表征其他影响自然度的细微成分. 而且, 共振峰模型的控制参数往往达到几十个, 准确提取相当困难. 因此共振峰参数合成法整体合成的音质离达到实用要求还有距离 [11]. 由上可知, 高质量的估计声道过滤器 (vocal tract filter, VTF) 即谱包络线的共振态/反共振态 (resonances/anti-resonances) 对歌声合成非常有益. 已有算法经常使用基于单帧分析 (single-frame analysis, SFA) 的离散傅里叶变换 (discrete Fourier transform, DFT) 来计算谱包络线. 文献 [12] 将多帧分析 (multiple-frame analysis, MFA) 应用于音乐信号的 VTF 构型的估计. 一个具有表现力 (expressive) 的歌手, 在歌唱过程中利用各种技巧来修改其歌声频谱包络线. 为得到更好的表现力和自然度, 文献 [13] 研究共振峰偏移 (formant excursion) 问题, 用元音的语义依赖约束共振峰的偏移范围.

与上述基于对发声过程建模的方法不同, 采样合成/波形拼接合成 (sampling synthesis/ concatenated-based singing voice synthesis) 技术从歌声语料库 (singing corpus) 中按照歌词挑选合适的录音采样, 根据乐谱及下文要求对歌声的音高、时长进行调整, 并进行颤音、演唱风格、情感等艺术处理后加以拼接, 该方法使得合成歌声的清晰度和自然度大大提高, 但需要大量的时间和精力来准备歌声语料库, 而且占用空间很大, 这类方法也称为基音同步叠加 (pitch synchronous overlap add, PSOLA), 以下列举几个例子.

基于西班牙巴塞罗那 UPF 大学音乐技术研究组 (MTG) 与日本雅马哈 (Yamaha) 公司联合研制的 Vocaloid 歌声合成引擎, 第三方公司出品了风靡世界的虚拟歌唱软件——初音未来. 该系统 [14] 事先将真人声优的歌声录制成包含各种元音、辅音片段的歌声语料库, 包括目标语言音素所有可能的组合, 数量大概是 2000 个样本/每音高. 用户编辑输入歌词和旋律音高后, 合成引擎按照歌词从歌声语料库中挑选合适的采样片段, 根据乐谱采用频谱伸缩方法 (spectrum scaling) 将样本音高转换到旋律音高, 并在各拼接样本之间进行音色平滑. 样本时间调整自动进行, 以使一个歌词音节的元音起始位置 (onset) 严格与音符起始位置对齐. 文献 [15] 采用类似思路, 在细节上稍有不同, 其采用重采样的方法进行样本到旋律的音高转换, 基于基音周期的检测算法扩展音长.

与早期主要基于信号处理的方法不同, 后期的歌声合成算法大量使用机器学习技术. 基于上下文相关 (context-dependent) 的歌声合成技术一度成为主流, 用其联合模拟歌声的频谱、颤音、时长等 [16]. 近年来, 随着深度学习的流行, 更适合刻画复杂映射关系的 DNN 技术被引入歌声合成中. 文献 [17] 用 DNN 逐帧模拟乐谱上下文特征 (contextual features) 和其对应声学特征之间的关系, 得到比 HMM(hidden Markov model) 更好的合成效果. 文献 [18] 采用了另一种方法, 没有用 DNN 直接模拟歌声频谱等, 而是以歌词、音高、时长等为输入端, 以 HMM 合成歌声和自然歌声的声学特征的区别为输出端, 在它们之间用 DNN 模拟复杂的映射关系. 歌唱是一种艺术, 除了保持最基本的音高和节奏准确, 还有很多艺术技巧如颤音、滑音等. 这些技巧表现为歌声基频包络线 (f_0-contour) 的波动, 充分反映了歌手的歌唱风格. 文献 [19] 使用深度学习中的 LSTM-RNN 模型来模拟复杂的音乐时间序列, 自动产生 f_0 序列. 以乐谱中给定的音乐上下文和真实的歌声配对组成训练数据集, 训练两个 RNN, 根据音乐上下文分别学习 f_0 的音高和颤音部分, 并捕捉人类歌手的表现力和自然性. 对于一个乐谱来说, 可能有很多风格迥异的歌唱版本, 目前的歌声合成算法只能集中于模拟特定的歌唱风格. 文献 [20] 首先从带标注的实际录音中提取 f_0 参数和音素长度, 结合丰富的上下文信息构建一个参数化模板数据库. 然后, 根据目标上下文选择合适的参数化模板, 进行具有某种歌唱风格的歌声合成.

除了以上歌词 + 乐谱到歌声的转换, 还有一类语音 + 乐谱到歌声的转换, 即语音到歌声转换 (speech-to-singing conversion, STSC). 这是在两个音频信号之间的转换, 避免了以前声道特性估计不准或需要预先录制大规模歌唱语料库的困难, 开辟了一条新的思路. 文献 [21] 提出了一个简单的语音到歌声转换算法. 首先分割语音信号, 得到一系列语音基本单元. 之后确定每个基本单元和对应音符之间的同步映射, 并根据音符的音高对该单元的基频进行调整. 最后根据对应音符的时长调整当前语音基本单元的长度. 文献 [22] 采用类似思路, 但是对用户输入进行了一定约束. 输入的语音信号是用户依据歌曲的某段旋律 (如一个乐句), 按照节拍诵读或哼唱歌词产生的, 因此每段语音信号可以更准确地在时间上对应于该旋律片段. 后续处理包括按旋律线调整语音信号的音高, 按音符时长进行语音单元时间伸缩, 平滑处理音高包络线, 加入颤音、滑音、回声等各种艺术处理. 文献 [23] 设计了一个新的歌声合成系统 "SingBySpeaking", 输入信息为读歌词的语音信号和乐谱, 并假设已经对齐. 为构造听觉自然的歌声, 该系统具有 3 个控制模块: 基频控制模块, 按照乐谱将语音信号的 f_0 序列调整为歌声的 f_0 包络线, 同时调整颤音等影响歌声自然度的 f_0 波动; 谱序列控制模块, 修改歌声共振峰并调制共振峰的幅度, 将语音的频谱形状 (spectral shapes) 转换为歌声的频谱形状; 时长控制模块, 根据音符长度将语音音素的长度伸缩到歌声的音素长度. 频谱特征可以直接反映音色特性, f_0 包络线、音符时长以及强弱 (dynamics) 等组成韵律特征 (prosodic features) 反映时域特性. 为得到高自然度的歌声合成, 文献 [24] 使用适于模拟高维特征的 DNN 对这些特征进行从语音到歌声的联合模拟转换.

3. 听觉与视觉的结合

人类接收信息的方式主要来源于视觉和听觉, 现代电影和电视节目、多媒体作品几乎都是声音、音乐、语音和图像、视频的统一. 绝大多数视频里都存在声音信息, 很多的音乐节目如音乐电视里也存在视频信息. 音视频密不可分, 互相补充, 进行基于信息融合的跨媒体研究对很多应用场景都是十分必要的. 下边列举一些音视频结合研究的例子.

音乐可视化 (music visualization) 是指为音乐生成一个能反映其内容 (如旋律、节奏、强弱、情感等) 的图像或动画的技术, 从而使听众得到更加生动有趣的艺术感受. 早期的音乐播放器基于速度或强度变化进行简单的音乐可视化, 在速度快或有打击乐器的地方, 条形图或火焰等图形形状会跳得更快或更高. Herman 等提出的音乐可视化理论 [25] 假定音高和颜色之间具有一定的关系, 基于此理论使用光栅图形学 (raster graphics) 来产生音符、和弦及和弦连接的图形显示. 音符或和弦的时域相邻性被映射为颜色的空间临近性, 经常显示为按中心分布的方块或圆圈. 电影是人类历史上最重要的娱乐方式之一, 是一种典型的具有艺术性的音视频相结合的媒体. 相比于早期的无声电影, 在现代电影中, 声音和音乐对于情节的铺垫、观众情绪的感染、整体艺术水平的升华起到了无可替代的作用. 文献 [26] 基于视频速度 (video tempo) 和音乐情感 (music mood) 进行电影情感事件检测, 并对声音轨迹的进程进行了可视化研究. 文献 [27] 结合 MIR 中的节拍检测和计算机视觉技术, 融合音视频输入信息对机器人音乐家和它的人类对应者的动作进行同步. 文献 [28] 分别计算图片和音乐表达的情感, 对情感表达相近的图片和音乐进行匹配, 从而自动生成基于情感的家庭音乐相册 (如婚礼的图片搭配浪漫的背景音乐). 文献 [29] 将音视频信息结合进行运动视频的语义事件检测 (semantic event detection), 以方便访问和浏览. 该文定义了一系列与运动员 (players)、裁判员 (referees)、评论员 (commentators) 和观众 (audience) 高度相关的音频关键字 (audio keywords). 这些音频关键字视为中层特征, 可以从低层音频特征中用 SVM(support vector machine) 学习出来. 与视频镜头相结合, 可有效地用 HMM 进行运动视频的语义事件检测. 此外, 还有电影配乐、MTV(music television) 中口型与歌声和歌词同步等有趣的应用.

4. 音频信息安全

音频信息安全 (audio information security) 主要包括音频版权保护 (audio copyright protection) 和音频认证 (audio authentication) 两个子领域. 核心技术手段为数字音频水印 (digital audio watermarking) 和数字音频指纹. 音频水印是一种在不影响原始音频质量的条件下向其中嵌入具有特定意义且易于提取的信息的技术.

五、国家需求和应用领域急需解决的科学问题

从应用需求分析, 音乐人工智能技术在听歌识曲、哼唱/歌唱检索、翻唱检索、曲风分类、音乐情感计算、音乐推荐、彩铃制作、卡拉 OK、伴奏生成、自动配乐、音乐内容标注、歌手识别、模仿秀评价、歌唱评价、歌声合成及转换、智能作曲、数字乐器、音频/音乐编辑制作、计算音乐学、视唱练耳、乐理辅助教学、声乐及各种乐器辅助教学、数字音频/音乐图书馆、乐器音色评价及辅助购买、音乐理疗及辅助医疗、音乐版权保护及盗版追踪、音视频融合的内容理解与分析、心理疏导、医学辅助治疗等数十个领域都具有应用.

近年来, 音乐创作、音乐检索等技术在国内得到了快速的发展和产业应用. 但是音乐强人工智能的相关技术还一直没有突破, 导致目前的音乐自动作曲还停留在需要很多音乐专业人士的参与; 另外, 音乐的听感知效果评价相关技术一直是个难题, 这种主客观评价方法依赖于心理声学的专业知识.

六、发展目标与各领域研究队伍状况

加强音乐声学基础理论研究, 补齐在民族乐器和歌唱声学研究的短板; 利用人工智能技术快速发展人工智能辅助音乐教育, 提升全民族的音乐素养和音乐产品质量. 研制开发出创新性的技术与产品, 填补我国在相关领域的技术空白.

国内开展相关研究的团队包括: 中国科学院声学研究所, 北京大学, 中国音乐学院, 上海音乐学院, 沈阳音乐学院, 中央音乐学院, 复旦大学, 南京邮电大学, 北京邮电大学.

七、基金资助政策措施和建议

目前该领域的基金项目都集中在青年基金、面上项目, 项目规模小, 资助额度低, 影响力不够. 建议增加重点项目、重大项目, 以及优青、杰青等人才项目的支持, 鼓励该领域的青年学者立足学科优势, 结合国家需求和社会需求, 在基础研究领域攻克领域难点问题, 扩大国际影响; 在应用领域, 重点进行以下子学科领域的研发: 电子音乐、计算机辅助音乐教育、音乐表演量化分析、录音混音、声音设计、音频信号处理、音乐人工智能、音乐版权保护、音乐治疗、音乐机器人、音乐心理学等.

八、学科的关键词

音乐科技 (music technology); 声音与音乐计算 (sound and music computing); 计算机听觉 (computer audition); 音乐信息检索 (music information retrieval); 音乐声学 (music acoustics); 电子音乐 (electronic music); 计算机辅助音乐教育 (computer aided music education); 音乐表演量化分析 (quantitative analysis of music performance); 声音设计 (sound design); 音频信号处理 (audio signal processing); 音乐人工智能 (music artificial intelligence); 音乐版权保护 (music copyright protection); 音乐治疗 (music therapy); 音乐机器人 (music robot); 音乐心理学 (music psychology).

参考文献

[1] CSMT 会议组织委员会. 2016 CSMT 会议论文集序言. 复旦学报 (自然科学版), 2017, 56(2): 135.

[2] Camurri A, de Poli G, Rocchesso D. A taxonomy for sound and music computing. Computer Music J, 1995, 19(2): 4-5.

[3] Dubnov S. Computer audition: an introduction and research survey. ACM Inter Conference on Multimedia (ACM MM), California, 2006: 9.

[4] Gerhard D. Computer music analysis. Surrey: Simon Fraser University, 1997.

[5] 申涛. 算法作曲中对节奏控制的若干方式. 武汉: 武汉音乐学院, 2009.

[6] Fernadez J D, Vico F. AI methods in algorithmic composition: a comprehensive survey. J Artificial Intelligence Research, 2013, 48(1): 513-582.

[7] 冯寅, 周昌乐. 算法作曲的研究进展. 软件学报, 2006, 17(2): 209-215.

[8] Moroni A, Manzolli J, Zuben F V, et al. Evolutionary computation applied to algorithmic composition. IEEE Congress on Evolutionary Computation, Washington, USA, 1999: 807-811.

[9] Sievers J, Wagenius R. Algorithmic composition from text: how well can a computer generated song express emotion? http://www.diva-portal.org/smash/get/diva2: 723667/FULLTEXT01. [2017-05-29].

[10] Colombo F, Muscinelli S P, Seeholzer A, et al. Algorithmic composition of melodies with deep recurrent neural networks. Conference on Computer Simulation of Musical Creativity, Huddersfield, England, 2016: 1-12.

[11] Ternstrom S, Sundberg J. Formant-based synthesis of singing. Conference of the Inter Speech Communication Association. Antwerp, Belgium: InterSpeech, 2007: 4013-4014.

[12] Degottex G, Ardaillon L, Roebel A. Multi-frame amplitude envelope estimation for modification of singing voice. IEEE/ACM Trans ASLP, 2016, 24(7): 1242-1254.

[13] Chan P Y, Dong M, Lim Y Q, et al. Formant excursion in singing synthesis. IEEE Inter Conference on Digital Signal Processing, Singapore, 2015: 168-172.

[14] Kenmochi H, Ohshita H. Vocaloid-commercial singing synthesizer based on sample concatenation. Conference of the Inter Speech Communication Association. Antwerp, Belgium: InterSpeech, 2007: 4009-4010.

[15] 李娟. 基于语料库的歌声合成技术. 北京: 北京师范大学, 2011.

[16] Shirota K, Nakamura K, Hashimoto K, et al. Integration of speaker and pitch adaptive training for HMM-based singing voice synthesis. IEEE Inter Conference on Acoustics, Speech and Signal Processing, Florence, Italy, 2014: 2578-2582.

[17] Nishimura M, Hashimoto, Oura K, et al. Singing voice synthesis based on deep neural networks. Conference of the Inter Speech Communication Association, San Francisco: InterSpeech, 2016: 2478-2482.

[18] Hongo K, Nose T, Ito A. Spectral and pitch modeling with hybrid approach to singing voice synthesis using hidden semi-Markov model and deep neural network. J Acoust Soc Am, 2016, 140(4): 2962.

[19] Özer S. f_0 modeling for Singing Voice Synthesizers with LSTM Recurrent Neural Networks. Barcelona: Universitat Pompeu Fabra, 2015.

[20] Ardaillon L, Chabot-Canet C, Roebel A. Expressive control of singing voice synthesis using musical contexts and a parametric f_0 model. Conference of the Inter Speech Communication Association. San Francisco: InterSpeech, 2016：1250-1254.

[21] Sun J, Ling Z, Jiang Y, et al. Method and device for converting speaking voice into singing. WIPO Patent Application, CN2012/08799, 2014.

[22] 张智星, 徐志浩, 李宏儒, 等. 歌声合成系统、方法以及装置: CN102024453A. 2012.

[23] Saitou T, Goto M, Unoki M, et al. SingBySpeaking: singing voice conversion system from speaking voice by controlling acoustic features affecting singing voice perception. Information Processing Society of Japan (IPSJ) SIG Notes, 2008: 25-32.

[24] Nguyen H Q, Lee S W, Tian X H, et al. High quality voice conversion using prosodic and high-resolution spectral features. Multimedia Tools and Applications, 2016, 75(9): 5265-5285.

[25] Mitroo J B, Herman N, Badler N I. Movies from music: visualizing musical compositions. ACM Annual Conference on Computer Graphics and Interactive Techniques, Chicago, Illinois, 1979, 13(2): 218-225.

[26] Chen Y H, Kuo J H, Chu W T, et al. Movie emotional event detection based on music

mood and video tempo. Inter Conference on Consumer Electronics, Las Vegas, USA, IEEE, 2006: 151-152.

[27] Berman D R. AVISARME: audio-visual synchronization algorithm for a robotic musician ensemble. City of College Park: University of Maryland, 2012.

[28] 邵曦, 刘君芳, 季茜成. 基于情感的家庭音乐相册自动生成研究. 复旦学报 (自然科学版), 2017, 56(2):149-158.

[29] Xu M, Xu C, Duan L, et al. Audio keywords generation for sports video analysis. ACM Trans Multimedia Computing Communications and Applications, 2008, 4(2): 11.

第 13 章　气动声学和大气声学

13.1　气动声学研究现状以及未来发展趋势

李晓东

北京航空航天大学能源与动力工程学院, 北京 100191

一、学科内涵、学科特点和研究范畴

1. 学科内涵

气动声学是物理学的一个分支, 是研究气动噪声的产生、运动介质中的噪声传播、噪声与非定常流的相互作用以及气动噪声降噪方法的一门基础学科. 1952年, 英国科学家 Lighthill 发表了著名的声类比理论, 今天人们普遍把这项工作当作气动声学诞生的标志. 气动声学所考虑的是气动力或流动中的运动所产生的声而不是经典声学中因外力或运动所产生的声, 在与气动声学相关的物理效应中, 湍流发声是最常见的一种现象. 英文单词 aeroacoustics 的前缀 aero 表示 "空气", 然而, 气动声学领域并不局限于空气中的流致噪声, 其研究对象是背景流与声场之间的相互作用. 流动引起的噪声可以通过不同的机械作用产生, 但最终原因都是流体波动, 流体中的局部应力波动 (雷诺应力、黏性应力效应、非等熵效应都可以作为四极子声源)、壁面压力波动 (如固体边界上的偶极子声源)、质量和热量波动 (比如分布式单极子声源) 以及外部波动力场, 这些波动会在整个流动区域产生分布式声源. 声类比理论在获得巨大成功的同时, 也导致一些新的问题产生. 由于声场和流场本质上是统一的, 其控制方程都是 Navier-Stokes(N-S) 方程, 理论上是可以从方程直接得到流场解和声场解的, 而声类比理论将流场和声场的求解分成了两步, 就不能回答诸如声场和流场如何相互作用, 声波能量在流体中如何产生、传递等基本问题, 而对这些基本问题的研究正推动着气动声学这门学科的前进.

2. 学科特点

气动声学与湍流、分离、旋涡、射流、激波、燃烧甚至结构耦合振动等复杂现象相关, 有着鲜明的学科交叉特色, 是具有挑战性的科学研究方向. 气动声学研究的难点在于, 气动声学主要关注气动噪声的产生、传播及控制问题, 这些是典型的非定常、多尺度问题, 且声波只是流体产生的多种波中的一种; 除此之外, 流体还会产生旋涡以及热不稳定波等. 这些波仅以对流方式进行传播, 而声波还能够相对于流体以不同的速度 (局部声速) 进行传播. 与其他波动形式相比, 声波所携带的能量通常要小好几个数量级. 这意味着, 要直接对流致噪声进行实验测试及数值仿真都是一件极具挑战性的工作, 需要采用非常精确的实验分析与数值模拟方法. 另一个难点在于, 声源分布在不同长度尺度的湍流结构上, 而湍流本身即是一个经典的研究难题. 而噪声控制和降噪技术是工业界和学术界普遍关注的前沿课题, 仍有许多难题尚待突破. 因此, 开展气动声学研究具有重要的学术意义和工程应用价值.

3. 研究范畴

相对于燃烧、传热、气动等相关联传统学科, 气动声学目前仍然是一门非常年轻的学科, 但涵盖的应用范围却相当广泛. 气动声学这门学科的诞生便有着强烈的航空航天应用背景, 因此航空航天相关高速流动下气动噪声的产生、辐射以及控制问题是气动噪声研究的主要方向之一. 从最开始的涡喷航空发动机带来的喷流噪声问题、20 世纪 70 年代的机翼噪声问题、螺旋桨噪声问题、20 世纪 80 年代的直升机旋翼噪声和开式转子噪声、20 世纪 90 年代的水下螺旋桨噪声、泵喷推进系统噪声和声呐导流罩噪声、21 世纪初持续至今的涡扇发动机的风扇噪声和燃烧噪声, 以及超声速/高超声速边界层激波噪声等. 随着现代社会对工业设备噪声标准的要求越来越高, 对于高速列车、汽车、阀门、工业风扇等工业气动噪声的研究也越来越多.

二、学科国外、国内发展现状

自第二次世界大战以来, 喷气式飞机以及潜艇的流动发声问题就引起了工业界与科学界的广泛关注, 20 世纪 50 年代初, Lighthill[1,2] 通过重组 N-S 方程得到接近传统波动方程的 Lighthill 方程, 将气动噪声源和声传播在方程中独立开来, 并得到喷流噪声声功率与喷流速度八次方成正比这一有意义的八次方理论, 但研究者很快发现从 Lighthill 方程出发声源项中包含太多非真实声源信息, 且不能考虑声波与流动的相互作用. 因而在 20 世纪六七十年代, 众多的研究者一直试图改进声类比理论, 提出了 Pridmore-Brown 方程 [3]、Phillips 方程 [4]、Lilley 方程 [5] 等. 其中 Lilley 方程将对流算子作用于 Phillips 方程的两端, 同时考虑了背景流动对声传播的影响, 并滤除非声波扰动, 从而更好地描述流动发声的机理, 其也因此成为喷流噪声中著名的 MGB、JeNo 等预测模型的基础. 2003 年 Goldstein[6] 再次重组了 N-S 方程, 将方程左边重组为一系列关于声学变量的线化 N-S 方程, 称之为广义的声类比方程, 不过该方程的求解只能诉诸数值方法或者昂贵的体积分运算.

虽然科学界对声类比理论中对声源的描述的正确性一直存在争议, 但声类比理论无疑大大提高了人类对流动噪声的认识, 推动了气动声学的发展, 研究者面对航空航天领域的降噪设计需求, 针对喷流噪声、叶轮机械噪声、螺旋桨噪声、机体噪声、燃烧噪声、工业气动噪声以及计算气动声学方法等目前气动声学的几个主要热门领域开展了一系列研究, 下面分别介绍其国内外研究进展.

1. 喷流噪声

自 20 世纪中期以来, 发动机噪声一直是飞机的关键问题之一, 而在飞机发动机噪声的各个组成部分中, 喷流噪声又是十分重要的一部分. 在飞机起飞阶段, 喷流噪声在发动机噪声中占据着主导地位, 因此近一个世纪以来, 众多的研究者曾致力于喷流噪声的产生及辐射机理、噪声预测方法及低噪声设计等方面的研究. 而且在航空业发展的初期, 喷流噪声是飞机最主要的气动噪声源, 因此气动声学的研究始于对喷流噪声的研究. Lighthill 在 1952 年与 1954 年发表的两篇关于气动噪声的论文不仅是喷流噪声研究的开端, 也被公认为是气动声学这门学科诞生的标志 [1,2]. 1963 年 Ffowcs-Williams[7] 将声源对流效应考虑进了声类比理论中, 提出对于速度非常高的喷流, 辐射噪声的声功率与喷流速度的六次方成正比, 同样也是声类比理论中一项非常重要的结论. 进入 20 世纪 70 年代, 随着湍流研究中大尺度拟序结构的发现, Crow 和 Champagne[8], Brown 和 Roshko[9], 以及 Winant 和 Broward[10] 在喷流流动中也发现了大尺度结构, Crow 和 Champagne 等认为大尺度结构也是喷流噪声的主要声源之一. 1979 年 Tam 和 Chen[11] 首次给出了自由剪切流中大尺度结构的统计模型. Plaschko[12], Morris 等 [13], Viswanathan 和 Morris[14], 以及 Tam 和 Chen[15] 等将 Tam 和 Chen 的大尺度统计模型应用于喷流流动及喷流噪声研究. 进入 20 世纪 90 年代后, 众多的研究者 (Tam 和 Chen[15], Seiner 和 Krejsa[16], Tam[17] 等) 研究认为喷流中的湍流混合噪声存在两个分量. 一种是大尺度结构及不稳定波以马赫波的形式向外传播, 另一种是由喷流小尺度湍流引起的声源发发. 1996 年 Tam 等 [18] 在分析了 NASA Langley 大量喷流噪声实验数据 (1900 份喷流实验数据) 的基础上, 分别针对大尺度噪声和小尺度湍流混合噪声, 统计得到了喷流湍流混合噪声的频谱相似律, 其相似律公式在喷流噪声预测中得到了广泛的应用. 2002 年 Tam[19] 设计了若干代表性数值实验, 试图说明 Lighthill 声类比方法是不成立的, Peake[20], Spalart[21] 以及 Morris 和 Farassat[22] 则对 Tam 的两声源理论提出了质疑, 双方至今仍然存在一定争议.

对于不完全膨胀的超声速喷流, 除了湍流混合噪声以外还存在啸音和宽带激波噪声分量. 由各种尺度湍流结构发出的湍流混合噪声在下游起主导作用, 而宽带激波噪声与啸音则主要集中在喷流上游方向. 宽带激波噪声最早由 Harper-Bourne 和 Fisher[23] 发现, 而后 Tanna[24], Seiner 和 Norum[25,26], Seiner 和 Yu [27], Norum

和 Seiner[28,29], 以及 Yamamoto 等 [30] 针对宽带激波噪声进行了实验研究, 并以此为基础建立了比较可靠的公式来预测宽带激波噪声的频率和幅值. 喷流啸音在 1953 年由 Powell[31,32] 发现, 之后 Davies 和 Oldfield[33], Sherman 等 [34], Westley 和 Wooley[35−37], Rosfjord 和 Toms[38], Norum 和 Seiner[39], Seiner 等 [40], 以及 Massey 等 [41] 相继开展了喷流啸音的实验研究. 他们研究发现喷流啸音主要在喷流上游方向. Tam 等构造了一个多尺度的激波模型, 并以此为基础提出了频率预测公式与 Rosfjord 和 Toms[38] 的实验符合非常好. 啸音的幅值预测方面, 国内高军辉 [42] 采用计算气动声学方法数值研究了喷流啸音的产生机理, 并准确预测了喷流啸音的幅值.

在喷流噪声预测方面, 20 世纪 60 年代以后, 随着喷流噪声实验的发展, J. R. Stone 等以大量实验数据为基础结合 Lighthill 的声类比理论建立了一系列喷流噪声经验预测模型, 包括 J. R. Stone 发展起来的 Stone 模型和 New Stone 模型 [43,44] 等. Tam 和 Auriault 在 1999 年将小尺度湍流噪声源的脉动与气体分子的脉动产生压力做类比, 提出了小尺度湍流噪声的预测方法 (TA 方法)[45], 并通过一系列的算例证明了该方法的有效性. 国内刘林和李晓东 [46] 应用格林函数求解方法, 研究对比了 TA 方法中的小尺度湍流噪声模化函数与 JeNo 方法中的声源模化函数, 并提出了一种随频率变化的长度尺度, 改进了 TA 方法中的预测模型. 2019 年徐希海和李晓东 [47] 发展了针对下游大尺度结构噪声的各向异性声源模型, 能够较好地预测下游方向的喷流湍流混合噪声.

整体来看, 经过近 70 年持续发展, 欧美研究机构已积攒了大量的喷流噪声实验数据, 对喷流噪声产生机理进行了不断深入的研究, 发展了一系列有效的喷流噪声预测技术, 但迄今为止, 喷流噪声源的产生机理仍然存在一定争议, 所有的预测技术都存在一定缺陷, 需要不断深入研究. 且随着航空航天的不断发展, 喷流噪声也出现了新的研究问题, 如喷流/机翼安装效应噪声问题, 战斗机双喷流耦合噪声问题, 舰载机、火箭等的冲击喷流噪声问题等正不断成为新的研究热点.

2. 叶轮机械噪声

叶轮机械噪声主要源于不均匀流动与转子及静子叶片的相互作用, 其中包括风扇噪声、压气机噪声和涡轮噪声等. 对于大涵道比涡扇发动机, 风扇噪声已经超过了压气机噪声和涡轮噪声. 在亚声速工况下, 随转子叶片旋转的定常载荷声源在管道中激发的声波传播呈指数衰减而截止, 而可以在管道中传播的模态通常为转子/静子干涉产生的高频低阶模态声波. 在超声速工况下, 随转子叶片旋转的定常载荷声源在管道中非线性传播而形成激波噪声, 通常称为多重纯音. 叶轮机械噪声的产生位置主要集中在叶片前缘和尾缘. 转子叶片前缘与进气畸变、来流湍流和壁面边界层等相互作用并辐射噪声. 静子叶片前缘与转子尾迹相互作用并辐射噪声. 转子和静子尾迹与小尺度的涡系结构相互作用产生尾缘噪声. 这些噪声既包括周期性相互作用产生的纯音噪声, 又包含因湍流随机相互作用产生的宽频噪声. 阵风-翼型/叶栅干涉模型被用于翼型与来流湍流干涉发声的研究, Graham[48] 给出了一种描述干涉角度和波长的理论模型. 早期的阵风-翼型干涉模型适用于不可压流动, 如 Kármán 和 Sears[49], Sears[50], 以及 Filotas[51] 等的模型. 后来 Possio[52] 和 Amiet[53] 等给出了不可压流动下的阵风-翼型干涉模型. 这些模型大多假设叶片为一个平板, 而没有考虑叶片厚度和曲率等. Goldstein 和 Atassi[54] 提出了考虑真实叶片几何的二维解析模型. 另外, Myers 和 Kerschen[55] 采用奇异摄动法求解线性化欧拉方程, 该方法实现了近场和远场解的匹配, 并给出了亚声速背景流中高频阵风与真实翼型干涉的解析解. 后来, Evers 和 Peake[56] 将该方法推广到跨音流动中. Peake 等[57] 将奇异摄动法用于求解阵风-叶栅干涉产生噪声, 其理论模型的预测结果表明, 阵风-叶栅干涉产生的纯音噪声与叶片几何密切相关, 而所产生宽频噪声则对叶片几何不敏感. 另外, Hanson 等[58] 也进行了阵风-叶栅干涉研究, 其研究中还包括了多级叶片排的干涉.

转子/静子干涉产生的噪声需要透过转子叶盘才能进入进气管道, 另外经转子叶片反射的噪声也要通过静子叶盘才能进入下游管道. 串联叶栅常被用于研究转子/静子反射和透射, Woodley 和 Peake[59] 的研究表明串联叶栅中存在两种形式的共振: ① 与串联叶栅间距相关的叶栅间传播/截止共振; ② 因上游叶片尾迹及可传播声模态引起的下游叶栅共振. Hanson[60] 理论研究了转子/静子耦合系统中的纯音和宽频噪声问题. 其研究表明转子/静子间的非线性耦合与宽频噪声密切相关.

风扇噪声的控制方法方面的研究主要包括三类方案. 其中, 到目前为止最成功的方案为基于 Tyler 和 Sofrin 的模态选择规则. 第二类降噪方案为通过控制相关参数降低叶片上的非定常作用力, 该方案的理论基础为阵风-叶栅干涉模型. 该类降噪方案包括增加叶片弦长、增加转子/静子间距、转子叶片掠形设计及静子叶片倾斜和尾缘吹气等. 第三类可能的降噪方案为通过产生转子/静子间的内源性拮抗波 (intrinsic antagonist wave) 来降低声波透射, 该方案的理论基础为转子-静子反射/透射模型, 该方案目前尚无实际应用. 针对噪声的传播, 目前应用最广泛的降噪措施为声衬技术. 近年来, 最受关注的声衬技术为整体声衬技术、防冰/声衬一体化系统和主被动混合控制技术等. 同时, 随着航空发动机涵道比的增加, 被动可控制方法的降噪能力受到制约, 这推动了主动噪声控制技术的发展. 除此之外, 反向斜切进气道也有利于噪声控制, 该进气道设计有助于降低向地面辐射的噪声. 近年来, 其作用效果得到了试验的证明, 但是非轴对称进气道可能引入额外的噪声, 同时可能带来重量的增加和其他结构力学问题, 因此仍需进行更多的研究.

3. 燃烧噪声

燃烧室作为发动机的核心组成部分, 其噪声问题受到人们越来越多的关注. 在燃烧室中, 燃烧非定常释热产生宽频高能级压力波, 持续发生时将导致燃烧噪声增大、污染物排放增加以及燃烧效率降低, 严重时触发热声耦合振荡燃烧现象, 对燃烧室安全性产生极大影响. 对于军用飞机发动机而言, 隔热防振屏作为加力燃烧室的重要部件, 在声振载荷作用下亦极易被破坏.

研究者对燃烧不稳定性及气动噪声的各个方面开展了深入研究. 燃烧不稳定性通常是由于非定常放热和声波之间的耦合而产生的. 非稳态燃烧形成的高强度气动噪声 (Candel 等 [61], Dowling 和 Ffowcs Williams[62]), 和燃烧室往往容易形成共振系统. 当非定常放热产生声波时, 这些声波从燃烧室边界反射, 在火焰附近产生流动不稳定, 通过燃料空气比的局部变化 (Richards 和 Janus[63]) 或射流不稳定性 (Poinsot 等 [64]), 进而导致更不稳定的热释放. 这种非线性声学现象在具有非常高的热释放率的应用中很重要, 涉及冲击波和燃烧之间的相互作用 (Rudinger[65]), 具体内容在 Manus 等 [66] 的综述文章中有详细的讨论.

为了消除燃烧振荡, 必须切断声波与非稳态放热之间的耦合. 被动控制方法 (Culick[67], Putnam[68]) 通常采用针对性的结构设计以降低燃烧过程对声激励的敏感性, 如修改燃油喷射系统或燃烧室几何结构 (Richards 等 [69], Steele 等 [70]). 或者采用诸如亥姆霍兹谐振器之类的声学结构来去除声波中的能量 (Bellucci 等 [71], Gysling 等 [72]). 被动控制方法的问题是, 它们往往只在有限的工作条件范围内有效, 在发生一些最具破坏性的不稳定性的低频率下可能无效, 而且所涉及的设计改进通常是昂贵和耗时的.

主动反馈控制提供了另一种切断声波和非稳态放热之间耦合的方法. 主动控制器根据测量信号修改某些系统参数, 其目的是设计控制器 (测量信号和驱动执行器的信号之间的关系), 使非稳态热释放和声波以不同的方式相互作用, 导致衰减而不是增长的振荡, 是未来的重点研究方向.

国内有不少研究者对燃烧不稳定性问题开展了较多的实验和主动控制方面的研究, 但是大部分研究者都是关注某些参数对不稳定性的影响, 少有研究者从反馈环的整体角度进行研究; 在数值模拟方面, 目前几乎没有看到采用高精度方法对燃烧不稳定性进行研究的工作发表.

4. 短舱声学

对于民用航空发动机而言, 目前最有效的抑制风扇前传声与后传声的方法就是采用消声短舱, 即在发动机短舱管道的内壁面铺设声衬. 风扇产生的噪声经前短舱和后短舱向外传播时将与声衬发生相互作用, 声能量最终被转化为热能耗散掉. 在发动机辅助动力单元 (APU) 的进气道和出口也同样布置有声衬以降低噪声. 类似的穿孔结构还应用在发动机燃烧室内, 用于控制燃烧稳定性. 鉴于短舱声衬在商用航空发动机降噪中的重要作用, 声衬的设计与制造水平便成为决定发动机声学品质的关键技术之一.

随着噪声指标的不断提高, 针对吸收单频噪声的均一单自由度或双自由度声衬越来越难以满足降噪要求. 近年来, 研究者已经开始发展新的声衬结构实现在更宽频带范围内的高吸声性能. 其中一种方式即通过不同几何参数的共振腔组合构成声衬, 从而实现宽频吸声. 由于声衬结构复杂而微孔的数目极多, 无论对于实验测量还是数值模拟都带来巨大挑战. 因此, 工程上通常不得不从声衬的宏观吸声特性出发将结构均一的声衬等效为单一的声阻抗参数. 声衬声学设计随即转化为声阻抗优化问题. 然而, 现有的常规声衬设计优化方法无法直接推广到高度非均一宽频声衬的设计.

另一方面, 研究者发现相对于光滑平板, 表面为穿孔板的声衬会引起流动阻力的显著增加. 对于声衬的一些应用场景, 如航空发动机短舱声衬, 前/后短舱声衬的铺设面积超过二十平方米, 其带来的额外流动阻力不可忽视. 为满足更严格的低排放标准, 近年来, 研究者开始针对声衬流动阻力问题开展密集的研究 [73−75]. 然而已有的声衬阻力实验均只能给出声衬的宏观阻力特性, 精细流场结构实验结果的匮乏使得声衬流动阻力产生机理的研究面临困难. 数值模拟方面, 由于计算条件限制, 研究者只能针对单个共振腔进行模拟, 无法显示声衬流动阻力产生过程的全貌. 还未有能够应用于实际问题的声衬流动阻力模型.

因此, 在声衬设计方面亟待开展高效的综合考虑声衬吸声性能和气动性能的优化设计方法. 一方面, 亟待发展能够描述各类声衬的有效数学模型和边界条件, 在此基础上建立与之匹配的高效极多自由度优化算法, 实现空间上高颗粒度的非均一声阻抗的优化设计; 另一方面, 为达到工程应用的目的, 亟待发展可靠的半经验声阻抗模型和流动阻力模型, 建立声衬几何结构、流动参数和声衬吸声、流阻之间的关系, 指导声衬结构设计. 显然, 模型的建立离不开对物理机理的理解, 这就需要更为精细的实验研究和数值模拟研究, 刻画还原声衬附近的声/流耦合过程, 同时发展行之有效的定量分析方法, 为声衬的吸声性能和气动性能的建模提供理论分析基础和数据支撑.

5. 机体噪声

现代大型民用飞机在着陆阶段, 机体噪声已与推进系统噪声相当. 机体噪声主要指的是起落架噪声以及包括缝翼、主翼和襟翼噪声在内的增升装置噪声.

过去几十年对起落架进行气动声学研究最常用的方法还是风洞试验. Dobrzynski 等 [76] 在 DNW-LLF 风洞中对全尺寸 A320 和 A340 前起落架和主起落架进行了试验研究, 发现起落架辐射的总声压级与起落架的支柱尺寸、轮胎直径和支柱数目等参数密切相关, 会随着支柱尺寸和数目的增加而增大. Guo 等 [77] 在 LSAF 气动声学风洞中对全尺寸 B737 飞机的主起落架辐射的噪声进行了测量, 发现起落架低频、中频和高频的噪声源分别为起落架轮胎、主支柱和细小部件. 此外, 起落架安装效应导致真实起落架与风洞试验中起落架产生的噪声存在差异.

除试验研究外, 数值方法逐渐成为研究起落架噪声的另一类主要方法. Xiao 等 [78] 用延迟脱体涡模拟 (DDES) 方法模拟了四轮起落架的流场, 结果显示从起落架前轮会脱落出很强的旋涡, 周期性地撞击后轮, 同时旋涡也会与前轮的后侧有周期性地相互作用, 这些流动现象可以产生很强的辐射噪声. Drage 等 [79] 对简化的 B747 前起落架进行了数值模拟, 发现对起落架的几何形状进行很小的改动, 可能会导致辐射的噪声场有很大的差别. Liu 等 [80] 使用高阶有限差分算法对一个简化起落架模型 (LAGOON 模型) 进行了远场噪声计算, 结果表明轮胎是最主要的噪声源之一, 两轮之间的连接杆在起落架正下方产生了更强烈的噪声. 南京航空航天大学的龙双丽等 [81] 对某型起落架轮胎和轮叉组合部件在小尺寸气动声学风洞中进行了气动声学试验, 并对该模型的远场噪声进行了数值模拟, 结果表明起落架气动噪声是钝体绕流噪声和空腔噪声的叠加, 呈现宽频噪声的特性; 轮胎噪声对总噪声的贡献最大, 其次是轮叉噪声, 支柱噪声对总噪声贡献最小; 总噪声指向特性与轮胎噪声的指向特性最相似.

围绕缝翼噪声的研究, 国内外已经开展了 30 多年, 并取得了众多的研究成果. 2001 年 Dobryznski 等 [82] 系统地测量了缝翼噪声的远场特性以及近场流动随来流速度以及来流攻角的变化关系. 研究发现: 随着来流速度的增加, 缝翼噪声也随着增加, 缝翼噪声与来流速度基本满足 4.5 次方关系; 当攻角增大时, 缝翼噪声会稍微降低. 缝翼噪声具有宽频特性, 宽频噪声的峰值频率基于缝翼弦长与来流速度的斯特劳哈数 (St) 在 1∼3. 在指向性方面, 实验发现最大缝翼噪声辐射方向出现在缝翼下游向下方向, 基本与缝翼弦长垂直. 2004 年 Jenkins 等 [83] 在美国国家航空航天局 (NASA) 研究中心作了关于二维高升力翼型的非定常流动特征实验, 他们主要通过 PIV 方法分别测量了在马赫数为 0.17, 攻角为 4°、6°、8° 时的三段翼的前缘缝隙和前缘尾迹边缘. 通过测量得出在前缘缝隙和前缘尾迹有涡的脱落.

2004 年 Khorrami 等 [84] 主要集中在描述前缘缝隙非定常流特征. 通过实验和计算的方法比较了不同攻角 30P30N 的高升力翼型. 2006 年 Bruno[85] 计算研究了高升力翼型绕流, 分析了基于雷诺应力湍流模型的流动机理. 国内上海交通大学刘志仁等 [86] 采用大涡模拟和 FW-H 方程的混合方法研究了缝翼的几何构型参数对远场噪声的影响. 北京航空航天大学 (简称北航) 高军辉等 [87] 采用高阶谱差分方法对增升装置的流动和远场噪声进行了数值模拟, 预测结果与实验结果吻合很好.

1979 年, Fink[88] 认为前缘缝翼噪声是由缝翼尾缘引起的尾缘噪声造成的, 因而使用尾缘噪声模型对缝翼噪声进行建模. 2012 年, Guo[89] 发展了一种基于物理机理的半经验缝翼噪声预测模型. 2015 年北航柏宝红和李晓东等 [90] 发展了一种基于平均流场的缝翼噪声预测方法, 该方法既能预测远场噪声, 也能得到噪声源在不同频率下的空间分布. 研究发现: 低频噪声主要来源于缝翼凹区中的涡振荡; 此外随着频率的增加, 声源区不断减小, 并且不断向下游移动.

早在 1979 年, Fink 和 Schlinker[91] 通过实验表明襟翼侧缘是机体噪声的重要组成部分. McInerny 等 [92] 证实了襟翼翼尖区域存在剧烈表面压力脉动, 并指出压力脉动的形成与剪切层中相干结构具有直接的联系. Khorrami 等 [93] 在 1999 年利用不稳定性理论, 分析指出侧缘剪切层不稳定波是噪声产生的主因. Radeztsky 等 [94] 在 1998 年实验测量了不同偏转角下的流场, 发现了在襟翼侧缘存在涡对结构 (主涡与二次涡), 并通过对涡核位置及涡强度的测量, 发现在大偏转角条件下涡破碎机理可诱发噪声的产生. 针对 Radeztsky 等 [94] 实验结果, Dong 等 [95] 在 1999 年利用 CFD/CAA 混合方法, 分析了剪切层不稳定波与襟翼上下壁面的干扰作用, 指出了可能存在三种致声机理, 即剪切层不稳定波与襟翼壁面的干扰、不稳定波间的相互作用和湍流脉动在侧缘尖角处的溃散. 2003 年 Brooks 等 [96] 通过实验发现前缘涡对结构在下游融合并向远离表面发展, 指出襟翼侧缘噪声的产生主要依赖于剪切层内部固有的不稳定模态, 且低频噪声源于非定常的涡脱落机理. 在 2013 年 Guo[97] 建立了预测襟翼侧缘噪声的两声源理论模型, 以及建立了流动分离和涡-壁面干扰两种噪声机理.

6. 直升机噪声

直升机以其独特的垂直起降、悬停、低空低速飞行等性能使其在国防和民用航空领域担当越来越重要的角色. 但直升机还是存在振动噪声过大等缺点, 严重影响了直升机性能的发挥. 军事方面, 直升机噪声容易暴露其行踪, 降低了其声隐身性, 影响直升机战场突防和生存能力; 民用方面直升机噪声影响其舒适性, 造成环境噪声污染, 降低其市场可接受性. 旋翼气动噪声是直升机主要噪声源, 是由旋翼高速旋转桨叶与空气相互作用导致的非定常运动和流动产生的, 噪声产生机理复杂.

为了降低直升机辐射噪声, 过去几十年学术界和工业界开展了大量的噪声抑制技术研究工作. 研究发现先进的桨尖形状既能提高旋翼气动效率, 也能降低旋翼气动噪声, 因此各国都非常重视先进桨尖形状的降噪效果研究. 从 20 世纪 80 年代开始, 国外所有开发及研制的直升机旋翼都采用了新型桨尖形状. 美国 NASA 主持的 "直升机降噪-SILENT 旋翼计划", 通过理论分析和试验, 得出效果显著的 SILENT 旋翼降噪技术, 如减小桨尖速度、改变桨尖形状和翼型设计. 通过优化设计, 这些降噪概念都可以在保证高性能、低振动水平的前提下, 降低总噪声水平.

欧洲直升机公司通过尝试, 设计了后掠抛物线桨尖, 并应用到了型号上, 使其产品适航噪声水平比 ICAO(国际民航组织标准) 要求低 3~5dB. 国内在直升机降噪设计方面也开展了理论和初步试验研究, 形成了多种直升机旋翼桨尖设计方案, 为降噪设计提供了参考. 过去直升机噪声的研究重点主要集中在旋翼噪声和尾桨噪声的产生机理, 预测方法和抑制技术方面. 2010 年, Farassat 指出在直升机声学设计过程中, 机身散射对直升机旋翼噪声和尾桨噪声的频谱及指向性具有重要的影响, 直升机机身的噪声散射效应有必要被考虑在直升机声学设计过程中. 然而相关的机身声散射研究仍然很少.

目前为止, 机身声散射效应的计算方法主要包括以下四类: ① 计算气动声学方法; ② 边界元方法; ③ 射线噪声方法; ④ 等效源方法.

近 20 年来, 计算气动声学方法得到了长足的发展. 采用计算气动声学方法计算旋翼噪声的机身声散射效应能, 考虑直升机机身表面边界层以及非均匀流动对声散射的影响, 具有较高的精度, 而且假设也较少, 计算结果具有很高的逼真度. 然而该方法需要对全声场进行求解, 这会使得计算量随着计算距离的增大而急剧增加. 目前计算气动声学方法在直升机旋翼气动噪声中的应用仍不成熟, 尚在发展之中. 由于射线噪声法只适用于高频噪声, 计算低频噪声机身散射时误差会很大. 此外, 射线噪声法也无法计算散射体的声影区特性, 所以其在直升机机体声散射的研究中应用较少. 等效源方法的原理是在散射体内部设置一系列的虚拟源点, 这一系列源点构成的面被称为源面, 并用亥姆霍兹积分方程对每个虚拟源点进行处理. 然而源面的选取对声散射计算结果会产生较大的影响. 边界元方法在声散射研究中的应用历史较长, 可以处理非常复杂的表面几何形状, 是解决三维声散射问题较为合适的方法. 但在早期, 大都是针对静态声源, 且仅限于频域分析, 并不能应用于直升机声散射的研究. 近年来美国 Old Dominion 大学的 Hu[98] 对时域边界元方法开展了大量工作, 为了克服时域边界元数值不稳定性问题, 将频域边界元中的 Burton-Miller 稳定性方法引入到时域边界元方法中, 能保证获得物理解. 国内在时域宽频边界元方法方面的研究较少, 北航李晓东团队开展了该方法的初步研究工作, 并将该方法应用到了开式转子噪声机体声散射方面的研究.

7. 工业气动噪声

在常规工业领域, 随着社会对低噪声设备的需求不断提高, 阀门、工业风扇、通风管路等气动噪声问题受到了越来越多的关注, 但目前的研究多是以工程级别的降噪设计为主, 以阀门噪声为例, 目前通用的噪声估算模型都是基于已知管路的几何尺寸和流动参数情况下, 利用相应公式估算得到噪声声压级. 国际电工委员会标准 IEC60534[99]、德国机械设备制造业联合会 (VDMA) 均针对阀门噪声预测给出了估算公式, 两种估算公式结构形式和考虑因素大体相同. 主要包括阀门流量、流体介质密度、阀门前后压降等. 有关阀门噪声, 国内也形成了国家标准 (GB/T17213.15——2005) [100]. 数值模拟预测方面, Caro 等 [101] 利用可穿透 KFW-H 积分法和 Lighthill 声类比联合无限单元法研究了流场与平板简化模型的气动噪声产生机理. Sengissen 等 [102] 利用非结构大涡模拟 (LES) 分析了管道阀门内部流场气动噪声, 研究了不同出口边界条件和数据映射方法对噪声计算的影响.

阀门内部流动噪声源主要来自壁面的偶极子源和雷诺应力的四极子源 [103]. 在高马赫数下, 四极子声源项的量级与主要声源项相同, 不可忽略; 而在低马赫数下, 偶极子声源的贡献远大于四极子声源, 四极子声源在计算中可忽略不计. 数值计算预测流体噪声目前有两种途径: 基于 FW-H 积分形式方程的解法; 先结合 CFD 计算与 Lighthill 理论求解壁面偶极子, 再使用边界元法求解声学亥姆霍兹方程. 积分求解 FW-H 方程的优点是计算量和计算格式要求相对较低, 但也存在只能计算远场辐射, 内存计算误差大和不能考虑结构及声学装置的影响等缺点; 边界元法的优点是能考虑声传播的问题, 可以进行复杂声场的计算, 不足是只考虑了壁面的偶极子声源. 管内流场噪声计算需要考虑管壁对声波的反射吸收等声传播问题, 采用积分求解 FW-H 方程法误差较大, 因此宜采用边界元法. 边界元法以 Lighthill 方程为控制方程, 对控制方程进行傅里叶变换得到亥姆霍兹方程. 通过 CFD 流场瞬态计算, 提取管道阀门壁面压力脉动信号, 导入声学计算软件转换成等效的流体声源, 并映射到声学边界元网格上, 求解亥姆霍兹方程可得到管道内声场特性.

试验预测方面, 李帅军和柳贡民 [104] 提出了基于振声转化的噪声预测计算方法, 从振动角度对阀门噪声进行研究. 采用振动与噪声转化的方法计算气体流经阀门产生的管内气动噪声. 通过推导管壁振动与管内噪声的计算公式, 建立了管壁振动加速度级与管内噪声级之间的转换损失数理模型, 并在低频区域, 通过修正的频率因子, 扩展了转换损失适用的频率范围, 实现了通过阀门管内气动噪声的无损失预测.

整体上目前阀门、工业风扇、通风管路等工业气动噪声的研究相对较少, 主要是基于工程需要的经验性的降噪设计研究, 需要进一步针对不同的工业气动噪声源开展机理性的试验机数值模拟研究, 为降低工业噪声提供理论基础.

8. 计算气动声学

20 世纪 80 年代中后期以来计算气动声学 (CAA) 的发展对气动噪声机理研究带来新的途径. CAA 是通过对气动声学问题的直接数值模拟来研究气动噪声的产生机理和传播特性, 以获得对物理本质更深刻的理解. CAA 采用的数值方法与传统的 CFD 紧密关联, 但具有更高的精度以满足气动声学问题数值模拟的需要. 高精度格式与无反射边界条件是 CAA 的两个最重要部分, 也是区别于计算流体力学的两个重要因素. 40 年来, 在发展 CAA 高精度格式方面, Lele[105] 以及 Tam 和 Webb[106] 等提出了一系列低频散低耗散的高阶格式 (DRP, OWENO 等). 无反射边界条件方面, Bayliss 和 Turkel[107], Thompson[108], Giles[109], Poinsot 和 Lelef[110], Tam 和 Webb[106], Tam 和 Dong[111] 以及 Hu 等[112-114] 发展了一系列不同的无反射边界条件. 声阻抗边界条件方面, Tam 和 Auriault[115], Özyörük 和 Long[116], Fung 等[117], Reymen 等[118], Li 等[119], Dragna 等[120], Zhong 等[121] 发展了多种时域声阻抗边界条件.

近 20 年来, 在计算机水平和并行计算技术日益成熟的情况下, CAA 的应用逐渐推广开来. CAA 的主要研究对象也由早期的声波的传播模拟、声场和流场相互作用等一些线性问题转向了直接模拟声源发声等一些非线性物理现象, 典型的即为喷流噪声问题、声衬非线性吸声问题、风扇激波噪声问题等. Shen 和 Tam 最早采用 CAA 方法研究了超声喷流啸音问题, 随后国内 Li 和 Gao[122] 更进一步地对很宽的马赫数范围内的超声喷流啸音进行了研究, 在啸音频率和幅值预测、流场结构、发声机理等方面取得了相当大的进展. Gao 和 Li[123] 对超声喷流宽带激波噪声问题也进行了大涡模拟研究, 详细分析了其噪声特性. 在声衬非线性吸声方面 Tam 等[124,125] 开展了一系列高声压级下共振腔声学响应的直接数值模拟和实验研究, 揭示了声衬的非线性吸声机理, 国内 Xu 等[126], Chen 等[127] 针对不同结构的共振腔开展了高精度数值模拟研究.

经过近 30 年的发展, CAA 已成为气动声学重要的研究方向, 在分析气动噪声产生机理和传播特性方面发挥了重要的作用. 然而随着处理问题复杂程度的提高, CAA 仍需在数值格式、湍流模拟、人工边界条件等方面取得突破才能满足实际工程问题的需求.

三、我们的优势方向和薄弱之处

1. 优势方向

国内在计算气动声学方面的研究启动较早, 目前以北京航空航天大学为代表的气动声学研究团队在计算气动声学方面的研究已经达到国际领先水平.

2. 薄弱之处

由于国内在气动声学方面的研究整体上起步较晚, 实验测试技术方面与实验条件方面与美国、欧洲仍然存在一定差距, 针对航空发动机、飞机等高质量气动声学数据不足, 一定程度上限制了国内在气动声学领域的整体发展, 尤其在噪声发声机理和控制技术方面的进步.

四、基础领域今后 5~10 年重点研究方向

(1) 气动噪声实验测试技术. 基于光学的高速、大视域的气动噪声源及声场观测技术, 异构传感器阵列成像技术, 水下旋转部件成像、高亚、超声速声学风洞测试技术等.

(2) 高精度计算气动声学模拟技术. 适用于复杂几何和流动的高精度数值方法; 基于人工智能和量子计算发展适合气动声学的新的高精度计算方法, 如空间格式、时间格式、复杂边界条件处理技术等.

(3) 喷流噪声. 喷流/机翼干涉噪声机理, 双喷流耦合噪声机理, 超声速冲击喷流噪声机理, 高强度喷流噪声下喷管薄壁结构声振耦合数值模拟与实验测试技术, 声学风洞射流噪声及自持振荡机理与控制技术, 基于仿生学的喷流不稳定波及气动噪声主被动抑制技术等.

(4) 叶轮机械噪声. 叶轮机纯音及宽频噪声产生机理, 适用于复杂几何和流动的叶轮机噪声解析模型, 高效的主被动噪声控制技术, 叶轮机转子气动和声学一体化设计及优化技术, 高频响应转子表面压力测试技术, 叶轮机噪声与结构相互作用等.

(5) 燃烧噪声. 针对燃烧不稳定性、气动噪声及声振响应的高精度数值模拟方法, 燃烧室热-声-振动耦合振荡燃烧机理, 燃烧室热-声-振动耦合振荡燃烧预测方法, 燃烧室热-声-振动耦合振荡燃烧控制技术等.

(6) 发动机消声短舱声学. 声/流耦合条件下声衬流动阻力和声振响应特性, 低流动阻力高吸声性能声衬设计优化方法, 风扇噪声高阶声模态识别技术, 激波噪声在消声短舱内的非线性传播, 声衬声学/气动性能测试技术, 真实发动机环境下声衬声学特性预测, 消声短舱气动/声学/结构一体化优化方法等.

(7) 机体噪声. 基于高精度数值模拟方法和高精度阵列定位方法的增升装置的发声机理, 基于伴随方法以及进化等方法的增升装置气动/噪声一体化优化设计技术, 起落架噪声发声机理和控制技术, 内侧襟翼侧缘噪声的发声机理和控制技术.

(8) 螺旋桨和开式转子气动噪声. 针对直升机机身散射声场的大规模稳定高效的时域宽频边界元方法, 开式转子转/转干涉噪声产生机理及控制技术, 开式转子桨尖涡噪声产生机理及控制技术, 开式转子发动机/飞机机身屏蔽效应研究和一体化优化设计方法.

(9) 水动力噪声. 低噪声声学水洞设计, 水动力噪声高精度数值方法, 水下流-声-振高精度耦合数值模拟方法, 泵喷射流水动力噪声机理及抑制技术, 艇体绕流水动力噪声机理及主被动抑制技术等.

五、国家需求和应用领域急需解决的科学问题

(1) 冲击喷流不稳定波及气动噪声机理与主被动控制技术. 冲击喷流是常规舰载机、垂直起降舰载机、火箭等高速飞行器起飞时的科学现象, 其产生的强烈不稳定波及气动噪声在近声场声压通常超过 160dB, 是导致某些关键部件疲劳失效的重要原因, 是舰载机、火箭等国家重大战略装备研制过程中不可避免的科学问题, 因此需要开展超声速条件下冲击喷流不稳定波和气动噪声实验及数值模拟研究, 揭示高温高速冲击喷流不稳定波及气动噪声产生与辐射机理, 探索冲击喷流不稳定波及气动噪声主被动控制技术.

(2) 航空发动机风扇噪声气动/声学一体化设计方法. 航空发动机风扇噪声在客机起飞、边线和边线飞行工况下均占据重要比例, 随着技术进步和降噪需求的进一步提高, 传统的气动设计-声学优化思路已经无法满足气动和声学设计需要. 因此需要发展气动/声学一体化设计方法, 实现二者在设计过程中的耦合. 然而目前的噪声预测周期远大于气动性能评估周期, 噪声预测效率成了气动/声学一体化设计的瓶颈. 因此, 需要加速开发与气动性能预测精度和速度相匹配的声学预测方法, 并实现二者的联合优化.

(3) 航空发动机燃烧不稳定性其气动噪声机理及声振响应控制技术. 在燃烧室中, 燃烧非定常释热产生宽频高能级压力波, 持续发生时将导致燃烧噪声增大、污染物排放增加以及燃烧效率降低, 严重时触发热声耦合振荡燃烧现象, 对燃烧室安全性产生极大影响. 因此发展针对燃烧不稳定性、气动噪声及声振响应的高精度数值模拟方法, 搭建燃烧不稳定性、燃烧噪声试验平台, 同时开展燃烧噪声高精度数值模拟及实验研究, 分析掌握混合动力系统燃烧不稳定性及噪声产生机理与辐射特性, 并掌握燃烧噪声影响下飞行器及动力系统关键部件的声振响应特性, 是十分必要的.

(4) 航空发动机消声短舱气动/声学一体化设计方法. 民用大涵道比发动机消声短舱是抑制风扇噪声的有效手段. 通过前/后短舱内表面铺设声衬可以有效降低前传/后传风扇噪声. 面对日益严苛的污染物和噪声排放标准, 消声短舱的设计必须同时满足低阻力和高吸声. 因此, 亟待开展航空发动机复杂气动/声学环境下的声衬吸声机理和流动阻力特性研究, 建立通用的声衬数值模型, 发展声衬数值模拟和实验测试方法, 形成短舱和声衬声学/气动/结构一体化优化方法.

(5) 激波/边界层干涉噪声机理及控制技术. 再入飞行器在超声速飞行时, 其激波/边界层诱导的非定常脉动是一个重要的噪声源, 高强度的非定常压力脉动, 尤其是中低频的脉动, 在飞行器表面及内部所产生的非定常结构响应则是一种典型的声-流体/固体耦合现象, 研究涉及气动声学与结构动力学二者之间的渗透与交叉, 需要同步发展激波/边界层诱导脉动压力实验测试技术及高精度数值模拟方

法, 以分析边界层噪声机理及壁面动态压力的影响因素, 提高对激波/超声速边界层相互作用诱导壁面动态压力载荷特性的理解, 寻找控制壁面动态压力载荷的有效措施和方法.

(6) 大型客机气动噪声机理及控制技术. 大型客机项目是建设创新型国家和制造强国的标志性工程. 客机的噪声水平已经成为商用飞机能否取得商业成功的标志之一. 大型客机具有非常复杂的几何和流动结构, 导致气动噪声产生机理复杂, 而且控制技术受到多重约束. 因此大型客机气动噪声机理和控制技术是低噪声客机研制中的重要科学问题.

(7) 螺旋桨和开式转子气动噪声机理及控制技术. 螺旋桨及开式转子具有更低的耗油率和更高的经济性, 然而螺旋桨及开式转子的气动噪声非常强烈, 已经成为制约螺旋桨飞机发展的主要瓶颈之一. 需要深入研究机身不同的几何形状对直升机旋翼和尾桨噪声的声散射影响; 结合宽频时域阻抗边界条件深入研究在机身表面铺设声衬结构对螺旋桨辐射噪声的影响, 为螺旋桨和开式转子噪声抑制技术研究提供支撑.

(8) 潜艇水动力噪声机理及主被动控制技术. 随着水下航行器的速度不断提高, 水动力噪声是高航速下的噪声源, 需要重点关注艇体绕流、泵喷射流等水动力噪声的产生机理以及相应的主被动控制技术.

(9) 阀门噪声机理及主被动控制技术. 阀门噪声是安静型潜艇通海管路主要噪声源之一, 同时也是燃气轮机排气系统、高速泵、压气机等的工业设备的主要噪声源, 阀门内部具有复杂几何外形和边界条件, 其工作过程往往涉及射流和旋涡等复杂流动环境, 需要发展一套适用不同阀门开度下的高精度湍流噪声模拟方法, 并利用试验测试技术对所发展的噪声预测模型进行验证和修正, 以满足阀门气动噪声机理及气动噪声低噪声设计和优化的需求.

六、发展目标与各领域研究队伍状况

1. 发展目标

气动声学学科的整体研究水平达到国际领先, 能够解决我国航空发动机、燃气轮机、潜艇以及空天飞行器等国家战略装备研制中的各类气动声学问题.

2. 研究队伍

在航空发动机气动噪声研究方面, 北京航空航天大学是国内最早从事航空发动机气动噪声的研究团队, 已经在航空发动机喷流噪声、风扇噪声、燃烧噪声及短舱声学等方面取得了一系列的研究成果, 同时建有目前国内高校中最大的跨声速压气机实验台以及全消声条件实验室, 先进的冷/热双涵道喷流噪声实验台, 可进行发动机进气噪声测量、喷流噪声测量、机身屏蔽效应测量以及流管声学测量等研究. 此外西北工业大学、北京大学、清华大学等高校也有相应的研究团队开展航空发动机气动噪声方面的研究.

(1) 机体噪声研究方面. 北航开展了大量的理论、数值模拟和实验测试方面的研究工作. 北航李晓东团队在高精度数值模拟、机理研究和预测方法方面开展了大量的研究工作. 北航刘沛清团队基于北航 D5 气动声学风洞开展了大量机体噪声及控制技术实验的研究工作.

(2) 声衬研究方面. 北航已经开展了吸声机理和阻力产生机理研究、声阻抗提取和阻力测试研究、声阻抗模型研究、声阻抗优化研究等工作, 建有声衬实验平台和发动机短舱声学实验平台.

(3) 直升机噪声研究方面. 南京航空航天大学徐国华、赵启军等在数值模拟方法、噪声发声机理和控制技术方面开展了大量的研究工作.

七、基金资助政策措施和建议

气动声学的研究对象多为航空发动机、大型客机、战斗机、航天飞行器等, 与国防及国家战略密切相关, 在目前基础上应该给予更大的资助力度. 对于航空发动机高强度气动噪声引起的发动机部件结构疲劳破坏、导致发动机故障等目前我国关键核心技术 "卡脖子" 问题, 应该设立专项, 持续资助; 同时需要立足长远, 对未来的潜在发展方向和基础研究给予持续资助.

八、学科的关键词

气动声学 (aeroacoustics); 计算气动声学 (computational aeroacoustics, CAA); 水动力噪声 (hydrodynamic noise); 喷流噪声 (jet noise); 风扇噪声 (fan noise); 燃烧噪声 (combustion noise); 阀门噪声 (valve noise); 机体噪声 (airframe noise); 螺旋桨噪声 (propeller noise); 喷流机翼干涉噪声 (jetwing interaction noise); 喷流啸音 (jet screech tones); 宽带激波噪声 (broadband shock noise); 湍流噪声 (turbulent noise); 声学风洞 (acoustic wind tunnel).

参考文献

[1] Lighthill M J. On sound generated aerodynamically: I. general theory. Proc Roy Soc London Ser A, 1952, 211: 564-581.

[2] Lighthill M J. On sound generated aerodynamically: II. turbulence as a source of sound. Proc Roy Soc London Ser A, 1954, 222: 1-32.

[3] Pridmore-Brown D C. Sound propagation in a fluid flowing through an attenuating duct. J Fluid Mechanics, 1958, 4(4): 393-406.

[4] Phillips O M. The intensity of aeolian tones. J Fluid Mechanics, 1956, 1(6): 607-624.

[5] Lilley G M. On the noise from jets. Noise Mechanisms. AGARD-CP, 1974, 131: 13.1-13.12.

[6] Goldstein M E. A generalized acoustic analogy. J Fluid Mech, 2003, 488: 315-333.

[7] Ffowcs-Williams J E. The noise from turbulence convected at high-speed. Philos Trans Roy Soc London Ser A, 1963, 255: 469-503.

[8] Crow S C, Champagne F H. Orderly structure in jet turbulence. J Fluid Mech, 1971, 48: 547-591.

[9] Brown G L, Roshko A. On density effects and large structure in turbulent mixing layers. J Fluid Mech, 1974, 64: 775-816.

[10] Winant C D, Broward F K. Vortex Pairing: The mechanism of turbulent mixing layers growth at moderate reynolds number. J Fluid Mech, 1974, 63: 237-255.

[11] Tam C K W, Chen K C. A statistical model of turbulence in two-dimensional mixing layers. J Fluid Mech, 1979, 92: 303-326.

[12] Plaschko P. Stochastic model theory for coherent turbulent structures in circular jets. Phys Fluids, 1981, 24: 187-193.

[13] Morris P J, Giridharan M G, Lilley G M. The turbulent mixing of compressible free shear layers. Proc Roy Soc London Ser A, 1990, 431: 219-243.

[14] Viswanathan K, Morris P J. Prediction of turbulent mixing in axisymmetric compressible shear layers. AIAA J, 1992, 30: 1529-1536.

[15] Tam C K W, Chen P. Turbulent mixing noise from supersonic jets. AIAA J, 1994, 32: 1774-1780.

[16] Seiner J M, Krejsa E A. Supersonic Jet Noise and the High-Speed Civil Transport. AIAA, Paper 89-2358, 1999.

[17] Tam C K W. Supersonic jet noise. Annu Rew Fluid Mech, 1995, 27: 17-43.

[18] Tam C K W, Golebiowski M, Seiner J M. On the two components of turbulent mixing noise from supersonic Jet . AIAA Paper 96-1716, 1996.

[19] Tam C K W. Computational aeroacoustics showing the failure of the acoustic analogy theory to identidy the correct noise sources. J Computational Acoustics, 2002, 10(4): 387-405.

[20] Peake N. A note on computational aeroacoustics showing the failure of the acoustic analogy theory to identify the correct noise sources by CKW Tam. J Computational Acoustics, 2004, 12(4): 631-634.

[21] Spalart P R. Application of full and simplified acoustic analogies to an elementary problem. J Fluid Mechanics, 2007, 578: 113-118.

[22] Morris P J, Farassat F. Reply by the authors to C K W Tam. AIAA J, 2002, 62(2): 89-121.

[23] Harper-Bourne M, Fisher M I. The noise from shock waves in supersonic jets. AGARD-CP-131, 1974, 11: 1-13.

[24] Tanna H K. An experimental study of jet noise. Part I : Turbulent mixing noise; Part II: Shock associated noise. J Sound Vibr, 1977, 50: 405-44.

[25] Seiner J M, Norum T D. Experiments on shock associated noise of supersonic jets. AIAA Paper 79-1526, 1979.

[26] Seiner J M, Norum T D. Aerodynamic aspects of shock containing jet plumes. AIAA Paper 80-0965, 1980.

[27] Seiner J M, Yu J C. Acoustic near-field properties associated with broadband shock noise. AIAA J, 1984, 22: 1207-1215.

[28] Norum T D, Seiner J M. Measurements of static pressure and far field acoustics of shock-containing supersonic jets. NASA TM 84521, 1982.

[29] Norum T D, Seiner J M. Broadband shock noise from supersonic jets. AIAA J, 1982, 20: 68-73.

[30] Yamamoto K, Brausch J F, Janardom B A, et al. Experimental investigation of shock-cell noise reduction for single stream nozzle in simulated flight, comprehensive data report, volume 1. NASA CR-1 68234, 1984.

[31] Powell A. On the mechanism of choked jet noise. Proc Phys Soc London, 1953, 66: 1039-1056.

[32] Powell A. The noise of choked jets. J Acoust Soc Am, 1953, 25: 385-389.

[33] Davies M G, Oldfield D E S. Tones from a choked axisymmetric jet. II. The selfexcited loop and mode of oscillation. Acustica, 1962, 12: 267-277.

[34] Sherman P M, Glass D R, Duleep K G. Jet flow field during screech. Appl Sci Res, 1976, 32: 283-303.

[35] Westley R, Wooley J H. The nearfield sound pressures of a choked jet during a screech cycle. AGARD CP No. 42, 1969, 23: 1-13.

[36] Westley R, Woolley J H. Shock cell noise-mechanisms, the near field sound pressure associated with spinning screech mode. Conf on Current Development in Sonic Fatigue, Univ. Southampton, England, 1976.

[37] Westley R, Woolley J H. The near field sound pressures of a choked jet when oscillating in the spinning mode. AIAA Paper 75-479, 1975.

[38] Rosfjord T J, Toms H L. Recent observations including temperature dependence of axisymmetricjet screech. AIAA J, 1975, 13: 1384-1386.

[39] Norum T D, Seiner J M. Broadband shock noise from supersonic jets. AIAA J, 1982, 20: 68-73.

[40] Seiner J M, Manning J C, Ponton M K. Model and full scale study of twin supersonic plume resonance. AIAA Paper 87-0244, 1987.

[41] Massey K, Ahuja K K, Jones R III, et al. Screech tones of supersonic heated free jets. AIAA Paper 94-0141, 1994.

[42] 高军辉. 超音喷流啸音产生机制的数值模拟研究. 北京：北京航空航天大学, 2007.

[43] Stone J R. Empirical model for inverted-velocity-profile jet noise prediction. J Acoust Soc Am, 1977, 62: S81-S81.

[44] Stone J R. Prediction of in-flight exhaust noise for turbojet and turbofan engines. Noise Control Engineering J, 1978, 10: 40-46.

[45] Tam C K W, Auriault L. Jet mixing noise from fine-scale turbulence. AIAA J, 1999, 37(2): 145-153.

[46] 刘林, 李晓东. 喷流噪声预测中小尺度湍流声源模型. 工程热物理学报, 2009, (4): 587-590.

[47] Xu X, Li X. Anisotropic source modelling for turbulent jet noise prediction. Phil Trans R Soc A, 2019, 377: 20190075.

[48] Graham J M R. Similarity rules for thin aerofoils in non-stationary subsonic flows. J Fluid Mechanics, 1970, 43(4): 753-766.

[49] Von Kármán T, Sears W R. Airfoil theory for non-uniform motion. J Aeronautical Sciences, 1938, 5(10): 379-390.

[50] Sears W R. Some aspects of non-stationary airfoil theory and its practical application. J Aeronautical Sciences, 1941, 8(3): 104-108.

[51] Filotas L T. Theory of airfoil response in a gusty atmosphere-part i aerodynamic transfer function. Inst. for Aerospace Studies, Univ Toronto, UTIAS Rep. No. 139, ASFOR 69-2150TR.

[52] Possio C. L'azione aerodinamica sul profilo oscillante in un fluido compressibile a velocità iposonora. L'Aerotecnica, 1938, 1(4): 441-458.

[53] Amiet R K. High frequency thin-airfoil theory for subsonic flow. AIAA J, 1976, 14(8): 1076-1082.

[54] Goldstein M E, Atassi H M. A complete second-order theory for the unsteady flow about an airfoil due to periodic gust. J Fluid Mechanics, 1976, 74(4): 741-765.

[55] Myers M R, Kerschen E J. Influence of incidence angle on sound generation by airfoils interacting with high-frequency gusts. J Fluid Mechanics, 1995, 292: 271-304.

[56] Evers I, Peake N. Noise generation by high-frequency gusts interacting with an airfoil in transonic flow. J Fluid Mechanics, 2000, 411: 91-130.

[57] Peake N, Kerschen E J. Influence of mean loading on noise generated by the interaction of gusts with a cascade: downstream radiation. J Fluid Mechanics, 2004, 515: 99-133.

[58] Hanson D B. Theory for broadband noise of rotor and stator cascades with inhomogeneous inflow turbulence including effects of lean and sweep. NASA CR-2001-210762.

[59] Woodley B M, Peake N. Resonant acoustic frequencies of a tandem cascade. part 2. Rotating blade rows. J Fluid Mechanics, 1999, 393: 241-256.

[60] Hanson D B. Broadband noise of fans with unsteady coupling theory to account for rotor and stator reflection/transmission effects. NASA CR-2001-211136.

[61] Candel S, Durox D, Schuller T. Flame interactions as a source of noise and combustion instabilities. Presented at AIAA/CEAS 10th Aeroacoustics Conf, 2004-2928, Manchester, UK. Reston, VA: AIAA, 2004.

[62] Dowling A, Ffowcs Williams J E. Sound and Sources of Sound. Chichester: Ellis Horwood, 1983.

[63] Richards G A, Janus M C. Characteriza tion of oscillations during premix gas tur bine combustion. ASME J En. Gas Turbines Power, 1998, 120: 294-302.

[64] Poinsot T, Trouve A, Veynante D, et al. Vortex driven acoustically coupled combustion instabilities. J Fluid Mech, 1987, 177: 265-292.

[65] Rudinger G. Shock wave and flame inter-actions. Presented at Combust. Prop. Third AGARD Colloq. Neuilly-Sur-Seine, France: AGARD, NATO, 1958: 153.

[66] Manus K R, Poinsot T, Candel S M. A review of active control of combustion insta bilities. Prog Energy Combust Sci, 1993, 19: 1-29.

[67] Culick F. Combustion instabilities in liquid-fueled propulsion systems: An overview. Presented at AGARD Conf. Combust. Instabil. Liquid-Fueled Prop Syst, Seuille-Sur-Seine, France: AGARD, NATO, 1988.

[68] Putnam A A. Combustion Driven Oscillations in Industry. New York: Elsevier, 1971.

[69] Richards G A, Straub D L, Robey E H. Passive control of combustion dynamics in stationary gas turbines. J Prop Power, 2003, 19(5): 795-810.

[70] Steele R C, Cowell L H, Cannon S M, et al. Passive control of combustion instability in lean premixed combustors. J Eng Gas Turbines Power, 2003, 122(3): 412-419.

[71] Bellucci V, Flohr P, Paschereit C O, et al. On the use of Helmholtz resonators for damping acoustic pulsations in industrial gas turbines. ASME J Eng Gas Turbines Power, 2004, 126(2): 271-275.

[72] Gysling D L, Copeland G S, McCormick D C, et al. Combustion system damping augmentation with Helmholtz resonators. J Eng Gas Turbines Power-Trans ASME, 2000, 122(2): 269-274.

[73] Howerton B M, Jones M G. Acoustic liner drag: A parametric study of conventional configurations. 21st AIAA/CEAS Aeroacoustics Conference. 2015, AIAA Paper 2015-2230.

[74] Chen C, Li X, Liu X. Numerical and experimental investigations on the flow drag of a multi-slit acoustic liner. 25th AIAA/CEAS Aeroacoustics Conference. 2019, AIAA Paper 2019-2660.

[75] Zhang Q, Bodony D J. Numerical investigation of a honeycomb liner grazed by laminar and turbulent boundary layers. J Fluid Mechanics, 2016, 792: 936-980.

[76] Dobrzynski W, Chow L C, Guion P, et al. Research into landing gear airframe noise reduction. 8th AIAA/CEAS Aeroacoustics Conference and Exhibit, AIAA Paper 2002-2409, 2002.

[77] Guo Y P, Yamamoto K J, Stoker R W. Experimental study on aircraft landing gear noise. J Aircraft, 2006, 43(2): 306-317.

[78] Xiao Z, Liu J, Luo K, et al. Investigation of flows around a rudimentary landing gear with advanced detached eddy simulation approaches. AIAA J, 2013, 51(1): 107-125.

[79] Drage P, Wiesler B, Beek P, et al. Prediction of noise radiation from basic configurations of landing gears by means of computational aeroacoustics. Aerospace Science and Technology, 2007, 6: 451-458.

[80] Liu W, Kim J W, Zhang X, et al. Landing gear noise prediction using high-order finite difference schemes. J Sound and Vibration, 2013, 332(14): 3517-3534.

[81] 龙双丽, 聂宏, 薛彩军, 等. 飞机起落架气动噪声特性仿真与试验. 航空学报, 2012, 33(6): 1002-1013.

[82] Dobryznski W, Pott-Pollenske M. Slat noise source studies for farfield noise prediction. AIAA Paper 2001-2158, 2001.

[83] Jenkins L N, Khorrami M R, Choudhari M. Characterization of Unsteady Flow Structures near Leading-Edge Slat: Part I. PIV Measurements. 10th AIAA/CEAS Aeroacoustics Conference, AIAA Paper 2004-2802, 2004.

[84] Khorrami M R, Choudhari M M, Jenkins L N. Characterization of Unsteady Flow Structures near Leading-Edge Slat: Part II. 2D Computation, AIAA Paper 2004-2802, 2004.

[85] Bruno C. Reynolds stress transport modeling for high-lift airfoil flows. AIAA J, 2006, V44(10): 2390-2403.

[86] 刘志仁, 王福新, 宋文滨, 等. 二维增升装置前缘缝翼的远场噪声分析. 空气动力学报, 2012, V30(3): 388-393.

[87] Gao J H, Li X D, Lin D K. Numerical simulation of the noise from the 30P30N highlift airfoil with spectral difference method. AIAA Paper 2017-3363, 2017.

[88] Fink M R. Noise component method for airframe noise. J Aircraft, 1979, V16(10): 659-665.

[89] Guo Y P. Slat noise modeling and prediction. J Sound and Vibration, 2012, V331(15): 3567-3586.

[90] Bai B H , Li X D , Guo Y P, Thiele F. The prediction of slat broadband noise with RANS results. AIAA Paper 2015-2671, 2015.

[91] Fink M R, Schlinker R H. Airframe noise component interaction studies. J Aircraft, 1979, V17(2): 99-105.

[92] McInerny S A, Meecham W C, Soderman P T. Pressure fluctuations in the tip region of a blunt-tipped airfoil. AIAA J, 1990, 28(1): 6-13.

[93] Khorrami M R, Radeztsky R H, Singer B A. Reynolds-averaged navier-stokes computations of a flap-side-edge flowfield. AIAA J, 1999, 37(1): 14-22.

[94] Radeztsky R H, Singer B A, Khorrami M R. Detailed measurements of a flap side-edge flow field. AIAA Paper 1998-700, 1998.

[95] Dong T, Reddy N, Tam C K W. Direct numerical simulations of flap side edge noise. AIAA Paper 1999-1803, 1999.

[96] Brooks T F, Humphreys W M. Flap-edge aeroacoustic measurements and predictions. J Sound and Vibration, 2003, 261(1): 31-74.

[97] Guo Y P. Retracted: Flap side edge noise modeling and prediction. J Sound and Vibration, 2013, 332(16): 3846-3868.

[98] Hu F Q. An efficient solution of time domain boundary integral equations for acoustic scattering and its acceleration by graphics processing units. AIAA Paper 2013-2018, 2013.

[99] IEC 60534-3. Industrial process control valves part 9-3: Noise considerations control valve aerodynamic noise prediction method: 20.

[100] GB/T 17213.15-2005/IEC 60534-8-3: 2000.

[101] Caro S, Ploumhans P, Gallez X, et al. Identification of the Appropriate Parameters for Accurate CAA. 11th AIAA/CEAS Aeroacoustics Conference, 2005: 23-25.

[102] Sengissen A, Caruelle B, Souchotte P, et al. LES of Noise Induced by Flow through a Double Diaphragm System. 15th AIAA/CEAS Aeroacoustics Conference, Miami, Florida, 2009.

[103] 马大猷. 现代声学理论基础. 北京: 科学出版社, 2004.

[104] 李帅军, 柳贡民. 管道系统阀门噪声的预测方法研究. 第二十三届全国振动与噪声控制学术会议论文集, 2010.

[105] Lele S K. Compact finite difference schemes with spectral-like resolution. J Computational Phys, 1992, 103(1): 16-42.

[106] Tam C K W, Webb J C. Dispersion-relation-preserving finite difference schemes for computational acoustics. J Computational Phys, 1993, 107(2): 262-281.

[107] Bayliss A, Turkel E. Radiation boundary conditions for wave-like equations. Communications on Pure and Applied Mathematics, 1980, 33(6): 707-725.

[108] Thompson K W. Time dependent boundary conditions for hyperbolic systems. J Computational Phys, 1987, 68(1): 1-24.

[109] Giles M B. Nonreflecting boundary conditions for Euler equation calculations. AIAA J, 1990, 28(12): 2050-2058.

[110] Poinsot T J, Lelef S. Boundary conditions for direct simulations of compressible viscous flows. J Computational Phys, 1992, 101(1): 104-129.

[111] Tam C K W, Dong Z. Radiation and outflow boundary conditions for direct computation of acoustic and flow disturbances in a nonuniform mean flow. J Computational Acoustics, 1996, 4(2): 175-201.

[112] Hu F Q. On absorbing boundary conditions for linearized Euler equations by a perfectly matched layer. J Computational Phys, 1996, 129(1): 201-219.

[113] Hu F Q. A perfectly matched layer absorbing boundary condition for linearized Euler equations with a non-uniform mean flow. J Computational Phys, 2005, 208(2): 469-492.

[114] Hu F Q, Li X D, Lin D L. Absorbing boundary conditions for nonlinear Euler and Navier-Stokes equations based on the perfectly matched layer technique. J Computational Phys, 2008, 227(9): 4398-4424.

[115] Tam C K W, Auriault L. Time-domain impedance boundary conditions for computational aeroacoustics. AIAA J, 1996, 34(5): 917-923.

[116] Özyörük Y, Long L N. A time-domain implementation of surface acoustic impedance condition with and without flow. J Computational Acoustics, 1997, 5(3): 277-296.

[117] Fung K Y, Ju H, Tallapragada B. Impedance and its time-domain extensions. AIAA J, 2000, 38(1): 30-38.

[118] Reymen Y, Baelmans M, Desmet W. Efficient implementation of tam and auriault's time-domain Impedance boundary condition. AIAA J, 2008, 46(9): 2368-2376.

[119] Li X Y, Li X D, Tam C K W. Improved multipole broadband time-domain impedance boundary condition. AIAA J, 2012, 50(4): 980-984.

[120] Dragna D, Pineau P, Blanc-Benon P. A generalized recursive convolution method for time-domain propagation in porous media. J Acoust Soc Am, 2015, 138(2): 1030-1042.

[121] Zhong S, Zhang X, Huang X. A controllable canonical form implementation of time domain impedance boundary conditions for broadband aeroacoustic computation. J Computational Phys, 2016, 313: 713-725.

[122] Li X D, Gao J H. Numerical simulation of the three-dimensional screech phenomenon from a circular jet. Phys Fluids, 2008, 20: 035101.

[123] Gao J H, Li X D. Large eddy simulation of supersonic jet noise from a circular nozzle. Inter J Aeroacoustics, 2011, 10(4): 465-474.

[124] Tam C K W, Kurbatskii K A. Microfluid dynamics and acoustics of resonant liners. AIAA J, 2000, 38(8): 1331-1339.

[125] Tam C K W, Pastouchenko N N, Jones M G, et al. Experimental validation of numerical simulations for an acoustic liner in grazing flow: Self-noise and added drag. J Sound and Vibration, 2014, 333(13): 2831-2854.

[126] Xu J, Li X, Guo Y. A numerical investigation on sound absorption mechanism of micro resonator with offset slits. J Computational Acoustics, 2015, 23(1): 1550001.

[127] Chen C, Li X, Thiele F. Numerical study on non-locally reacting behavior of nacelle liners incorporating drainage slots. J Sound and Vibration, 2018, 424: 15-31.

13.2 大气声学研究现状以及未来发展趋势

滕鹏晓, 吕君

中国科学院声学研究所, 北京 100190

一、学科内涵、学科特点和研究范畴

1. 学科内涵

大气声学是声学中重要的分支学科之一, 研究大气中声波的产生机制、传播 (包括反射、折射、衍射、散射和衰减等过程) 规律、各种效应及其应用. 在声学的各亚分支中, 大气声学属于最古老和最重要者之一. 早在 18 世纪初就已初步形成学科, 一些重要的基本现象和相应的理论在 19 世纪已被陆续研究得比较成熟, 后来这方面的研究一直未曾中断, 近年来更有长足的发展.

作为人类赖以生存的物质空间和声波赖以传播的三大广袤介质之一的大气层, 彻底研究并了解其中精彩纷呈的波动现象理应属于人类认识自然的一项基本任务. 另一方面, 这些现象与其他许多自然现象 (特别是气象现象和其他一些地球物理现象) 和人类活动紧密相关, 使人类在认识它们之后有可能用来为其自身服务, 这就决定了大气声学不但是一门重要的基础学科, 同时也是一门重要的应用学科.

2. 学科特点

大气中声波的行为强烈依赖于大气本身的性质. 大气性质随空间和时间的变化呈现出非常复杂的关系, 声波与这种复杂的大气以及多变的地球表面之间的相互作用使得我们要完整地描述大气中声场就必须充分了解广阔范围内的物理现象.

大气虽然由空气组成, 但大气声学不等同于空气声学, 大气声学的特点体现在 "大", 因此大气声学研究的现象与小范围内特别是封闭空间内的空气声学现象存在着质的差别. 具体来讲, 大气声学具有两大特点: 首先, 它是涉及地球大气各种难以预测的变化 (运动性) 和不均匀性对声波影响的一门基础科学; 其次, 它又是声波对大气探测研究的一种应用. 这两个特点是 "互逆的". 在一定意义下也表明了大气声学可以看成是大气物理学的一个亚支. 当然, 由于所从属的主学科的不同, 二者的着眼点和体系存在着很大差别.

3. 研究范畴

各种类型的声波存在于地球大气中, 包括可听声, 也包括更低频率的次声波、声重力波, 这些都属于大气声学的研究范畴. 此外, 地球大气的特殊性表现为可压缩的、旋转的、充斥着密度梯度和温度梯度的球状流体, 其中存在大量的大气波动现象, 诸如: 内重力波、行星波 (Rossby 波) 和大气潮等, 这些波的频率非常低, 但也应当成为广义的大气声学的研究对象. 至于超声波, 则因其在空气中强烈衰减而只能传播很短距离, 所以在大气中不占重要地位.

根据以上分析, 大气声学的研究一方面是声波在大气这一复杂介质中的产生和传播特性, 另一方面则是利用声波作为工具对大气特性或者变化状态的探测. 为此, 大气声学在以下方面得以探索和研究.

(1) 大气中的声传播理论与应用技术研究. 大气声传播的研究是大气声学的主要研究方向, 对大气声传播仿真算法的研究行形成了计算声学的一个亚分支——计算大气声学. 这一研究领域是从给定声源出发的声波在大气中经历一系列物理过程 (几何扩展、界面反射、在一定剖面的大气中折射和衍射、在各种不均匀体上散射、被大气吸收等) 之后, 对接收点评估声波的 "传播损失". 大气声传播理论的研究可以应用于波源定位、源能量计算等传统算法结果的误差修正, 提高声事件的定量分析精度.

(2) 大气声源的产生机制的研究与探测. 大气中的声源很多, 包括很多自然声源和人工声源. 研究各类声源辐射声波的机制, 有利于对相关声源或者事件的识别和确认. 很多自然和人工声源可以产生次声波. 例如, 地震、海啸、泥石流等自然灾害在孕育以及发生、发展的过程中能够产生次声波; 桥梁振动、航天飞行器发射和飞行状态的变化等能够产生次声波. 通过对次声信号的接收和处理, 可以获取这类声源的相关信息, 以及事件的发展过程, 为灾害监测预警、建筑工程安全状态监测等提供有效的参考信息.

(3) 大气声遥感探测. 大气声遥感是以声波为手段在远处探测大气状态和气象现象的技术. 声波之所以能够成为遥感大气的重要手段, 是因为声波在大气中传播时强烈受制于大气的 “宏观结构” 和 “微观结构”. 大气的 “宏观结构” 包括大气的 “分层机构” 等, 能够导致声波的反射与折射. 大气的 “微观结构” 包括大气湍流等, 能够导致声波的散射. 利用这些结构与声波传播路径或强度的对应关系, 即可 “感知” 大气的状态和其中发生的现象.

大气声遥感技术包括有源 (主动) 和无源 (被动) 两种方式. 前者在测量处人为地、可控制地发出声波, 并在同一处 (或其附近) 来接收通过大气 “作用” 后的回波, 根据其传播时间以及幅度和相位等的变化来判定大气状况; 后者是直接测量来自大气中客观存在的声波 (其中既有人工源, 更有自然源), 由此来判定大气中的相应现象. 大气声遥感技术按照探测大气的高度可以划分为低层大气 (对流层内) 遥感和高层大气遥感. 低层大气遥感以大气微观结构对声波的散射作为物理基础, 主要是可听声的主动遥感, 如 “声达”(sodar); 高层大气遥感以大气宏观机构对声波的反射和折射为物理基础, 主要是次声的被动遥感. 近年来, 随着次声监测阵列的建设和信号分析技术的发展, 利用火山爆发次声以及人工爆炸引发次声探测大气平流层和热层高度大气结构的研究逐渐增多, 以此来弥补传统无线电探测手段 (雷达) 或热气球、探空火箭等直接接触式探测手段的缺陷.

(4) 非线性大气声学. 声波本质上是非线性的. 在某些情况下, 流体动力学方程中很小的非线性项可能导致全新而至关重要的现象. 例如, 爆炸或冲击引发的激波, 其主要行为就是由于很小的非线性扰动持续积累而发展起来的. 在考虑非线性的条件下, 声波的传播特性、声遥感探测的回波信号分析等都将出现与不考虑非线性情况下较大的区别. 非线性大气声学的研究主要包括: 声爆理论与传播特性研究、声波在湍流大气中的散射与传播、大气孤波理论研究与探测等.

(5) 大气中的波波相互作用. 大气中存在的波, 尤其如大气内重力波的存在, 能够影响大气中 (次) 声波的传播路径, 进而影响到接收声信号的到达角估算等, 直接导致了 (次) 声源定位误差等声源信息的分析和获取. 大气中的波波相互作用的研究主要包括: 次声波在大气内重力波存在和影响下的传播理论和数值模拟技术; 考虑大气波波相互作用效应的 (次) 声源信息分析的误差修正算法.

(6) 强声扰动大气效应及其应用技术研究. 利用大功率的强声波可以改变大气的状态或性质. 例如, 通过地面发射上行大功率强声波, 造成边界层大气的周期性密度起伏, 这种扰动起伏作为散射体, 可用作无线电波或声波探测大气的温度或风速剖面.

此外, 很多自然事件, 如大地震、强雷暴等产生的次声波可以影响大气电离层,造成电离层电子浓度的变化, 进而影响无线电波的传播和信号变化特性. 通过高空核爆炸等人工手段产生的声爆、次声波扰动电离层也是该领域的研究内容之一.

二、学科国外、国内发展现状

近年来, 随着大气声学的诸多理论被应用于自然灾害监测、气象遥感探测等工程中, 国内外学者对大气声学的理论及应用技术的研究也越来越重视[1-15].

1. 计算大气声学

计算大气声学研究从声源处发出的声波经大气传播后在接收点的变化, 主要包括传输路径和传输能量两个参数. 大气声传播的数值计算可以辅助声波信号特征分析、声源定位以及声源特性分析等.

最初的研究中, 绝大多数的传播问题都被归结为在一定剖面和定解条件下求解波动方程或 Helmholtz 方程. 后来的学者在大气声学中考虑到了折射和有限地面阻抗二者综合效应的问题. 在解决这类问题时, 全波分析解或简正波法被作为了基本的手段, 通过分离变量法解波动方程, 用 Hankel 积分变换后再用留数定理将场表示为各阶简正波之级数和. 但是, 这种方法只适用于阻抗地面上空特定类型的大气剖面, 而对一般的剖面则很难求解.

近年来, 抛物方程 (PE) 法被发展为研究大气声传播的有力工具. 它保留了 Helmholtz 方程的全波效应, 因此可以描述在折射和衍射时的声场. 它的特别之处还在于能够适用于任意的声速剖面和局部反应地面, 同时还可以用来处理包含湍流和不规则地形等各种复杂效应的声传播. PE 方法在声学中最早被广泛应用于水下声传播的计算. 直到 1989 年, Gilbert 和 White[16] 将 PE 方法应用到了大气声学, 被称作 "Crank-Nicholson 抛物方法 (CNPE)". 还有另一种 "Green 函数抛物方法 (GFPE)", 这两种 PE 方法主要适用于计算折射大气中的单极子源的声场, 并且都是基于轴对称近似的二维方法 (后来, 也发展为三维计算方法). 这两种方法有各自不同的特点, CNPE 给出了广角抛物方程的有限差分解, 此解可精确到直至约 $35°$ 的仰角. 在广角传播和大声速梯度情况下, GFPE 的精度不如 CNPE, 但在大多数情况下, GFPE 还是足够精确的, 其优点在于效率高, 即计算速度优于 CNPE.

声波尤其是低频的次声波、声–重力波在大气中远距离传播时受风场和温度等气象变化的影响非常大, 风场剖面和温度剖面的存在可以体现在大气有效声速的变化上, 进而影响声传播的特性. 因此, 在近似真实大气的声波远距离传播数值模拟时, 需要加入某些气象模型来体现出风场和温度变化对声传播特性的影响. 这些模型包括了水平风场模型 (HWM), 当前最新版本是 HWM14, 它提供了大气纬向风场和经向风场剖面信息; 扩展质谱仪–非相关散射雷达模型 (MSISE), 当前最新版本是 MSISE00, 它提供了大气温度、密度和大气成分等参数. 除此之外, 还有一种 G2S(Ground-to-Space) 模型被用于次声远距离传播的数值计算. G2S 模型可以提供从地表到 225km 高度的温度和风场变化情况[17]. 这些模型的应用使次声波远距离传播从经验性静止大气计算跨进了近实时的运动大气的计算, 更加接近于真实传播情况, 为声传播数值计算结果应用于次声源定位和能量计算结果的误差修正提供了更加精确的保障.

近年来, PE 方法有了更大的发展, 逐步从一维、二维的窄角计算发展成三维广角计算, 扩宽了 PE 方法的应用. 总之, PE 方法是对声波在大气中从声源发出到传播至接收站点过程中的一种有效的全波解法, 尤其对于次声波远距离传播计算, 能够对传播过程中的声路径和声压分布情况进行描述. 它的这些特点也逐渐被用于了次声源能量的反推计算等应用之中.

除了 PE 方法外, 最常用的声波传播计算方法是射线追踪算法. 与 PE 方法以波动方程 (Helmholtz 方程) 为基础不同的是, 射线追踪算法以几何声学为基础.

三种射线追踪模型广泛应用于次声波的远距离传播计算, 它们分别是: ① HARPA; ② WASP-3D; ③ Tau-P. HARPA 是一种全三维射线模型, 通过在球坐标内数值求解三维 Hamilton 射线方程而得到声波轨迹, 同时还可以得到声波的传播时间、频移、吸收、方位偏角、到达高角等参数. WASP-3D 包含与 HARPA 类似的功能, 是另外一种 Hamilton 函数解. 这两种模型都是以球坐标系为参考系的, 因此考虑到了次声波远距离传播时的地球曲率, 这是在数千千米的远距离次声波传播计算时必须考虑的因素. Tau-P 算法是另外一种射线追踪算法, 可以快速地获取传播时间这一重要参数. 该算法最初用于地震波的寻迹, 后来被用于了大气次声波传播的射线计算.

与 PE 方法的全波解不同, 射线追踪算法不能够直接地表征声传播的波形和能量. 但是, 通过一些算法可用来合成相关波形. 首先, 在声线到达时间上定义一个脉冲函数, 从而建立一个时间序列; 然后, 每一个脉冲函数被指定一个与它相关联射线的振幅值; 最后, 通过将之前的时间序列和预先给定的原函数求卷积而产生一个合成波形. 这种方法有效地应用到了火流星次声波监测的研究中. 2017 年, Blom 和 Waxler[18] 研究了一种含衰减的射线追踪算法, 声波振幅的变化直接通过声波的几何扩展效应而估算.

国内较早将射线追踪理论用于大气声学研究的是中国科学院声学研究所的杨训仁. 1982 年, 杨训仁从运动介质声学基本方程出发, 系统讨论了平面声波在运动分层介质中的反射与折射. 随后, 杨训仁推导出吸收介质的 Hamilton 方程组, 提出损耗大气下的射线追踪理论. 孟凡林等[19] 基于惠更斯原理和费马原理, 提出求取最小走时及路径的波前扫描三维射线追踪方法, 大幅度提高了计算速度、稳定性, 同时占用内存较少. 丁峰等[20] 基于耗散的射线追踪方法, 计算了在水平风场不均匀的情况下重力波的传播轨迹. 梁春涛等[21] 提出试射法三维射线追踪, 再次提高计算射线路径和走时的精度与效率. 赵正予等[22] 通过对不同地区不同季节的大气温度剖面、风剖面的观测, 结合射线追踪理论, 探究了大气声波远距离传播与温度和风场的变化的关系. 周晨等[23] 利用大气经验数值模型, 研究非线性模式下大气声波的传播射线轨迹. 由于射线追踪算法应用时加入了大气风场和温度剖面的参数, 因此该算法可以应用于声源的位置估算的误差修正中.

除了考虑大气效应外, 在声传播计算时有时也需要考虑地形的变化和影响, 尤其山脉等特殊地形, 对声传播的影响还是很大的. 地形效应可以体现在射线追踪算法和 PE 方法中, 需要对原有的平面的边界条件加以修正.

近年来, 国际上开始了地球外行星的声传播的计算研究, 标志着声学作为一种探测手段, 开始逐步应用于对外行星大气及地形、地质条件的探索之中.

2. 大气次声源探测

大气声探测是大气声学最重要的应用领域之一, 由于通常涉及远距离的探测声源, 被接收的声学信号主要是处于次声频带范围, 因此大气声探测主要指的是大气次声源或更低频率波源的探测. 大气次声源探测被广泛应用于自然灾害的监测, 如火山、海啸、雪崩、极端天气灾害、地震、滑坡和泥石流等, 也应用于人工次声源的监测, 如工业爆破的次声监测、桥梁振动状况监测和火箭残骸搜寻等方面.

自然灾害在孕育、发生、发展过程中往往会释放出一些特殊的次声波, 它具有频率低、传播距离远的特点. 观测次声波的发生过程, 研究次声波的信号特征, 将有利于人们掌握自然事件的状态, 因此它是一个非常重要的信息资源. 最早应用次声的灾害监测是对火山灾害的监测. 火山喷发蕴藏着巨大的能量, 喷发出来的物质会激起空气的强烈扰动, 从而产生次声波. 1883 年位于印度尼西亚的 Krakatau 火山爆发, 产生的强大的次声波绕地球转了好几圈, 传播了十几万公里, 周期为几百秒, 振幅在几万公里外还有上百毫帕, 产生的次声信号被多个国家通过微气压计探测到, 人们首次认识到次声在大气中可进行远距离传播.

美国夏威夷大学次声实验室 (ISLA) 分别在夏威夷、西太平洋帕劳群岛、迪戈加西亚岛建立了广域次声传感器网, 主要用于监测火山、火流星、台风等, 通过次声阵可以得到次声波传播速度和传播方向. 美国加利福尼亚大学 (圣地亚哥) 斯克里普斯研究所 (IGPP) 建立次声传感器阵列对圣海伦斯火山产生的次声信号进行研究, 取得了显著成果, 数据表明在火山爆发之前接到了明显的次声信号, 可以用于对火山的监测和预警. 2005 年, 美国地球与天体物理研究所大气声学实验室部署了名为 Cold-water 的次声阵列, 用于观测与定位圣海伦火山的活动状况. Cold-water 不仅采集到火山喷发前后的信号, 也观察到由火山喷发引起的间歇长周期的地震次声信号, 为长周期事件和火山爆发模型提供了重要的数据记录.

次声探测还应用于火流星和雪崩等自然灾害事件. 瑞士联邦理工学院声学与

电磁学实验室建立一个无线通信组成的次声传感器阵列网络, 用于监测雪崩、火流星自然事件. 加拿大韦仕敦大学建立了次声观测传感器阵列网络, 由传统三角阵型加中心一个阵元组成次声传感器阵列, 成功检测到火流星的轨迹. 法国波利尼西亚地震网络实验室以及国际监测系统 (international monitoring system, IMS) 中的 IS24 监测站接收到流星再入的强烈信号. 美国洛斯阿拉莫斯国家实验室利用多个次声监测站测得的数据分析于 2000 年 8 月和 2001 年 4 月的火流星事件, 并成功实现了对火流星再入大气点与落点的定位.

极端恶劣天气也会产生次声, 因此次声探测技术也可应用于飓风等恶劣自然灾害的监测和预警. 2003 年美国科罗拉多的国家海洋、大气与环境科学实验室与科罗拉多大学环境研究实验室联合建立了次声传感器演示网络 (ISNET), 用于监测飓风, 强对流风暴所产生的次声强度很大且周期在 0.2~2min 内, 可在数百公里的范围内, 提前一个半小时接收到明显的次声信号, 各个点接收信号的相关性明显增强, 并且次声信号频率与飓风直径有直接关系, 可以对飓风预警. 除飓风和台风以外, 其他许多恶劣天气如雷雨、一般的大风、冰雹等极端恶劣天气都可以产生各有特色的次声.

Willis 等[24] 利用 IMS 中的 IS59 监测站对夏威夷地区的太平洋风暴和海浪活动进行实时的监测分析, 利用次声遥感技术分析出风暴与海浪的季节性变化与平流层风的变化一致. 2011 年, 美国大气遥感与工程研究联合中心提出基于次声雷达的龙卷风警告系统辅助技术, 克服先前雷达覆盖范围的限制, 用以对天气灾害提供监测与预警. 地震也能够产生次声波, 主要分成两类: 一类是当地次声波, 它是由地震波传播到某一地区后引起当地地面振动而向大气辐射出的声波, 其传播方向基本向上, 是垂直于地面向上; 另一类是震中次声波, 它是由震中区地面的剧烈振动而辐射出来的, 通过大气传播, 在距离震中较远处其传播方向接近于水平. Mikumo 等[25] 观测到了产生于 2004 年 Sumatra-Andaman 9.2 级大地震的大气低频声–重力波, 其周期范围是 350~715s, 波的群速度达到 300~314m/s. 同时, 他们假设了几种地震源参数, 利用真实大气模型得到了与观测信号一致的合成波形, 从而研究了信号源的相关特征. 另外, 2011 年 3 月 11 日发生的东日本 9.0 级大地震及其引发的海啸产生的次声波信号也被监测到, 并对其产生机理进行了研究.

在泥石流次声波监测方面, 国际上有很多的研究工作, 通常是采用次声和地震波联合监测方式对泥石流进行监测. 奥地利学者 Kogelnig 等[26] 通过这种方式研究了泥石流次声波的传播和频谱变化特性. Schimmel 等[27] 基于这种联合监测方法研究了泥石流的自动探测技术, 并布设了 5 个测试站点进行技术设备检测, 证明了该方法的有效性. 奥地利自然资源与生命科学大学山地灾害工程学院利用次声进行了泥石流和山洪自然灾害的监测, 接收到明显的次声信号, 并且在泥石流泄洪下来之前就有次声信号, 可以用来预警.

　　国外利用次声波信号监测自然事件的研究比较多, 实现对火山爆发、雪崩、飓风、海啸、流星等自然灾害事件的实时监测, 以及对自然灾害的预警, 这些次声监测网都取得了成功, 被证明在监测自然灾害方面是可行且是有意义的. 目前国内由于火山、雪崩等自然灾害事件很少发生, 研究的焦点是地震、泥石流和气象自然灾害. 近些年我国自然灾害时有发生, 如 2008 年四川汶川地震、2010 年云南贡山县泥石流、低纬度沿海城市台风侵袭等, 不仅造成了巨大的经济损失, 还有惨重的人员伤亡. 这些自然灾害在孕育和发生之前往往会释放出次声波, 通过采集次声信号, 了解次声波传播规律, 分析次声信号特征, 有利于了解自然灾害的形成动态, 实现前兆预警.

　　在国内, 中国科学院声学研究所通过自行研制生产的大气低频次声传感器, 组建了次声监测阵列, 对地震次声波的特征、产生机理、传播特性进行了系统性的研究. 北京工业大学、中国地震局地壳应力研究所等单位也通过布设声学所研制的次声传感器, 对地震前兆次声波进行了探索性研究. 中国地震局地球物理研究所对云南腾冲火山活动次声波进行了监测和研究. 武汉大学与声学所合作在武汉、四川乐山布设次声传感器, 与电离层监测设备进行联合监测, 研究了地震等灾害激发的大气声–重力波与电离层变化之间的关联性.

　　除了上述次声波灾害监测预警技术外, 近几年来, 次声波作为滑坡、泥石流灾害的监测手段逐渐引起了人们的重视, 国内外学者在滑坡、泥石流的次声信号监测系统、信号特征等方面进行了研究. 在国内, 中国科学院成都山地灾害与环境研究所 (简称山地所) 研制了泥石流早期警报系统, 该系统涵盖了雨量监测警报器、次声监测警报器和摄像设备等, 可以将暴雨泥石流发生的预警时间提前 1 个小时左右. 山地所和成都理工大学研制了泥石流次声采集系统, 并对泥石流次声信号的特征进行了研究. 此外, 西南交通大学、中国铁路工程集团有限公司等单位特别针对铁路沿线的泥石流灾害, 研究了山区铁路沿线泥石流次声监测预警技术, 用于保障山区铁路的运营安全.

　　目前, 对于滑坡关联次声波的研究主要采用信号处理和统计分析方法, 而滑坡关联次声波最基本的产生机理—力声耦合物理模型, 在国内外缺乏相应的研究, 但这一基本的模型却是滑坡监测预警技术在数学和物理层面上的根本支撑. 结合这一模型对滑坡临滑次声信号的特征进行分析, 才能准确地识别滑坡临滑次声特征, 探寻滑坡临滑前兆次声信息, 为滑坡监测预警提供支撑和保障.

　　次声波也可以应用于海啸灾害监测. 印度洋苏门答腊附近海域位于印度洋板块与亚欧板块的交界处, 地震活动十分频繁, 而地震一般会引发海啸. 南海东部边缘的中国台湾周边海域—菲律宾岛弧地区 (特别是马尼拉海沟附近) 也是潜在的地震源地, 一旦地震引发海啸, 我国粤港澳大湾区等华南沿海将面临极大的灾难. 2010 年, 广东省地震局依托我国地震台网建立了南海区域海啸预警系统. 中国海啸预警中心与美国太平洋环境试验室合作在南中国海建立实时的海啸预警系统. 为了监测马尼拉海沟可能发生的诱发海啸的地震并提供海啸预警, 国家海洋局在南海部署了两个浮标, 如果地震产生海啸, 在 15 到 30 分钟内就可以监测到. 2016 年 3 月, 经过联合国批准中国在南海建设南海海啸预警中心, 目前已经向国际社会包括南海周边国家发布海啸预警. 目前的海啸监测主要依赖于地震监测和海潮监测, 次声监测也可以作为一种监测手段, 形成多手段联合监测.

中国科学院大气物理研究所利用河北、天津和佛山微压计网监测龙卷风、暴雨、冰雹等强对流天气过程时大气压的微弱变化, 并通过分析不同波长及波幅的变化, 获得本站上空重力波的周期、振幅等参量, 同时获得重力波振幅、频率随时间的演变, 通过微压计组网观测, 分析龙卷风、暴雨、冰雹等不同强对流天气过程重力波的特征以及强对流发生的位置, 深入理解重力波在条件不稳定大气中对龙卷风、暴雨、冰雹等起到触发机制的作用, 通过布设测量阵列, 以及二维 FFT 变换, 提供一个面上的重力波图像, 进而发现有可能诱发强风暴的位置, 同时对于已经发生的强风暴, 可以准确地进行定位, 并通过一定时间的连续监测, 可以获得强风暴移动的方向、移动速度等重要信息, 为不同强对流天气过程的预报预警提供技术支撑.

次声监测技术对核爆事件监测和确证发挥了非常重要的作用. 1996 年联合国开放签署《全面禁止核试验条约》(comprehensive nuclear test ban treaty, CTBT), 在维也纳设立全面禁止核试验条约组织 (CTBT organization, CTBTO), 着手构建国际监测系统 (IMS). IMS 网络系统中包括 321 个地震、次声、水声、放射性核素监测站, 尽可能地分布在地球表面, 其中, 次声手段主要用于核爆炸监测的定位和当量估计, 是四大监测手段之一. IMS 网络系统在全球计划建设 60 个次声监测站, 保证地球表面任何位置发生当量大于 1kt 以上的核爆炸至少可被 2 个监测站探测到. 最初 IMS 中采用 4 元阵列, 为中心一点, 其余三点组成三角形的结构布置. 后来人们认识到 4 元阵列可能会出现空间混叠和信号相干性下降的问题, 便增加阵列阵元数目. 次声监测站布置于各种环境之中, 从密集的赤道雨林到偏远的冰川岛屿. 其站点尽可能设立在森林之中, 以最大限度地减少风产生的背景噪声. 截止到目前, IMS 次声网络中已有 49 个监测站经过认证, 还有 11 个监测站处于待建状态. 次声监测网络的性能取决于监测站之间的间距、每个监测站的背景噪声水平、降风噪系统的效率, 监测站阵元数目、次声传感器灵敏度等. IMS 布局全球次声监测网络具有重大意义, 次声监测系统不仅可以在实时性、灵敏度和准确性三方面显著提高核爆炸监测能力, 还可以用于监测全球大气次声环境、人为灾害和自然灾害的次声波, 是目前次声监测的最大的研究机构. 2013 年 2 月 15 日, 一颗火流星撞击在乌拉尔山脉上, 产生的次声在大气中传播达到 85000km, 全球 IMS 系统中有 20 个次声监测站探测到了该信号. 本次事件是 IMS 建立以来最大的大气次声源, 为全球近期的次声传播研究提供了重要数据, 并用于校准国际监测系统网络的性能.

3. 次声监测关键技术

1) 次声传感器

检测次声信号关键技术之一是次声传感器, 它决定能否采集到所需要的次声信号. 主要参数包括灵敏度、频带范围、幅度和相位一致性等. 国外大部分研究机构使用的次声传感器是法国 MB 系列: MB2000, MB2005, MB3a 和美国 Model 系列: Model2, Model5, Model7. 法国 MB2005 的频带范围在 0.01~27Hz, 灵敏度为 20mV/Pa, MB2005 型次声传感器被广泛应用到 CTBTO 建设的次声台阵 IMS 监测网, 其中 80% 以上采用此型的次声传感器. 美国 Model7 的频带范围是 0.1~100Hz, 灵敏度为 400mV/Pa. 在国内, 中国科学院声学研究所最近研制的 ISA2016 次声传感器, 其灵敏度大于 350mV/Pa, 3dB 带宽 0.003~20Hz, 检测最低频率可达 0.001Hz. 与国外现有的次声传感器相比, 具有频带宽、灵敏度高等显著优点. ISA2016 的可测频率范围和灵敏度都优于 MB2005.

2) 次声阵列

次声监测阵列的设计取决于很多因素, 包括阵列的阵元数目和配置、阵元之间的信号空间相干性, 以及背景噪声的相干特性. IMS 次声网络旨在监测来自远距离的爆炸信号, 其当量为 1kt 或更低. 1kt 的低空大气核爆炸产生的信号主要频段约在 0.1~0.33Hz. 风噪声几乎是次声监测站背景噪声的主要来源, 次声阵列通常在布置时确保风产生的背景噪声在阵元之间不相干. 考虑到频率范围和背景噪声这两方面, 次声监测站阵元间距设定为 1~3km, 每个监测站为 4 元次声阵列, 中心一点, 其余三点组成三角形. Kennett 等[28] 通过增加阵元数目解决了 IMS 中 4 元中心三角阵列对高频信号出现混叠现象的问题, 此后监测站逐步升级为 8 元或 9 元阵列.

3) 次声信号检测技术

逐步多通道相关方法 (progressive multi-channel correlation method, PMCC) 是法国 CEA(法国原子能委员会) 的研究人员提出的一种用于处理次声台阵信号的技术, 可以计算出不同频段次声波到达阵列的方位角和俯仰角, 被 CTBTO 广泛采用. PMCC 算法的基础是相关技术, 可以用来检测低信噪比的信号及其相关参数. 它可以对信号分频段进行方位角和速度计算, 并根据传播速度的不同和到达时间的差异得到信号的不同来源方位.

Fisher 分析法[29] 是基于频率–波数谱推导得到的一种次声信号分析方法, 该方法可以给出次声信号的视在速度、后向方位角 (定向) 和 Fisher 率等参数, Fisher 率越高, 信号越强. Fisher 分析法可得到次声信号的速度、方位等参数信息, 是次声信号处理的一种有效技术.

4) 降风噪导管设计技术

大气湍流引起的风噪声是次声探测的最大干扰源, 必须采取降噪技术以降低风噪. 由于风噪声的频率范围与次声事件的频率范围重叠, 使用常规的信号处理技术无法有效消除风噪声信号, 因此降低风噪声主要手段有两项: 一是选址在风背景噪声低的地区, 远离海岸、多风区和城市噪声的地区, 通常选在密集的树林中, 以减小作为主要噪声源的风的影响; 另一方面是通过建设降风噪设备进行空间滤波, 降低噪声提高次声信号的信噪比. 防风降噪管阵的工作原理是通过在传感器周边几十米的空间上布放次声波降风噪管, 在空间尺度上展开次声信号的接收. 在一定时空域范围内, 风噪声不相关而次声源信号相关, 当次声信号和风噪声信号一同进入防风降噪管阵后, 相干的次声信号得以增强, 不相干风噪声信号则得到一定的抑制, 从而提高信噪比, 达到防风降噪的目的.

5) 临近空间声探测

临近空间是指海平面之上 20∼100km 高度的空间, 系留气球装备被国内外科研机构已经验证了长航时气球可以作为廉价临近环境科学技术验证的重要载体. 通过装载次声传感器设备, 对一个较大范围的空域进行监测. 主要优点是在此空间处平流层, 风噪声大大降低, 受风噪声的干扰小; 处于大气传播平流层声通道, 可以接收到地面次声传感器接收不到的信号; 接收到更远距离的次声源; 探索地面以上三维大气声传播声场; 能漂浮到海面、高山等不易建站的区域, 增加次声探测网的覆盖范围. NASA 于 2014∼2016 年进行了三年的初步的探测和研究, 认为平流层存在非同寻常的次声场, 例如海洋微气压波的频谱被清晰记下来. 美国圣地亚国家实验室在 2017 年进行了人工爆炸标准次声源的地面和浮空气球的联合探测试验, 进行了三次声爆炸试验, 浮空探测器上的次声传感器全都接收到明显的信号, 而部署在地面的次声传感器只接收到两次, 并且只是部分传感器, 主要是因为风噪声和传播的影响, 这揭示了浮空探测在次声源接收和检测方面的优势. NASA 的 "科学气球计划" 完善其超压气球 (super pressure balloon) 技术, 以支持更长飞行时间的科学任务 (驻空时长 100 天). 已经完成的超压球飞行也遇到了一些问题. 昼夜循环的冷热过程会导致气体膨胀/收缩, 而新设计的球体结构要确保球体仍保持一定压差. 此外, NASA 对释放装置也进行了改进, 释放装置是在发射操作期间将气球膜固定在一起的机构在发射前释放.

行星的空间探测在过去 50 年内一直在探索, 从伽马射线至非常低频的无线电波段, 但是一直没有进行次声的探测. 近期美国 Keck 太空研究院计划利用浮空气球进行金星的探索研究, 主要是由于金星有密度相对较大的大气, 可以利用次声手段进行探测, 并且由于金星地面具有很高的温度, 地震探测设备很难实施. 因此, 利用浮空气球进行金星大气的探测, 了解行星的活动和科学研究. 美国 JPL

实验室 (喷气推进实验) 过去 20 多年在持续研究金星浮空气球研制技术.

我国近年来也开展了行星探索计划, 如 "鸿鹄专项"——临近空间科学实验系统. 鸿鹄专项是中国科学院于 2018 年启动的一项 A 类战略性先导科技专项, 旨在引领临近空间相关科学研究, 提升临近空间开发利用能力. "鸿鹄专项" 尝试以科研任务推动人才培养和学科建设, 积极推动行星科学一级学科建设, 目前暂无声学探测手段参与其中.

4. 大气声遥感

大气声遥感探测在早期主要是低层大气遥感, 利用可听声波对大气温度和风速随高度变化 (剖面) 进行遥测. 所用的主要仪器是 McAllister 于 1968 年发明并在 1972 年取得专利的回声探测器, 以及后来加以发展改进的声达和 Doppler 回声探测器. 后来, 不同结构的小型声雷达被逐步商业化, 在研究低层大气边界层 (ABL) 领域中被广泛采用. 在采用声雷达估测 ABL 湍流参数和相似性理论定标参数的研究中, 通过比较声雷达数据与现场测量结果发现, 用 Doppler 声雷达测量 ABL 的平均风速剖面和风向的精度与传统气象标准相似; 在使用声雷达测定垂直温度剖面方面取得的成果相对较少, 但无线电-声系统 (RASS) 的研制成功, 提供了一种有效测定 ABL 温度剖面的方法. 在气象探测方面, 声雷达测量降雨量特征的方法也已经进入了实用阶段. 相比其他探测手段, 声雷达具有廉价、可靠的特点, 因此不断被应用于检测环境的系统中, 它所具备的遥感大气边界层湍流参数的能力是其他方法所不具备的.

由于大气对声波的吸收基本上正比于频率的平方, 所以可听声从地面到达数十千米的高层大气是非常困难的. 因此探测高层大气的任务自然地落到了低频的次声波以及声-重力波上. 利用次声波探测中高层大气的研究兴盛于 20 世纪 80 年代. Rind 和 Donn[30] 利用海洋波源产生的次声波探测了平流层、中层和低热层的大气结构. 他们利用来自于北大西洋风暴产生的微气压信号, 根据其每小时的平均振幅估算了次声波的返回高度和风速. 这种方法近年来被应用到某些突发气象活动中, 如 2009 年的突发平流层变暖现象. 通过对在平流层和热层声波导中传播的次声波到达时间以及方位角实时变化的测量, 可以对在平流层、中层和低热层风速变化进行持续监测. 上述对大气风场的反演法都是基于次声波在大气中的射线追踪算法而达到的, 因此这些算法只能用于大尺度风场剖面的反演, 而无法获得更加精细的小尺度风场的改变信息. Chunchuzov 和 Kulichkov 等[31,32] 研究了基于全波解法表征声影区的次声波散射声场, 并找到这一声场与有效声速的不均匀垂直分层剖面之间的关系. 然后, 通过这一关系得到一种反演上平流层 (30~52km) 和中层、低热层 (90~140km) 的风场小尺度垂直结构, 解决了 100~140km 的低热层区域的大气风场剖面探测手段不足的问题.

研究表明, 次声波可以作为探测中高层大气风场和温度剖面的有效方式. 其他一些较大规模大气活动 (例如电离层的整体运动等) 也可以产生次声波或者声–重力波, 因此也可以通过探测这些次声信号来反演这类大气活动过程.

5. 声波扰动大气机理及应用

目前, 大气污染问题在国内外备受关注, 重霾事件在北京等大城市时有发生, 影响人体健康、航空出行, 是当前国内外研究的热点问题. 对大气污染的准确预报预警是调控污染排放以避免极端霾事件的前提条件. 大气模式对于我国重大城市地面霾事件的预报已经取得了很好的研究结果, 同时国内外对于大气污染在垂直方向的分布和区域传输的预报开展相关研究. 现有的研究表明, 大气颗粒物污染和风温湿等气象要素的相关性很密切. 俄罗斯科学院大气物理研究所、中国科学院大气物理研究所和中国科学院声学研究所研究了气象、声波和大气分子浓度之间的关联性. 研究人员发现气象条件包括风速、风向和气压与气体浓度及颗粒物 (NO_2, NO, O_3, PM10) 有强的相关性, 次声波在近地层内垂直差异相对于气象要素更加明显, 因此研究次声波与大气污染物之间的相关性, 有助于提高大气污染垂直方向的分布以及区域传输的预报预警能力. 国内外关于重力波、次声波与大气污染物之间的相关性研究尚处于起步阶段, 因此这两个方向的研究结果将对于雾霾的预报和预警工作有促进作用.

近年来, 研究学者提出了一种基于声波的大气干预及空中水资源开发利用技术, 该技术利用声波的物理效应, 不使用任何催化剂, 不会对环境造成化学污染, 无须依赖飞机和火箭等载具, 可远程遥控, 成本低廉, 是一种全新的值得探索的空中水资源开发利用新技术. 声波大气干预技术的主要机制是通过声波的机械波动将声波能量赋予大气及其所含的颗粒物. 具体而言, 低频率高声强的声波会激发云体, 使之发生窄幅振荡; 云滴颗粒的同向团聚效应、共辐射压作用和声波尾流效应等声致凝聚机理, 引起云滴相对运动加剧; 云滴之间产生更大概率的碰撞及融合, 加速水汽的凝结, 快速增加雨滴粒径, 促发降雨.

6. 非线性大气声学

1) 声爆的基础理论与爆炸源模拟

声爆是飞行器在超声速飞行时产生的一种非线性大气声学现象. 飞行器以超声速飞行时, 飞行器前方空气被挤压, 形成强高压区; 飞行器后方的空气被排开, 形成陡峭的负压区. 大气中高压区和负压区结合起来, 就形成像英文字母 "N" 的波形. N 型波传播到地面就是我们听到的声爆了. 对于声爆基础理论的研究开始于 20 世纪 50 年代, 20 世纪 70 年代开始该理论被应用于实际模型之中. 在过去几十年中, 对设计更为先进的超声速飞行器提出了越来越高的要求. 同时, 发射空间飞行器以及飞行器飞行时噪声对环境影响的评估要求也越来越严格. 这些都促使了声爆物理学的快速发展. 对于一些关键科学问题, 例如激波的厚度和在湍流大气中传播等问题都得到了研究. 然而, 由于问题的复杂性, 对于物理现象的细节研究还是以数值模拟方法为主要方式. 随着次声监测技术的发展, 科研人员可以有效地接收高空远距离传播时的声爆信号, 利用次声阵列监测和研究声爆的基础理论和信号特征的分析也逐渐发展起来. Liszka 和 Waldemark[33] 通过地面次声监测阵列, 监测了协和式超声速客机飞行时的次声波以及突破声速时的声爆信号, 对信号的特征进行了研究和分析.

　　与声爆原理相似, 爆炸产生的声波也是这样的. 爆炸在声源近场区域会产生高度非线性的冲击波信号, 初始冲击波信号的正相位与负相位声压对于远距离接收的脉冲信号的时域和频域特征都有很大影响. 对于冲击波信号, 其声压峰值是其声源的能量的表现量之一, 其正相位声压峰值与时间长度的乘积与其动量成正比. 但是经常被忽视的负相位信号中包含着许多爆炸源的特征信息. 负相位信号持续时间会被不可压缩效应、地面流体动力学效应以及与次级气泡震荡相结合的影响所延长.

　　声爆的基础理论研究以及爆炸源的模拟可以为工业爆破、爆炸等声信号的分析和声源定位、声源特征计算等方法和技术提供可靠的理论基础.

2) 非线性声传播

　　声爆等冲击波在大气中传播时能够表现出很强的非线性效应, 其非线性传播的路径和波形与线性传播时具有显著的差别, 这一差别会严重影响信号的接收与事件的分析. 大气湍流中的声波研究、大气内重力波对次声波传播影响的研究都属于非线性大气声学重要的研究领域. 俄罗斯科学院大气物理研究所 Chunchuzov 和 Kulichkov 等[31,32] 在该领域的研究成果显著, 发现大气内重力波能够影响风速和温度起伏变化, 从而影响其中传播的次声波的传播时间和到达时候的方位角.

三、我们的优势方向和薄弱之处

1. 优势方向

　　国内大气声学研究自 20 世纪 60 年代开始, 有一定的研究基础, 也积累了大量相关技术经验, 尤其在次声传感器等核心探测设备方面, 具有国际相当水准的探测设备. 此外, 国内对次声探测技术研究较多, 包括次声源识别、次声源检测和次声源定位等技术, 对于这些研究方向, 国内有较好的研究基础和技术储备.

2. 薄弱之处

　　国内大气声学研究薄弱之处主要包括以下几个方面:

　　(1) 国内大气声学研究队伍很少, 缺乏项目的牵引, 整个学科缺乏活力. 在国际上, 由于 49 个 IMS 次声站布局全球, 有众多的大气声学, 尤其是次声学研究的队伍, 利用全球次声源数据开展基础理论和应用技术研究, 最为著名的是美国圣地亚国家实验室、洛斯阿拉莫斯国家实验室和法国 CEA 原子能研究所, 还有众多的大学和研究机构.

(2) 国内在次声源产生机理方面研究尚处于初级阶段, 尤其是在自然灾害次声监测如泥石流临滑机制、地震次声产生机理等方面没有系统的理论研究.

(3) 国内在基础设施和基础数据方面也处于薄弱环节, 在国际上, 欧美等发达国家利用先进的基础设施如卫星、激光雷达等手段, 获取到丰富、准确的高空气象数据和气体参数, 为次声在大气的传播理论研究和应用技术方面提供了坚实的基础.

(4) 在大气传播方面, 虽然国内已具备一定的基础, 但与国外相比, 在计算复杂度、模型准确性及实用性方面还具有一定的差距.

四、基础领域今后 5~10 年重点研究方向

1. 空地一体三维空间探测技术

目前陆基的大气声探测技术具有较为成熟的研究基础, 但在海基、空基和天基方面研究得较少, 这也是近期的研究热点, 尤其通过浮空气球的实际监测已经证明了在空中可以检测到地表难以检测的信号, 具有明显的优势. 在地表上方 20~50km 的平流层是重要区间, 是各类飞行器的飞行区间. 在冷战期间 (1947~1991), 美国曾用浮空气球对空间航行器飞行的次声信号进行监测. 但是浮空气球探测存在大量的技术难题尚需解决, 比如环境对设备的要求. 浮空气球随风移动与固定阵相比, 更难以对次声源进行定位. 国内也计划开展利用卫星平台进行次声探测和电离层研究. 在海洋上建设次声阵列进行探测, 国际上也开展了相关的研究, 目前主要困难在于海洋区域的风噪声较大, 潮汐波等背景噪声也较大, 另外在海平面空间尺度上布设阵元也极具挑战. 但近年来, 随着 UUV 技术和降风噪信号处理技术的发展, 在海上建设次声探测阵也具备可行性. 构建海陆、空、天的立体三维空间声探测体系也极具应用前景, 可以为自然灾害监测和大气声遥感技术奠定坚实的基础.

2. 次声波产生机理

自然界中产生次声波的声源很多, 地震、泥石流、滑坡、海啸、火山爆发、雪崩等自然灾害可以产生次声波, 桥梁振动、建筑施工、火箭发射、工业爆破等人为工程也可以产生次声波. 因此, 为了弄清这些事件与次声波的关联性, 使得次声波能够用于自然灾害、工业事故等事件发生和发展过程的监测, 必须弄清这类事件产生次声波的机理, 掌握其产生次声波的规律和信号的特征参数.

3. 次声波远距离能量传播理论

次声波传播理论的研究是大气声学最为重要的研究方向. 但是目前我国在该领域的研究是落后于世界先进水平的, 最主要的是对次声波远距离能量传播理论尚无系统性的研究. 而这一研究对于次声信号分析、次声源性质判定和能量估算、大气气象参数反演等算法和技术的研究均有积极的促进作用, 因此必须加大次声波远距离能量传播理论的研究.

4. 次声事件监测应用

大气声学最为重要的应用就是利用次声探测技术, 实现对次声事件的监测和相关参数的获取. 在自然灾害监测方面, 我国是地震、滑坡和泥石流灾难多发国家, 未来 5~10 年需要重点研究利用次声手段对地震和滑坡泥石流等灾害监测, 并与其他手段联合实现对灾害事件的预警. 此外, 次声监测技术还可以应用于爆炸源探测、火箭残骸定位、航天器飞行轨迹跟踪等方面. 加强该领域的研究, 可以为保障国家和人民的利益提供安全保障.

5. 非线性大气声学

声波的本质是非线性的. 尤其在大型工业领域和大规模的自然事件中, 与之相关的大振幅强声波的产生机制与传播过程均包含着非线性, 利用线性声学的理论是无法合理解释这类声波的产生和传播过程的. 因此, 对大气声学的研究应该深入到非线性声学的领域, 包括爆炸冲击波的声辐射机制、大气声波的非线性传播理论及应用、声波与大气湍流的相互作用、大气孤波的产生与传播等.

五、国家需求和应用领域急需解决的科学问题

1. 滑坡、泥石流灾害临滑次声波产生机理研究

滑坡、泥石流灾害在我国发生的频率很高, 是人民的生命和财产安全的巨大危害. 研究表明, 滑坡、泥石流在临滑或发生初期会有异常次声波产生. 但这种次声波的特征容易与其他一些自然存在的次声波特征混淆. 为了能够甄别出滑坡、泥石流的临滑次声波, 需要研究和弄清滑坡、泥石流灾害临滑次声波的产生机理, 进而找到次声波与滑坡、泥石流的关联性, 为这类灾害事件的监测预警提供科学保障和依据.

2. 次声波遥测大尺度大气过程的关键技术研究

次声波用于大尺度大气过程的遥感探测已被证明是科学可行的, 并且与现有其他探测手段 (如雷达、红外等) 存在互补性. 但是, 次声波遥测大尺度大气过程包含了对大气变化过程的全程跟踪和信息获取, 因此需要研究和掌握这些大气活动产生次声波机理、影响次声波传播变化的因素以及通过次声波反演大气过程的

算法研究等关键技术, 这些关键技术的研究对解决这一科学问题是非常关键和急需的.

3. 爆炸次声源数值建模与传播特性研究

爆炸在声源近场区域会产生高度非线性的冲击波信号, 初始冲击波信号的正相位与负相位声压对于远距离接收的脉冲信号的时域和频域特征都有很大影响. 研究爆炸次声源的数值建模和传播特性, 从理论上对爆炸源进行声学建模, 分析声源在远距离传播特性上的变化, 有利于形成对爆炸源及传播真实的认识, 弥补爆炸源数据少的问题, 提高对爆炸次声源的监测能力.

4. 强声波扰动大气机理及应用技术研究

声波在大气中传播受介质的影响, 同时也能够影响传播介质. 这是声波非线性的一种表现. 因此, 大振幅强声波可以对传播的大气进行扰动, 改变大气的性质. 例如, 通过强声波扰动对流层大气, 可以产生大气不均匀体. 这一效应可以用来探测低空大气风场和温度剖面信息, 也可以影响对流层电波传播特性. 高空大功率次声波 (如爆炸波) 可以改变电离层的电子浓度分布, 影响其中的电磁波传播特性. 这种大气声波扰动技术相比于现有的大功率无线电波或者化学爆炸等方式具有代价低、无污染的特点, 并且具有较高的价值和意义, 急需探索和研究.

5. 广域次声阵列组网监测关键技术研究

通过在广域范围内建立多个次声监测台阵来提高对次声事件的检测能力. 多次声台阵组网检测需要研究多阵动态组网技术, 对次声台阵动态调整和规划联合处理, 包括考虑台阵的地理位置、接收信号的信噪比等. 同时考虑局部探测与整体网络协同处理, 提高整个次声监测网的监测效能.

六、发展目标与各领域研究队伍状况

1. 发展目标

近期的发展目标分为两部分: 一是发展次声源产生机理和大气声学理论研究, 弄清楚次声波产生的本质原因, 构建次声源产生模型, 推动次声源理论体系发展, 为利用次声手段进行事件监测提供理论基础; 二是加强目前的次声监测技术, 提高监测能力, 拓展现有次声的监测方法和应用, 探索新领域的次声应用, 使得次声探测能在更多的方面得到切实应用, 解决现实问题, 为保障国家的战略安全和人民生命财产贡献力量.

2. 各领域研究队伍状况

(1) 中国科学院声学研究所是国内在大气声学方面进行研究的最早的科研单位, 始于 1965 年的国家重大次声监测项目, 研制生产了大气低频次声传感器, 在次声信号处理、次声传播等方面进行了系统研究. 目前, 中国科学院声学研究所在大气声学方面的研究包括次声传感器研制和校准、次声监测阵列设计、次声信号分析、次声事件特征提取、次声产生机理、次声传播特性、非线性大气声学等领域, 建立了较完备的系统性研究体系.

(2) 国家地震局地球物理研究所在东北长白山地区和云南腾冲地区建立了多个次声台阵, 监测火山灾害次声波, 并进行了相关的研究.

(3) 国家地震局地壳应力研究所在新疆地区、川滇地区布设了次声台阵和站点, 监测地震次声波信号, 利用次声波手段对地震的临时预警进行探索性研究.

(4) 武汉大学与中国科学院声学研究所合作在武汉、四川乐山布设次声传感器, 与电离层监测设备进行联合监测, 研究了地震等灾害激发的大气声–重力波与电离层变化之间的关联性.

(5) 中国科学院成都山地灾害与环境研究所和成都理工大学团队研制了泥石流次声采集系统, 并对泥石流次声信号的特征进行了研究. 通过泥石流次声波对泥石流进行了定位研究.

七、基金资助政策措施和建议

基金资助政策要始终贯彻以 "坚持面向国家需求" 为目标, 对国家安全和人民利益攸关原创项目优先支持. 要瞄准世界科技前沿, 强化基础研究, 实现前瞻性基础研究、引领性原创成果重大突破. 扩大资助规模和资助强度, 以项目为牵引, 为了给我国基础研究提供更多的创新力量和人才储备, 给更多年轻人机会以取得更多创新成果.

国家自然科学基金在声学上投入相对较少, 在大气声学领域的投入更是鲜见. 但是, 大气声学近年来在灾害监测、气象活动监测等方面具有其学科优势, 具备跨学科多领域交叉研究的巨大潜力. 相比于国际先进水平, 我国在大气声学领域的理论和应用技术的研究投入甚少. 因此, 在大气声学的研究一方面要加大项目支持, 尤其需对声学与大气科学、地球物理领域的交叉项尤为重视; 另一方面也要加强国际合作投入, 通过国际科技合作重点项目, 提高我国大气声学研究的总体水平和层次, 培养一批高水平的领域专家和人才, 为我国大气声学研究的发展提供冲击力巨大的 "后浪".

八、学科的关键词

大气声学 (atmospheric acoustics); 次声波 (infrasound wave); 大气声遥感 (atmospheric acoustic remote sensing); 声传播 (acoustic propagation); 非线性声学 (nonlinear acoustics); 自然灾害监测 (nature disasters monitoring); 声波扰动大气 (atmosphere disturbance by acoustic wave); 声爆 (sonic boom); 爆炸波 (explosive wave); 内重力波 (internal gravity wave); 行星波 (Rossby wave).

参考文献

[1] 杨训仁, 陈宇. 大气声学. 北京: 科学出版社, 1997.

[2] Le Pichon A, Blanc E, Hauchecorne A. Infrasound Monitoring for Atmospheric Studies. New York: Springer, 2010.

[3] Salomons E. Computational Atmospheric Acoustics. Dordrecht: Kluwer, 2001.

[4] Simkin T, Fiske R S, Melcher S, et al. Krakatau 1883: The Volcanic Eruption and Its Effects. Washington: Smithsonian Institution Press, 1983.

[5] Nature Publishing Group. Propagation of the sound of explosions. Nature, 1922, 110: 619-620.

[6] Gutenberg B. The velocity of sound waves and the temperature in the stratosphere in Southern California. Bull Seis Soc Am, 1939, 20: 192-201.

[7] 胡心康, 石金瑞, 任建国. 大气中一种压力波动与地震关系的初步探索. 地球物理学报, 1980, 23(4): 450-458.

[8] 谢金来, 杨训仁. 美国航天飞机 "挑战者号" 爆炸时所产生的次声波. 声学学报, 1986, 3: 63-65.

[9] 谢金来, 谢照华. 大气核爆炸次声监测系统. 核电子学与探测技术, 1997, 17(6): 408-411.

[10] 肖赛冠, 张东和, 肖佐. 台风激发的声重力波的可探测性研究. 空间科学学报, 2007, 27(1): 35-40.

[11] 林琳, 杨亦春. 大气中一种低频次声波观测研究. 声学学报, 2010, 35(2): 200-207.

[12] 吕君, 赵正予, 周晨. 次声波在非均匀运动大气中非线性传播特性的研究. 物理学报, 2011, (10): 408-417.

[13] 吕君, 郭泉, 冯浩楠, 等. 北京地震前的异常次声波. 地球物理学报, 2012, 55 (10): 3379-3385.

[14] 吕君, 杨亦春, 冯浩楠, 等. 北京一次小震级地震前异常声-重力波产生机理的研究. 声学学报, 2015, (2): 307-316.

[15] 许文杰. 基于次声波的泥石流监测系统的研究与设计. 上海: 东华大学, 2013.

[16] Gilbert K E, White M J. Application of the parabolic equation to sound propagation in a refracting atmosphere. J Acoust Soc Am, 1989, 85(2): 630-637.

[17] Fee D, Waxler R, Assink J, et al. Overview of the 2009 and 2011 sayarim infrasound calibration experiments. J Geophys Res Atmos, 2013, 118(12): 6122-6143.

[18] Blom P, Waxler R. Modeling and observations of an elevated, moving infrasonic source: Eigenray methods. J Acoust Soc Am, 2017, 141(4): 2681-2692.

[19] 孟凡林, 刘洪, 李幼铭. 一种高效的三维射线追踪方法. 中国地球物理学会第十届学术年会, 长春, 1994.

[20] 丁锋, 万卫星, 袁洪. 耗散大气中水平不均匀风场对内重力波传播的影响. 地球物理学报, 2001, 44(5): 589-595.

[21] 梁春涛, 罗显松, 朱介寿, 等. 球坐标系下试射法三维射线追踪. 中国地球物理学会第十七届学术年会, 昆明, 2001.

[22] 赵正予, 宋杨, 吕君. 大气声波超视距传播的射线追踪. 武汉大学学报 (理学版), 2008, 54(3): 375-378.

[23] 周晨, 王翔, 赵正予, 等. 次声波在非均匀大气中的超视距传播特性研究. 物理学报, 2013, 62(15): 154302.

[24] Willis M, Garcés M, Hetzer C, et al. Infrasonic observations of open ocean swells in the pacific: Deciphering the song of the sea. Geophys Research Lett, 2004, 31(19): 235-248.

[25] Mikumo T, Shibutani T, Le Pichon A, et al. Low-frequency acoustic-gravity waves from coseismic vertical deformation associated with the 2004 Sumatra-Andaman earthquake (M-w=9.2). J Geophys Res-Solid Earth, 2008, 113(B12): B12402.

[26] Kogelnig A, Hüebl J, Suriñach E, et al. Infrasound produced by debris flow: propagation and frequency content evolution. Natural Hazards, 2014, 70(3): 1713-1733.

[27] Schimmel A, Hübl J, Koschuch R, et al. Automatic detection of avalanches: Evaluation of three different approaches. Natural Hazards, 2017, 87(1): 83-102.

[28] Kennett B L N, Brown D J, Sambridge M, et al. Signal parameter estimation for sparse arrays. Bull Seis Soc Am, 2003, 93(4): 1765-1772.

[29] Arrowsmith S J, Taylor S R. Multivariate acoustic detection of small explosions using Fisher's combined probability test. J Acoust Soc Am, 2013, 133(3): EL168-174.

[30] Rind D, Donn W L. Observation of upper-atmosphere warmings using natural infrasond. Trans Am Geophys Union, 1977, 58(8): 795-795.

[31] Chunchuzov I. The spectrum of high-frequency internal waves in the atmospheric waveguide. J Atmos Sci, 1996, 53(13): 1798-1814.

[32] Kulichkov S N, Chunchuzov I P, Popov O I. Simulating the influence of an atmospheric fine inhomogeneous structure on long-range propagation of pulsed acoustic signals. Izvestiya Atmos Ocean Phys, 2010, 46: 60-68.

[33] Liszka L, Waldemark K. High resolution observations of of infrasound generated by the supersonic flights of concorde. J Low Frequency Noise & Vibration, 1995, 14(4): 181-192.

第 14 章　声学标准和声学计量

声学标准和声学计量现状和发展趋势

吕亚东 [1], 杨平 [2], 何龙标 [2], 李晓东 [1]

[1] 中国科学院声学研究所, 北京 100190

[2] 中国计量科学研究院力学与声学所, 北京 100029

一、学科内涵、学科特点和研究范畴

1. 声学标准

声学标准按照应用领域分为声学基础标准、噪声标准、建筑声学标准、超声标准、水声标准、电声标准.

声学基础标准是声学标准的基础, 主要涉及声学名词术语、声学的基本特性及其量的确定、描述和测试方法, 声与人类心理、生理及语言通信等有关的声学标准和测试方法. 噪声标准主要涉及各种噪声源 (机械、电机设备、车辆、船舶、飞行器等交通工具) 的测试方法及相关标准, 环境 (公路、铁路干线、机场、港口、城市功能区域、工厂, 社区健康与安宁等) 噪声标准及其测试方法等. 建筑声学标准主要涉及民用、工业建筑及其环境的噪声设计标准以及噪声控制和声学性能 (隔声、隔振、吸声、音质等) 的评价及其测试方法, 建筑材料和构件以及建筑物的声学性能评价与测试方法等. 超声标准、水声标准主要涉及超声、水声的基本特性及其设备、器件以及超声、水声环境等声学性能测试方法、水下噪声测量等. 电声标准主要涉及助听器、听力计、仿真耳、测量传声器、声级计、倍频程和分数倍频程滤波器、其他电声测量仪器等.

2. 声学计量

声学计量按照应用领域分为电声计量、听力计量、超声计量和水声计量.

电声计量是声学计量最传统的分支, 服务于环境噪声监测等领域, 主要针对传声器、声级计和噪声测量仪器等, 随着智能音频技术和物联网的发展, 语音作为人机交互最有效的手段, 电声计量也越来越受到相关行业的重视. 听力计量主要涉及医用测听设备的计量校准和听力辅助器具的质量检测, 保证听力检测结果的准确和统一, 提高助听器、人工耳蜗等听力辅助器具的产品质量.

在超声计量领域, 超声检测技术广泛应用于医学超声诊断、理疗与治疗, 工业超声检测与缺陷定量评估等, 为了确保医用超声的安全诊断和精准治疗、工业超声的结构缺陷精准评估, 已建立声速、声压、声强、声功率、声衰减等参量的超声计量基标准装置. 随着更高强度、更高分辨率检测需求的提出, 超声计量正面临着声压超 100 MPa 与频率超 100 MHz 的精准测量需求, 对超声计量提出了新的挑战.

水声计量研究范畴包括水声基本量值的溯源和传递, 专用水声测量设备的校准、水声技术工程参数的精确测量等, 水声技术、水声装备的快速发展也对水声计量的量传方式和测量不确定度水平等多个方面提出了更高的要求.

二、学科国外、国内发展现状[1-34]

1. 声学标准

1947 年国际标准化组织 ISO 成立了包括 ISO TC43(声学) 在内的 253 个专业技术委员会, ISO TC43 声学技术委员会下设 ISO TC43(声学基础)、ISO TC43/SC1(噪声)、ISO TC43/SC2(建声) 分会. 1980 年为适应我国四个现代化建设需要, 加速声学标准建立, 提高声学标准的研究和技术水平, 加强与国际标准化组织 ISO/TC43 的联系, 经国家标准总局 (现国家标准化管理委员会的前身) 批准, 全国声学标准化技术委员会 (简称声标委, SAC/TC17) 于 1980 年正式成立, 成为全国范围内创立最早的第 17 个专业标准化技术委员会. 自 1980 年至今, 声标委通过声学标准领域研究, 已制、修订声学方面国家标准 200 余项次, 形成了 160 余项现行有效的国家标准. 1982 年正式成立的全国电声标准化技术委员会 (简称电声标委, SAC/TC23), 负责助听器、声级计、测量传声器、听力计、测量用人耳和人头模拟器以及其他电声测量仪器等专业领域标准化工作, 制定了电声方面国家标准 50 余项次, 形成了 30 余项现行有效的国家标准. 在声标委和电声标委共同努力下, 建立了涵盖声学基础、噪声、建筑声学、超水声、电声的国家声学标准体系. 具体内容如下.

1) 声学基础标准
声学名词术语:
声学测量常用频率、标准调音频率、声学量的级及其基准值、噪声强弱的主客观表示法、标准等响度级曲线

语言清晰度和可懂度测试以及计算方法

测听方法、校准测听设备基准零级

空气噪声测量及其对人影响的评价标准

职业噪声测量和听力损伤评价、听阈与年龄关系的统计分布

纯音气导和骨导听阈测定、护听器声衰减测量

助听器的真耳特性测量

户外声传播衰减

阻抗管吸声性能、传声损失测量等

这些声学基础标准对于统一声学名词术语、声学量和单位, 统一声学基本量、体现以人为本, 保护劳动者听力, 促进声学主观评价、生理、心理声学、语音学和汉语语音识别技术发展等起到了很好的促进作用.

2) 噪声标准

环境噪声的描述、测量与评价

低噪声工作场所设计指南系列标准

工作环境中噪声暴露的测量与评价、听力损失评估

用于环境评价的多声源工厂声功率级的测定

开放式厂房的噪声控制设计规程

噪声源声功率级和声能量级测定 (包括声压法、声强法、标准声源比较法、振速法)

机器和设备发射的噪声测定

机器和设备噪声标示

消声器插入损失、气流噪声和全压损失测量以及噪声控制指南

隔声罩和隔声间噪声控制指南及隔声性能测定

户外和室内、车间声屏障插入损失测定、可移动屏障声衰减测量

机器设备规定的噪声辐射值的统计学方法测定

信息和通信设备发射噪声测量

汽车等机动车辆噪声测量、飞机舱内噪声测量、铁路机车车辆噪声测量

轨道车辆内部和发射噪声测量

弹性元件振动声传递特性实验测量方法

道路表面对交通噪声影响的测量

家用电器声功率测量、风机和小型通风装置噪声和振动测量

风道末端装置、末端单元、风道闸门和阀噪声声功率级测定

机床、农林拖拉机噪声测量

听觉报警器声发射量测定

噪声烦恼度评价等

这些噪声标准的制定为我国改善人居和工作声学环境、控制各类噪声源和传播路径、规范产品噪声辐射量的测量和标示、规范隔声和消声产品的设计和声学性能测量、确定机器设备噪声对操作者的影响等奠定了良好的基础.

3) 建筑声学标准

建筑物与建筑构件的隔声测量 (包括空气声和撞击声测量)

混响室吸声性能测量

材料表面声散射特性测量

建筑声学和室内声学参量测量和新方法应用

楼板动刚度测量

工业企业噪声测量和控制

多孔材料流阻测量等

这些建筑声学标准对于改善我国人居声学环境、规范建筑市场、实现工业企业噪声综合治理、改善厅堂音质、规范吸声、隔声材料和吸声、隔声结构声学性能测量等起到了积极的作用.

4) 超声和水声标准

超声声功率、声场特性测量, 包括高强度聚焦超声 (HIFU)

超声压电换能器的特性和测量

医用体外压力脉冲碎石机声场特性及其测量

水下噪声测量

标准水听器及其低频校准方法

高频水听器校准、水听器加速度灵敏度校准方法

水声换能器、水声发射器校准与测量

水声材料纵波声速和衰减测量

声学材料阻尼性能测量

水声材料插入损失和回声降低以及吸声系数测量

这些超声、水声标准在超声和水声领域得到了广泛的应用, 对于促进超声学、超声医学、水声学发展, 巩固我国国防现代化起到了积极的推动作用.

5) 电声标准

助听器

声级计

测量传声器

听力计

测听设备

测量用人耳和人头模拟器

倍频程和分数倍频程滤波器

声强测量仪

个人声暴露计

声校准器

插入式耳机

这些电声标准在声学测量和电声设备领域得到了广泛的应用, 对于促进声学测量和校准、保护听力以及推动我国声学研究与发展起到了积极的推动作用.

GB/T 3947-1996《声学名词术语》2004 年被国家质量监督检疫总局和国家标准化管理委员会评为优秀国家标准, GB/T 19890-2005《声学高强度聚焦超声 (HIFU) 声功率和声场特性的测量》获 2007 年度中国标准创新贡献奖一等奖, GB/T 5266-2006《声学水声材料纵波声速和衰减系数的测量脉冲管法》获 2009 年度中国标准创新贡献奖三等奖. 声标委专家依据 GB/T 32522-2016《声学压电球面聚焦超声换能器的电声特性及其测量》负责起草了 IEC/TS 62903-2018《超声-基于自易法的球形曲面换能器电声参数和声输出功率的测量》(Ultrasonics-Measurements of Electroacoustical Parameters and Acoustic Output Power of Spherically Curved Transducers Using the Self-Reciprocity Method), 已颁布实施. 声标委委员主导制定的国际 IEC 60565-2: 2019《水声学-水听器—水听器校准, 第 2 部分: 低频声压校准方法》(Underwater acoustics-Hydrophones-Calibration of Hydrophones, Part 2: Procedures for Low Frequency Pressure Calibration), 2019 年 IEC 已颁布实施.

2. 声学计量

随着计量单位量子化的发展趋势, 寻求不依赖于实验室标准传声器/标准水听器和互易法校准的声压量值复现技术是近年来声学计量的研究热点. 已有研究表明, 激光干涉法 (光学法) 是实现声压量值直接复现的有效技术手段, 并可通过激光波长将声压量值复现结果直接溯源至 SI 单位, 摆脱对实物标准传感器的依赖. 2000 年后, 声压量值基准逐渐实现由互易法向激光干涉法 (光学法) 的变革, 光学法声压复现的研究已比较成熟, 尤其是中高频水声领域, 英国 NPL(国家物理实验室)、德国 PTB(联邦物理技术研究院) 和日本 NMIJ/AIST(国家计量研究院/产业技术综合研究所) 均建有光学法高频水声声压基准. 但在空气声的音频段, 光学法与互易法仍未取得良好的一致性.

目前, 我国已将光学法声压复现技术应用于声学计量的各学科, 建立装置的应用领域和频段包括: 次声 (0.1~20 Hz)、空气声 (20 Hz~20 kHz)、中频水声 (25~500 kHz) 和高频水声 (500 kHz~40 MHz). 除了空气声相应的自由场声压复现装置仍在进一步完善, 其余装置均已达到建立基准的技术水平. 其中, 高频水声频段基准已由中国计量科学研究院于 2019 年建立, 为光学法高频水声声压基准.

传统的电声计量学科发展较为成熟, 但随着人工智能的发展, 智能音频、语音识别和主动降噪技术成为声学计量关注的热点, 针对上述新技术的计量方法和计量参数尚未形成共识. 听力计量方面, 陆续颁布了耳声发射测量仪和听觉诱发电位仪的国际标准, 对 Click 短声信号和短纯音信号的计量方法和指标做了明确规定, 近期正在增加 Chirp 短声信号的参数指标要求和校准方法.

在超声领域, 以高频水听器校准和声场测量为代表, 英国、德国和美国在高频水听器研制和校准能力方面走在世界前列, 我国和日本在高频水听器校准方面也处于国际第一方阵. 随着高强度超声在治疗领域的应用日益广泛, 100MPa 级别高强度声压量值复现、治疗声场参数精准测量的需求日益迫切, 英国、德国、中国等都在同步开展大功率测量、高强度声压场测量、鲁棒水听器的研制和校准等相关工作, 我国在高强度治疗超声的应用和声场测量方面走在世界前列, 超声计量整体水平已经达到与 NPL 和 PTB 同等水平.

水声计量是军民共用关键技术, 我国的水声计量目前主要集中在国防计量部门, 面向国防和军事的水声计量需求. 与美国、英国、俄罗斯等水声发达国家相比, 我国国防水声计量的能力差距不大, 但是民用方面较弱, 缺乏高水平系列的国家水声计量基准, 并缺乏量值的国际等效. 随着国际社会对水下噪声污染的重视, 国际海事组织 (IMO) 正在推进水下噪声国际公约与精密监测, 这对国家高水平水声计量基准的建立以及水声声压量值的国际等效提出了迫切要求. 此外, 由于海洋设备使用状况的特殊性, 我国在水声设备现场测量及在线校准方面明显薄弱. 随着国家海洋战略与 "透明海洋" 大科学计划的推进实施, 一批先进测量/校准技术的研发和引入, 是未来体现水声计量发展优势的主要着力点.

三、我们的优势方向和薄弱之处

1. 声学标准

目前我国声学标准体系建设覆盖面和国家标准数量, 在国际声学会议上得到了国际声学界同行的高度评价, 他们称赞中国建立了较为完整的声学标准体系, 声学标准数量已接近发达国家水平. 但是我国声学标准仍存在薄弱之处, 声学研究前沿技术和成果还不能及时开展标准研究, 因标准研究经费、配套条件资源匮乏等原因存在明显滞后和严重脱节. 随着自行制定的国家声学标准数量逐渐增加, 声学科研人员和企业参与国家声学标准制定的积极性也逐年提高.

薄弱环节具体如下:

(1) 声音主观评价、声品质测量与评价、次声测量标准研究;

(2) 多声源工厂辐射声功率测定、噪声地图绘制方法、噪声源 NAH/NVH (near-fied acoustie holography, NAH; noise-vibration-Harshness, NVH) 测量与分析、有源噪声与振动控制、有源抗噪声耳罩、高声强枪炮噪声测量标准研究;

(3) 声学超材料声学性能测量、音乐厅和影剧院厅堂音质设计和评价方法、住宅和酒店建筑建声性能分级评价标准研究;

(4) 超声各类换能器测量、超声生物效应参数测量、无源材料超声特性测量、有源材料声电特性测量标准研究;

(5) 有源和无源水声材料声学特性测量, 低频水声管建设、水下噪声测试环境建设标准研究;

(6) 声呐及其设备、声表面波器件等方面的标准研究.

2. 声学计量

声学计量研究主要由中国计量科学研究院和各个省级计量技术机构实现声学量值的传递, 并已形成相应的体系. 我国在光学法声压复现方向的研究起步较晚, 但在次声、中高频水声领域已达到与英国 NPL 等并列的国际领先水平. 但对基于新方法和新技术的声学仪器、声学产品, 尚缺乏相应的计量方法研究和计量技术规范.

在具体应用层面尚存在以下一些薄弱环节:

电声计量需结合智能音频技术和主动降噪技术的发展, 以及在如何保障新的电声计量器具 (如鸣笛抓拍系统) 的量值准确方面, 开展相关计量技术研究. 客观测听设备的反馈信号校准、便携式听力计量设备的研制、助听器降噪性能和声源定位功能的定量评价、人工耳蜗声学性能检测等都是听力计量研究需要尽快解决的问题.

超声检测需求愈趋在线、智能、多参量等方向, 超声计量高端检测传感器如压电鲁棒水听器、光纤水听器被国外研究机构和厂商所垄断, 导致国内计量能力发展滞后, 亟需实现核心标准器独立研发, 以计量促科技和实业发展. 工业超声的计量手段与新型前沿技术结合不足, 针对飞机、航空发动机制造等在线超声无损检测设备的量传服务能力有限, 亟待提升工业超声计量能力, 满足高端制造业检测需求.

水声计量方面, 实现全频段声压量值更精准的复现, 开展更高效的扁平化传递, 是提高水声标准场参数测量水平、实现水下噪声精密测量的重要手段. 光纤、矢量等新型水听器技术发展和声呐设备应用需求激增, 新型水听器 (阵列) 和声呐设备的校准技术也是水声计量发展的重要趋势. 同时, 考虑到水声装备的多门类 (例如水下地貌仪、海流计、声速剖面仪等) 以及复杂的应用环境, 海洋水声设备的实验室/在线校准技术, 在线校准技术在未来将会受到越来越多的关注和重视.

四、基础领域今后 5~10 年重点研究方向

1. 声学标准

声学标准除在基础标准方面继续完善各类声学名词术语、声学量表征、声学特性表征外, 在声学基础领域, 重点开展声音主观评价、次声测量、响度级计算等方面的标准研究; 在噪声控制领域, 重点开展环境噪声污染防治和监测、环境噪声描述测量与评价、声品质测量、工作环境噪声暴露测量、多声源工厂辐射声功率测定、噪声地图绘制方法、噪声源 NAH/NVH 测量与分析、交通噪声测量与路面特性、脉冲声测量、有源噪声与振动控制、有源抗噪声耳罩、空气动力设备噪

声测量、高声强枪炮噪声测量、户外施工机械噪声测量、供水设施噪声测量等方面的标准研究; 在建筑声学领域, 重点开展吸声材料流阻测量、声学超材料特性测量、音乐厅和影剧院厅堂音质设计评价、住宅和酒店建筑建声性能分级评价、录音棚和同声传译室设计等方面的标准研究; 在超声和水声领域, 重点开展超声各类换能器 (压电磁致伸缩、脉冲回声阵列) 的测量、超声生物效应参数 (暴露参数、热机械参数) 测量、无源材料超声特性测量 (纵波、横波)、有源材料声电特性测量 (压电、磁致伸缩)、超声诊断设备、外科手术超声设备、有源和无源水声材料声学特性测量、低频水声管建设、水下噪声测试环境建设、水声信号处理、声呐及其设备、声表面波器件等方面的标准研究.

2. 声学计量

近年来, 声学计量支撑领域不断扩大, 噪声计量、听力计量、工业和医用超声计量、水声计量所涉及声学参量的频率范围、量程、声场指标都有较大幅度的增加. 声学计量正面临新的技术变革. 一方面是声压量值复现新方法的研究, 基于光学法声压基准在复杂与极端环境中实现量值传递的扁平化具有较好的应用前景, 需提升空气声光学法声压复现水平, 实现低频水声光学法量值复现; 另一方面是面临宽范围、大量程、复杂声场等声学计量问题的挑战, 例如: 强噪声测量传声器的动态范围拓展至 174 dB 甚至更高, 超声计量的功率范围延伸至数百瓦甚至上千瓦, 从平面波声场发展到聚焦声场, 从线性声场发展到非线性声场, 由单一的超声功率指标拓展至声场中的多指标测量等, 水声计量也从常温常压发展至变温变压, 从单换能器发展至换能器阵列的计量, 以适应深海探测、水下目标精确识别和定位的需求.

重点研究方向:

(1) 面临宽范围、大量程、复杂声场等声学计量问题的挑战, 研究声压、声强和声功率测量的新方法, 包括以介质粒子、薄膜等载体的激光干涉测量方法, 实现高温、高强度、宽频带的声学传感器校准;

(2) 高端声学传感器的研制及其换能机理的研究, 研究在线计量校准方法和新型声学仪器的计量测试方法, 研究新型声学测量仪器.

五、国家需求和应用领域急需解决的科学问题

1. 声学标准

(1) 声音主观评价、声品质测量与评价、次声测量研究;

(2) 工作环境噪声暴露测量、多声源工厂辐射声功率测定、噪声地图绘制方法、噪声源 NAH/NVH 测量与分析、有源噪声与振动控制、有源抗噪声耳罩、脉冲声测量、高声强枪炮噪声测量标准研究;

(3) 声学超材料声学性能测量、音乐厅和影剧院厅堂音质设计和评价方法、住宅和酒店建筑建声性能分级评价标准研究;

(4) 超声各类换能器 (压电磁致伸缩、脉冲回声阵列) 的测量、超声生物效应参数 (暴露参数、热机械参数) 测量、无源材料超声特性测量 (纵波、横波)、有源材料声电特性测量 (压电、磁致伸缩) 标准研究;

(5) 有源和无源水声材料声学特性测量标准研究;

(6) 低频水声管建设、水下噪声测试环境建设标准研究;

(7) 声呐及其设备、声表面波器件等方面的标准研究.

2. 声学计量

(1) 复杂和极端条件下声学参量的测量方法研究, 综合运用激光多普勒测振、双光束激光干涉测量、激光活塞发声器、谐振耦合声管等技术获得高温、高声级、宽频段的声学参数测量能力, 开展测量介质的示踪粒子或水中薄膜在不同频段下的动力学行为研究;

(2) 基于光学、压电、电容等原理, 研究高稳定性的声学换能器及其阵列的换能机理和影响因素, 研究高温、高压等条件下的换能器的声学特性和耦合作用机理.

六、 发展目标与各领域研究队伍状况

发展目标: 经过 10~20 年的持续不懈努力, 在声学标准和声学计量基础科学问题研究方面达到国际先进水平, 某些方向研究达到国际领先水平, 全面提升我国的声学基础、噪声、建筑声学、超声、水声、电声的标准研究水平以及电声、听力、超声、水声等领域的计量技术能力, 建立更为完善的国家声学标准体系和声学计量基标准体系, 为声学学科发展以及民用和工业噪声测量和控制、声环境保护、医疗卫生、军工国防等声学相关领域提供全方位的声学标准和声学计量研究基础和技术发展支撑.

我国现有挂靠中国科学院声学研究所的全国声学标准化技术委员会以及声学基础分会、超水声分会, 挂靠同济大学的噪声分会, 挂靠中国建筑科学研究院的建声分会, 挂靠中国电子科技集团公司三所的全国电声标准化技术委员会组织全国高校和科研院所及企业在声学标准领域开展研究, 为上述声学标准发展目标奠定基础.

我国现有挂靠中国计量科学研究院的全国电声标准化技术委员会组织全国高校和科研院所及企业、一级计量站、高校和科研院所及企业在声学计量领域开展研究, 为上述声学计量发展目标奠定基础.

我国现在有越来越多的声学科研人员和仪器、装备和工程研发人员从事声学标准和声学计量研究和测试工作, 在物理声学、超声学、水声学、建筑声学、电声

学、声学工程、精密测量与仪器、信号处理等学科招收本科和硕博研究生, 为我国
实现上述发展目标奠定了技术和研究人员基础.

七、基金资助政策措施和建议

声学标准和声学计量作为声学基础和应用研究的一部分, 应该在国家基金委
声学领域面上项目和重点项目中占有一席之地. 建议国家基金委设法**开辟一条声
学标准和声学计量研究项目的基金资助申请通道**, 鼓励根据声学科研和技术发展
所需, 将自主创新技术成果转化为声学技术标准, 促进声学标准研究与创新科研
成果的有机结合, 更好地以公益标准的方式服务声学科研, 服务声学产品和市场
开发, 服务经济和社会.

八、学科的关键词

声学标准 (acoustic standard); 声学基础标准 (acoustic fundamental stan-
dard); 噪声标准 (noise standard), 建声标准 (building acoustic standard), 超声和
水声标准 (ultrasonic and underwater acoustic metrology); 电声标准 (electro-
acoustic standard); 声学计量 (acoustic metrology); 电声计量 (electroacoustic
metrology); 听力计量 (audiometry); 超声计量 (ultrasonic metrology); 水声计
量 (underwater acoustic metrology).

参考文献

[1] 顾孟洁. 世界标准化发展史新探 (1). 世界标准化与质量管理, 2001, (2): 24-26.
[2] 顾孟洁. 世界标准化发展史新探 (2). 世界标准化与质量管理, 2001, (3): 25-27.
[3] 顾孟洁. 中国标准化发展史. 中国标准化, 2001, (3): 7-10.
[4] http://www.iec.ch/.
[5] http://www.iso.org/iso/home.htm/.
[6] 房庆, 于欣丽. 中国标准化的历史沿革及发展方向, 世界标准化与质量管理, 2003, (3): 4-7.
[7] http://www.sac.gov.cn/.
[8] 吕亚东, 田静. 全国声学标准化技术委员会的发展与国家声学基础测量方法标准体系建设.
    声学学报, 2010, 35(2): 101-106.
[9] Koukoulas T, Piper B. Towards direct realisation of the SI unit of sound pressure in the
    audible hearing range based on optical free-field acoustic particle measurements. Appl
    Phys Lett, 2015, 106(16): 164101.
[10] He L B, Feng X J, Yang P, et al. Realization of air-borne sound pressure unit with
    LDA technique by spectrum and autocorrelation method in a travelling wave tube.
    INTER-NOISE, 2014.
[11] Feng X J, He L B, Kang J, et al. Airborne sound pressure measurement and uncer-
    tainty analysis using photon correlation spectroscopy in a travelling wave tube. INTER-
    NOISE, 2017.

[12] He W, He L B, Zhang F, et al. A dedicated pistonphone for absolute calibration of infrasound sensors at very low frequencies. Measurement Sci & Technol, 2016, 27(2): 025018.

[13] Koukoulas T, Theobald P, Schlicke T, et al. Towards a future primary method for microphone calibration: Optical measurement of acoustic velocity in low seeding conditions. Optics and Lasers in Eng, 2008, 46(11): 791-796.

[14] Preston R C, Robinson S P, Zeqiri B, et al. Primary calibration of membrane hydrophones in the frequency range 0.5 MHz to 60 MHz. Metrologia, 1999, 36: 331-343.

[15] Koch C, Molkenstruck W. Primary calibration of hydrophones with extended frequency range 1 to 70 MHz using optical interferometry. IEEE Trans UFFC, 1999, 46: 1303-1314.

[16] Matsuda Y, Yoshioka M, Uchida T. Absolute hydrophone calibration to 40 MHz using ultrasonic far-field. Materials Transactions, 2014, 55(7): 1030-1033.

[17] Yang P, Xing G Z, He L B. Calibration of high-frequency hydrophone up to 40 MHz by heterodyne interferometer. Ultrasonics, 2014, 54: 402-407.

[18] Elberling C, Esmann L C. Calibration of brief stimuli for the recording of evoked responses from the human auditory pathway. J Acoust Soc Am, 2017, 141(1): 466-474.

[19] Gøtsche-Rasmussen K, Poulsen T, Elberling C. Reference hearing threshold levels for chirp signals delivered by an ER-3A insert earphone. Inter J Audiology, 2012, 51(11): 794-799.

[20] Zhang L, Chen X M, Zhong B. Objective Evaluation System for Noise Reduction Performance of Hearing Aids. Inter Conf of Mechanics and Automation, 2015.

[21] Chen X M, Hu C M, Zhong B. Improved Algorithm of Inter-aural Time Difference Based on Correlation Method. Inter Conf of Mechanics and Automation, 2016.

[22] Yang P, Xing G, He L. Calibration of high-frequency hydrophone up to 40 MHz by heterodyne interferometer. Ultrasonics, 2014, 54(1): 402-407.

[23] Wilkens V, Sonntag S, Georg O. Robust spot-poled membrane hydrophones for measurement of large amplitude pressure waveforms generated by high intensity therapeutic ultrasonic transducers. J Acoust Soc Am, 2016, 139(3): 1319-1332.

[24] Wear K A, Gammell P M, Maruvada S, et al. Improved measurement of acoustic output using complex deconvolution of hydrophone sensitivity. IEEE Trans UFFC, 2014, 61(1): 62-75.

[25] Wear K A, Miloro P. Directivity and frequency-dependent effective sensitive element size of needle hydrophones: Predictions from four theoretical forms compared with measurements. IEEE Trans UFFC, 2018, 65(10): 1781-1788.

[26] Hurrell A M, Rajagopal S. The practicalities of obtaining and using hydrophone calibration data to derive pressure waveforms. IEEE Trans UFFC, 2017, 64(1): 126-140.

[27] Yang P, Xing G, He L. Calibration of high-frequency hydrophone up to 40 MHz by heterodyne interferometer. Ultrasonics, 2014, 54(1): 402-407.

[28] Theobald P D, Robinson S P, Thompson A D, et al. Technique for the calibration of

hydrophones in the frequency range 10 to 600 kHz using a heterodyne interferometer and an acoustically compliant membrane. J Acoust Soc Am, 2005, 118(5): 3110-3116.

[29] Koukoulas T, Robinson S, Rajagopal S, et al. A comparison between heterodyne and homodyne interferometry to realise the SI unit of acoustic pressure in water. Metrologia, 2016, 53(2): 891-898.

[30] Wang M, Koukoulas T, Xing G, et al. Measurement of underwater acoustic pressure in the frequency range 100 to 500 kHz using optical interferometry and discussion on associated uncertainties. Proc Inter Congress on Sound and Vibration, 2018, 8: 4909-4914.

[31] Wu Y, Lau S, Wong K. Near-field/far-field array manifold of an acoustic vector-sensor near a reflecting boundary. J Acoust Soc Am, 2016, 139(6): 3159-3176.

[32] 陈毅, 赵涵, 袁文俊. 水下电声参数测量. 北京: 兵器工业出版社, 2017.

[33] 王月兵. 英国国家物理实验室的水声计量设施和研究计划. 声学与电子工程, 2006, (1): 1-4.

[34] Theobald P D, Robinson S P, Thompson A D, et al. Technique for the calibration of hydrophones in the frequency range 10 to 600 kHz using a heterodyne interferometer and an acoustically compliant membrane. J Acoust Soc Am, 2005, 118(5): 3110-3116.

"现代声学科学与技术丛书"已出版书目

(按出版时间排序)

1. 创新与和谐——中国声学进展　　　程建春、田静 等编　　　2008.08
2. 通信声学　　　　　　　　　　　　J.布劳尔特 等编　李昌立 等译　2009.04
3. 非线性声学（第二版）　　　　　　钱祖文 著　　　　　　　2009.08
4. 生物医学超声学　　　　　　　　　万明习 等编　　　　　　2010.05
5. 城市声环境论　　　　　　　　　　康健 著　戴根华 译　　　2011.01
6. 汉语语音合成——原理和技术　　　吕士楠、初敏、许洁萍、贺琳 著　2012.01
7. 声表面波材料与器件　　　　　　　潘峰 等编著　　　　　　2012.05
8. 声学原理　　　　　　　　　　　　程建春 著　　　　　　　2012.05
9. 声呐信号处理引论　　　　　　　　李启虎 著　　　　　　　2012.06
10. 颗粒介质中的声传播及其应用　　　钱祖文 著　　　　　　　2012.06
11. 水声学（第二版）　　　　　　　　汪德昭、尚尔昌 著　　　2013.06
12. 空间听觉　　　　　　　　　　　　J.布劳尔特 著
　　　——人类声定位的心理物理学　戴根华、项宁 译 李晓东 校　2013.06
13. 工程噪声控制　　　　　　　　　　D.A. 比斯、C.H. 汉森 著
　　　——理论和实践（第4版）　　邱小军、于淼、刘嘉俊 译校　2013.10
14. 水下矢量声场理论与应用　　　　　杨德森 等著　　　　　　2013.10
15. 声学测量与方法　　　　　　　　　吴胜举、张明铎 编著　　2014.01
16. 医学超声基础　　　　　　　　　　章东、郭霞生、马青玉、屠娟 编著 2014.03
17. 铁路噪声与振动　　　　　　　　　David Thompson 著
　　　——机理、模型和控制方法　　中国铁道科学研究院节能
　　　　　　　　　　　　　　　　环保劳卫研究所 译　　　2014.05
18. 环境声的听觉感知与自动识别　　　陈克安 著　　　　　　　2014.06
19. 磁声成像技术
　　　上册：超声检测式磁声成像　　刘国强 著　　　　　　　2014.06
20. 声空化物理　　　　　　　　　　　陈伟中 著　　　　　　　2014.08
21. 主动声呐检测信息原理　　　　　　朱埜 著
　　　——上册：主动声呐信号和系统分析基础　　　　　　　2014.12
22. 主动声呐检测信息原理　　　　　　朱埜 著
　　　——下册：主动声呐信道特性和系统优化原理　　　　　2014.12
23. 人工听觉　　　　　　　　　　　　曾凡钢 等编 平利川 等译
　　　——新视野　　　　　　　　　冯海泓 等校　　　　　　2015.05

24. 磁声成像技术
　　下册：电磁检测式磁声成像　　刘国强　著　　　　　　　　　2016.03
25. 传感器阵列超指向性原理及应用　杨益新、汪勇、何正耀、马远良　著　2018.01
26. 水中目标声散射　　　　　　　汤渭霖、范军、马忠成　著　　　2018.01
27. 声学超构材料
　　——负折射、成像、透镜和隐身　阚威威、吴宗森、黄柏霖　译　　2019.05
28. 声学原理(第二版·上卷)　　　程建春　著　　　　　　　　　　2019.05
29. 声学原理(第二版·下卷)　　　程建春　著　　　　　　　　　　2019.05
30. 空间声原理　　　　　　　　　谢菠荪　著　　　　　　　　　　2019.06
31. 水动力噪声理论　　　　　　　汤渭霖、俞孟萨、王斌　著　　　2019.09
32. 固体中非线性声波　　　　　　刘晓宙　著　　　　　　　　　　2021.01
33. 声学计量与测量　　　　　　　许龙、李凤鸣、许昊、张明铎、　2021.03
　　　　　　　　　　　　　　　　吴胜举　编著
34. 声学学科现状以及未来发展趋势　程建春　李晓东　杨军　主编　　2021.06